JN227907

近世植物・動物・鉱物図譜集成　第XLVII巻

伊藤圭介稿　植物図説雑纂（XXII）

［諸国産物帳集成　第III期］

目次

6
9
232

メカゼリ本リ図説[illegible]香ノハヒ
ヤマニンジン図説出
[illegible]シャク

ヤマニンジン　信州奈良井
メカゼリ　同三尾　同名アリ　シラノチ　イチヤリキナ　北海道
Anthriscus silvestris Hoffm.
(cf. *Cerefolium* L.)
先年総高ハニヤクノ名言ノヨ同テ且他処ニ産ス知
トノミ思ヒ居タル話モアリ因テンラ詳細総ねが書モ
多クアリ
此草ハ信州諸山其他濃江ハ勢州ノ諸山中ニ産ス
又先年モ夜依来徒御ヨリ豊後ノ腊葉ヲ贈
百六十本ニ来ル中ニ見ヨテアリ又余ガ余品後園ニモ栽ニテアリ
ヤマニンジン　シャクナ

[illegible]

伊吹蕃ノ図ハナリシ花[illegible]一分豊大挺出シ
高衣、柴胡蘿蔔等ニ比スレハ数段ニシ老人
丈ケ月美ニシテ深防風ノ葉螺（苗）蘿蔔ト云セシ
云是同出説ニシテハ紛等ノ方ニ防葵一種
也、稗ナリ詩風ニ云五草ハ無繖花品[illegible]蓋ニ向
名異物ナレモ、大生時隆圖説ニ此胡蘿蔔ノ一種
仙臺黒平郡佐沼鼠嶽産之人ニンジンモ云モノハ怒リハ
ヤマニンジンナラン、但黒川郡通図説志ニ對内名續
志ノ如キ物屋ニ云ル紙此ナル書ニハ此無中
雑ナレ見ヘズ。
右明七ノ七月四日ヨリ佐藤同ノ答

[illegible]

芸ノ図ハ写七葉許
野胡（ヤブニンジン）蘿蔔ノ一種　細葉ノ物
ニカンチチス羅句　ナルテ紅花蘭
仙臺黒平郡佐沼（サヌマ）鼠嶽（ネズミガタケ）ニ多シ
大ミシ（ミジン）シントニ云　上葉寛ニシテ辨リシ花
花実ハ大葉、モ白ニ唯根ノ味[illegible]
小大壺ノモノヨリ後ニ和産ニテ[illegible]
小大生或ハ茎ヲ去ス其ノ葉ト生ニ

テムモレハ胃ト脾ト腹ニヨシ益ト云フ
胃腸脾ニ在ニ云リ
故ニ此国ハ義理ヲ[illegible]ニ事ノハミ
此草ヲ採リテ[illegible]ニ云リ
白花ニテ稍大ナルモノ[illegible]
[illegible]
仏[illegible]

乃六

呉、

イチヤリキナ　[illegible]　コジヤク　一名シヤク　松前東人食料ニスト云
往ニ松前ノ豆加藤肩吾ヨリ友吉資担ニ贈ル書ニ云松前ノ俗
アイニウ、又シヤクトイフ草ナリエウハ土俗生食ノ丁ヲ云シ
ヤクハ乾テ料理ノ塩梅ニ入ル、ヲ云魯西亜人此草ヲ採テ
草麹トナシ酒ヲ醸ト云丁ノ蕃名ハウイノツタハト云是
酒草ト云義ナリト譯士云ト云ヘリ状ハ独活及ヒ当帰ナ
ドノ倫ニ似タリ花ハ蛇牀ニ似タリト云チエッホウシニアリシ
ハ藁本ノタグヒニシテ茎硬ク臓香アリ食スルニ堪ヘズ

[illegible]

Anthriscus silvestris, Hoffm.
シヤク
北海道
ノ採ス

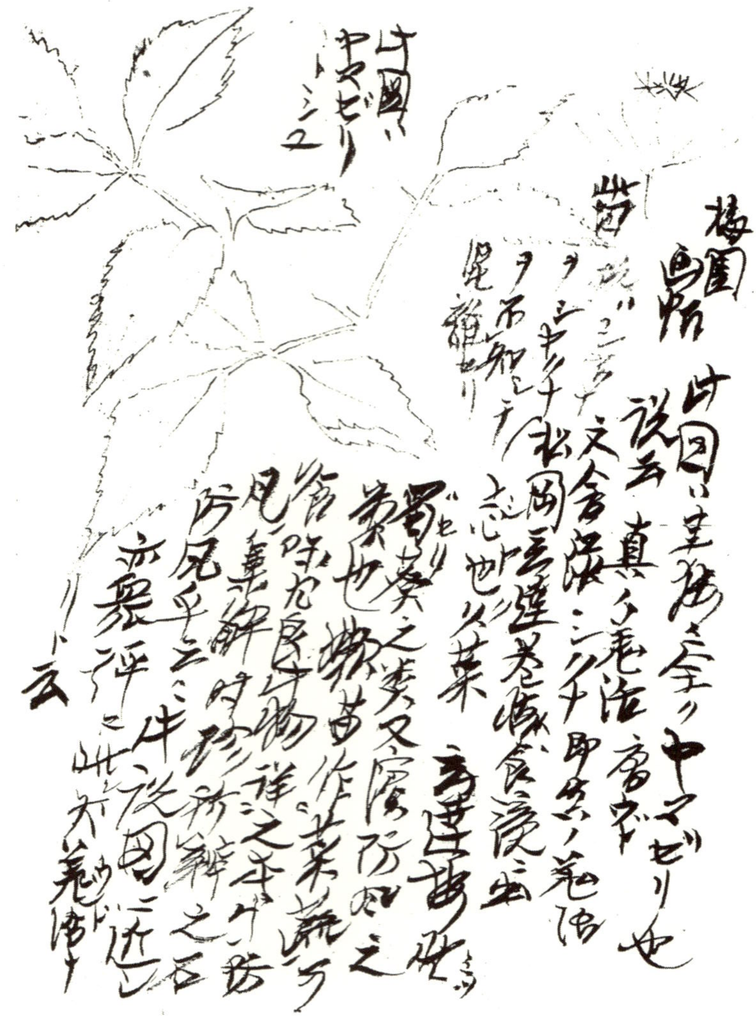

参リシ手形偏ナル牡丹人参ノ了之漢名防葵之葉ノ図非之此ハ
ち六ハ　実生ノ葉之後ハ牡丹葉ノ如クニナル、和ニハ人参ノ様
シヤク菜　食用ニスルモノニメ只今ハ傳ワラズヤハリ
牡丹人参ノ了之京デ削ミ朝鮮人参廣東人参ト覺ヘテ
栽ルモノニ葉牡丹ノ芋ニメ白ケテアリ栽テ三年目ニ
根枯ル花実形白芷ト同シ此根ヲ削防風キ防風トニテ
售ル此ハ防風ニ非ズ九ナガラニテハ難キユヘ皆竪ニ
四ニ刻テ干スシヤ菜ハ漢名防葵ナリ皆此ヲ御救免
人参ト云テ售ル此條ニ石防風ト云ハ悪シ石防風ハ白
川防風ノ類ナラン

大和本草

追加
乞手イブキヨリ採集セル図
ニ載ス「コンヤクナシ」ノ者也
又考経説ハソノ一番ニ註明スニ上ス
論図ニハアリ経ニハナシ
実ノサキ一大何ナル図
再按スベシ

（[illegible]）ノ図之ニ　野コンニャクノ一種
細葉ノ物ト云モノハコンニャク
ニ似タリ然モ「コンヤク」ノ葉形胡[illegible]
ノ茎ノ花ネニモナルモノアリ
ソノ図ヲ後図ニ出セリ「コンヤク」
別物カ不詳
従（[illegible]）図標

庶人必用云[illegible]
同の[illegible]之樋[illegible]葦蘇と作りて食す　野蜀[illegible]の類之又名[illegible]
自然子草葛藤子同し吐下
[illegible]大子防風集解
附録[illegible]の[illegible]食る物見ル

大和本草云　蘭山説
コンヤクナ[illegible]防葵
種[illegible]形カ、残[illegible]下モノ[illegible]防風
而已[illegible]是ニ非ル之

○イチリキナ　津軽ニハコザクト云松前ニハコジヤクト云春
赤苗ヲ布ク状地床ニ似テ甚肥大徴ヒ香気有春夏ノ
間夷人常ニ食ヲ津軽人又采テ菜蔬ニ充食ス五六月
茎ヲ抽高四五尺有テ細白花ヲ開花又地床胡蘿蔔ノ
屬ニ似タリ又処々海辺ニ一種ノ草アリ形梢藁本ニ
類ス根ハ防風ノ如ク香気アリ茎徴高サ一二尺ニ過
ス七八月花サク花モ又防風ニ肖タリ夷人又呼テ「イ
チヤリキナトナスサレモ其種自ラ別ナリ　東夷物産志

○此邉昆布名物也此沖ノ昆布獻上ニ成ト云　磯際　昆布
小蛇澤山也カマノ澤　瀧　夫婦岩　蛇ノ岩 此岩ニ小蛇沢山ニ住由　礁ノ岩
モトメ岩　オナメ岩　大滝　カモナ川
右何茂濱邉也原口村ヨリ蛇喰峠其外十四峠有大難所
ナリ　山々鹿澤山之ニウトト云草有葉ハ西瓜ニ似花ハ唐松ト云
物ニ似タリ又ミヤクト云草有葉ハ三ツ葉芹ニ似ニウミヤク共ニ八
九尺程生茂ル又自然ト生ノ落葉有大ナルハ八九寸廻有牛房
モ自然生八九寸程有

奥州松前巡検之記

ジンニヤ

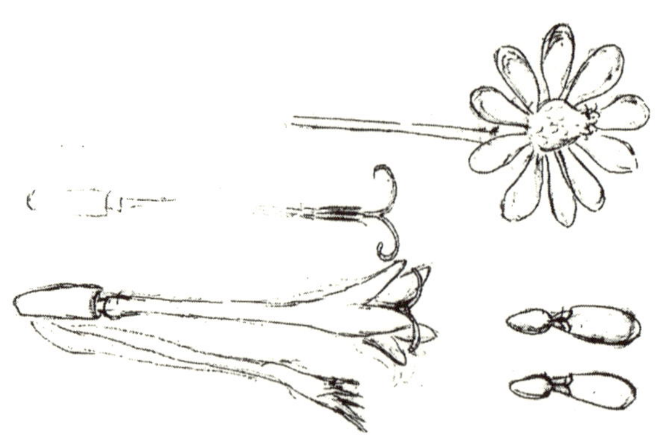

○百日草

百日草ハ近歳花戸ノ秋ニシテスリンドウザリ（長生菊）化ノ羅甸ハ Zinnia elegans ト云フ 氏第十九綱第二目合蕊花類菊科ニ屬ス 我邦ヘハ文久七年創メテ米種ヲ傳フ 園藝家玩ノ品トス 花期最久キニ堪ユルヲ以テ百日草ノ名モ起レリ 茎高サ三尺許 枝葉対生シ葉形長心形ニシテ [illegible] 花ハ菊科ニシテ周圍ノ小花ハ舌状ニシテ一歳十文餘又重瓣ノ者アリ 紫紅 黄 褐 緋 白等ノ異色多クシテ且濃淡アリ 共ニ賞スベシ

○メキシコ國ニ自生アリ

コノ花期

Zinnia elegans varii
Zinnia elegans. var.
Composées Radiées. Jpr.

Zinnia
Violarea

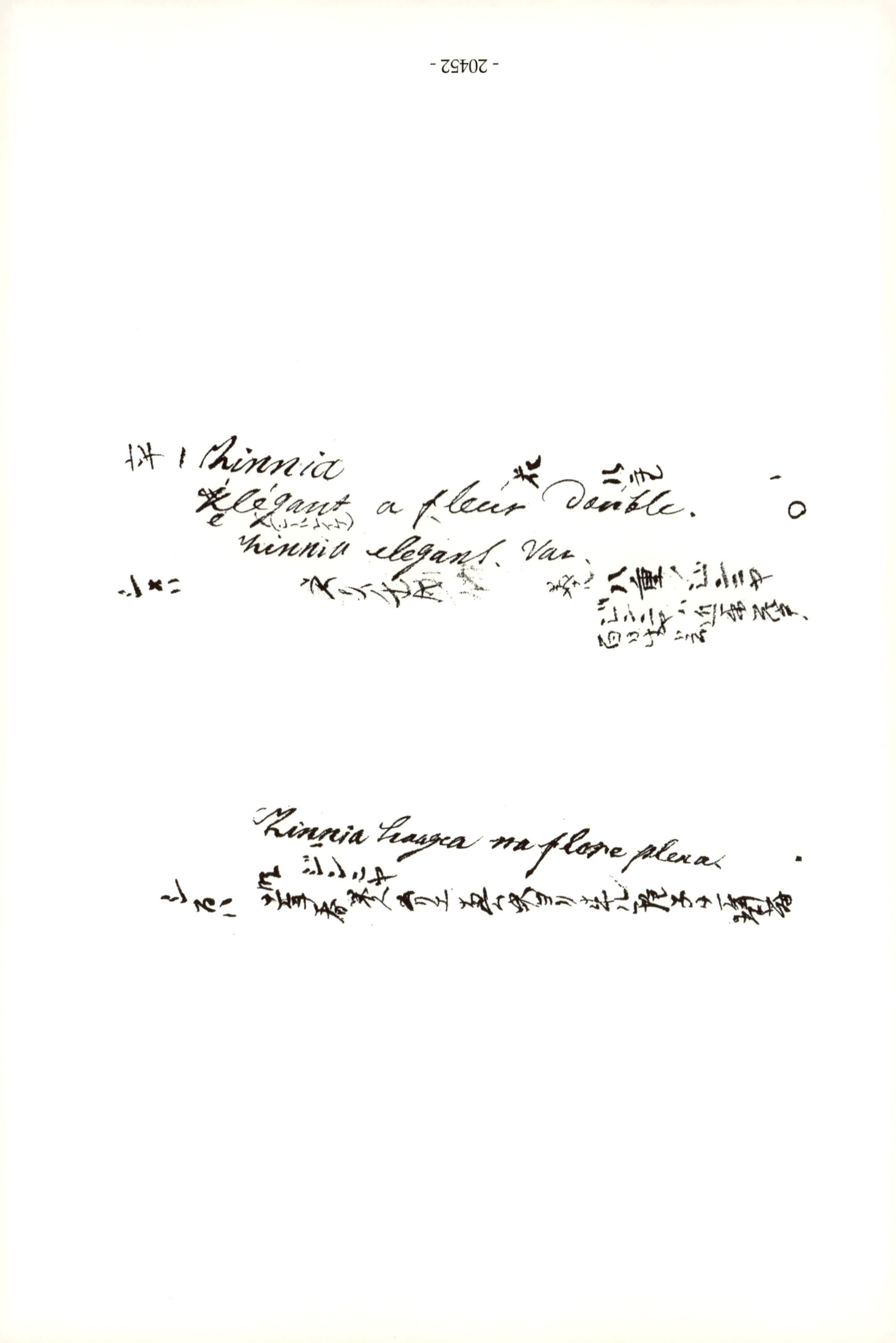

[illegible] Zinnia
elegant a fleur double. 花[illegible]
Zinnia elegans. Var.
[illegible] 八重[illegible]

Zinnia haagea na flore plena.
[illegible]

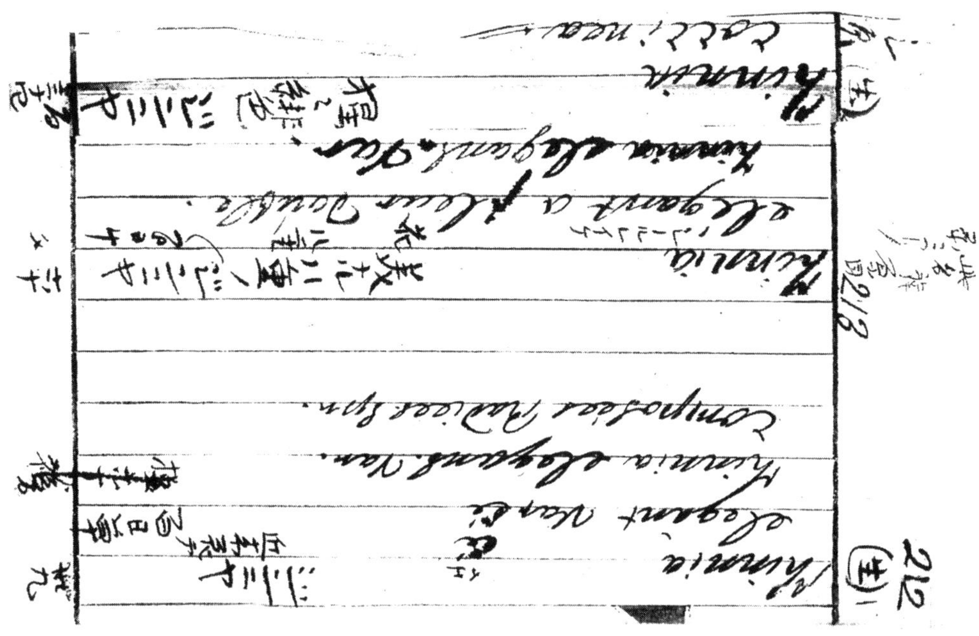

212 (生)
Zinnia elegant Var. 花 ジンニヤ 近来来テ 百日草 雑九

Zinnia elegans Var.

Compositae Radiées Spn.

213
Zinnia エレーガント elegant a fleur Double 花 美ナル八重ノ ジンニヤ 百日草

Zinnia elegans Var. 猩々緋色 ジンニヤ

(生) Zinnia Coccinea.

213 Zinnia elegant a fleur Double 美ナル八重ノ百日草 (生) 生

214 Zinnia elegans ジンニヤ 百日草 (生) 生

216 Zinnia Violacea 紫花ノ百日草 (生) 生

ジンニヤ 百日草 Double 重弁

215 Zinnia Coccinea. 猩々緋色 ジンニヤ (生) 生

ZINNIA—Elegans.
FINEST MIXED.

Nat. Ord., Compositæ. Linn., Syngenesia Polygamia Superflua. Half-hardy Annuals. 2 feet. Fl. various colors. June to September. Native of Mexico.
Splendid annuals for bedding, the flowers are mostly very double and exhibiting a great diversity of the most brilliant colors.
Sow in the end of March or in April, in light, rich soil, on a mild hot-bed; pot off as soon as strong enough, and when again established, harden off, and plant out in the end of May, in rich, sandy loam. Sow in open ground in April or May, and transplant one foot apart.

B. K. Bliss & Son
No. 34 BARCLAY STREET,
NEW YORK.

ろハ

○ジンニヤ　叔ノ従ヲ排ス
第十九綱ニ屬シ本艸家ジンニヤノ
名ヲ假ル

徵
Kappige Steel、
二箇ノ立毛ガ髭道ノ Zaadkuipje、
卽円ニシテシリニデル状ノ鱗葉、
分別セザル Hnaal[illegible] ommetje、

○我邦ニ移モノ當今二種アリ通常下種

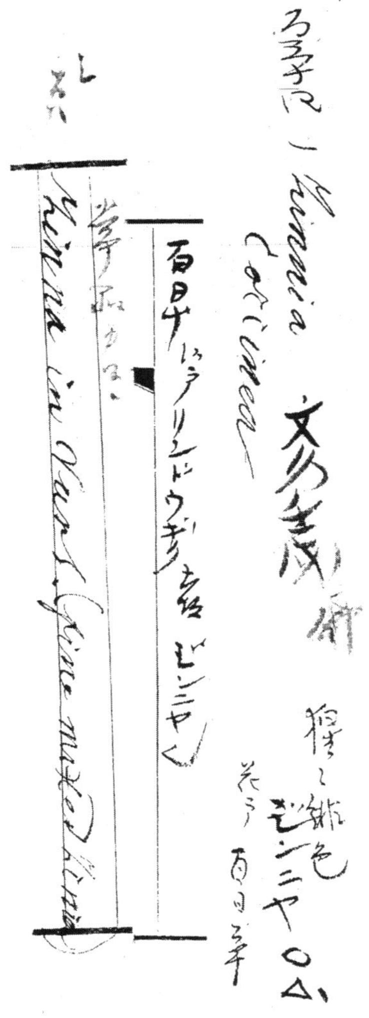

ろ芝花ノ Zinnia coccinea 文殊菊 [illegible]

花ノ紅色 ジニヤ○ム

花ノ 百日草

百日草 [illegible] ジニヤ

Zinnia [illegible]

ノ花草ヲナレリ

第一花

ジニヤパウシフロラ　羅甸ジニヤ [illegible]

此草ハアフリカーニ似テ小ナリ 単花

葉ハ茎ヲ囲抱ス葉状心臓様ノ卵円ニシテ茎直立シ

光滑ノ周囲ハ鋸歯ナシ茎頂ニ光滑円柱状

ノ蕚ヲ着ケ一黄花ヲ開ク葉間枝 [illegible]

第二種

其茎ヨリ高ク抽テ一黄花ヲ着ク

テマナチュレノ最後ノ旅行ノ中ニ此處
ニ猶少ノ数ヲ丘ニ見之タリ
○此花ノ甚シク義書タルヲ修納家ノ術ヲ以
テ重弁（此法近家ニ在ル他ノ草ニ経験
ス）ヲ生セシメハ花園ノ點綴少ナカラザルベシ
按文久二戌皇弁ノ品ノ種子ヲ舶來
持渡リ
又フランス種子目録ニ重弁ジニヤノ圖
ナリ

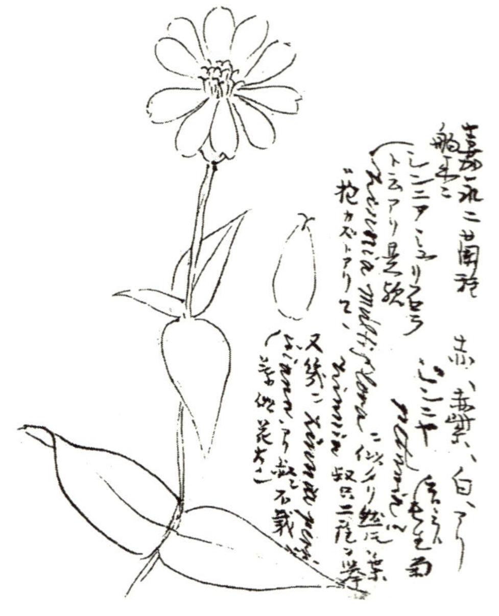

「ミニヤ ミルチフロラ」羅「ヘルバーミヘ ミニヤ」多花
此品前種ト別チ難ク此花ハ「ゴウツバー」
ミ「ハンフラヒリ」ガラニリ金盞花ノ類ト名ヲ無テ来レ
リ前種ハ「ゴーリュー」白露ヨリ来レリ」此花ハ深紅
色ニシテ下面ハ緑黄色ナルニ因テ自ラ異ナリ
且ツ此前種ヨリ小ニシテ茎円ニシテ稜
ナク葉ヲ茎ヲ囲抱セズ花柄ハ長シ葉ハ着
ケズソノ数前品ヨリ最多クシテ大ナラズ形
殆ト「Flierweelbloem」ニ似タリ 黄纏形

円ナラズシテ長シ是皆前種ト大ニ別ラ
ナスレ花ノ盛ヲ過チテ金光アリシ花瓣ハ
暗赤トナリ下面背ハ緑ニ帯ヒテ鴇色ナリ
ラツ種子ノ熟スルニ至ルソノ子房形ヲナシテソノ
端ハ小花弁ヲ着ケリ中央ハ凹ニ二箇ノ
歯アリテソノ長サ稍知レヤキユインノ如ク此
小花ノ数ハ十五ヨリ三十ニ至ル前形ノ
只五ヨリ十二至ルモノト異ナル験セリ」ロイス

メキシコジンニヤ
近年亜国ノ品 葉對生シ（鉢植ニ 花夏月ヨリ秋ニ至ル）
ノ如ク葉ハサキ尖ル茎頭複花ヲ着ス
花瓣黄ニシテ中花弁ノ背ハ紫色ニシ
青色ヲ帯ブ 花白赤紫色又白花アリ
蕚ノ鱗片ノ外ニ小花樺ッ花（白ノモノ）中実ハ突
起シ花ノ弁端尖リ...
白色アリ...

ジンニヤ
百日草 江戸名 長生菊 花戸者ニ名
第696ニ Zinnia peruviana（葉似花大ナリ 叔ニ栽ル 叔只二種ヲ栄ナリ）図アリ

船来米ヨリ来リ又文久三戌歳仏ヨリ来ル
白花アリ紫色アリ黄アリ桃色アリ紅ノ
緋アリ黄アリ（黄褐色アリ）葉ハ花様ニシテ細長
稍大リ両葉相抱テ茎ノ中ヲ母皇ナ...ド
然シ如ニ茎葉毛茸アリ糙澁ア茎端ニ

百八

花ヲ着ク複瓣ニシテ周囲ノ花ハ外ニ向ヒ十余（ニ三）
ニ及ブ 嘉永二蘭舶来ニジンニア ミユルチフロラト云アリ是ナリ
Petunia ニ似タリ 然モ葉抱カズトアリ 此外
紫色 Zinnia elegans ヨリ出
桃色 同 変ジテ出
黒色 同上
藤紫色 Zinnia Violacea ヨリ出
黒褐色 ・ — Coccinea ヨリ出
褐ニ緋色ニ変ジテ云フ福ナド
褐々緋 — elegans ヨリ出
桃色 同 変ジテ出

ジンニヤ 百日草 俗ニ七面鳥 [illegible]
ミチヒコジンニヤ

三百八 Zinnia elegans

Cardamomum manis Wild. 1448.

縮砂ニ

白草果与草果同而花白

白草果

H. gardneriana Wall?

Hedychium sp.?

Wight 1853 *Hedychium flavescens* Carey garland

(Pale yellow garland flowers)

白草果與草果同而花白瓣肥中進一縷微黄土醫以爲此眞草果

Amomum

豆蔻 別録上品 異名 草豆蔻 今案豆久

白豆蔻 今案志呂豆久 異名 多骨

縮砂蔤 今案美加久志

Paradijs koorn

Am

Amomum amarum スミロウト 益智子

Amomum cardamomum ・スミント 白豆蔲 東埔寨豆蔲

Amomum globosum 草豆蔲、山豆蔲

Amomum medium 牛果

Amomum villosum 陽春砂

Amomum xanthioides 縮砂密

Amomum.

シラサハギクノ・メソ・シン

花ニアサハニランノ國 東ニ

三百十五 係附

シラサハギク 細葉東風菜 圭

六十九 Ichiranthe 之

Emoissé.

百七 Ichiranthe Rechtis, hook.

百十五

シキンサンテ ユモウスセ ロ

○春芙蓉　奥州會津ノ産也高サ一尺許葉タカラ葉ノ如ク
丸メ皺アリ葉茎細シ陰地ヲ喜春四瓣大リシノ淡紫花ヲ開ク
木芙蓉ノ花ノ形ニ似テ小也可愛　[illegible]

[illegible]

こしそ
諸微傘 曲リ花蕚、五ノ釘様
ノ花弁、コノ花弁ハ花唇ニツイテ冠
状ヲナス是ヲシテ
室ハ亦リ三室ナリ（[illegible]

○ミチ種アリ
ミツクリ　草ノ互生ハ花

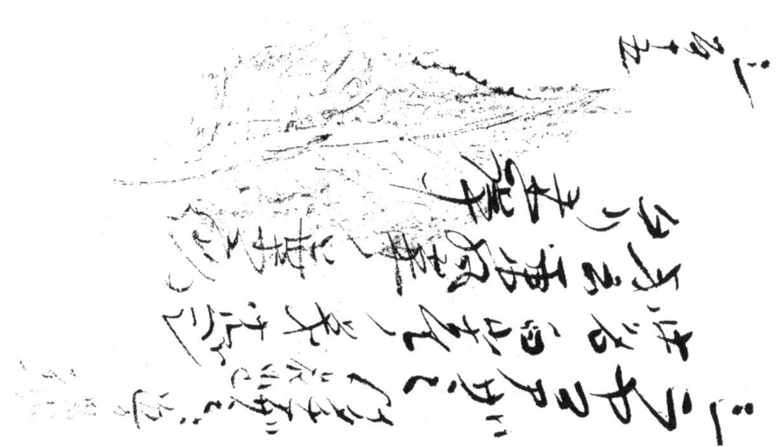

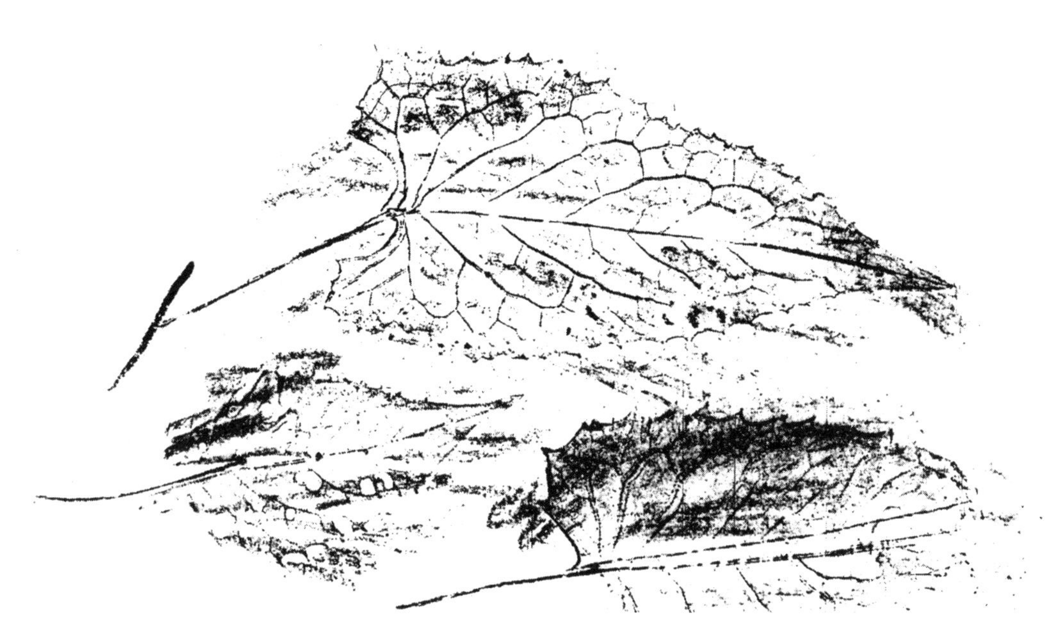

小笠原島産
シマニシキサウ

地錦（ニシキサウ）一種

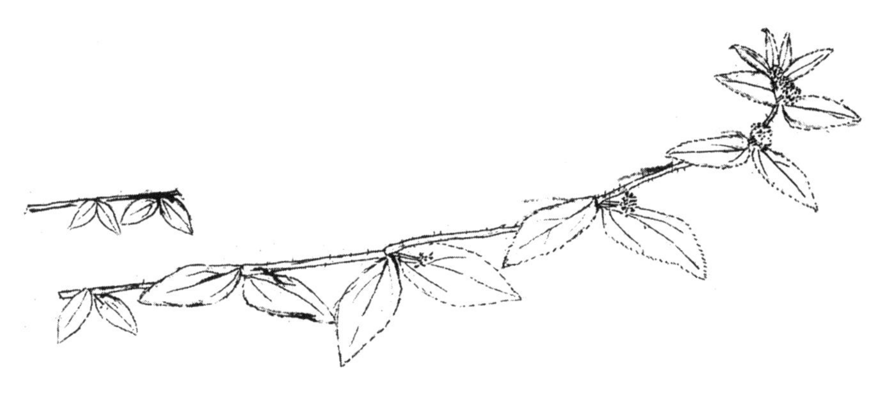

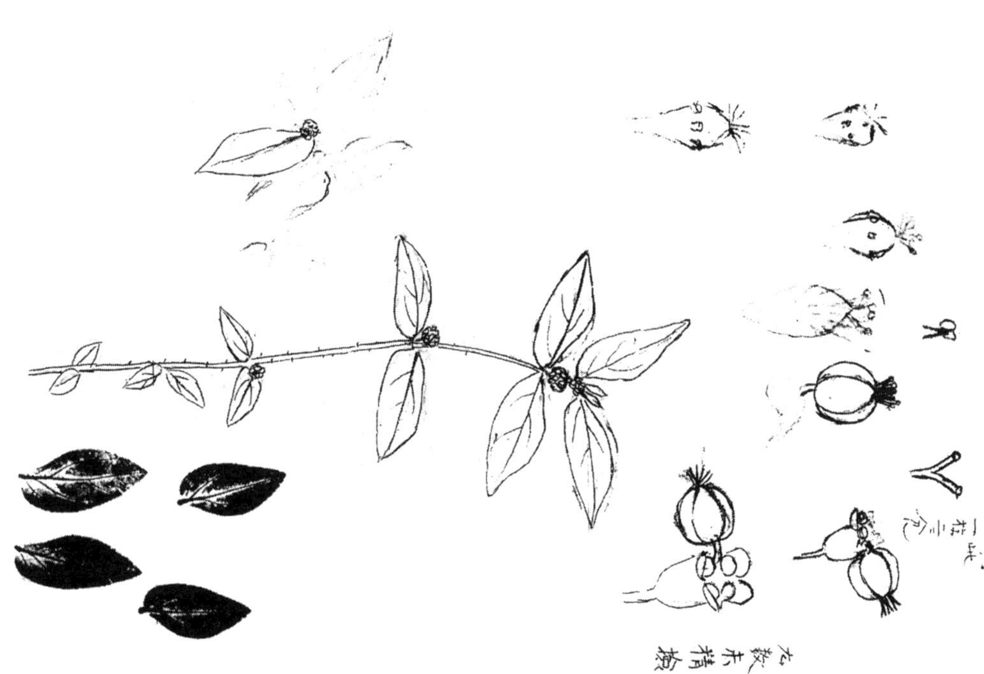

シテ二ニシテサウ

文久二壬戌（栗田万次郎）小笠原嶋ヨリ種子ヲ携ヘ帰リ下種シ生ス

又鉢植長崎港ヨリ出島ヲ採リ之ヲヒノカルトニ質ス 草日本他ニテ見ズ ソノ出島ニアリテハ恐クハ瓜哇ヨリ種ヲ来ルニハ 名ハエルホルヒリウムト云 但九州也ニ産ス

ヤホメ擇ナ

円茎直立シ毎節ニ両葉対シ 葉状針鹹檐ニシテ細鋸歯アリ 短柄アリ深緑色ニシテ初生ハ葉中ニ紫斑アリ 茎紫ヲ帯ブ 茎ノ葉ノ腋ニ蕾茸ア 葉間ニ細花ヲ攅簇ス

細小ニシテ形辨シ難シ 緑色ニシテ丹?ニ之

甘遂ヲ離レズ 四弁ニシテ名花ノ散未タ精核セズ 三稜ヲナシ三柱アリ毎柱両岐ヲナシ其中ヨリ細梗ヲ出シ傍ニ出ヅ 六出ノ状ヲナス

茎ノ伸ビルニ従ヒ断次ニ花ヲ着ク

シマニシキサウ　城ノ谷ノ種　小野蘭山[illegible]
[illegible]ニハ甚多ク集セリ[illegible]種子[illegible]ニ[illegible]自在ニ生シ
モズル[illegible]茎ハ[illegible]テ蔓セズ相倚セズ又直
ナラズ[illegible]斜ニ出テ[illegible]又其形ヲ[illegible]
葉高桃[illegible]状ニシテ三縦道アリ重鋸歯アリ[illegible]
七寸許中四五[illegible]帯紅緑色ニシテ[illegible]色ナル茎
[illegible]緑色ニシテ[illegible]毛[illegible]小ナルモノハ二三寸[illegible]
同大ナルハ尺余ニシテ数枝アリ[illegible]茎ニ付テ花穂
[illegible]出シ[illegible]簇ス花ニ[illegible]小ナル[illegible]地[illegible]
シ
百九ノ花ニ[illegible]
向旧記

シマニシキサウ　甲州ノ名ハエウキルヒキノ[illegible]
[illegible]
[illegible]
又アヅマ[illegible]別種ナリ[illegible]
[illegible]
[illegible]
[illegible]

△臈ハ花セシ
ニ追テ[illegible]
同[illegible]
[illegible]ナリ

シマミミテサウ

此草文久年間小笠原嶋ヨリ移ス

携ヘ来ル人アリテ 栽福ニ一花モ頗 雲日耕小ヨリ 後花

スハモミミテ文之治之ル長余ゟ修園ニテ

花ニ刻見ヘルモノナリ 上細茎直立シ茎頂ニ 激ニ

毎節間一寸五分ニシテ両對生シ一葉 傍ニ

ノ形  一邊少シコケアリ微大 向背

鋸歯アリ 茎ニ毎節毎葉アリ

此草蝋ニ似テ葉ハ 葉間ニ短キ花梗

ろ土ミホクド

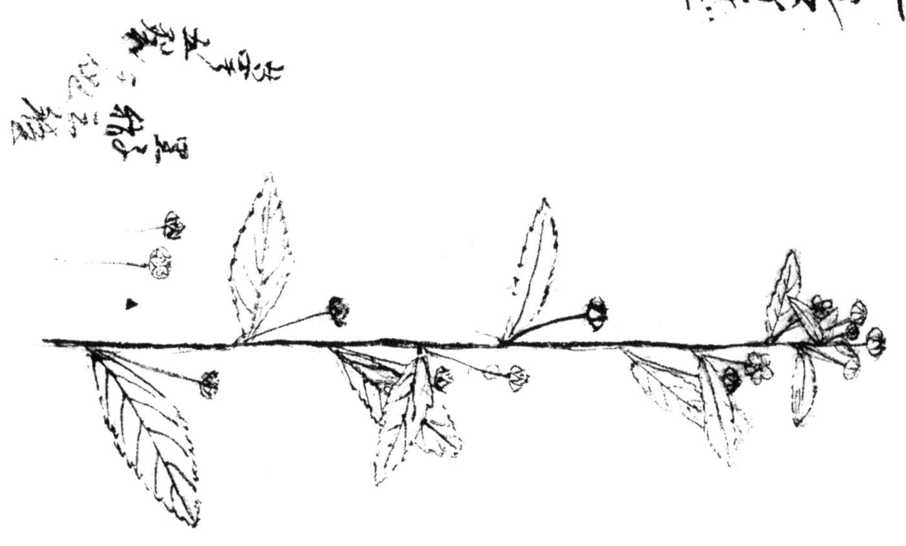

左十三

オースドリヤヶ本田ニ極ノ多ク剣ニシマイチビ
云ミ税名 茎高サ二尺余 葉モリ二寸許
度三ヲ分許 葉ハ[illegible]花[illegible]例キ
其茎[illegible] 路ニ[illegible]花ト[illegible]
日向 品カ

同上花　ハ黄花　深ク五裂ス花

茎葉ニ毛多シ
シテカタク積ム
状ニ於テ大ニ
テ多ク花梗ヲ細ニ
ニ出シ一花ヲ生ス
一花葉ハ一列花毎ニ
帰ニ状シ実ヲ起シ結ブ

明治四年 飛騨
五種ノ花
乃チ之ヲシマイチビト稱名
或ハイチビモドキト云
日本語ナリ

Sida Japonica 同前

按レマノチヒ日局験

Sida rhombifolia

第 781、

シマイチビ 本草ノ缺疑
余ニ手ヲ示ス中ニ
アリシ鉄刀木
アリト云

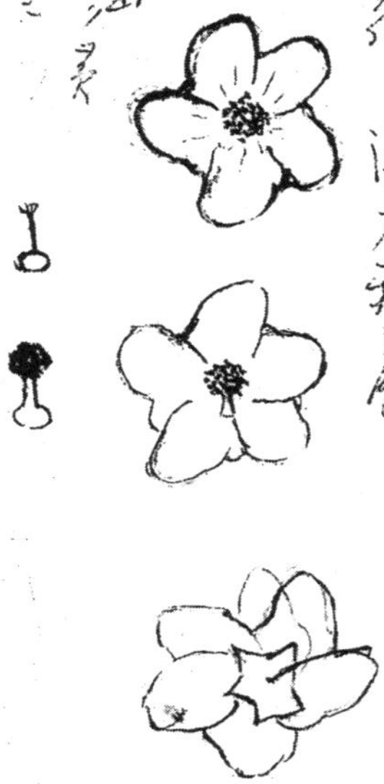

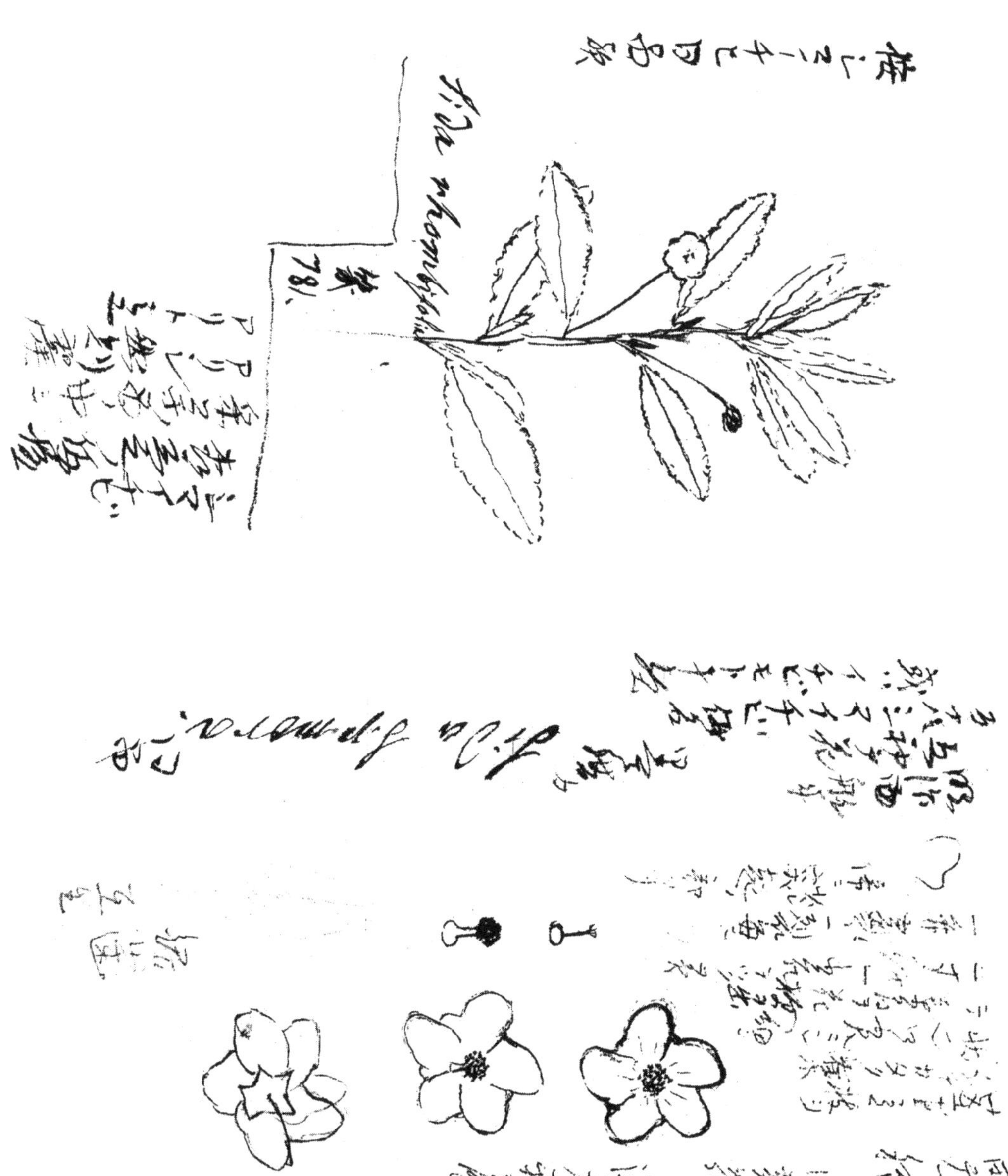

コリミユス

丈二尺余葉ハ苧麻ニ似テ深緑色互生ス
八九月葉間ニ小黄花ヲ開五瓣黄色懸鈎
子花ノ形チニ似リ

Schizanthe
A feuille Ailée
Schizanthus pinnatus.
Scrophularinées

Schizanthus pinnatus.

ミチカンテ

円茎ヲ抽コト高サ二尺許リ茎モト紫ヲ帯ブ上ハ緑色ニ葉細キ鋸歯并ニ複鋸歯アリ互生ス茎上枝ヲ分チ層ヽ花ヲ着ク萼ノ状萼ノ花ヲ着ク缺ノ如シ毎層花梗ヲ出シ數花ヲ開ク花弁上五出下ニ出ヲナセル唇形花ドシ五六月花アリ

春下種 *Tanacetum pinnatum*
シテ生ズ
小サキ二ノ葉ヲ重出シ又葉ヲ重出シテ雄七アリ 初ハ
胡蘿蔔ノ初ニ出ルニ似タリ 枝茎ヲ出シテ後茎ノ心ヨリ茎ヲ
出スコト六七寸許ナリ 枝ノ葉数枚互ニ附ク 葉ハ缺刻
アリテ陸続蓬ニ似タリ 葉背及茎毛刺アリ 茎上
十余葉ハ段毎ニ花梗二三四出ス 花ハ一層ニ移ル奇形ニテ上唇
ニ裂アリテ五出シ下ニ裂シテ二片トナル 最中ノ弁大ニシテ先
四五分又テ七状ヲナス 下唇紫ニ上唇白ニ又淡紫ノ白
色ノ中ニ深紫斑点多クアリ

花ニ三ケ繞リ
葉互生
一茎
一ハ左ニシテ七ツ下唇 二ツ裂

ミヨモ
高明記

シオサンチ

上弁 淡紫
紫点アリ
左右二弁モ淡紫
下弁 白中紫
左右曲リ外弁紫アツテ白中ヲ抱ク

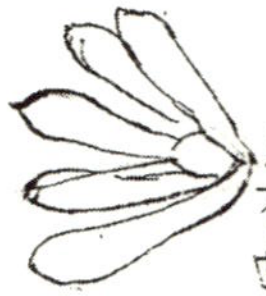

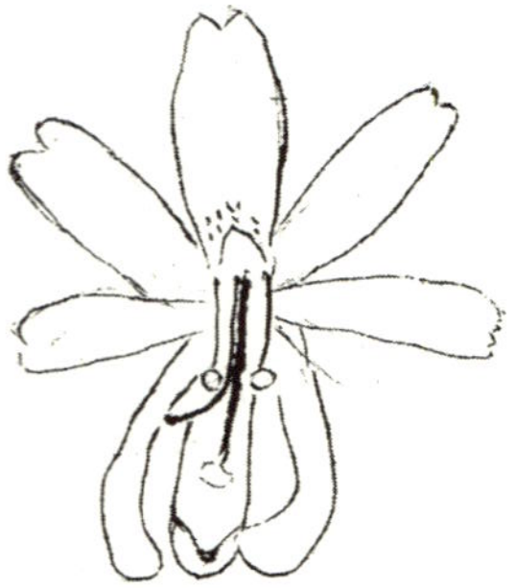

196 Schizanthe
A feuille Ailée
Schizanthus pinnatus.
Scrophularinées

197 Schizanthe
émoussé
Schizanthus Retusus. hook

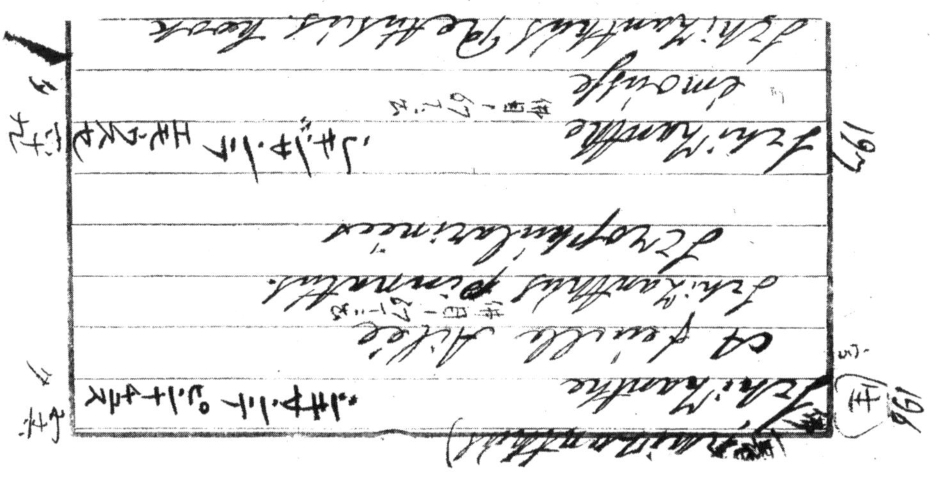

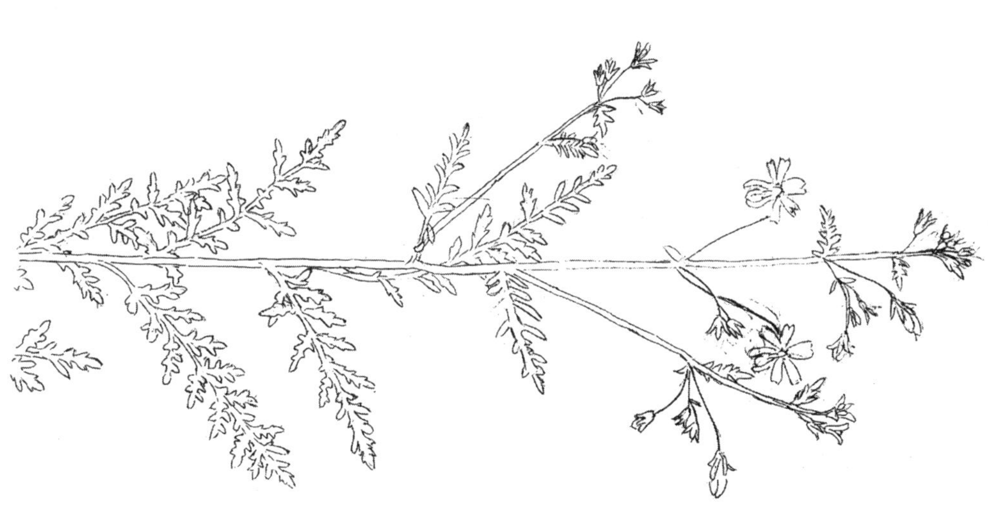

[illegible]
[illegible]　可有候

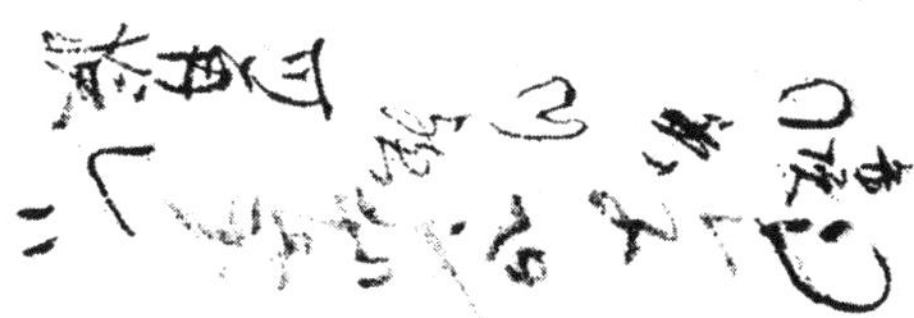

○
三四五尺　旧ヨリ自生ス　乙丑三月中旬開花　形ハサツキナデシコノ形ニ似　色サクラ色也
此品ハ手ニテ写シタルモノヨリ花稍大ニシテ如此ニ[illegible]
葉ハ對生　披針状　女萎葉ニ似テ稍長ク[illegible]　茎[illegible]

アメリカフシグロ　附
シレネペンヂユラ　三止村栽
園人ニ穀年前来　茎直立七八寸位
枝ヲ分ツ　茎紫色
[illegible]
[illegible]
花[illegible]
十綱三月
374
Silene pendula.

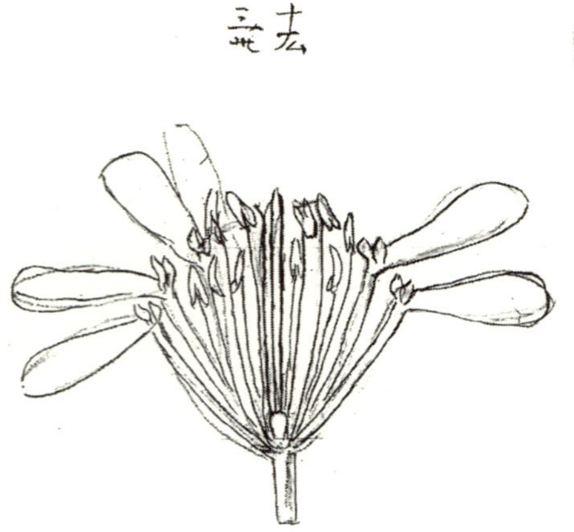

ミレ子

Silene pendula「ヨー字ハ誤ナラン」 吉田ノ訳名ニ此蝿花

スイレ子　ペンドゥラ

Silene ミレテ 女萎菜ト同属ナリ

文久二歳次舶齎ノ一ナリ高サ一尺余茎紫黒

色ニシテ無毛ナリ葉ハ根上地ニ偏タルモノハ端円ニシテ長ク

匙様ナリ茎上ノ葉ハ端稍尖リ茎葉ヲ抱キテ

女萎菜（カリウゴマ）ニ似タリ茎頭細枝ヲ分チ紫花ヲ着

ク五弁ニシテ形ナデシコノ花ノ如シ五月ニ咲ク

テ茎高サ五寸許ナリ　同年六月初旬ヨリ開ク

ミミエ

Silene ×

~~Armeria~~ alpi. Silene.

Armeria.

アメリカ産　ミレ子　アルメリヤ。

アメリカ産不ノ行(?)　白花

Silene [illegible]　文久二歳舶齎

女萎菜ノ一種

春下種シ生ス葉ハ女萎ニ似テ[illegible]毛有

夏月ニ至リ茎ニ高サ[illegible]葉対生シテ[illegible]

毎ニ枝ヲ分チ数茎[illegible]茎ノ葉腋[illegible]

色[illegible]ニ至リ[illegible]緑色ニテ[illegible]節[illegible]

紫大[illegible]茎[illegible]毎節ニ花[illegible]其花[illegible]

腋[illegible]ノ[illegible]ニ開ク五弁[illegible]花[illegible]

ミレ[illegible]

白[illegible]紅色[illegible]

シレ子

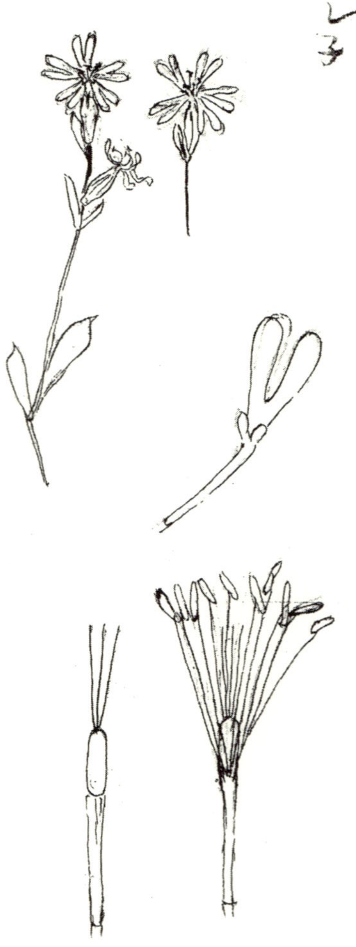

四

伊部種エンビセントカ伊部種ヒランジトカ此ノ稜

モノチリ著 花五弁各弁岐ヲナシヒランジ

種名記録紛失 ノセン紫色

文久二戌船来種ヨリ 実ソ四セ緑色 右ニ上

Silene pendula albiflora.

小ナリ 蒴 五瓣ハ花弁ノ脚ニシテ萼ヨリ生シ 鋸齒五枚ハ
子室ヨリ生ズ 花蕊白色 花ノ脚ノ入口ニ
萼筒様ニシテ マンテマノ萼 アリ
緑色ノ細条アリ 萼ヲ経 大ニナリ 蒴ヲナシ 中ニ
子ヲ蔵ム 即チ十個 稜ヲナス

「ヘルドカールス」属ノ徴 脚ハ五花弁、ここテ萼ノ体ノ筒状ナシ 三室ノ子室（サーフカイト 蒴）
○「シレ子」ノ第二十種 kampen? ne Kaaus, (蒴)
Silene pendula, [illegible], [illegible]

[illegible] 曲 大 ナハ 實 萼
tien [illegible] 粗 [illegible] 綫 [illegible] [illegible] Die
十
此草 獨[illegible] ニ産ス 萼ハ甚タ粘滑ニシテ
他品ヨリハ長キ歯アリ セレタ又シレリーン 第十九、第二十、第廿一種ヲ合セ誤リ

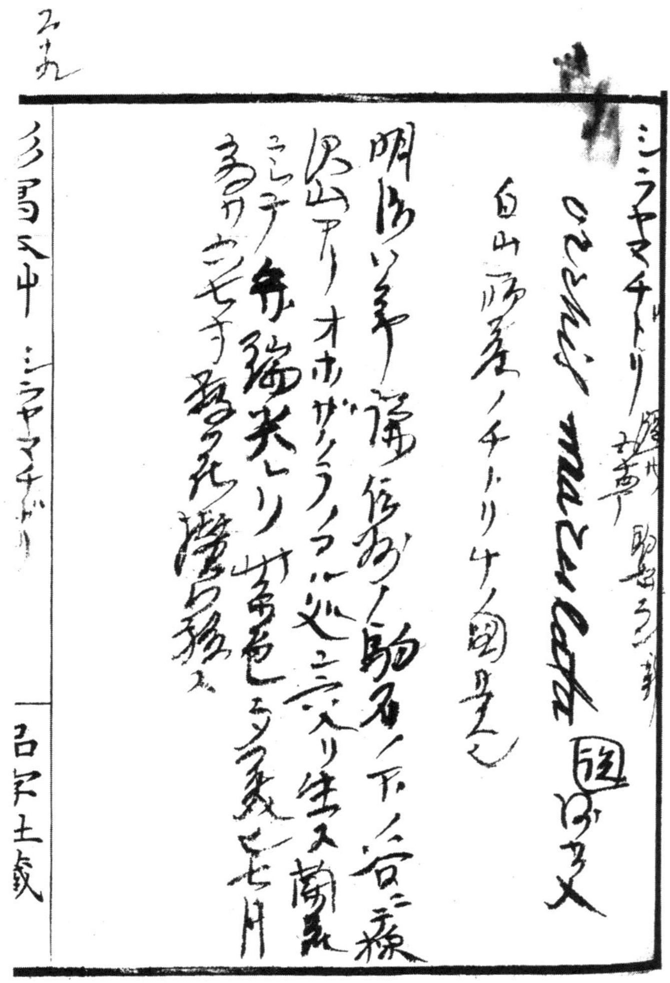

ミヤマチドリ 新 明八採

駒岳ノ産ナリ駒石ノアル下ノ谷也 ニ

多クアリオホザクラノ産スル如ク交リ生ス蘭花

ニシテ辨諸巻ら 嶺ノ口 最長十分 七月開ク茎高サ

五七寸上ニ数花攢簇ス

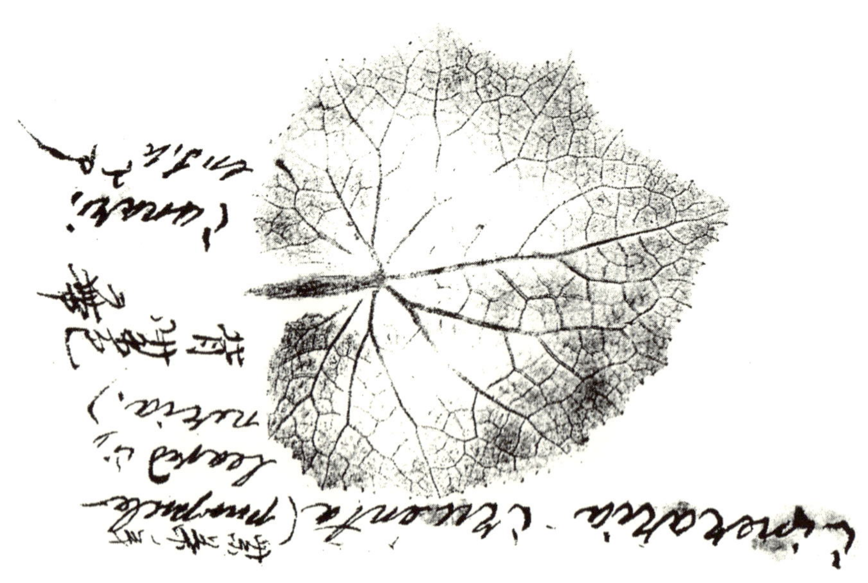

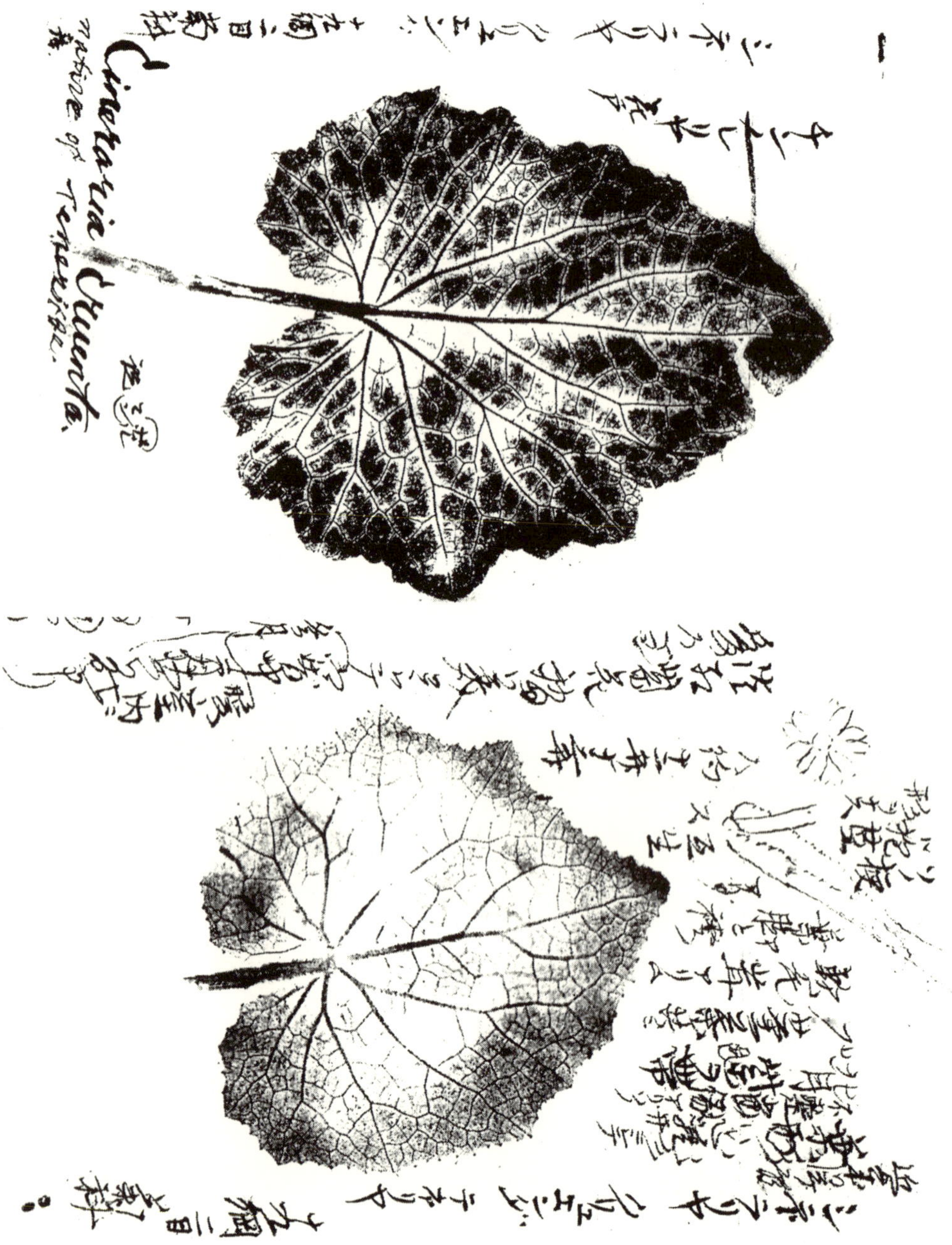

チンノルリヤ　シネラリヤ　十九綱二目　菊科

Cineraria cruenta

チンノルリヤ　同招ヨリ出ルヨシ　米産ナリ

花アルカンニツハツキリノ美

芽ニ毛茸アル故

此種ハ[illegible]花アルモアリ

又名花ヲ[illegible]アリ

名晩

葉ハ牛蒡又オニドコロニ似タリ

チンノルリヤ　紫

葉オニドコロ又牛蒡ニ似タリ二月モ花アリノヒ観ル

所モノハ紫花之又紅、白モアリ　(同)ニハ黄花多シ

[illegible]

仏種物花冊ニ Cineraire [illegible] ノ図アリ[illegible]

同招中ヨリ花紫形單弁ニシテ

ウラジロギクノ如キ花ニシテ花小ナリ

氏早ノ咲ナリ　花色[illegible]アリ

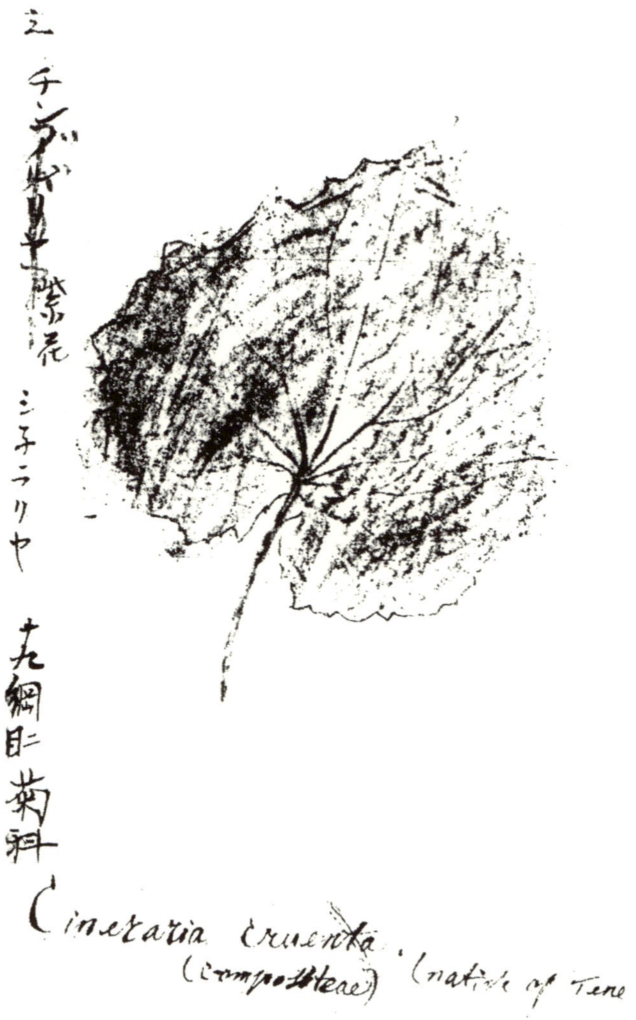

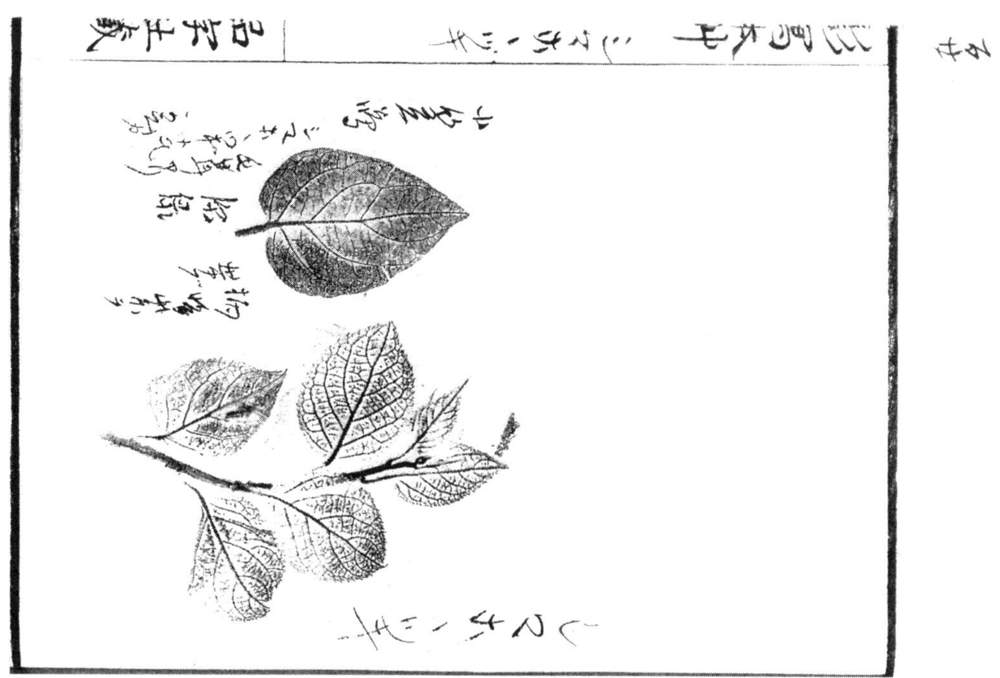

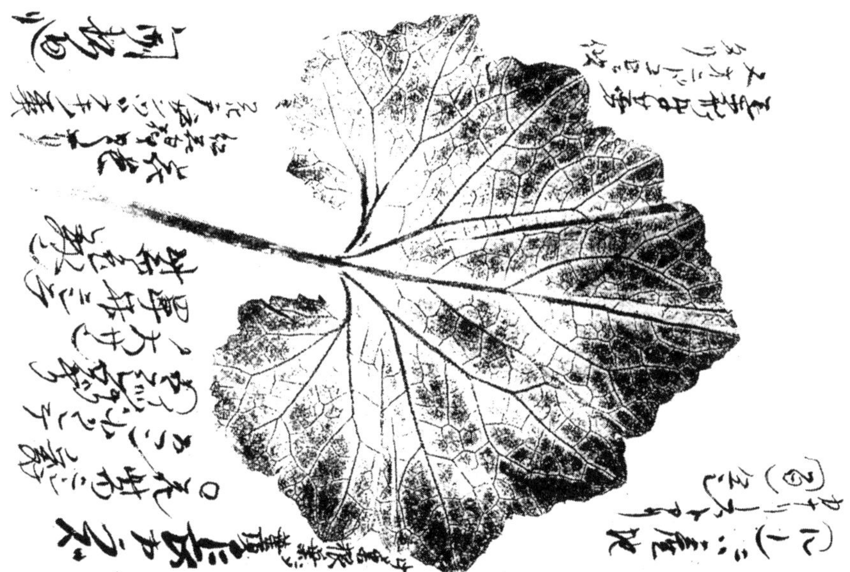

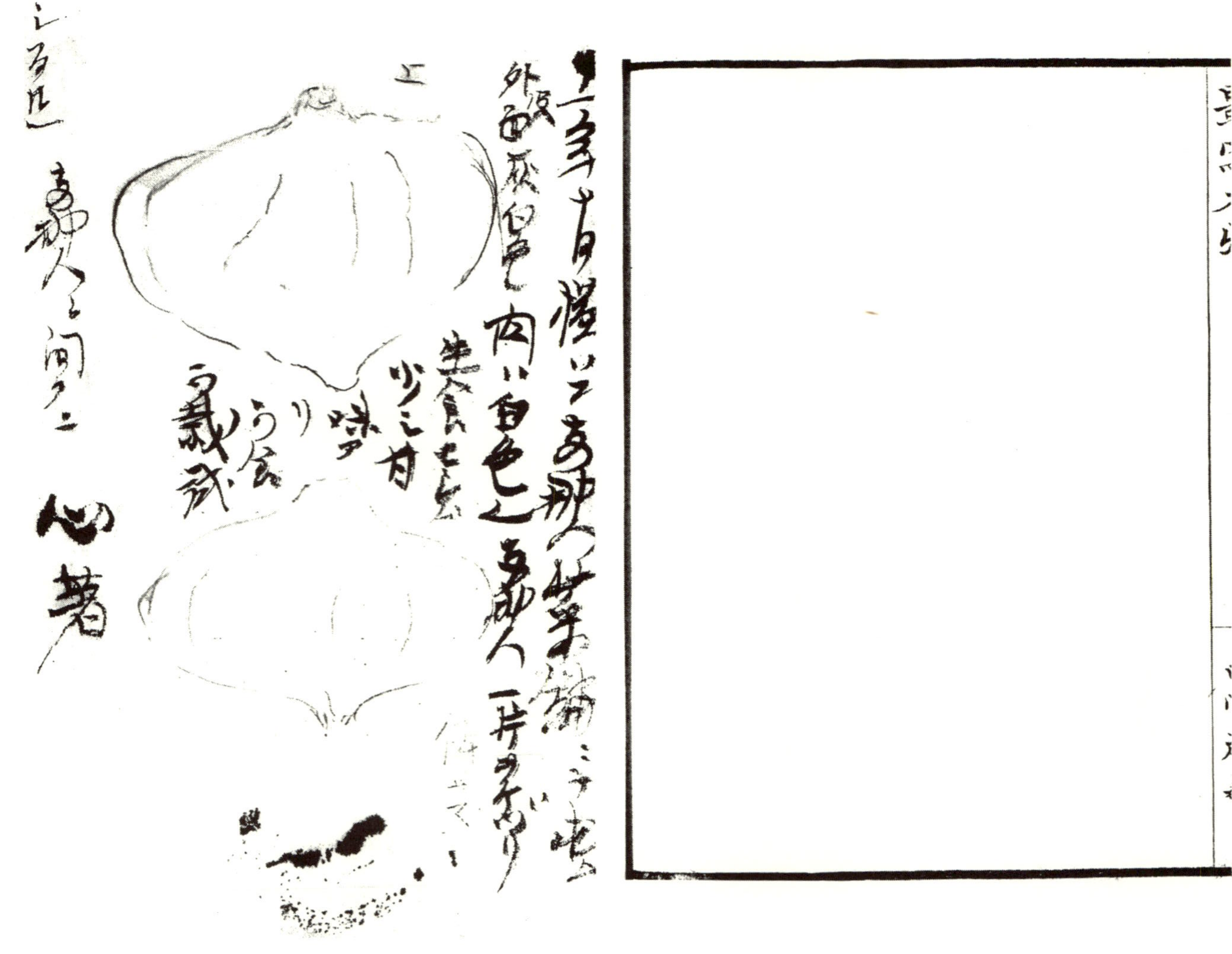

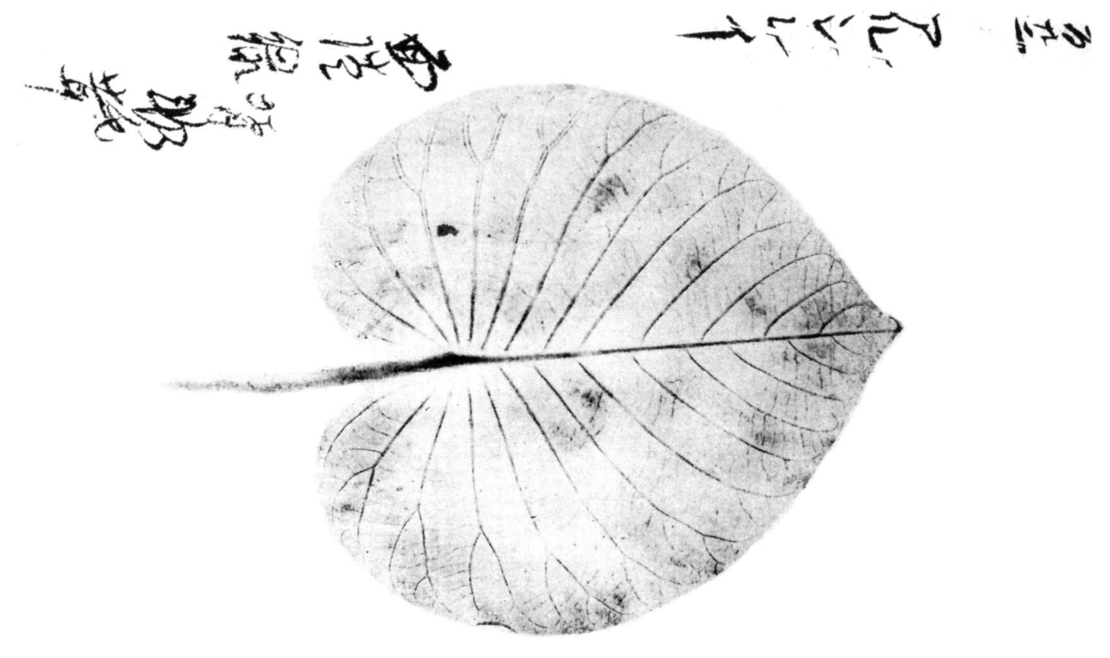

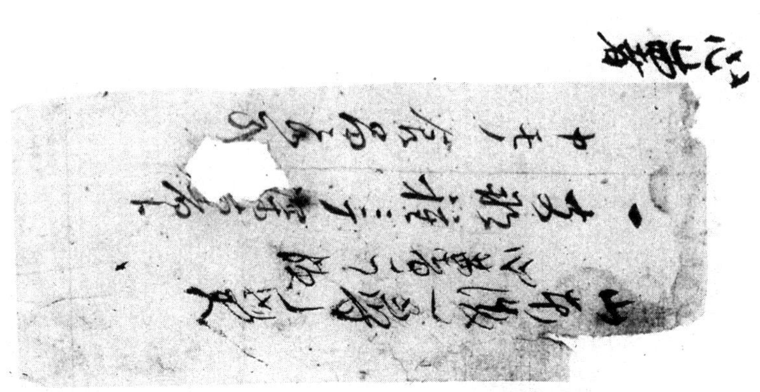

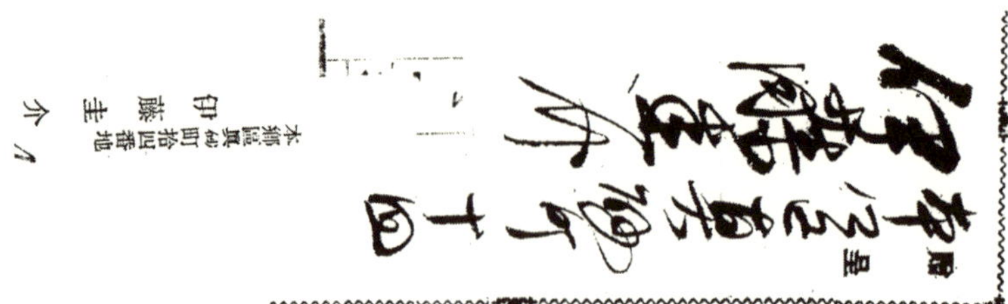
本郷區眞砂町拾四番地
印藤圭介

伊藤
圭介稿 植物図説雑纂二百三十三

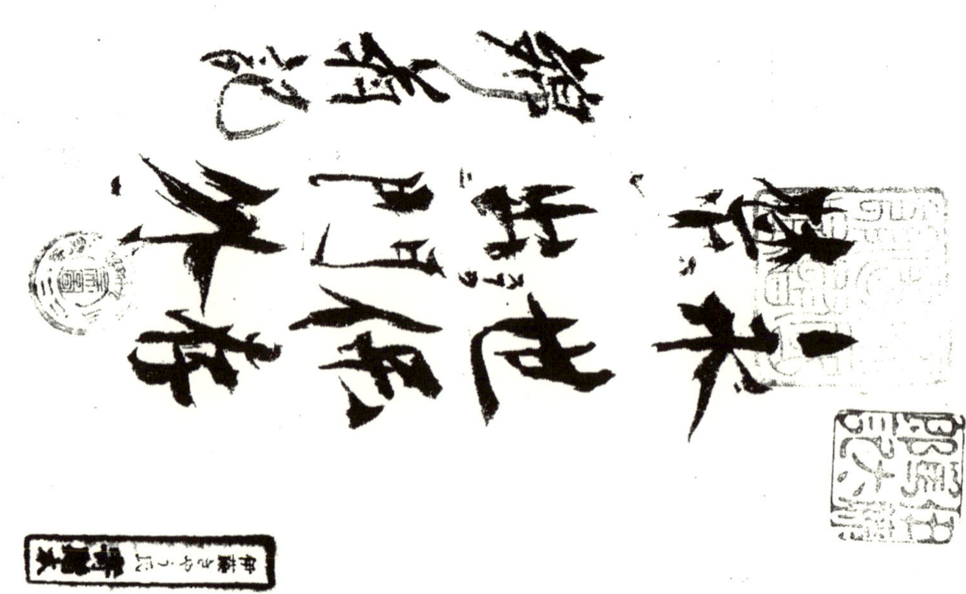

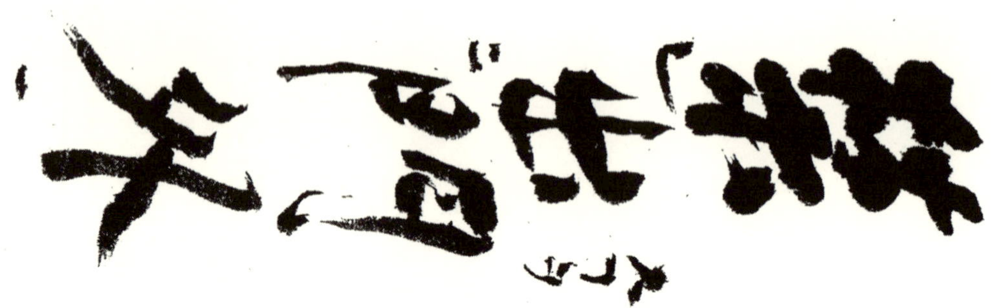

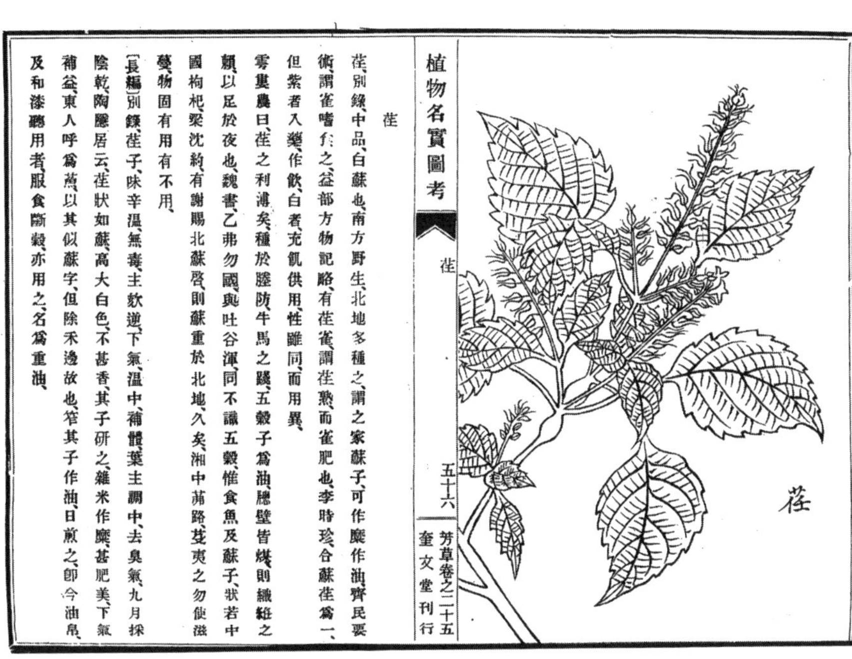

荏

荏、別錄、中品、白蘇也、南方野生、北地多種之、謂之家蘇子、可作糜作油、齊民要術、謂雀嗜荏之、益部方物記略、有荏雀、謂荏熟、而雀肥也、李時珍合蘇荏爲一、但紫者入藥、作飮、白者充飢供用、性雖同、而用異、

雩婁農曰、荏之利溥矣、種於塍防牛馬之踐、五穀子爲油、牕壁皆煖、則纖紙之類、以足於夜也、魏書、乙弗勿國、與吐谷渾、同不識五穀、惟食魚及蘇子、狀若中國枸杞、梁沈約、有謝賜北蘇啓、則蘇重於北地、久矣、湘中苐路、芟夷之勿使滋蔓、物固有用有不用、

〔長編〕別錄、荏子、味辛溫、無毒、主欬逆、下氣、溫中、補體、葉主調中、去臭氣、九月採陰乾、陶隱居云、荏狀如蘇、高大白色、不甚香、其子研之、雜米作糜、甚肥美、下氣補益、東人呼爲蒸、以其似蘇字、但除禾邊故也、笮其子作油、日煎之、卽今油帛、及和漆所用者、服食斷穀、亦用之、名爲重油、

本草拾遺、荏葉、擣傅蟲咬、及男子陰腫、江東、以荏子爲油、北土、以大麻爲油、此二油、俱堪油物、若其和漆、荏者爲強爾、

齊民要術曰、荏隨宜園畔漫擲、便歲歲自生、荏子秋末成、可收蓬於醬中藏之、蓬荏角也、其多種者、如種穀法、雀甚嗜之、必須近人家種、收子、壓取油、可以煮餅、荏油、色綠可愛、其氣香美、煮餅、亞胡麻油、而勝麻子脂膏、麻子脂膏、並有腥氣、然荏油不可爲澤、焦人髮、研爲羹臛、美於麻子遠矣、又可以爲燭、良地十石、多種博穀則倍收、於諸田不同也、塗帛、煎油彌佳、荏油性淳、塗帛勝麻油、

農桑輯要、蘇、六畜所不犯、類能全身遠害者、於五穀、有外護之功、於人有燈油之用、江東人、呼爲蒸、以其似蘇字、但除禾旁故也、莖方、葉圓而有尖、四圍有齒、肥地者、背面皆紫、瘠地、背紫面青、面背皆白、卽白蘇也、荏子白者良、黃者不美、荏卽今白蘇子也、蘇子、碾之、雜米作糜、甚肥美、下氣補益、蘇採葉茹之、或鹽或梅滷、作葅食、甚香、夏月、作熟湯飲、

務本新書、凡種五穀、如地畔近道者、亦可另種蘇子、以遮六畜傷踐、收子打油、燃燈甚明、或熬油、以油諸物、

農政全書、二月三月、下種、或宿子在地、自生、

爾雅翼、荏、陶隱居云、荏狀似蘇、而高大、白色、不甚香、其子研之、雜米作糜、甚肥美、下氣補益、江東人、呼爲蒸、以其似蘇字、但除禾邊也、笮其子作油、煎之、卽今油帛、及和漆所用者、服食斷穀、亦用之、名爲重油、蓋江東、以荏子爲油、北土以大麻爲油、又其言、名爲蒸、似是蘇中魚蘇耳、蕭炳云、有大荏、形似野荏、高大、葉大於小荏、一倍、不堪食、人收其子、以充油絹帛、其小荏子、欲熟、人採其角食之、甚香美、蘇荏之屬、宜近人種、以小鳥好食之、禽經曰、　者不上桑、鸎活者不下荏、言鳥之食含桃者、乃不下顧荏耳、

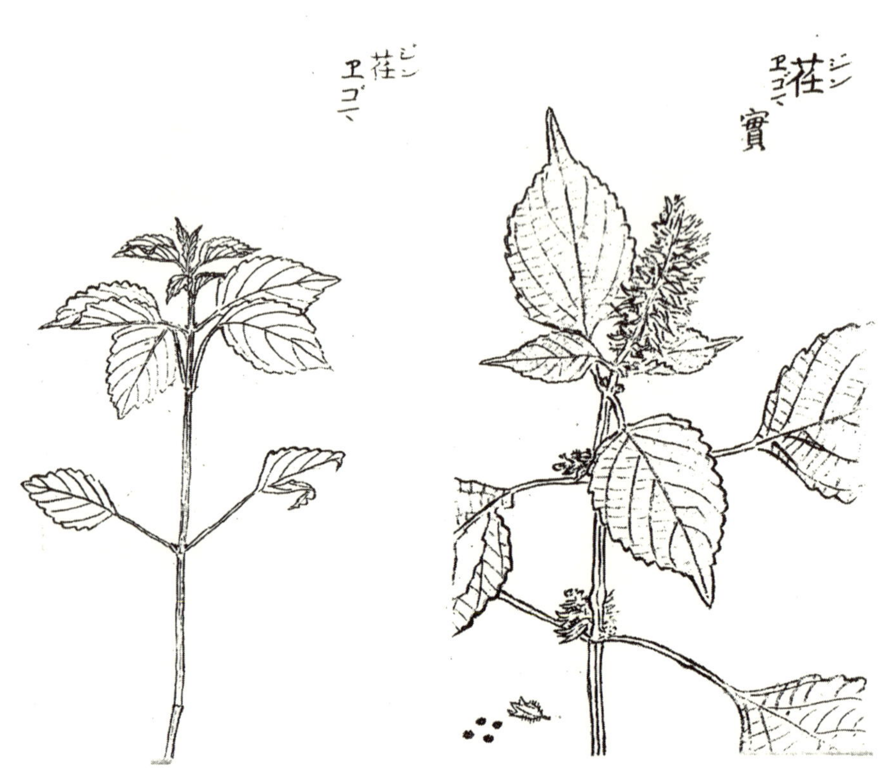

荏
ジン
エゴマ
荏
ジン
エゴマ
實

荏子　エゴマ

苗葉花實倶ニ紫蘇ニ似テ青緑色ニシテ花白色ナルヲ異ナリトス野生アリ又家園ニ栽ルアリ子ヲ収メ小鳥ニ飼フ又油ヲ搾リ採リ雨具ニヒキ用ユ野生ノ者ヲ野荏ト云倶ニ香氣アリ

救荒啓蒙十四

荏 園ニ種テ エゴマトモ云

荏ヲ種テ油ヲトル 農民多ク作ル三〇

荏 チムフル 日本本草ノ部

蘇 チムフル 日本本草ノ部

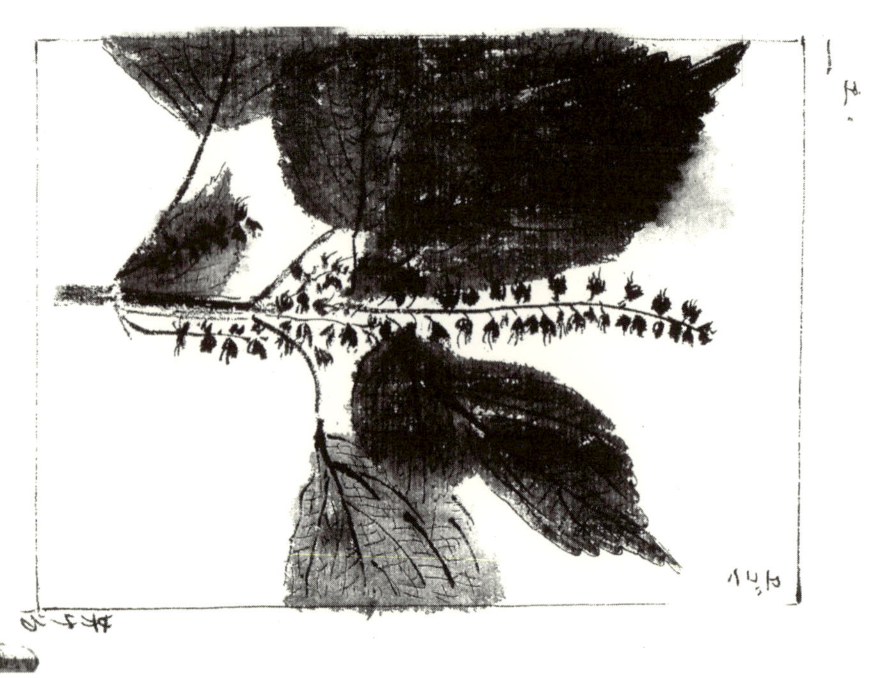

荏ジン エゴマ 花白シ

荏 荏子荏油併入

和名類聚鈔 稲穀部 巻十七 、、、、

荏 野王案云葉大而有毛其実白者曰荏 而枕反 和名衣

〻〻 野王案云葉細而香其実黒者曰蘇 新撰本草云 和名乃良衣

川 一云奴加衣 此二物雖一類其状不同耳

本草和名 十八 荏子 一名薫 楊玄操音作蘓

重油 其子作油 日煎名也 和名於保衣乃美

醫心方 一 荏子 和名於保衣乃美

、、、、、、、

令義解 賦役 三 凡調之次丁二人中男四人並准正丁一人 其調副物 謂此唯為正丁不及次丁中男也 正丁一人荏油一合

令集解 賦役 三 荏油 古記云荏 而枕反 方言 蘇亦荏也 関之東西或謂之荏 野王案蘇葉細而香其実色黒 荏葉大而有毛其実色白 此二物雖是一類其状不同

延喜式 民部 廿三 下 交易雑物 山城国 荏子四石 尾張国 荏子四石 美濃国 荏子十二石云々 隔三年進 加賀国 荏油二石

：、、

延喜式 主計 二十四 上 凡中男一人輸作物云々 荏油五合、美濃国中男作物荏油 越前国中男作物荏油 加賀国中男作物荏油 出雲国中男作物荏油 筑前国中男作物荏油 筑後国中男作物荏油 肥前国中男作物荏油 肥後国中男作物荏油 豊前国中男作物荏油 豊後国中〇

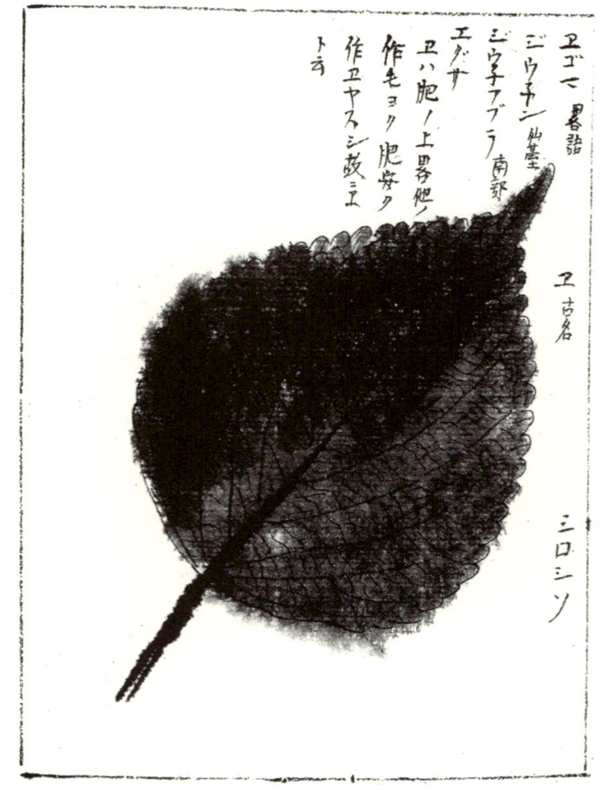

エゴマ

エ　シロソ　ジウネン　ジウネアブラ

エハ肥ノ上男他ノ作毛ヨリ肥安ク作エヤスシ故ニエト云

荏

啓蒙　口廣ニ　ホニ桐油ヲ用ユ桐油ノ名アリ本邦ノ荏

油ヲ用ユ

隂蓋膀痛

薺薴今案又花惠　異名　臭蘇　日華　青白蘇

石薺薴今案伊和久花惠

荏ナヤス族ノ様

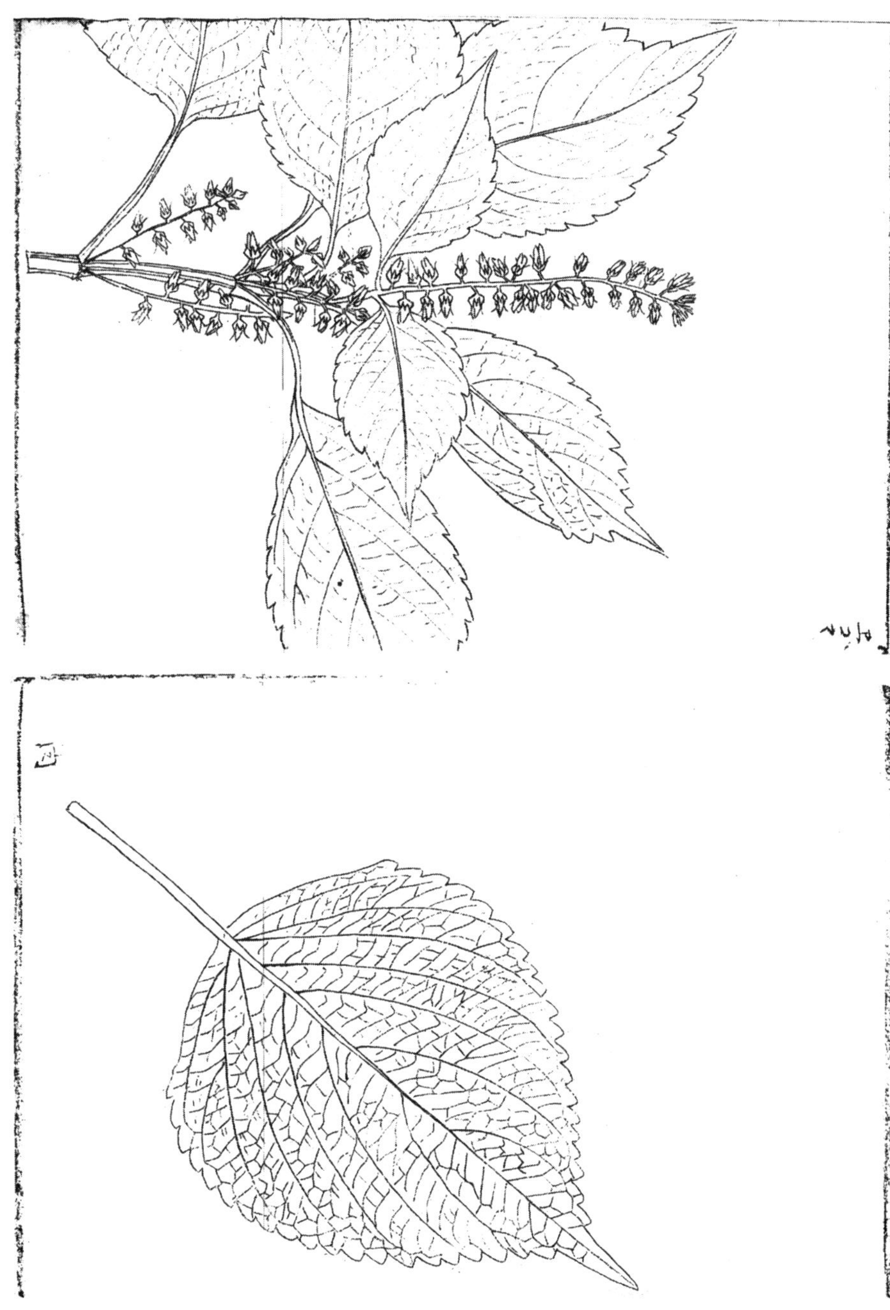

荏　　䓍 通雅　　白荏 正字通　　芽ケ油

釋名 白蘇　蘇

苗葉花実皆紫蘇ニ同クシテ香氣アリ唯葉ノ色青ク花ノ色白シ野圃ニ多ク栽ヘ子ヲ収メ油ニ搾リ紙衣雨傘ノ用ニ供シチヤシヲ製ス又子ヲ用テ小鳥ニ飼フ原野自生ノモノヲ野荏ト云俗ニノヱト呼ブ子小ニシテ香氣殊ニ劣レリ少食モ食フ事アタハズ

〇唐ニハ 専ニ桐油ヲ用ユ故桐油ノ名アリ本邦嘗テ荏油ヲ用ユ

〇陰嚢腫痛 荏葉搗爛敷之　〇竹木刺エゴニ実生嚼塗分

腹ニオミ貼之

〇瓶付ーー油蒸膏搽瘡部　〇蔵耳舟暈

ヱコマヒソ

○男作物荏油

延喜式 大膳下 卅三 仁王経齋會供養料 干茄子五勺

干水葱實 干荏各三勺 已上海菜料 新

延喜式典薬 三十七 諸国進年料雑薬 摂津国荏子 二升

二升五合 相模国荏子二升 下総国荏子二升

○荏ニ荏ハ衣ニシテシロシソ又エゾバサト云

荏子ハ恵乃美即チエゴマナリ此草畠

ニモ作リ又野生モアリ即チ野荏ト云

ナリ此實ヨリ搾リタル油ハ荏油ニシテ

傘或ハ合羽ニ引クナリ此子亦小鳥

ニモ飼フ○蘇ハ紫蘇ニシテ乃良衣

又奴加衣ナリ相混スベカラズ

荏

何方ニモ皆作ル中ニ山里ニ多シ魚沼　越後荏苧
郡上田赤石ノ郷ノ内之村里ニ多シ浦
佐駅ニテ賣買スルニ凡毎年五百本余
也一本ト云ハ六斗入ニシテ俵ノ上包ヲ莚ニテスル也　○同郡妻有ヨリ毎年
千俵余出ル上品撰リテ油ノ出多シ其
外村々少宛皆有之○古志郡余程在中
ニモ長岡ノ並川崎村ハ最上ニテ油外
ヨリ二割多シ○蒲原郡橋田丸田当リ
ノメ[illegible]ヨリ多クアリ出スカ少シ

三一

○荏エ 細也　○野荏ノエ　原野ニ多シ荏ニ似テ小ク子亦
○衣出 鈔爲荏今式既出紀以此字爲エ之假字古名可知
今俗稱エゴマ　山崎神庫燈油文書自正和至永禄盡稱荏
胡麻者非連稱二物録時俗所呼也中世燈油常用之可知
深注謂日煎者亦可證如以ナタネ造之古書未考　古稱
有不少深丹以之稱於保別有知北左支爲水荏穂其物
今不詳又有以奴奴加乃ニ皆具各條物擬古以誤之

エ三

荏　一名白蘇和名エ実ヲエコマト云紫蘇
ト一類別種ニシテ形状能似タリ葉面背ト共ニ青
色ナル耳　上ノ紫蘇ノ條ニ面背ト共ニ青色ト云者イカ

荏　エゴマ　氏云紫蘇ニ似テ莖葉青シ野ニモアリ自然生
ノ者ヲ野荏和名ノエト云荏ト井云ハ畠ニ作リシ物シ
実自然生ノ物ヨリ粗シ今傘或合羽ナドニ引ク油ヲ取
ルヽ唐ニテハ油桐ノ油ヲ用テ合羽ナドニ引ク日本ニ
テハ油桐ノ油ハ燈油トスルヽ今燈油トスルハ菜油ニ
非ズ油桐ノ油ト草綿実ノ油ト交セタル物ヽ菜油ハ用
イズ揚物ナドニ用ルヨシ故ニ今ノ燈油ハ食用ニ用ユ
ベカラズ

○エゴマ　ジウネン　仙台
エ　古名　信州　ジウネアブラナンブ・エグサ　シロエリ
えのみ　エ

荏
和傳　荏子　恵乃美
苗葉花実皆紫蘇ノ如シノ香気アリ葉ノ色青花多白
野圃ニ多ク栽ヘ子ヲ収テ油ヲ搾ル又子ヲ小鳥ニ飼フ白
生ノモノヲ野荏ト云俗ニノエドヨブ子ハニノ香ニ気烈

狐オ一　油　熬膏　搽　帳部　　荏油　甲斐国山梨八代巨摩三郡　日本地誌提要ニ
帳囊　脂　瘍　荏葉　搗　烱灰　　荏粒　陸中国磐井郡細谷村　日本地誌提要ニ

エ一

多識編ニハ荏ヲ蘇麻トス　注セリ

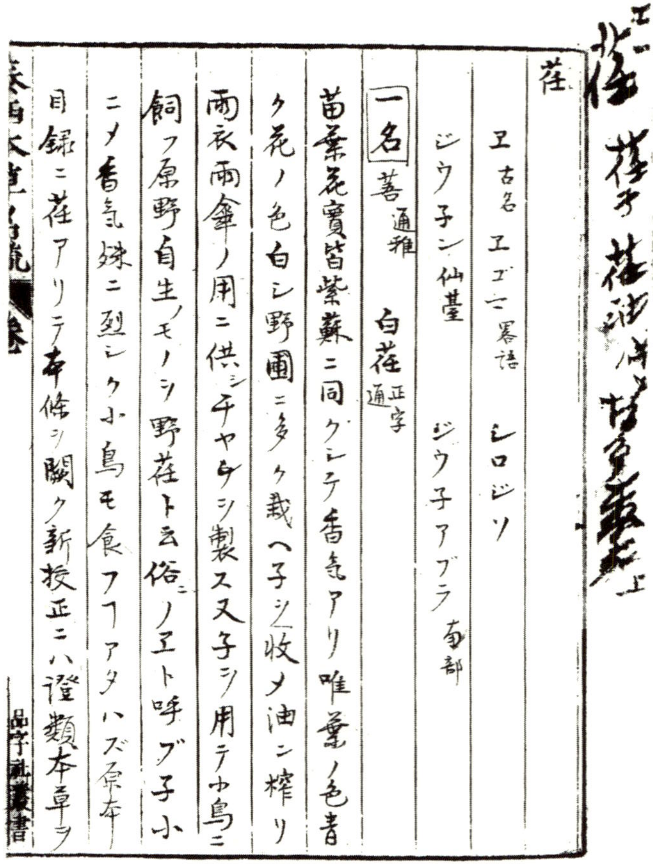

荏 荏子 荏油 附[illegible]蘇 上

荏

ヱ古名 エゴ仝畧語 シロジソ

ジウ子ン仙臺 ジウ子アブラ南部

一名 蕃通雅 白荏正字通

苗葉花實皆紫蘇ニ同クシテ香氣アリ唯葉ノ色青ク花ノ色白シ野圃ニ多ク栽ヘ子ヲ收メ油ニ榨リ雨衣雨傘ノ用ニ供シチヤケシ製ス又子ヲ用テ小鳥ニ飼フ原野自生ノモノヲ野荏ト云俗ニノヱト呼ブ子小ニメ香氣殊ニ烈シク小鳥モ食フコトアタハズ京本目録ニ荏アリテ本條ヲ闕ク新校正ニハ證類本草ヲ

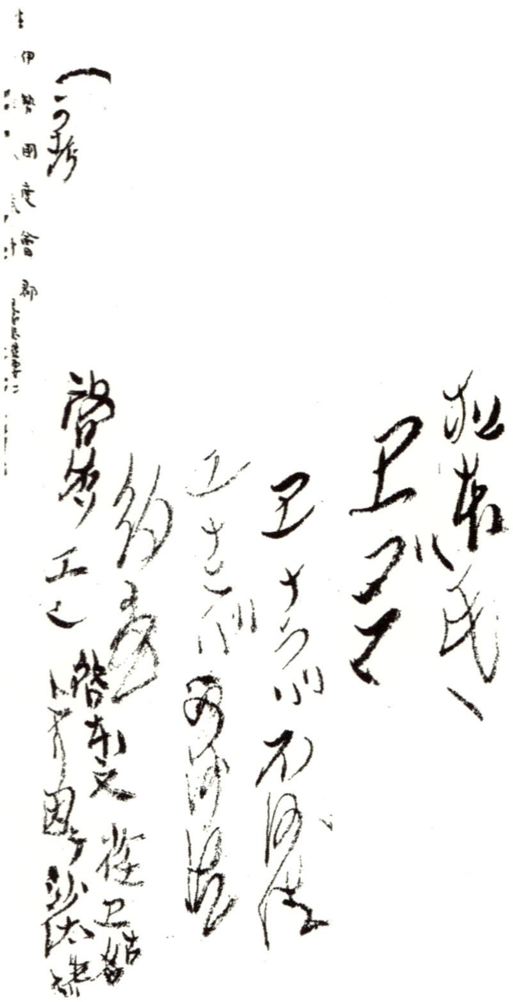

元行

○え

世九丁オ　おかえアリ

和荏衣名　荏任エ　和玉荏任　又藾ヨモキ

動植名彙

○おかえ

元ノ部

本和下　廿六　荏子　於保衣　乃美

一名井　和傳　加円

二　荏　エゴマノ　実

のらえ

一　こうじゅ

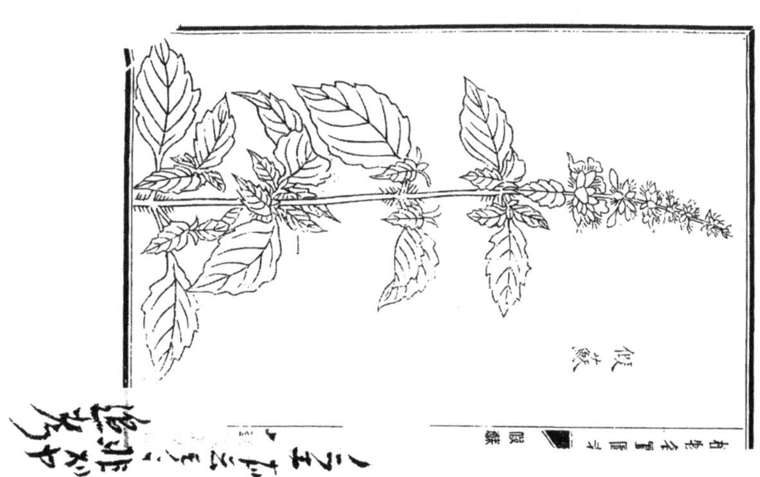

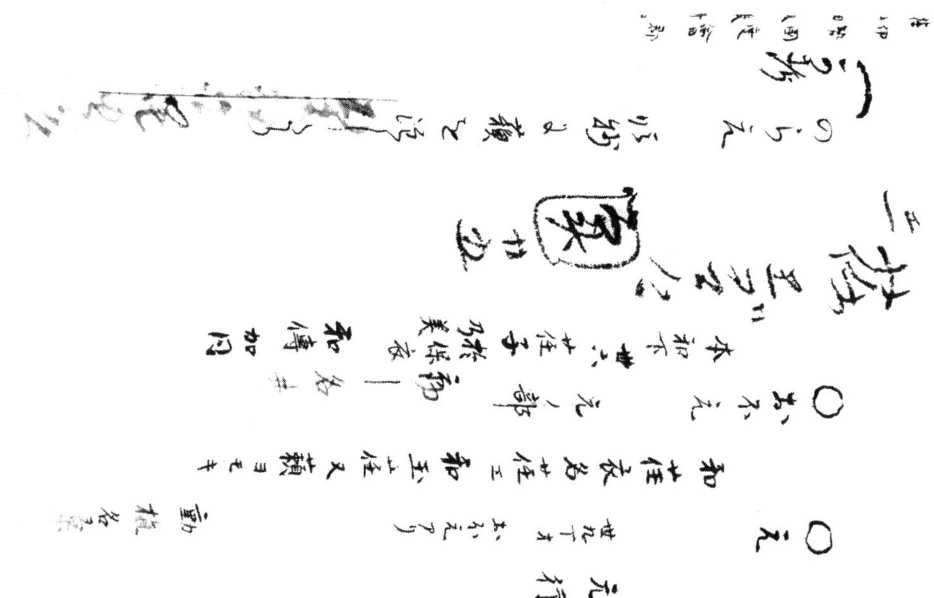

假蘇

假蘇、本經、中品、卽荆芥也、固始、種之爲蔬、其氣清芳、形狀與醒頭草無異、唯梢頭不紅、氣味不烈、爲別、野生者、葉尖瘦、色深綠、不中噉、與黃顙魚相反、南方魚稀故鮮有以作菹者、

野菜贊云、荆芥苗、煤作蔬、魚肉忌之、犯無鱗魚卽死、與鯉犯紫荆、食鱓飲燒酒、殺人等疾、鼠蓂辛苦、命之曰芥、荆則云矜、芥爲言介、肉食斯仇、君子攸戒、我食無魚、咀嚼何害、

[長編]本草經、假蘇、味辛溫、主寒熱鼠瘻、瘰癧、生瘡、破結聚氣、下瘀血、除濕疸、一名鼠蓂、

別錄、無毒、一名薑芥、生漢中川澤、陶隱居云、方藥亦不復用、

唐本草註、此藥卽菜中荆芥是也、薑荆聲訛爾、先居草部中、今人食之、錄在菜部也、

圖經、假蘇、荆芥也、生漢中川澤、今處處有之、葉似落藜而細、初生、香辛可噉、人取作生菜、古方稀用、近世醫家、治頭風、虛勞、瘡疥、婦人血風等、爲要藥、並取花實成穗者、暴乾入藥、亦多單用、效甚速、又以一物、治產後血暈、築心眼倒、風縮欲死者、取乾荆芥穗、擣篩、每用、末二錢匕、童子小便、一酒盞調熱服、立效、口噤者挑齒、閉者灌鼻中、皆效、近世名醫、用之無不如神云、醫官陳巽言、江左人、謂假蘇荆芥、實兩物、假蘇葉銳圓、多野生、以香氣似蘇、故名之蘇、恭以本經、一名薑芥、薑荆聲近、便爲荆芥、非也、又有胡荆芥、俗呼新羅荆芥、石荆芥、體性相近、入藥亦用、

蔡絛、鐵圍山叢談、薑芥別本、竝作介、下同、一名假蘇、本草謂性溫、不然、實微涼、吾竄嶺嶠、與本嶠南數見食黃顙魚、偶犯薑芥者、必立死、甚於鉤吻毒矣、物性相反有可畏、如是、世於是禁、殆不可不知、

本草綱目、李時珍曰、荆芥、原是野生、今爲世用、遂多栽蒔、二月布子、生苗炒食、辛香、方莖細葉、似獨帚葉、而狹小、淡黃綠色、八月開小花、作穗成房、房如紫蘇房、內有細子、如葶藶子狀、黃赤色、連穗收采用之、

又曰、荆芥、入足厥陰經、氣分、其功、長於祛風邪、散瘀血、破結氣、消瘡毒、蓋厥陰乃風木也、主血、而相火寄之、故風病、血病、瘡病、爲要藥、其治風也、賈丞相、稱爲再生丹、許學士、謂有神聖功、戴院使、許爲產後要藥、蕭存敬、呼爲一捻金、陳無擇、隱爲舉卿古拜散、夫豈無故、而得此隆譽哉、按唐韻、荆字舉卿切、芥字古拜切、蓋二字之反切、隱語以秘其方也、又曰、荆芥反魚蟹河豚之說、本草醫方、並未言及、而稗官小說、往往載之、按李廷飛延壽書云、凡食一切無鱗魚、忌荆芥食黃鱨魚後、食之、令人吐血、惟地漿可解、與蟹同食、動風、又蔡絛、鐵山叢話云予居嶺嶠、見食黃顙魚、犯薑芥者、立死、甚於鉤吻、洪邁、夷堅志云、吳人魏幾道啖黃顙魚羹後、采荆芥和茶飲、少頃、足癢、上徹心肺、狂走、足皮欲裂、急服藥、兩日乃解、陶九成、輟耕錄云、凡食河豚、不可服荆芥藥、大相反、予在江陰、見一儒

者、因此喪命、葦航紀談云、凡服荆芥風藥、忌食魚、楊誠齋、曾見一人立致於死也、時珍按、荆芥乃日用之藥、其相反如此、故詳錄之、以爲警戒、又按物類相感志云、河豚用荆芥同煑、三五次換水、則無毒、其說與諸書不同、何哉、大抵養生者、甯守前說爲戒、可也、

エ二 エビヅル

(あ) 八

ハツワブンカラ上今エビカツラ順抄。接ニエビト云シモノ三アリ
蘡薁葡萄紫葛ナリ其ハジメ
蘡薁ヲヨメリ葡萄ヲ得ルニ及デコレヲエビカヅラト云ヒ順抄
ニハ紫葛ヲヨメリ蓋シソノ似タルトレリ因テ後世コレヲ分テノ

蘡薁ヲ井ヌエビト云
紫葛ヲカマエビト云リ
ヲ醋ト云フ

嘉永甲寅三月　紫葛本草 蕃人携到ル葡萄酒ハキ実

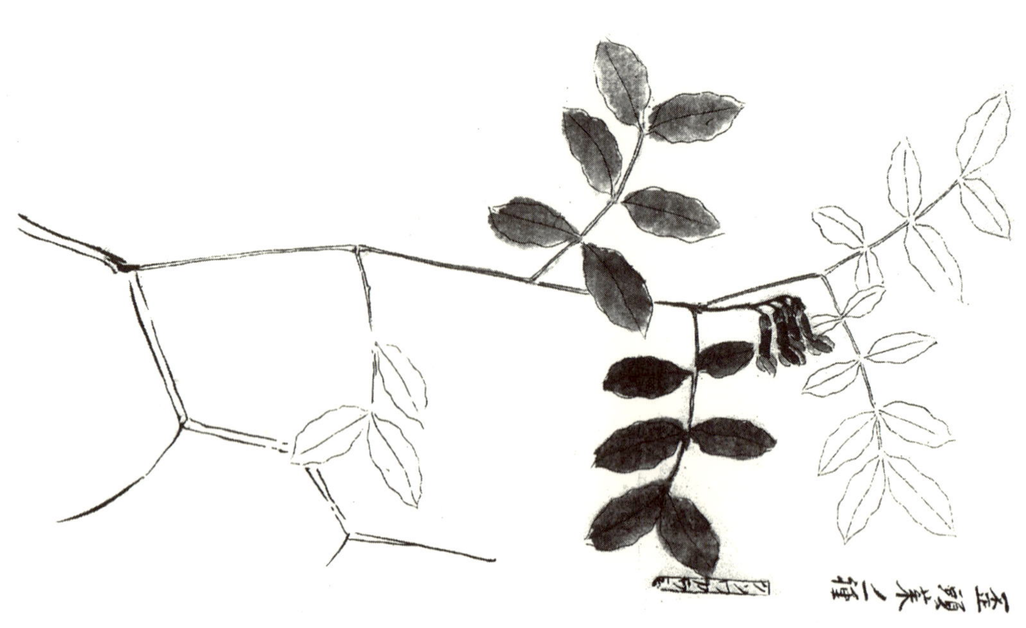

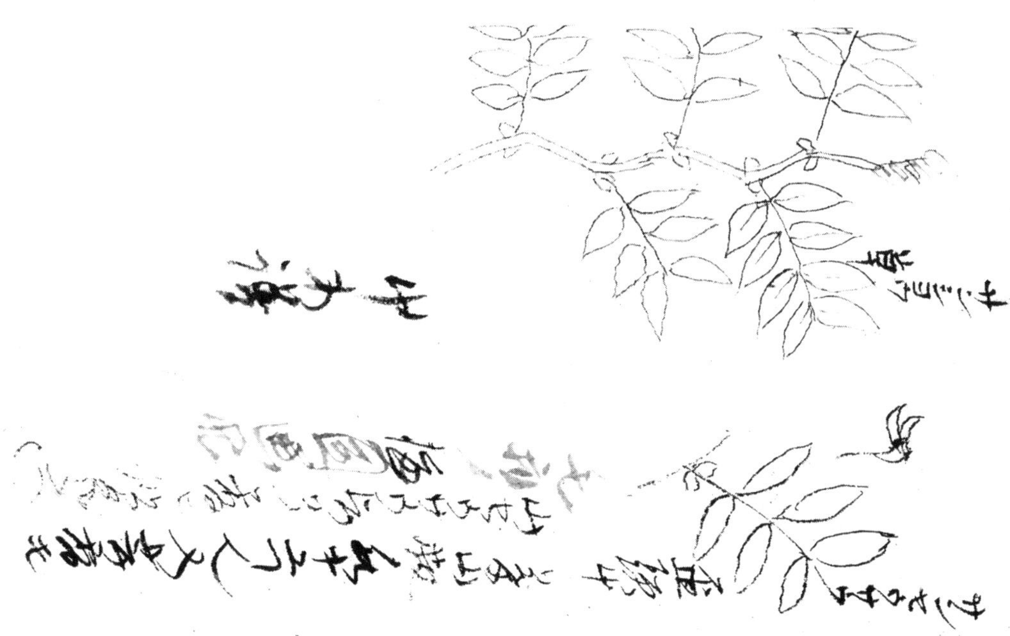

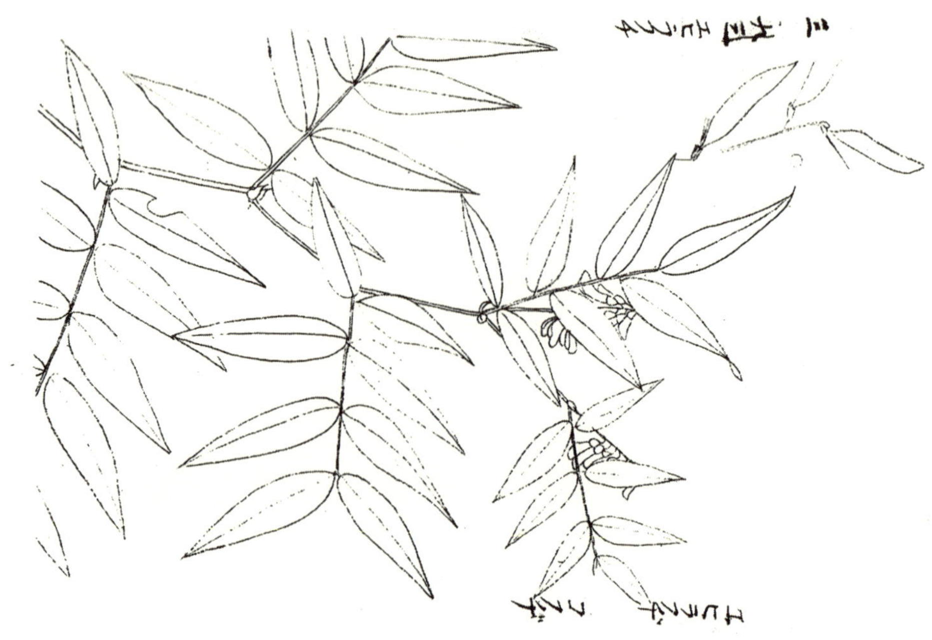

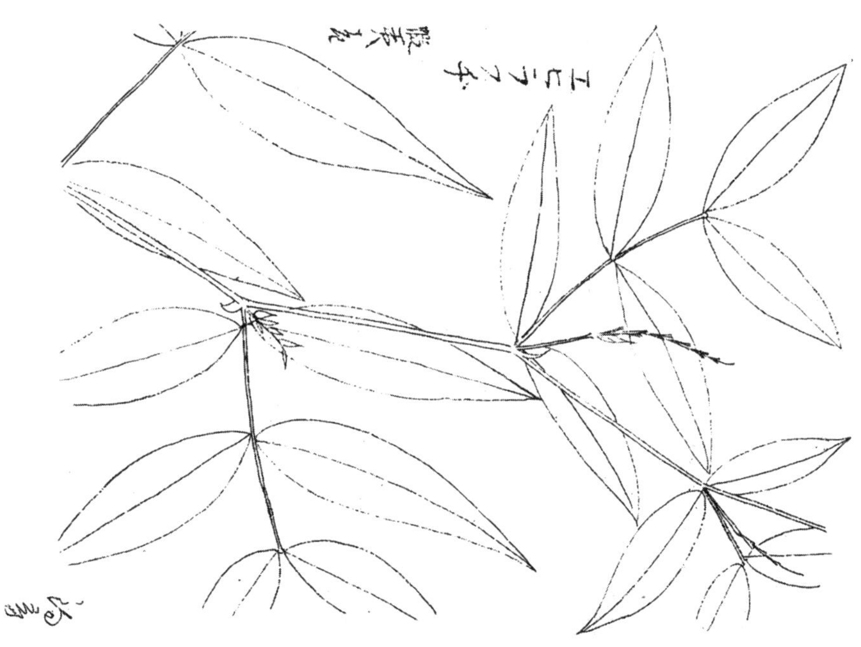

エヒラフジ [illegible]
和名所[illegible] [illegible]
[illegible]

箙藤　漢名未詳莖ハ南天胡枝ニ似テ直ニ
高サ尺許葉モ南天胡枝ニ似テ小ク尖リ黄緑色
ニメ槐葉ノ如クニ著ク葉間紫花ヲ開テ胡枝ニ
似タリ特生根條ヲ引テ繁茂ス [illegible]園[illegible]

松花海老根

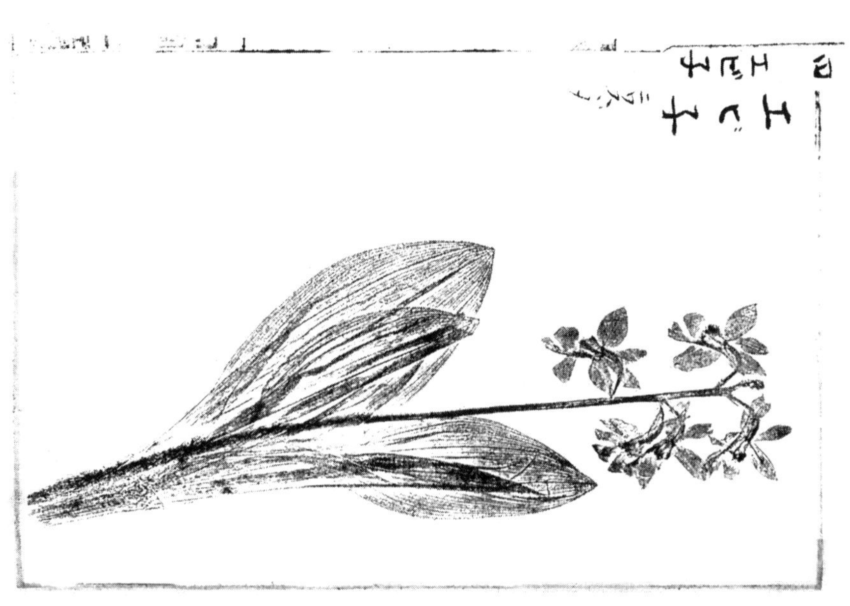
エビネ

鶴海老根

金海老花譜

舞鶴海老根　漢名未詳

金海老花ナリ

春老根ヨリ新葉ヲ生ス形花蘭ニ似テ長スレハ地ニ布クヲ
異ニス四月葉中ヨリ花茎ヲ抽ニ数花開ク花状モ亦花
蘭ノ如シ大中小ノ三種有テ大海老根ハ花茎二三尺葉モ
亦大ナリ中海老根ハ花茎一尺以外小海老根ハ花茎七八
寸ニ不過大ハ花義ニシテ香モアリ種樹家甚珍愛ス花
ノ形色ニ因テ名ヲ命ス銀孔雀　銀雀　金孔雀　金雀
玉井群千鳥　龍ノ　鋏飛龍　猿面武蔵　鐙鸚鵡鸚
哥　緋鸚哥　金鶏　大鴾　壮寿ハ上品淡路ニ産ス中小ノ種
ハ賀州深山ニモ産ス各根形チモ亦蘭ノ如一種秋海老
根ト称スル者アリ秋花ヲ開ク琉球海老根ト称ス
ル者ハ花ハ蘭ヲ云フナリ

カキ
アヲヤギ

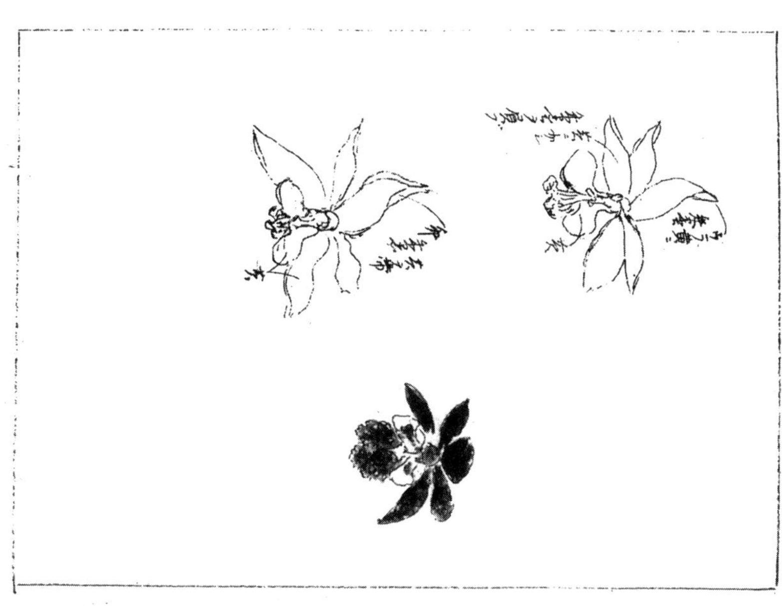

一 エビネ　同

一 ナツエビネ　熊野産 紫花ノモノ　同

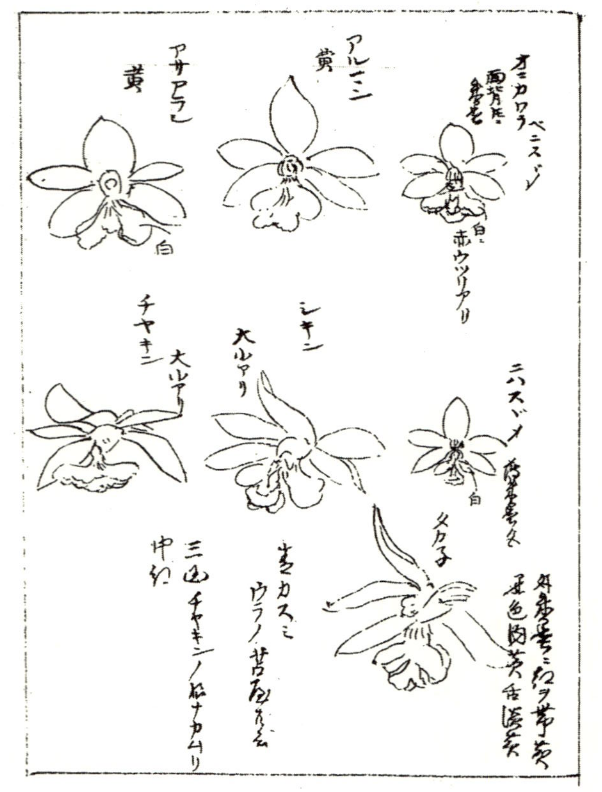

舞鶴海老根　漢名未詳

春老根ヨリ新葉ヲ生ス形チ花蘭ニ似テ長スレハ
地ニ布クヲ異ニス四月葉中ヨリ花茎ヲ抽ク数
花開ク花状モ亦花蘭ノ如ニ大中小ノ三種有テ
大海老根ハ花茎二三尺葉モ亦大ナリ中海根ハ花
茎一尺以外小海老根ハ花茎七八寸ニ不過大ハ花
美ニシテ香モアリ種樹家甚珍愛ス花ノ形色ニ
因テ名ヲ命ス銀孔雀銀雀金孔雀金雀玉井
群千鳥龍ノ鈫飛龍猿面武蔵鐙鸚鵡鸚哥
雛鸚哥金鶏大鴿此等ハ上品淡路ニ産ス中小ノ種ハ賀
州深山ニモ産ス谷根形チモ亦花蘭ノ如一種秋海老
根ト称スル者アリ秋花ヲ開ク琉球海老根ト称ス

三

ル者ハ花蘭ヲ云フナリ

○蝦根（えびね）

葉は初生のころは似たり又葉は似て大なり三月中の
すへもとひらくりと山中に生す多くは枝をしたもの色黄
白かきいろくありけかなるに赤色とこのむ魚のあひ
汁を根にそくなし本草の藜蘆の集解とみれとも
に似たりされとも別物なり　花譜

○猿面葉

山中ヨリ花ヲ送レリ　是モ夏エビネニ近シ往年北濃ノ
茎中丁ヲ見知ナシ

恵比祢

生處々山中陰地其葉大青闊三四寸長一尺許
有縦條通三道其間通徹数十條夏月開五瓣小
花

常陸物産志八六

恵比祢　其花有紅白黄褐数十種葉如衫生櫻
櫚狹而濶短中心抽莖着花一幹数十花大抵
類建蘭花而小 [illegible]

赤花蕊蘆萼ヨリ岸ヰ　エビネ
此種エビネヨリ萼岸ノ右萼ハ蕊芽白及ニ似テ花蘭ノ如ク
高通葛似アリ蕊芽ニ比スレハ微短花布シ緯アリ萼組合

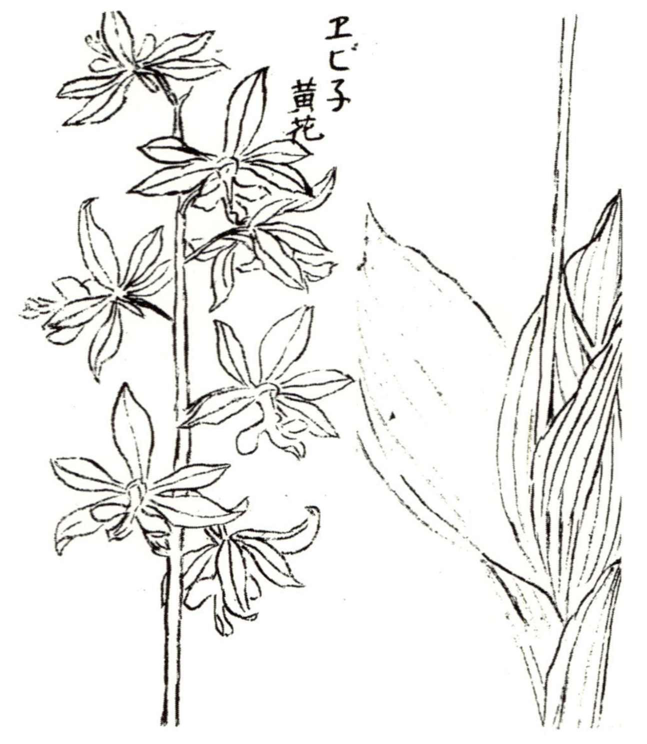

ハス一葉ノ發シテ貫シ衆ス葉ノ本ニモヤリ春月中心ヨリ一莖ヲ抽出ルヿ一尺余両端連々ト花ヲ着ス白及ニ似テ扁ク幽蘭ニ似テ短カシ旗辮短圓ニ両翼辮大缺アリ淡紅色ナリ赤褐ノ五蕚花ノ上ニ開展シテ鳥ノ飛カ如シ花葉延立テハ組合フナケレド新葉花ノ時ハ四月比ナリ葉根ヨリ組上リテ四五枚アリ根ハ白及根ノ如クニメ甚小塊ナリ四五分アリ旧根横行年々一塊ヲ増ス其塊多クハ連行スルヿ左子ゲトナル是綱目數云左文列ト云者ナルベシ根ノ塊連行彎曲スル形蝦ノ脊骰ニ似テ其塊毎ニ肥ル鬚根アリテ左右ニ引クヿ赤蝦ノ手ノ如シ故ニ和名エビ子ト云○凡秦古来的説ナシ本草釈名ニ荼云秦艽俗作秦膠本名秦糺与

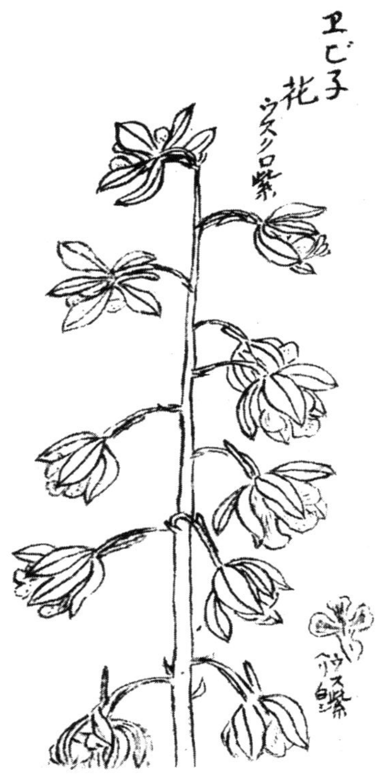

エヒノ根　古名録　巻十三

増考根　詳見于琉球花木図譜　和名エビチラン　蛮名ラウエーl。ブラ
ツト　図畧之

中山傳信録物産考　地

糾同ト是根ノ子ヂレルコナリ又時珍云秦艽出秦中ト然ラハ秦中ノ者ヲ真ノ秦艽トスベシ證類本草圖數種ヲ出ス其秦州秦艽ノ圖ヲ以考レバ根子ヂレテ葉藜芦ノ如シエビ子ノ形状ニ合セリ今諸家所謂伶人草ハ證類ノ齊州秦艽ナルベシ又云釋名ニ時珍云以根作羅紋交糾者佳故名秦艽秦糺トアリ此文ヲ讀誤ルナ〆シ余考アリ委ク記ス古人羅紋交糾トハ根ノ紋理羅ノ如ク子ヂレアフコナリト思ヒテ其根一條ノウチニ紋ノアルコトス非ナリ

頌云其根土黄色而相交糾ス長サ一尺以来粗細不等枝幹高サ五六寸葉婆々トメ連茎梗俱ニ青色如萵苣葉六月中開花紫色似葛花當月結子毎於春秋采根ヲ陰乾ス

葉ハ初生ノヒユロニ似タリ又蘭ニ似テ大ナリ三月中ノスヱ花ヲヒラクモト山中
ニ生ス盆ニウフヘシ花ノ色黄白カキイロ一アリ日カケニヨロシ赤土ヲ
コノム魚ノアラヒ汁ヲ根ニソヽクヘシ本草ノ藜蘆ノ集解ヲミレハ是
ニ似タリサレトモ別物ナリ　　花譜　ミ

エビ子

余校考スルニ
羅紋トハ根ノ小塊⊜如此螺轉ノ文理アルヿヲ云交糾トハ其
小塊ニ細根多クタガヒチガヒ差ニ子ヂアフ事ヲ云
又羅紋ノ子ヂアフヿナラス証ハ時珍弘景ノ説ニ羅紋交糾トアリ
テ他ノ説ニハ相交ノヿノミアリ
時珍　作羅紋交糾
弘景　作羅紋相交
是羅紋ノ子ヂアフヿノ様ナレドモ然ラス其塊根ニ羅紋アリテ其
細根ハ交糾スルヿナリ故ニ
頌云　其根土黄色而相ヒ交糾ス

此説明ナリ羅紋アル塊ノ事ヲイハズ唯細根ノ交糾スルヲイヘリ
脩治ニ袋云秦艽須於脚文處認取 脚文トハ其本根ノ連球ヲ云フ
是ニテモ文トハ塊ノ文ナル事明ナリ 左文列為秦治疾右文列ヲ
為艽即発脚氣 コノ左文列右文列ハ其塊ノスヂヒダリ子ヂスミギ子ヂスル如クニヨコルレ圧然レ圧其文理アル小塊ガ左子ヂニ
列シ或ハ即チエビ子ハ左文列ノ者多シ根ノ形状モ相近シ

二
同 越中 淡(ウス)花
此種越中富山處々アリ 樹林ノ下ニ生ス葉尋常ト同ク花
モウス紅ナリ根亦異ル事ナシ

三
同 越中白 銀エビ子
此種常ト異ナラス花片白ク蕚ハ茶褐ナル者ナリ 越中婦負

日光蝦根 其種本出自日光山花葉與蝦根一般
但花白瑩若羊睛土潤而放嬌ニ可人
秋生ス[illegible]也

[illegible]
嵜ノエビ子ハナツエビ[illegible]

郡切結村山中ニアリ白色ナルヲ銀エビ子ト云

四 同 越中黄　金エビ子

此種モ越中諸處ニアリ花ノ黄色萼ハ紅褐色ノ者ナリ

五 秦艽大葉尋常　リウキウエビ子

此種琉球ヨリ来ル葉エビ子ノ如クニメ肉ハカヘテ大ナリ根モシッカリト見ヘテ但上ル根上ニ毛苞アリ根ノ球亦エビ子ノ如ク連々トメ左子ゲニ細根アリエビ子ヨリ肥シ中心花茎ヲ抽ル丁一二尺秋月穂形トナリ花ヲ開ク象チエビ子ニ似テ大ナリ美観ニシテ淡紅花ナルヲ庸トス薩州花蘭ト云

六 同 紫花

此種葉根同形ニメ紫花ノモノナリ尾州ヨリ来ルト云名ヲ若紫(ワカムラサキ)ト云

七 同 白花

此種ハ葉細クシテ色淡シ草本一体ヤサシク見ユ夏月未ヨリ開花ス故ニ夏エビ子ト云然レモ常ノエビ子ニ非ス花蘭ノ類ナリ

○花蘭ノ根上毛苞アル丁エビ子ニ勝レリ證類本草ニ云石州秦艽ノ根頭毛苞アル丁ヲ図スルニ符合セリ

エビ子　漢名不知品類花戸ニ沢山アリ諸国ノ山ニ自生スルモノヽ　大和本草[illegible]

廿二年五月十二日附

牧野富太郎 再拝

伊藤先生 閣下

此書面ハ馬太郎君ヘ写取方御頼致置候
左ノ件御質問申上候ニ付御教示被成下度く
通常培養セル エビ子の春時開花するもの
二三品ありて一ハ花弁の表面紫色を帯びたる黄
色をあらはすものにて是ハ山中ニも自由多く即ち
Calanthe discolor, Lindl. ニ外他ノ二品ノ内一ハ花
全く黄色ニて頗ル美ニ一ハ花弁の外面やゝ淡褐
色を帯び他ハ黄色の品あり此二品ハ即チ Calanthe
striata, R. Br. ニして乙ハ其ノ種即チ bicolor, Max. 甲
ハ其ノ即 Sieboldi, Max. ニ御座候 此二品ニハ単ニエ
ビ子と唱ふるの外ニ和名有之候や否御伺候
段御教諭被成下度候 早々頓首

偕老根

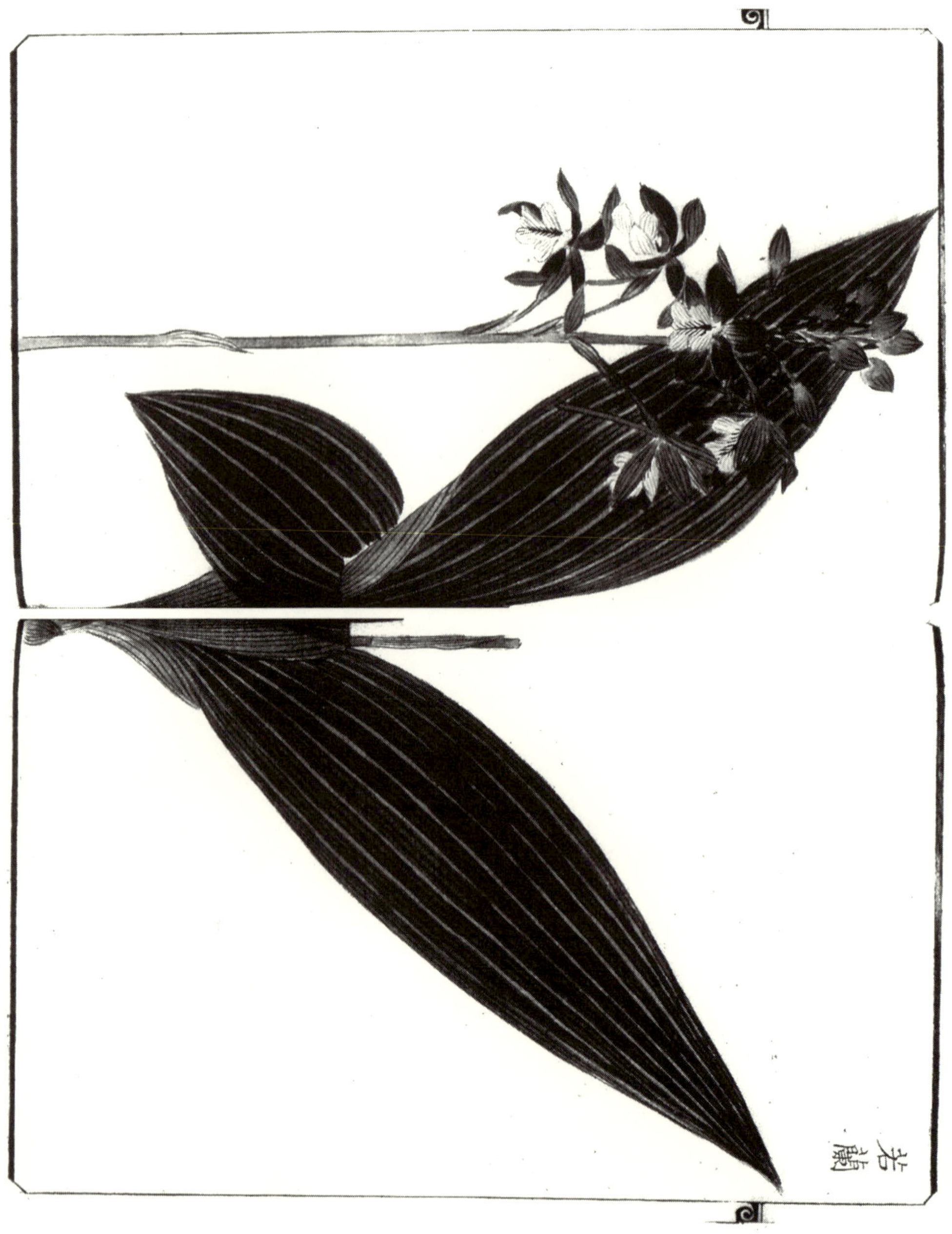
若蘭

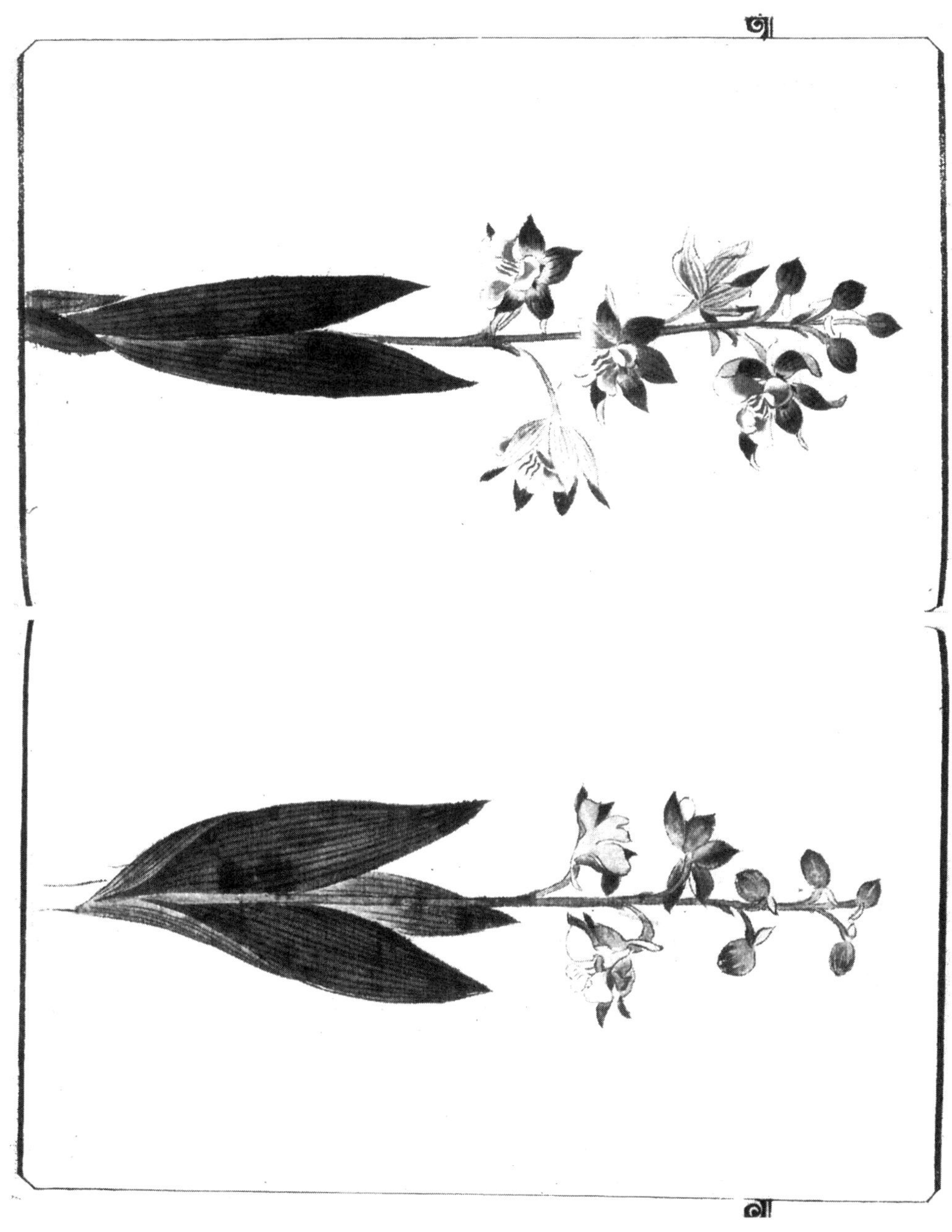

土佐牧野富太郎ヨリ質問
錦窠翁答　廿三年廿月答

質問　常品ノ外
他ノ二品

一ハ花全ク黄頗ル美

㊟花大ニシテ黄色ヽ美ナルヲ
アルマントト云又此一種小ナル
モノモアリ

一ハ花ノ外面ヤヽ淡褐色ヲ帯ビ

他ハ黄色ノ者

㊟エビ子家ノタカ子ト云モノト
見ユ

其他純白花大ノモノヲアケボノト云
花小ニシテ淡緑アホヤギト云フ
花形大小又各色ノ別アリテ數
十種ニ下ラズ名稱モ亦多シ

左ノ區別マキシモーヴヰッチ氏說譯

1 Calanthe striata R. Br.

距鈍頂ニシテ最モ短ナルモノ 唇瓣ノ中央ニアル一片ハ稍ヤ平縁 ②

1 Calanthe discolor Lindl.

距尖鋭頂ニテ 唇瓣ノ中央ニアル片ハ深ク二片ニ分ル ③

2. 大 C. striata Ker

黄花ニシテ瓣ノ外面褐色或ハ黄褐色ナリ 唇ハ黄ト褐トノ斑アリ 其ノ中央ニアル一片ハ稍円形平ハ平縁ナリ

B. Sieboldi Maxi. 全花黄色ニテ唇ノ中央片平縁ナリ

一 Calanthe discolor Lindl. 花瓣ノ表面紫色ヲ帯ビタル蔵色ナルナリ

二 C. striata R. Br. β. Sieboldi Maxi. 花ハ全ク黄色ニシテ頗ル美ナリ

三 C. striata R. Br. β. Sieboldi Maxi. 花瓣ノ外面稍黄淡褐色ヲ帯ビ他ノ部ハ黄色ナリ

(二)ハ常品ニシテ エビ子

(三)「キサルメ」ニシテ或ハ「アルマ」ト申モノナランカ 両品共ニ黄花兒ノモノナリ

(三)ハ「タカ子」ト稱スルモノナルベシ

〇別ニ白花ノ者ヲ「イセエビ子」ト云フ

〇「黄サルメン」ハ全ク黄色ヲ伊吹ヨリ稀ニ出ツ

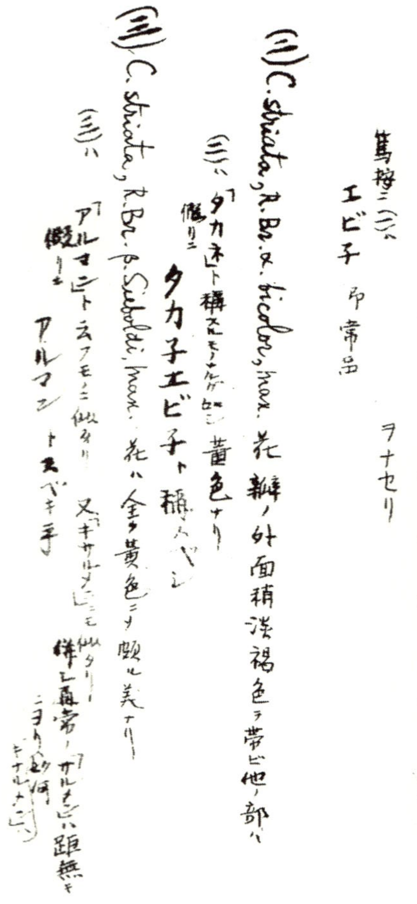

明治廿二年土佐牧野富太郎ヨリ書状ニテ質問セシ三品ヲ説明シ其名稱ヲ求ム

(一) Calanthe discolor, Lindl. 花瓣ノ表面紫色ヲ帯ビタル者也

篤按ニ(一)ハ エビ子 即常品 ヲナセリ

(二) C. striata, R.Br. α. bicolor, max. 花瓣ノ外面稍淡褐色ヲ帯ビ他ノ部ハ黄色ナリ

(二)ハ「タカネ」ト稱スルモノニ似タリ

タカ子エビ子ト稱スベシ

(三) C. striata, R.Br. β. Sieboldi, max. 花ハ全ク黄色ニテ頗ル美ナリ

(三)ハ「アルセニ」ト云フモノニ似タリ又「キサルメン」ニモ似タリ

アルマントモ云フベキ乎

僅ニ異常ノ「サルメン」ハ距無キニヨリ如何

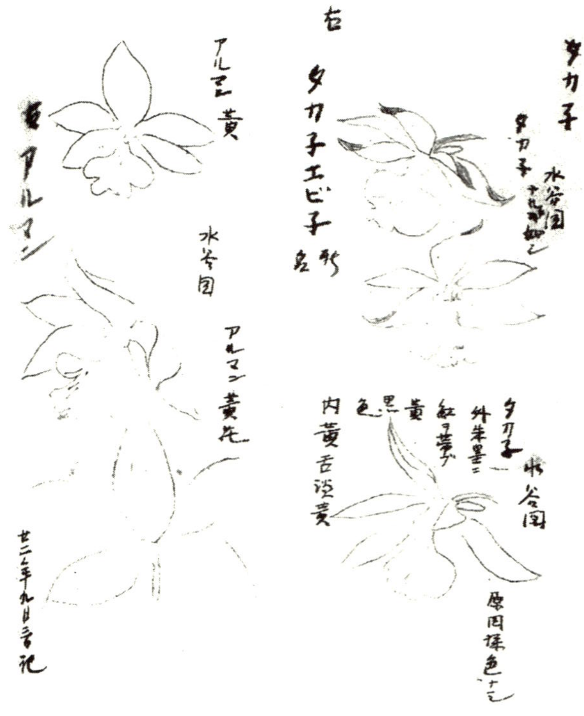

今昼雨ニテ作事不叶
追遣ニ候
昨日御帰リ後牧埜富太郎
来リ候 エビ子ニ関スル質問ニ就
キ和漢名處
別紙ノ通ニ候
ヨク別リ申候 猶 筆卜

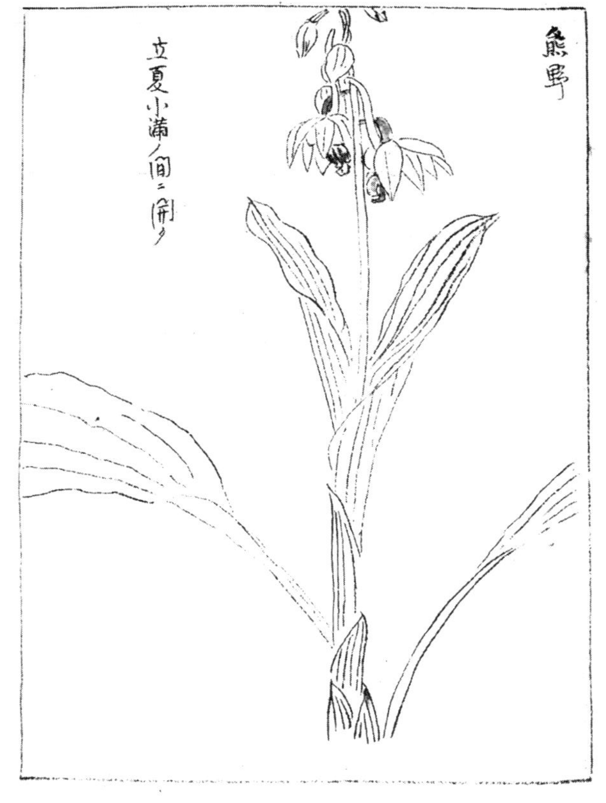

少粧検　[illegible]

草乃見言　筆者

御祖子様

書エビ子ニ題　牧野基秀

中ニ掲載有し　候

御参考ニ供しを一覧ー上

通こ[illegible]

○エビ子　根エビニ似故名　スプリ
花未開時カニハウヒミコノスミニ似タリ故名ク
エビデンドリユム　テナルホキユム
ヤマニガミサウ相ー

汾山渓谷ニ生葉狭長ニシテ三縦道アリモト狭ク末ヒロシ春葉ヲ生スル時ニ心ニ茎ヲ抜キ

藜芦附録参果根ナルベし葉ヲカメバ初ハ味ナク後辛ク重ニシテミヒリヽトイタムガ如左有毒小児食花而吐逆スルモノヲ見ル

エビ子

エビ子琉球花木図譜ヲ見レバ状花アリ花色甚紅世ニアルモノニ校レバ左ミゴトヤ又白花ノモノアリ其題名ニ

柳橘花根トアリ日本ニテ云フ呼橘花根ヲ海老根ニ云ヒ得
班ヲ海老ト云ヨリ又副ニヨリテ蘭ニエビネト云ナルベシ

品類考ニ

サルメン　黄ニテ赤　大サ小ク　花淡キナルニテ赤キアリ

黄サルメン　イブキニ稀ニアリ　黄花

イセエビネ　白花

カラフトエビネ　[illegible]

紫斧錦　[illegible]

黄エビネ　[illegible]

三國　[illegible]　中紅

タカサ　外黄　内紫　古紫花

エビネ　[illegible]

エビネ　[illegible]

Lecanorchis　[illegible]

四

五ビ子
蝦根

漢名不詳初春苗ヲ生シ花ヲ包テ
出ス蘘葉狀アリ四月葉心ヨリ莖ヲ長シ一尺許
数花ヲ連テ層々タリ種類多シ花形モ異レ𪜈稍
蘭花ノ態アレ𪜈一花ノ形相比スレハ大ニ異ナ
リ凡花蘭岩石蘭等皆同シ花謝メ葉長シ濶クメ
小ク皺ミアリ一苗三四葉四散シテ地ニ布ク花
蘭葉亞ヒ子ニ異リ根ハ花葉夏蝦根ハ細根ハ白
及ニ似テ小キ横根アツテ細根ヲ着ク種類甚多
シ大概ヲ左ニ挙ク
南京蝦根花大ニメ莚濶ク少シ内ヘ反リ額ヲ抱
ヤリ稍メニメ稍相ニ長ク淡イ紫白稍黄ノ
花様ニ似タリ○音呼大南京ニ似テ莚黄色額白
シ○金紫莚尖リ直ニメ額ヲ不抱莚内紫色ニメ
外紫褐色額黄ナリ○茶金金紫ニ似テ花額𪜈ニ
茶褐色ナリ○青柳花形ハ南京ニ類メ小ク莚青
ク額白シ
舌紫莚外紫黒色内淺シ額紫紅色ナリ莚色深シ
テ内紅色ナルヲ黒紅ニト云○頃鬼カ城ト称ス
ルアリ茶金ノ色ニ似テ花大ニ莚尖リ皺ミアリ
○又莚極テ細ク杜鵑草ノ花形ニ似テ黄青色ナ
リ右大概佳品ナリ此外名目ヲ称スル者数十品
或莚圓ニメ不尖又ハ尖リ或ハ莚細ク尖リ又ハ

四

顋ヲ抱ヘテ冝キ葩ト顋ノ色ヲ異ニシテ各一様
ナラスト雖右ノ類ヲ不出姓陰地ノ爆土ニ宜シ
近道竹叢ノ中ニ多ク有者ハ葩紫褐色ニノ顋白
キ者尤多シ都テ葉エヒ子類花謝ノ角ヲ結ヒ角
中角ヲ結ヒ角中細毛アリ生活スヘキ者ニ非ス
然モエヒ子多ク生スル處ニ必小苗実ノ生スル
カ如キ者アリ又花モ追年奇品出ル時ハ種子ノ
生ルヿ有哉

エビ子 根殻ニ似タリ故ニ名 スゞフリ　カミガミサウ 相州

一花未開トキ釜襪ヒ巫女ノ持スゞニ似タリ故ニカミガミ スゞフリノ名
アリ藜蘆ノ附派希果根ナルベシエビ子ハ藜蘆ノ根ニ髪毛アル
ニ似タリ根多而両違ト可謂者ナリ味昔云蒼而有毒小児食花而吐
逆スルモノヲ見ルガンゼキランニカラニ等モ救荒草ニノ毒アリ カメハ初
味ナク後辛ク舌上ニシミヒリヽトイタムガ如シ

◯伊勢朝熊峠ヨリ志州磯部神ヘ下ル路ニアリ

◯イロエビ子 白花ヲ云

◯カラオリ錦 紫金ヨリ色ウスク疑リカキ色 先年[illegible]ヨリ来ル

○新唐錦　カニムリ若紫ニ紅ウツリラウクヲ

○サルメン　伊豆ノ天城山ニアリ　越前オス山ニアリ

黄ニメ舌赤シ　カニムリ鬱金色ニ舌赤キナリ

○黄サルメント云ハ純黄ナリ伊吹山ヨリモ稀ニ出ツ
七八年前岐阜ノ花戸越前オス山ヨリ一本堀リ来
慶應丁卯歳記ス三国

○春霞

○裏ノ苔瓜　宮崎ニアリ　青黒色

紫色ノエビ子至テ宜ク先年浅野氏大坂ヨリ取寄セシコトアリ程
ナク枯ル

秉燭譚　エビ子ハ葉蕙ノ如ニシテ短闊茎ヲ抽テ黄白花ヲ[illegible]
琉球花木図譜ヲ見レバコノ花アリ花色甚タ多シ世ニアルモノニ校レバ艶
姿アリ尤見事ナリ又白花モアリ其題名ニ偕老根トアリ因テ思フ
ニ夫婦偕老ノ義ニヨリテ名ヅケタルベシ日本音ニテ呼海老根トニフヲ
海老根ト意得テ殺テ海老トニフニヨリテ又訓ニテヨミテ遂ニエビ子ト
云ナルベシ

○芒刺入目　エビ子搗絞取汁点

伊勢鰕根　鰕根ノ別種ニシテ微シ花蘭ニ似タ
リ春新葉ヲ生花ヲ包テ出ル丁鰕根ニ同シ花茎
ヲ抽テ花ヲ開テ後葉長ス四散シテ地ニ布ク事
鰕根ニ異リ葉細ク直生シ強シ花ハ雪白粉紅ト
二種アリ紅ハ深浅アリ

紅鶴　紫外ヨリ内ヘ牡丹色紅大輪上々　代三匁五分

都錦　外紅舌淡黄上々大輪　十三匁

老鶴　外内共藤色上々

水晶カノ　惣体極白上々

御車　外黄内紅舌有

猿面　外糀内紫舌アル

黄猿面　同芳色

紅猿面

カバ猿面

アケボノ　惣一面極白　以上極上ノ分

猩々緋　柳色外薄紅舌中紅白絞チトリ

名取川　紫紅舌布紅

三室山　淡紅内外金黄

タクレナイ　淡紅紫紅内金黄　上々紅ワカル

難波津　内外黄麻黄

布引　内外共薄藤舌薄紅

吉野山　丹色赤キ茶　大輪

花見笠　黒カキ肉かわ上ミ大輪

綾錦　肉かわ赤シ

花車　中紅サシ

立浪山　カキ色香紅

玉井川　思茶黄白　赤紅花大リニ

アヤ川　赤紅舌ゝ紫大輪

金花山　赤紅肉かわニ白ニ赤黄サシワケ

以上大坂天満ノ辺植木屋篠原九兵衛方ニテ求ム一枝ニ付

若紫　カラニノ若紫ノ如キ花ナリ

紅玉殿　黄々中白

吉御

ミキン

ヲニカハラ

ニハスズメ

大リクリ

ベニスズメ花　面背底朱墨色　サ花小

蒔朱墨色　古白　小花

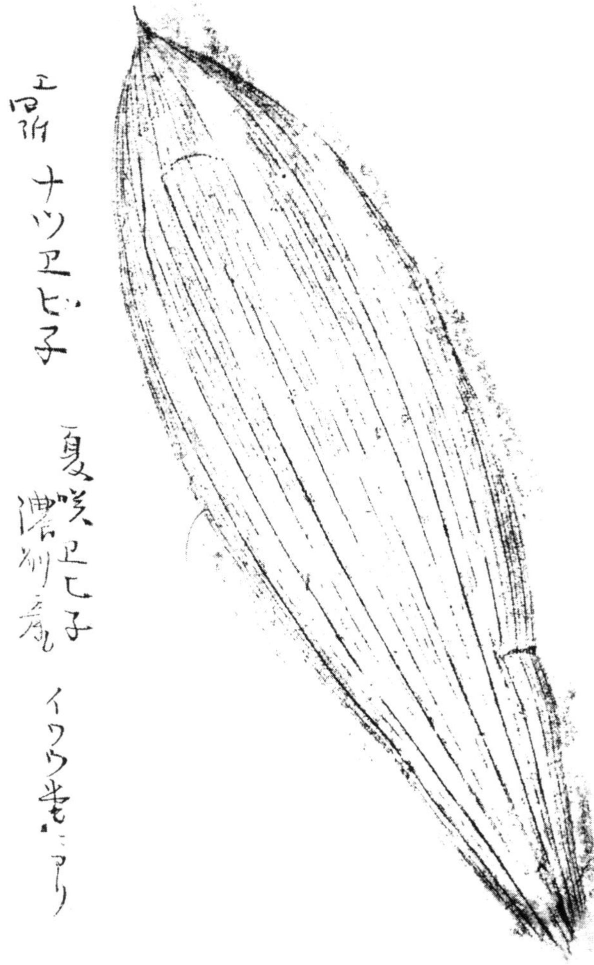

イセエビ子

嘉卉園云エビ子ノ別種ニテ微シ花蘭ニ似タリ春新葉ヲ
生シ花ヲ包テ出ヅエビ子ニ同シ花茎ヲ抽テ花ヲ開ク後葉
長ク四散シテ地ニ布クエビ子ニ異ナリ葉細クシテ直生シ強シ
花ハ雪白ナルモノ紅ナルノ二種アリ紅ハ深浅アリ
リウキウエビ子 形ニ于モ一種アリ花ヲ[illegible]

金星蘭

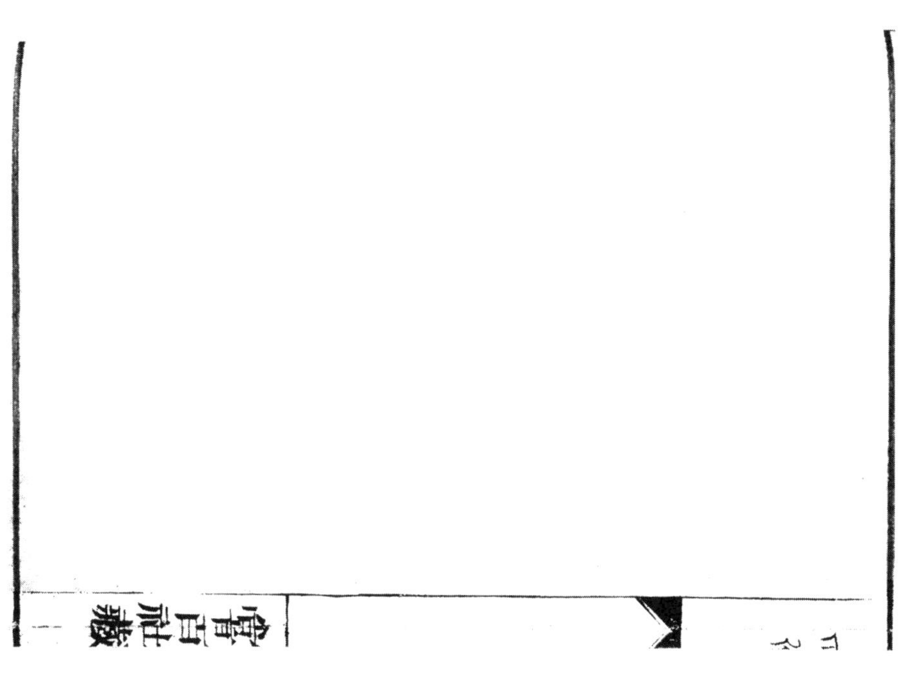

ナツエビネ

記

一 西洋豌豆　三袋

三品ノ内東京ニ而ハ莢ヲ作

蔬菜トシテ食ス

一 ぐらスベリ

砂糖煮ヽ牛乳ト和シテ食ス

右者[illegible]試食いたし候

[illegible]図[illegible]

[illegible]

[illegible]

[illegible]

伊藤[illegible]殿

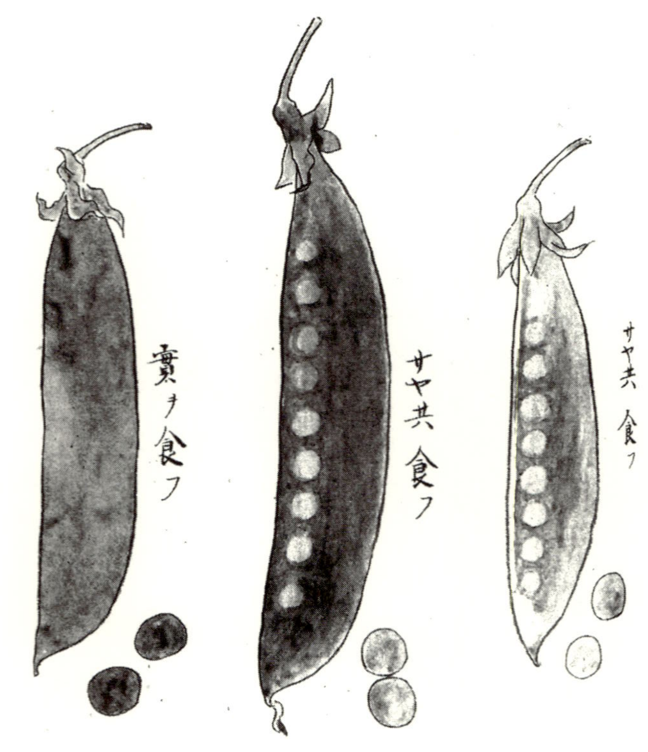

○豍豆豌豆也佛豆蠶豆也○今人訛呼為安豆唐史有畢豆崔寔月令作豍豆管子山戎荏菽注云即胡豆謂豌與蠶豆升菴引唐六典有䝴豆音彎即豌豆也益部方物畧記有佛豆秋種春斂即蠶豆也

通雅 廿四

○豌豆 マニトウ 実

○大豆 マメ [illegible]

豌豆 マニトウ

○豍豆豌豆也佛豆蠶豆也○今人訛呼為安豆唐史有畢豆崔寔月令作䟑豆管子山戎荏菽注云即胡豆謂豌與蠶豆升菴引唐六典有留豆音彎即豌豆也益部方物畧記有佛豆秋種春斂即蠶豆也　通雅 廿四

○回回豆　即豌豆　救荒啓蒙 十二

ノラマメ 和名鈔　エンドウ　ブンドウ 藝州

ツルブントウトモ云

本草豌豆釋名註飲膳正要作回回豆回回即回鶻國也云云

又本條ノ文ト時珍説ト相合ス

ヌ也

此ノ豆秋月種ヲ下シ翌年夏ニ至リ熟ス蔓草ニシテ葉形紫藤葉ニ似テ圓ク白色ヲ帯フ頭ゴトニ細鬚アリ春花ヲ開ク扁豆花ニ似テ大ニシテ紫色瓶花ニ供ス花後莢ヲ結フ莢中ノ豆大サ黄豆ノ如シ四角黒褐色ナリ又加州ニ産ル者小ニシテ赤小豆ノ大サノ者アリ又白花ノ者アリ豆圓シテ白色ナリ一種蠻産ノ豌豆ナリト傳ルアリ俗ニサルマメト呼フ苗葉倶ニ同シ花紫色ニナリ豆大ニシテ四角色浅褐ニシテ斑アリ（結角如杏仁様而肥有豆如牽牛子微大）ト云者是ナリ又本草集解云出胡地者大如杏仁云云即是ナリ

又志

此ノ豆秋月種ヲ下シ翌年夏ニ至リ熟ス蔓草ニシテ葉形紫藤葉ニ似テ圓ク白色ヲ帯フ頭ゴトニ細鬚アリ春花ヲ開ク扁豆花ニ似テ大ニシテ紫色瓶花ニ供ス花後莢ヲ結フ莢中ノ豆大サ黄豆ノ如シ四角黒褐色ナリ又加判ニ産ル者小ニシテ赤小豆ノ大サノ者アリ又白花ノ者アリ豆圓シテ白色ナリ

一種蠻產ノ豌豆ナリト傳ルアリ俗ニサルマメト呼フ苗葉倶ニ同シ花紫色ニナリ豆大ニシテ四角色淺褐ニシテ斑アリ（結角如杏仁様而肥有豆如牽牛子微大）ト云者是ナリ又本草集解云出胡地者大如杏仁云云即是ナリ

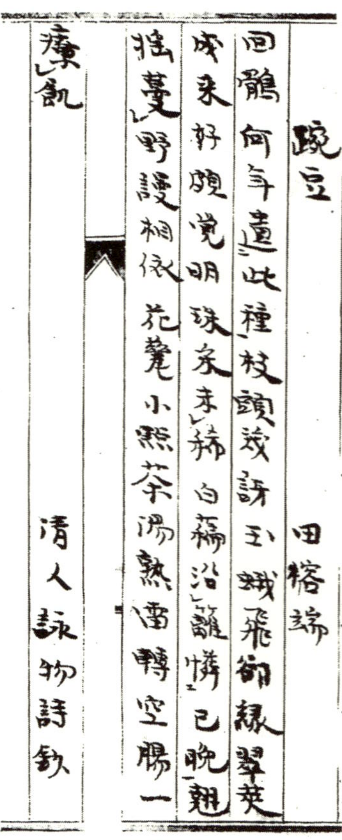

豌豆　花ニ紫白二種アリ　一種紅花ノ者アリ　紀南郡山志

豌豆　廣雅謂之留豆　飲食正要謂之回鶻豆　白穀之中畢豆爲先　登宜作餡　土人製成糕　謂之豌豆黃　畿輔通志

豌豆　田榕錦

回鶻何年遣此種　枝頭蔌許玉蛾飛　翻緑翠莢成采好　覰覚明珠家来稀　白稿沿籬憐已晩　翹搭蔓野譲桐花　篭小烝茶湯熟　雷轉空腸一療飢

清人詠物詩鈔

豌豆

津川人植ノ餃ニ代用或ハ竹枝挿ミ登ラシム

和州吉野郡中物産志　下

Black-eye marrow peas.

Dane o Rourke Peas.

Early Prince albert Peas.

Philadelphia extra early peas

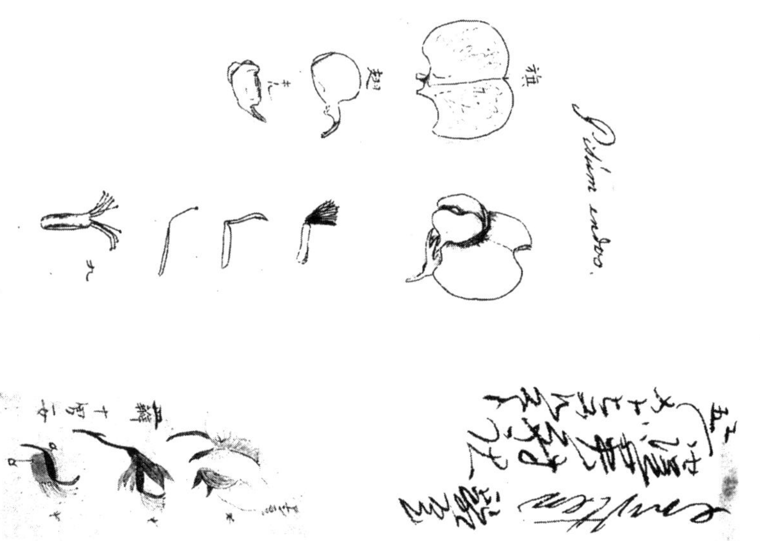

一 Black-eye marrowfat peas.　生

黒眼マルロウ 豌豆

一 Dane o Rouice Peas.　生

ヂロウル君 豌豆

十五 一 Early Prince Albert Peas.　生

早 プリンス アルベルス 豌豆

一 Philadelphia extra early peas

ヒラデルヒヤ 甚 非常早 豌豆　生

alba Magnifica Papilionaceae	最早ノ豌豆
Papilionaceae	豌豆第二種
Papilionaceae	豌豆第三種

豌豆

通州志 回回豆粒小異麦同種同状較諸豆獨圓呼小寒豆　熊野物産初志 一

豌豆 名寒豆蜀中以此豆之叉宴者雜蔬肉作籠餅宋陸放翁春行霧雨暗衡茅兒女隨宜治酒殺便覺此身如在蜀一盤籠餅是豌巣

蘇州府志 第廿二

○ 料理獨揚肉　両澤の部

白豌豆煮料理　小さき白豌豆を撰りて水に一日計り入れ置きて皮を去り圓なる鍋に入れて其後鍋を掻きてゐて而して煮ゆるうちも鍋をたへず手をとゆりかへし後ち胡椒の粉并ニ鹽などにて味を付る也

豌豆

訛作莞 類白小豆但成熟在麦秋耳　太平府志 巻十二

十三

一 Early tom thumb peas. 生

早拇指豌豆

和名 チヤボエンドウ

豌豆ノ実（エンドウ　ピー）

同極ノ花ニ九花ヲ揚ク

Pisum arvense 豍豆 青小豆

のまめ

伊字 豌ノマメ　新韻 豍ノマメ　野豆 同　蹽 同　豌 同　名 豌

豆 鵲豆 豍カワラ野豆　和玉 荏叔

[illegible]

豌豆 ノラマメ

豌豆

同 荏菽又碑豆即胡豆藥丸似之　義烏縣志 巻八

料理猶拇内　西洋の記

○白豌豆煮料理 先ツ莢をとり之れに細かに刻こし葱を加へて煎ニ鍋ニ入れ又た塩と胡椒酪を胡椒及塩を加へて静かに煮たる後玉子ニ而擦を交せ加ふるものを揆れるかく

豌豆 小名小寒豆 盧志 蜀中以此豆之不實者為業菜雜以肉作羹餅 產 放翁昆梅堰得小巢作羹戲詩云 春行霧雨晴衡芥兒女隨宜 給圃看便覺此身始在蜀一盤羹餅是豌巢　蘇州府志 土

作回回豆。回回。豆即回鶻回也

畢豆 唐史　崔寔月令作蹕豆

青小豆 千金　青斑豆 別録　麻累

時珍曰胡豆豌豆也其苗柔弱青色（宛々故得豌名）種出胡戎（嫩時）花則斑麻故有胡戎青斑麻累諸名陳蔵器拾遺雖有胡豆但云苗似豆生田野間米中往々有之然豌豆蠶豆皆有胡豆之名陳氏所云蓋豌豆也

以下畧之

秋月種ヲ下シ翌年ノ夏ニ至テ熟ス莖葉ナリ葉ハ紫蘇葉ニ似テ形円ク白色ヲ帯ブ葉頭ゴトニ細鬚アリ春花ヲ開ク扁豆ノ花ニ似テ大ナリ紫色瓢花ニ供スベシ花後莢ヲ結ブ其豆ハ莢豆ノ大サニシテ四角黄褐色加削ノモノハ至テ小ク赤小豆ノ如シ

又白花ナルモノアリ其豆円ニシテ色白シ

一種蚕豆ノ豌豆ハ俗ニサルマメト呼ブ苗ノ形状同ノ紫花豆大ニシテ四角色微褐ニシテ斑アリ　四国エンドウ又サツマエンドウト呼ブ集解ニ出胡地者大如杏仁卜云者是ナリ

一種白エンドウノ小ナルモノアリオロニヤ種ナリ緑豆ヨリ少大ナルエントウナリ　コツピート云

國藥須知　主治小瘡ヲ療スロ吻瘡ニ功アリ小兒ノ白禿瘡ル子痒痳瘡ニ附ベシ

産後小便不通豌豆研爛塗臍中

水腫ーー末貼臍

又（米名）ニ卿人亦呼豌豆大者為淮豆ト云モ是ナリ

五

種子ヲ軟ラカニ茹テ「ボートル」塩ヲ以塩梅シ食ス又實ヲ二ツワリニシテ皮ヲ去リ能ク煮熟シテスリ潰シ塩ヲイレテ汁トナス其他種々ニ用フ

豌豆類 Pea.

クラハツトピー

プリンツアルハツトピー

アウ、ベカンピー

ドワーフターチピー

ケンナーテピー

ラーヂシユカアピー

ナイツフヲールマアロヲピー

蔬菜栽培法　二十二　開拓使

豌豆属

白豇豆

のらまめ

和野豆乃良末女

五種

早生 フリレス アルベルス エレドウ

越前府中ニテ青莢煮食用ス

hooge groene dopperwte

アタムピー秋豇豆

畦作リハ胡瓜扁豆ニ同シ畦ノ両側ニ堆
糞ヲ埋メ肥トナシ其上ニ五六寸ツヽ隔
テヽ二三粒ツヽ九月二十日頃ニ下種シ
翌春耕耘シテ肥糞ヲ施シ綳ヲ結フヿ扁
豆ノ如シ「アタムピー」ハ三月二十日頃ヨリ
六月二十日迄ノ内ニ播種シテヨロシ其
他ハ春蒔ニナスモ宜シト雖氏前年之播
種ニ比スレハ結實寡シ

治

成形 野豆 和名抄 今藏因尚此名ヲ呼ヘリ乃良ハ野の
古言 𧄍野 野猫の如きこれなり

藊豆 豍豆 庭訓往来 ○蓋豌豆ノ総
音ナリ

豌豆 胡豆 以上拾遺 綱目時珍云古昔
呼豌豆之名胡豆今蜀人専呼蚕豆為胡豆ト

戎菽 爾雅 𧄍豆 素問 安豆 通雅

青斑豆 別録 青小豆 千金方 国豆 鄭印記

回鶻豆 小寒 以上畫志 畢豆 唐史作蓽豆

麻累 留豆 淮豆 以上綱目

巯豆 汝南圃史 丸豆 浛豆

寒豆 以上長興縣志 湖豆 通雅 智豆 智音彎ノ廣韻

蕃名エルウエット

苗高サ三四尺蔓葉ノ如ク兩對ス 莖ハ弱方ニシテ蔓ノ如ク

豌豆 乃良麻米 異名 胡豆 拾遺 戎菽 爾雅

豌豆 草本 砂真土によし 秋彼岸前ニ蒔を蒔 肥ハ灰人糞等
用てよし 大抵蚕豆の手入れてよし

豌豆 エントウ ノラマメ 花ノミゴト
ノ者ナリ 白花紫花ノ二種アリ イ
ンゲン豆ノ如ニテキル 葉ハトマリバナ
クフジノ如シソレヨリヒゲノヤウナ
ルモノ出クキニモ葉ニモ白ミヲオブ
ナリ 两タイシテツク是ヲ小青豆
五福全書 蜜南豆 同上 寒豆 食物本草會纂

拔豆 汝南圃史 令豆 長興縣志 丸豆 同上
安豆 通雅 智豆 同上 湖豆 同上 椀豆 通雅

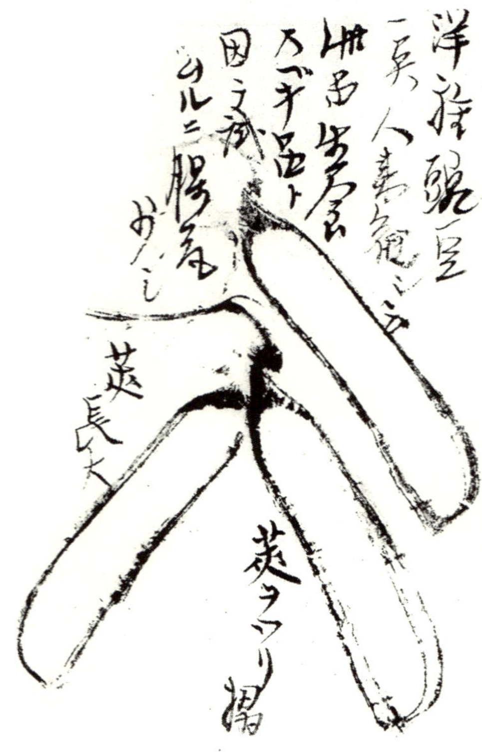

第六十九号

○ピース、フラワリン又ラス井リユース　豌豆

肥沃ノ地ニ播種スレハ高サ大抵六「ヒート」ニ至ル早ク初花ヲ摘ミ取ルトキハ夏中引續テ花ヲ開ク早春ニ深サ四「インチス」許掘リ成丈種子ヲ密ニ蒔クベシ

種類

○ピース、カーレットウヰンザド

奇麗ナル細花ヲ着ク

○――エルローウヰンザド

○――スウ井ト、スカーレットインウヰンシープル

濃紅色

○――スカーレット

○――――スカーレットストライプド、ウ井スホワイド

第六十九号

○ピース、フラワリング、ラス井リユース　○廿九　豌豆

肥沃ノ地ニ播種スレハ高サ大抵六「ヒート」ニ至ル早ク初花ヲ摘ミ取ルトキハ夏中引續テ花ヲ開ク早春ニ深サ四「インナス」許掘リ成丈種子ヲ密ニ蒔クベシ

種類

○ピース、カーレットウ井ンザド

奇麗ナル細花ヲ着ク

○——エルローウ井ンザド

○——スウ井ト、スカーレツトインウ井ンシーブル

濃紅色

○——スカーレット

○——————スカーレツトストライプド、ウ井スホワイト

○——ホワイト

淡黒色而有細斑　青春盛而夏枯　世人種之為食用

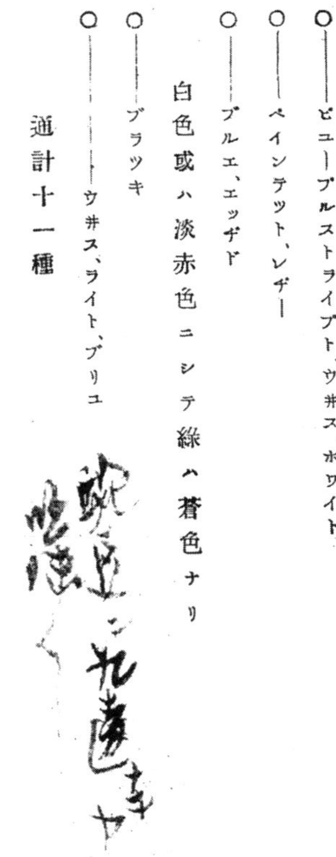

○——ピユープルストライプト、ウ井ス、ホワイト

○——ペインテツト、レザー

○——ブルエ、エツヂド

白色或ハ淡赤色ニシテ緑ハ蒼色ナリ

○——ブラツキ

○——ウ井ス、ライト、ブリユ

通計十一種

豌豆
乃良末女 古名
今俗通呼豌豆圃人多種之四方無所不有秋月
下種過春至夏生葉䕺開白花亦有開淡紫花者形
如眉兒豆花其葉如紫藤以十葉許兩對為一葉
逐月蔓延圃中蓊然甚茂花謝結莢莢雖生子形
扁小而不堪為食用只刈茎葉而投之水田以代
糞助民用耳
一種有茎葉相似而開深紫花者豆亦大方角
淡黒色而有細斑者春盛而夏枯世人種之為食
用

芽の端より蔓ありて花ハ白紅二種あり
實豌豆の如く蕃を醤くその濃て品の下なる時ハ豌豆を
あまして御膳にまうこと硬しいの蔓ありかくの如くなれハ
味劣れり
豌豆と以て一種のものあり大大豆のごくちいさき方なり色
雅豆ありもの職人字前会の志まれハ蔓色他の豆乃
様なりせあるぞ乃川ハ種をまき遣る　此もの実いらみ
蔵の事也
又阿蘭陀豆と外者あり豌豆に似て田及苗菜の中豌豆
大なりそのなり故に伊那阿に花あ淡紅色の中
又えるなり蕃甘おの輩なりべし

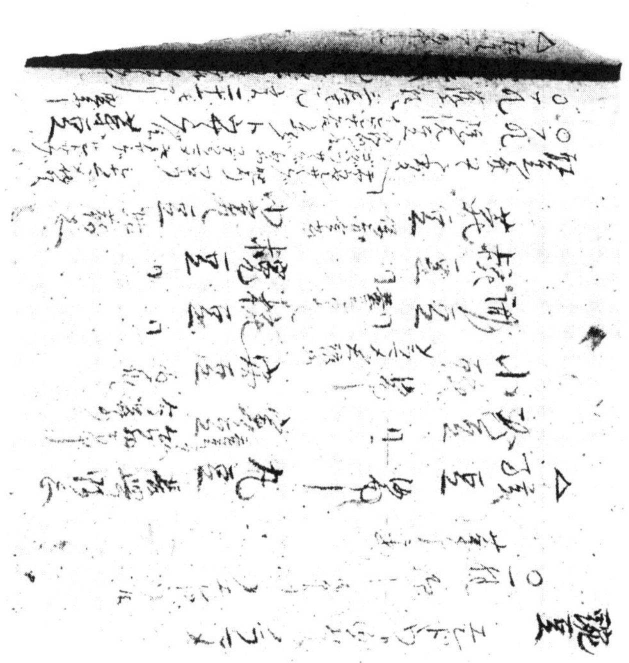

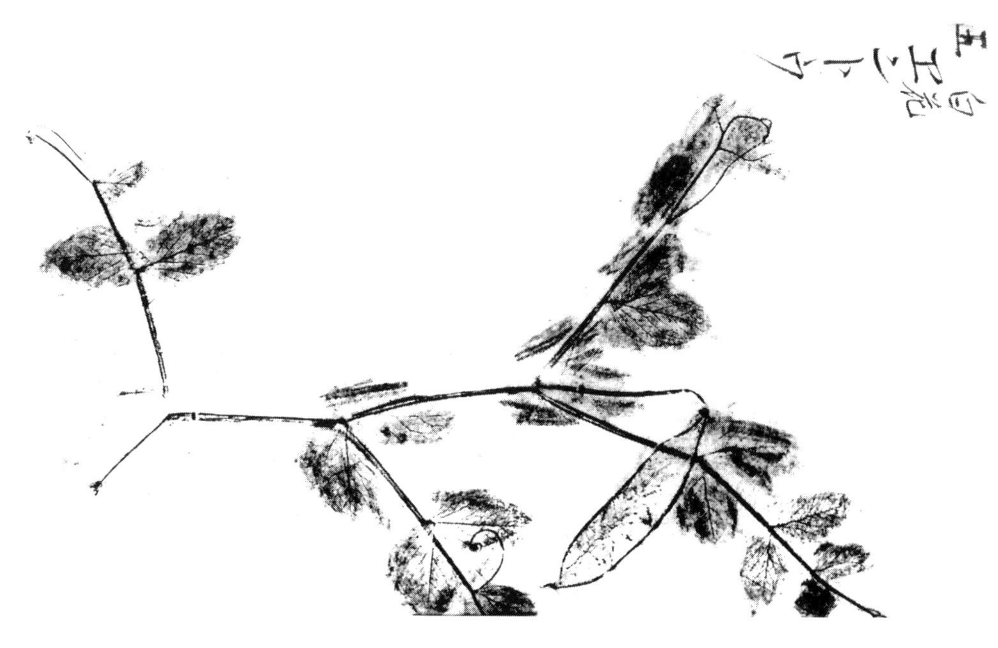

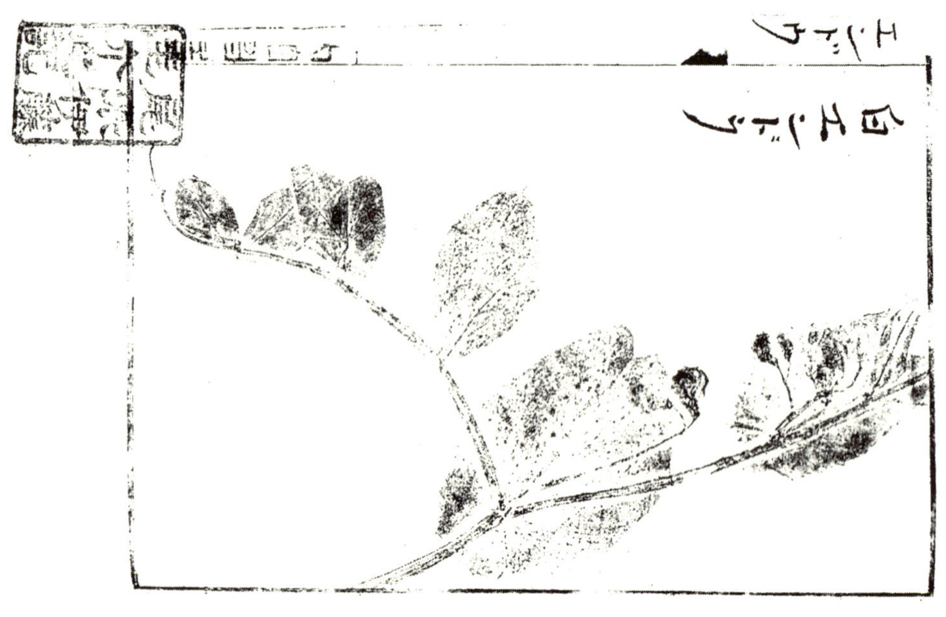
エンドウ
白エンドウ

豌豆

此物能く有し[illegible]粒細かにて[illegible]阿蘭陀ヨリ来る

うんゑるて[illegible]その丸渡り如し粒大にして実も沢山に結ぶ

豌豆ニ甚人ニ益て有功[illegible]

随息居飲食譜　乾

豌豆　粒圓如珠亦雅名戎菽管子作荏菽本草名胡豆唐史作畢豆遼志作回回豆俗呼淮豆亦曰寒豆　甘平煮食

和中生津止渇下氣通乳消脹研末塗癰腫擦面去皯

點[illegible]可作醬用

○豌豆　廣雅謂之留豆　飲食正要

随息飲食譜　乾

謂之回鶻豆白毅之中最為先登宜作餡土人製成糕謂之豌豆黄

[illegible]豌豆苗作蔬極[illegible]之豌豆類

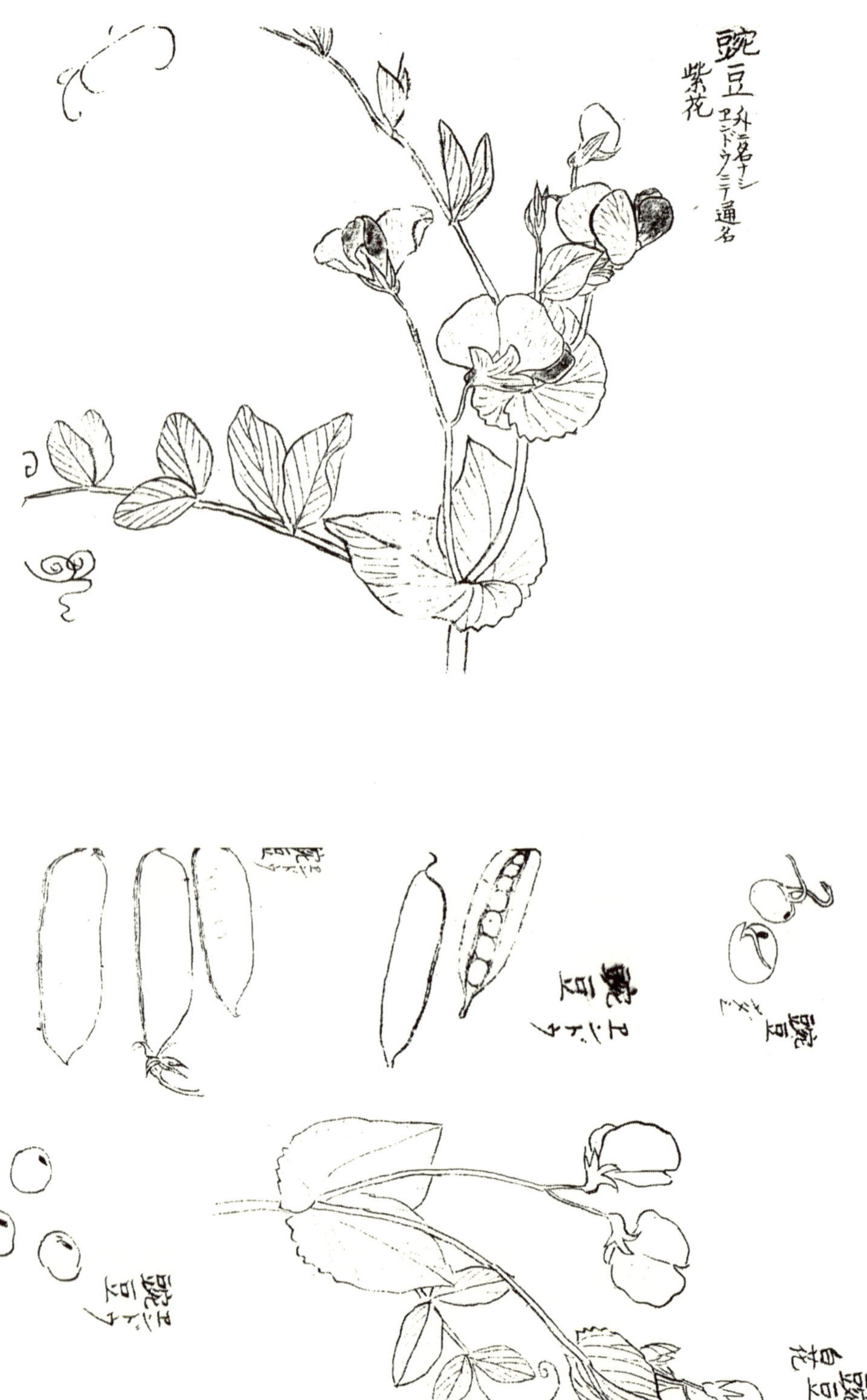
豌豆
外ニ名ナシ
エンドウノミテ通名
紫花
豌豆
豌豆
エンドウ
豌豆
エンドウ
豌豆
白花

hooge laps cynders
lage groenen
Allervroegste Doperwten
Doperwten 3 soort
Doperwten 2 soort
peulen 1 soort
Suiker peulen
…… Pea

Doppelboon
Erwten
early Warwick peas.
extra early emperor peas.
large white marrowfat peas.
Daniel O'Rourk peas

景窓不少　古口所有

bishop's early dwart peas.	豌豆
Black-eyed marrowfat Peas.	豌豆
early charlton peas.	豌豆
early wathinyton peas.	豌豆
Tall Sugar Peas.	豌豆
early prince albert	豌豆

カキエメ　ワルブンドウ 上州　ケメー子

シ、クハズ 上州　エンドウ 信州　ナンドウ

「ピシユムサチヒユム」

豌豆　エ九　豌豆　二　ナカテ　エンドウ

秋月種ヲ下葉初生ハ一莖二葉長スレバ一莖四葉葉状ゴトヒ
三鬚アリ微白ヲ帯ブ
葉間ゴトニ二花ヲ開ク扁豆花ニ似テ大セ紅花白花ノ二種アリ
花後莢ヲ結ブソノ実リ黄ニ豆ノ大ニメ　色
白花ナルモノ豆円ニメ色白莢柔ニメ嫩莢トモニ食フ白花ニテモ
莢コワクシテ食セザルモノアリ

ヱンドウ

一種蚕種俗ニサルテメト云紫花豆大ニメ四角浅褐色ニ

メ斑アリ
一種白エンドウノ小ナルモノアリ
シロシヤ産 緑豆アリ少大ヤ
英植物目录豌豆皆ニ Pea コツピートニ云
ト記ス
[illegible]
[illegible]豌豆[illegible]

九
皆ノ豌豆ハ条々佐夜ニ一花細雅ナル者
アリ之ヲ種テ莢ヲ生スルニ及ヒ畠ニキリコミ
苗ノ肥トナス 口冊

五
サヤエンドウ 莢豌豆
石筆二上ル

エンピセン　一名ホタテニクハ

立秋前ヨリ七八許リニメ鮮紅花ヲ開ク。

燕尾剪　又室天花ト云漢名不詳剪春羅ノ類ニシテ又一種ナリ葉白ノ千年ア繖ニ似テ少大ナリ末光リ茎ニ七月花ノ実テ深紅色花両岐有テ燕尾ノ如シ

立秋前高二尺許ニメ鮮紅色ノ花ヲ開ク

ヱンビセン

一名 ○蘭草 ○薫草 ○真蘭

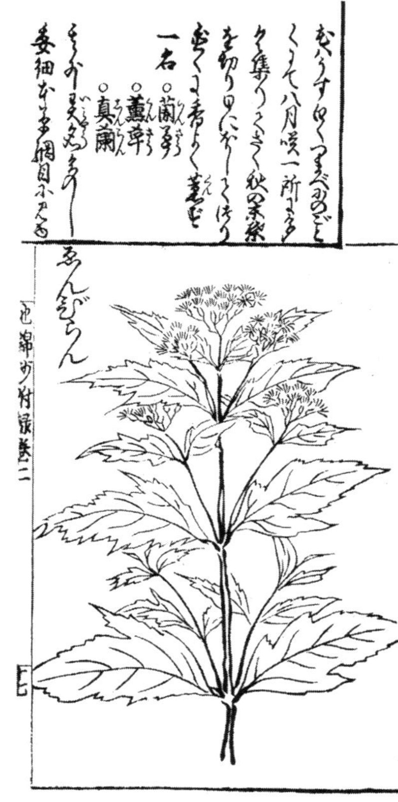

燕尾蘭

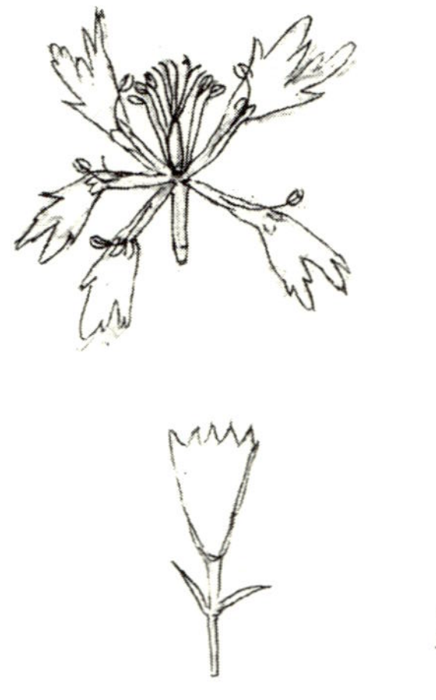

萼ノ 五良

エ六 大エンビセンノ

大エンヒセン
池田ヨリ来ルト云

エンドウ　ノラマメ和名抄　ブンドウ藝州
ツルブンドウ同　タンヅ上總　カキマメ奥州　勢州
シャクワズ上州
通名

ゲメー子

豌豆　豍豆 汝南圃史　留豆 事物紺珠
九豆 長興縣志　浍豆 同　安豆 通雅
蹥豆　皆豆　胡豆
豌豆　豌豆 共同上　寒豆 食物本草會纂
小寒豆 姑蘇志　小豌 汝南圃史　莞豆 保安全書
蛇豆 貴州通志
釋名 胡豆 本艸　戎菽 尓雅　回鶻豆 遼志 飲膳正要

五

五

通名
ヱンドウ　ノラマメ 和名抄　ブンドウ 藝州 勢州
ツルブンドウ 同　タンヅ 上總　カキマメ 奥州
シャクワズ 上州

ゲメーチ

豌豆　豍豆 汝南圃史　留豆 事物紺珠
先豆 長壽縣志　浛豆 同　安豆 通雅
梳豆　皆豆　湖豆
䓅豆　梳豆 共同上　寒豆 食物本草會纂
小寒豆 姑蘇志　小豌 汝南圃史　莞豆 保安全書
蛇豆 貴州通志

教名 胡豆 拾遺　戎菽 爾雅　回鶻豆 遼志 飲膳正要

報乃紗丸きかのゝし
大日本農家の名字[illegible]多段ある弟子皆有
の種ある商ダビット、ヱンドレ大代ハ今我[illegible]
田種子熟板を比せしえ同名へ
[illegible]寺内呈キスト・テ アーリー
（豌豆の花）の種子あり、[illegible]
美しき見事る物チーレ[illegible]食品へ販賣
するとの[illegible]也

寒豆　紫花粒稍大于菉豆世人呼為豌豆　諸州府志雜抄

豌豆　ヱンドウ　[illegible]諸島　日本地誌提要

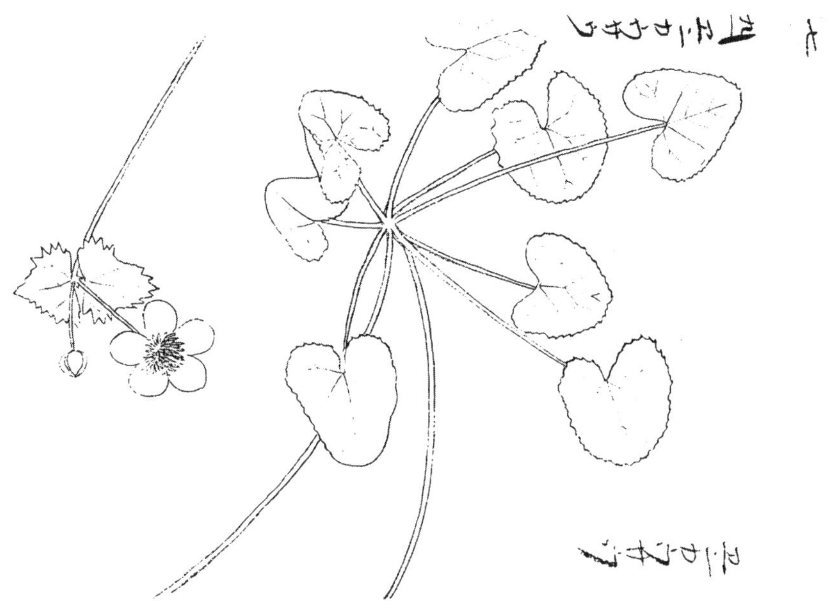

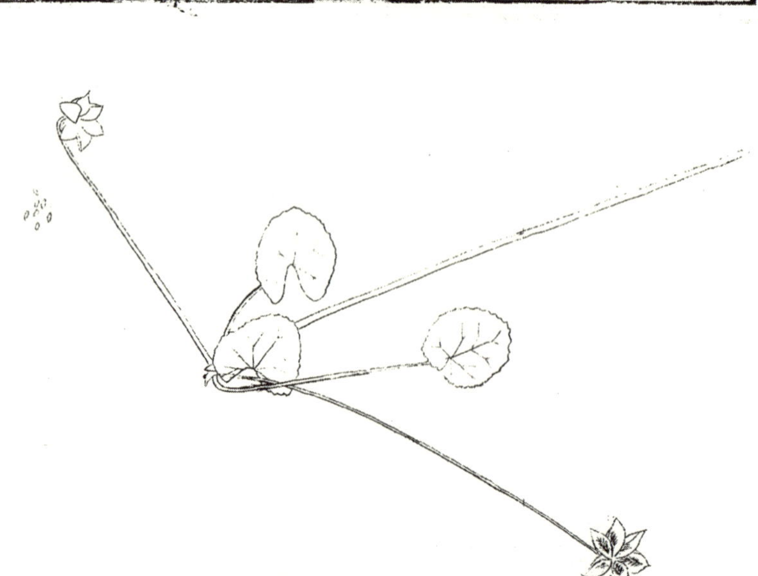

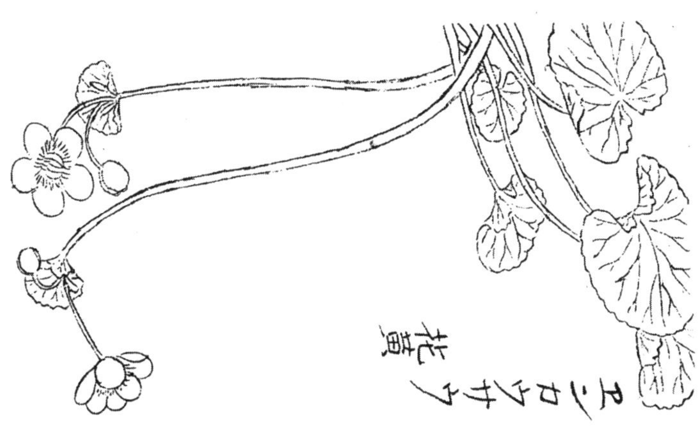

エンカウ草　葶藶ノ属ニメ花茎長シテ下垂ス花ヲ多シ
エンコウサウ　大葉菜　川園録
名品物叢録ニ出

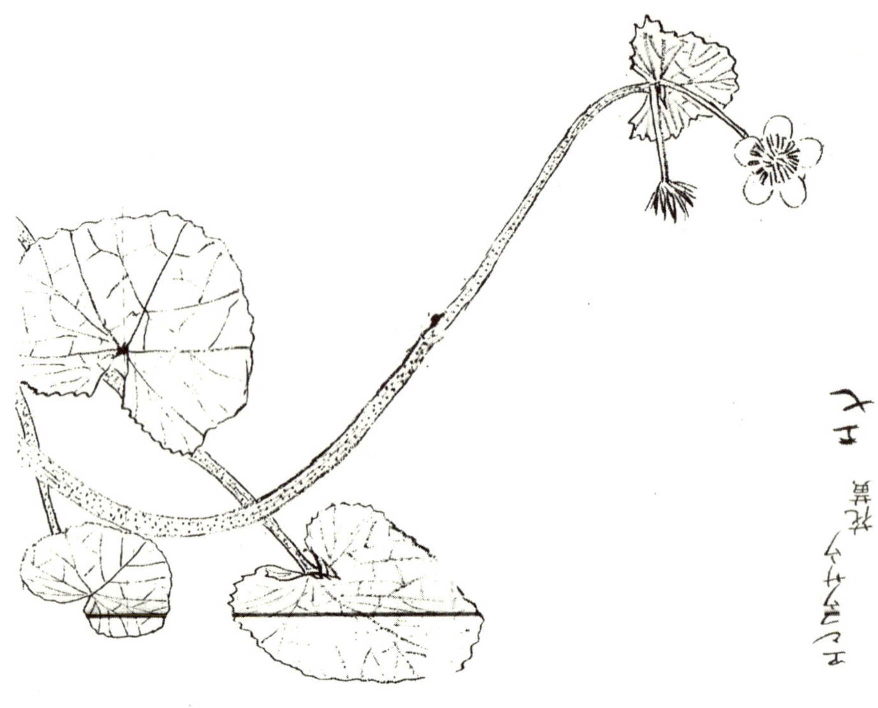

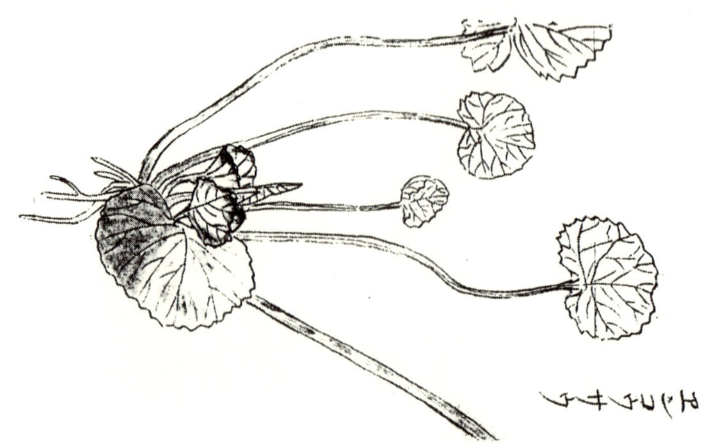
エンコウサウ

コニカ字ウ
今乃紅鉾戟 堂之水中ニテ未ダソノ自生ノ
地ヲ得ニセズ 葉形質花蕾錦ニシテ梛ノ
ノ下 暗紫ヲ帯ブ 数茎叢生シ 五月 上
間ヨリ円梗ヲ出シ 直立セズ 但シ上ニ
小葉ヲ着シ 上ニ 細梗ヲ分チ 黄花ヲ
開ク 或ハ一梗一花モアリ 五弁ナリ 無萼 弁 楕円
多ク茎次ニシ 止茎
一種 少大ナル者アリ

五七

乃太禮布支
花師呼猿猴草多生自大津至平浮道中（多名阿部江在）
海濱 茎高三四尺葉似款冬而稍小其鋸齒亦細小
也緑色而面深背淺其葉抱茎而互生夏月至梢
上開深黄花之化中夏五月余抹茶彼地観視三
或以此草為地湧金蓮全未詳其當否
常陸物産志八下

猨猴草（エンカウサウ）

一名島川芹

[illegible]

○草木名鑑云　立金花　エンコウソウ　立泉花

金絲荷葉　芥子書画譜　シカヽウホネ一種

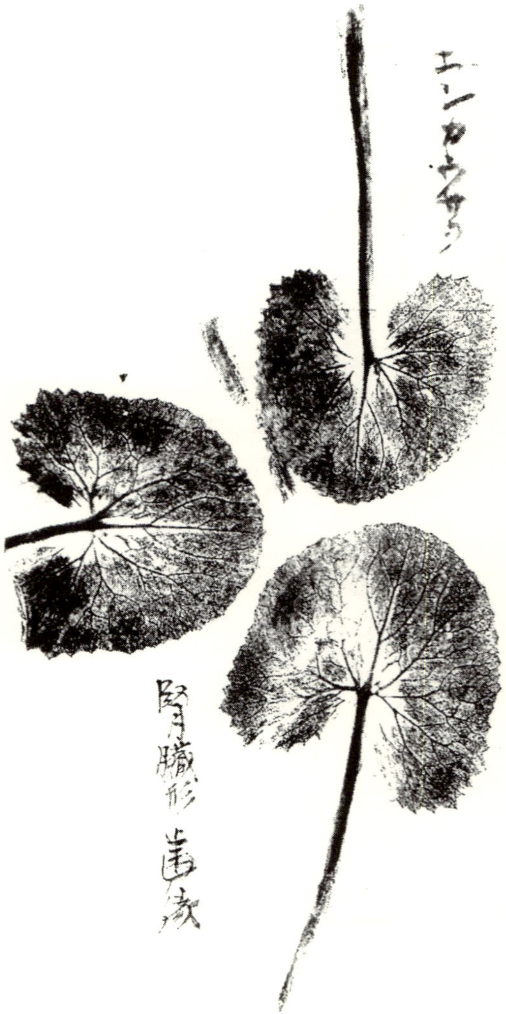

○ヱンカウサウ　「カルタパリユストリス」　テガガサ　カナハバナ　茎長曲リカナハノ如

Caltha palustris L. 変種 var. sibirica Regel.

夏至後ノ

小児痘ニテ手足ツル症ニ此葉ヲ付或懐中スレバ治又ハヤテニ此葉汁ヲ用

[草木育種後篇] [illegible]

ヱンカウサウ

[illegible]を乾して栽べし 根土多く干鰯[illegible] [illegible]

秋花ヱンカウ草　越前小原村方言ニ牛ノツメオホバコト云　越前小原谷山渓水傍ニ生ス形状ヱンカウサウニ不異秋月ニ至葉間緑色ノ円茎斜ニ出長サ八九寸梢ニ枝ヲ分花ヲ開黄色ヱンカウ草ノ花ニ同ク小也

北越[illegible]

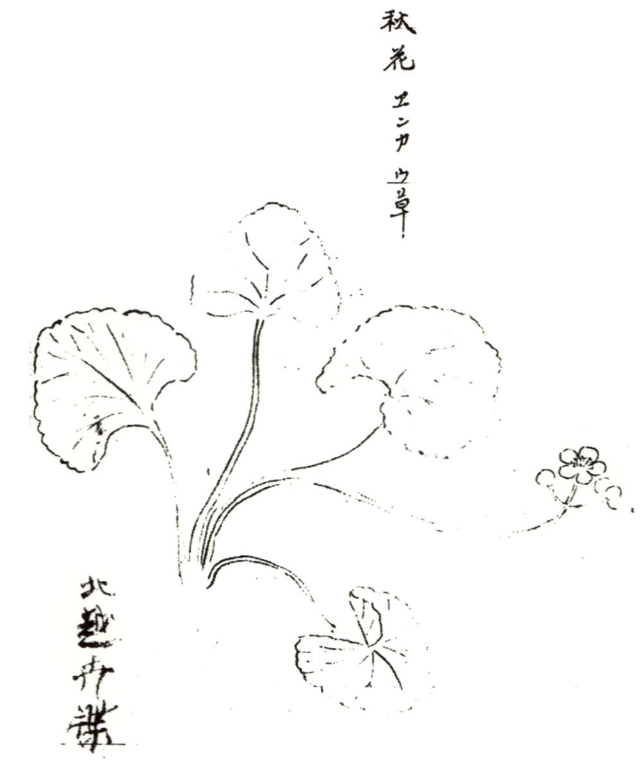

エンカウサウ ☒ 同前 ……
オカカウホネ 十三編七月 毛茛科
金線若荷条等 …… リウキンクワ カナウハナ テナカカウ
水中ニシテ ロ Caltha palustris L. Var. ……
（北海道）産地ヲ録ス 或云北海道ニアリ 又芳ワルニ於テエンカウハ △
エンカウサウノ小ナル者カ別名ナナヤ 然ニ三年

主格 ……勢州 ……ニアリ

△信州等ニ自生アレモ實……正徳ノ頃……
エンカウサウモ亦同ク……
ロ根上ヨリ數葉ヲ……五月中心ヨリ ☒

エニスウゲ

又斜ニ花梗ヲ出シ直立ス長サ一二尺色暗紫ヲ帯ル梗上ニ一小葉アリ上ニ三梗ヲ分チ各一花ヲ着ク一花ハ先ニ開キ一花ハ後ニ開ク深黄色五瓣ニシテ大サ七八分瓣ノ頂凹ミ多ク茎ニシテ止茎ハ九或十許後ハ此(細長ナリ)瓣ヲ結ブ一種花葉甚少ナル者アリ勢州津ノ辺ニ産ス

ヱンコウサウ

地錦抄
オウカウホネ　花ハ梅花ノ如ク
按ニエンカウサウ　糸田ノ花ヲ糸直立セリ
立流金花
リウセンクワ　花形ハ桔梗ニ似テ弁ハ...
草三錦花　葉ハ花直立ス
按ニエンカウサウ
按ニ叶説ニ従ヒ リウセンクワ ハ 似タリ ...

按ニエンカウサウ 未タ産地ヲ諦觀セス 或云北海道ヨリ来ルト
自生アル処ヲ定永正徳ノ間漢名モ訳　タチエンカウハ佐州等ニ
漢種ナリヤ未タ詳ナラズ　漢種モ無シト云エンカンサウモ亦同リ
同ツリ

口林氏云タチエンカウ左ニ二様アリ外ニ在者ハ之ヲ抜出君潤ト
口林氏ニ見エタル花ハ宿ヲ生スト云　此ノ識ク

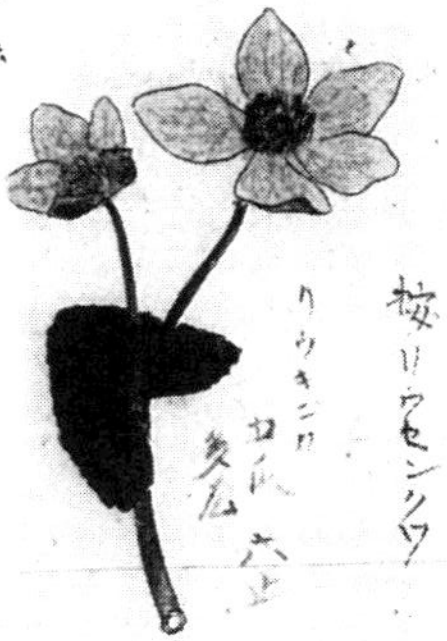

エゾ臘葉

リウキンクワ

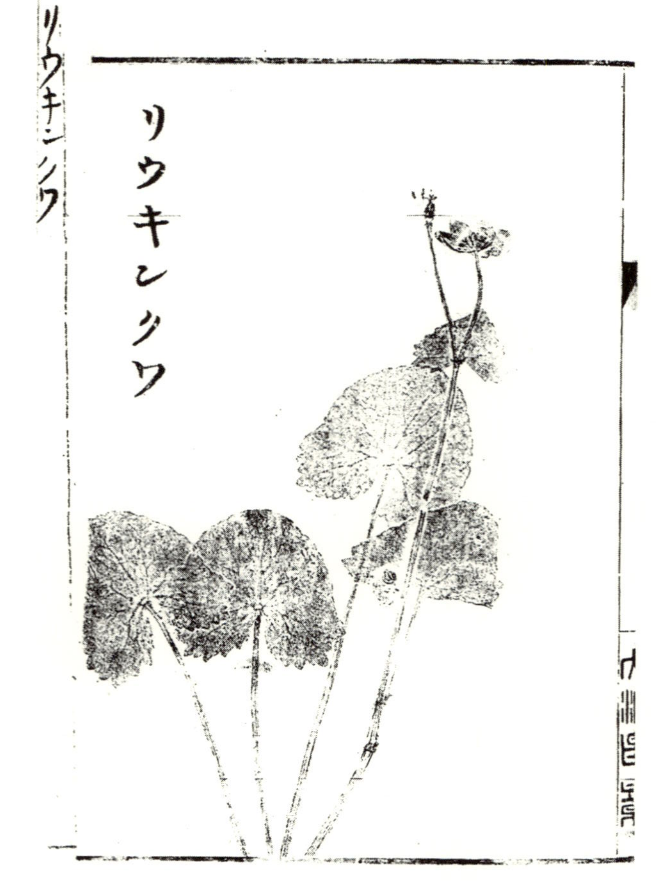

立金花

圓河骨ニ能似テ花單瓣ニシテ花少シ尖リ直上ノ圓河骨ノ如ク鉢ニ不出根ヨリ芽ヲ不生叢生スルノミ一類別種也

漢名不詳一名立泉花

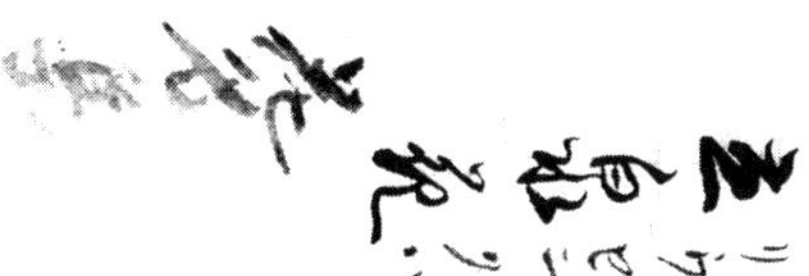

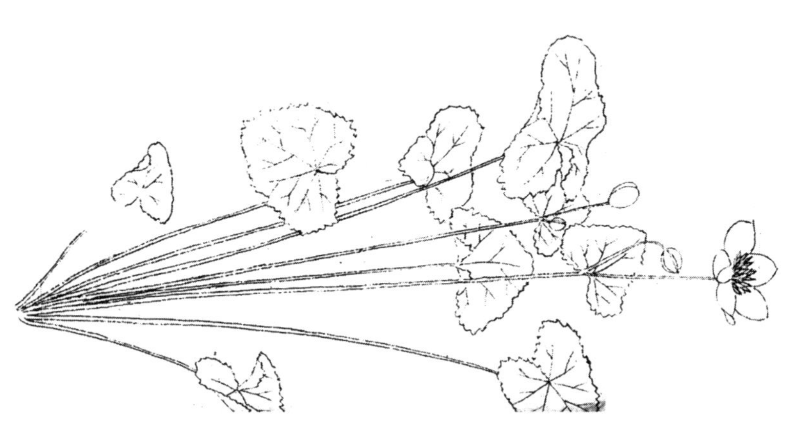

リウキンクワ

リウセンクワ

ヨカカウホ子 地錦衍

嘉祐圖經ニヨカカウホ子ハエンカウサウノコトス

木曽木川毛馬橋ヨリハサカイヘ行道ニアリ 謙信州戸隠ニテ採ル

葉ノ形エンカウサウト同シテ茎スコシ長ク花形モエンカウサウト同シテ

茎直立ス葉茎尺許花茎尺四五寸ニ至ル夏至後ニ花ヲ開ク

○リウキンクハ

リウセンクハ

ヨカカウホ子 地錦衍

涼山水湿ノ地ニ生ス木曽木川ニアリ葉花根トモ皆エンカウサウ

ニ同ノタヾ花茎直立スルノミ夏至後花茎尺四五寸上ニ

一葉アリテソノ葉ノモトヨリ一二枝ヲハカテ以ニ黄花ヲ開

○圓 河骨 本草圖經後 漢名不詳萍蓬草ト異ナリ

葉ハ圓ニノ厚ク茎紫色立金花ニ能似タリ一種

別種ナリ陸草ニ非ス水草ナリ根下蔓ノ如キ芽

ヲナカク生シ地ニ着テ根ヲ生シハナモ立金花

ニ似テ重瓣茎斜ニ生ス立金花ノ直上スルニコ

北海道 七重村
産

葉未開 花未見
葉常品ヨリ大ニシテ
鋸歯ハ常品ヨリ
微シ微ナリ

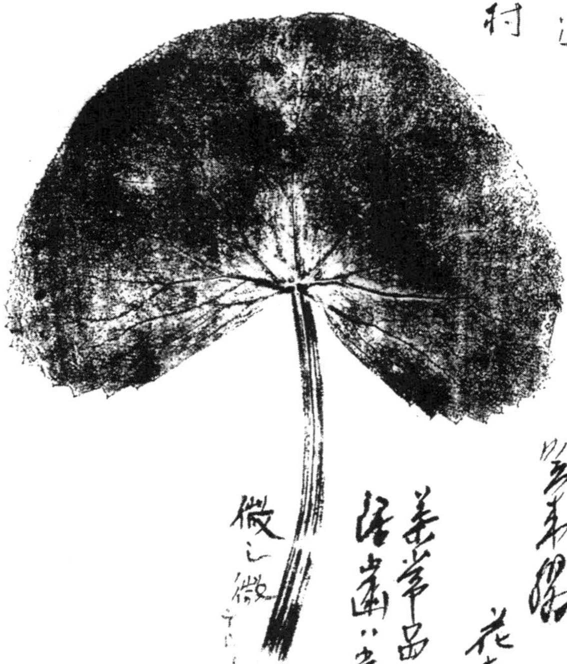

尋常 エンコウサウ

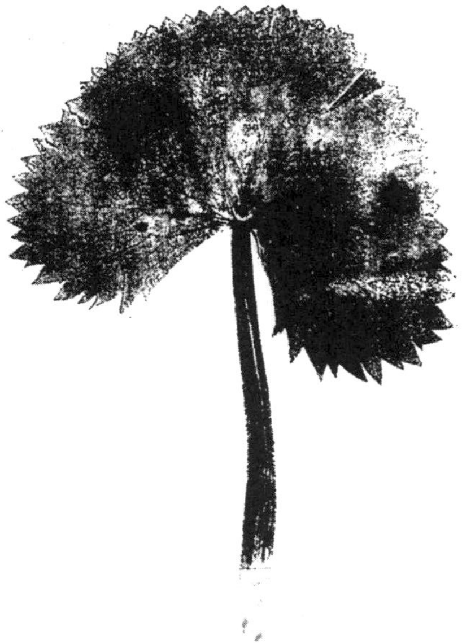

リウキンクハ
一名リウセンクハ
尹
木曽末河ノ熊ハニヨリリサカヘ行ノ道ニアリ花華モ三エ
ニカウサウニ似テ花ノ茎直立又水草ナリ
ニ 流金花トエンカウサウノ一名カニ流金
花ハオカカウホネノ事トモニ後考スルニハ
リウセンクハハヤニリリウキヒクハノ事 オカカウホネ
名ノタチエンカウノ事トモ云 此名ノ沼ノ時ノ聞ユ

末河 西野ニ有 御嶽ノ東ニアリ ニ地モ高ノ奥地ナリ

又ダホ三ヨ様後ニ
再考 此後隠雑ニ流金花ハエンカウサウノ一名
又… 流泉花ハオカカウホネ…

立金花ト名立泉花モ三花テ苗大上ニ立チ葉圓カ
水葵ニ似テ一茎一葉聚リ生シ四五月茎ヲ抽キ黄花
五出ニシテ梅花ノ如ク黄蕊多シ 岡河骨ハ葉也… 花ハ梅花ノ如ニシテ苑円シ
地錦ヲ云ニ立泉花 此中ニ泉…
ヲ似ハアラス…
ホドニ似タリ…
ホドニ似タリ初メハ…オカカウホネトテ争フオカカウ
ホネハ花形梅花ノ形ニテ花ヒラカス 花モ…
地ニ…ノ花…上ヘ…又地ヘ…
泉花ハ花形梅ハ形ニテ花ヒラ…

ミ葉ホモ直ニタチカツモ下ヘミダレズ此草ニテイザ
ヨシヤガメアリツ多云金花ト云

此葉ハリウキンソウ

七

金錢蒲草　李笠翁偶寄　閑情偶傳　流金花（リウキンクハ）　ウミツミ　熱帶カルタ羅
ハリコストリスドツケルブルーム　和蘭　次ノ立泉花ヲモ呂芙蓮ト稱ス（蘭書）
水澤中ニ生ス然レ正野生ノモノホタ見ズ葉ハ萍蓬草（カウホネ）ニ似テ根ナク鬚
根ナリ葉ハ山葡萄（フクワウソウ）葉ニ似テ厚ク又杜衡ニ似テ淺鋸齒アリ春葉間ヨ
リ莖ヲ出ミテ長サ二三尺猿猴ノ手ニ似タリ其先ニ二葉付テソノ先ニ五弁
黄色ノ花アリ大サ四五分ニシテ形チ川骨ニ似タリソノ態水上ニ花ヲ流セタ
タル如キカ故ニ流金花ト和名ノ名アリ尾州ニハ紅花白花ノモノアル由ニ聞見
〇一種立泉花（リウセンクワ）和名　秋ニ同シ但花莖直立シ形チ毛莨ニ似タリ
寛永正徳中ニ廣種渡ル

リウキンクワ

嘉卉園云 漢名不詳 一名立泉花 オカカウ米子ニヨク似テ

花単弁ニシテ葩少シ大リ直上ニテ オカカウ士子ノ如ク斜ニ不生

根下ヨリ芽ヲ不生 叢生スルノミ 一类別種也

リウキンシハ 青茎ナル云

タチエンカウ 紫茎ナル云

花ノ大サ日し

エンカウサウ

物品會課題

毎月第二土曜日午后第一時ヨリ愛知縣名古屋區西二葉町植物園集會

毎月第四土曜日社員各邸ニ於テ輪會ス午后第二時ニ開會第六時ニ閉會ス

愛知縣下　嘗百社

月	課題	課題	社員
[一]月	松柏科	金石類　魚類	水野致堯
二月	莎香科	種子類　海藻科	內田健之丞
三月	薔薇科	天南星科　食用植物	山田休裕
四月	無患樹科	介貝類　楊柳科	横井[illegible]齋
五月	十字科	蟲類　石南科	服部泰禮
六月	纖維植物	鳶尾科　毛莨科	小鹽五郎
七月	禾本科	水蟲類　地衣科	石黒濟菴
八月	葫蘆科	荳科　繖形科	戸田壽昌
九月	有毒植物	蓼科　羊齒科	平岩親敏
十月	藥用植物	茜草科　菊科	菊池有英
十一月	柿樹科	鱗翅類　竹類	水野
十二月	木材品	鳥類　哺乳獸類	內田

右課題ノ物品同好ノ諸君左ノ社員邸ヘ御出品アランヿヲ冀フ

名古屋區長久寺町十六番邸　石黒濟菴

同區鍋屋町貳番邸　菊池有英

明治十八年一月

同區本町二十一番邸　內田健之丞

伊藤圭介秘本
禁出門外

尾張伊藤圭介記

常陸物産誌巻之四之下　〆十四丁

水戸　木内政章伯斐著

草之部　穀類下
豆品類

常陸物産志巻之四之下

草之部　穀類
豆品類

蕎麦、　胡麻　亜麻　大麻　苘麻　稷

黍　蜀黍　玉蜀黍　粱　粟　秫

穇子　稗　罌子粟　大豆　大[illegible]豆

緑大豆　黄大豆　赤小豆　緑豆　白[illegible]豆

穭豆　蠶豆　刀豆　黎豆　眉兒豆

豇豆　[illegible]豆　[illegible]

以上

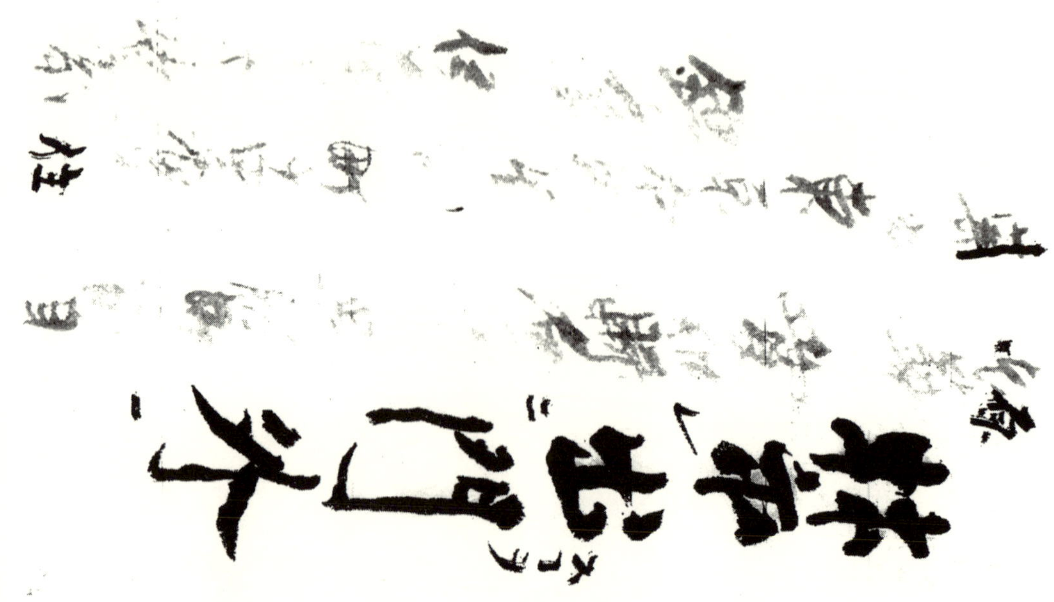

「アカレイパ・ヒルギニカ」エハキサウ

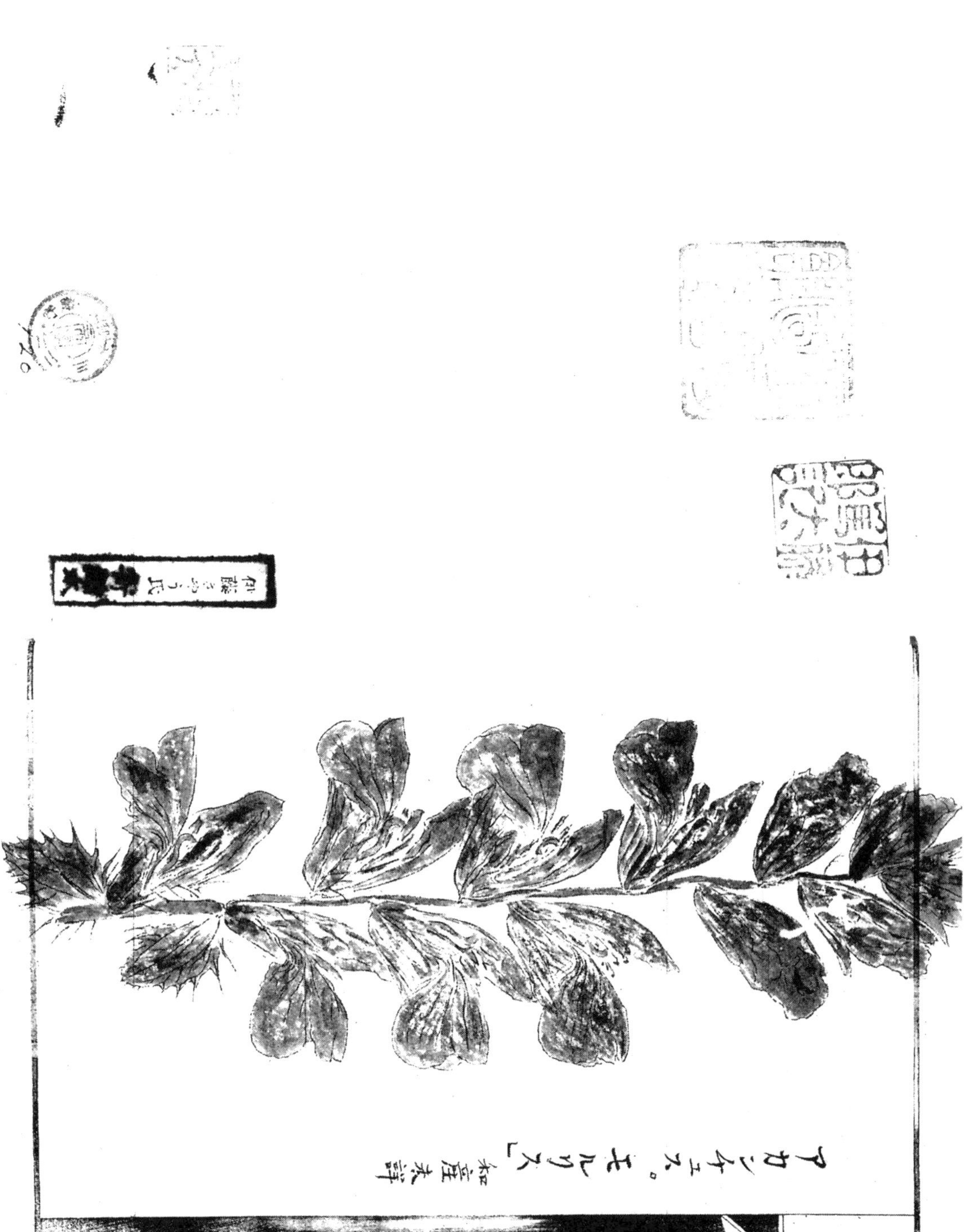

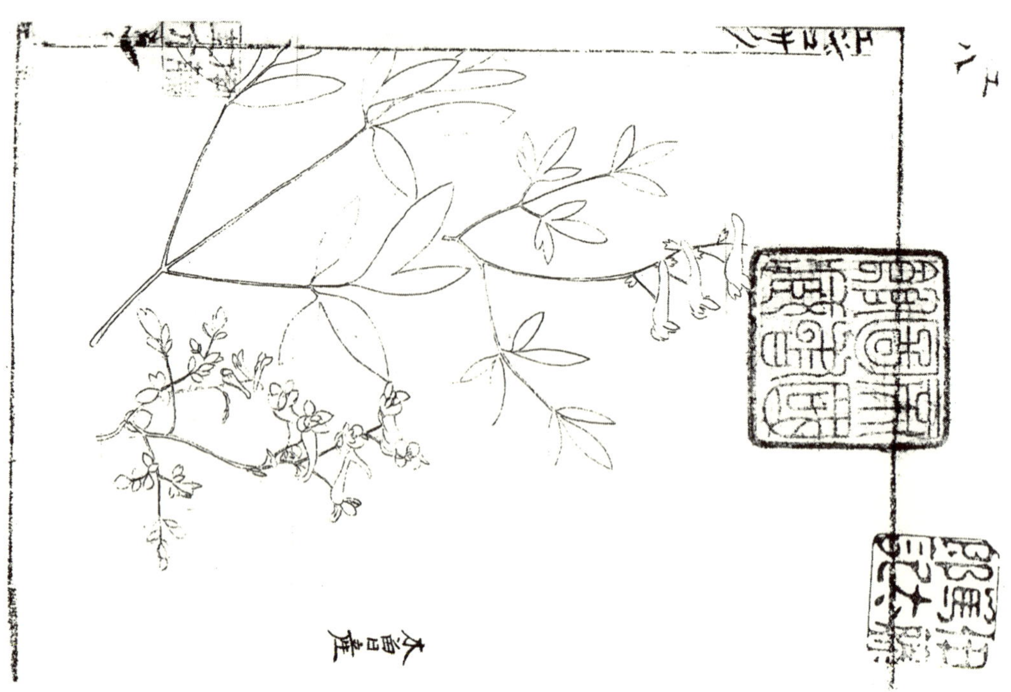
太白山產

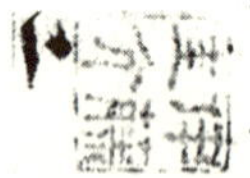

八
エ
エンゴサク
漢種 牡丹葉エンコサク 春分

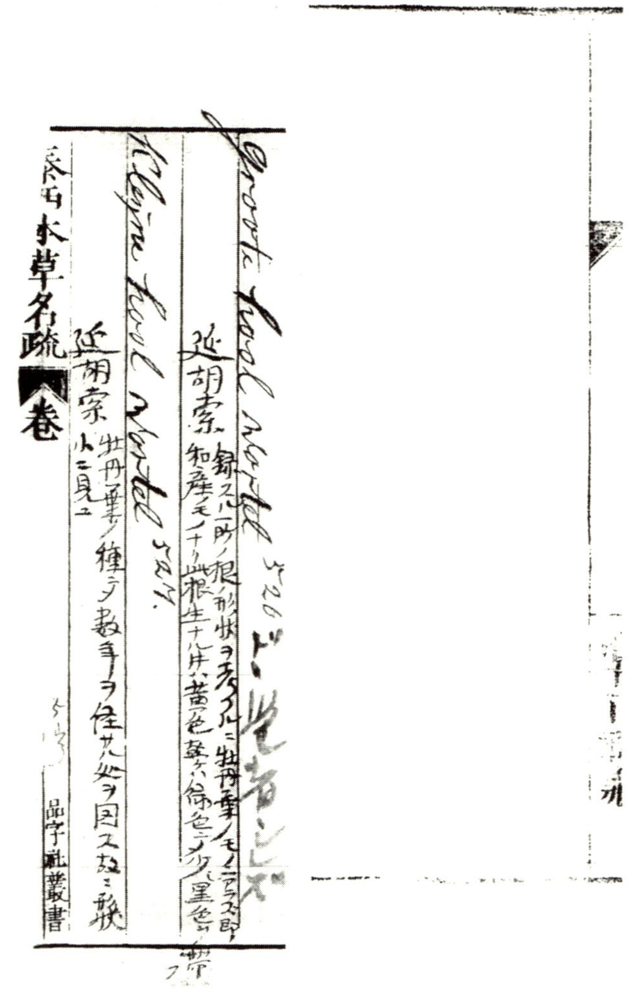
本草名疏 巻
延胡索
Groote hool Nortel 526
Kleyne hool Nortel 527
品字箋叢書

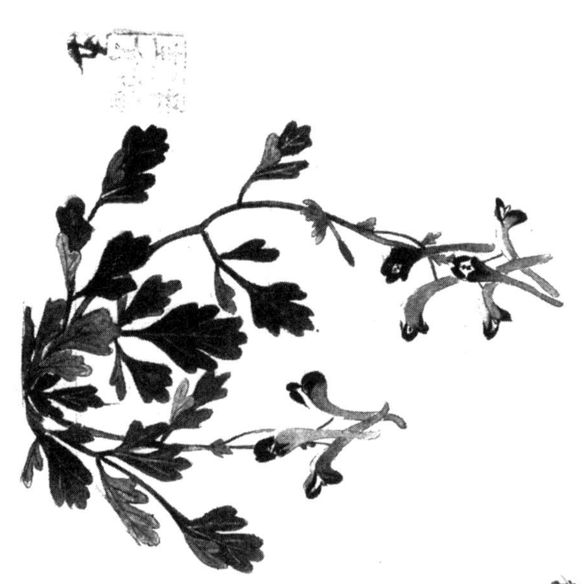

二八

延胡　中禅寺湖上　岩滑日光山中ニ在ル [illegible]
中禅寺ヘ登リ華厳ノ滝ヘ行笹原ノ中ニ多シ長葉
ノハ竹葉ト称シテ可也円葉ノハクサハキノ葉ニ似タリ根
ノ色ハ黄ナラズ

延胡索（エンゴサク）　奥州三春ニ有リ　唐渡同物ヲ以テ　武州忍領部戸田渡

延胡索　湧幢小品曰索與縄一也大曰索小曰縄
ジロウホウ　ハ　那賀郡野上荘ニ多シ

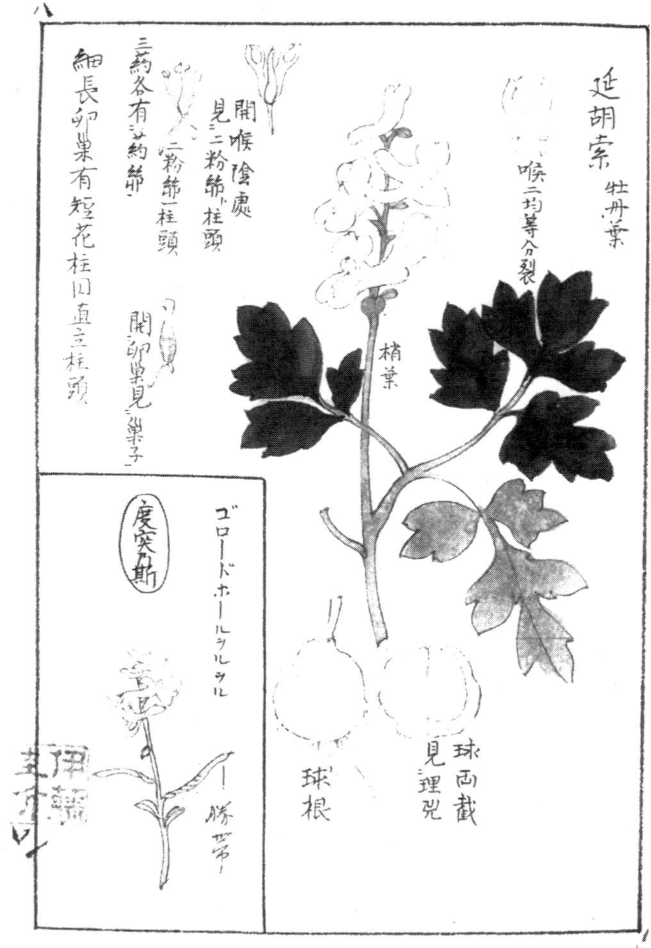

ビュルボサ　羅　ボ球ルラ根ルテリフ　蘭

四種　單梗　腑帯長如花

（六百品）單梗　楕葉宛均等蛋形鈹針状於花短一　球根

名義　○ボーンチー 小豆　球凹根ルテリフ 蘭　ナルラテル　薬用之　○グルーチフルメン　緑花　小苗者

○カナクゼ　加合手遠　草　コリユイト　⊗多児痊福㐂篤　○カプノイデス　○カプノス

○ジュイフデルフ　鳩　芹　○厄利　奇亜

形状　花　浅青蓮　京ムラサキ　又白ス　正象牙　ウスガキ　花口　金黄　作綫　チサ

角　長楕円　腑帯　鈹針状　蛋形　如指　根　膜根　球凹　肥根多葉

延胡索　本草　漢種のものハ牡丹葉と云て葉牡丹に似て小なり
根圓く零餘子（むかご）のごとく小して黄色なり又尾張圓ゟ来る
ものハ三葉のものあり形状ハ牡丹葉に似て葉中に紫斑あり
花ハ紫地錦葵に似て大なり二種ともに薬用に上品なり又同
國ゟ来るものハ竹葉のものあり葉細くして細く竹葉に似て甚
小なり武蔵國道灌山にも生ずるものハ竹葉に似て葉稍
潤く根小く淡白し下品也山の世古黒ぼくに植べし　秋冬の
中灰人糞かし入土を肥し花整てよし寒暖てけ根と
掘食ものなり囲ゑべし
十木

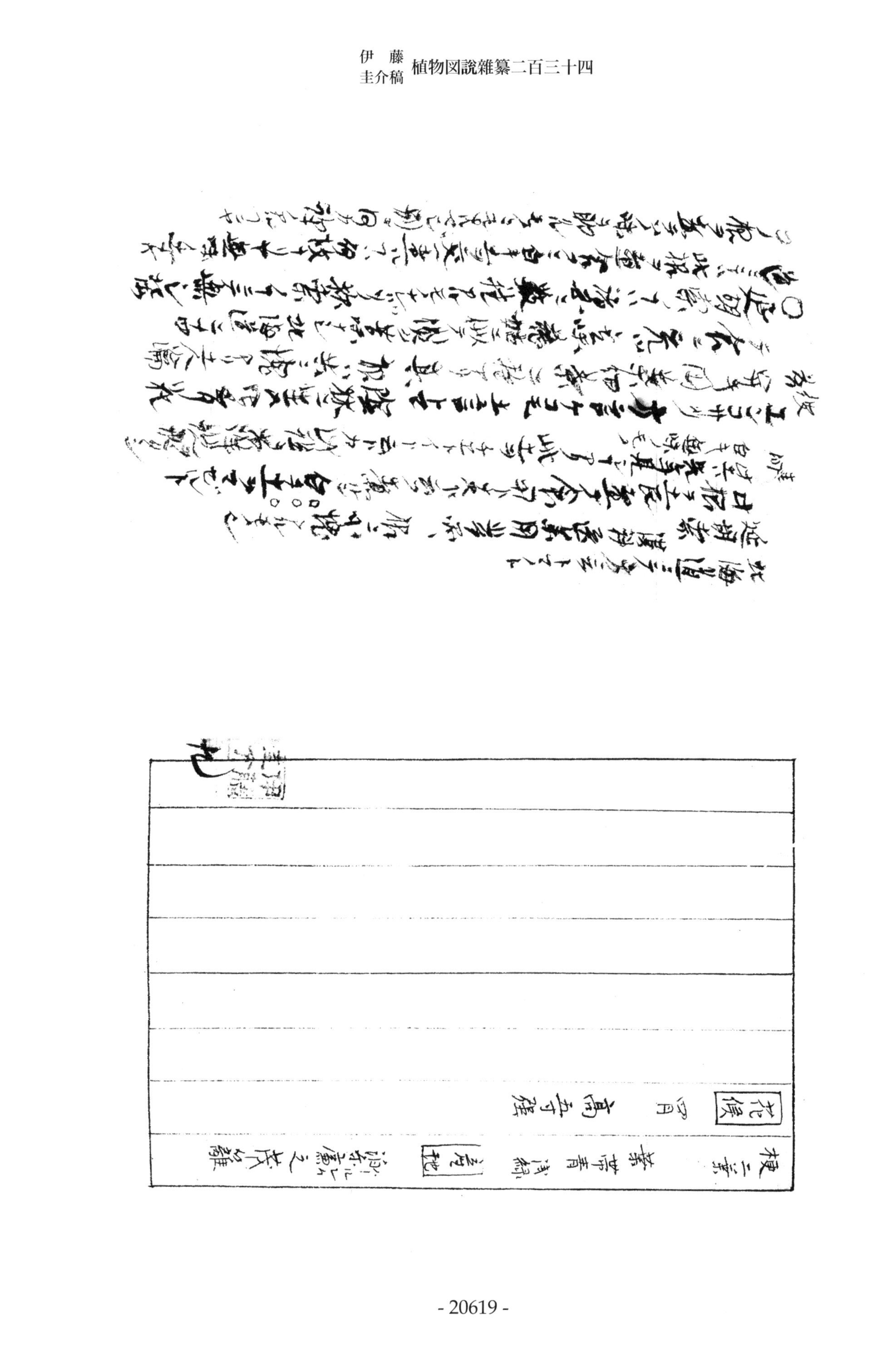

根三葉　葉茎青淡緑　産地

花候　四月　高五寸餘

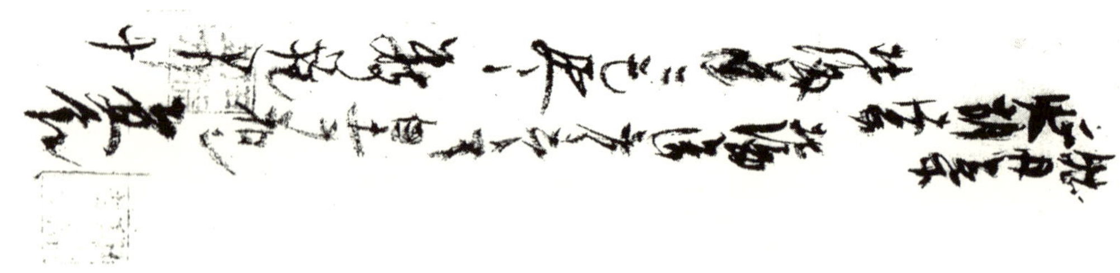

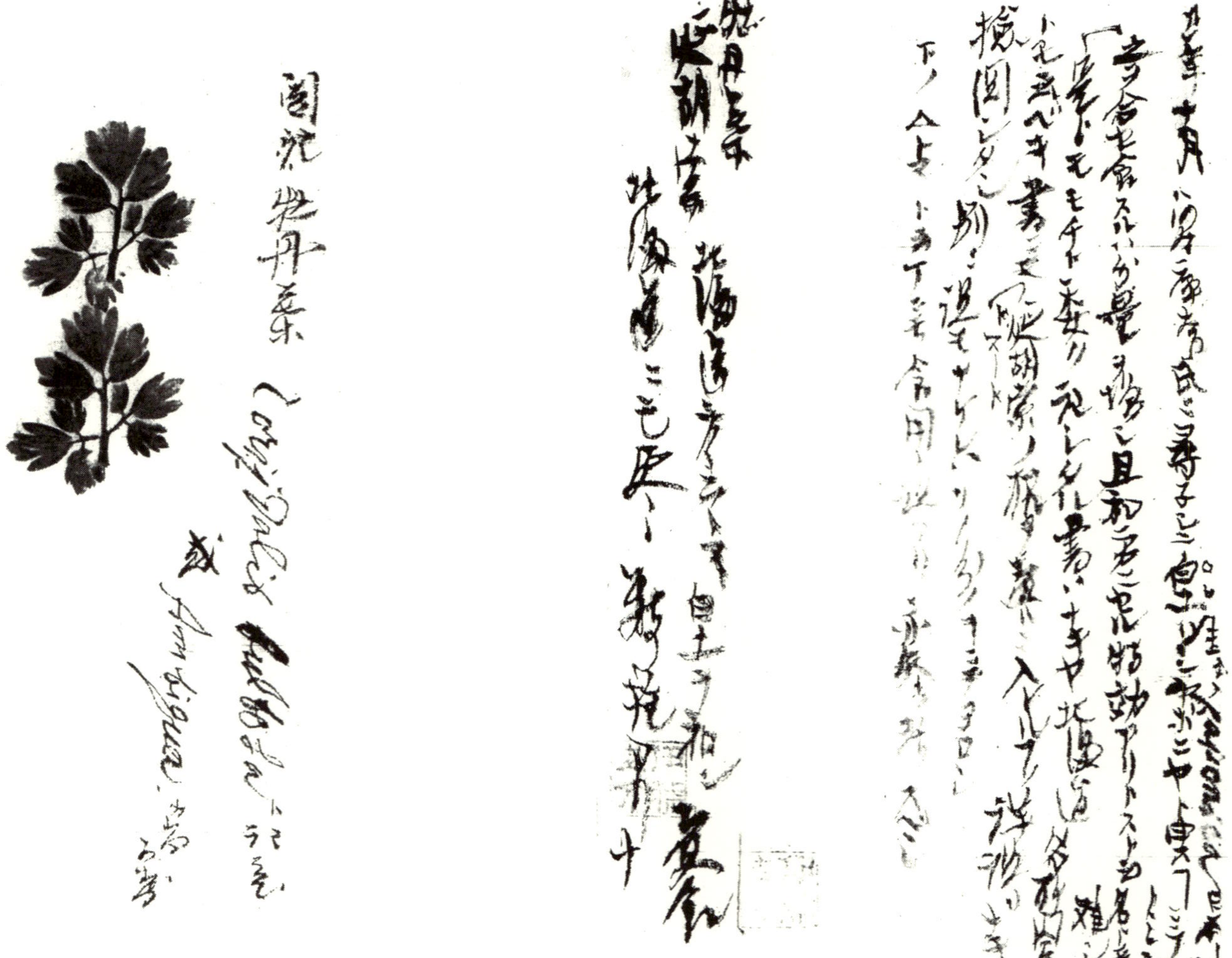

漢種 ツノモノ

穀雨前 鉤

十一

Corydalis

C: Ambigua 花葉二ノ葉 エンゴサク ヂロウボウ
仮ナミ花葉 岩七巻 手ツテ ナキナ

C: Pekoensis 鉄和名 北海道産

C: Decumbens (Fumaria bulbosa. Th.)
エンゴサク 叩

C: bulbosa ツノボ
a. 団葉
β
γ 細葉

和名　ヒメチドリ

本草綱目巻之十三蔵器曰根如半夏色黄

立春舊根ヨリ双芽ヲ生ス黄色ニシテ朱色ノウツリアリ雨水ニ至葉ヲ生ス形チ牡丹葉ニ似テ小ニシテ脆葉梗ハ外圓ニシテ内ニ溝道アリ淡紅色長二寸以上三亞ヲ分チ各頭ニ三葉ヲ綴ル一枝大凡九葉ナリ面緑色ニシテ背ウスシ皆白粉ヲ帯フ頭ノ一葉ハ左右ヨリモ大ナリ葉頭ノ亞尖ハ牡丹ヨリモ多シ五尖又七尖アリ長サ八分濶サ五分左右ノ葉ハ長サ五分濶サ四分尖リモ亦少シ初二三葉ハ地ニ敷テ生シ中間花茎抽テ二三葉ヲ生シ二月頭ニ穗ヲ出シ茶花ヲ開紫菫(ヤブケマン)花ニヨリ似テ大ナリ花ノ形チ筒瓣ニシ

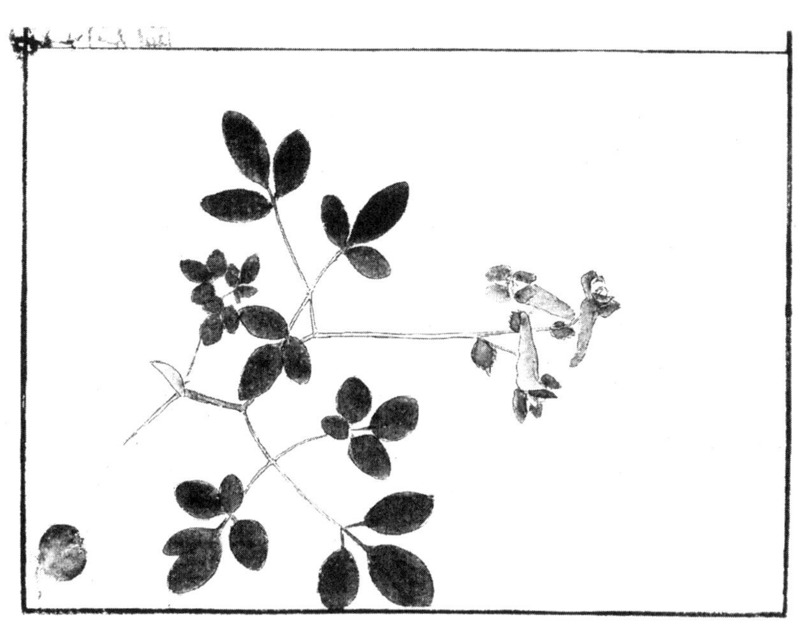

花ハ二ツナリ上ヘ反リ一瓣ハ下ニツケテ上下唇ノ形ニ似タリ瓣ノ末紅紫色

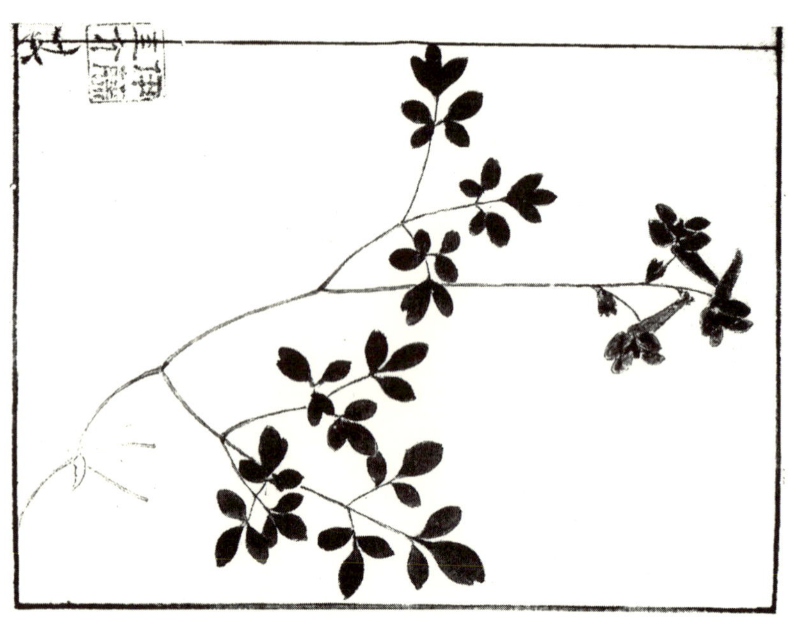

中ハ白花口ニ蕊ノ頭ヲ見ス白フシテフ子黒ノメクリ淡紫紅色花尾ハ細ク蜻蛉ノ尾ノ如ク上ヘ反ル萼花ノ腹中央ニアリ跗三分本皆承葉アリ穀雨ニ至花皆落ツ未ダ黄アラズ立夏ニ至皆枯ル根ハ圓ニシ半夏根ニ似テ無患子ノ大サニシテ正黄色年ニ二三根ニ分ル。

滴金卵

和名　ツブテ

正月宿根ヨリ蔓ヲ生シ土中ヲ延蔓苗ヲ生ス葉梗紅黄色三亜ヲ生シ各二葉ヲ生ス一葉大ヒ十八葉細クシテ長シ其側花茎ヲ生ス二葉ヲ生ス下ノ一葉ハ五十余ノ小葉アリ小一葉長サ三分巾一分五リニ上ノ葉ハ少ニシテ葉末尖ミ

一種　小葉牡丹葉

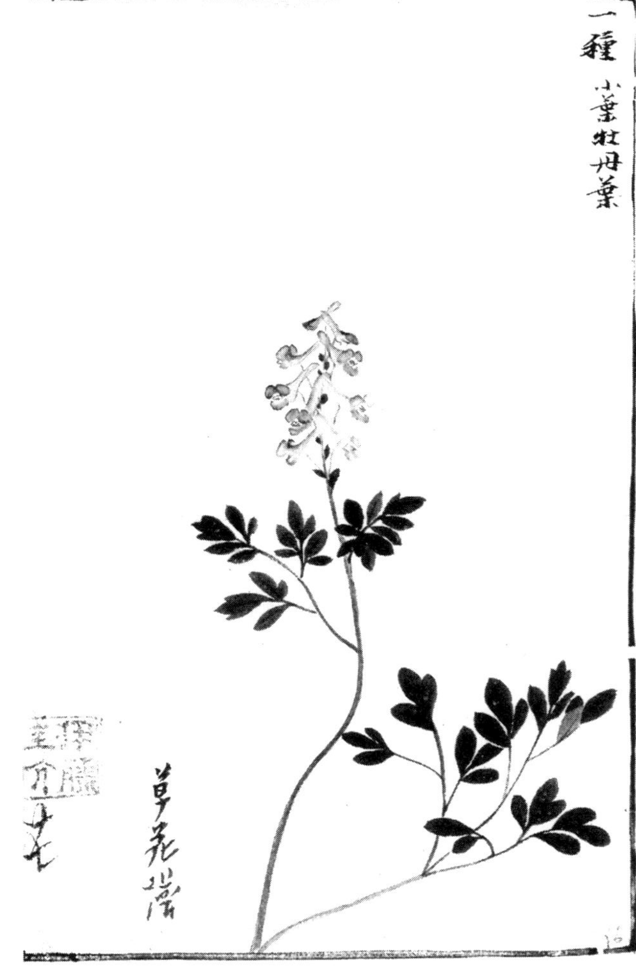

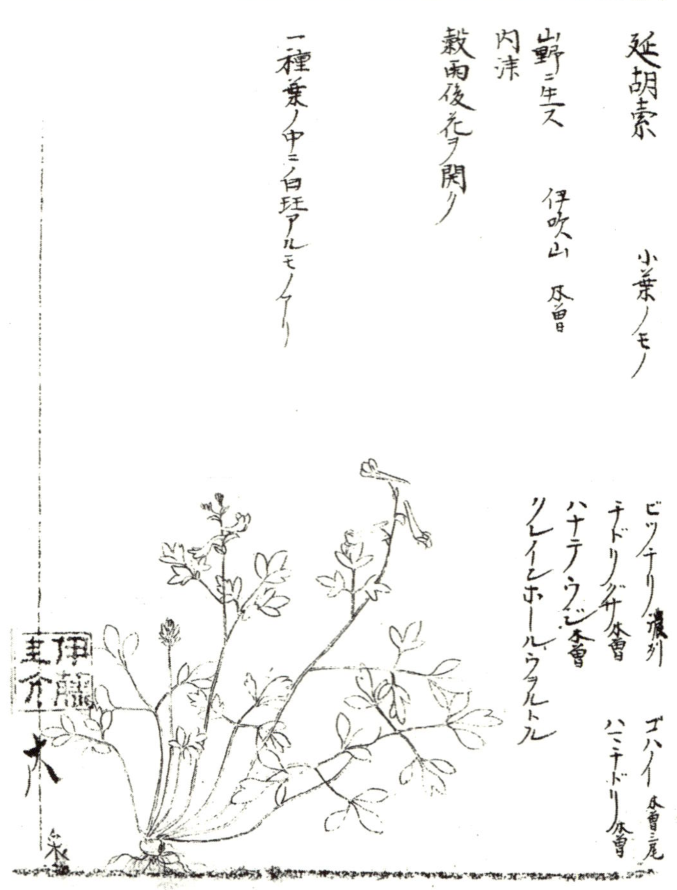

延胡索　小葉ノモノ

ビッチリ 濃州　ゴハイ 木曽三尾

チドリノグサ 木曽　ハミチドリ 木曽

ハナテウジ 木曽

クレイエホール・ウヲルトル

山野ニ生ス　伊吹山　木曽

内津

穀雨後花ヲ開ク

一種葉ノ中ニ白斑アルモノアリ

延胡索
穀雨後花ヲ開
小黄白花ノモノ

春分莖頭ニ穗ヲ出シ紅紫花ヲ開ク形状亦朝鮮種延胡索花ニ異ルコト
ナシ花ノ後角ヲ結フ紫菫角ニ似タリ根ハ圓ニシテ黄色大サ梧桐子ノ
大ノ如シ蔓頭苗ヲ生スル處處ク根ヲ生シテ繁茂シ易シ

竹葉延胡索 尾州種

一名 元胡索

和名 ゲモ

本草綱目卷之十三時珍曰立春後生苗葉如竹葉樣三月長三寸高

根叢生如芋卵樣

雨水宿根ヨリ蔓ヲ生シ土中ヲ延蔓シテ科生ス葉ハ牡丹葉ニ似タレドモ
細クシテ長シ葉梗紅緑色地上一寸以上三枝ヲ分チ各三朶ヲ生ス頭葉
八三尖左右ノ一葉ハ二尖一亜ノ小葉九葉二十七尖一小葉ノ長サ六七分中一
分三亜合而八十一葉アリ則全一葉ナリ葉面黄緑色ニシテ白粉ヲ帯フ
背白緑色二月中高サ四五寸花莖二三葉ヲ互生シ穗ヲ出シ紅紫花ヲ開
ク形チ亦ヤフケマンノ花ニ同フシテ大ニシテ數少シ花口五分筒長サ六分一
穗七八花ニ止ル根ハ零餘子ノ如シ

一種 葉最細ク長キコト絲ノ如キ者アリ

一種

生時形状同フシテ花ノ色碧紫色ノ者アリ

閻道延胡索

一名 玄壷索

トマ｜

三月下旬

蝦夷人根ヲ貯テ食ス　蓋胡索

[illegible]

松前草木誌

二八

老鴉草倭種延胡索 ごうらべり

生陰地九十月生苗葉極柔潤茎赤不硬高六七寸春開花

俗名老鴉草　癸卯藩臣 蔀石家臣

質問本草外篇　巻一

蝦夷草木志料ニ　ケマモ

二八

一名トマ延胡索ニ比定カナル和名ナシソノ葉牡丹ニ似タルモノアリ竹葉ニ似タルモマタアリ夷人其根ヲ掘リ日乾シテ食料ニ備フトイヘリ味淡今船来ノ物ニ似テ蓋シ異ニハ堪ヘズ

蝦夷風俗彙纂前編　抄

和名　ミツハツブテ　花戸

肥州熊本ヨリ出ス立春宿根ヨリ蔓ヲ生シ土中ヲ延蔓シテ苗ヲ生ス茎頭三枝ヲ分チ各一葉ヲ生ス其葉長サ七分濶サ五分廻リニ鋸歯アリ淺緑色背淡紫色面ニ紫紅ノ間道アリ嫩葉ハ鮮明ニシテ老暗黴ナリ三月初中間茎ヲ抽スルコト三四寸二葉ヲ生シ穗ヲ出シ暑紫紅花ヲ開ク形赤紫菫花ニ同シ花落テ實ヲ結フ赤紫菫子ナニカワルコトナシ根ハ零餘子ニ似テ扁圓実稜形状定ラズ色正黄赤繁茂シ易シ

特生延胡索

一名　玄胡

和名

一種 青花

一種 尾州產

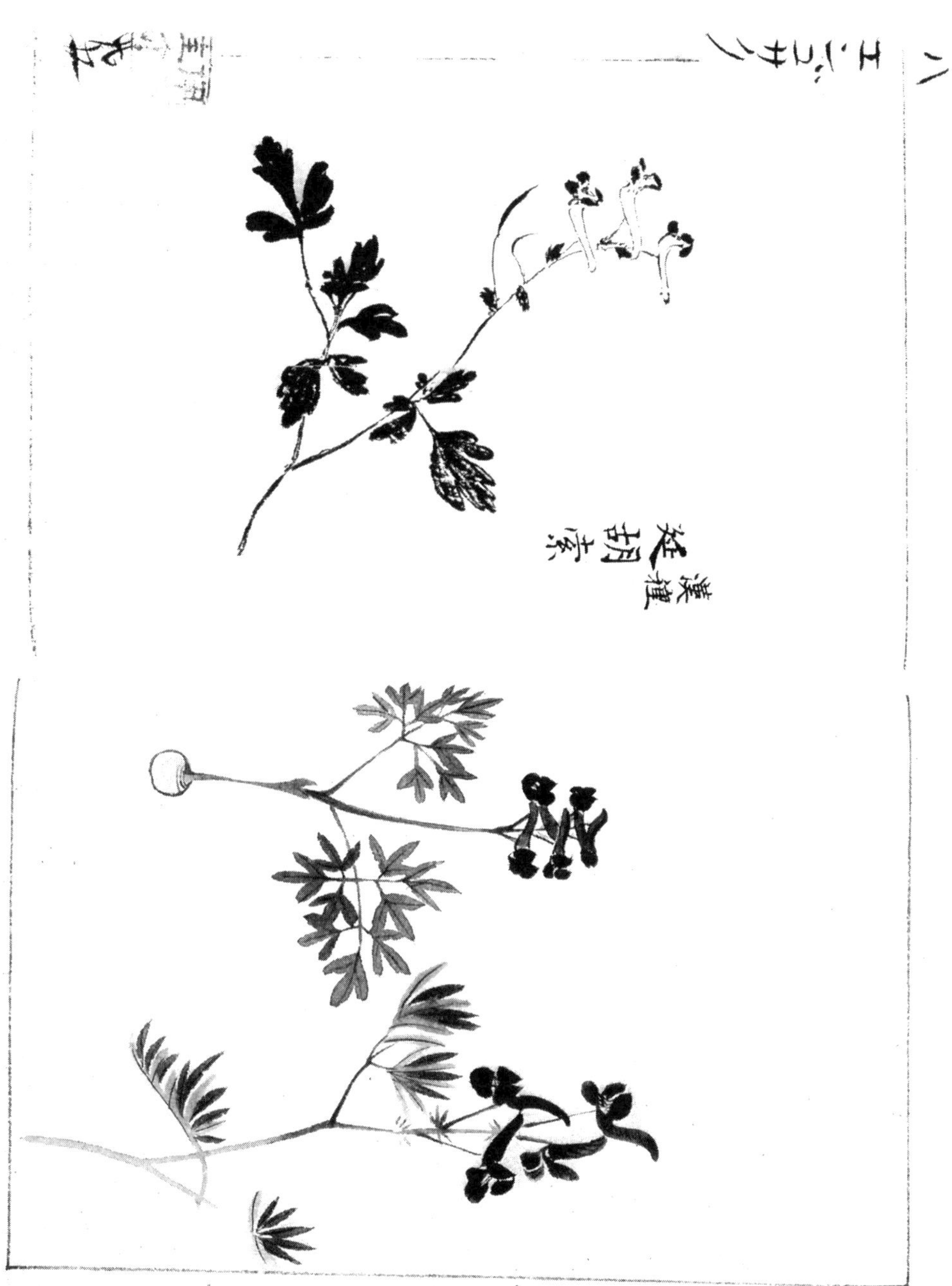
ハエンゴサク
延胡索
漢種

延胡索

○擦（九州宗・延胡索…）

罯之（以上） 此血滞也用 元胡四銭 髪灰三銭 共為末酒
調送 不服至半月其塊自消 験方新編 四

越中富山ニ出ツ葉ハ牡丹葉ニ似テ小サリ葉茎淺紫色赤キスジアリ
長一寸ニシテ頭ニ三枝ヲ分チ枝頭各五葉ヲ生一葉ノ小葉十五葉穗ニ近キ
葉ハ小葉十一葉ヲ生ス茎ハ圓ニシテ水紅色高サ二尺三月穗ヲ生ス紫菫（ムラサキケマン）ノ穗
ニ似テ花少シ花ノ形亦紫菫花ト異ルコト十シ花ノ後角ヲ結フ根ハ零餘
子ニ似テ大サ大豆ノ如シ

一種 志村蛇坂ニ出 葉ノ形状相似茎高サ二尺三月碧紫花ヲ開形チ
亦同シ根ハ零餘子ニ似テ大小同ジカラス

小葉延胡索
一名 延胡
和名

道灌山水涯ニ生ス葉ハ杜丹葉ニ似テ小ニシテ粉緑色白色ノ間道アリ茎
圓ニシテ淡紅色甚脆シ三月茎高サ五六寸二三葉ヲ互生シ頭ニ穂ヲ生シ
淡紅花ヲ開ク紫菫花ニ似タリ葉ノ本毎ニ枝ヲ生ス若花ヲ開キ角ヲ結フ根
ハ圓ニシテ小ナリ

大葉延胡索

一名　武胡索

和名

越中富山ニ出ツ葉ハ三枝九葉一葉長サ一寸闊サ一分半左右ハ少シ短シ
西粉緑色ニシテ皆白緑色茎高サ五六寸二葉ヲ生シ穂ヲナシ小紫花ヲ
開花ロ碧色筒長サ四分又紫菫花ニ同シ後角ヲ結フ実一種子アリ根ハ

延胡索 世無布 異名 玄胡索

延胡索（エンゴサク）

延胡索（ゑんごさく） 花形けまんに似てむらさき花 葉もけまんに似て葉少し 似て二月に 白く

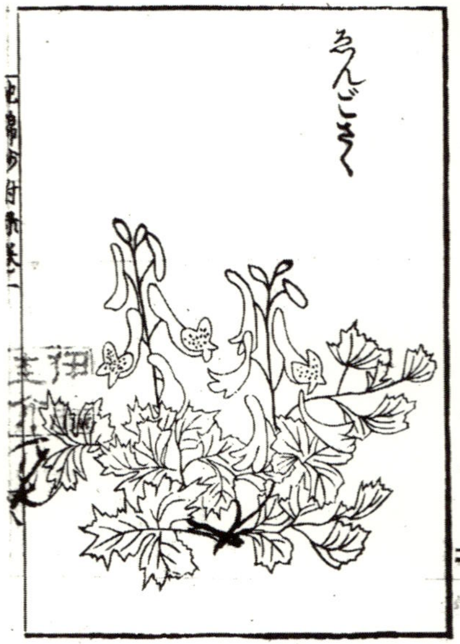

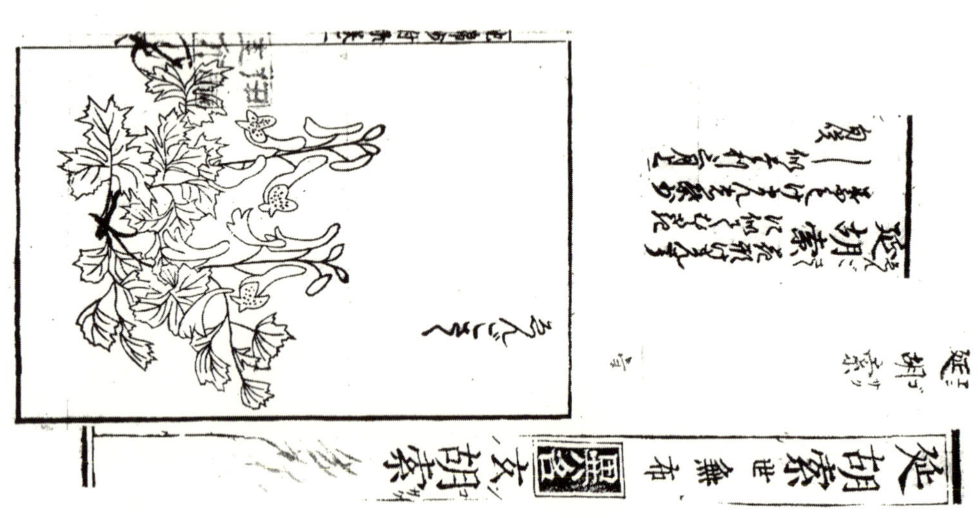

圓ニシテ形チ同シカラス 一種カラフトノ産葉ハ熊本産延胡索ニ似高尺余葉又大

紅花延胡索

清明宿根ヨリ生ス葉牡丹ニ似最小ナリ葉梗上淺緑ニシテ下淡紅梗頭三叉ヲ分チ小葉アルコト牡丹葉ノ形ノ如シ粉緑色ニシテ毛茸ナシ三月花莖ヲ抽テ高五寸頭ニ穗ヲ出ス深紅ニシテ花口紫ノ花ヲ開ク亦紫堇ノ花ノ形ニ似タリ根ハ零餘子ノ如シ

一種 小葉牡丹葉

和名

近郊處々ニ有リ葉ハ牡丹葉ニ似テ細小色粉緑色皆ウスシ茎細クシテ淡紅色柔脆三月高サ四五寸二三葉ヲ互生シ頭ニ穗ヲ生シ淡紅花ヲ開

ノ亦紫菫（ムラサキスミレ）花ニ同シ草ダチ審テ茎細ク花亦少シ後角ヲ結フ根癭
餘子ニ似テ甚少ナリ

白花延胡索

立春ノ後雪中ニ生ス

一種 荒井山之産

和名 ケコモ 蝦夷土名 トセ 同上

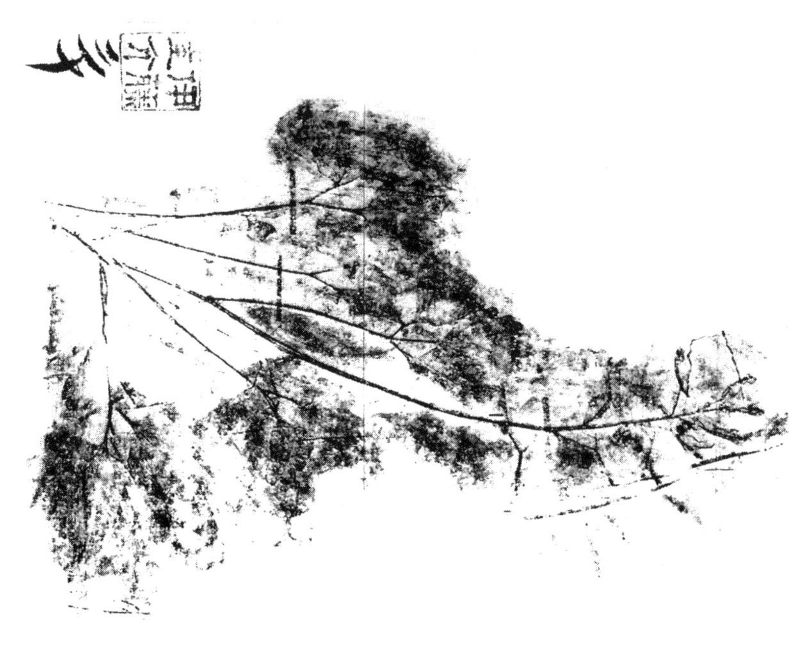

カハタチ磐頂栽物ト云附
○[illegible]
有ル延胡索ニ食土ヲ交ヘ以テ
北海道土人食トナスノ説ハ
如キ説ヲ知ル此土ハ化学分析
上多分食用トスベキ程ノ滋用分ナ
含蓄セザル定之　農藝志林ナドニ依
其ノ詳説アリシモ其ノ甚中ニ
分析モ委記シ食用トナス
程ノ滋養分[illegible]ニテ
見ルハ矢張リ説ノ通ニ食物不
足ノ際甚難ヲ凌ガンガ為ノ
ナラン

廿三年十一月五日

御祖父様

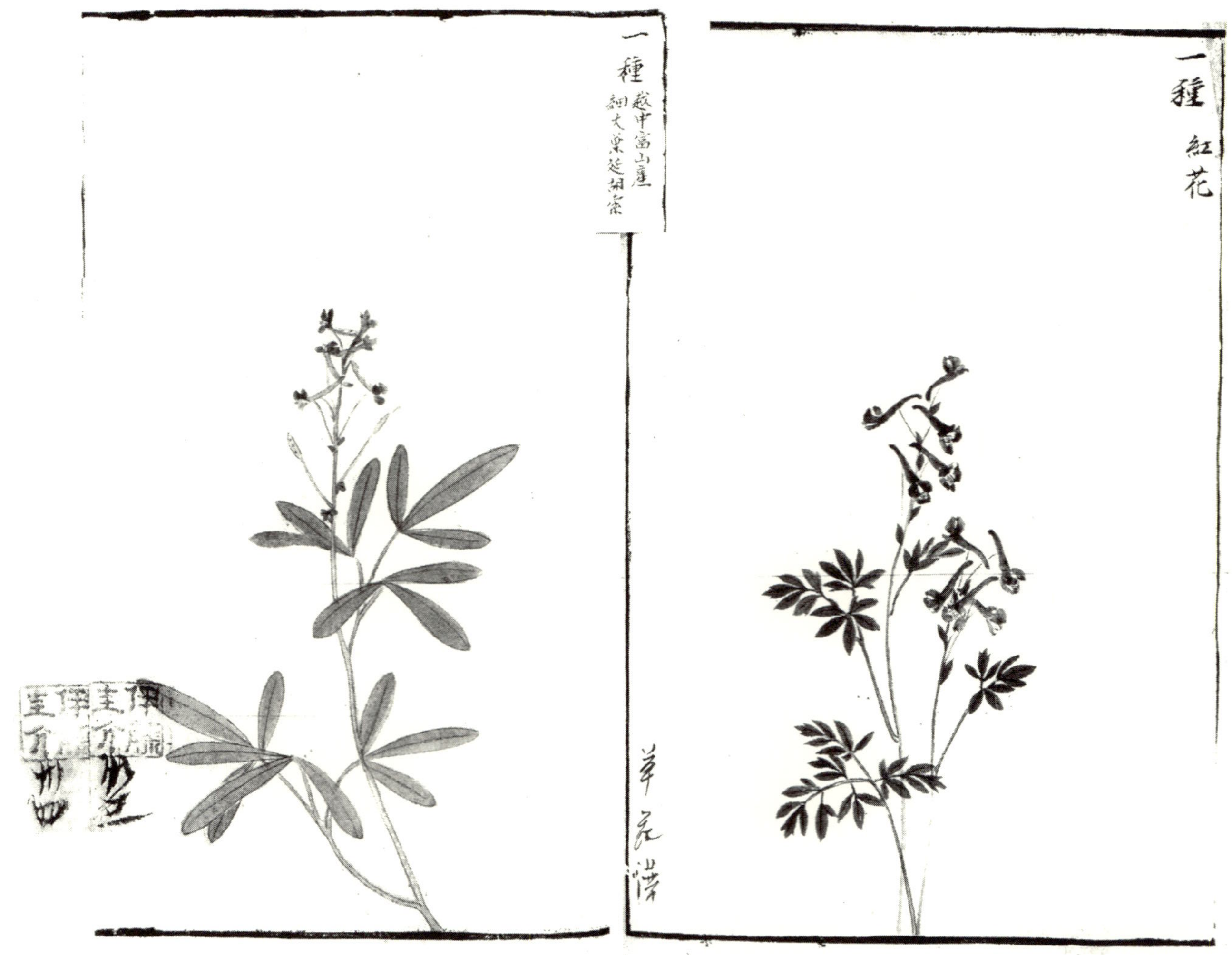
一種
紅花
草花譜
一種
越中富山産
細大葉延胡索

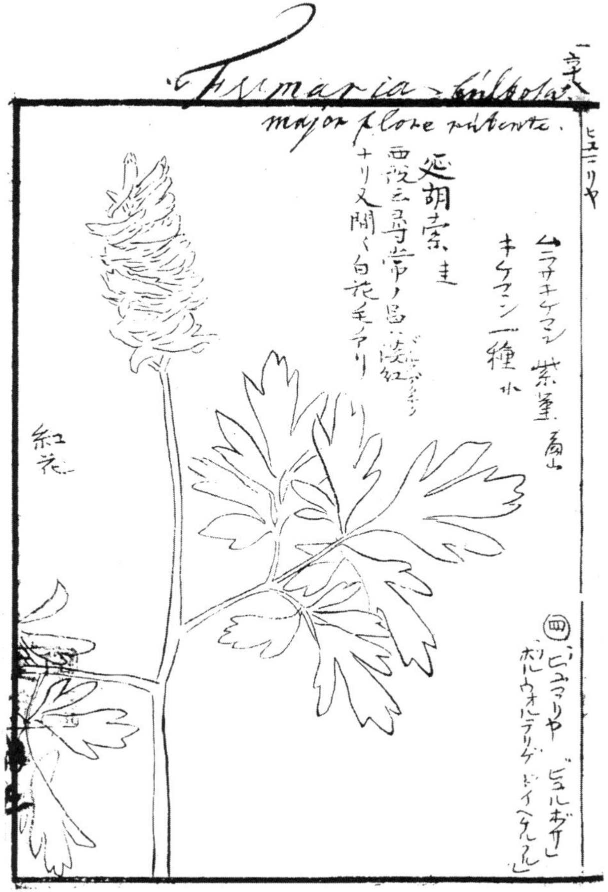
ヒユニリヤ
ムラサキケマン　紫菫　蘭山
キケマン一種　小
延胡索　圭
紅花
major flore rubente.

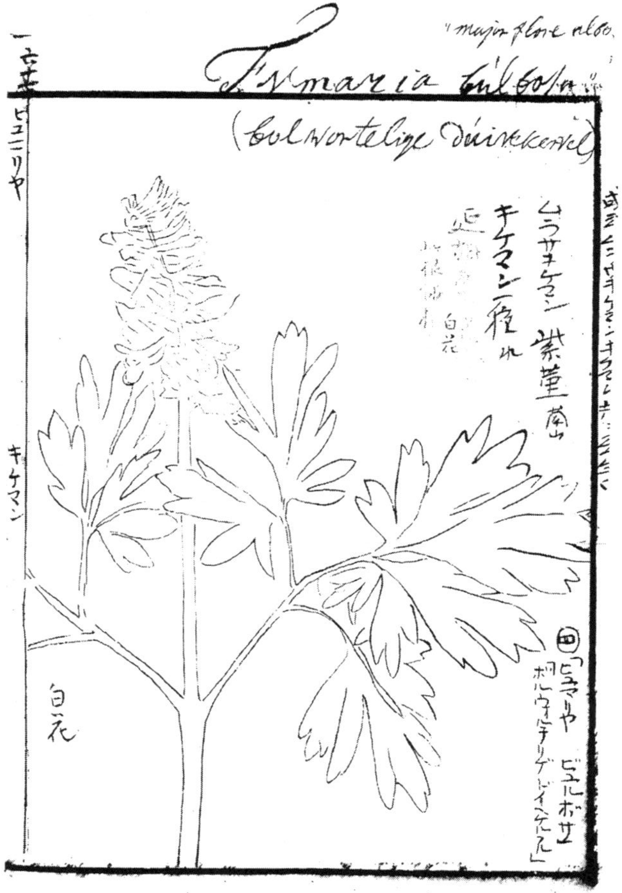
ヒユニリヤ
ムラサキケマン　紫菫　蘭山
キケマン一種　小
白花
キケマン
"major flore albo.

延胡索 ホヲンサク

モトエゾニヒニトモトモ云 一種 [illegible] 延胡索

カラフト [illegible]

ワライノタシハク[illegible] [illegible]

里八

工八

延胡索 エゾエンサク 一名 花若兵

[illegible]

古代村ニ産ス

相州吉野郡中物産志 上

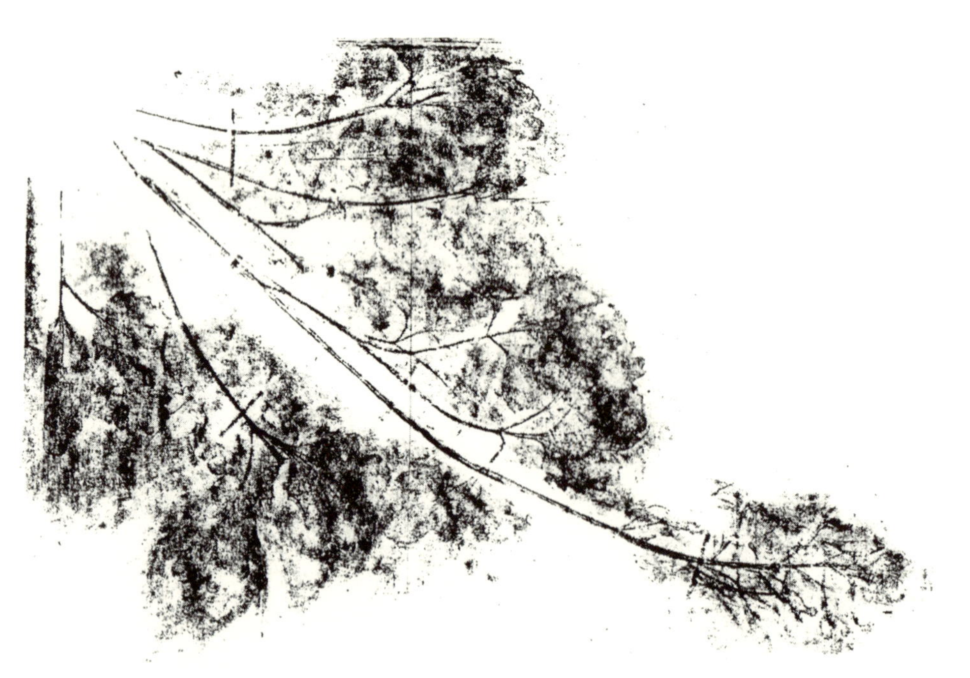

二

ヒユマリヤ

紫菫同

Fumaria officinalis ハ 紫菫ノ一種 [illegible] 圭 オス図アリ

Fumaria bulbosa ハ 延胡索ノ一種 圭 オス図アリ

キツマレト称スル者ハ flore albo ナリ [illegible]

延胡索ニモ花ニ紫白ノ二種アリ [illegible]

[illegible]

○延胡索ニホヒノ国延胡索ノ大ナル者

又桜オスノ説ニ大抵半フートノ高サトアリ

延胡索　ツブテ江州方言　ゲモ讃州　次郎坊
伊勢武胡索　外科大成玄壺索　類方
一名玄胡索
野生アリ竹葉ニ似テ小ナリ玉甚小也
花淡紫色又稀ニ白花モアリ玉長
ク余程大キナルモアリ濕地ニ生小豆
澤ニアルモノハ竹葉ニノ花漢種ニ似
根ノ玉大ナレ氏白シ江州伊吹山産
小豆澤ノモノニ似テ花碧色アリ漢
種ヲ牡丹葉ト云都テ小朴也葉牡丹
似テ甚小春花ヲ生紫色ニノヤフケシ
ノ花ニ似テ根ノ玉大ニノ黄也又官園
竹葉ト云アリ甚葉コニカニノ花少シ
異ニノ根ノ玉ハ相似テ黄ナリ

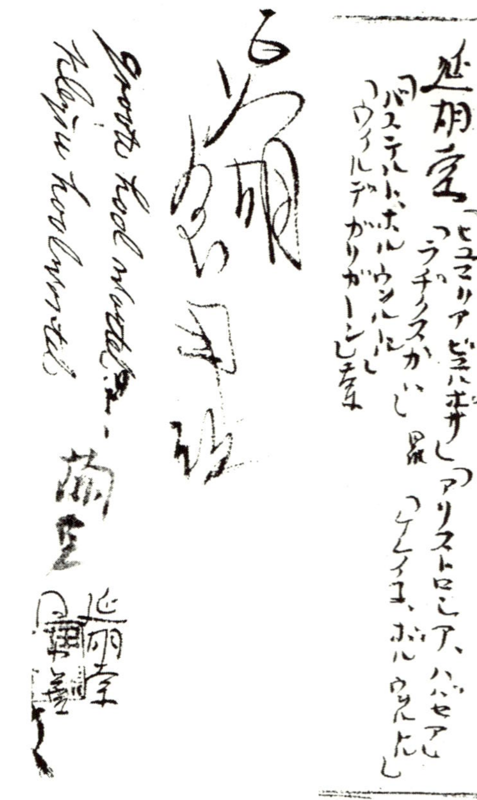
草蔓之十八
延胡索「ヒユマリア ビユハボサ」「アリストロシア、ハバセアム」
「ラテンスカイ」羅「ケムイユ、ホルウホルトム」
同「バステルト、ホルウンルトム」
「ウイルデガリガーン」

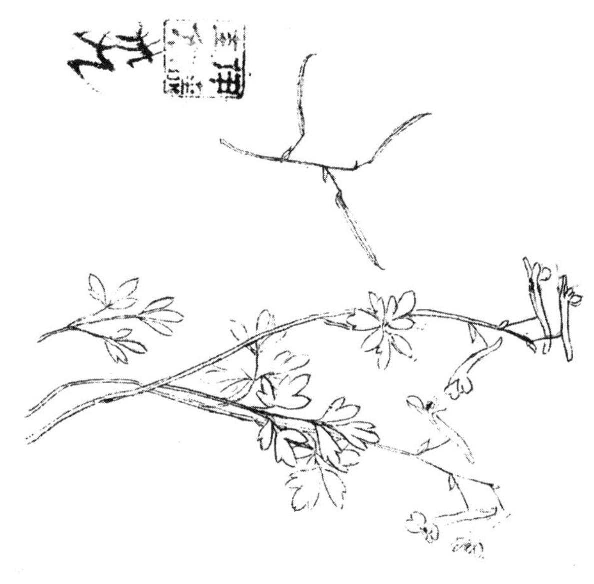

延胡索　和名不詳三種アリ江

州伊吹山ノ産ハ初春苗ヲ生シテ花ヲ抱キ葉ト倶ニ長ズ高三四寸許紫碧花ヲ開テ地錦ニ似テ花ヲ着ル事少シ一根ニ三茎葉ノ形弱竹葉ニ似テ僅ニ七八分三葉相對ノ柔弱緑色微粉色ヲ帯フ根ハ円ニシテ羊眼半夏ヨリ大ナリ黄白色又花ニ淡濃アリ梅紅紫色ニ数スルアリ

當州内津ノ産ハ冬ヨリ苗ヲ生ノ細痩ニシテ茎比ニ布葉ハ圓ニシテ粉青色ニ丹淡紅花ヲ開ク伊吹ノ産ニ比スレハ細痩ナリ根ハ小ク白色ニシテ南燭子ノ大サナリ

一種玉延胡索ト称ル物アリ初春苗ヲ生スル事伊吹山ノ産ト同ノ少シ早ク葉大ニシテ荷色牡丹ニ似テ小ク鋸歯深シ花ハ深碧色根ハ深黄色ニシテ薬店ノ者ト同シ形稍異郭ヨリ渡ルナラン

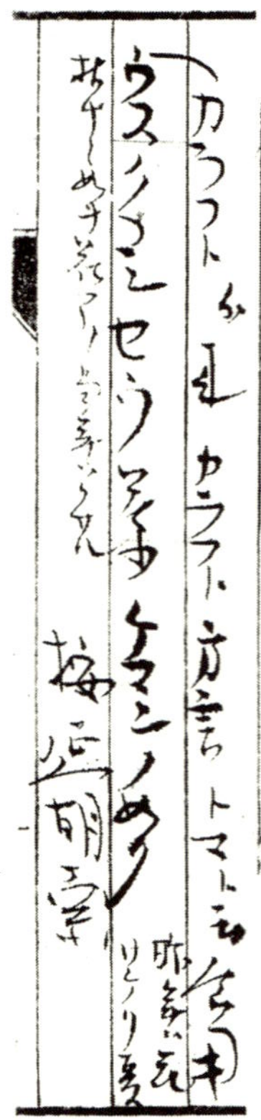

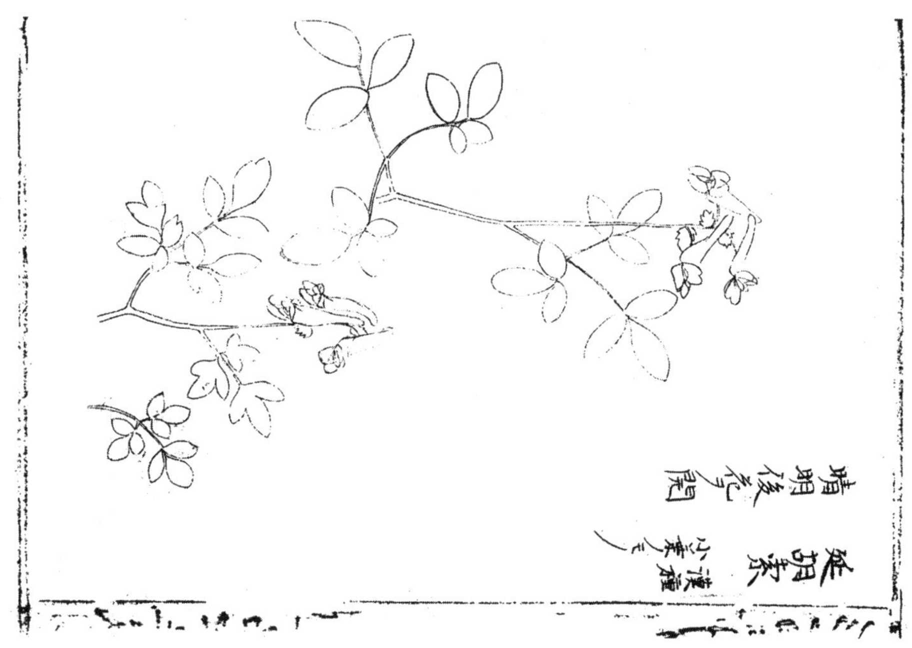
延胡索
漢種
小葉ノモノ
晴明後花ヲ開

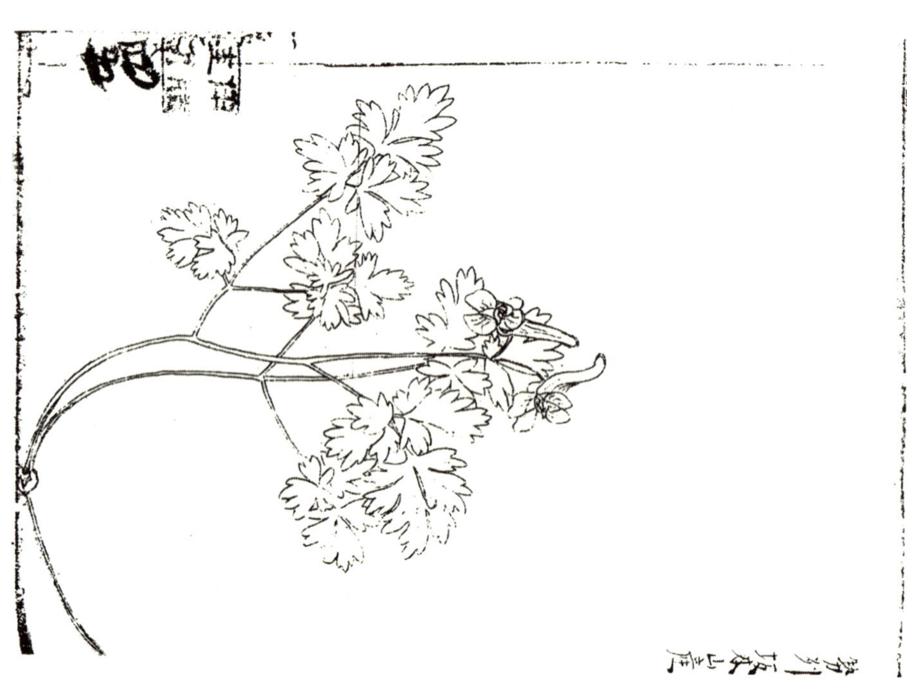

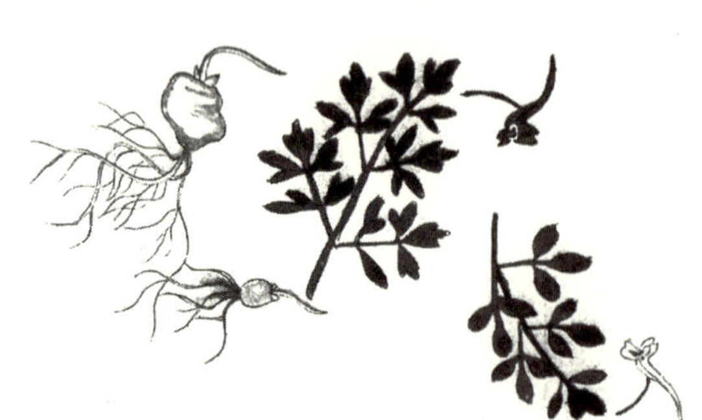

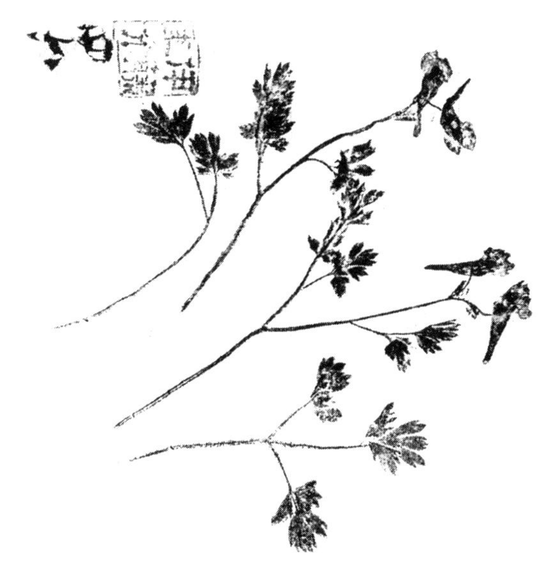

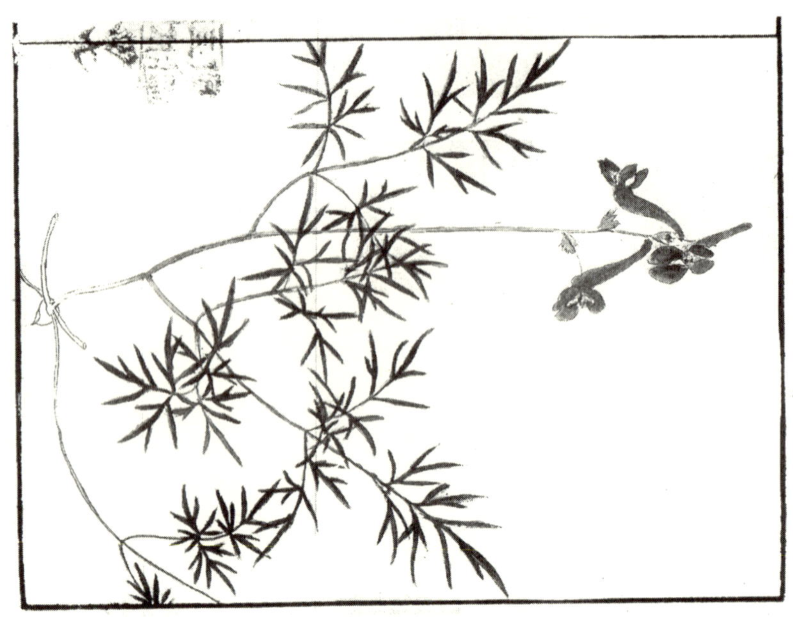

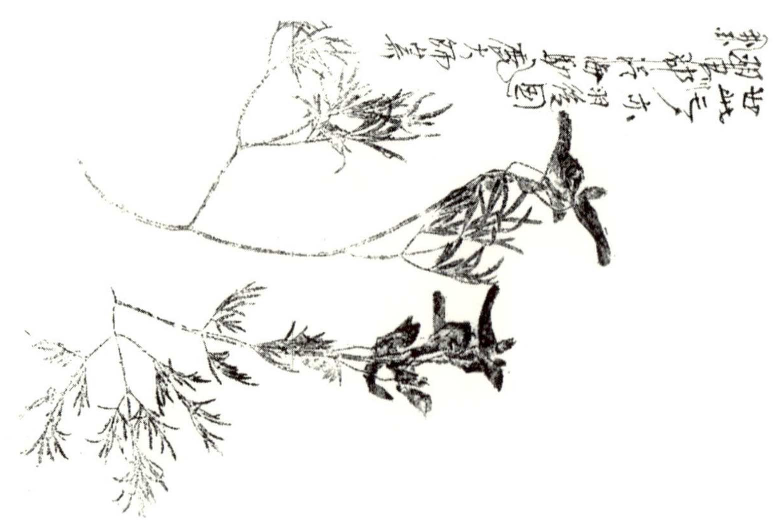

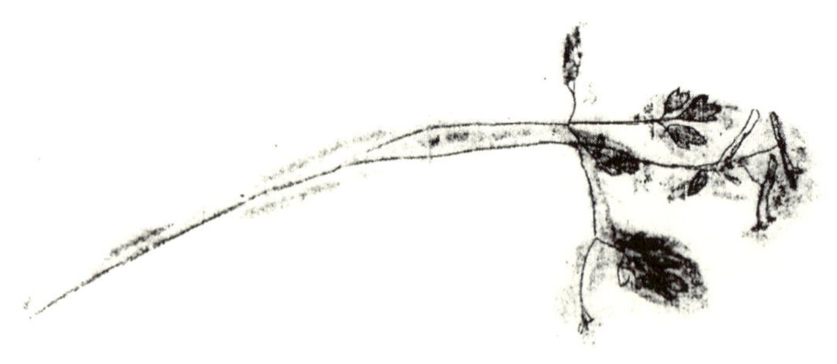

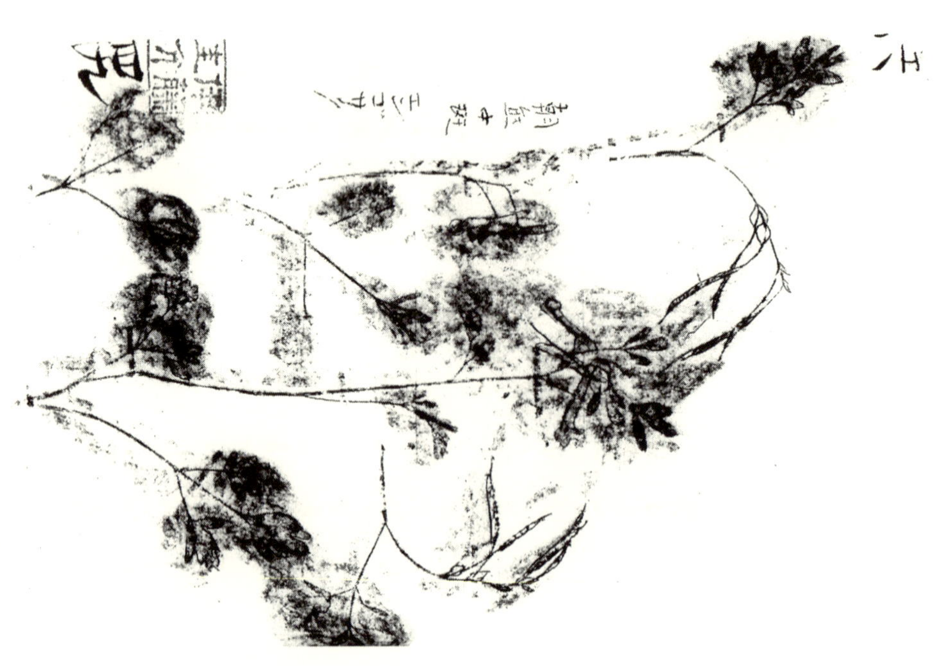

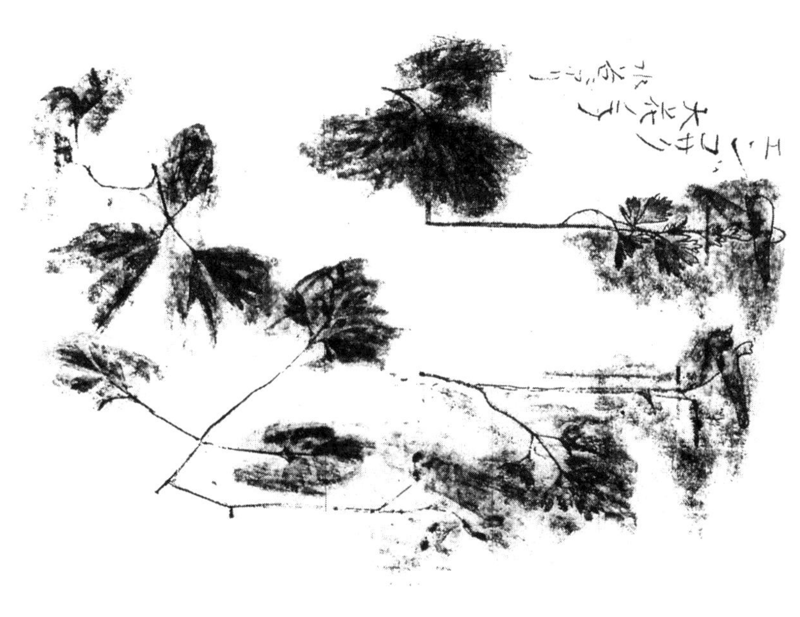
エンゴサク
大花ニテ

白花
延胡索

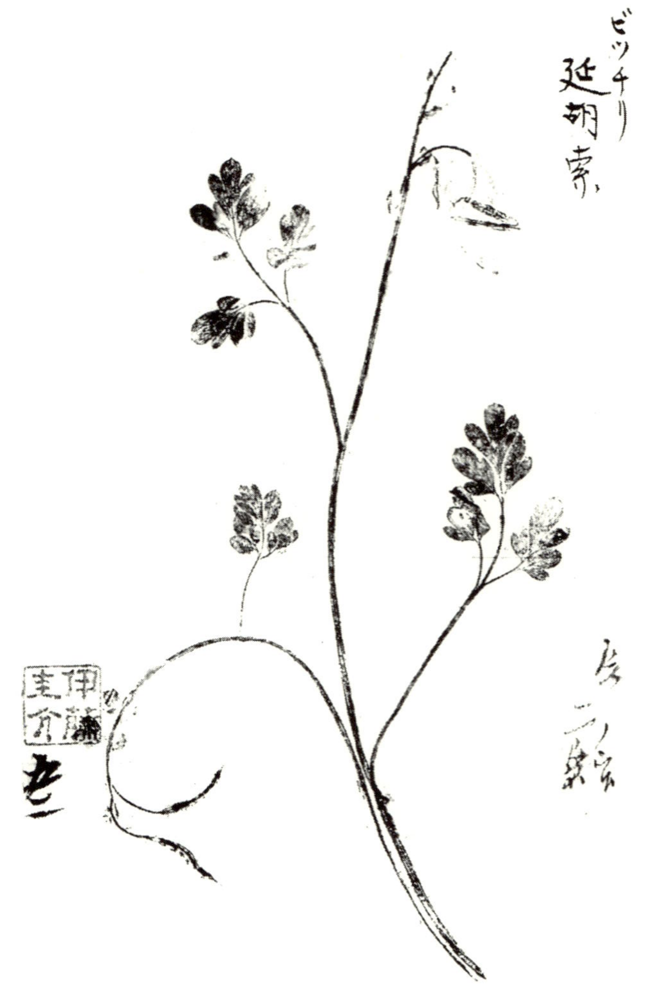
ビツチリ
延胡索

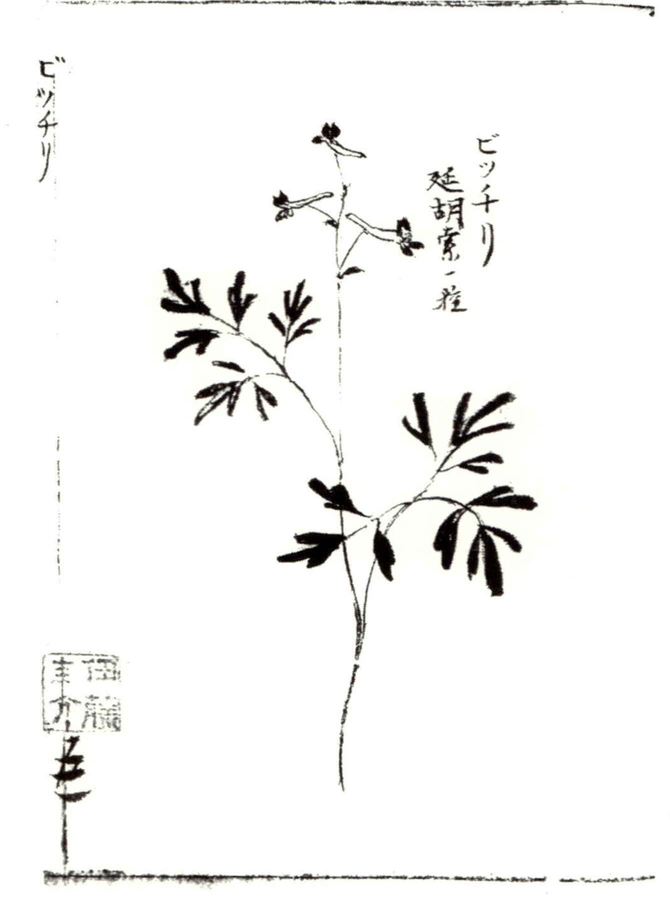
ビツチリ
ビツチリ
延胡索ノ種

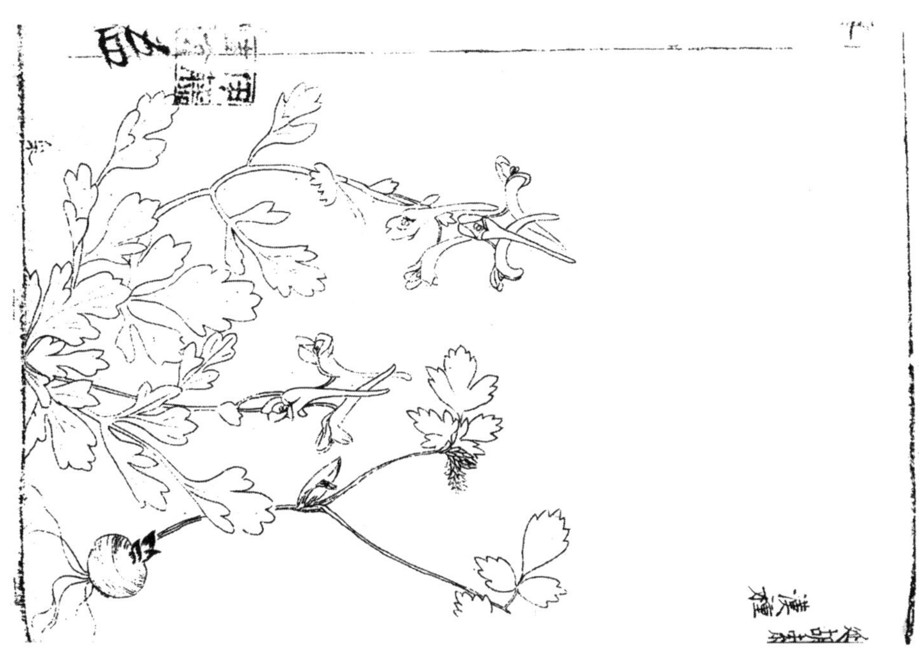

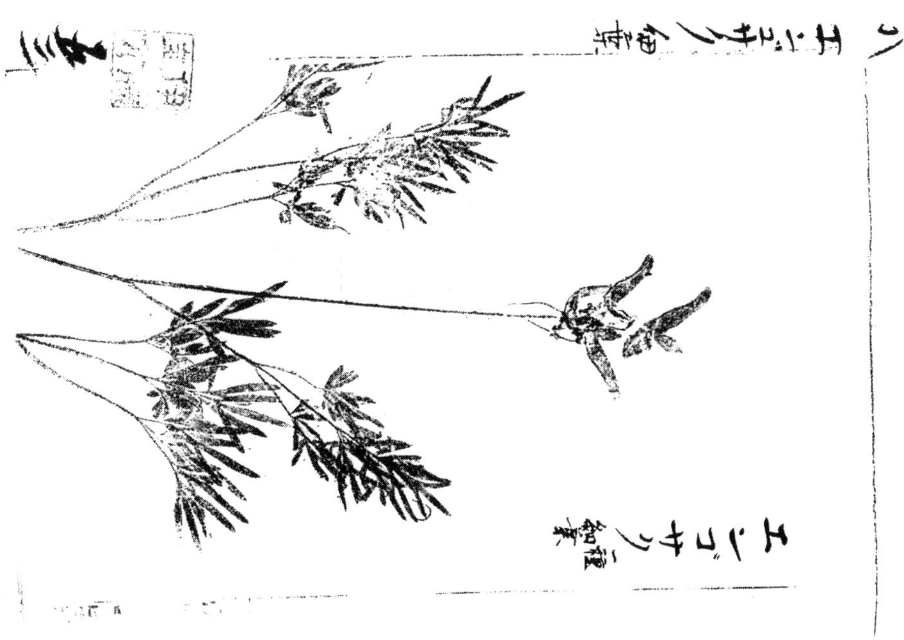

延胡索
玄胡索 百一選方
玄壺索 外科大全
玄胡索 本名玄胡索避宋眞宗諱ヲ改玄為延ト

名義

滴金卯 茉譜
玄胡 輟耕録
茵 病田春
元胡索 呂子寿
延胡 旦

葉原ク

享保中漢種渡
大葉小葉ノ二品
アリ大葉ハ牡丹
葉ト云葉ニ莪莪ゴトニ二三葉ノ本立
ツニ分レ至テ小ナレドモ牡丹葉ノ状アリ立春後出芽春分前ツボ
ミ出清明後花ヲ開ク苗高四五寸花ハ紫菫ノ花ニ似タリ花後
[illegible]

一和産ニ大葉中葉小葉ノ三種アリ大葉ハ漢[illegible]
葉ニ似タリ甚小ナリ
中葉ハ紀州勢州田野道傍ニアリ勢州朝見ニテ此花ヲ次郎坊ト云
紫花地丁ノ花ヲ太郎坊ト云小児ノ戯ニ両草ノ花茎ヲ互ニ勾引ニテ
勝負ヲ決ス花ヲ漢種ト同三月ニ開ク
小葉ハ山ノ幽谷ニアリ葉至テ小ニ高サ僅ニ二三寸茎細クシテ絲ノ如シ
花ハ漢種ヨリ小シ

延胡索 ツブニノ 江州 ゲモ 南部 トマエゾ ハタムクリ 大ナルヲ云
和産ハ根大ナルモアレ ホールウヲルテレ 花多クハ色白ク羊角ノ如シ
熊野ニ産スルハ微ニ茴ハ色ヲ帯ブ藥肆ニテ售ル漢渡ノモノ上品ナリ
根圓ク或ハ正圓ナラス外皮黄褐色内ハ色黄ナリ大ナルモノ上品ナリ
唐山ニテ小キ羊夏ヲ煮テ色ヲツケ偽ル 錦囊秘録ニ見エタリ
和州宇陀森野藤助薬園ニ漢種ヲ栽ユ

五十

○蝦夷産漢種ニ異ナラズ
○信州ニ甚大葉ノモノアリ
○一種黄花ノ延胡索ノ形ニシテ花白ク高サ一尺許ノモノ
野州中禅寺ニアリ
○和州呈寺ノ辺ニテ少々ツクル

唐 一両ニ付五ト 一両ニ付三ト 味苦

和産 円ナルモノ少ク形不定ニテ大小或ハ長キモノアリ小ナルモノ多シ沈黒色ヲ帯ブ中ハ白黄ハ色

○積 延胡索一味

延胡索 牡丹葉

性寒ハ脂ニ辛

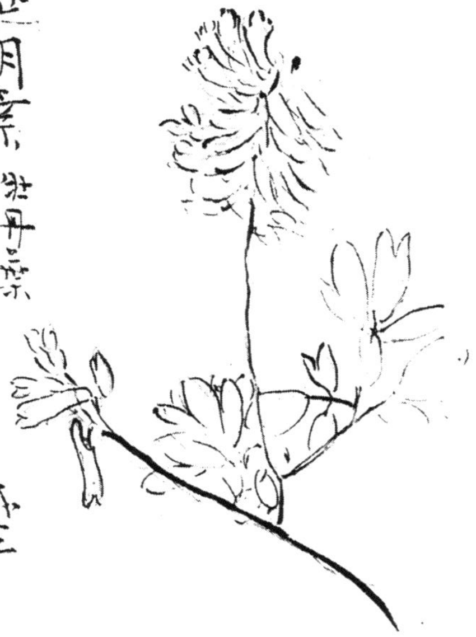

本ニ

朝鮮於同不

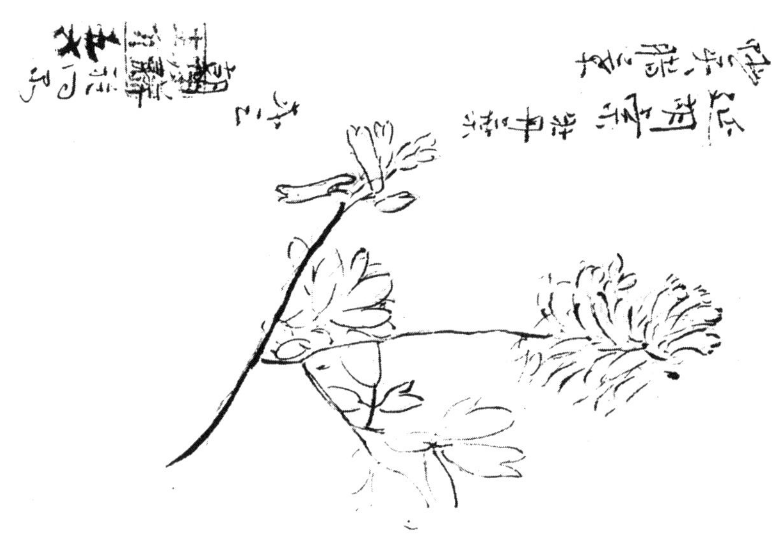

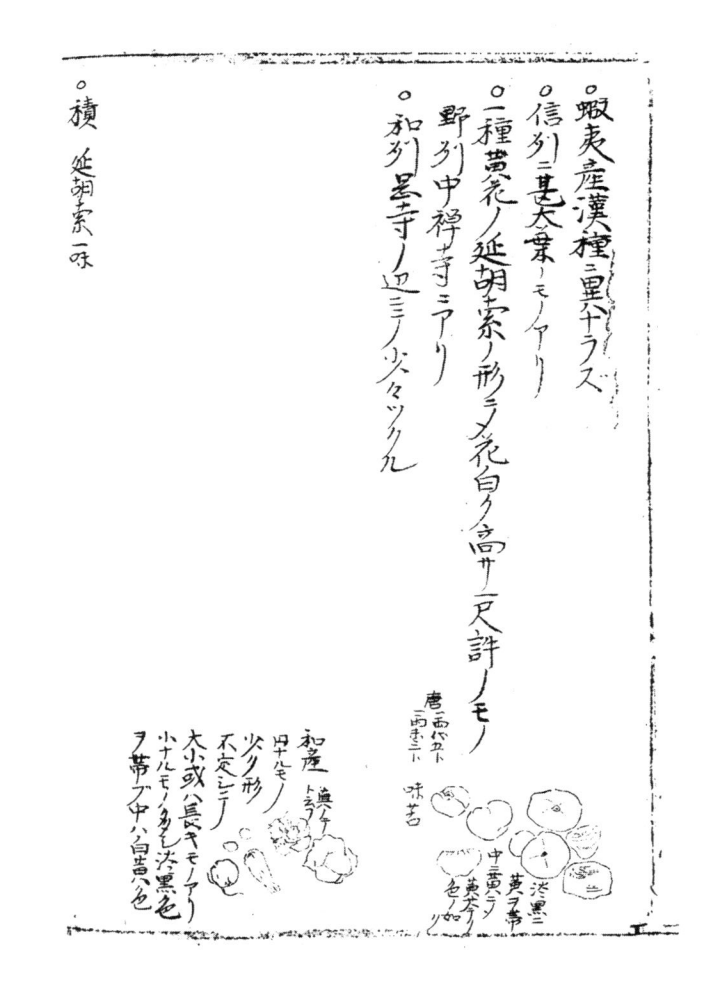

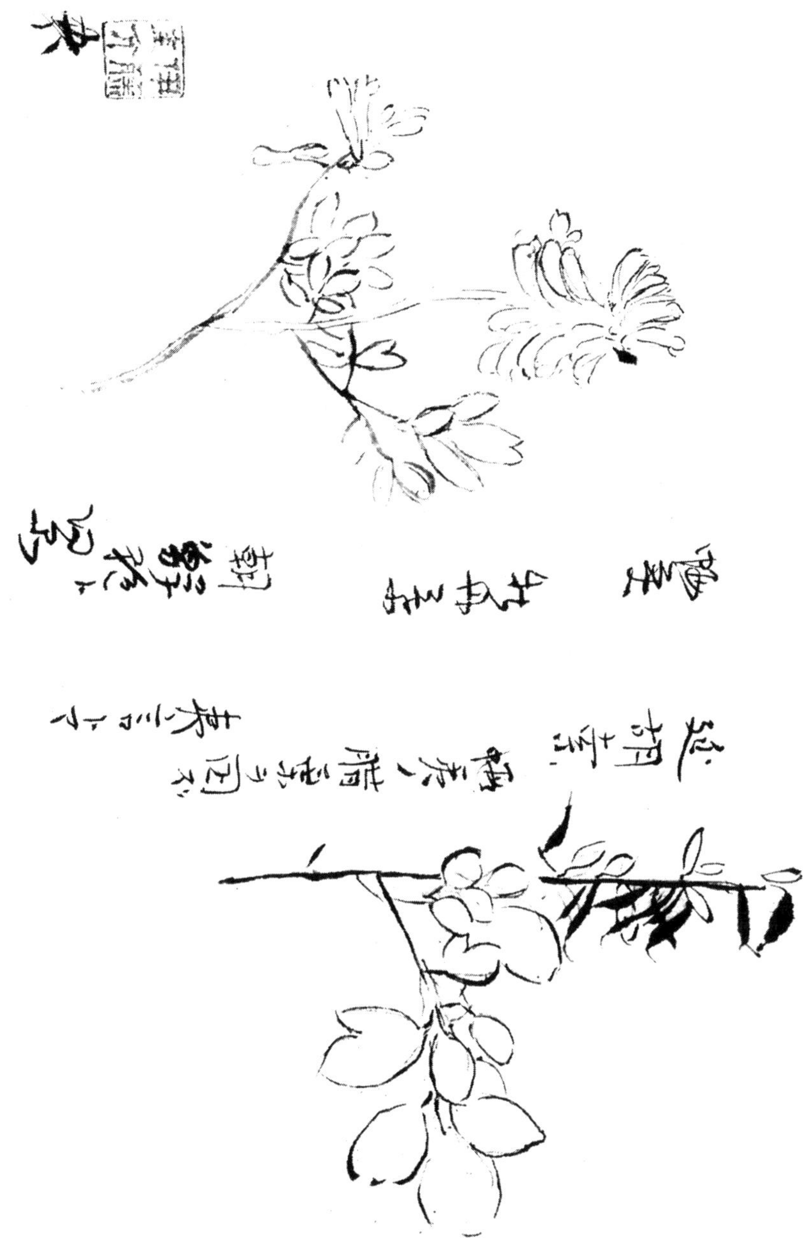

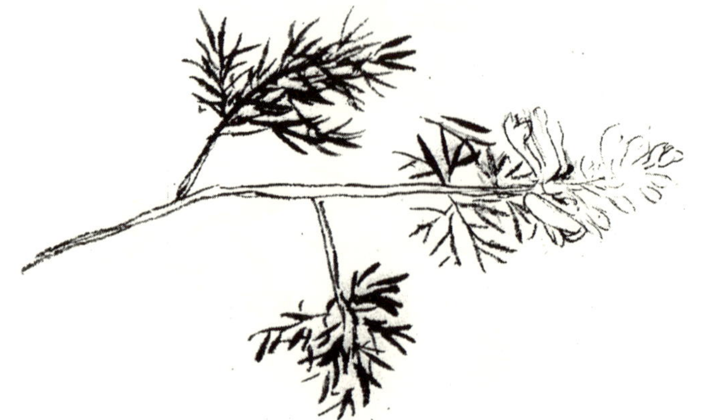

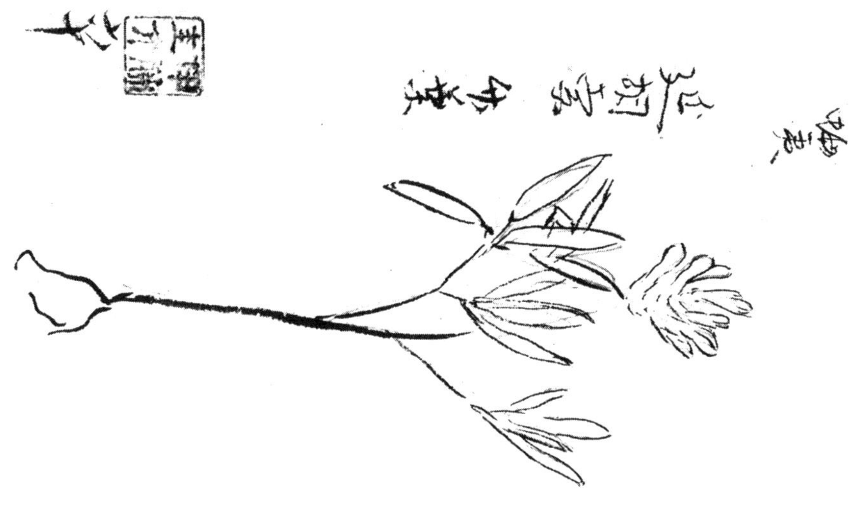

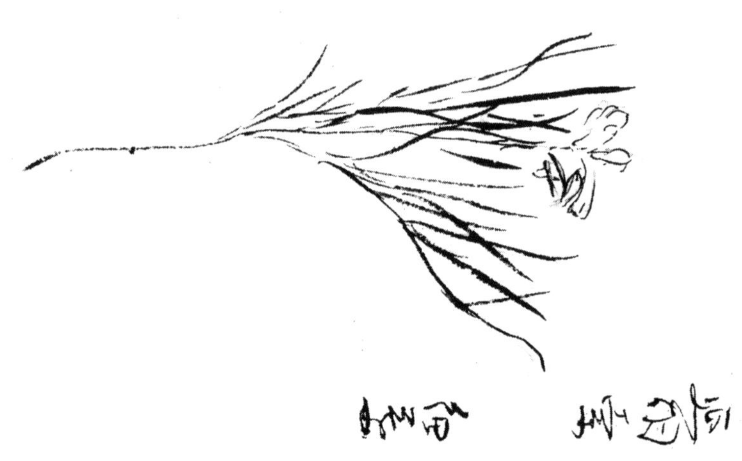

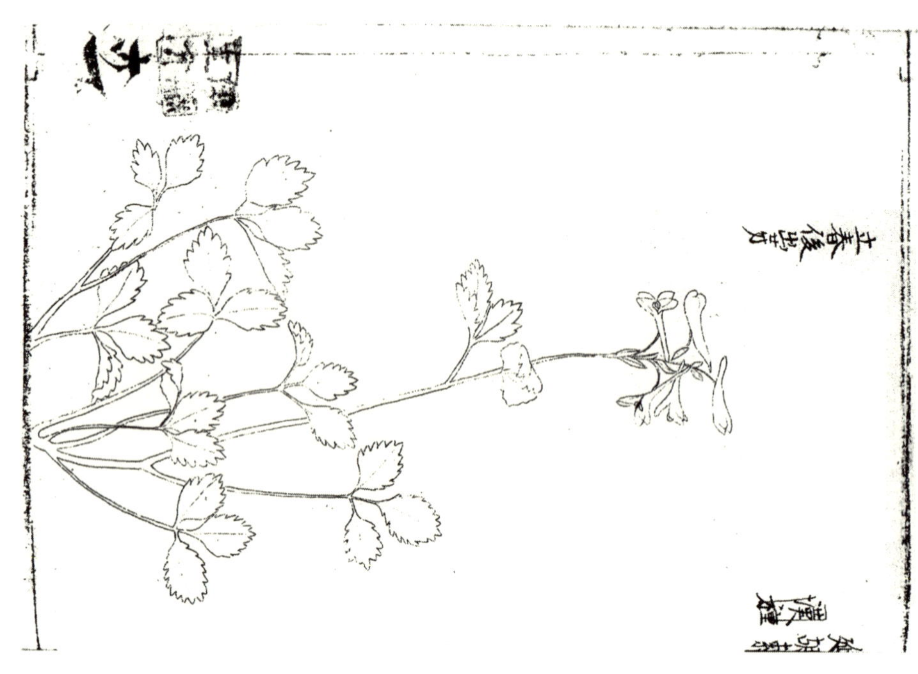

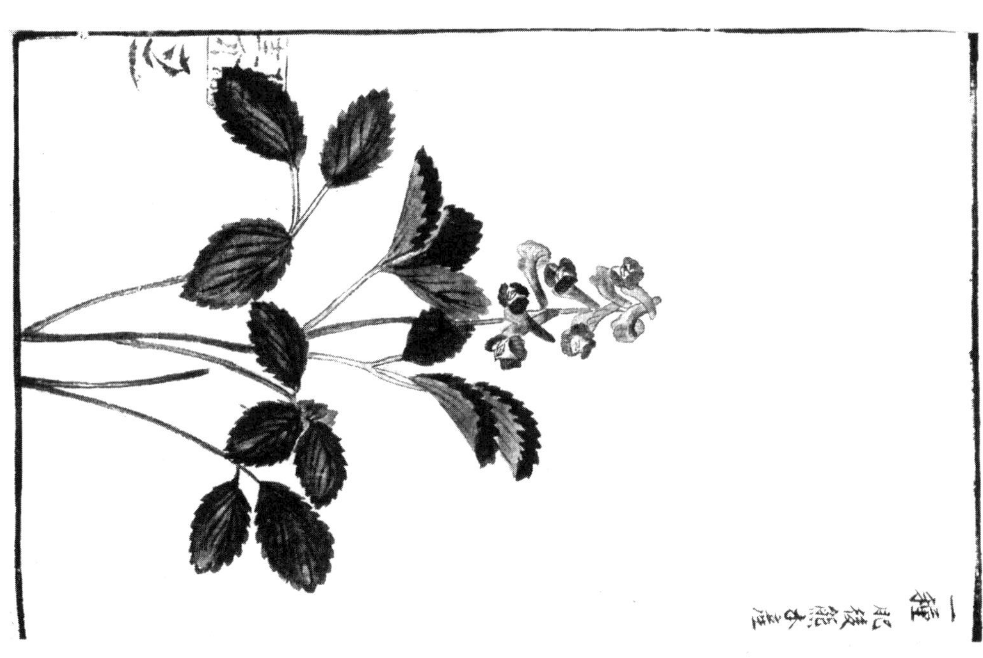

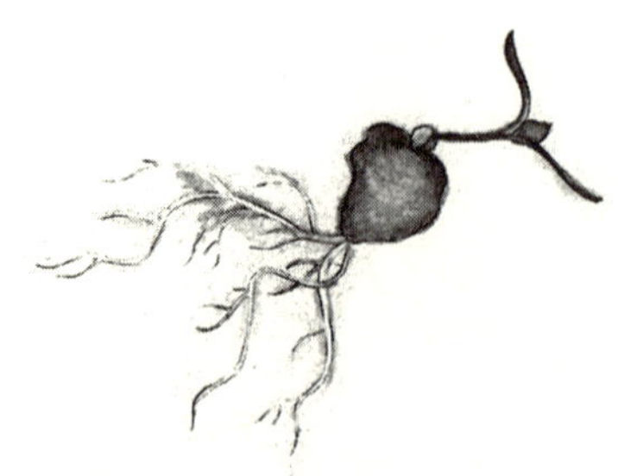

○延胡索

延胡索 唐種アリ、享保年中唐種日本ヘ来ル、大葉小葉ノ二種アリ、大葉ハ牡丹葉ノ延胡サクトミユ小葉ハ小ナリ、大葉モ真ノ牡丹ホドハナシ、苗ハ冬末ニ生ジ春末マデアリ、初夏ニナエ枯ルヽ也、暑ヲ恐テナリ、大葉ハ一尺バカリノ苗、小葉ハ五寸バカリナリ、魚子牡丹ノ小ナルヤウナル者也、葉ツク葉ニ白ミアリ、春初ニ生ズ二三月比ニ五寸バカリトウ立テ紫ゲマンノ如キ花アリ、紫アリ、紫ゲマンハ春ノ比ヤブノ中ニ多ク生スル、故荒地錦苗也、花ノ色ハフジ色、コレハ初紫ニメ後ニ青色ヲビル也、褪ルト青ミヲヲビル也、和産ハ近年モ色々アリ 京師ノ台嶺貴布袮アタリニモアリ 小葉ニシテ互テ細小ナリ牡丹五ノ葉ナレ圧雀舌ノ如ナリ唐ト同レナナリ小葉多ツキ二三寸ニナル一枚ワ、ハナセバセ二分バカリノ葉ナリ花ハ少シ大ニメ六七分ナリ軸細メ糸ノ如シ二月比ニ淡紫色ノ花ヲバヒラクナリ台嶺ニテハ四月比ニ花ガヒラクナリ冷ル地故ナリ然レ圧台山デモ極陰地ニ生ス伊勢 鞠見 紀州 熊野ニ多シ山科毘ニモアリ

○エンゴサク「ビユセリアビユルボサ」

「コレイダリスデキユムベス」

延胡索

享保年中漢種渡ル大葉小葉ノ二品アリ大葉ヲボタンヤウト云

一葉三枝枝ゴトニ三葉ソノ末三五ニワカレ牡丹葉ノ状アリ白ヲ帯

立春後生芽春分前蕾生清明後花ヲ開苗高四五寸花ハ

紫堇花ニ似テ大後小莢ヲ結ブ四月ニ苗枯ル

エゾ産漢種ニ異ナラズ

漢種小葉ノモノハ根傳引シテ繁茂ス葉ハ白ク帯清明後花

ヲ開

朝鮮 ［エンゴサク］

Corydalis Ambigua

延胡索

小井ノ小葉ノモノナリ野ノアゼニアリ、大ニシテセ
リノ如シ又テ唐種ヨリ大ナリ葉ハ薄シ付レ圧
花ハケマシニ似タリ茶市種々アレ圧漢渡上
品ナリ唐種ノモノハ根ガ黄也、和ノモノハ根ガ
白シ、ソノ中能野ノモノ、伊吹ノモノハ少黄色也、
龍眼ホドアリ、マルシホセバシワヨル、和產ノモ
ハ下品ナリ、唐ニテ小ナル、半夏ヲバ黄汁ニテ染
テ色ヲツケテ偽ルナアリ、錦囊秘録ニ見タリ、
集觧ノ文ハ簡也、本草彙言甚詳也可参考。
先輩ガンゼキラン、或ハ黄蕙ニ充以並ニ
誤リ也、阿蘭陀デ、レツトルス血ニアル

勢ニテ、ジロウボウト云、花形唐ト同シニ
テ時モ同ジ也、ズミレヲバ太郎坊ト云、ゴノ
草ヲバ治郎坊ト云テ葉ノアギトヲ引カケ
テ相撲ヲトラスヲ戯トスルヨシ
本草原始云生胡國云ゞ言其色也、舊言其交紐
也、 一名 滴金卵 草譜 元胡索 品字箋

和産ニ大葉小葉アリ大葉ノモノハ花モ大ニノ淡紅 浅藍色
ノ品アリ
又細葉ニノ花大藍色ノモアリ 共ニコクウ前後花ヲ開
小葉ノモノ ヒヅチリ 淡 ゴワキキツ
ナドリクサ キツ ハナラウジ ハマナドリ
山野ニ生穀雨後花ヲ開花葉共ニ小也葉ノ中ニ白斑アルモノモ
アリ又白花ノモノアリ小暑後ヨリ花後細莢ヲ結長一六七分
細黒子アリ

一種ニ葉延胡索

延胡索
[illegible] 延胡索ノ条
[illegible]
アリト云[illegible]又[illegible]
[illegible]色白ニ[illegible]
○牡丹皮 [illegible]

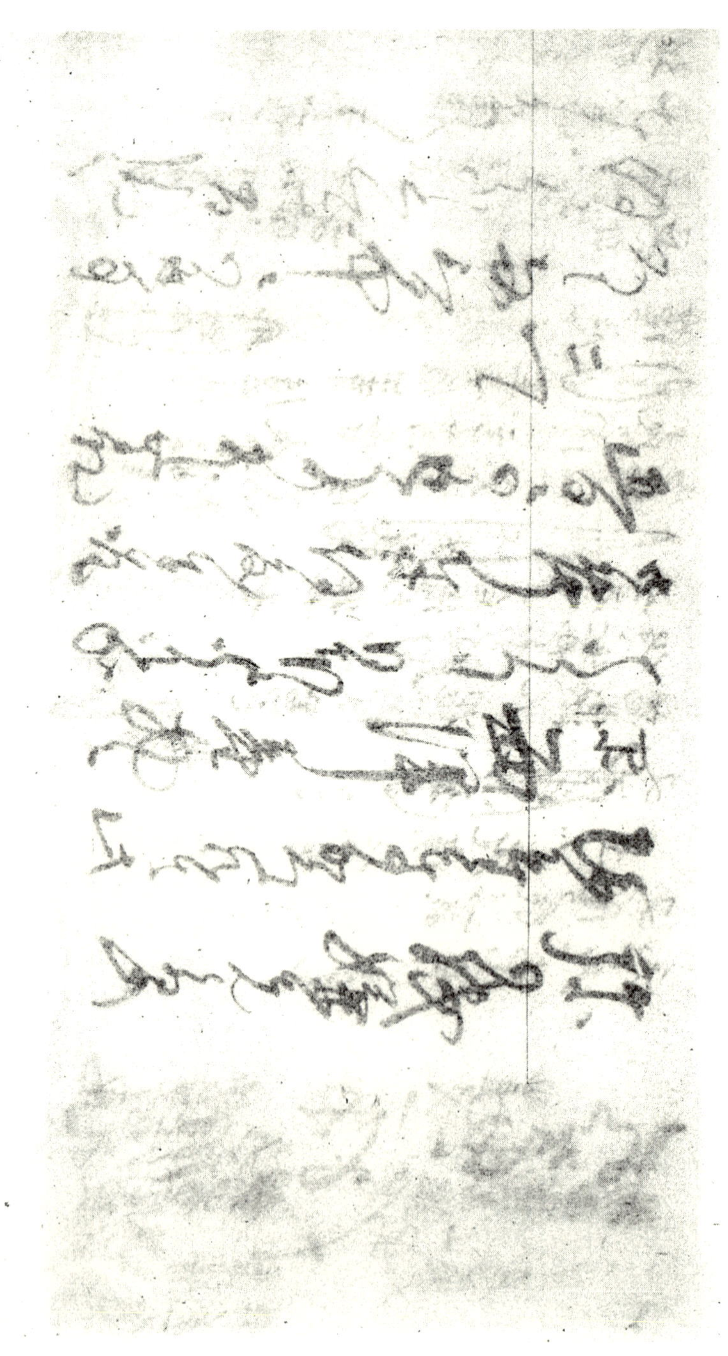

延胡索 大宮 志村ノ原
戸田ニアリ

延胡索ハ 根索 小笠原大氏 北陸道ニ 出信州

カリセ花 延胡索ノ訓

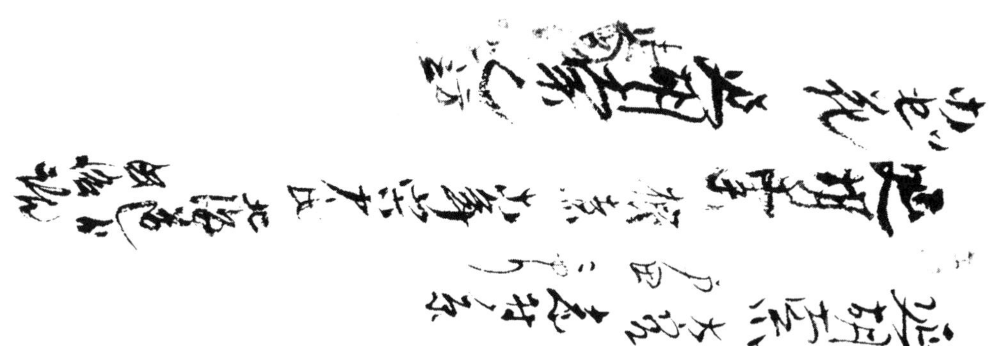

八

延胡索　花戸云ニ云ニ延胡索類種
ニテ和産ニ竹葉牡丹ト呼ハ白色
ナリ又細キ葉ノモノヲ松葉ト云大葉ニモ輪ナル
ニ葉ニ似タル二葉ノモノ葉中ニ紋アリ花ハ
紺色ニ又白花ノ者中葉ナリ　大葉牡丹葉
者根モ微ニ黄色ヲ帯ル　小豆沢村数
ノ中ニ生アリト　天竺区別ニ見タリ　此花ハ陽山
国ニテ見及　紫野御所ニアリ　此花及
語リ於牛ニ委キ人ナリケハ　天竺ニ同トモアリ　義也

エ一

延胡索　本草ニ詳ナリ　京師ヨリ江戸
三井寺ヨリ出ル街道ニコセヤト云処アリ　此ニ大葉ノ
モノアリ高サ一尺余総体ニ白ク濃花アリ
大葉ヨリハ小ナリ花ハ唐種ニ同ニ此根ハ
大ニシテ微ニ黄ナリ　一種小葉ノモノハ其性及
京嶽山鞍馬貴船等金剛山吉野相州
箱根等ニアリ　一種長葉ノモノアリ江戸ニテ
竹葉ト云花琉璃ト白色トナリ信州木曽ニ竹

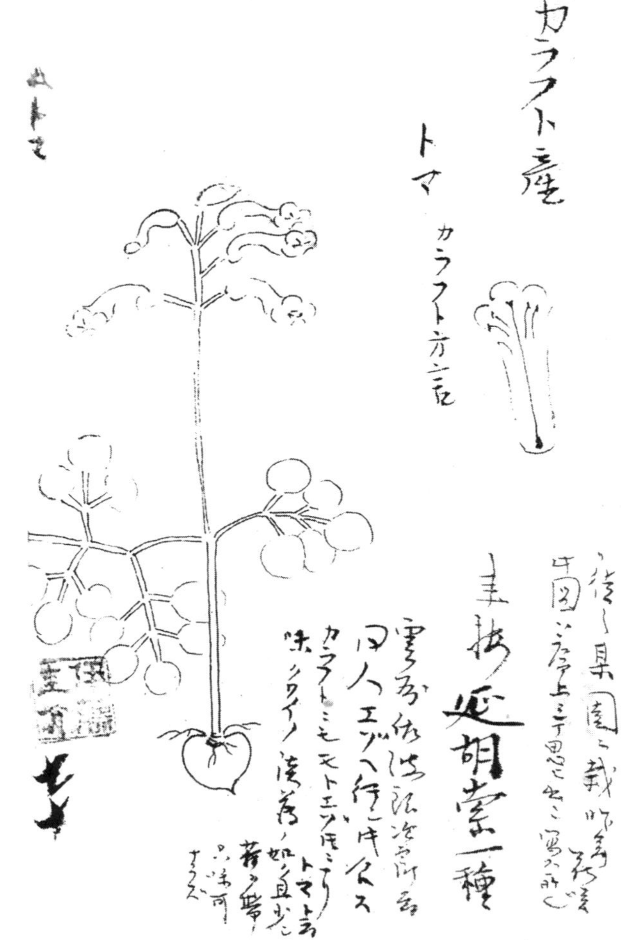

葉ニアリ葉小ナリ　一種伊勢ニハ葉中ニ紫條
アアリ長サ七分許鋸歯アリ根ハ蔓ニナリ塊ヲ
高サ低クアリテ正円ナラス唐種ノ次ニシテ先ハ上品ナ
リ　一種朝鮮種ハ大和宇多又越邑ニモ作
一種江戸及肆ニ唐種ト云モノハ多ハ朝鮮
種ナリ　薩種及和産ノ形状ハ本草ニ説処ト大
ニ異ナリ然レ𪜈紅毛本草ノ図ニ薩種ノ如キ図
アリ又和産ノ如キモアリ

葉ハ淺緑彩色

花ハ淺碧色（ウスコンジヤウイロ） 根ハ半夏ノ如クニシテ淺黄色

根ヲ用ル 味微苦シ 故ニ白ナル土ニ入レ同ク煮テ土氣ヲ去ル

○トマ 即延胡索ナリ「トカチ」ニテハ夷人取テ瀹シ乾シ食料トス其外処々山中ニ産ス皆牡丹葉ノ物ナリ福島領ニ産スル物惟竹葉延胡索ニ类ス南部沼宮内駅ノ辺山村ニテモ粥ニ煮テ食スル処アリ状亦竹葉ニ类スル物ナリ何レモ味甚苦カラサレハ菜用トナシ

卑史略之

バカタシ

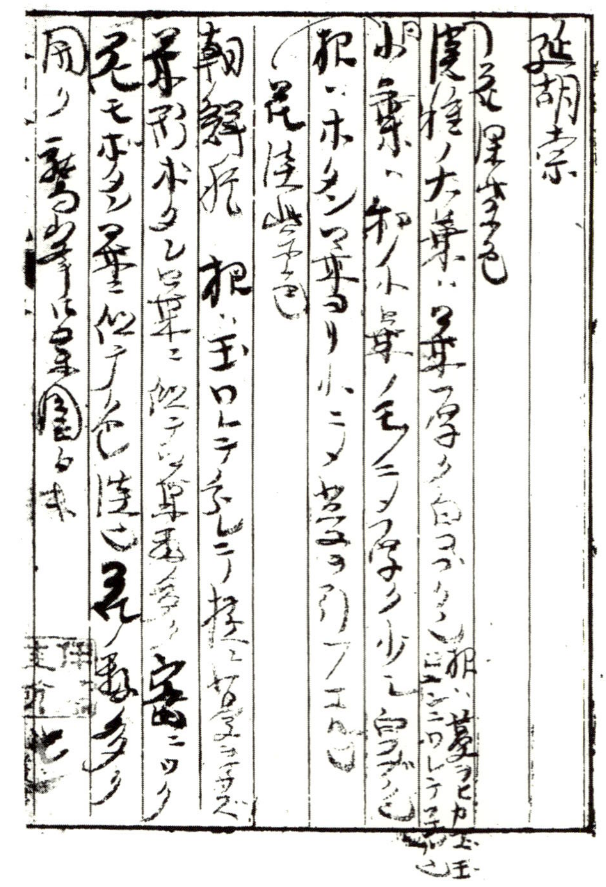
延胡索

和産ノ大葉ハ鞍馬山中ニアリ葉ボタン
葉ヨリ小ク花少ク又白斑アルモアリ花ハボタン
ニ葉ヨリ大ナル多キモノ花ヨリモ大シ根ハ
茎ヲナシテ細葉ヲ出シ是ニ淡紅又紫色花モアリ
又ハ花甚濃色ナリ葉モ甚ダ細キモノアリ其モ細
葉ニアリ　　大葉　ハナノクリ　和名
中葉ハ大葉ノ内ニテ少シ小キモノヲ云テ言フ
花ハ略大シ
小葉　ヒツチリ草ノ　上マ　エゾ　チドリガサ　和名
白色テハ　ニテ宮内ニ栽テアリ　ハナチドリ　和名

七十二

此根ハ甚多クヒカズミ芽ニ小キ塊ヲ生シテ之ヲ植ユ
葉数多ク出ル　葉茎モ小シ　葉ニ白斑
アルモノ花淡紅色ニシテ又白花モアリ
紅ノ花赤色

延胡索
通名　ツブテ江州　ケモ南部　享保年中漢種ヲ渡ス大葉小
葉ノ二品アリ大葉ニシテ牡丹ノ葉ト云牡丹ノ葉ニ似テ小シ高サ四五
寸清明後花ヲ開ク紫堇ノ花ニ似テ大ナリ根ハ圓クシテ黄色ニ小
葉ノ方ハ葉マルク小サクシテ花モ小シ和産ハ山中ニ生ス大葉小葉
數品アリ

延胡索
和名ツブテ江州　ゲモ南部　ヒラウホウ蘭山　花栗トマ　蝦夷ニ人根ヲトリ煮テ食フト云　エイダリス　シイボルト　荷蘭
數種アリ唐種上品ナリ京保年中漢種渡リ牡丹葉竹葉ノ二種
アリ正二月宿根ヨリ生ス葉ハ牡丹葉ニ似テ小ニシテ粉緑色軟ナリ一
両三梗ヲ生シ穂ヲナシテ花ヲ開ク形黄芩ニ似テ淡紫色又桃
朱術ニ似タリ後扁キ莢ヲ結ブ長サ一寸許根ハ圓ク黄色指
頭ノ大サナリ一種ハ葉狭長ニシテ荷苞牡丹ニ似テ小ナリ根梢小
ナリ此二種上品薬用ニ入ベシ延胡索ノ根兒好シテ掘食フモノナリ
一種肥後ノ熊本ニ三葉ノモノアリ葉ノ形胡枝子花ノ如クニシテ粉
緑色中央ニ紫色ノ斑アリ根黄白色花アリテ正圓ナラズ一種武
州豊嶋郡道灌山ノ産ハ葉ノ形竹葉ニ似テ甚小三枝ヲナス根ハ白
二

〇延胡索　一名武胡索 外科八成　玄壺索 方 百一選　ワブテ 江州方言　ゲモ 南部
次郎坊 伊勢　野生アリ葉竹葉ニ似テ小也玉甚小シ花
淡紫色又稀ニ白花モアリ玉長ク余程大ナルモアリ湿地
ニ生ス小豆沢ニアルモノハ竹葉ニシテ花漢種ニ似テ根ノ玉大ナル者
白シ江州伊吹山ノ産小豆沢ノモノニ似テ花碧色也漢種ヲ
牡丹葉ト云都テ小ナル也葉牡丹ニ似テ甚小春花ヲ生紫色
ニシテヤフケマンノ花ニ似タリ根ノ玉大ニシテ黄也又官園ノ竹葉ト云
アリ甚葉コマカニシテ花少異ニシテ根ノ玉ハ相似テ黄ナリ　[illegible]

エ八

延胡索科
〇ケコモ 摂州山城 ノ　トマカドラ 丹州　延胡索 本草綱目　サダカナル和名ナシ其葉牡丹ニ
似タルモノアリ竹葉ニ似タルモノモ亦タアリ南人採根[illegible]濕キ日乾シテ
食料ニ備ヘト云リ味平淡　入　舶来ノ[illegible]堪ヘズ

エ八

色ニシテ半夏ノ如ク疣アリテ正圓ナラズコレ時珍説ニ似ス竹葉様ト云是ナリ　三
下品ナリ蘭医ジイボルト云コレイダリステキ、ニス、又尾州ヨリ来リ葉極テ細長ニシテ
胡荽ノ梢葉ニ似テ花大ク青碧色ニ美ナルモノアリ根白色ニシテ　四
小ナリシーボルト云ゴレイタリス、ジ子ワシス、共ニ下品ナリ薬店ニテ零餘子或半夏
等ヲ染テ偽ルアリ擇ブベシ

春後生苗葉如竹葉高三寸許根叢生如半夏色黃立
夏掘取姑生胡地言其色也索言其苗交組也後避宋
真宗諱改玄為延也今呼為延胡索 本草原始

延胡索即玄胡索之頤曰今茅山上龍洞仁和筧橋亦
種之寒露前栽種之立春後生苗高三四寸延蔓布地
葉必三之宛如竹葉片片成個細小嫩綠邊色微紅作
花黃色亦有紫色者根叢生樂蔓延狀半夏但黃色
再立夏掘起陰乾者良 本草述

延胡索出壇溪陵澗者佳 鎮江府志

延胡索生田中雖平原亦種 東陽縣志

延胡索生奚國根如半夏色黃 證類本草

奚乃東北夷也今三茅山西上龍洞種之每年寒露後
栽立春後生苗葉如竹葉樣三月長三寸高根叢生如
芋卵樣立夏掘起 本草綱目

延胡索出金壇溪陵澗者佳 重修鎮江府志 金壇縣志

延胡索

○延胡索

蝦夷志料云 チコモ 知内嶺（シリウチ） トラカドヒラ 此ハいかなる和名ぞ

其の葉ハ牡丹ニ似たるとあり竹葉ニ似たるもあり

夷人其根を論じ日乾して食料ニ備ふといふ味甘

淡と 蝦夷のごとあるニ似たるハ益一茎ずつハ堪え

七七

七八

伊藤圭介稿 植物図説雑纂二百三十五

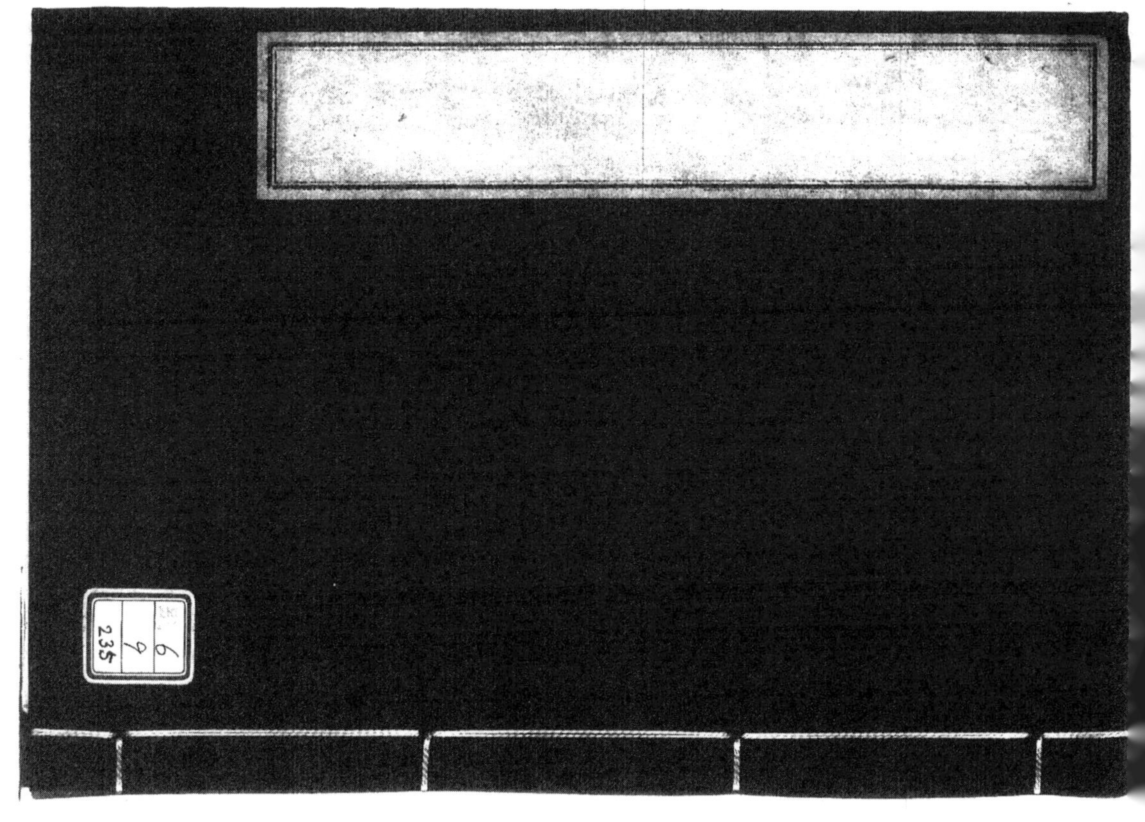

○按ニ、狗尾草ハ、犬子草ハ所謂莠ニシテ、原
野隨處ニ最多キ雜草ナリ、諸國方言モ亦
多シ、エノコロクサ、キツ子ヤリ、イヌコバサ、イヌクロシ 肥州、
イヌハサ 泉州、エノコガ 濃州、エノコブ 日向姫路 清俗ニ
古牛子ト云、或說ニ新古帖ニ穗よいつる夏田の
ましるひえくさのひきすてられぬを世なれや
すゝきむいか、狗尾草なるべしか
狗ヲ狗ト書クハ字典、本草綱目ニ見ヘズ、猶追攷

伊藤圭介

狗尾草　エノコログサ京　エノコグサ[illegible]
エノコグサ[illegible]　イノコグサ[illegible]　トウノボグサ[illegible]
トウノボ[illegible]　トコトグサ[illegible]　カヤボウ[illegible]
ヲヤリ[illegible]　イノチアワ[illegible]　イヌアワ[illegible]
エノコボ[illegible]　イヌイワ[illegible]　カニクサ[illegible]
○[illegible]　[illegible]　ハグサ　[illegible]
正字通[illegible]
△猫狗草　[illegible]

猗尾草和名類聚鈔 巻二十 草木部
猗尾草 辨色立成云 猗尾草 古恵祁能久佐
類聚名義抄 八 州中 猗尾草 エノコグサ

狗尾草
郎考一名光明草
重島縣志 八
エノコログサノ穂ノ稍キツチツバナト言フ
エ九 エノコログサ [illegible]

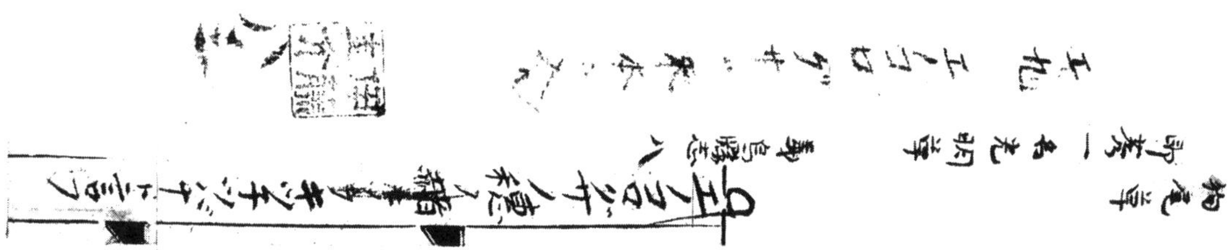

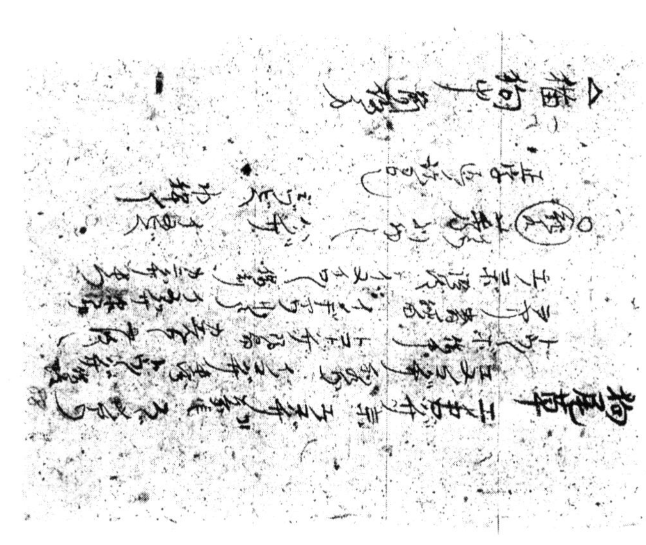

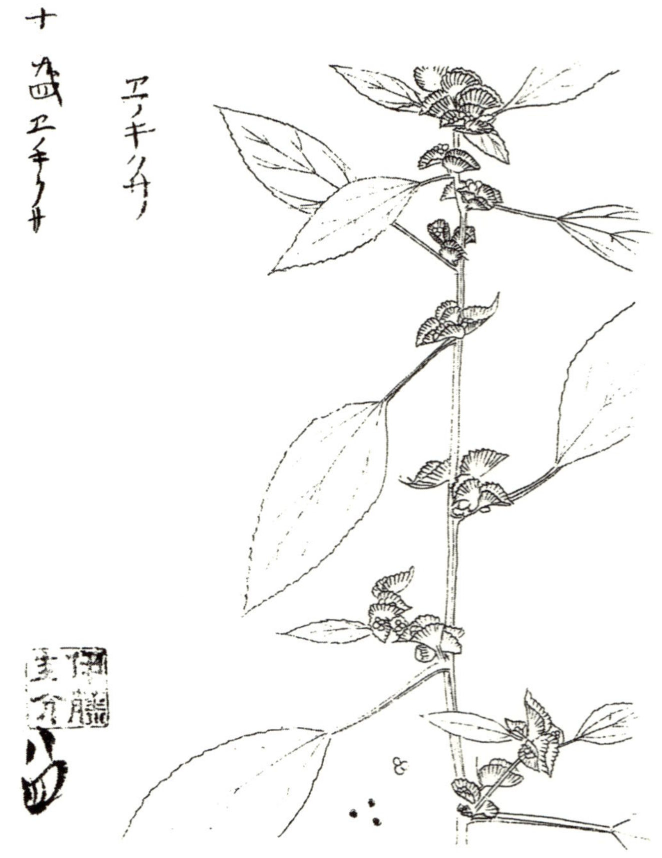

莠 即狗尾草本綱 和名エノコログサ 共斉風甫田章 水稗 和名ヒエ一名ハグサ

維莠驕々 不稂不莠 小雅大田章 朱註莠害苗之草也○山本世儒謂莠ニ品アリ昔ニハ稗或黍

ヲ稗ヨシモノ故ニ其ヲ乱ル者ハ狗尾草 后世ハ

多ク稲ヲ種ユ故ニ其ヲ乱ル者ハ水稗ナリ

ヨク苗ニ似タリ 狗尾草 萬原ノ方言イヌ

コログサ原野随地ニ皆アリ庭際ニモ自ラ生ス苗穂共ニ

粟ニ肖テ小シ穂ニ紫毛ノモノ緑毛ノモノアリ地ノ肥

瘠ニ因テ苗ニ大小アリ穂ニ五六岐ヲ分チ紫

莠ノ水稗ハ稲田中ニ生ス苗ハ狗尾艸

ノ如ク扁茎叢生シ正立セズ夏以後穂ヲ出ス穇子ニ似

テ小ク緑色芒アル者アリ芒ナキ者アリ総ニ稗ニ似テ

稲田中ニ生ス故ニ形長大ナリ穂ノ形モ早稗ヨリ大ナリ

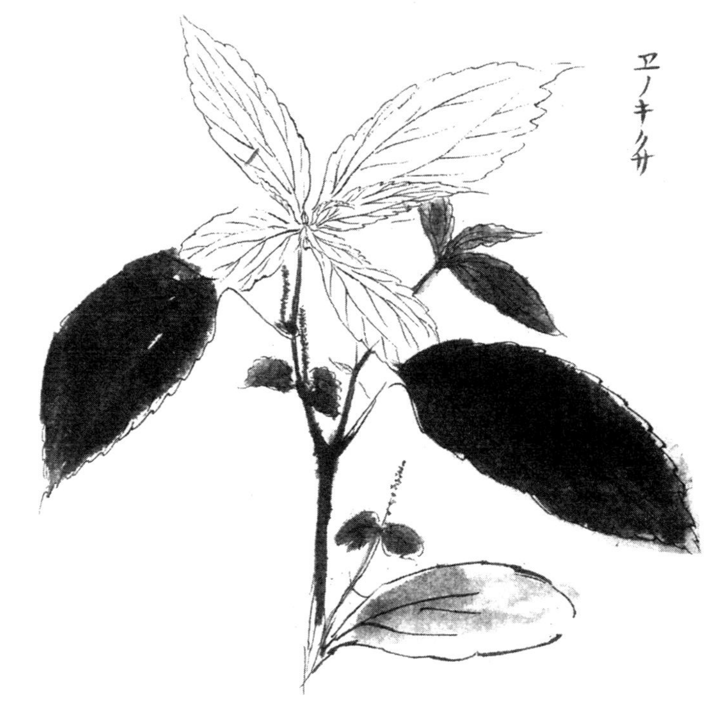

螺靨兒
和名エノキグサ　救荒本草
エノキノハクサ
救荒本草附説ニ云一名地棄又名痢見草生荒野中茎微紅葉
似野人莧葉微長窄而尖開花作赤色小細穗兒其葉味苦トア
リ今按ニ此草三種アリ共ニ葉形朴樹葉ニ似タルユヘ倍ニ
エノキグサ亦エノキハクサ亦イヘリ其内一ハ花穗黄赤
色ニテ苧麻穗ニ相似テ短カナリ是所謂開花作赤色小細穗
兒モノナリ一ハ花穗ヲナサス葉茎ノ間ゴトニ淡緑色ノ小
花聚リ出ス丁水ナ葦ノ如シ其形柔植ノ初生ニ似タルユヘニ
一名ヲクワクサト倍名ス是所謂地柔ナリ一ハ葉茎ノ間ニ
搆円ノ蔕ヲナシ其内ニ淡緑色ノ小花聚リ出ス其形状倍ニ
云編笠ニ似タルヲ以テ一名アミガサソウト称セリ痢見草
ト名付ルハ痢疾ニ用ヒテ功アルニ拠レル由救荒本草治痢
ノ條ニ記シタリ

従地可生写之図

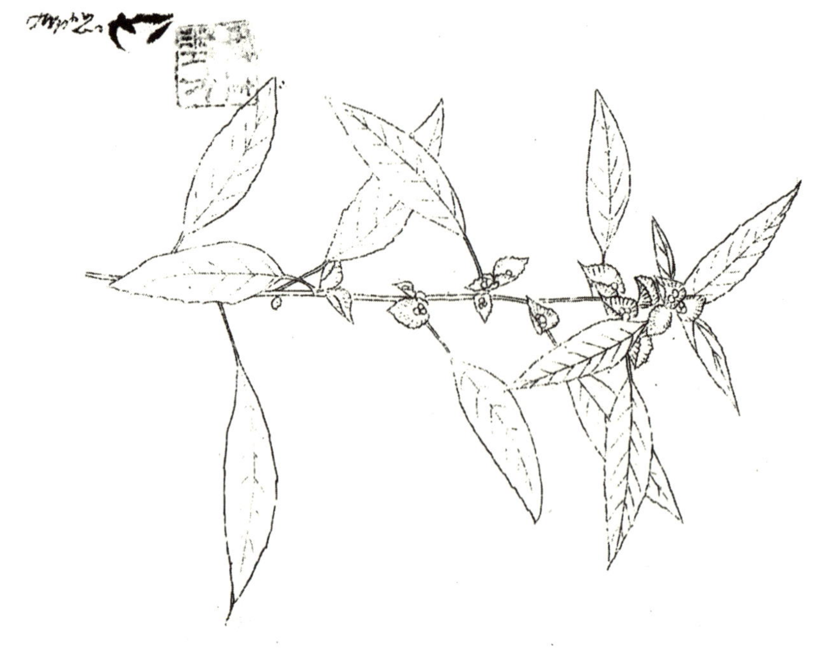

七月
アミガサソウ 鐵莧名

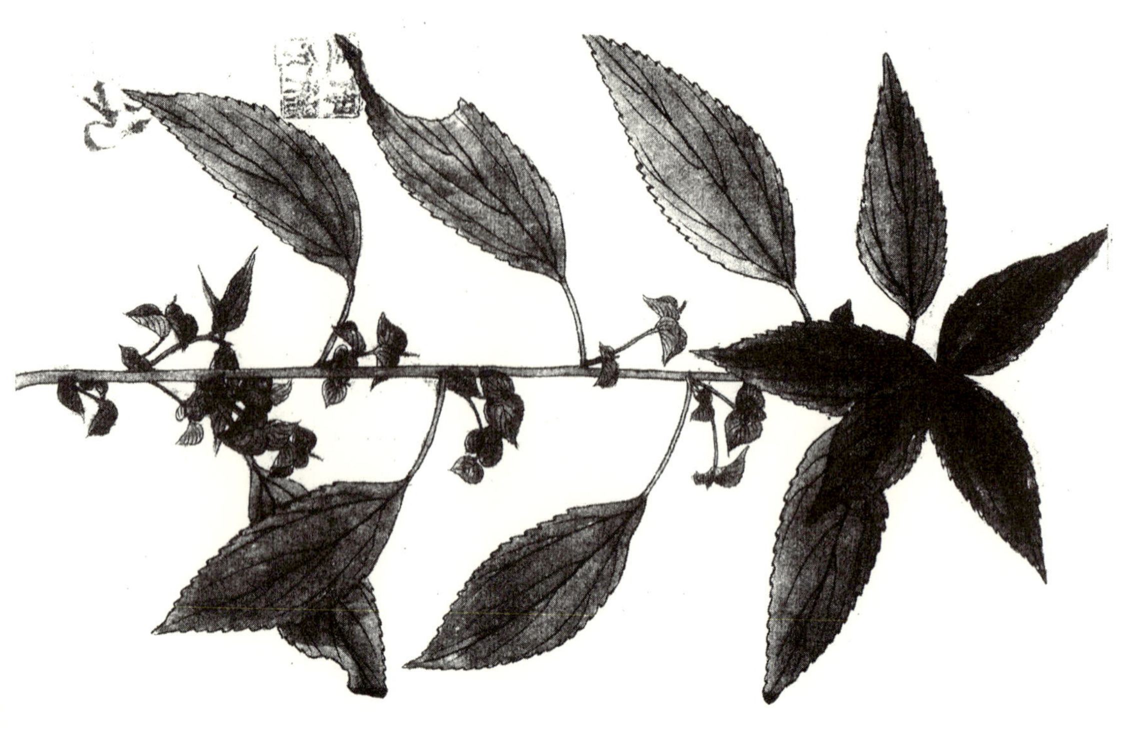

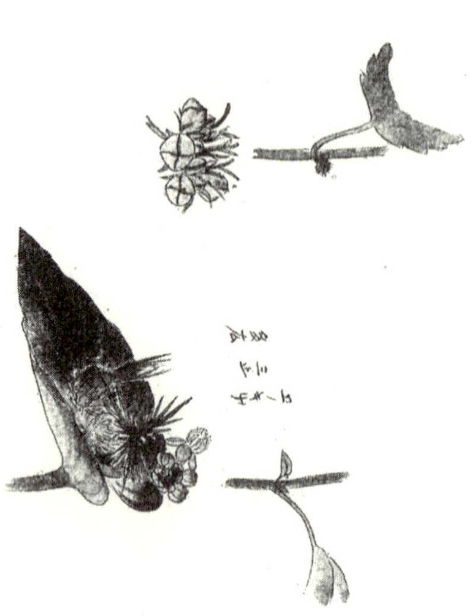

三九

江能幾曽宇 漢名未詳
人家自然ニ生ス高サ一尺以内葉赤楊ニ似テ
尖リ尤互生ス夏枝ヲ分チ葉間小葉ヲ生シ葉
中小実ヲ結フ

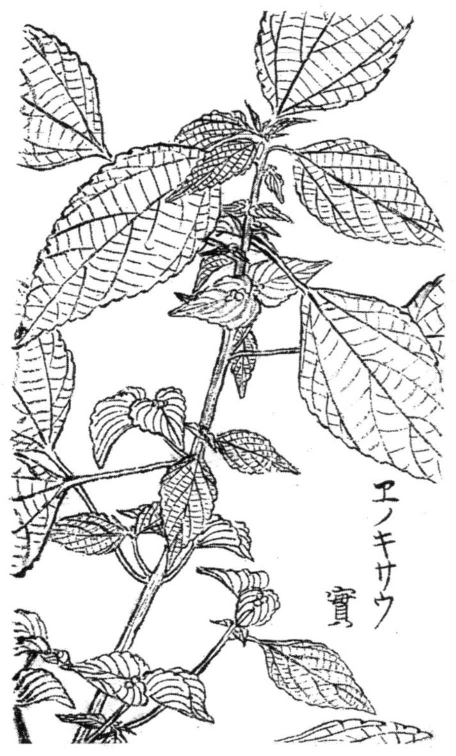

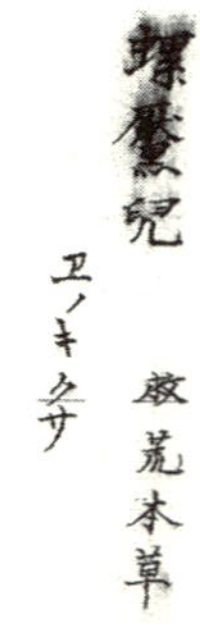
螺黶兒　救荒本草
ヱノキクサ

ヱノキサウ

十 エノキサウ

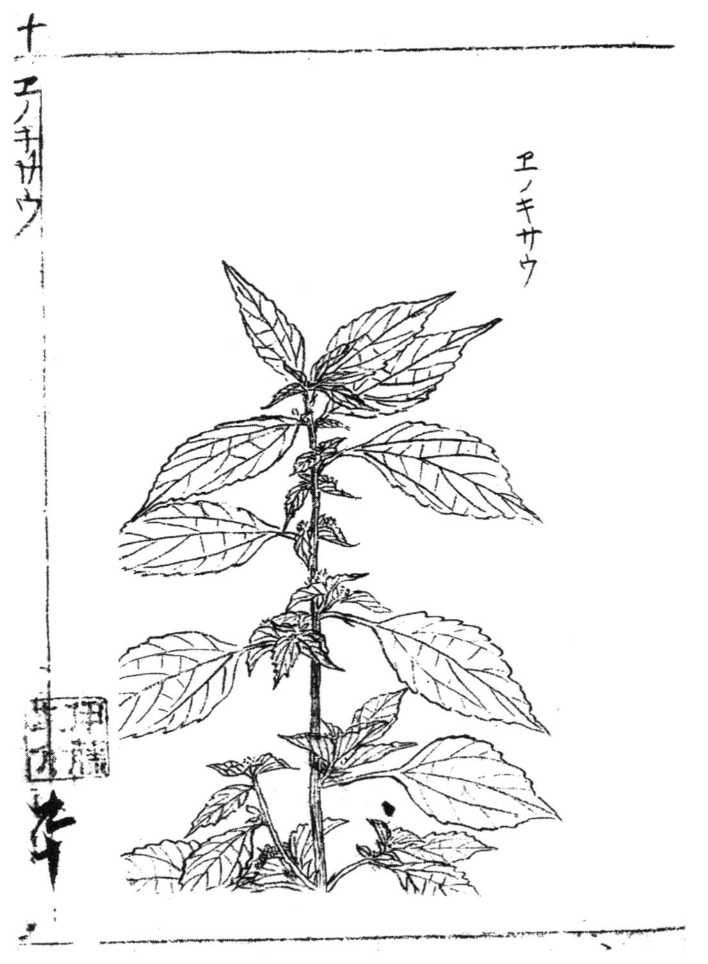

アミガササウ 一小原野ニ多シ高サ一二尺ハ草ニ似テ葉細長クムクロノ葉ニ似テ軟ニノ鋸歯アリ梢枝ノ中心ヨリ寸餘紅色ナル細穂出葉間鴨跖草花蒂ノ如キ編笠ノ如キ薄軟ナル實アリ[illegible]

十

一エノキグサ

[illegible]

○エノキグサ　アミガサソウ

「エウホルビア　エノキサウ」

人家雜艸中ニ生高七八寸或二尺ニ及根ニ近キトコロヨリ小枝ヲワカチ葉ニテノウケタル如キモノ、中ニ小花アリ後ニツヒダアル実ヲ結ブ其実ヲウケタル葉アミガサノ如シ葉形エノキニ似

一種葉ニ毛茸アルモノ田野ニ生

エノキグサ

0

〇ヱブリコ　唐榕木耳也　[illegible]

[illegible]云 ヱフリコ 阿勃利哥 トいふ [illegible]

[illegible]

上達

唵蒲里哥 蘭[illegible]

カラフト島西ノ方シラロヽニアリ紅毛人ロルアンポウム
モ此樹ヨリヱフリコ出ル此ヱフリコ蝦夷人腹ノ諸病ニ用
ル又馬ノ鞍スレニモ用ルタイ枝ノ図也
エブリコ

松前草木志

日高ノ部 [illegible]

彩写反中

呂宋土蔵

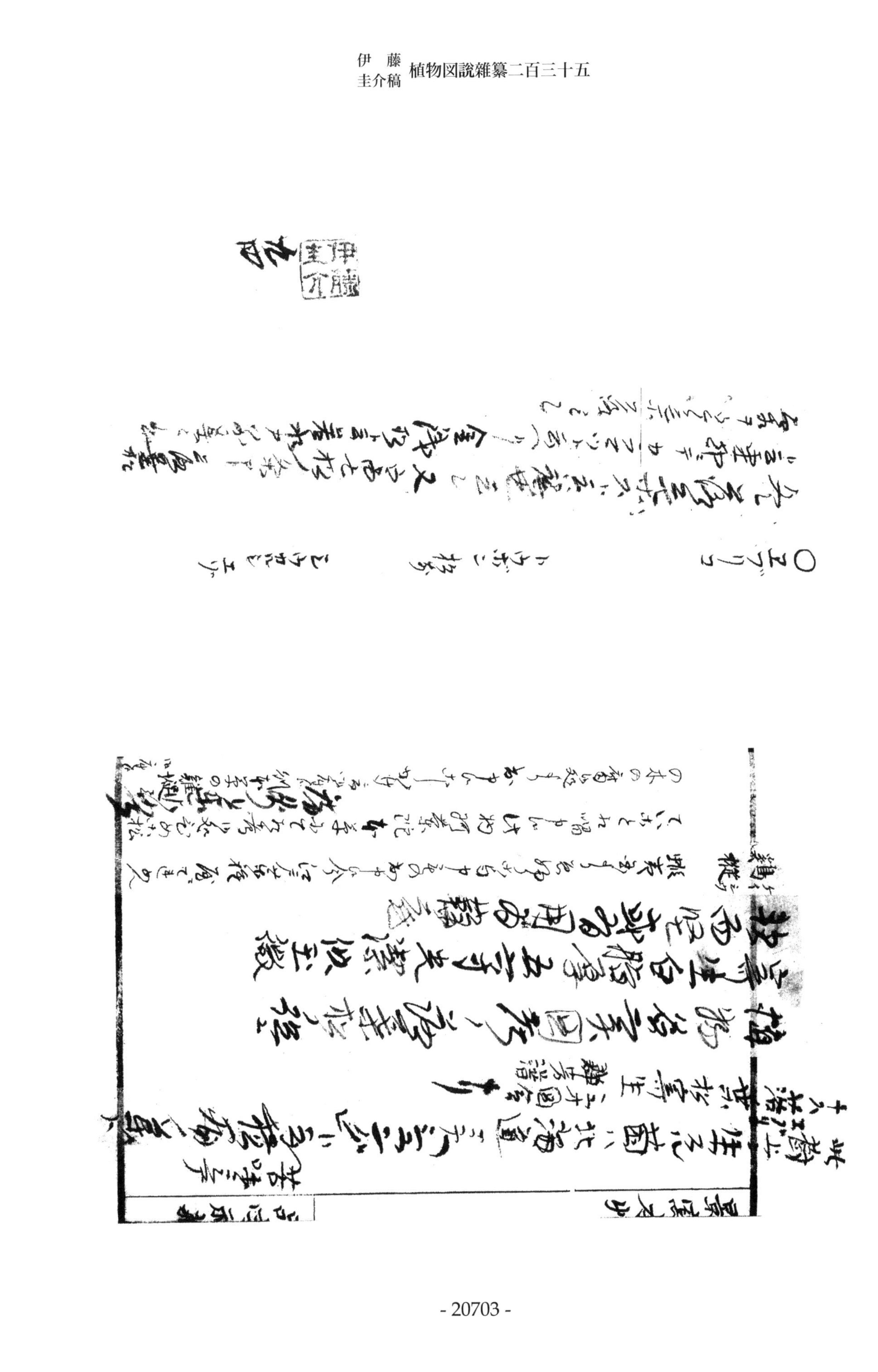

影寫本艸

エビモ

呂宇九五
土蔵

藻ハ水中ニ生
〆水上ニ浮フ細茎長ク〆細葉竹葉ニ敷〆狭ク
両々相對セル者ハ本草ニ所謂馬藻ナリ細葉緑
色ニ〆縷ノ如キ者ヲ俗ニ杉藻ト云則本草ノ牛
尾蘊ナリ李代蘋藻ノ説多シ

スビモ

スビモ

○スビモ

馬蹄ノ樋水中ニ生ス葉ナシ詰互生緑黒ヲ帯ブ

○エビラハギ

草零陵香一種
總州ニ自生アリ啓蟄前後ヨリ出芽此草子生ヨリ三
年ニメ高五六尺ニ至リ葉ハギ葉ニ似テ小香氣アリ枝ヲ分
チ立秋後ニ黄花ヲ開ク處暑後迄
救荒草零香ハ洋紛紫花ヲ開トミニ異ナリムギワラデリ――
ハ中空ナリコレハ中空ナラス故ニ一種トス

エビラハギ

エ十七　エンシウハグマ

エンシウハグマ

ライカウハグマ

鬼督郵ノ一種

山中陰地ニ生ス遠州秋葉辺甚多シ　岩老ニモアリ

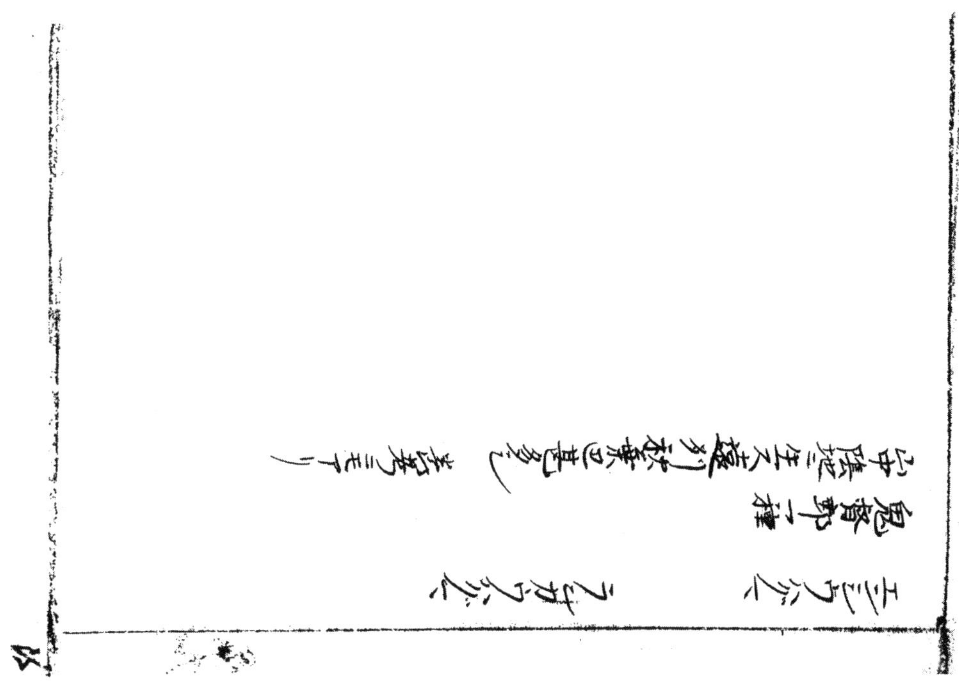

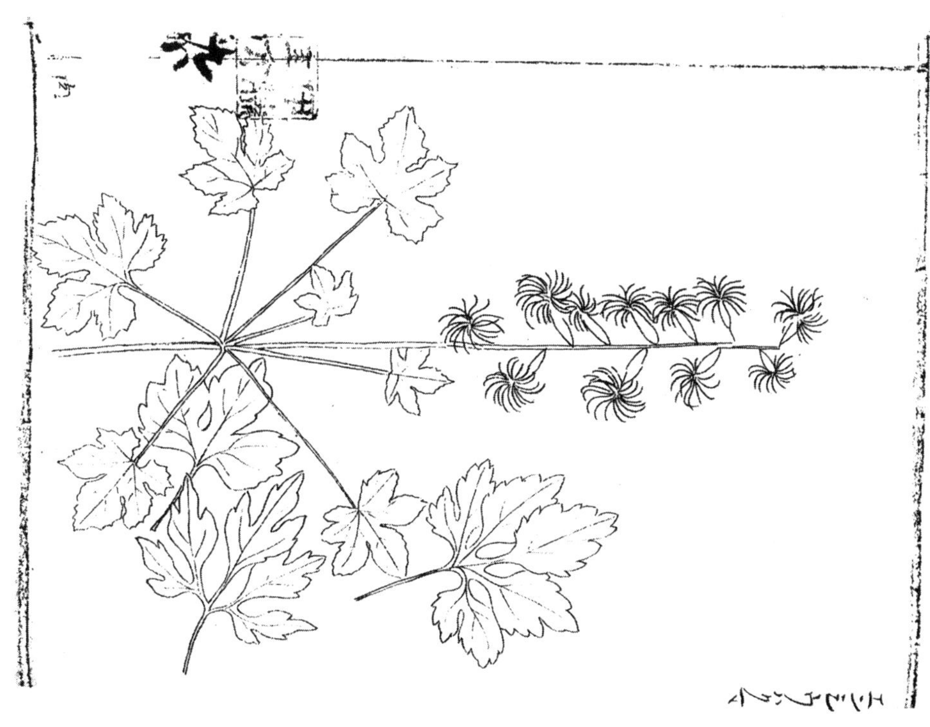

エンシウハグマ

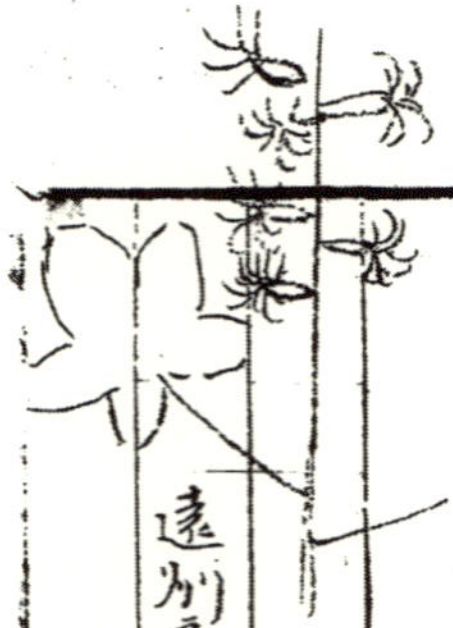

遠州産 蘭室不知 今遠州ハグマト呼フ

遠州ハグマ

葉ホンノシハグマニ似タリ

花テイシヨウサウノ如シ

秋白細花モ着ユ

草本綱目啓蒙ニ同シニ不載
トアリ
エンシウハグマ 漢名ナシ
ト見ユ
名 ランカウハグマ
遠州秋葉山 最多
養花
シラヤマアザミニ似ト云
別

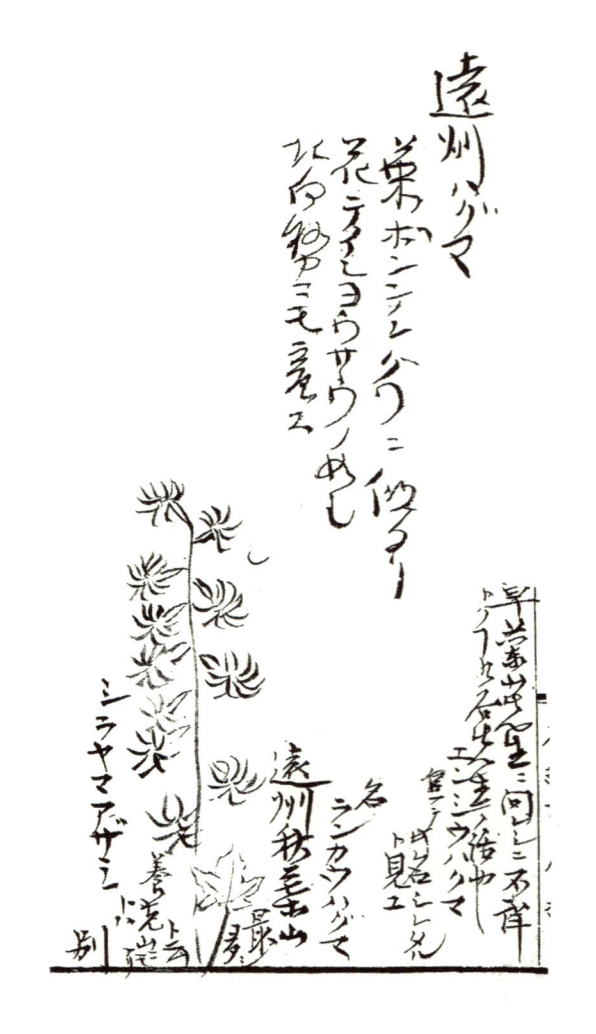

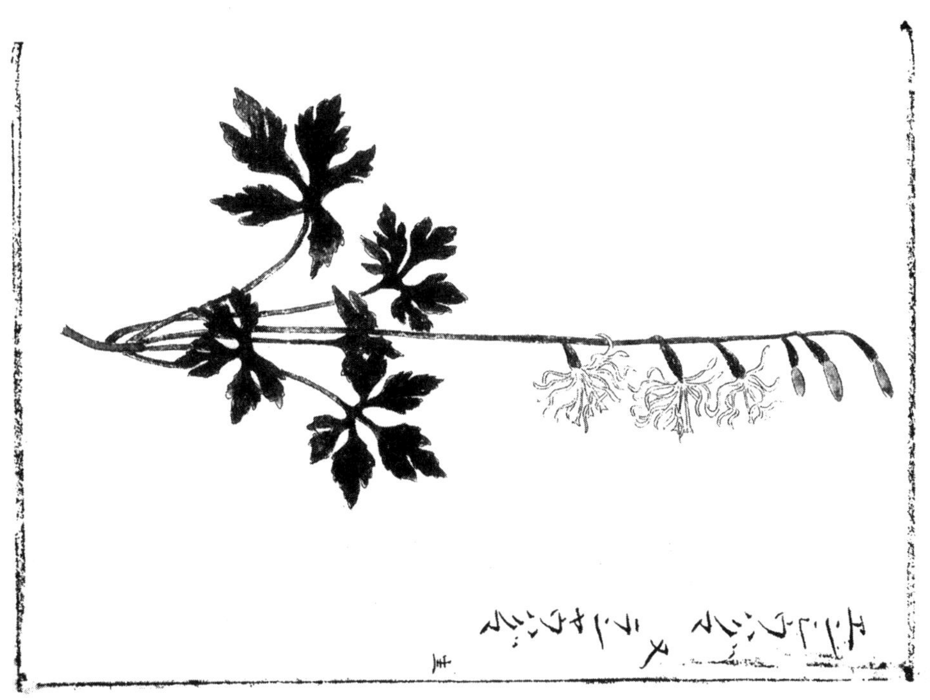

百

○エンシウハグマ
ランカウハグマ
山中陰地ニ生ス遠州秋葉山ニ多シ故名　[illegible]

○ウンヤウハグマ　ヱンシウハグマ

鬼督郵一種、
遠州秋葉邉ニ多キ故ニヱンシウハグマト云葉形キンダンクワ
ニ似テ茎上数葉攅生ノ中心茎ヲ抽キ三四寸ノ間花ヲ綴ル
白色モミヂハグマノ花ノ如シ
日主云本草図ニハグマ実ヲ多ク挙ク此品ヲ脱ス

ランヤウハグマ

伊藤篤太郎云
此「エノキタケ」印葉図並解説ハ之ヲ「錦窠植図譜」
巻十、エノキタケノ條ヘ移ス

假
大　エノキタケ

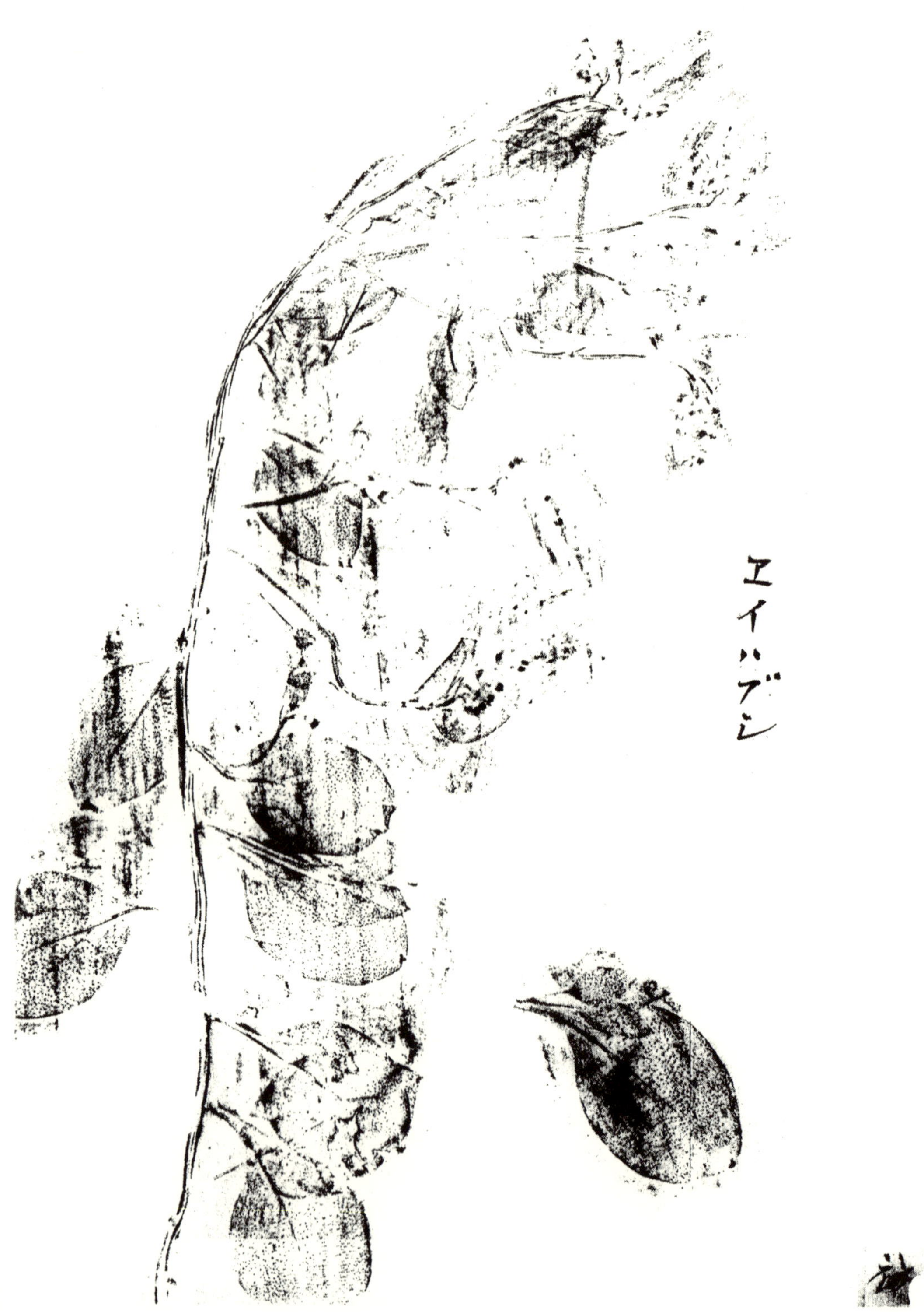
エイハブシ

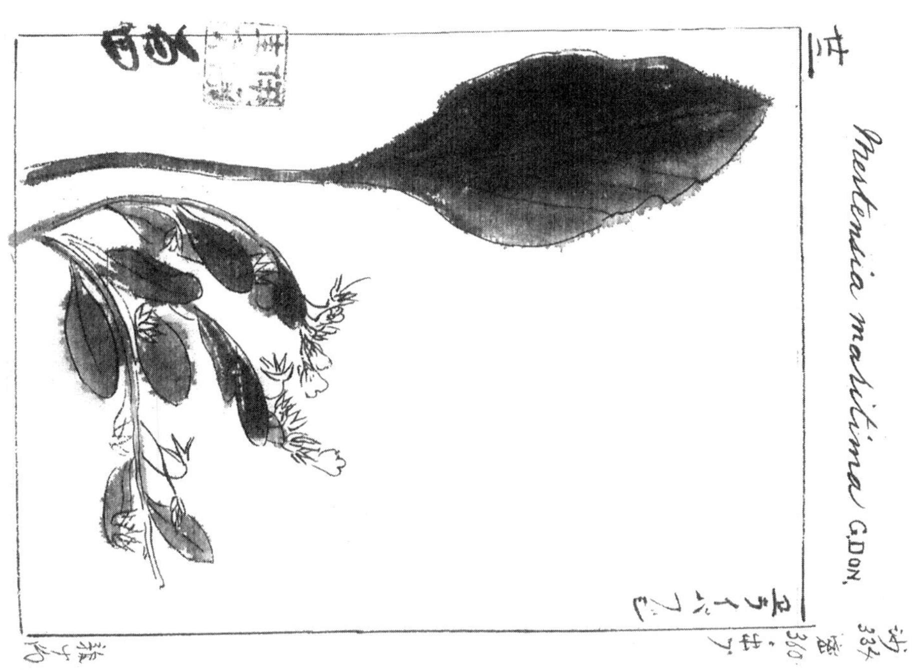
Mertensia maritima G.DON.

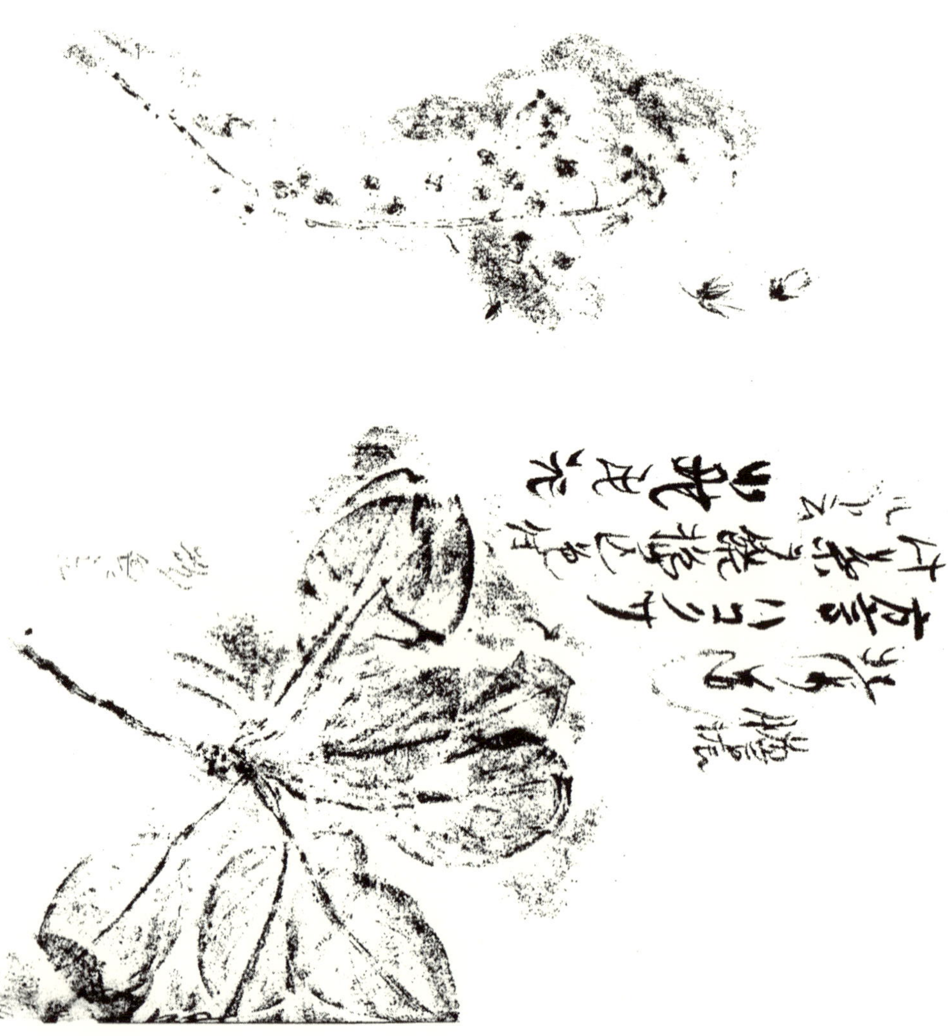

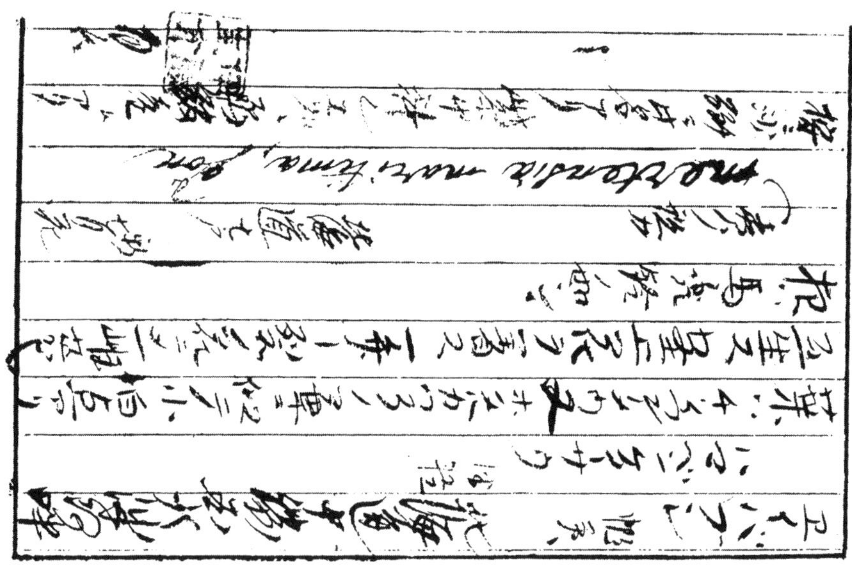

エライバブシ 蝦夷 ハマベンケイサウ 津軽 チトメ 南部
ホノイノエッペ エゾ
海濱ニ生ス 葉ノ面ニ細白點アリ 根ハ馬兜鈴根ノ如シ
六月小穂花ヲ開ク 其色淺碧色ウス紫ノ沙参ニ似タル花アリ
初メヲバコノ如茎ヲ抽テベンケイサウノ葉ノ如クノビルヒミタガヒ
下ヲ這フ 狀 根ヲ煎服シテ腹痛
ヲ治ス

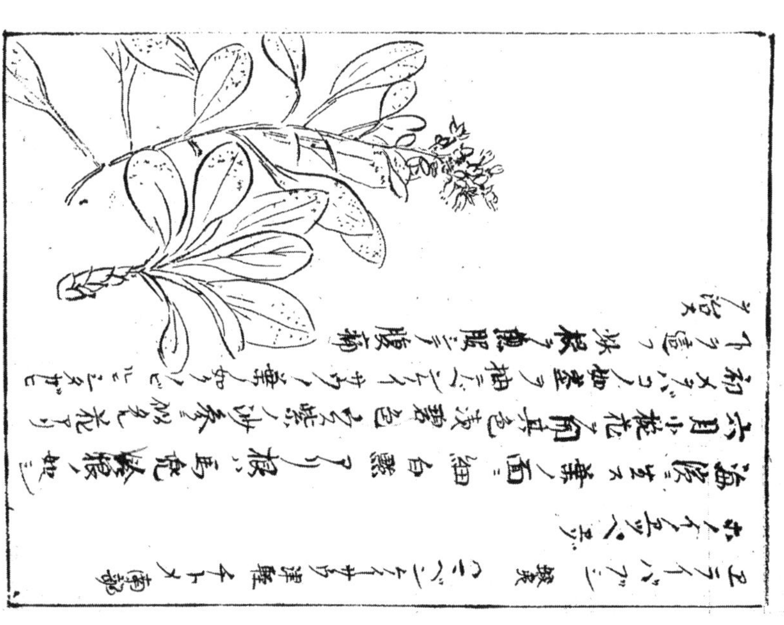

エイバブシ 蝦夷 北海道土人ノ呼
ハマベンケイサウ 津軽
葉ハチシャノ葉ノ如ク又ホタルカヅラノ葉ニ似テ小白点アリ
互生ス 茎上ニ花ヲ着ス 一茎ノ裂ノ花ニ三四様ニ咲ク
根ハ馬兜鈴ノ如シ
（赤ノ瑕力
mertensia maritima, Don.
北海道ニテ 六月花
海ニ沙磧ニ生スル者アリ 紫碧色ニ類シテ 紫色ニアリ

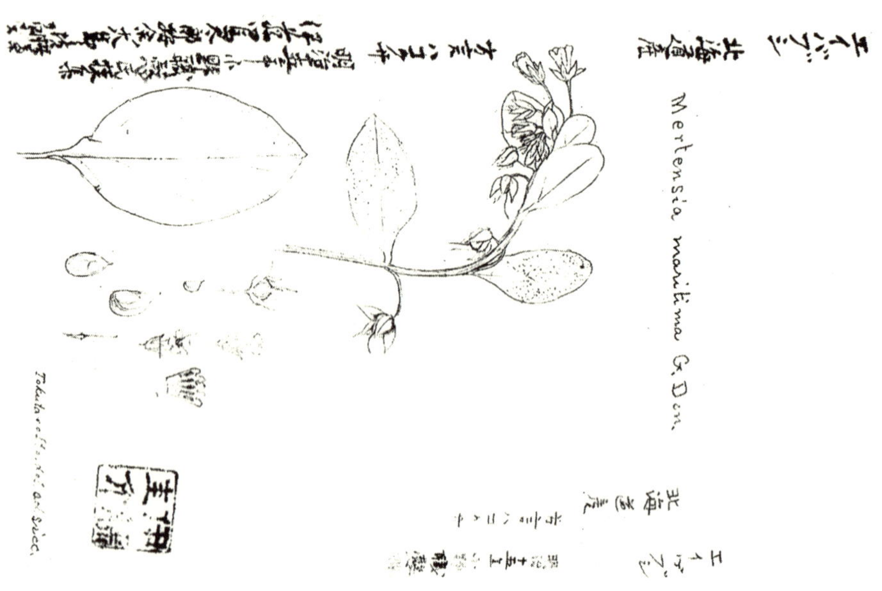
Mertensia maritima G. Don.

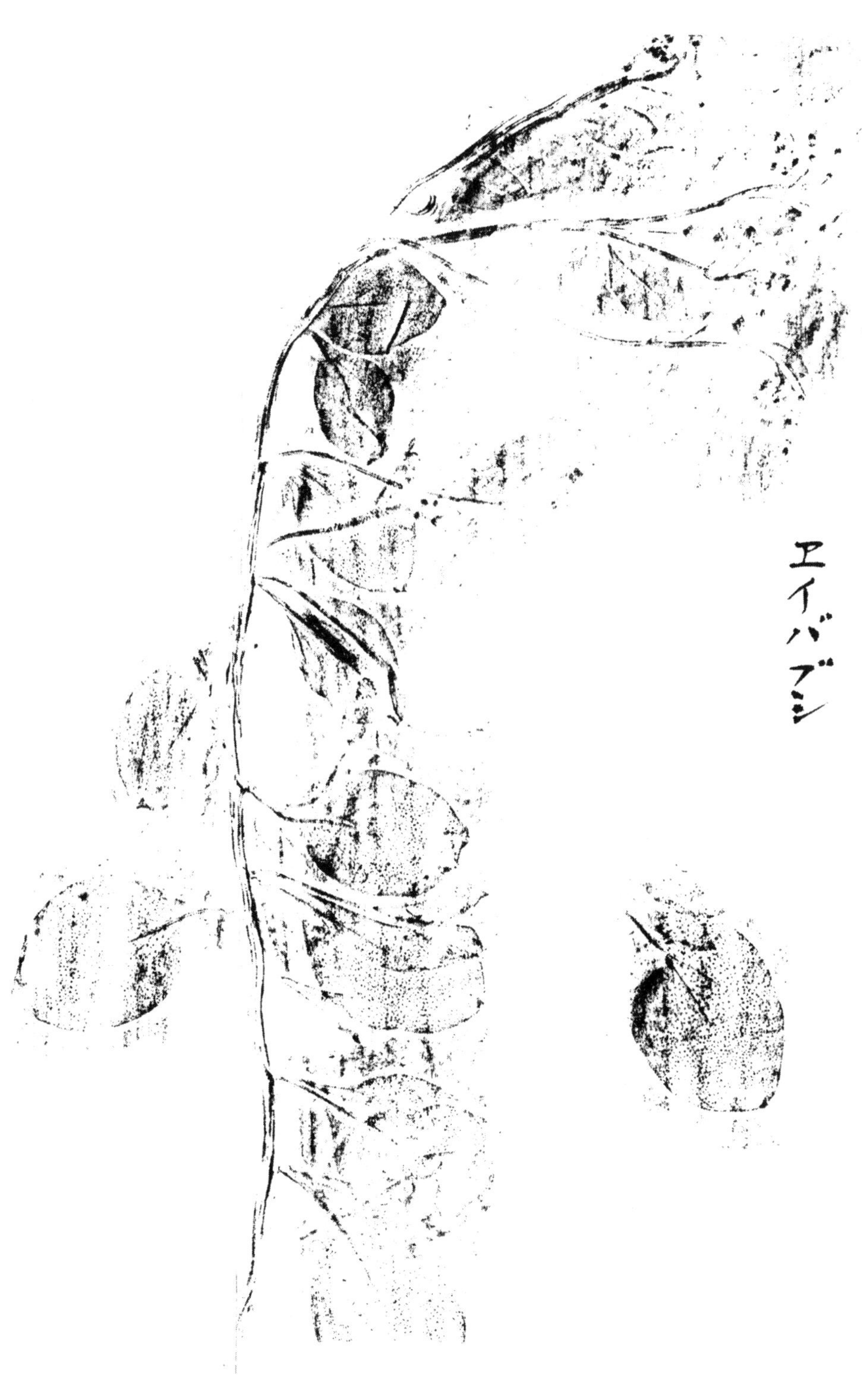
エイバブシ

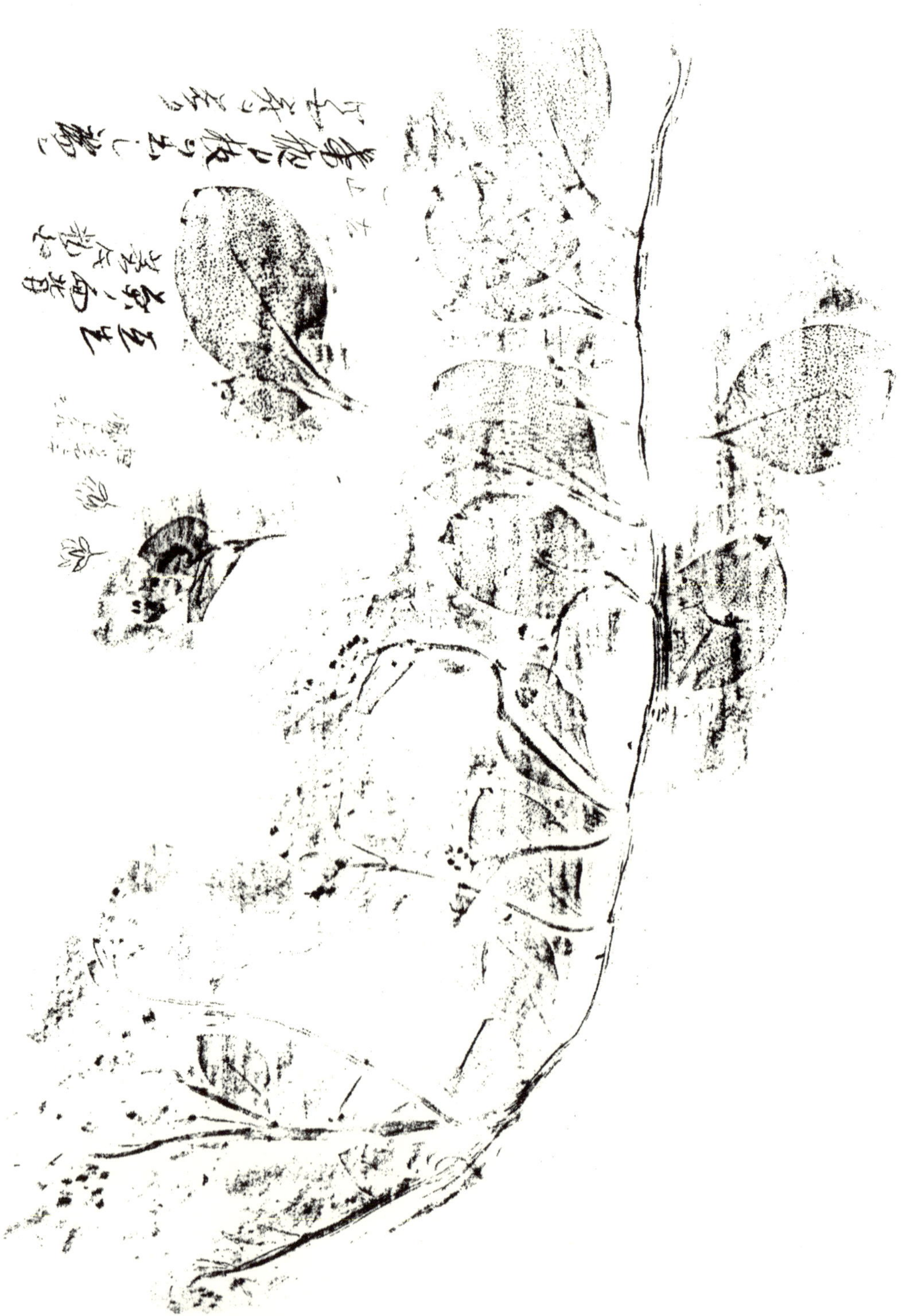

○カモギナヤ　所在（処々ノ誤カ）海濱ニ産ス一名エライバブシ亦ホノイノ
エツペト云南部ニテ「チドメト云津軽ニテハ「ハマベンケイ草ト云
春末宿根苗ヲ生シテ白緑色景天草ニ似テ其葉互生
漸ク長シテ四布地ニツイテ蔓延スルヲイタス六七月花
ヲ開ク浅（碧ノ誤カ筆者補）緑色沙参ノ花ニ肖テ小ク秋霜ヲヘテ枯レス雪
ヲ負テ方ニ枯ル根ハ土青木香ニ类シテ香気アリ夷
人根ヲ采リ水煮服シテ治腹痛　東俗[illegible]
エライハブシ一名ホノイノエツペ一名カモギノヤ ウセナ井 チト[illegible]
南部ハセベンケイサウ 津軽 葉藜藍ニ似テセロク花ハ沙参ニ比
トエク縹碧色ナリソノ根ハ馬兜鈴ノ如クニ[illegible]香気
アリ陸奥ニテ或ハ其根ヲ用テ腹痛ヲ治ス

セイムペイチユム 羅「コンソリダマヨル」日「ヴァルウヲルトル」蘭
名[illegible]ニ蝦夷ニ産スル「エライバブシ」ト名クル牛
弘ロシト是ニ近シ 支擬ニ此牛蒡地黄ニ似テ黒ナリ 地黄生根
黒色ニテ少ニモ腰ノ粘ノ汁ナシ 甚[illegible]ノ[illegible]
ニ乳ナ細ニ[illegible]
[illegible]エライバブシ 山茨苣 未詳 又地黄ハ蒼花ニ[illegible]
セイムペイチユムハ五雄雌ニ[illegible]股ノ粘ノ汁アルコト牛大黒ニ
[illegible]「スメールウオルト」蘭「ラチキス コンソリダ」羅ハ「セイム
ヘイチユム オツヒニナリ此ノ根ニ外面黒褐色内面白色ノ
内ニ粘液ヲ含ムト云 根ヲ「ゴローテスメールコロトル」
和名[illegible]「スメールウオルト」
又「コンソリダマヨル」「セイムヘイチユム」ト云 此「セイムヘイ

和名「オツヒこしき」羅「ゲメーネ ヌイールトヲオルトル」蘭ト云宿根
ニテ湿地ニ生ス又園圃ニモ栽ユ

伊藤
圭介

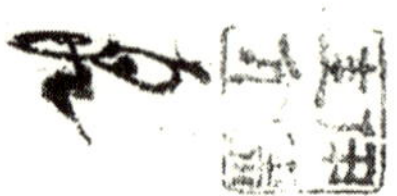

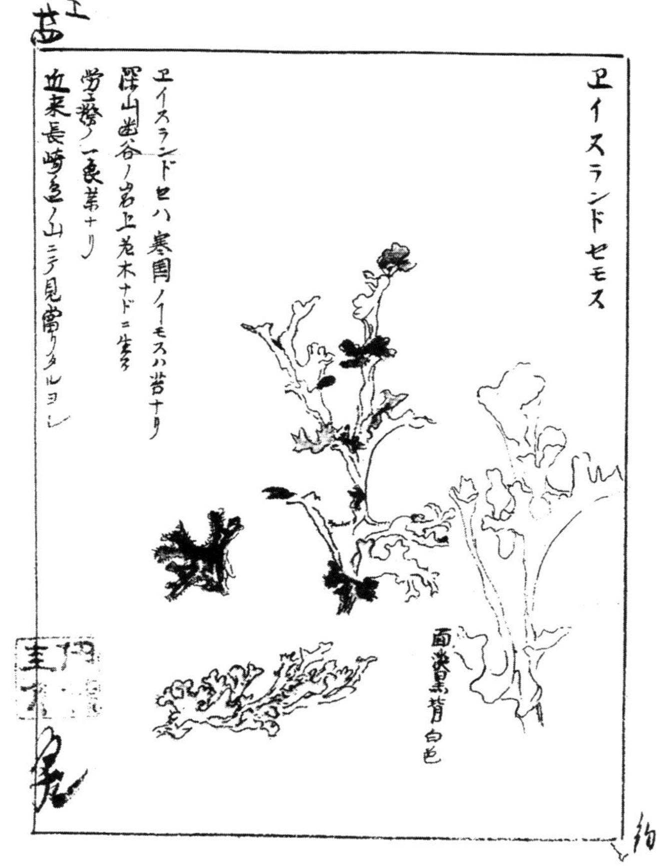

エイランモエハ液ヲカヤ

○雲苔 山嶺ニ多シ味甘 形状製シタルフノリニ似テ中
凋ク小枝左右ニ分レ其茎地ニ敷テ生ス色白茶褐等
ノ処アリ小枝ノ先ハ尖リ扁ク ミテメクリニ短キモアリ本
茎ノ周辺ニモアリ　白山中ニあり

一種　エイスラン　トセモス 蘭荷　木曽の産
深山陰地の木石上ヌ生ス

一種　蘭人持来る物

一種　ちらふど

㊄リセン
氷嶋苔花　萬寳字典

依蘭苔　名藻ニ九ン

○霞婆里訪別山ノ頂ニ多シ土人曰ク硫黄ノ気ヲトル用テ淋病ヲ治スト云味苦地上苔ニ雑リ生シテ長サ一二寸太サ燈心ノ如シ大小アリ形状康角菜ニ似テ外青白色内空梢ニ二岐ニ成モノアリ蛮名ニ載ルヱイラン苔也

白山中由来

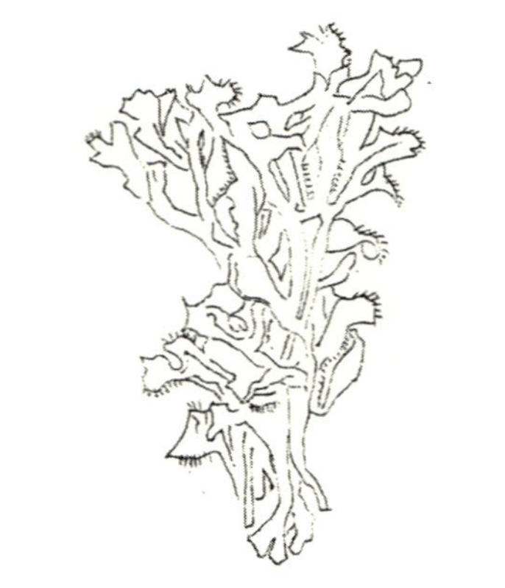

Lichen Islandicus L.

書記エース

ランドモス[illegible]本[illegible]足

[illegible]善奇相刻[illegible]

「キノリ」ハ[illegible]大木[illegible]

[illegible]皇[illegible]

[illegible]「[illegible]ーおん」[illegible]

[illegible]又丹波

稲[illegible]人[illegible]京都[illegible]山

[illegible]神宮[illegible]

[illegible]

石[illegible]「エースラン」ドレ又北海

氷国ノ名ナレハ本邦ニ[illegible]

[illegible]美[illegible]州

三

エンノデ

圭介　伊藤

エンノデ エンザノテトム

一種山ウリ

本曽ニテアリ 形状 栝楼ノ如 ウツロ爪 実円大サ南瓜ノ如 内白膜アツテ 毒アリ 根山茱ノ如

明治十五年 萬 冨士七合目及天狗庭ニテ採ル

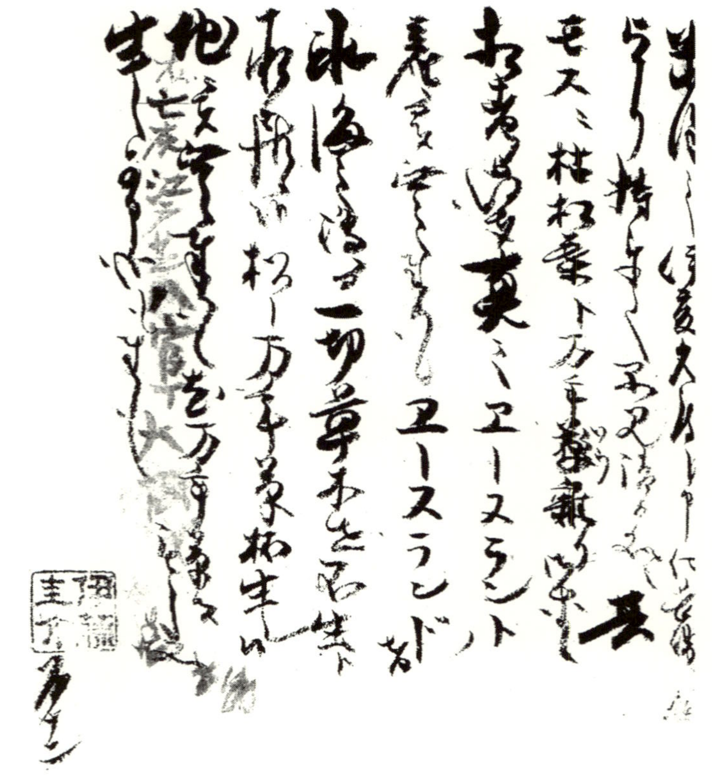

エイスランドセモス

エイランドモス　氷島石花　英名無之

御岳白山又阿州ノ山ニ産ス

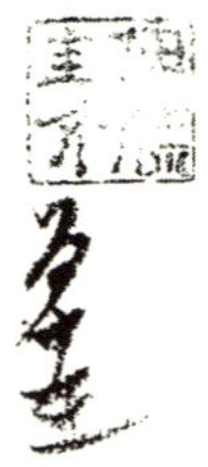

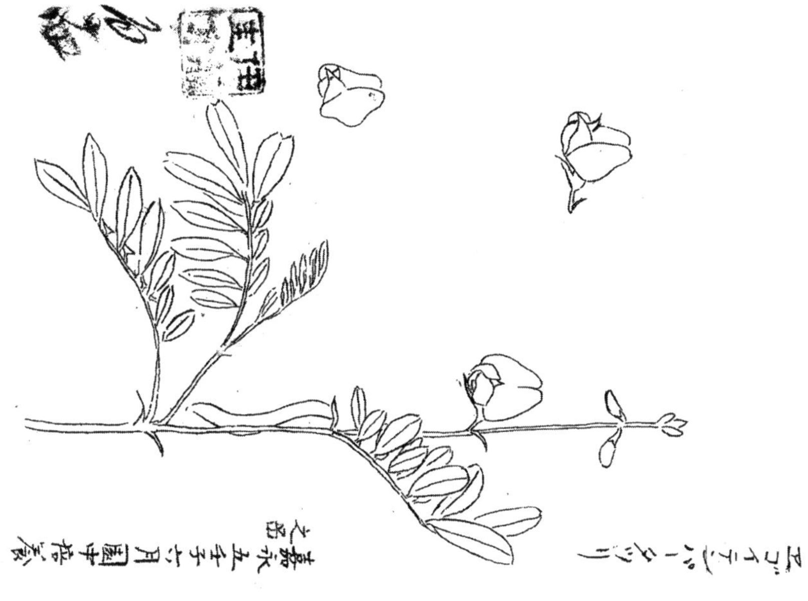

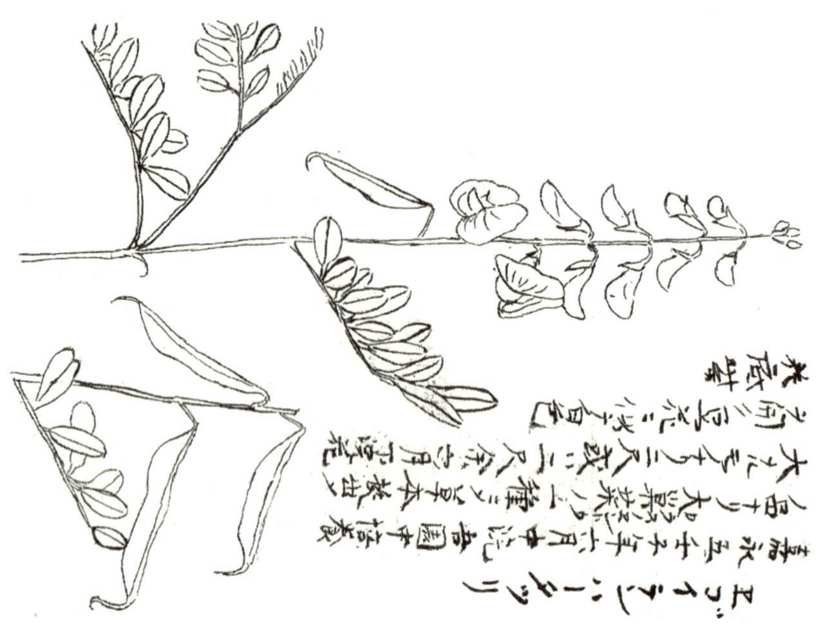
エゴイランハータツリ
嘉永五壬子年六月中浣吾園中培養
ノ品ナリ大巣菜ノ一種ニシテ草本蔓出シ
大ナルモノナリ二尺或ハ二尺余六月下浣花
ヲ開ク豆花ニ似テ白色

エゴイテンタータツリ
伊圭介

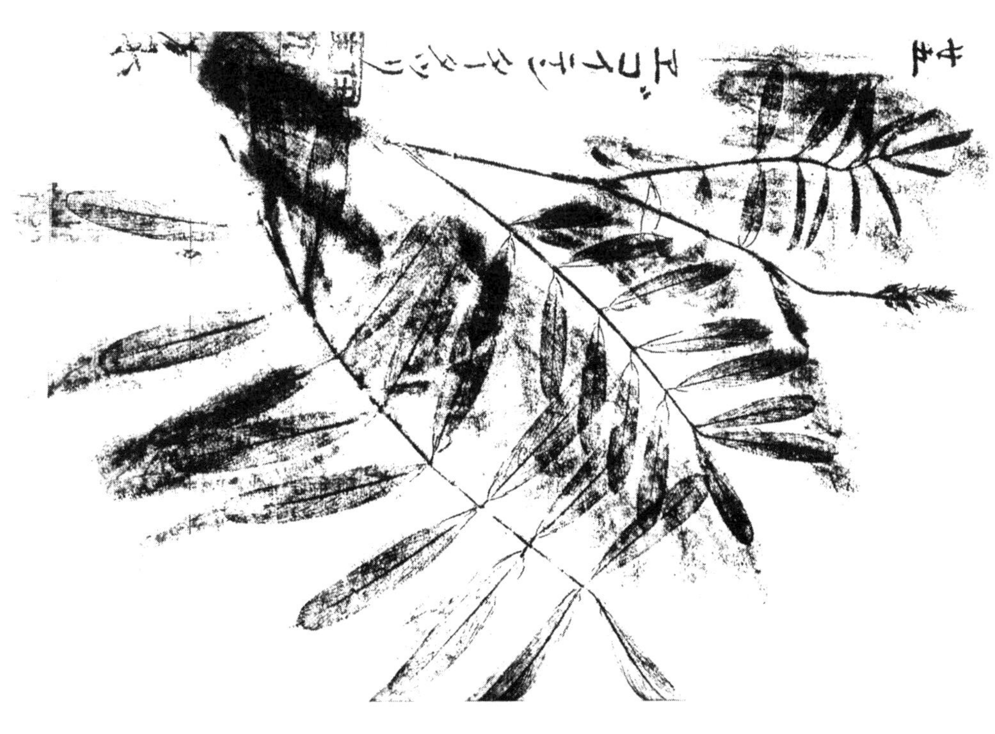

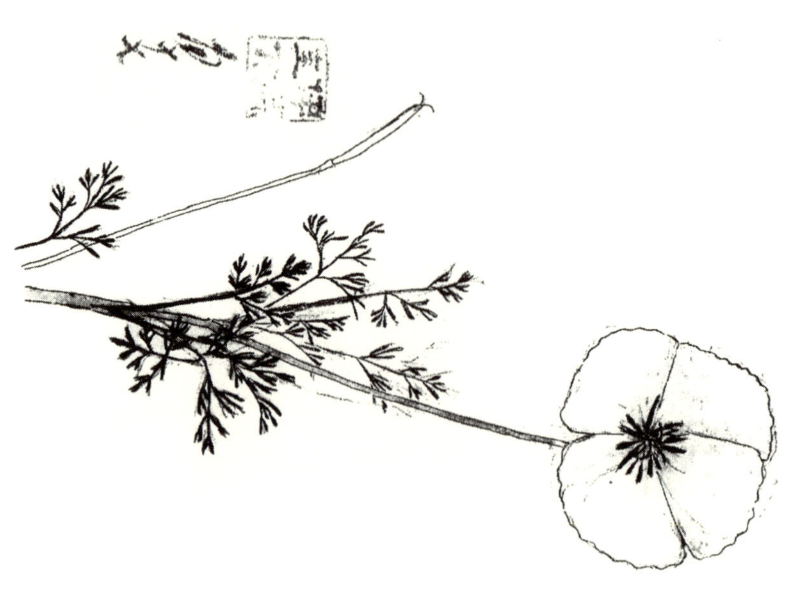

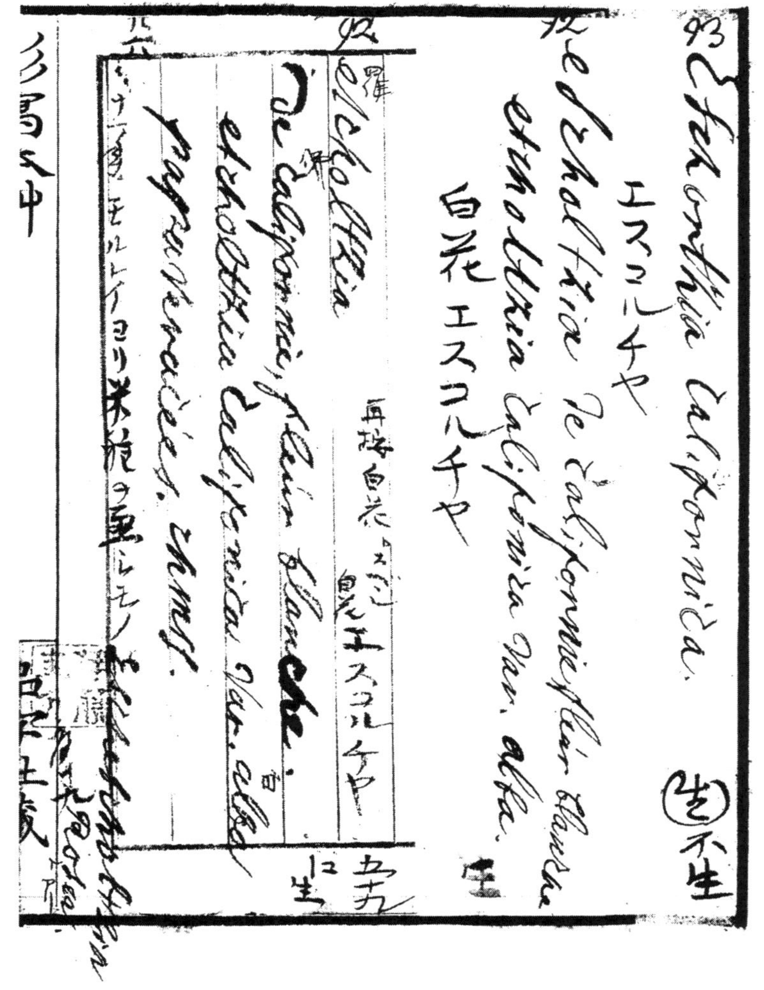
Eschonthia californica.
エスコルチヤ
eschöltzia de californie fleur blanche
eschscholtzia californica var. alba.
白花エスコルチヤ
Eschscholtzia
de californie, fleur blanche.
eschscholtzia californica var. alba
papaveracées. chms.
白花エスコルチヤ

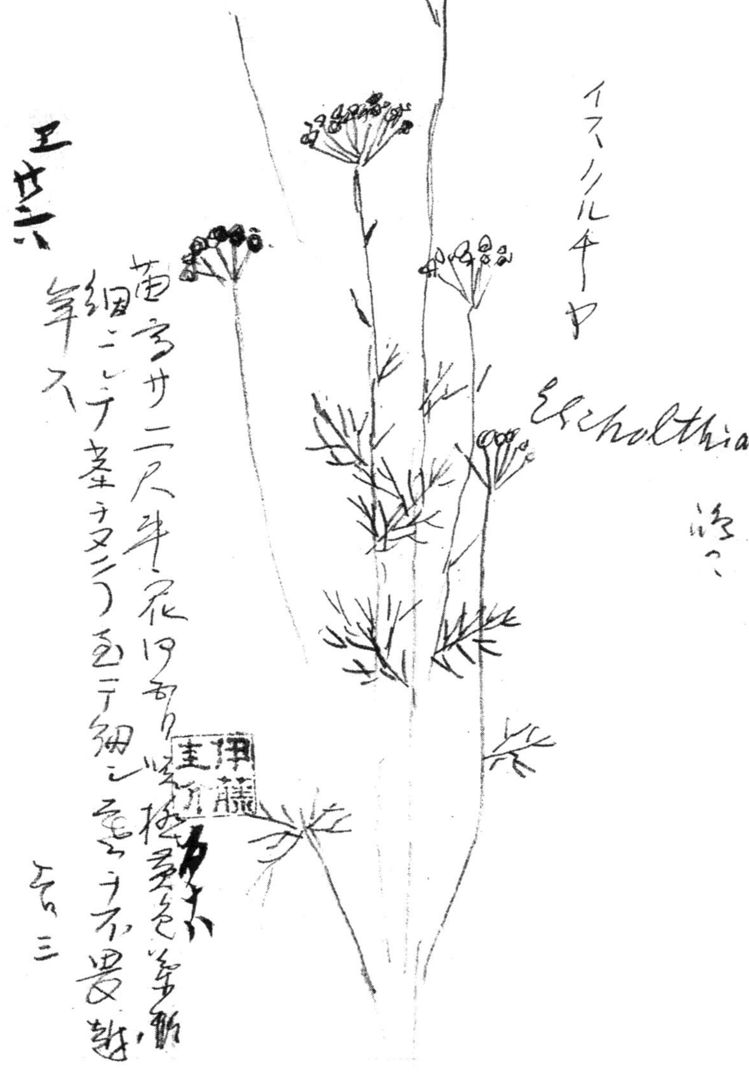
イスノルチーヤ
Escholthia

四千九 | Eschscholtzia 之人千 ミス キ チャ
De californie, fleur blanche. ○
工 廿六 Eschscholtzia californica Var. alba.
papaveraceae. Chams.
冬毛 | Eschscholtzia エスコルチヤ ●
californica 之人千 回
工 廿六

eschscholtzia
californica
十三年三月
1218

[illegible]ヨリ舶来

Eschscholtzia Californica

エスコルチヤ　文久二戌仲夏

春下種生ス一根数葉ヲ出ス[illegible]

[illegible]

エ
廿六

景写本也

Eschscholtzia Californica　茹香　此字倒置也

呂宋所産

Eschscholtzia

Californica

[illegible]　エスコルチヤ

[illegible]

土 193

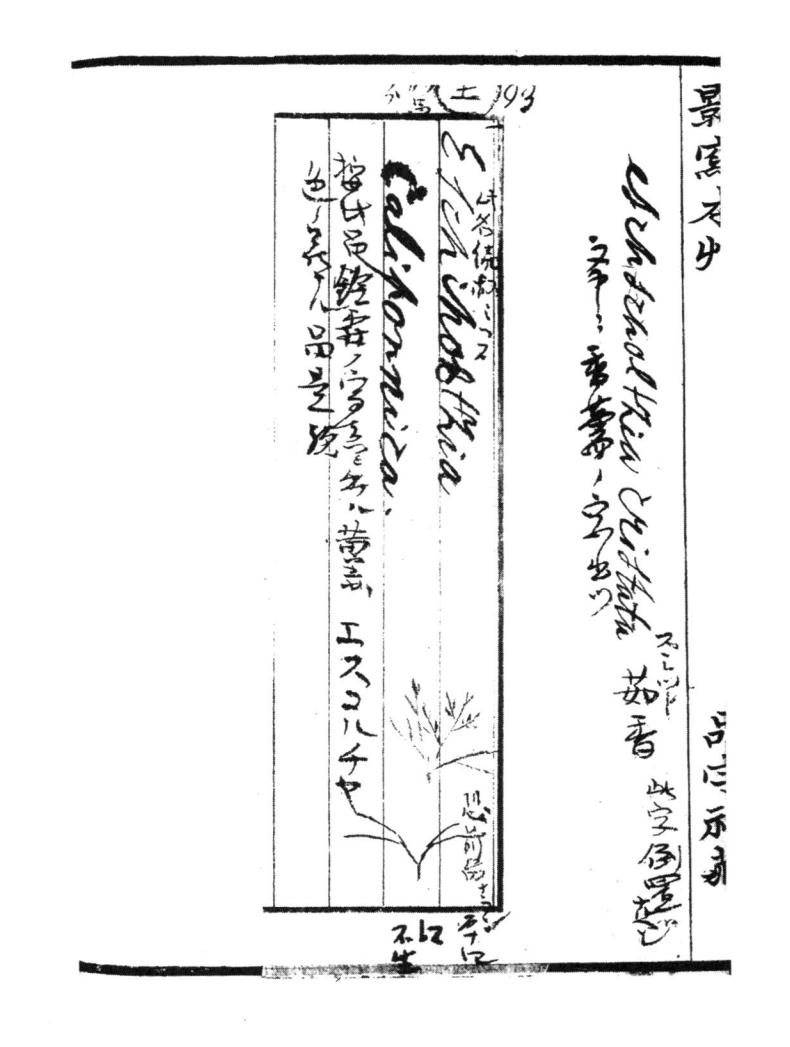

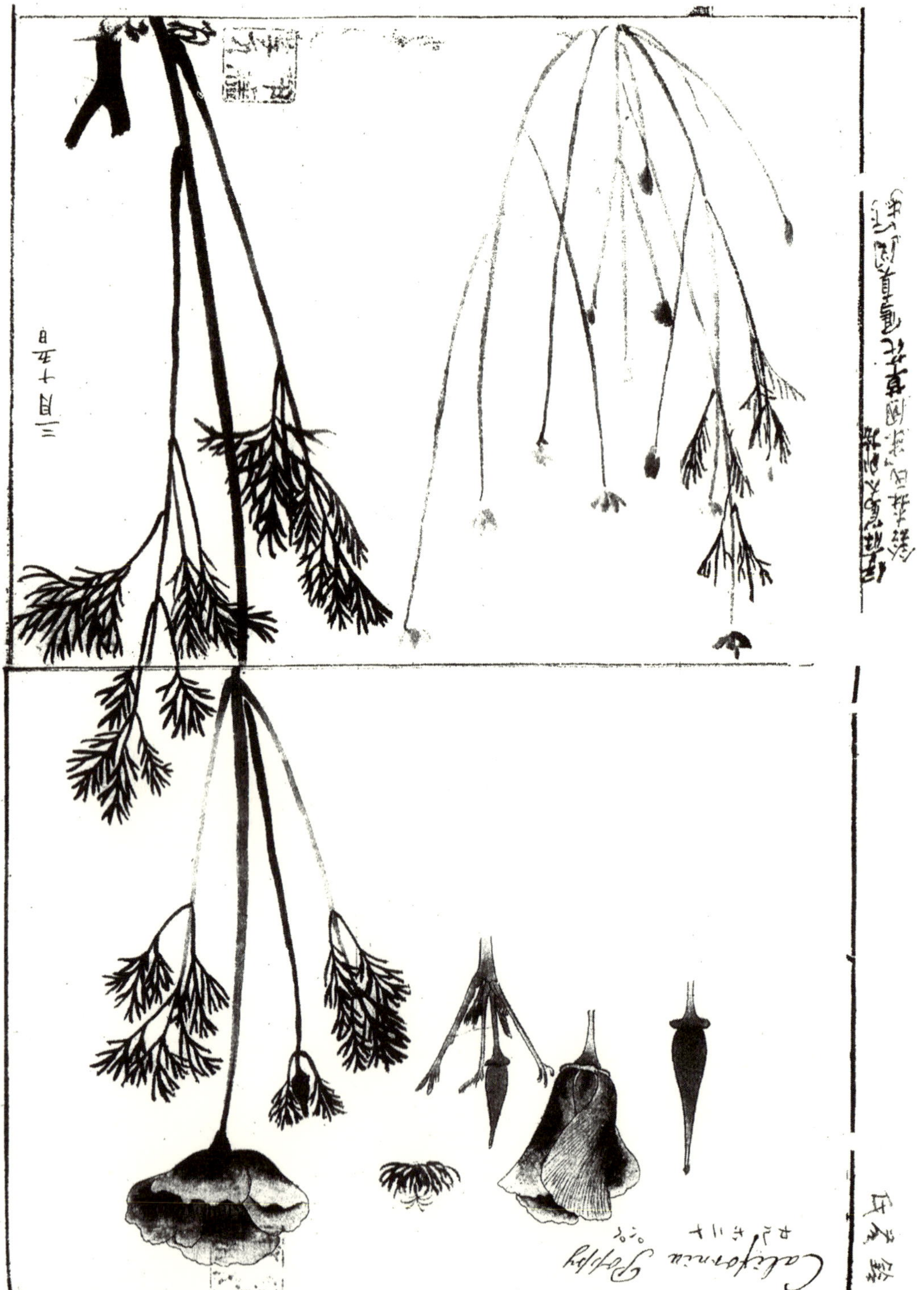
California Poppy
三月十五日

白花エスコルチヤ　文久二戌船移ノ一　○江戸ニモ生ス

Eschscholtzia de californie,
fleur blanche.
Eschscholtzia californica var.
alba papaveracées chmy.

エスコルチヤノ名 従敷

別ニ Eschscholtzia californica ト記
スルモアリ 此品ハ江戸ニモ此地ニ

エスコルチヤ

[illegible]

Eschscholtzie De Californi — eschscholtzia californica. Chryseis californica. — Papavéracées J.

— blanc — alba. 白花

Orangée — crocea. [illegible]

à feuille menue — tenuifolia — jaune pâle J.P.

[illegible]

ハ 品級 カリホルニヤ californica Poppy ポッピー ト訳セリ 田中芳男ノ伊花

（度生スルモノ）高サ一尺五六寸 芍薬ノ（ナルベシ） 絶葉ヒジキノ如ク細カシ 茎葉粉緑色也（中ニアリ生スハ）

香ノ色ノ如ク上ニ四弁ニシテビジンサウノ花ノ如シ 花後実 実リテビジンサウノ如ク

四弁ナラズ 花色白ニシテ淡黄ヲ帯ブ 五六月開ク

94 （生）

㊃ 萬名菫未詳

Eutoca Viscida. 羅甸 此名係假ニ云

仏ニ Eutoque visqueuse なし

工 六七

エウトカ

艸 Eutoca Viscida.

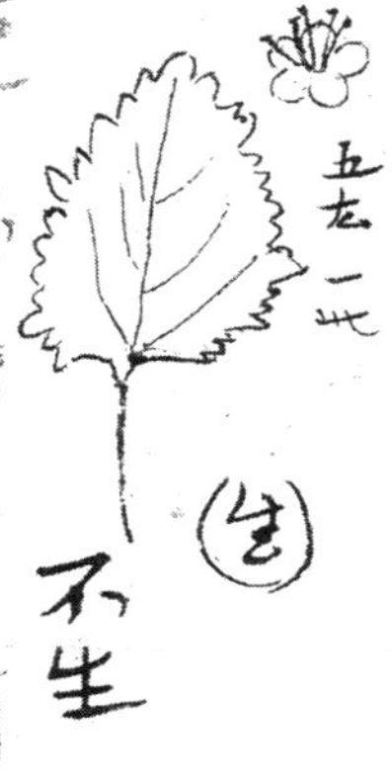

五左一北

（生）

不生

（羊）ニ生ス 枯ル 形状ヲ惜ク 花ニ名ヲ図セ

可惜

工 六七

為 四

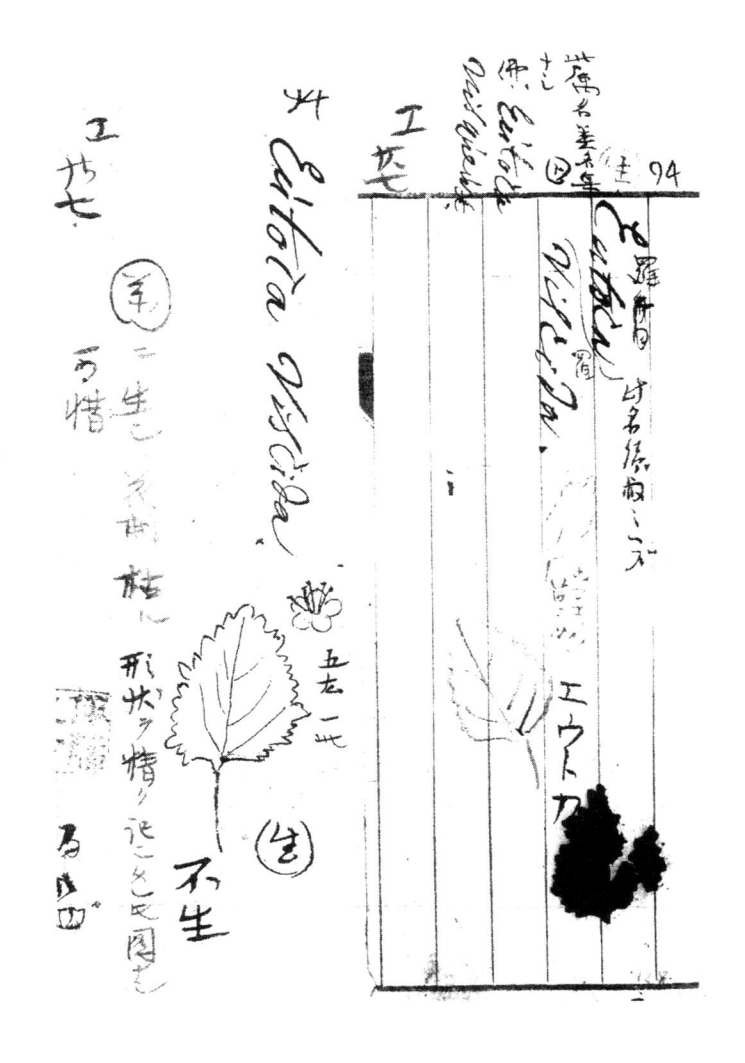

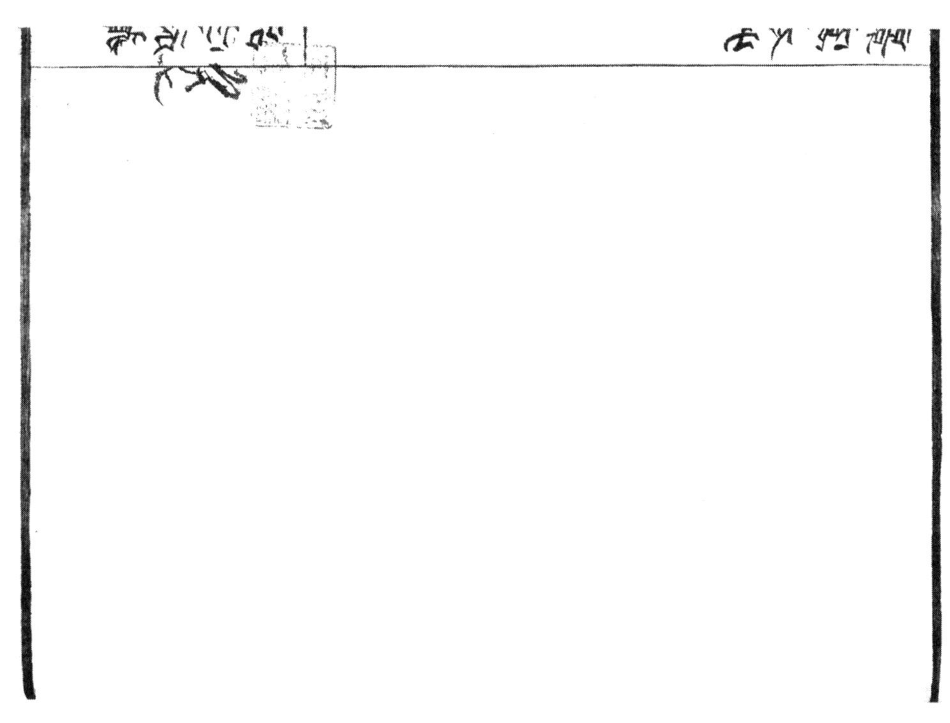

Eutoca viscida 羅

Eutoca Wrangeliana 伊（続叔母名として不） 伊目ノ四十二出 外ニ称スル我人

此属名 義名集ニ无シ Wrangelii（五云ノ名）

伊目ヨリ ニ エウトカ 四種ヲ載ス 其ソニナリ

圓茎微ニ毛茸アリ 葉形ハ心臓様ニシテ鋸歯ナリ

互生シ 茎端ニ小碧花ヲ開

ク 一弁五裂ル リサウ 毛ニテ小シ

蕊五 糸 鬚ナリ 五左 糸紫 葯淡黄 一雌

エウトカ

Eutoca viscida　文久二戌 伊藤

春正播ス 葉ハ荒形ヲ示ス [illegible]ノ鋸歯

アリモ毛茸アリ 略三岐 梢モ互生ス

圓茎モ紫ヲ帯 茎及葉面共ニ毛刺アリ

テ中空 秋蒔シテ次年 葉腋毎ニ [illegible]

茎頂ノ 從茎頂ニ 数蕾アリ 最下ノ花先ヅ開

ク 其花 [illegible] 萼五 五出 [illegible]

萼紫色ニシテ 五瓣 [illegible] 花 [illegible]

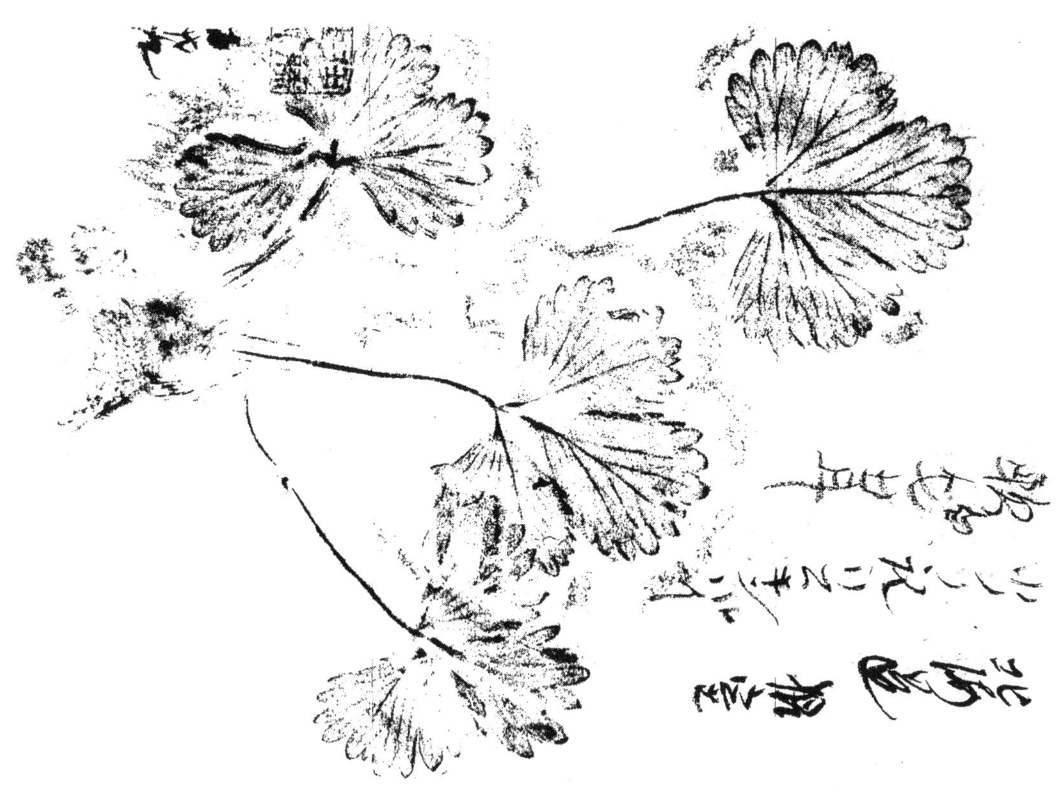

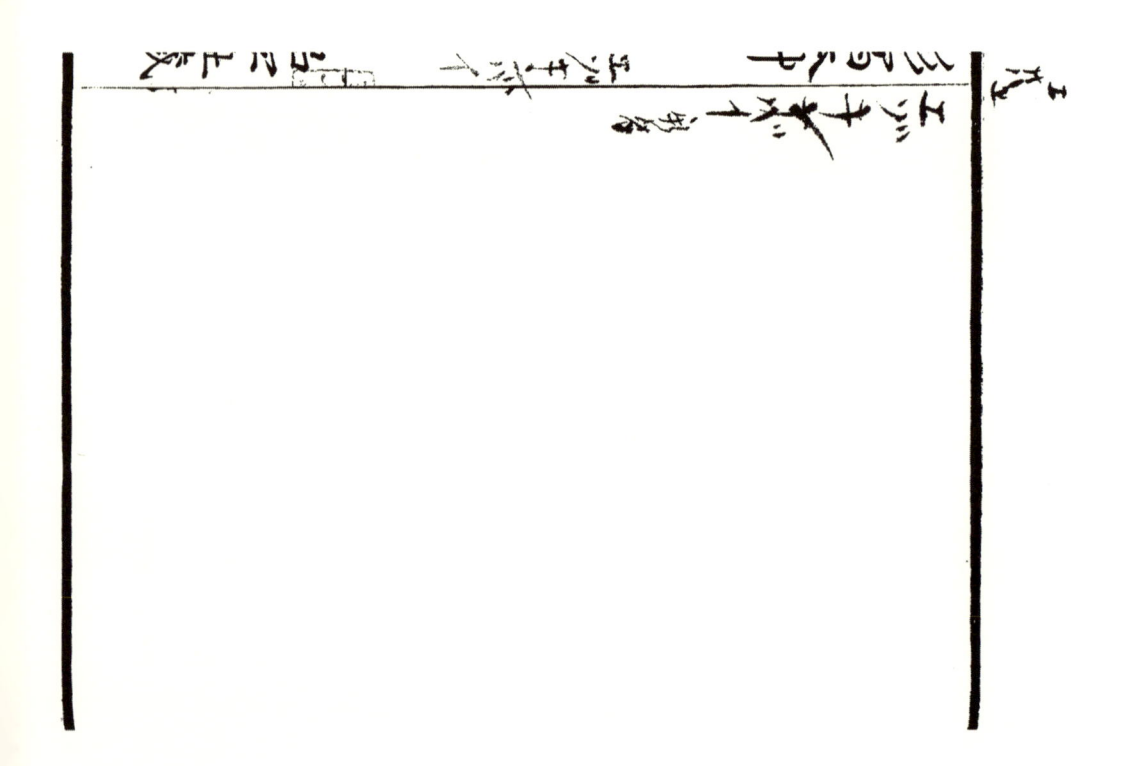

○シブキナ　一名チミヲイ」シコツノ方言ニ「ミヅウキナ」ト云濱防
凡ソ赤「ミヅウキナ」ト云名同シクテ物異ナリ松前及津軽ニ
テコレヲ「アヅニウ」ト呼フ此則夷人専食シテ倭人ハ食サ
ル故ナリ状又差活ノ一種ニシテ甚大ナルモノ之其味
辛味苦ニシテ気臭茎ヲ断ハ白汁ヲ出ス其花大ナル
ハ高サ丈余圍一握ニ充ルアリ夷人或ハ截テ矢筒ニ
作リ又機織ノ具トナス芽ノヘダゝルフ三尺許葉ノ長
サ数尺其根アマニウト匕ニ夷人茎ヲ取テ生ニテ食シ或
ハ皮ヲハキ日ニ干シ貯フ

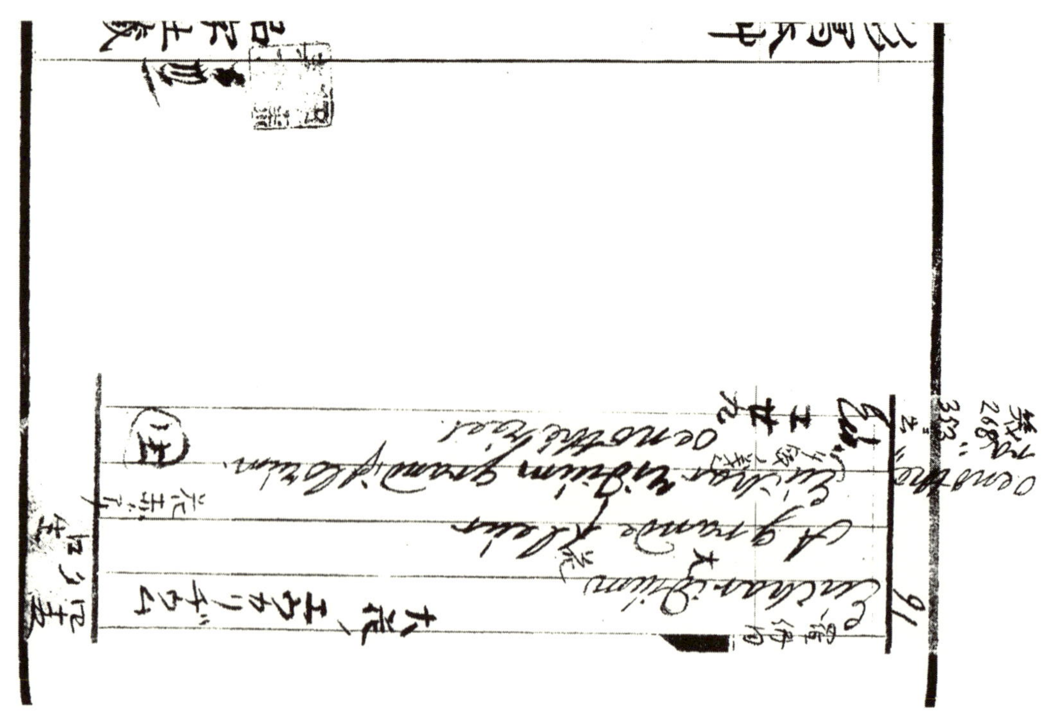

Eucharis Diana Agrande Fleur 伊

Eucharis Diana grandiflorum 羅

一名ハ二成 伊語

エウカリジウム ガランヂフロリユム 楚氏目録ニ [illegible]

春月土苑ヨリ生ズ葉披鍼竹ノ如ク稍[illegible]

互生ス基膳紫色七七寸葉[illegible]長サ一尺許

及ヒ花梗ヲ出ス花ハ紅色四弁三叉ニ左右一正

其ノ別ニ別レ○此花ゴテチヤ及ナニ似テ小輪形

小ヒレナリ雙ノ花形赤ヨリ仏名 茎花少ク[illegible]

[illegible]一年生ニテ[illegible]

第268 353

91

大花ノ エウカリチウム

Eucharis Diana 羅

Agrande Fleur 伊 大 花

Eucharis grandiflorum

Oenothera [illegible]

花赤ノ

写ス中

呂宋土産

- 20742 -

草花圖譜巻之十四

山草類十四

及已

擇耳細辛

紫花雪ワリサウ

裏紅サウ

槲葉草

圓葉鬼督郵

楓葉鬼督郵

紫斑鬼督郵

草茶蘭

白花雪ワリサウ

唐緋雪ワリサウ

鬼督郵

圓葉槲葉草

桐葉鬼督郵

杲羸葉鬼督郵

紫背ハグマ

禎祥草

サジノサ

烏頭葉ノサ

兜児傘

大傘サウ

蚤加葉ハグマ

楓葉サジノサ

餶樗草

細葉兜児傘

草花圖譜巻之十五

山草類十五

徐長卿

鋒生カモメヅル

別仙蹤

白薇

白幕

石藍

紅花白前

雨點児菜

石下長卿

大葉徐長卿

一種黄花者

春草

肥後白前

白前

草犀

弟切草

金梅　　岩オトギリ
姫ヲトギリ　　釵子股
松蘭　　仙人條
吉利草　　百両金
硃砂根　　紫金牛
大葉平地木　　緬緬柑子
井ノ葉柑子　　拳参
蔓生拳参　　金絲草
大葉金絲草　　淡紅虎耳草
二色金絲草　　青金絲草

草花圖譜巻之二十二

濕草類三

角蒿　　藁蒿
馬先蒿　　馬矢蒿
陰地厥 春　　陰地厥 夏
陰地厥 秋　　陰地厥 冬 白花
蔓生陰地厥　　蔓生陰地厥 勢州朝明郡産
牡蒿　　野艾蒿
九牛草　　茺蔚 野天麻
茺蔚　　鏨菜

薇銜

呉風草

無心草

圓葉張良草

巖富貴

徐州夏枯草

夏枯草

夏枯草 白花

井ロチサ

ツルロコ草

草花圖說卷之二十五

濕草類六

飛廉

白飛廉

唐飛廉

續斷

南草

一種 黄花

苧麻

山苧

一種

一種

一種

紫苧

一種

苘麻

黄麻子

田麻 一種

大青　胡盧巴

馬藺　馬藺和產

草花圖譜巻之

隰草類十六

蓋草　蒺蔾

穀星草　流星草

文星草　海金砂

地楊梅

水楊梅　鋻心水楊梅

地蜈蚣　半邊蓮

紫花地丁　大輪紫花地丁

白花地丁　正白地丁

畢紅地丁　　　間道地丁

長葉地丁　　　山地丁

葵地丁　　　　大葉葵地丁

立地丁

龜甲菫　　　　紫背龜甲

圓葉菫

圓葉正白

圓葉立菫

圓葉黄花

圓葉黄花菫

エビニンジン　信州筑摩郡　草

色形圖ノ如ク高三尺程葉長二寸巾一寸二分程春生テ秋ハニンジン

ニ似タル花実有(圖略之)

中國譜志　八

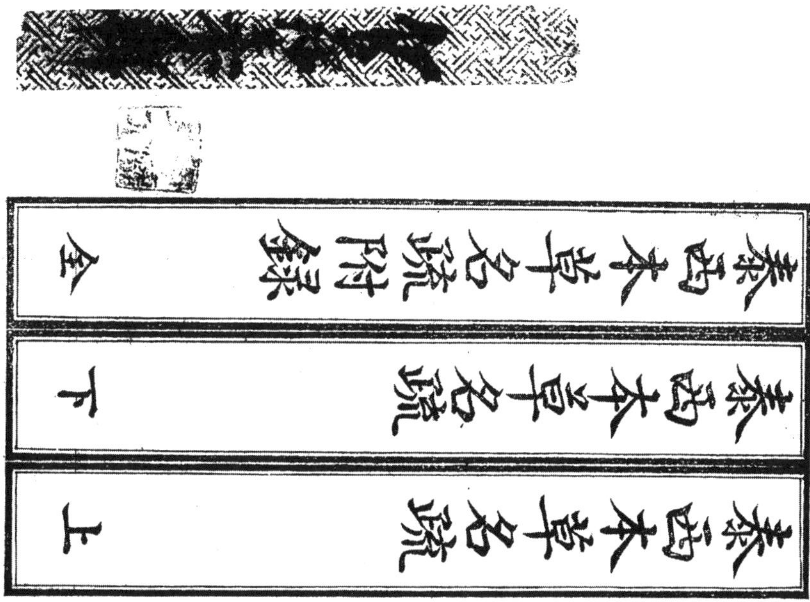

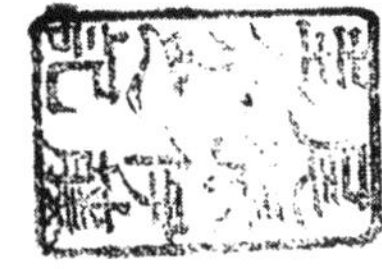

文政十二年己丑十月刻成

尾張　錦窠伊藤先生撰

泰西本草名疏

花繞書屋蔵板

[illegible]堂發兌

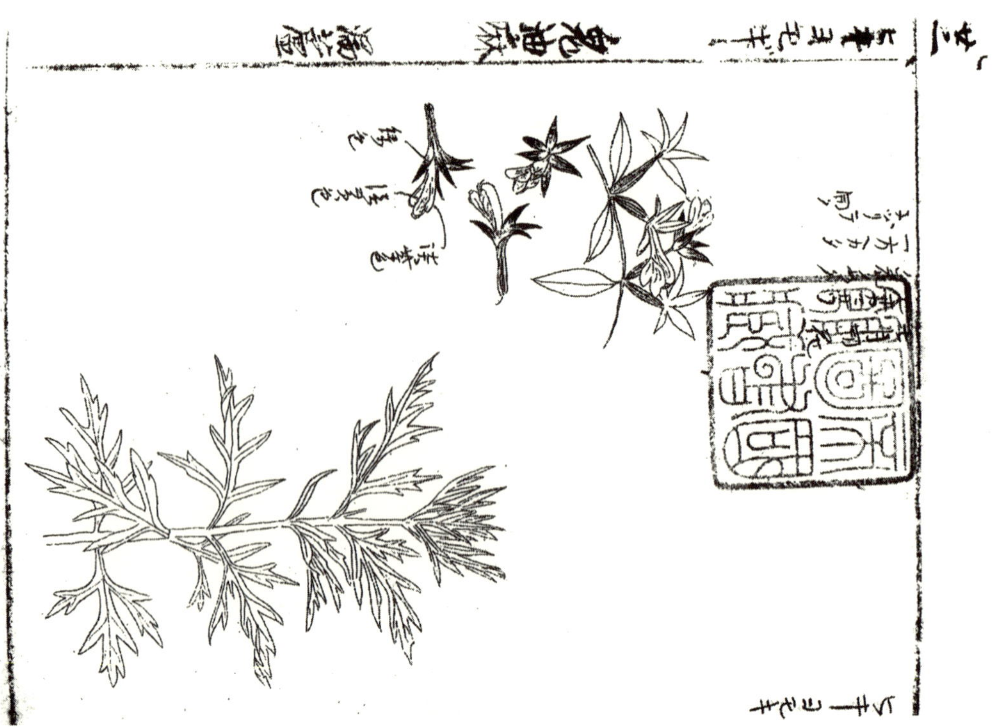

ヒキヨモギ

ヨモギモドキ

茨蒿

鬼油麻 釈名

陰行草

ヒキヨモギ

鬼油麻

ヒキヨモギ

Siphonostegia chinensis

ヒキヨモギ

妙

圭介之印

○ヒキヨモギ

ヨモギモドキ

茨蒿 漏芦集解恭ノ説　鬼油麻釈名　真漏芦時珍説

山中向陽ノ地ニ生 高一二尺 葉艾葉ニ似テ小ク花岐多ク毛茸アリ茎緑色ニシテ微紫ヲ帯ブ 両対ノ密也 七月頃梢葉間ゴトニ花ヲ開ク 花ハマサウ花ニ似テ黄色一方ニカタチテレ花下ニ細房アリ長五六分瓶円ニシテ竪ニ敷稜アリテ胡麻房ニ似タリ 故ニ鬼油ノ名アリ 写志径ニ似油ノ房トス 房内小子多 微細ナリ 八月ニ至リ苗枯黒クナルナリ

象草ニ異ナリ

動植草ニハヒキヨモギヲハコトス

牧野朝録 陰行草 生山谷入口 日傷山敷青ヨリ西也

本名ヒ川根ノ上

ヒキヨモギ 鬼油麻 又茨蒿

陰行草 ヒキヨモギクロクサ

漏蘆 此蒿

一　漏蘆

此草異國ニテモ飛廉ノ釋名ヲモ漏蘆ト申候間混雑
仕取交遣ヒ申候ニ本草ニモ相見ヘ申候然共本草ニ
草別漏蘆　沂州漏蘆　秦州漏蘆　海州漏蘆　如此
五種其形状少宛異ニシテ一類之物ニ御座候此菜往古採
菜使本朝ニテ山城　摂津　若狭　伊豫　四ケ国ヨリ取出シ
候儀延喜式ニ相見ヘ申候得共是ハ飛廉ヲ漏蘆ト
名付取出シ申候哉も未分候　其子細ハ日本国中共田野
山中ニ夥敷相見ヘ申候大薊　小薊　苦芙　飛廉ハ一ケ国ヨリ
も取出シ不申候　是皆漏蘆續断ノ類ニ御座候而續
断ニハ大薊ヲ取出シ漏蘆ニハ飛廉ヲ取出シ候様ニ存候
然処先年此草本草ノ説ニ大躰相叶申候様ニ成ヲ若
狭国中村飛弾國大野ト申所ニ而掘出シ申候本草ニ
ハ相記申候通相見出シ申候ハ悉ク黒ク八[illegible]御座候而
共本草ノ説ニ氣味形状共ニ相叶申候物ニ御座候

あやしくさ　クロクサ　クスクサ　くろくさ 六十六丁
ナヽミクサ　くそくさ 七十一丁

本和上　漏蘆 阿利久佐一 名久呂久佐　延　漏蘆　和 漏蘆一名

野蘭 和名安里久佐一名大古阿利久左 名クロクサ一云野蘭 久曾久佐

〇曽ノ誤カ

アリクサ クロクサ　伊字漏蘆

廿二
ヒキヨモギ
七月開花シホガマサウノ花ノ如ク一方ヘカタ子ツリテヒラク
淡紫色
淡黄色
緑色

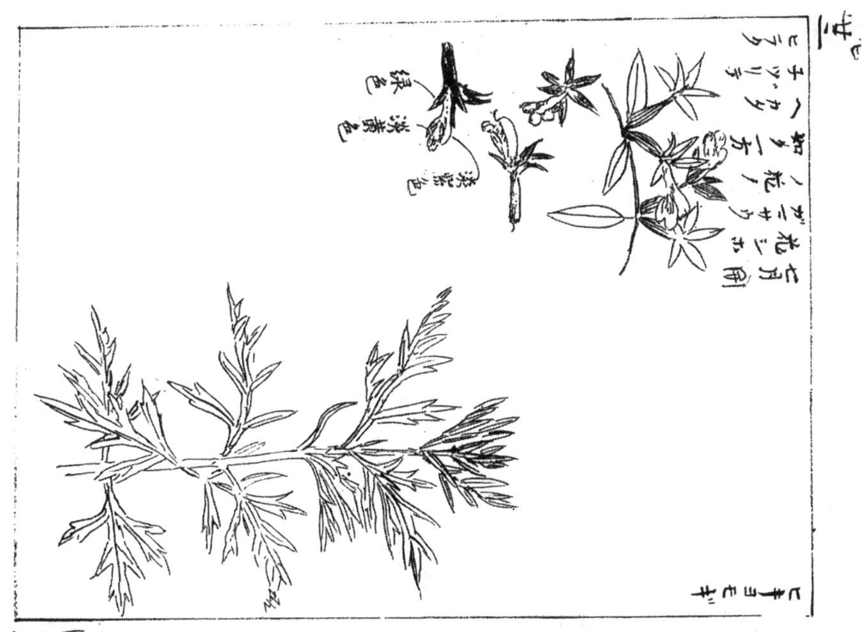

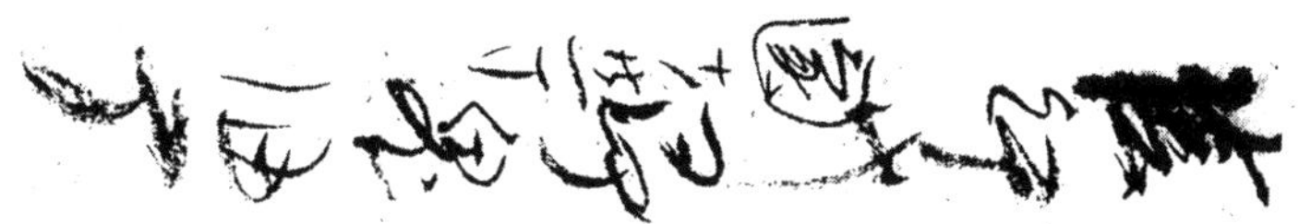

ヒキヨモギ

ヨモギモドキ

茵蒿　毘油麻 叡名　眞ノ漏盧 時珍ノ説

淺山向陽ノ地ニ生ス高サ一二尺葉ハ艾葉ニ似テ小ク花岐多毛茸
アリ黄緑色ニシテ微紫ヲ帯ブ両對シテ密ナリ
七月比梢ノ葉間コトニ花ヲ生ス脣形ノ花ニ似テ黄色花下ニ細
房アリ長五六分形圓ニシテ竪ニ稜アリテ胡麻房ノ如ニシテ小シ
故ニ毘油麻ノ名アリ[illegible]馬志ノ説ニ似油麻房トスルハ之ヲ指
ナリ房内ニ小子多シ腥臭ヨリ小ナリ八月ニ至リ苗枯黒クナル了衆
草ニ異ナリ　　鞭仁本草ニハヒキヨモギヲハハコトス
○攀州明観山　○濃州上麻生コワ谷入口
○同勝山観音ヨリ西ノ也　○木曽與川ノ根ノ上
○三国ニ勢州菰野湯ノ山ヨリ千前芝原ノ内ニモアリ
依別 松代 深山中并武州道灌山ニ[illegible]有リ[illegible]

漏盧

廿二　漏盧

和名クロクサ 本草和名　ヒキヨモギ 本草　アリクサ 藻塩草　ヨモギモドキ

本艸綱目

集解ニ數種アレ氏蘇頌時珍説トコロノ莢蒿又毘油麻ハ
眞ノ漏盧ナリ和産武州鼠山下總小金ニ多シ諸國原野陽
地ニ生ス秋月子ヨリ生ス苗初地ニ搨シ春ニ至リテ薹ヲ起ス
圓莖對生糙澁アリ葉ハ野艾葉ニ似テ小ニシテ紫色ヲ帯ブ秋
月莖高サ三四尺枝ヲ分チテ穂ヲ生ス花黄色ニシテ形脣ノ如ク赤
小豆花ニ似タリ細長ナリ枝幹枯トキハ黒色ニナル根ハ蒿根ノ如シ

後莢ヲ結ブ長サ四五分竪ニ條理アリ胡麻房ニ似テ。

弘景云トコロノ鹿驪根ハ毒草類ニ出ル木黎蘆ニシテ漏盧ニ

廿二

ヒキヨモギ

ひきよもぎ　和名抄に馬洗蒿をもよみ又茵蔯蒿をもよみ新撰
字鏡に菴蘆子をも菴蕳くといふ　和訓栞巻二十一

なくみくさ
字漏蘆　奈ミ美久佐　クロクサ　アリクサ

漏蘆久呂久佐　異名　野蘭　本経　鬼油麻　日華

漏盧
和名クロクサ　本草和名　ヒキヨモギ　アリクサ　本草和名　鹿盤草　ヨモギモドキ

集觧ニ數種アレドモ蘇恭蘇頌時珍説トコロノ莢蒿又鬼油
麻ハ真ノ漏盧ナリ和産武州鼠山下總小金ニ多シ諸國原野

陽地ニ生ス秋月子ヨリ生ス苗初地ニ搨シ春ニ至リ薹ヲ起ス
圓茎對生糙渋アリ葉ハ野艾蒿葉ニ似テ小ニノ紫色ヲ帯ブ秋
月茎高サ三四尺枝ヲ分チテ穂ヲ生ス花黄色ニシテ形唇ノ如ク
赤小豆花ニ似タリ後莢ヲ結ブ長サ四五分堅ニ條理アリテ胡麻
房ニ似テ細長ナリ枝幹枯トモ黒色ニナル根ハ蒿根ノ如シ

非ルナシ蘇恭コレヲ辨ス藏器云如山茱萸樹而有毒殺蟲ト云　ニ
モノス木藜蘆ナリ漏蘆ニ非ス蘇頌云沂州者花葉頗似牡丹

シウメイギク

ト云ハ又備急本草ニ圖アリコレハ和名シウメイギク一名キブネギク
城州貴船山中ニアルユヘ名ツク　トウギク 大和本草　八翔牡丹 長州　漢名一名秋牡丹 秘傳花鏡　秋芍薬　三
日用上ナリ山中石間陰地ニ生ス葉ハ牡丹ニ似テ茎紫黒色微毛ア
リ夏月一二尺ノ茎ヲ抽テ枝ヲ分チ花ヲ開ク単瓣紅蜀ノ
如ク黄心ナリ根黒色味辛辣ナリ秦州ノモノ花似単葉寒
菊紫色ト云モノハ和名ランギク一名春ノフジバカマ 江戸花戸 センチ

シユンギク

シギク一名シユンギク 京　ナツヨメナトモ云　漢名六月菊 救荒本草　長春菊
三才圖會 回々菜 日用上　五月翠菊 花鏡 ナリ秋月苗ヲ苗ヲ生ス雞児腸葉

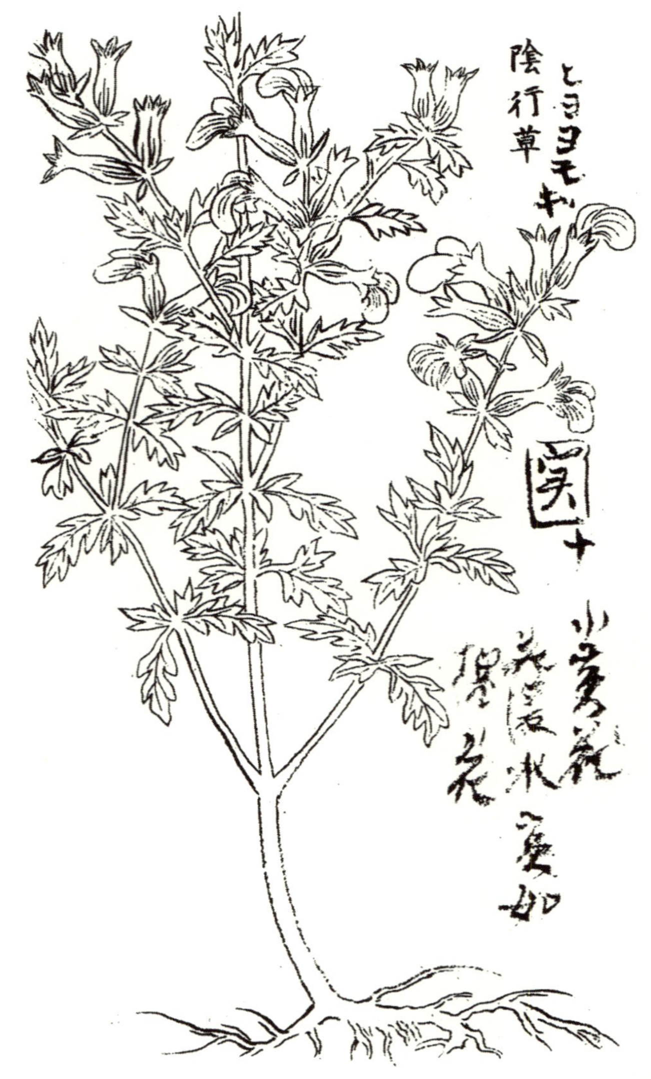

ニ似テ短闊シ五六月茎ヲ抽テ一尺許末ニ花アリ單瓣紫碧
色又白花モアリ形ヨメナニ似テ肥タリ根蒿ノ如クニシテ肥
テ黒褐也海州ノモノ花紫色根旁有白茸根如蔓青而細
ト云ハ白頭翁ナリ山草類ニ見エタリ漢土古ヨリ飛廉一名漏蘆ト云ニ
因テ救荒ノ圖ニモ薊類ノ平江帯ヲ載テ漏蘆トス今舶来ノ
漏蘆ミナヒゴタイノ根ナリコレヲ以テ漏盧トシテ藥用スルハ誤ナリ
集解ニ馬志曰今人以馬薊似苦芙者為漏蘆亦非也トスコレ
ヒゴタイナリヒゴタイハ雞項草サハアザミ葉ニ似テ厚ク背ニ白毛アリ又敗醬葉
ニ似テ邊ニ毛刺アリ秋月高サ三四尺梢ニ三四房ヲ生シ圓ク
シテ栗毬ノ如ク薊類ノ花ニ異レリ瓣ナク紫碧色ナリ故ニ

漏
蘆本草云漏蘆一名野蘭久呂久佐一云阿利久散○千金翼方
證類本草上呂陶注云俗中両根名鹿驪根一蘇注云此藥
俗名莢蒿莖葉似白蒿花黄生莢長似細麻如筋許有
四五瓣七月八月後皆黒異於衆草蒿之類也其鹿驪山
南謂之木藜蘆有毒非漏蘆也陳藏器曰樹生如茱萸
樹高二三尺別本注云漏蘆茎筋大高四五尺子房似油麻房
而小蜀本圖經云葉似角蒿濕地最多六月七月採茎日乾之
黒於衆草下總本有和名二字陶弘景所説鹿驪一名木藜
蘆陳藏器所説者亦是耳今俗呼波奈比利乃岐蘇敬所
説俗名莢蒿閒寶本草蜀本圖經所云皆同沉氏筆談云
今閩中所謂漏蘆茎如油麻高六七尺秋深根[illegible]口枩乃真

漏蘆也亦謂之也今俗呼與毛伎毛土岐按陶所説漏蘆即
本藜蘆不得謂之為久佐則所謂久呂久佐蓋訓藜所説
漏蘆也又圖經所載有四單州者有沂州者有秦州者有海州
者單者大倭本草所謂手江帯沂州者今俗呼貴総菊
或呼秋牡丹或呼秋明菊秦州者即救荒本草六月菊
今俗呼野春菊或單呼春菊海州者即白頭翁又飛廉
亦名漏蘆見別録恐非此所載也李時珍曰屋之西北黑處
謂之漏凡物黑色謂之盧此草秋後即黑異於秋草故
有漏盧之稱小野氏曰一名野蘭蓋謂六月菊然則秦
州漏蘆也　　　　箋注倭名類聚抄

漏盧 ルリヒゴタイト云茎葉枯ルトキハ黒色ニナル秋又舊根ヨリ
葉ヲ生ス葉味苦ク根黒色ニシテ味甘シ朝鮮アザミト呼
モノアリ薊類ニ非ズスコレイミユス羅甸キユルデヂステル荷蘭
ヒゴタイノ一類ナリ葉ハルリヒゴタイニ似テ長大ニ尺バカリ
周リニ刺アリ背ニ白毛アリ夏月茎ヲ抽ルヿ三四尺梢ニ花
ヲ開ク形大ナルヿ二三寸紫花ハ蕊ヲ吐ス形薊花ニ似タリ
根モルリヒゴタイニ似テ肥大ナリ一種ヒゴタイアリ宿根ヨリ生シ
テ嫩葉岐ナク背ニ白毛アリ周リニ毛刺アリ秋月花ヲ開
ク形薊ニ似テ紫色ナリ根岐アリテ黒色ルリヒゴタイト同
ヤマゴボウ 一種ノニトリボウケヌヤマゴボウト云アリ山野ニ宿根ヨリ

ヒ
廿二

生ス葉ハ牛房ニ似テ稍小ニシテ尖稜アリ葉背白綿ノ
如ク秋月一茎直上末ニ花アリ雞頂草ノ形ニ似テ蒂肥大ニ
シテ刺多ク淡紅色ノ花蘂アリ根ノ形ヒコダイト同シ味
苦シ信州ノ土人嫩葉ヲ採菜蔬トス味美ナリト云其外秋
ヒメヒゴタイ
ノタムラサウ一名ヒメヒコタイハ葉モ花モ小ナリ花ハ紫紅
色ニシテ泥胡菜ニ似タリ葉ニ岐多ク又泥胡菜ニ似タリ
松岡氏ハタマホウキヲ以テ舶来ノ單州漏蘆ニ充ルハ不穏タ
マホウキハ根細長ナリ

ヒ廿二 [illegible]

漏盧

釋名　莢蒿　㲃油麻

和名　ヒキヨモギ　ヨモギモドキ

本草綱目巻之十五恭曰此藥俗名莢蒿茎葉似白蒿花黄生
莢長似細麻之莢大如筯許有四五瓣七八月後皆黒異於衆草
蒿之類也

二月賓ヨリ生ス初生ノ白頭翁ノ嫩苗ニ似テ葉細ク亜夫アリテ紫緑色
モ多ミ地ニ敷テ生ス四月中心茎ヲ起シ艾葉ニ似テ瘠細ク長サ一寸五分
濶サ一寸余両緑色皆白緑色ニシテ両葉對生十字状ヲナス六月黄花ヲ
開ク脂麻花ノ状ニ似テ小長サ五分花口四分蕚五出角圓ク長サ六分蒂

漏蘆

和名類聚鈔 巻之二十 草木部 、、、、、

漏蘆 本草云漏蘆一名野蘭 和名久呂久佐 二云安里久佐

本草和名 草上 第七 漏蘆 楊玄操音力魚反 一名野蘭

一名鹿驪根 出陶景注 仁諝音知力反 蘇敬注云是木梨蘆也非漏蘆 一名莢

蒿 出蘇敬注 和名久呂久佐 一名阿利久佐

類聚名義抄 八 草 漏蘆 クロクサ 一云アリクサ 野蘭 クロクサ アリクサ

、、、、

三

醫心方 漏蘆 和名久呂久佐 一名阿利久佐

延喜式 三十七 典薬 諸国進年料雑薬 山城国漏蘆九斤

摂津国漏蘆五斤 近江国漏蘆九斤 若狭国漏蘆

二斤 丹波国漏蘆十三斤 美作国漏蘆六斤

備前国漏蘆七斤 伊豫国漏蘆三斤

○按ニ漏蘆ノ和名、久呂久佐、又安里久佐トアレトモ、ソノ實、何物ヲ指スヤ、今之ヲ詳ニスルヿ能ハズ、又漏蘆モ、先輩ノ説紛々トシテ一定ナラズ、確證ヲ得ズ、姑クヒゴタイヲ以テ、單州漏蘆ニ充ルノ説ニ従フハ、ヒゴタイハ貝原大和本草ニハ、平江帶ト記スル草ナリ」

草花圖譜巻之二十四

十七上ヨリ開テ下ニ至ル高サ八九寸茎茶緑色毛茸多シ花ノ後根葉皆枯ル黒色ニ変ス

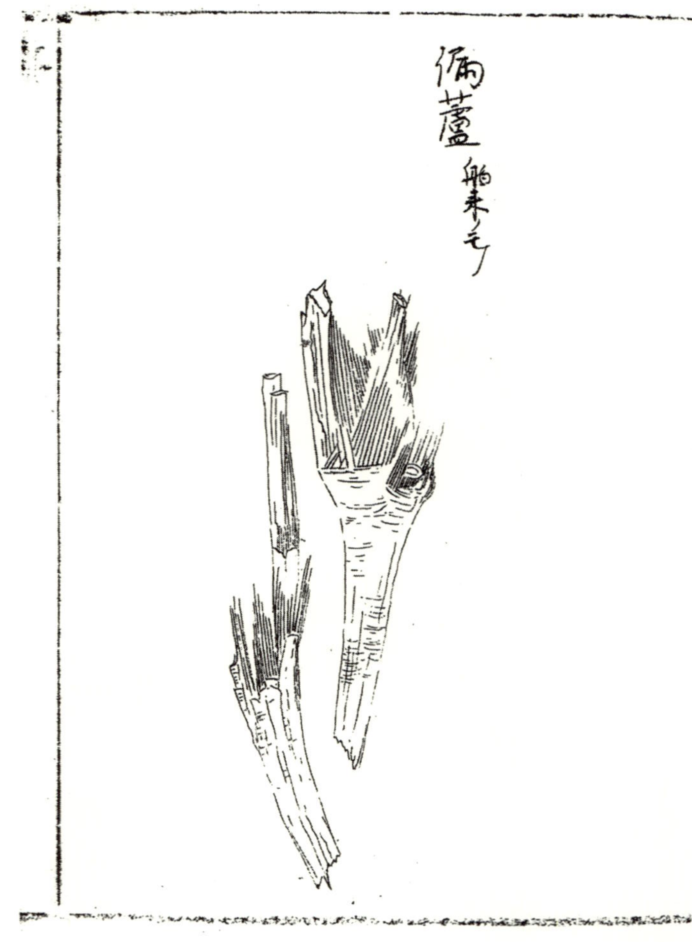
漏蘆
舶来ノモノ

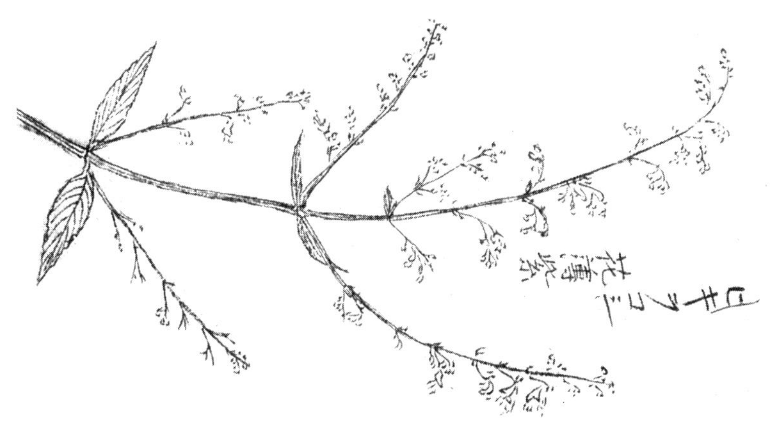

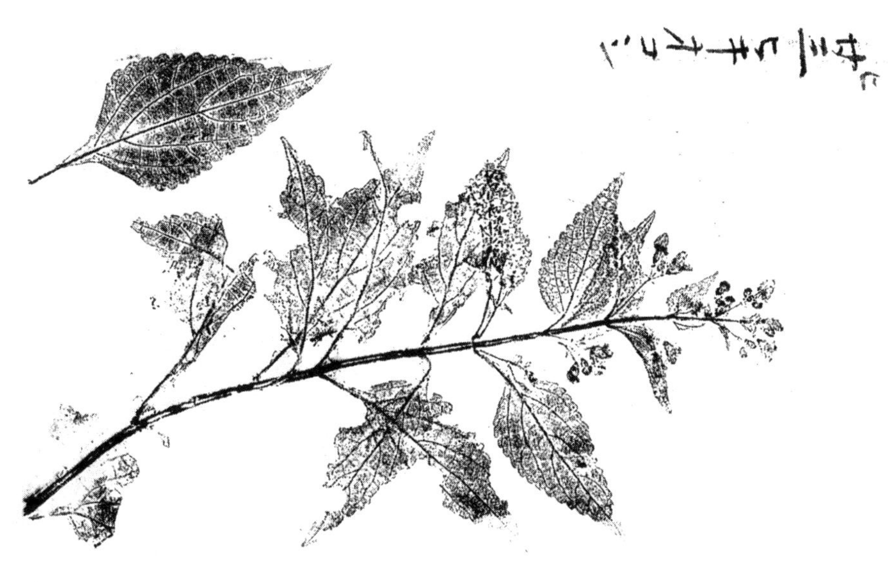

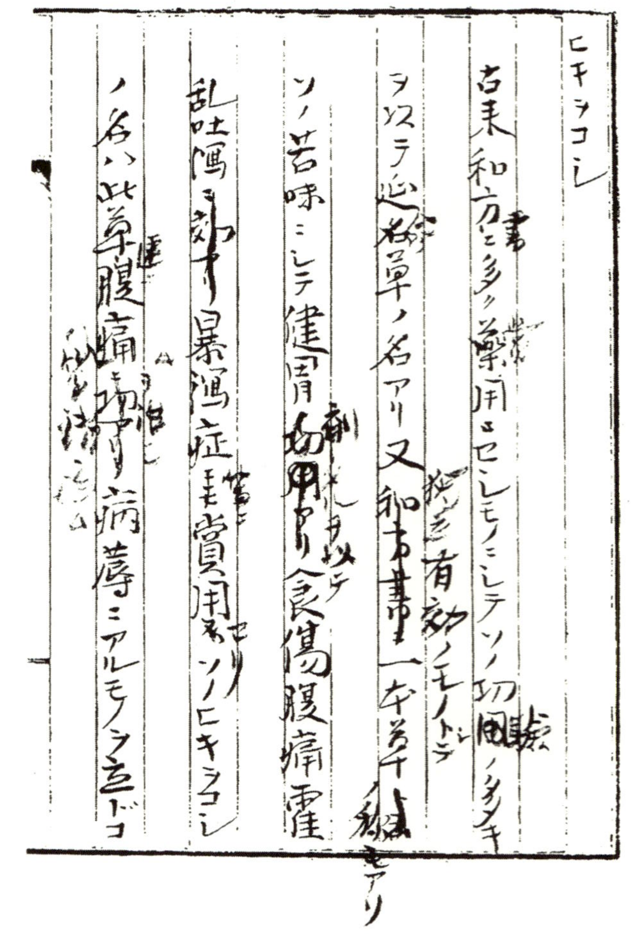

ヒキヲコシ

古来和方ニ多ク薬用ニセシモノニシテソノ功用ノ多キヲ以テ延命草ノ名アリ又和本草ニ一名千槲モアリソノ苦味ニシテ健胃剤ナリ又ハ食傷腹痛霍乱吐瀉ニ効アリ暴瀉症ニ賞用セリソノヒキヲコシノ名ハ此草腹痛ニ効アリ病蓐ニアルモノヲ立ドコ

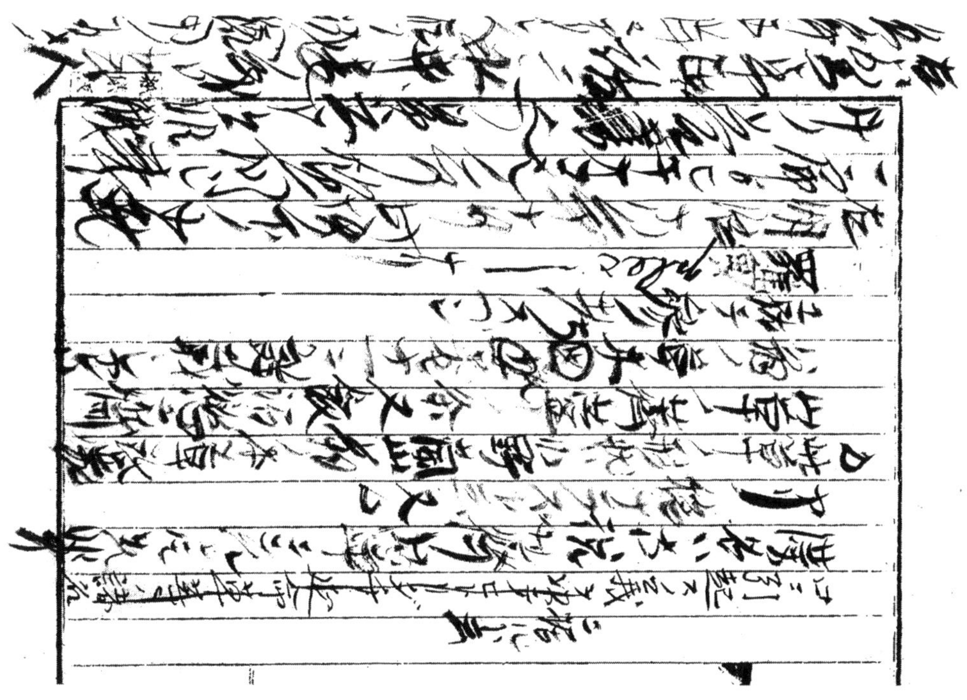

二据ルト云
ロニ引起スノ義ヲ[illegible]延命草等ノ諸名
漢名ハ古ハ[illegible]草ニ[illegible]見ル
アリ[illegible]又ハ
ロ此草ナノ形状ハ野薗山[illegible]ノ本草啓蒙
山草ノ薺苨 余又飯沼慾斎ノ
[illegible]ノ草木図説[illegible]ニ[illegible]
[illegible]ニ[illegible]スハニ
羅[illegible]
左[illegible]
ニ[illegible]
[illegible]
[illegible]

ヒキオコシ 延命草俗 ヱンメイサウ　トーボサウ 和州
ムラダチ 仙臺　ヲロトバ 薩州　ヲロニトバ 阿州
ツリド 土州　ムラダチ 仙臺 若松 析其　同 若ノ浦 肥州 紀州
一本草（イツポンクサ） 和方言　トーボグサ　ヲロトバ 南部
ツリト 土州　ムシヨケノ 尾張　ベンメサウ
ヱガラ 本名 湯本 坂　ヱグサ 本名 萩原　延命草 和多野
ヤニハッカ　ヱメサウ 伊勢 千住　ニガクサ 能登 加田
ヒトリダチ　ヒタチグサ　カニザクサ 同上 別名
ヤニヱゴマ

古説 薺苧ニ充ル説ハ穏ナラズ
山野ニ多シ 春宿根ヨリ叢生ス ソノ苗山ハッカニ似テ葉大ニメ
尖リ色浅ク白毛アリ 寒露ノ比 枝ノ末コトニ花ヲヒラク
枝多ク花モ多クツキ 牡荊花ニ似テ小 色モ似タリ 又葉ナキ
モノアリ 白花モアリ ソノ茎葉甚苦シ 故ニ仙臺ニテ魚オサヘ

雑廿叻

ノ类ニ用ユ蔵器薺薴ハ味辛温ト云ヒ又可為生菜トラフヒ
キオコシハ味苦ク且臭氣アリテ生食スベキモノニアラザレバ薺
薴ニアタリガタシ

國基須知 主治積聚疝瘕婦人血崩血積心痛帯下す昌
小兒痢疾大便閉ニ宜シ
此草腹痛ニ功アル了如神痛テ床ニアルモノ三度用レハ立所ニ
治ス故ニヒキオコシ又ムラタチヒトリタチヒタチグサ延命草
ノ名アリ又牛馬ノ病ニ用ヒテ速効アリ 味苦寒食傷霍乱
霍疾ニ用ヒテ効アリ又書ニ小兒疳瘡ニ香油ニテ和シ傳 虫齒
歯ニモヨシ生ニテ力ニテ食傷霍乱腹痛ヲ治ス
○痢腹痛ニヒキオコシ ○腹蟲ヒキオコシ粉頂服良効ナ
○湯瘡 ヒキオコシ茹イノミリクサ名ホラクイフヘカハコヘ汁ニテ付

色田尾张鷲ノ巣ノ川傍ニ多シ

ひきおこし

林節 延命草 ヒキオコシ 動植名彙

薺薴 ヒキヲコシト訓スベシ本ト山薄荷ト云ハ水蘇ノ
フシ薺薴ニモ山薄荷ノ名アレモ水蘇ノ方ニ名クルガ
佳シ水蘇ハ香アリ薺薴ハ臭アリ此ニ出ス図非シ似薄
荷ト云モ似益母ト云モ非シ此図ニ書クハラシ菊葉シ

廿三

七一 ヒキヲコシ

ヒキヲコシ [illegible]
ムラダチ 仙臺
ヲリド 土州
一本立早（イツポン） 和方書
ヲリト 土州
ヱガラ 木曾福島
ヤマハツカ
ヒトリダチ
ヤマヱゴマ

ヱンメイサウ
ヲロトバ 勢州
ムラダチ [illegible] 濃州 [illegible] 仙臺

二カクサ

ヒキヲコシ

一名 ヤマカヅラ 筑後

ヒキオコシ [illegible]

ヒ性三 [illegible]

ヱンメイサウ　ニガクサ　クモノカタ　ヲロトド　仙ダイハギ
ヲロントド　阿ー　ヲリド　キー　ヱガク　ホソユフ子ハ
一名本草　和方出　ヱンメイサウロ，　ユメサウ　イセナグサ
ヒタチナグサ　ヤマユゴマ　ヒトリダナ
ベンメサウ　トンボサウ　和ー　ムラダチ　仙ダイ　ホソミノ
トンボクサ　ムジヨク　クモノ　カンザクサ　キソ丙の
「ヲセイミユム リユゴシユム」

古説蘄薴ニ充ルハ非ヤ
山野ニ多生春宿根ヨリ叢生苗山ハツカニ似テ葉大ニメ尖リ秋分後（秋ニ向ク）
枝ヲ分チ寒ロノ如枝末ゴトニ花ヲ開荊芥花ニ似テ小ナリ淡紫色又白
花モアリ莖葉甚苦シ故ニ仙臺ニテ虫ヲサヘノ薬ニ用腹痛ニ効アル神

ヒキヲコシ

此幾於古之暴瀉譜

近來有一種暴瀉病夏秋之間大行人一觸之立僵其慘毒兇如虎狼故喚爲虎狼痢或曰此病叔于西藏英國屯兵嬰之多淪喪遂蔓延于三大洋矣蓋我國從古有之名曰大霍亂其行與麻疹同隔二十或五十歲大行而如近世雖有大小之差年々莫無之余嘗謂天生猛獸必先生箘楛天生毒藥必先生参朮凡有此毒必有此備今也天既生此病豈無先生專治之薬乎思惟久之時聞藤堂侯舊封伊賀國有一奇草名曰此幾於古之夏月患霍亂者採取爲末服之立痊乃贈之於吾友滄海岡田君々恵贈一草曰此草名延命草即此幾於古之是也其形状氣味詳見

薺薴

和産詳ナラズ ヒキシコシニ充ル古説ハ穏ナラズ
ヒキラコシハ一名エンメイサウ トンボサウ和州
ムラタチ仙臺 シロトド豫州 シロントド阿州 シリド
土州 山野ニ多シ春宿根ヨリ叢生スソノ苗甚タ
ヤニハッカニ似タリ 葉ハヤニハッカニ比スレバ稍長
クメ尖リ色淺クメ白毛アリ秋枝ノ末ゴトニ花ヲ開
クヤニハッカヨリ後レ八九月ニ開ク穗ハヤニハツカ
ヨリ長大ニシテ枝多シ花ハ形トクシテ色淺ク牡
荊花ノ形色ニ似タリ又紫花ナルモノアリ皆ワノ

曰於呂年止々土佐曰於利止仙臺曰年良太知丹波曰仁加久佐山野多生春自宿根叢生其苗似山薄荷而葉稍長色淺青有白毛八九月際枝頭開花其形似牡荊花又有紫色者皆其莖葉甚苦土人採治腹痛仙臺用治小児病或云往昔有人行於山中腹痛垂死者遇異人登山採此草喫之立痊後試之皆驗蓋謂比幾於古之者引起之義謂回生起死也蓋此品貝原篤信大和本草松岡恕庵用藥須知以為薺薴小野蘭山以為物品識名延命草後藤黎春以為山薄荷岩崎灌園以為救荒本草諸葛菜未知孰是

其毒可知之矣因悵又治 挿沙云有烟處即有犀以解烟毒有
瘴處有檳榔以解瘴氣有人面蛇即有白蜈蚣以治蛇有蠱
即有白藥以解蠱天之於人厚矣劉静修曰天生此一世人
而一世事固能辦也嶺南多毒而有金蛇白藥以治毒湖
南多氣而有薑橘茱萸以治氣魚鼈螺蜆治濕氣而生
於水麝香羚羊治石毒而生於山蓋不能有以勝彼之氣則
不能生於其氣之中而物之與是氣生者天固必使有勝
於是氣也猶朱子所謂天將降亂必生弭亂之人以擬其
後以此觀之世固無無用之人固無不可處之世也先賢之論
洵不誣焉故書以告四方濟生之士云

按此幾於古之大和曰止年保佐宇 伊豫曰於呂止々阿波

ノ如又牛馬病ニ用テ速効アリ食傷霍乱ニ癇疾ニ用テ効アリ又霜
ニメ小児髮瘡ニ香油ニテ和シ付虫ニモヨシ生ニテカミ食傷霍乱腹痛
ニヨシ
ヒキヨコし

ひきおこし 又一種ニガクサアリ 熊野物産初志 一
和の古書ニ延命草と見へたり 辛病を治して
命脉を引起すの義なるへし 薄荷の執へすて山薄荷とも
又即與蘇なり 蘇薑も同し 和訓栞巻之二十一

ひきをし

大廿七ヲ 此支袁古之 勤 林節 桂名彙 延命草

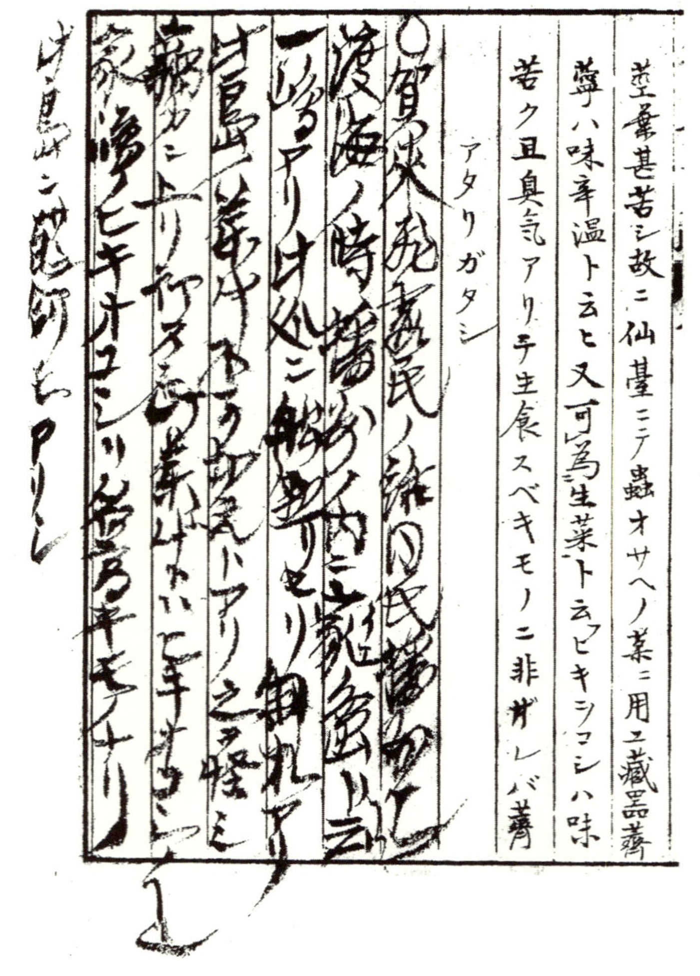

莖葉甚苦シ故ニ仙臺ニテ蟲オサヘノ薬ニ用ユ藏器薺
葶ハ味辛温ト云ヒ又可為生菜ト云フヒキシコシハ味
苦ク且臭氣アリテ生食スベキモノニ非ザレバ薺
アタリガタシ

比支於古之
生諸山近道方莖而三四尺葉闊二寸許長五六寸緑色面深背淺形似蘘荷而多鋸歯對生節々夏月至梢毎葉間或穗開小白花　常陸物産志八下

比支於古之
生原野春末生苗逐日成叢方莖二尺許大者及三尺餘葉闊二寸許長三四寸形似鼈菜而鋸歯細小其葉對生左右亦對生前後五月葉間分歯枝毎枝生小葉莖端枝々多開小白花　常陸物産志十一

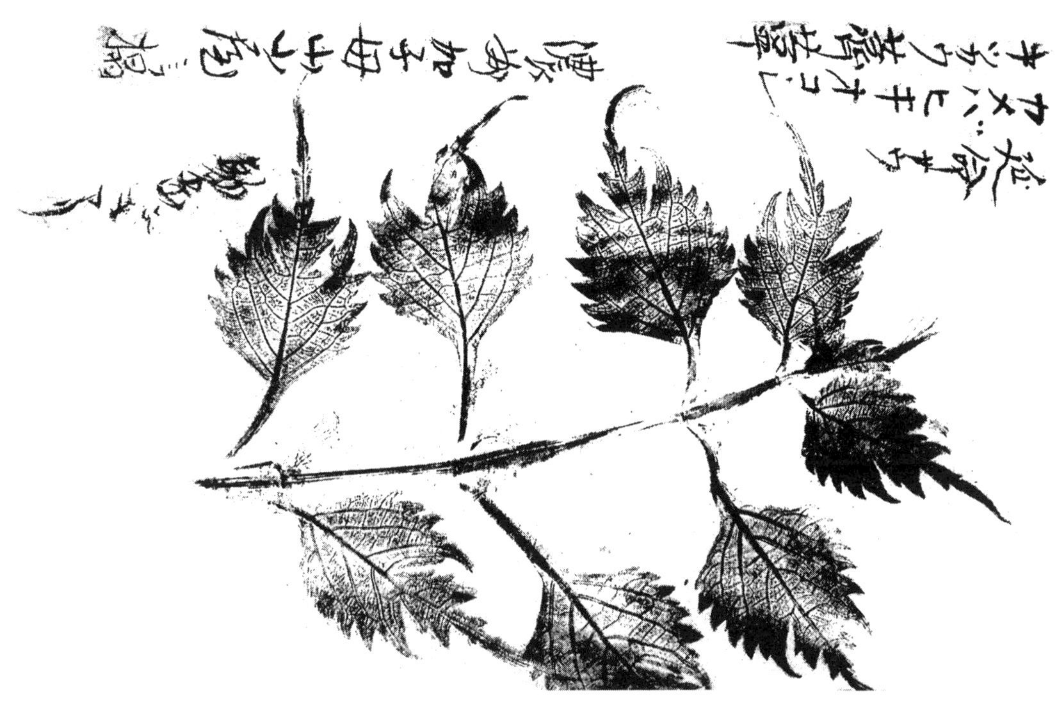

延命サウ
カメバヒキオコシ
キツカウ薺苧草

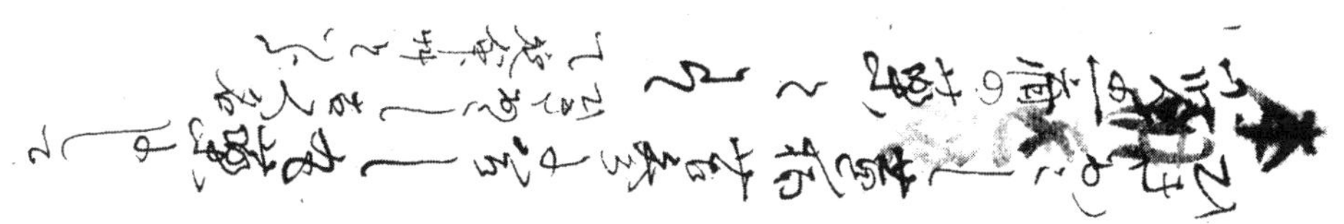

濃州加子母山産ミツ搨

本艸
ひきおこし　薺荷苦参よ宮し亀葉はして
薊無扁の葉ことく
ひきおこし古人名て延命草という

Plectranthus excisus Maxim.

植物名實圖考
薺苧
薺苧
薺苧本草拾遺始著錄今河壖平野多有之形狀如拾遺乃李時珍所述
〔長編〕本草拾遺薺苧味辛溫無毒主冷氣洩痢生食除胸間酢水挼碎傅蟻瘻
按蘇恭言江左名水蘇爲薺苧按水蘇葉有雁齒氣香而辛薺苧葉稍長其上
有毛氣臭亦可爲生菜
本草綱目薺苧處處有之葉似野蘇而稍長有毛氣臭山人茹之味不甚佳
圭文堂刊行

カメバヒキオコシ

ヒロウドセキセウ

「アコリユス　ピユシルリユス」

雁古　浦城縣志

砂ニ植打水ニテ雨ニアラズ

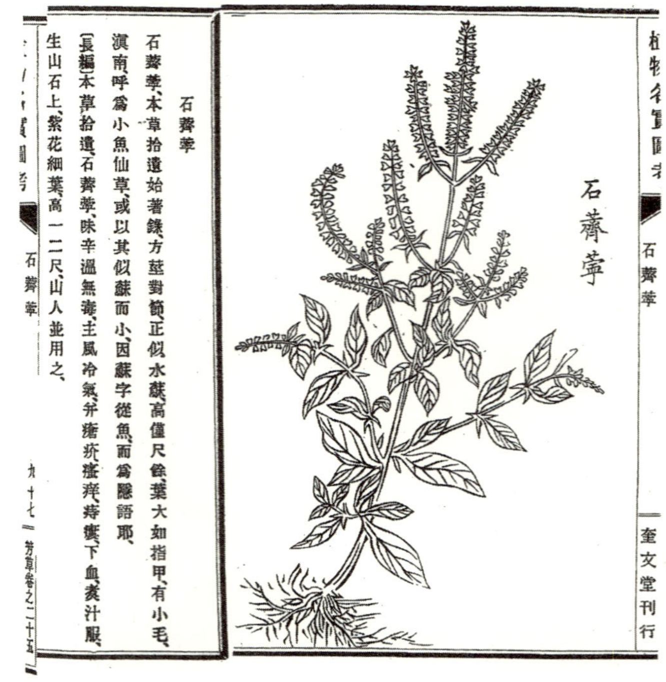
植物名實圖考　石薺薴

石薺薴

奎文堂刊行

石薺薴

石薺薴、本草拾遺始著錄、方莖對節、正似水蘇、高僅尺餘、葉大如指甲、有小毛、滇南呼爲小魚仙草、或以其似蘇而小、因蘇字從魚、而爲隱語耶、

[長編]本草拾遺、石薺薴、味辛溫無毒、主風冷氣、疥瘡瘙痒、痔瘻下血、煮汁服、生山石上、紫花細葉、高一二尺、山人並用之、

九十七　芳草卷之二十五　植物名實圖考　石薺薴

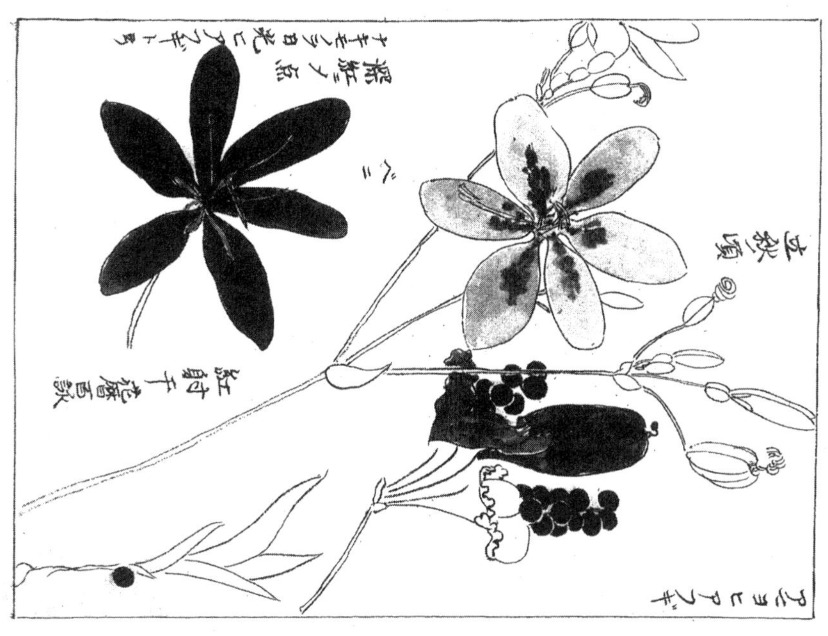
アミヨヒアフギ
ベニ
深紅ニメ点
紅射干花譜百詠

ヒアフギ

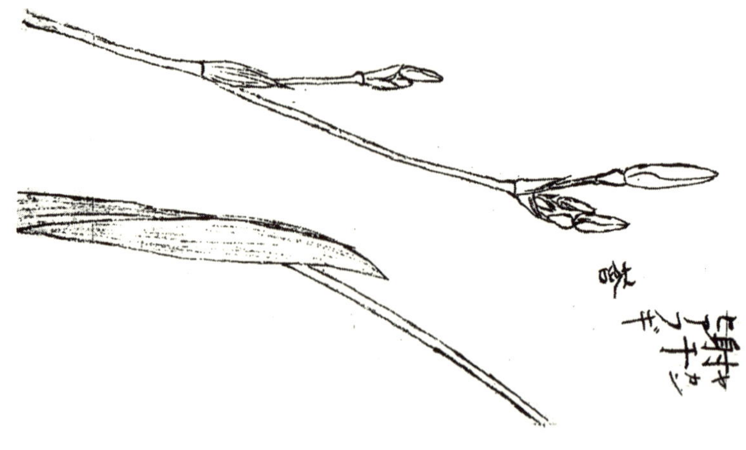
射干
ヤカン
ヒアフギ
略

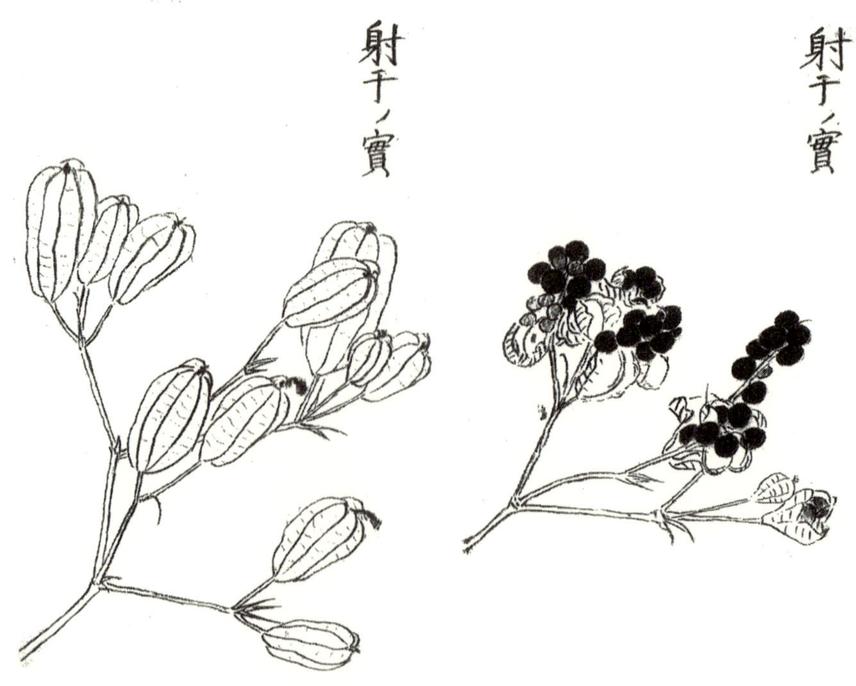
射干ノ實
射干ノ實

扁竹　ヒアフギ

本草謂之射干音夜又名烏扇又名烏翣今俗呼為扁竹春生苗高一二尺大類萱草之類但微有莖葉附莖生扁而横張如翅羽状謂之烏扇烏翣蓋以形似名也夏初其葉中抽幹亦似萱草而強硬六月開花黄紅色瓣上有細紫點秋結實作房中子黒色其根即射干入藥用經云味苦平微温有毒久服令人虚注云治喉痺射干一片含嚥汁差又治小兒疝発時腫痛如刺用生射干汁取下亦可丸服之

昭雨府志　九

射干 ［判読困難］ 八

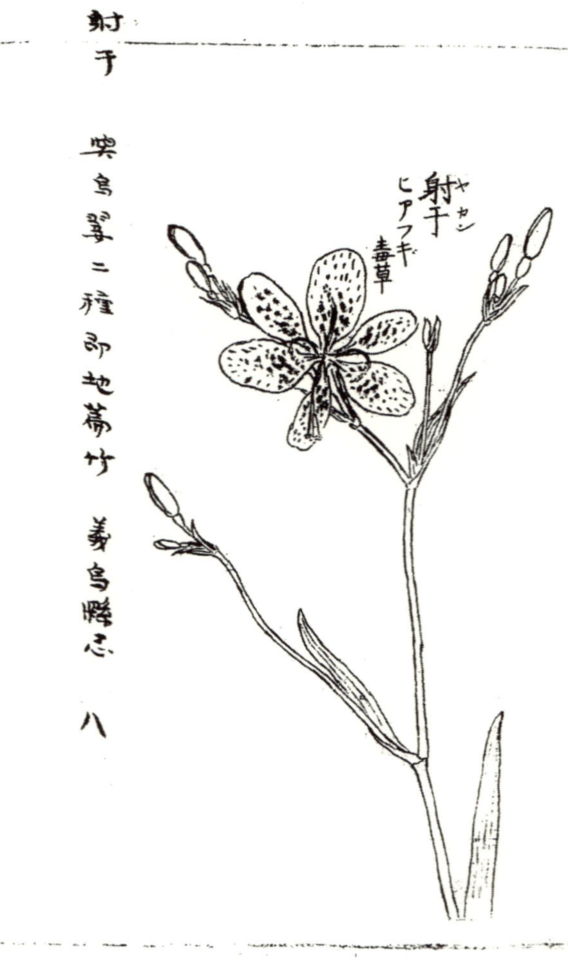

射干 園 ヒアフギ

からすあふき 和名抄 射干一名烏扇 烏ハ黒実によれり 扇ハ葉形によれり

山家集 蓬生ハさる事あれや庭の面にからすあふきのなとちらるらん

此草の実黒玉の如しとて万葉 射干玉と書て ぬはたまと訓せしハ只黒き義をとりて用ゐしのみにて 外ニ心なし

ひあふき 檜扇あり 檜をもて造れり二十五枚といへるあふきの像なるより射干を俗に檜扇といひて似たるをもてなり

紅あふきあり大坂ひあふきだんまんひあふきあり 和訓栞巻ノ二十二 中編

射干 ヒアフギ カラスアフギ コレハイ
チハツノ如ク葉長クソロウテ出ル
夏ノ末ニ別ニデク出ルナリ上ノ方枝
ガワカレテ花カツク六瓣ニシテ黄ニ
アカミアビソレニ紫點ガアリ赤ミ
ノカツタルヲバベニヒアフギト云ナリ
又黄ナモアリセンタイ斑ノシナキモ
ノヲバ上品トスルナリ時珍ノヤツハ
エンビトマジエトクナリ紫蝴蝶ト云
ハエンビノヿナリ一ツニスルハアヤマ
リナリ陶ガセツハシヤガノヿナリコ
レハ花ガ白キナリノ斑點ハアルナリ別
ニ有ト云ワ蝴蝶草ノヿナリ朱丹溪
ノ用ル紫花ノモノハ鳶尾ノヿナリ紅
花者非ト云ハアヤマリナリコレガ射干
ノヿナリ一名秋蝴蝶 花鏡 烏翅 方考
豚詠 悪箭艸 江南新志 地扇竹 鎮江府
志 金匱要略鼈甲煎托烏扇 方考作烏羽

檜扇曲附
[illegible]素目条戸ノ葉ニカケ三日モ過テ竹トリテ其通ニ曲附ナリ切トリテ
ハ曲付キルモノナリ併手ニテ採メル時ハ折ル也故ニ是非糸ニカケ一日或一夜水ニ入置
時曲ツクナリ

養活傳 全

ヒオウギ
射干ハ三[illegible]

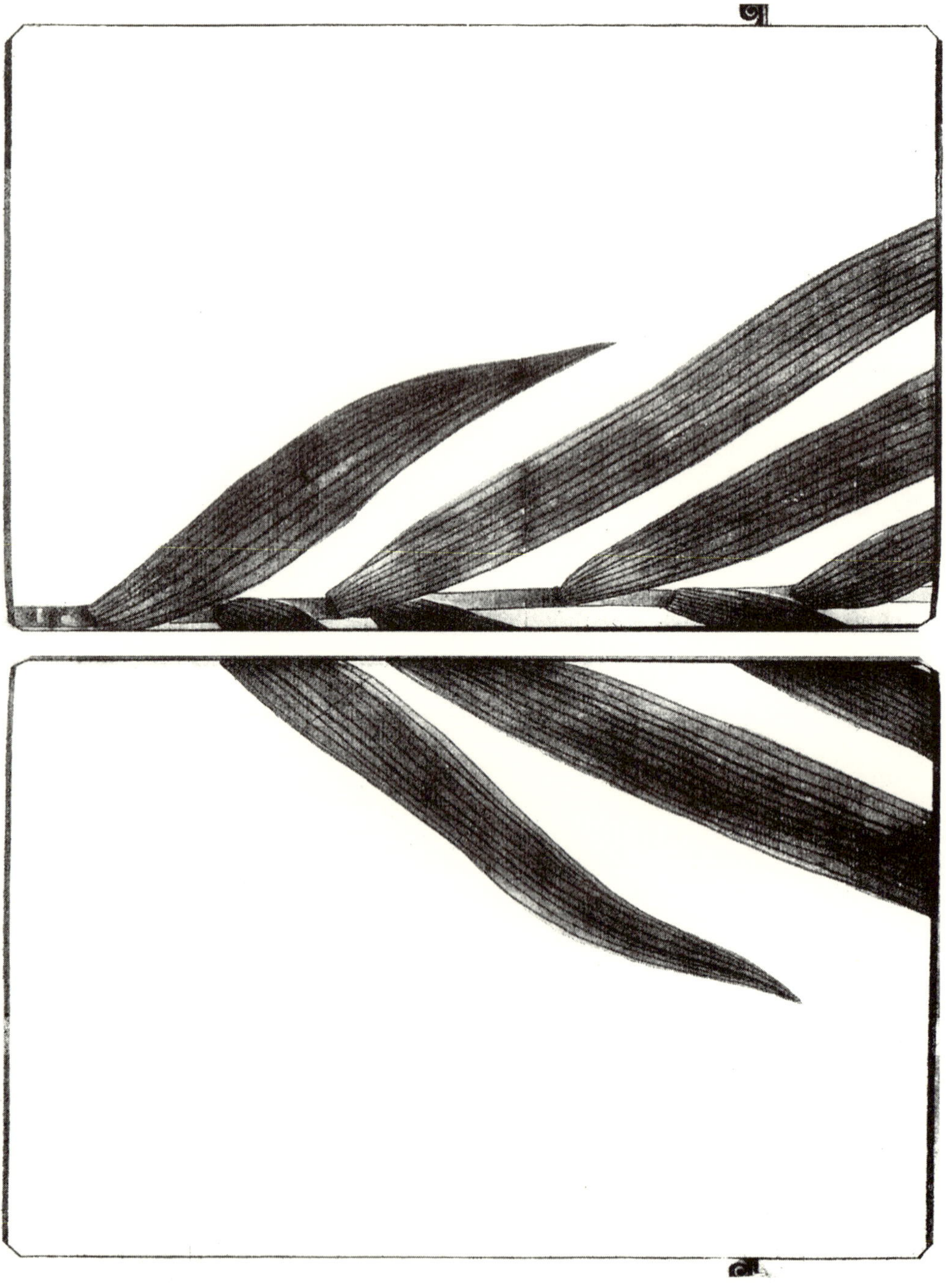

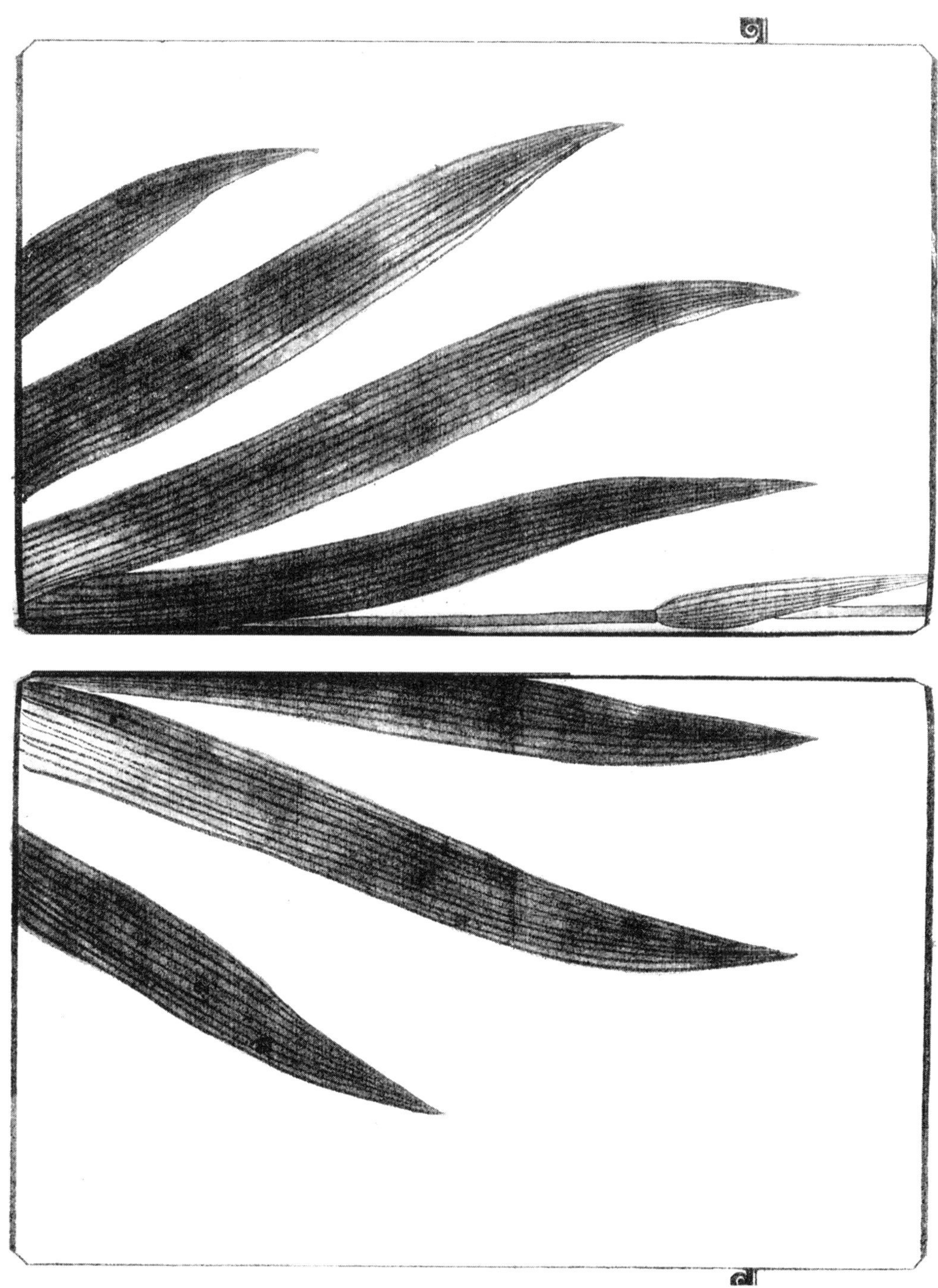

射干

和名類聚鈔 草木部 巻二十 ・・・・

射干 本草云射干一名烏扇 射音夜 和名加良須安布木

本草和名 草十 草下 射干 楊玄操云上音夜下孝寒反 一名烏扇

一名烏蒲 一名烏翣 仁諝音所甲反 一名烏吹

一名草姜 一名鳶尾 葉名也出陶景注 一名鳶頭 根名也出蘇敬注

一名烏喙 出雜要決 一名烏扊 出兼名苑 和名加良須

阿布岐

醫心方一 射干 和名加良須安不岐

色葉字類抄上天 射干 ヤカン 烏扇 カラスアフキ 同 鬼扇 同 作夜干

出雲風土記 出雲郡 諸山野所在草木 云々 夜干

延喜式 典薬 三十七 ・・・・・

諸国進年料雜薬 山城国夜干十五斤 摂津国夜干五斤

伊賀国夜干十斤 伊勢国夜干四十五斤 尾張国夜干卅四斤

駿河国夜干十斤 越前国夜干廿斤 越中国夜干十斤

丹波国夜干十斤 出雲国夜干二斤 備後国夜干廿一斤

石見国射干一斤 安藝国夜干三斤 周防国夜干卅斤八両

紀伊国夜干一斤九両 讃岐国夜干十五斤

古語拾遺　昔在神代大地主神營田之日以牛宍食田人于時御歳神之子至於其田唾饗而還以状告父御歳神發怒以蝗放其田苗葉忽枯損似篠竹於是大地主神令片巫（志止々鳥）肱巫（今俗竈輪及米占也）占求其由御歳神答曰實吾意也宜以麻柄作桛之乃以其葉掃之以天押草押之以烏扇扇之

○按ニ射干ハ加良須安木ハ今普通ヒアフギト呼ブ山中自生多ク又人家ニモ栽テ花ヲ賞ス　ハコボシ木曽　ハマナゲサ同　ムマノハ又ケ等ノ方言アリ　此草變種多シソノ種亦一ナラズ

○按ニ加良須阿布岐ハ今ノ普路ニテヒアフギト呼ブ　シノ草形扁並列ニシテ檜扇ノ形ニ似タルヲ以テナリ

ノ漢名ノ一名烏翎ハ義譯ニシテ、烏ノ翅ヲ張
リタル姿ナルヲ云ヒ、烏翎ノ名出ヒナリ。烏ノ字ハ
和名カラスムギ、カラスノ[illegible]ニシトハ[illegible]ノ如ク別ノ意味
アルニ非ザルナリ。又[illegible]ノ異名モアリ。ソノ實色
黑キ[illegible]烏[illegible]ナル考ニシテ、[illegible]カズ、
但射干ト書テ、ヌハタマノ和訓アルハ、ヨク[illegible]
實ニ因ルカルベシ。總テ和漢ノ義ニ就テハ、釋[illegible]
注意スベキナリ」

加行

○からすあふき　コヤスクサ、カラスアフキ　コヤスクスリ　射干

本和上四十一　射干　加良須阿布岐　大五十八　古也須久差　一名加良寸阿布比

大廿三　廿二　射干　加良須阿布岐　和射干一名烏扇　加良須安布木

藻八四三　射干　からすあふき　和傳

○かしをうふき　又上

○こやすくさ　からすあふひ　参考スへし

本和上四十二　載尾　古也須八久佐　古也須久差一名　加良寸阿布比　和傳　鳶尾　己也須八久佐　伊字日　大五十八

動　一名井

からすとき　動　一名井　カラスアフキ　旧物

からすあふき　大四十七　五十一　和名抄　射干　一名烏扇　鳥ハ黒実ふよれり　扇ハ葉形ふよれり

山家集　蓬生ハさる事あれや庭の面よからすあふきのなと志るらん

此草の実黒玉の如しとて万葉射干玉と書てぬはたまと訓

せしハ只黒き義とう用しのみそ外に心なし

和歌本草提要　巻三

ヒ廿五

射干　爾雅翼曰　莖似蓋薑而狹長排列如翅俗称仙掌能作黄花中有紅點赤斑蝴蝶　津浦縣志　巻四

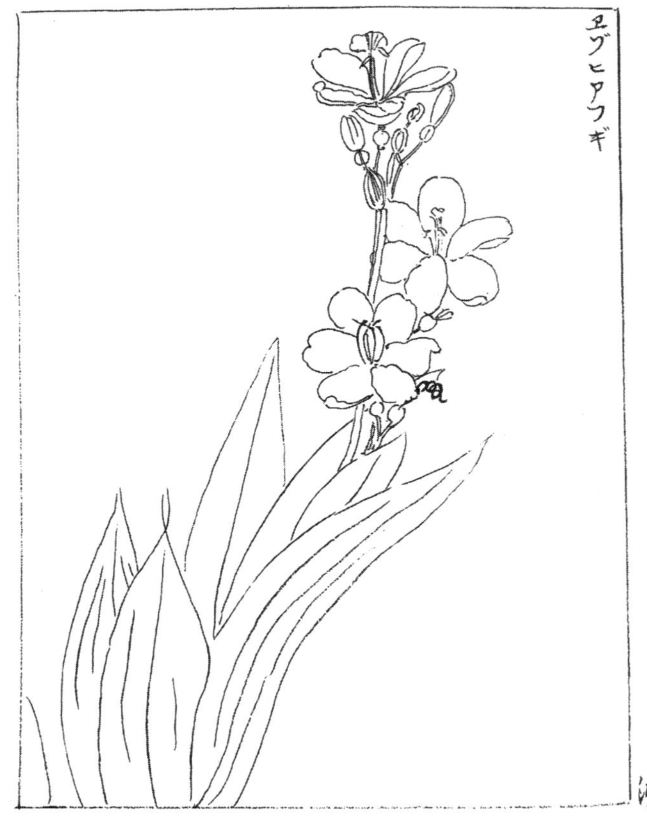

射干 日扇

自然生九州ニ多シ花ニ紅赤黄褐黄ノ品アリ其黄色ナル者ハ斑点ナク苗小ニシテ可愛又矮（ヒキ）日扇ト称ル者アリ花茎短ニシテ葉ニ均シ本草ニ白花者ト云ハ蝴蝶花ナリ又紫花者ト云ハ鳶（イチ）尾（ハツ）ナリ本草彙言ニ其非ヲ辨ス

擘 チムフル日本本草中ノ部

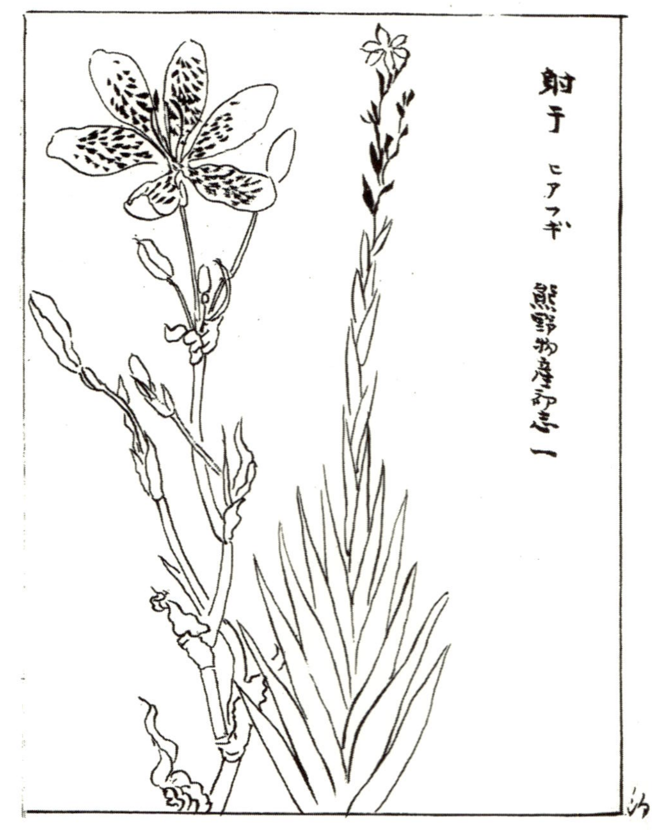
射干
ヒアフギ
熊野物産初志 一

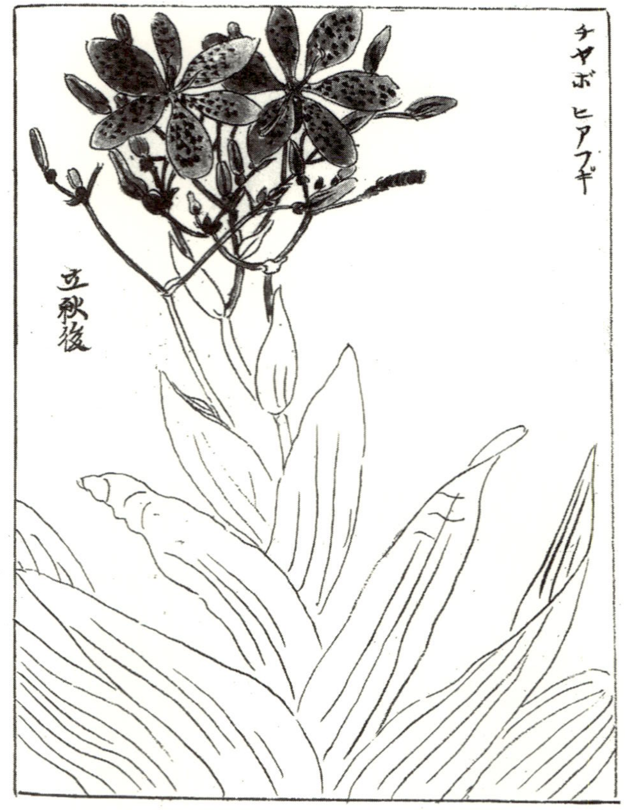
チヤボ ヒアフギ
立秋後

射干

射干本經下品蜀本草花黃實黑者是陳藏器謂秋生紅花赤點按此草北地謂之馬蝍花江南亦多六月開花形状如蜀本草拾遺以其點赤誤認為紅花耳其根如竹而扁俗亦呼扁竹

雩婁農曰荀子云西方有木焉名曰射干莖長四寸生於高山之上而臨百仞之淵其莖非能長也所立者然也嗚呼以彼徑寸莖蔭此百尺條此之謂矣不材之木托根得地斧斤瘠痍之不及陰陽雨露之所偏而琪花玉樹或蕪沒於叢莽而無人知吾烏知其所以然哉乃長言以詩之曰擣青曾之淑朗兮

九七七

謂誕言其必公何陽材也於巔突兮陰敷茅蕁而蒙茸櫟連蜷以依社兮五柞何為而冠乎離宮門驕驕其忽有菁兮屋沉沉而蔓乎瓦松茗華施柏而旎兮葛藟樛以隆崇嵩老椿其不可宥兮蕭斧乃獨赦夫檍榕鶚既據夫泮之沃若兮鼠又室乎堂之美樅掩菌桂而充蕭艾兮吾烏知鴆媒之所從追虞舜於大麓兮別風淮雨而不蒙神判隨而底績兮抱榦栝柏惟吾尚乎雲中𦊆懼枕菁於有夏兮景山丸丸斲度而奏功柞棫佩於昆夷兮椓化梓而姬隆羸無道而兀蜀山兮靈訶怒而揖五大夫之封武圍四海於上林兮柏梁災而更營車蓋雄夫白水兮氣佳

哉而鬱蔥蔥杉葉御颸而抵洛陽兮閲萬里而排九重檜恥搁而淪汨波兮義不辱夫勔黼之闇曹偉貞木其若有知兮趍兮時而莫同萬牛廻首於嶮巇兮豈大材之難庸也歲崢嶸其將宴兮氷霰曖曖而蔽空百卉腓而誰控兮艱哉巍巍萬盤之孤峯翡翁蔚而蟄虎豹兮抗扶踈而犁蛟龍彼苕發而頴豎兮噫乎何以禦風

檜翁草（ヒヨ、キソウ）

射干

本草載一名烏翣春生苗高一二尺葉大類蠻薑而狹長横張疎加翅羽状故名烏翣葉中抽茎似萓草茎而強硬六月開花黄紅色瓣上有細文秋結実作房中子黒色 登按秘傳花鏡名秋蝴蝶是也 琉球土名烏扇[カラスアフギ]

大島土名邊多那岐

白花射干

白花射干江西湖廣多有之二月開花白色有黃點似蝴蝶花而小葉光滑紛披頗似知母亦有誤為知母者結子亦小與胡蝶花共生一處花罷蝴蝶花方開俚醫謂之冷水丹以為行血通關節之藥宋圖經謂紅黃花有赤點者為射干白花者亦其類陶隱居云花白莖長即阮公詩射干臨層城不入藥用皆此草也惟此花二月開黃花者六月開莖葉花實都不甚類俗方主治亦殊似非一種

問 志やかと云ふ草ハ射干と書事正字ニや 志やかハ人の音轉と思ハる 如何ニや

答 いはまき旁称ハ思ハるれとも 俳諧多識編ニてハ元ても遠ひたるものとされて古来称へ来る之 射の音夜 又神夜切因て癍科鍵ニハ麝乾と出せり 本草方ニハ夜干とあり 是和名ひあふぎと云草なり 又やふそあふきしとも云ふなり 漢名にも烏扇の名あり 和漢同名也 志やがハ漢名蝴蝶草 蝴蝶花と云ものも是なり 射干ハ丹花也 志やがハ白花紫黒斑ありて大ひに異なり 今俳人たまたま蝴蝶花の文字を用ゆるものあり 通用さへなきハ正字なきで用ゆ須し 又鳶尾と書人あれと誤なり 鳶尾ハ和名いちはつといふ草なり

五

一名烏扇葉ハ鳶尾ノ如ニシテ硬ク
直立ノ扁生也秋茎ヲ抽ク二三尺
枝ヲ分テ六瓣ノ紅黄花ヲ開花中
星点アリ花后實ヲ結黒クシテ
光澤アリ梧桐子ノ如
四方ヒアフキ樺色ニシテ花瓣多ク
草立ヒキクノ葉方生ス
拂子ヒアフキ　葉烏扇ノ如ニシテ
内ヘカヽヘテ生ス四月中旬開花
淡紫色ニシテ花セウブアヤメ等ニ似テ
小リンナリ近年浪華及加州ヨリ
来ル
矮生ヒアフキ一名シカミアフキ
花彙紀聞　草圃蔵
葉ロハク中廣繁密ナリ外ミカミテ
葉ノ着テ疎遠也又黄花アリ間
道ナリ

射干（ヤカン）ノ一種
リジヤルヒアフギ

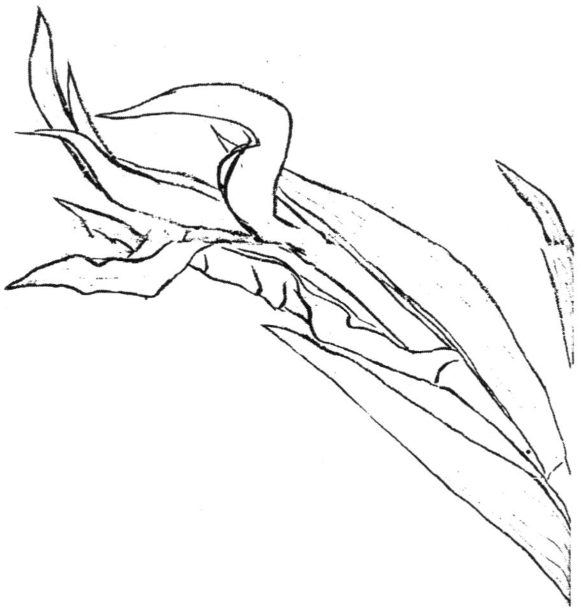

に廿五

射干 一名 カラスアフキ 紙アフキ瓣 諸山中アリ 傳栽濃紅ノ者
カバニノ無星者 黄色無星者 茶紅色ニ端ニザギノ者アリ

Pardanthus chinensis 射干
Iridaceous plants
Pr. Fuzenhs Kur

ぬばたま　眞淵云ぬばたまは［illegible］辞て日本紀私記
に烏扇の実をいふ［illegible］
射干一名烏扇和名からす安布木又云考聲
切韻云豻射干也関中呼為野干語訛也と
然れば万葉に奴ばたまを射干玉と書ぞ正字にて
夜干玉なとを音を借たるぞ　且射干の実て黒き
玉の如くみゆれば黒きにかかる枕詞なれ　我國にて野真玉と
いふなるべし　古へは野をぬといひ眞の清音と婆の濁音と通はしたれば野真玉を奴婆と
いひこれを真玉なるをいひつきたる御なれてあり
いふのみ

久老云東國の方言に黒をぬばといへば奴婆は
奴麻也多麻はその間を云言にて黒き程の歌と
いふもあり　暗きものなれば黒もつけ月にも夢
ともつけたるといへり　尚槻の落葉をみつべし

射干

此挓々支

生諸山近道亦種人家庭前亦似燕子花葉闊一
寸許長丈尺餘一科叢生數葉形如扱扇狀夏月
抽一莖高四五尺互生小葉其莖及分枝于葉間
々開黄赤花其花六瓣而生紫色斑點一日開一
花亦日々開

一種有花深黄者呼黄日扇

一種有花深紅者呼紅日扇

本草綱目集解弘景曰又别有射干相似而花白
莖長似射人之執竿者机曰射干非一種有花白
者此二種説非射干訶蝴蝶花也　書籍物產志八上

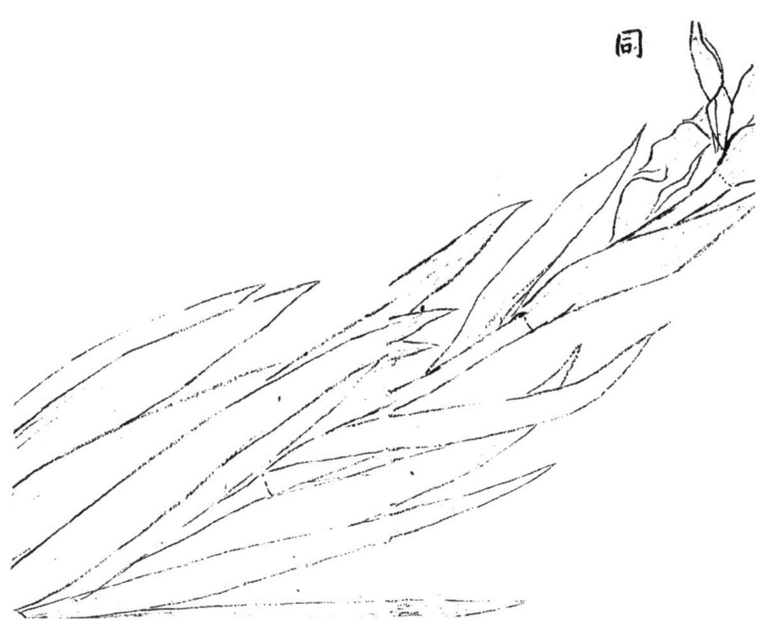

同

金瘡腸出射干末韭汁送下
喉痺射干根末敷之

白花射干 白ク光黄ヽウツリアリ
鳳凰 大立
クワガタ
クジャク
森ノ下 底ノ色濃クカバノ星ナシ葉上ニデック雨夜ト別ナリ雨夜ノチヤボ也
紅カノコヒアフギ 江戸
シカミヒアフギ シドラ
大奴ヒアフギ 地錦抄 シカミカ チヤボカ
河内ヒアフギ 淡黄 チト白ケチウルミ 赤星アリ
バレンヒアフギ シカミノ如ツニメチジレル
筋ヒアフギ
カグ筋ヒアフギ

○ハコボレ　カラスアフキ　カラセ草　ハ栽ナル物
又ナゴミ　カラセウ
夜ハ射干ヨリカラセ草ハ、カラスアフギノ花ヲ以
取ノ又名射干ノ蝴蝶ヨリ食スニ出ス
横ハ叉蘆山モ如リ浴レ木賀山木名ト同シ

ヒアフキ
主治モ千ケ頭ヲ叢　射干ノ条　圖
一種チヤボヒアフギ一名大坂ヒアフギ又ヱビ
アフキ形ヲ又アリ葉短シテ幅廣ク葉ノ末ニ
微ク缺クル又一種ヒアヒアフギ一名クルマヒア
フギ又タチノボリトモ名クルモノアリ葉ノ上ニ面
上ニテ茎葉ニ附テ登リタルカ如ク見ユ又一種四
方ヒアフギト呼フモアリ葉四方ニ展ヒ生ス
又同道ノモノアリホウラウト呼フモアリ葉ノ形モ
周チリ名多又一種ヒアフギアヤメト呼フモノアリ如

加賀ノ産ナリ形容甚ダ射干ノ形ニ似テ花
ハ全ク渓蓀花ノ形ノ色高尺ナリ

扇花　加州産

扇蒲花　シヤクジヤウヒアフギ

アヤメノ一種

ヒアフギアヤメ

三十ウ

麗春艸　ヒナケシ　ビジン艸
花葉罌子粟ニ似テ小草ナリ茎葉
毛多シ花色八重紅白絞リ等アリ
園史曰呉似呼為虞美人艸又御仙
福州満園春ト名ク
罌子粟　ケシ　賽牡丹　八重錦纈花
同洲点翁花譜一名御米　象穀
花千瓣單葉紅白紫数品アリ

麗春草
熊谷氏云美人艸トヒナゲシ
花ゲシナドヽ云
旧聞云シレス罌粟ノルイ
カ美人艸ハナゲシヒナゲシ
ナドヽ云ハ麗春花也トヽ云ヽ

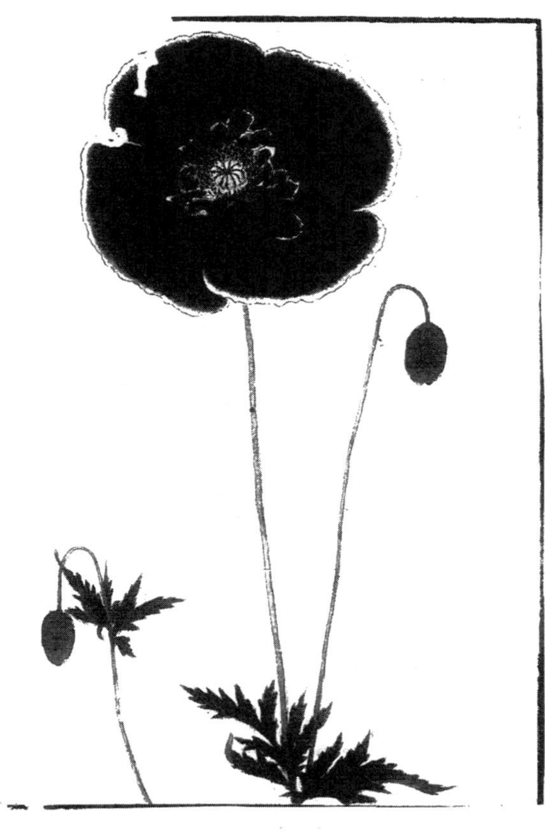

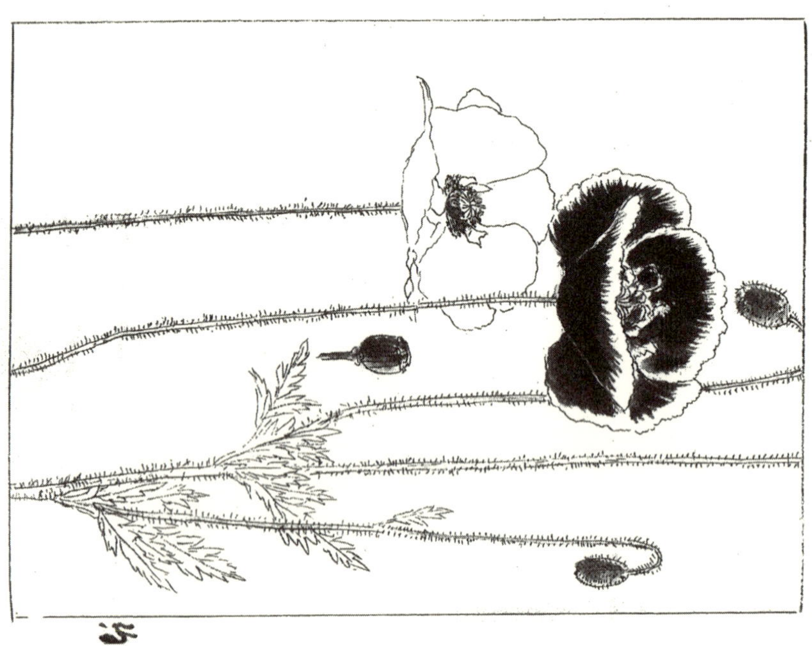

虞美人

色艶罌粟而小四瓣五色叢生可愛　安慶府志　巻五

虞美人 和名ヒ条詳志

明　瞿佑

剣血多年尚有レ神楚歌聲裏弄ス残春ヲ迎レテ風ニ似レ仙舞ニ腰肢細ク帯レ雨ニ如レ含レ涙眼顰ム江畔ノ烏騅空躑躅シ宮中ノ人彘可シ悲辛青青只有ツ明妃塚長恨飄零作ル虜塵ト　詠物詩選　四

虞美人

高不盈尺花如銭單瓣有五色相傳楚虞姫血濺所生　太平府志　巻十三

御拂物ナリ ヒナゲシノ別 Papaver umbrosum ニ従

七
廿五

射干　一名 鳶啄 本草和名引雜要訣　鳶屡 同名医別録　草薑 広東新語　花薑 同上　鳳翼 宣与縣志

扁竹 雅通　地扁竹 鎮江府志　王延 花暦百詠　秋蝴蝶　和名 ヒアフギ 京

カラスアフギ　ウセン　以上二名漢名烏扇ノ　ミチギリ

名ツクル山中ニ自生アリ宿根ヨリ生ス葉ハ扇ヲ開キタルカ如シ蝴蝶草ニ似テ直立シ彩色アリ六月コロ三尺斗ノヒ立テ末ニ枝ヲ分チ六瓣ノ花ヲ開ク黄赤色ニシテ紫点アリ其黄色ナルヲヒアフギト云紅色ナルヲヘニヒアフギト云又千葉ノモノアリ葉罌粟ニ似テ生スルエヘ八方ヒアフギト云弘景云又別有射干相似テ花白ト云ハシヤガノコトナリ射干ニ白花ナルハナシ朱震亨紫花者ハ是鳶尾ノ一ニコノ次ニ出ツ紅花者非也ト云ハヤハリ射干ナリ時珍射干ヲ鳶尾ト一物トスルハ誤リニ紫蝴ハ鳶尾ニシテイチハツナリ

風火喉痺用秋蝴蝶花根三兩射干也

廿五

○加羅受阿布木 出鈔 深丹 古語拾遺作烏扇此名出本經
則正名蓋妄哉乎 鈔深丹俱爲射干雲既出今俗稱ヒア
フキ 釋紀以此子爲紀記以下所謂奴婆多麻古傳乎其說
雖有注家異論今略焉

[illegible]

射干

一名烏扇故ニ和名カラスアフキト云和歌ニモ詠リ今俗檜扇ト云葉鳶尾ニ似テ濶ク直上メ差扇ヲ開ク形チアリ粉緑色六月一莖ヲ抽テ高サ三四尺梗ヲ分テ六出赤黄色ノ花ヲ開ク紅點アリ旦ニ放キタニ萎ム房ヲ結ンテ寸餘一房四隔一隔毎ニ十餘子連リ梧桐子ノ大サ堅剛ニメ黒色頗ル光潤之本草混雜スニ種ノ說甚明之時珍ノ說ニ不可隨○淡黄色ニメ點ナキ者アリ雨夜檜扇ト云○一種八方檜アフキト云アリ葉扇ナラス四方ヨリ出ツ花モ重辧之又扇ニ出ル者モ文レリ花モ單辧之○當ノニ深紅淺紅ノ者アリ

七修ノ射干[illegible]

○射干 ヒアフキ 一名烏扇　葉ハ鳶尾ノ如ニメ硬ク直立ノ扁生也

秋茎ヲ抽丁二三尺枝ヲ分テ六瓣ノ紅黄花ヲ開ク花中星点アリ

花后実ヲ結フ黒ニメ光澤アリ梧桐子ノ如シ　紅花 又星ナシ

黄花 森ノ下ト云星ナシ佳大坂ヒアフキノウコン星ナシ

四方ヒアフキ　樺色ニメ花瓣多ク卅立ヒキクメ葉方生ス

拂子ヒアフキ　葉烏扇ノ如ニメ内ヘカヘテ生ス花紫色ニメ花セウブ

ノ花ノ小ナル如シ近年浪華及加州ヨリ来ル

矮生ヒアフキ　葉コハリノ巾廣ミカミニテ蟠密也外ノ烏扇ハ葉

ノ着丁疎遠也一名ミカミヒアキ又黄花アリ間道アリ

ヒアフギ　カラスアフギ　射干　烏扇

[illegible]

射干　又烏扇

射干

ヒアフギ　カラスアフギ　ウセン 烏扇ハ即漢名ナリ

ミチキリ 伯州　カラセウキ　カラスバ

カラセウブ　ハコボレ 馬人食之豕食ハ歯ヲ損ス故名 本草啓蒙　ハ又ケグサ 本草啓蒙三尾

ハ又ケニバ 本草啓蒙ノ郷　カラセウビ　馬ノハ又ケ 本草啓蒙須原

キツネノアフギ 雲州　スバタニ

鬼箭草 江都新志　秋蝴蝶 秘傳花鏡　地扁竹 鎮江府志

麼射乾 孝郵鍵　夜干 本事方　扁筑 題雅

玉燕 花暦百詠

釋名 烏扇 本経　烏翣 別録　烏吹 別録

烏蒲 本経　鳳翼 拾遺　鬼扇 土宿

扁竹 綱目　仙人掌 土宿　紫金牛 同

野萱花 綱目　草薑 別録　黄遠 呉普

頌曰射干之形莖梗疎長正ニ如射之長竿之状得名由此ニ爾時珍曰

其葉叢生横ニ鋪一面ニ如烏翅及扇之状故ニ烏扇烏翣鳳翼鬼扇仙人

掌諸名

𫔭仁 鳶尾 陶景注 本草名 鳶頭 根名也 蘇恭注 烏園 雑要訣

烏翣 本草名苑

山中自生アリ 養老滝ノ邊 濃州 菖蒲川ハタ 勢州朝熊山 本草啓蒙并沢 稀ニ有

家園ニモ多ク栽エテ花ヲ賞ス鳶尾ノ如キ長葉互ニ斜ニ並ヒ扁ク生ス

扇ヲ開タル形ニ似タリ其中心ニ一茎ヲ抽ツ六七月ニ至リテ高サ三四

尺梢ニ多ク小枝ヲ分チ花ヲ開ク大サ一寸許六瓣細長黄赤色ニシ

紫斑點アリ其紅色ノモノハベニヒアフギ黄色ナルモノハ黄ヒアフギト云フ

共ニ紫點ナキモノヲ賞ス

集解ニ弘景又別有射干相似而花白ト云コレハ胡蝶草ニシテヒヤガハノイナリ

射干ニ白花ナルモノハナシ朱震亨ノ紫花者ト云ハ是鳶尾ニシテイチハツナリ

紅色者非ト云ハ反テ誤レリ紅花ノモノ即射干ナリ李時珍ハ射干鳶尾

ヲ混シテ一物トス誤レリ紫蝴蝶ハイチハツノコトナリ射干蝴蝶草鳶尾ノ分

別本草彙言ニ詳ナリ宜ク従ベシ又松岡先生用薬須知ニモ詳ナリ

實ヲウバタマト云　痢ニ射干子ノ霜服

便毒初發射干三寸生姜湯煎服取利ニ三行即効　下便毒射干一匁生薑

三片煎服　喉痺射干折クダキ汁ヲノム下利シテ治ス

カラスアフギ　カラスバ　ハウセン 烏扇ハ漢名也

ミミナキリ 伯州　カラセウキ　カラセウブ

ハコボレ キソ 食ヘハ歯ヲソンズ　ハヌケグサ 木ソ　馬ノハヌケ

ハヌケンバ キソ　キツチノアフギ 雲州　ヌバタニ

カラセウビ

「モラアシアチンシス」

射干 可羅須阿布岐 異名 仙人掌 ヒシヤウ 宿 黄遠 二五八 巻

射干

少異 前ハ大異 後

山中ニ生ス人家ニモ多ク栽ユ鳥尾ノ如ク長葉互ニ斜ニ並ヒ扁ク生ス扇ヲ開タル形ニ似タリ中心ヨリ茎ヲ抽立秋ニ至リ三四尺ニシテ梢ニ小枝ヲ分テ花ヲ開ク六弁黄赤花ニ赤点アリ　黄ヒアフギ

ベニヒアフキ

ヒアフギ

アマニヨ　ホウワウ

クワガタ　エゾ

チャボ　チャボノ夕夜

シカミ ミビラ　クジヤク

ハカ 四方 ナガレ バレン　日光 深紅ニシテ点ナキモノ

唐人詠物詩

虞美人草一首

虞美人

覇業烟消塵尚靈　美人曾怨楚歌聲　化為香草還留
姓　開遍江東亦不情　三尺艶憑西子石　一抔笑壁戚
姫塋　有知若信無知好　按拍臨風舞未成

三家詠物詩　張大戯

〃十二的

美人艸　花

papaver somniferum L. けし

papaver Rhoeas L. ひなけし

Chelidonium majus L.

ト十三

美人草

漢名虞美人草形状罌粟ト一般ニシテ甚タ小ナリ茎
葉トモニ細毛アリ又浅青色ニシテ罌粟ノ粉緑色ナ
ルニ異ナリ花色数種アルコト房ヲ結フコト皆トヒノ
如シ房小ニシテ長短ノ大サ也
一種小罌粟ト云アリト云リ予未詳

美人草

漢名虞美人草 形状罌粟ト一般ニメ甚ク小ク茎

虞美人

殉節甚憐剣血紅 化成佳卉舞春風 盈盈艶抹脂 張學海

千點蕣薄龠匂粉 一叢漢苑讐深魂不到楚宮情

童夢應通雲兮騅没花猶在 卻勝重瞳覇業空

池灘峰 清人詠物詩鈔 全

虞美人

花四瓣色艶類罌粟而小 古詩云英魂夜逐剣光飛 青血化

為原上草 靚此名花可想虞姫手歟 名花譜

廿七

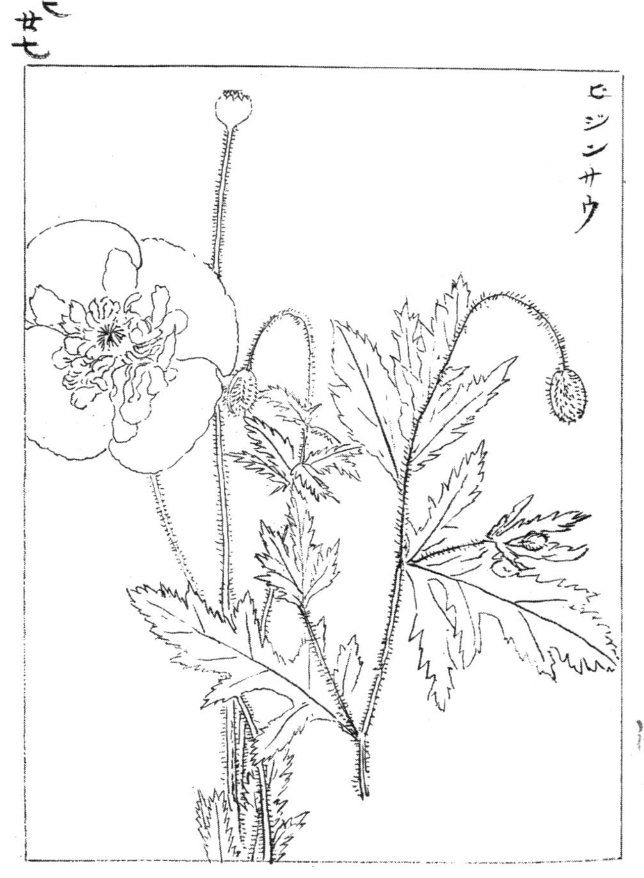

ビジンサウ　ヒナゲシ　テシミシサウ

ウイルデンヘユル　クラツペルローセン　スラープコロイト
ヘウル

麗春花 花疏　虞美人草 日　御仙 園書
娯美人草 丹鉛録　満園春 花疏　蝴蝶満園春 ［illegible］
虞美人 同上　百般嬌 秘傳花鏡　鷺粟如 通雅
舞草 名物法言　虞姫草 南花譜　生菜蓮 ［illegible］志

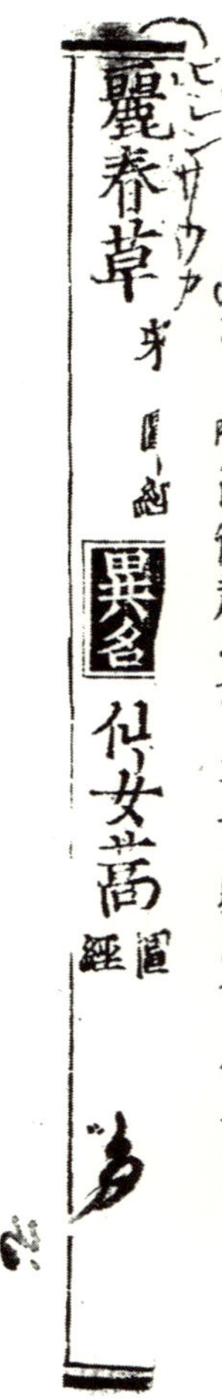

麗春草 ビジンサウ 芽 目ニ函　異名 仙女蒿 圖經

ケシト同時ニ種ヲ下ス苗葉共ニ小クシテ白毛アリ五月末ニ小満後花ヲ開ク形同シテ小ク光リアリ單葉千葉色ニ数品アリ時珍花罌粟ト云フ千葉ノ罌粟トスルハ非ナリ

○麗春草 ヒナゲシビジンサウ 花葉罌子粟ニ似テ小サキ也花色八重紅白絞リ等アリ園史曰呉俗呼為虞美人草又
芷 御仙満園春ト名ク

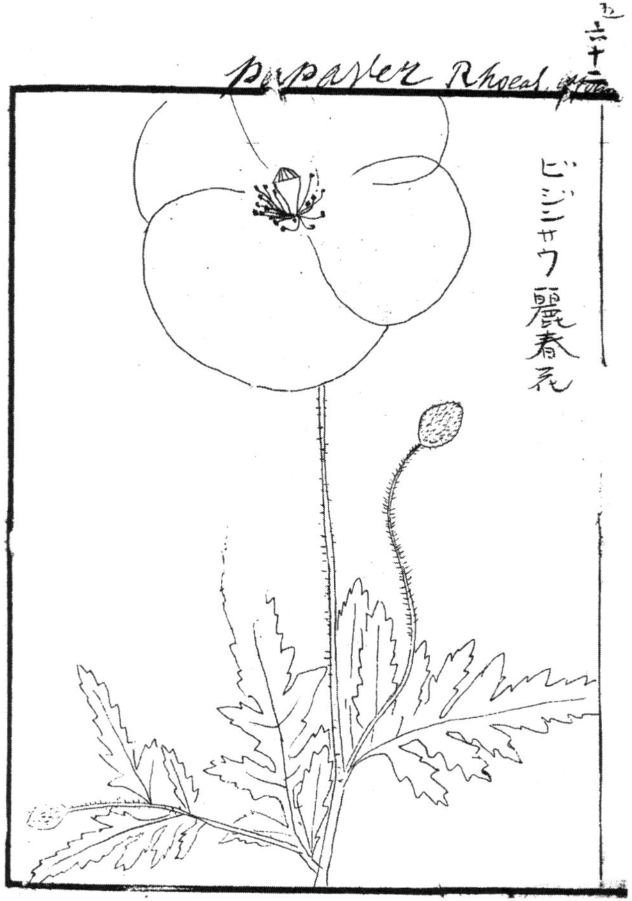
Papaver Rhoeas.
ビジンサウ 麗春花

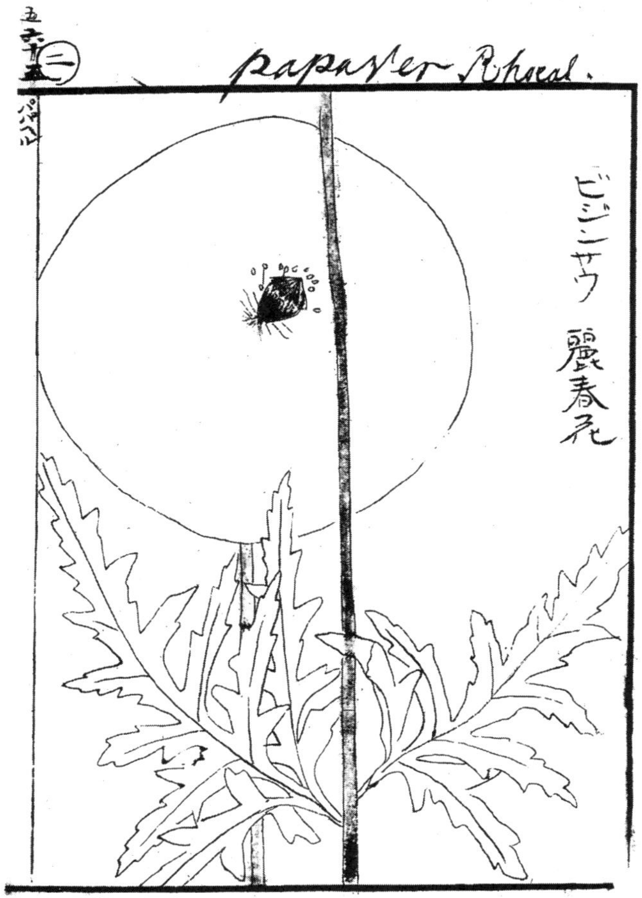
Papaver Rhoeas.
ビジンサウ 麗春花

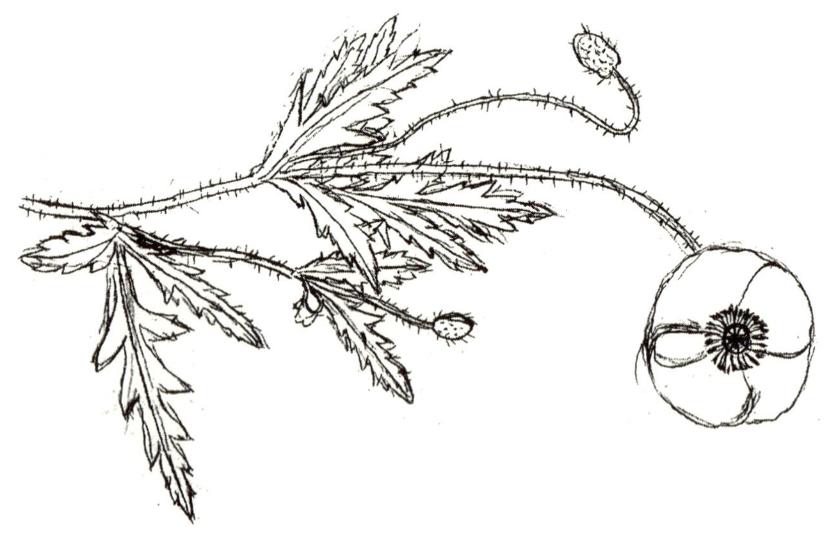

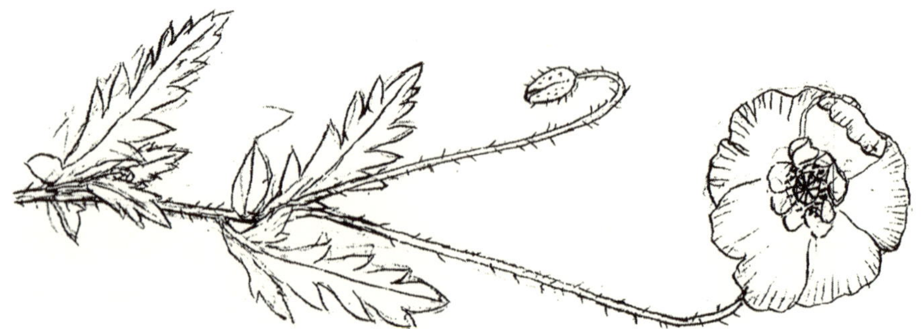

虞美人
垓下之囲虞姫自刎血流入地為此花　之文賦紅若丹砂白若
銀燭冷若藍染淡若粉匀是疊如臺其苞如蛺至今葉上啼青露
猶帯當昔粉黛容　義烏県志　八

七十七
虞美人草　ヒナゲシ又和名ニモ美人艸ト云ケシニ似小
ク八月下種三四月花咲苗高一尺葉蒿叢多シ白花アリ
一花モ常ノ罌粟ト同メ小ク紅白紫ナド色〻アリ千葉モ
アリ一名麗春花ト云凡ケシ類ハウエカヘルヿヲ嫌フ生
ノモ花少シ支故ニケシ類通ノ千金不移花ト云　諺ニ出　暦百

○麗春花
罌粟類也其花單瓣能態色飛舞儷若蝶翅扇
動亦草花中之妙品也
又
根苗一類而具數種之色紅者紫者白者傳粉之紅
者丹青之黄者有微紅者半紅者白膚而絳絡者丹
衣而素純者又有殷者而深茜

○翠莖纖柔稚葉相當逼而歌之或合或張
右娯美人草　蜀中傳虞美人草子以虞作娯意草其
草柔纖為歌氣所動故其葉至小者或
動搖美人以
為娯楽耳

○

ヒナゲシ	ヒメケシ	テンニンサウ
ウイルデンヘユル	クラッペルローセン	スラープロ(コロ)イド
ヘウル	ウイルテヒユール成形	「パパヘルルーアス」

麗春花花鏡　虞美人草ロ

葩葉氏ケシニ似テ小白毛アリ高サ尺余小渚後花ヲ開ケシニ似テ小

例紅紫光アリ草葉千葉色ニモ数品アリ

Coquelicot (Double Vârie) ト記し

ヒジンサウ重弁ナ(図)ヲ出セリ

○ちぐ…ハKlapproosト混セリ

白千瓣ノ麗春花

ヒジンサウ

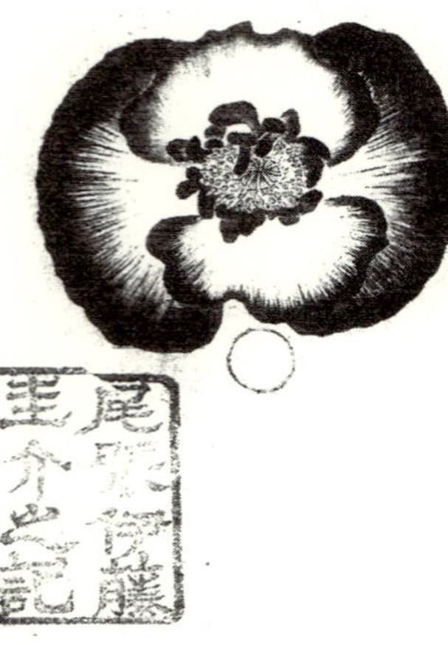

虞美人艸　芥子に似て小なりて花艶なり曽南豊が虞美人草
の詩あり国史ヶ虞美人艸ハ罌粟(けし)の別種なりとうけて
又麗春花と云格物論曰麗春ハ罌粟の別種なり茎
やゝかゝて針あり紅紫白の三種ありよくてひとえあ
ふきあり八重あり魚のあしひけとおりくなくへし八月中旬
ふくるけしを植へし　花押

麗春花　和多比奈計志　　尾張右史

梁苑花銷去黄臺蚤自薫不同罌子粟別是石榴裊婀娜纔勝掌差莫夢雲玉郎尋水竹畔復幾般勤

園、罌粟別種也（本草云麗春花嬌態不常豔麗可愛故曰又曰賽牡丹又曰錦被花）

叢生、、游默齋花譜、罌粟二品深者鬚青淡者鬚黄白赤二品葉大者微碧葉細者竊黄而竊黄尤奇素衣黄裏芳芬茸、若新鵝之氄竊紅似芍藥中粉紅矮特甚小視凡花之粉紅十倍宗祥致中並肩罌粟多含態具體牡丹惟欠香

廣群芳譜樓英花二

ビジンサウ　麗春花　美人

○虞美人草図　以王世貞

纔聽歌聲舞不休楚宮猶記舊風流相逢莫奏烏騅曲腸斷秋江万古愁

題畫詩勤

ヒナゲシ
ビジンサウ
ナニ

翠莖纖柔稚葉相當逼而歌之或合或張
右娛美人草（蜀中傳虞美人草聞人歌虞美人以虞作娛意其草柔纖為歌氣所○故其葉至小者或動搖美人以爲娛樂耳）
益部方物畧記

プロイセン國ニテ美ト訳ス

麗春　ヒナゲシ

花似長春而大千葉而深紅初開時有微香陳祖虞詩云嬌似薔薇亦有香春風催而斷人腸又有一種粉紅者謂之粉孃兒

漳浦縣志　四

此品田中生ノ鉢ヨリ詳種ヲ得テ元治甲子余
ニ贈ルヲ下シテ生スルモノナリ茎葉スヘテヒナゲシニ
同シ 葉少シ細長キカ 五六月開ケリ花色赤シヒナゲシ
追テ穣スベシ
常ノヒナゲシノ赤キ花ニ同シ 又紫色ヲ帯ブモ生セリ

三附

美人草

一居雛斎子 [illegible]

罌 粟満 罌粟有二茎葉略毛者曰麗春即虞美
人俱名ニ千金不移花ニ以移則槁死即或
于百中有ニ活者亦不花即花亦變單辨不雅
觀ニ天性然也種必中秋ニ花始圓月夕尤佳

麗春閑遍賓盈盈與ニ夢同秋粟満罌色擬王花真
國艶芭函御米畝青精圃欒八月塘同旬珍重千金
志吏詎與羣芳宮殿改隨ニ人到處總敷榮

花暦 百詠

○麗春花　瞿麦類也、其花單辯、常花舞、微如
蛺蝶翅扇動、亦草花中之妙品也

瞿粟満　罌粟有二茎葉略毛者曰麗春即虞美人、倶名千金不移花、以移則槁死即或
千百中有二活者亦不花即花亦変、單辯不雅、観天性然也、種必中秋、花始円月夕尤佳

麗春開遍賓盈盈、與麦同秋粟満罌、色擬王花真
国艶、色函御米畝青精、團欒八月蟾同蜀、珍重千金
志吏詎與群芳宮殿改、随人到処總数栄

花暦百詠

覇業烟消産尚霊美人、嘗怨楚歌聲化為香草、還
留娃閒遍江東、亦乃情三尺艶、憑西子石一抹笑
堅国姫瑩有知、若無知好楼柏臨風舞未成

虞美人草　江村綬　日本詠物詩中　三家詠物詩　張大感之郁
露想帳中涙、花留坟下名、紅葩開即落、不待楚歌聲

虞美人草
叙血多年尚有神、楚歌声裏弄残春、迎風似舞腰
肢細、帯雨如含涙顰、畔烏騅空躑躅、宮中人最可
悲辛、青々只有明妃塚、長恨飄零作虜塵

詠物新題詩

賦形 姬罌子

九姬とハ美くて艶なる稱に名づく 因て草木の艶麗なるを[illegible]なすものの名に姬某或ひは某姬と呼名せしなり 姬とは古事記ニ女と書く男を日子と[illegible]に対す 又書紀ニはうひめとは媛字を用ひ又皇[illegible]には姬字アタヒウヂとは媛の字をもちゐ例なり後にも尊貴の女子を称するは是よりこれまでそのぞ

美人艸　麗春　群芳譜

蕃名ウイルテ ヒユール

花の形は罌粟に似て[illegible]茎にも毛葉あり又チャ茶の香あり高さ二尺計り ○ [illegible]は八目[illegible]子を下して上下文木[illegible]を蔽ひ冬中肥壅を得るべし花開く時[illegible]とあれ[illegible]として其[illegible]の如くや花の色さまざまに[illegible]

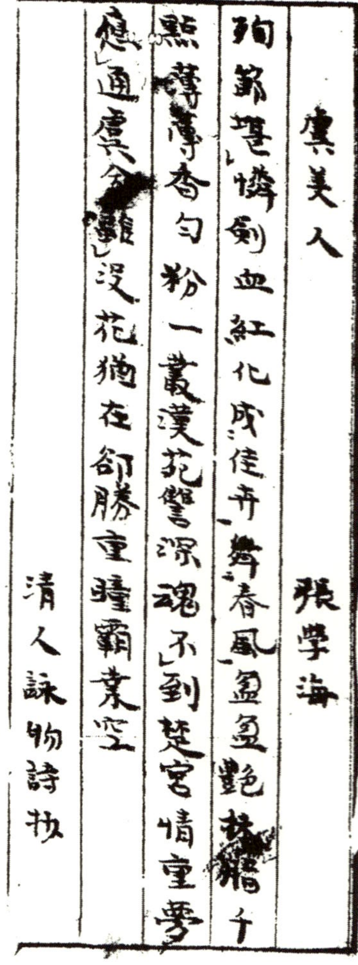

虞美人　張學海

殉節堪憐劍血紅化成佳卉舞春風盈盈艶抹[illegible]千點薄薄香勻粉一叢漢苑驚深魂不到楚宮情重夢息通虞兮[illegible]沒花猶在卻勝重瞳霸業空

清人詠物詩抄

水芙蓉是、鷄頭是弟、藕是兄、只下食
藕乎、食雞頭米乎、此是渠一家品類、
譬之孤竹、夷齊既遜、國人立其中子、近下
受之正、此意也」再考、若[illegible]
菓ハ花実ニ可父[illegible]ノ義[illegible]
[illegible]ノ[illegible]スルト[illegible]

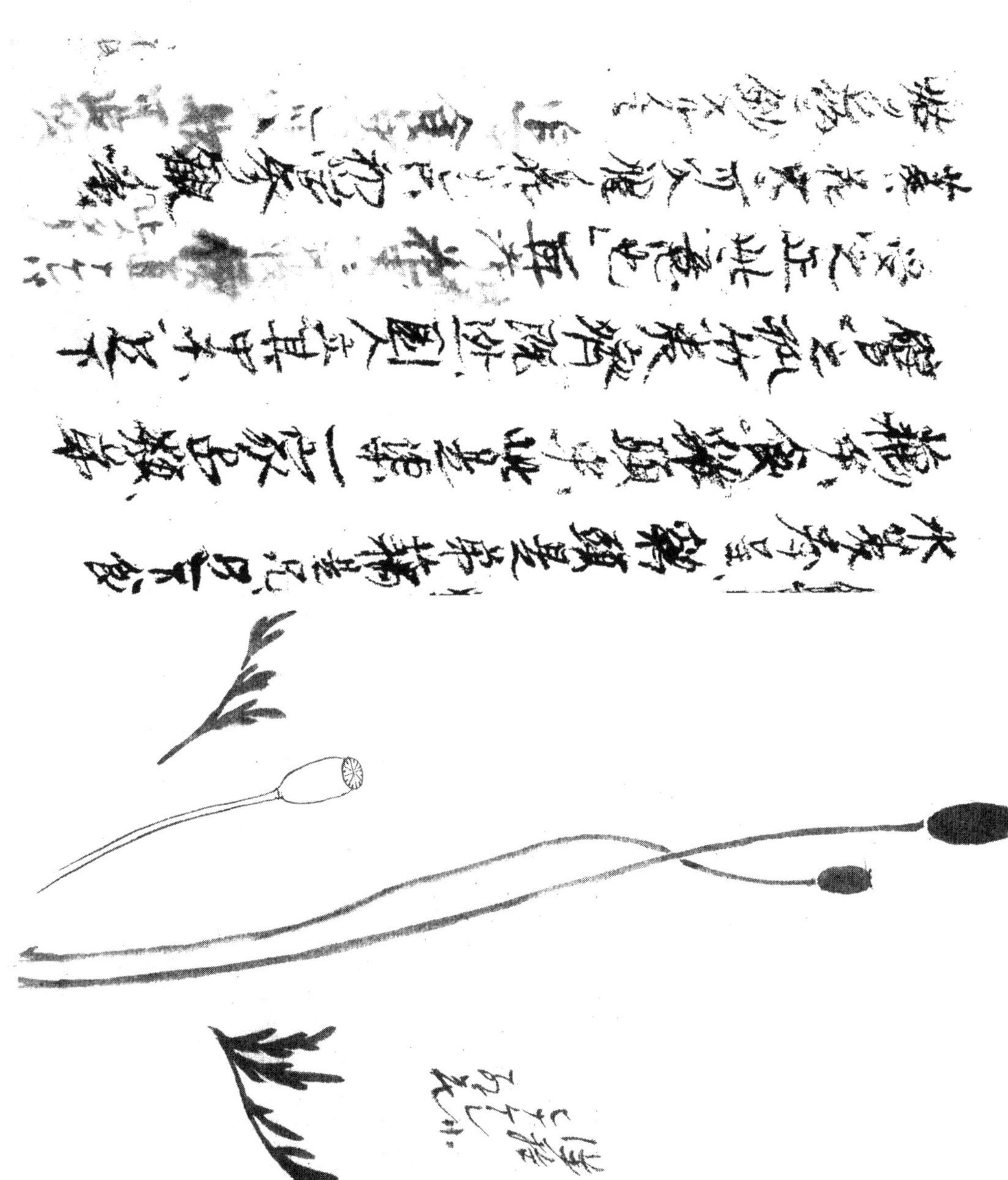

○芰實

芰實〈 ヒシ池ニタントアリ水ノウエニ浮テ生
ス葉イチヤウノ葉ノ如シ廣メニカリアリ
フチニ鋸歯アリコノ葉マロク並ヒナスニ
十枚ホドモアツマリテ生ルナリ葉ノ
ウラニホソクナガキクヽリアリ夏ツ葉
間ニ小白花ヲヒラク後ニ實ヲムスブ也
三角四角六角アリコレヲハ食用トスル
ナリ又一種カタチ同シテデ木モ花モ
實モチイサキモノアリ大ナルハ家菱ト云
ナリ品ルイ多シ汝南圃史ニ詳也太和本草
生ニテモ蒸テモ食ス飢ヲタスクル河内茨

田池ニタントアリ花ワ黄白色八九月ニ
ミヲトル性不好ト云ヒ凶年ニ民ノウエ
ヲスクウナリ古人モ飢饉ヲスクイシ
ヿ合璧事類ニ多ク引ケリコノカラ
バヤイテ香爐ノハイトスヨク火ヲモツ
ナリ一名翻雛 事物異名 紫角 同上 子陵
同上 胡速児 同上又蒙古ニ云 蟾蜍股 同上
水客 同上 コレハ花ノ名ナリ 水菱 本草
蒙筌 菱角 本至逢原 穿萍 名物法言 菱栗
村家方 菱 三州岩堀日本名産記 坤

菱 ヒシ 菱 ベカンベ蝦夷 藻ク草

して紅紫黄白間色綷理等の数色アルモ具て遺す

聯珠倚格麗春花の讃り

一段天機織羅春錦坊花様闘時新不然金谷繁華地歩障香

風列舞茵　注此花一根而数色ニ有所観者形容ユナリ

芰実ヘ　ヒシ水面ニ浮フ物之口灰ハヒシノ灰ト云テ色黄

之灰キハニ少シヲケバヨシ全ク芰ノ灰ナレバ皆火ニ

成ル物之　[illegible]

本草綱目拾遺 芰実 刺芰 沙角 乃小芰也

生杭西湖裏六橋一帯多有之以其

角尖似針芒刺手故名

又云沙角以其殻中一種山菱止两角臨平瓶

一帯多産之

菱子ヒシ此物ノ名ハ仁徳天皇ノ御歌ニモステニ見ヘタレト其義ノコトキハ未詳 古語ニカタハヒトイヒケリ此物ノ実稜角アル実ノカミ似タレハ此名アリケルニヤサウハシトイヒシハ詞助ナリ此物ニヨリテ名ツケシト見ヘタリ

東雅 七

菱

楚謂之芰秦謂之薢茩謂之水栗左傳屈到嗜芰即此物也花晝合夜炕随月轉移

安慶府志 巻五

菱 二角者家四角者野

光州志 巻之

BAS. Taquois odorant. Pandanus utilis [illegible]

[illegible]

○菱　一名芰屈到嗜芰即此小者為刺菱巨者為大菱八月菱富饒縣志

舟環集　鑑湖中〔王瀚詩〕不知湖上菱歌女幾個春舟在

若耶〔王十朋風俗賦〕有菱歌兮聲峭〔郡志〕羅紋菱最佳

○山陽縣志　菱四角為菱准多菱過食損人薑酒可消

○菱　万葉集名物考　菱ヒシ　取粕の名に称すは

菱　ケムフル日本本草中ノ部

ひし　菱子と訓せり蕣葉もあり鎗蹄の義なるべしひし蔓

ひし菱ハ蒺あり小なるを黒菱と云稜硬くして人を刺ん大なるハ

稜晩し参河国岩堀の菱ハ二稜なきといふ　右和訓栞巻二十五ニ出

頂ヨリ見ル図

平ヨリ見ル

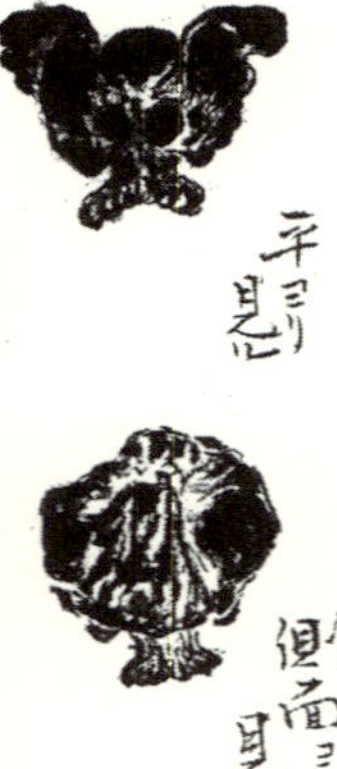

側面ヨリ見ル

[illegible]

余ガ京師唐物店ニテ舶来ノモノヲ見シモ
状品ト異ナラズ 天保十三年江戸市街露
ニテ買ヒシモ同形 深黒色 殆ンド別無キガ如シ
[illegible]越後ヨリ来ル品ニ[illegible]

菓菱

福州菱角都無緑色又兩角者蕃寔蔕自杭州靚窖永泰兩處購其種來並為人導煮法今則緑菱兩角者皆有矣市中亦有煮熟賣者去殻一半露肉在外惟殻皆純黑色不知雜何物煮也名曰菓菱蓋猶不忘所始矣

閩雜記 十

[illegible]

○菱ヒシ　巻七浮沼池菱採　巻十六菱之宇礼乎採跡也妹之
應神紀大鷦鷯尊御歌　伽破摩多曳比辞餓羅能
能トアル是也　和名抄菱　和名比之　按ニ此水草也　葉ノ茎
豊レテ海老ノ足ノ如シ是ニ實アリ食用ニストスヘリ
支那ノ俗説ニテハ芰菱ヲ書リシ
味ルトミユ李時珍集解巻ニ金陵
雅誌アリ之ヲ首ニ五色琉璃渾瑞
鏡倚欄看到月斜長千一夜秋光
老満路。西風。唱。菱花。

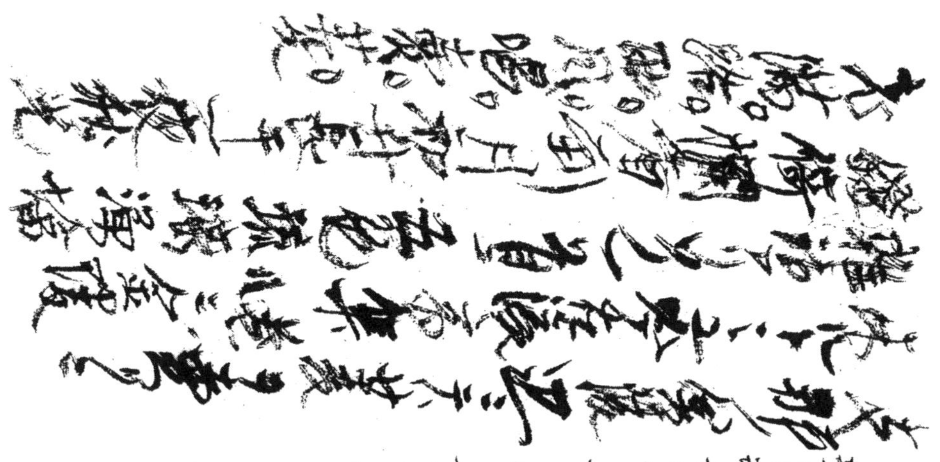

菱

七九八 菱

花科 名集

本草綱目拾遺

乃菱中一種小者止兩角臨平湖一帶多產之出嘉興者名餛飩青以其似餛飩也較他菱體小味甘沙角較餛飩菱尤小色紅味甘異常

味甘平大補 土不滞氣 餛飩青性寒生食解積暑煩熱生津煮食健脾和胃益 花鏡云運熟而甘肥者名餛飩

菱藥性考餛飩沙角生熟俱得老則甘香補中益氣生者解酒能壓丹石

船未菱実

同 紅色有

又船末菱実

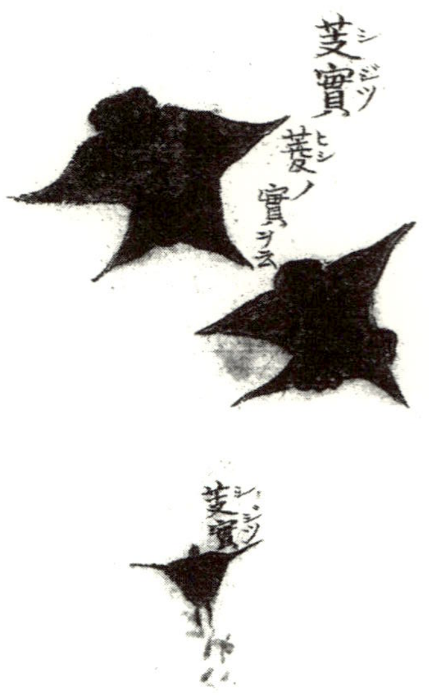

青苞肉白生啖甘脆熟能飽人
酉陽雑俎蘄州祈將菱多両角荊州郢城
菱三角無刺可以挼莎廣志鉅野之菱
大于常菱淮漢以南凶年以為蔬　右格致鏡原

菱科

ヒシ　巻之十三菱角ノ條ニ詳ナリ

菱實（ヒシノミ）
ヒシ

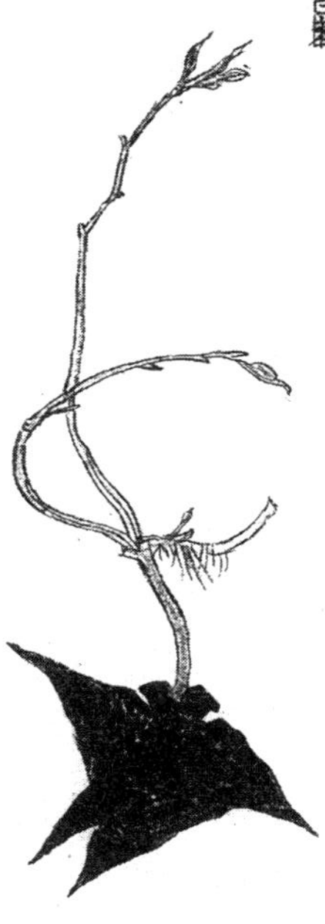

蔬果争奇ニ揚州ノ菱沼
ノ一種アリ柄似螃蟹脹肥美
如楜椒葉ニ秀ス菱ニ似タリ

廿八

菱 随月 三角四角曰芰両角曰菱白花亦有紫者畫合宵炕随月轉移猶葵之向日也

岐葉参差與鏡同分枝畫對貼波中花如乗月江

干白實擬霞水際紅圭角猶存森若概冰心不改

湛然風可人寂是連漪曲相賞荷亭例碧筩

ひ

菱實 池中にあり 實は蓋にて食る 又粉として餅とし飢を

助く 性も不好 救荒饑口土禾

二廿九

○菱 一名芰 屈到嗜芰 即此是也 越人謂之菱

爲刺菱 巨者曰大菱 四角者爲沙角菱」

涪州志

虎邱竹枝詞、

小艇一声歌欵乃、半湖明月采紅菱。

東粉樓櫓蹤トカ挽書ト云

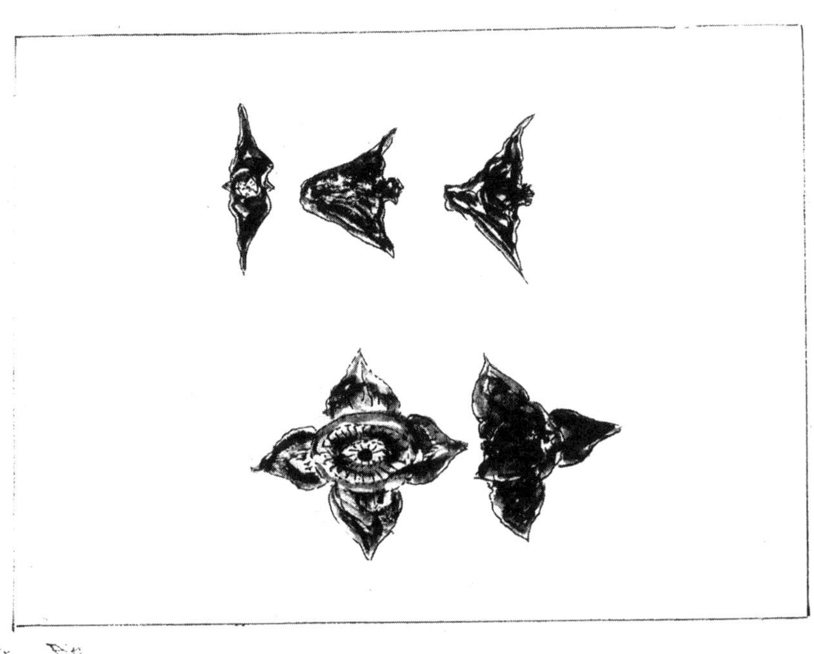

乙亥初秋十日
栗本氏ノ花ヲ写シ
タルモノ
此印影ヲ熟視スレバ真影
ニミテ写シタルモノトハ観ヘズ亦
珍トスベシ　静ノ翁記

蓮房

蓮藕

烏芋
即鋲荸薺

蝙蝠菱

蜆子

菱　朱霞

一鏡横塘啓繡奩、涼波舵處曳書鷁、兒童最憐
青紅艶、偓喽還愁角刺尖、鬪否笑涼應漸老、嗜
從生熟天妨兼、常疑居致風流甚、便比昌蒲亦
未嫌

情人詠物詩鈔

凡種藕之塘、宜生水、種菱亦然、菱畢收則種
茨菰、菱去其三角四角者、以三角四角者敗種、蓋芰也、兩角乃菱也、菱花隨月
故鏡背多作菱花、鏡者月之類也、月為金之水所生、鏡金也、其光如水、菱花依
之、如在池塘之中也、又菱花背日芡花向日、故菱寒而芡暖、予詩云、饋郎如芡
暖、同是水中偎、為心有長短、

廣東新語　二十七

菱角粉　去皮如治藕法取粉　家居必備　粉麺品

草木名鑑云
野菱 集解 野生ノ小ナル者　△家菱ハ作ル者ノ大ナル者
△一種 浮菱ハ兩角嫩皮紫色者 △一種 烏菱ハ熟老シテ殻黒而硬者
△一種 浮様菱ハ △一種 郢城菱ハ三角ニシテ無刺者 △一種 青水菱ハ
没葉水下菱出水上者 △一種 折腰菱ハ 腰菱 呉郡志 兩角者
△一種 雞翔菱 集解 碧色、状如雞飛 △一種 刺菱 山陰志 小ナル者 △一種 大菱
ハ巨ナル者 一種 沙角菱ハ四角者 △一種 水紅菱 松江府志 紅者七月初有之
△一種 雁来紅ハ稍遅而大者 △一種 餛飩菱ハ鸚歌青々而大甘香者
△一種 蝙蝠菱ハ極大者 コウモリビシト云
オニビシ 四角アル者　△ヒメビシ　メカビシ 二角ニシテ小ナル者　女ビシ 一角アル者　△男ビシ　△角円ナル者 舶

来アリ是カワタイビシテフノビシノ歌ハ

あしつき萬葉集十七　礪波郡雄神河邊作歌一首　并

加未河泊久禮奈爲ホ保布乎等賣良之葦附水松之類

等流登湍ホ多多須良之

萬葉集略解十七　あしつきハ夏神紀はあに

御破摩多曳能比辟餓羅能佐辟鷄區辟羅珥と

あるも菱売ヲ角ありてささそりのあれバ之されども

されバ今も葦附ハ借字あて足突のきみてひしぐると

ふあるべしと翁○加藤真淵ハいそまきされど志ら宮ゐ

從もなしたゞ川よあらて水松よ似たるものとよ

あるべし

物産志彙

水貨之屬

菱　兩角曰菱四角三角曰芰其葉似荇白花赤實其花　元和縣志

書合夜開隨月轉移有紅白二種白者名餛

飩菱紅者名老紅菱又一種特大色紅味鮮美

名雁來紅又呼顧姚蕩蕩係兩姓合有故名

出封門外附近蕩田ヌ

郷間浜港倶有之

○古歌ニ菱カラノサシケルトモ詠ジ先輩ノ説モ、

生ナガラニシテモ、ヒシカラナリト説モセルハ、確

此ソノ儀モナケレバ他ニ考フベキモナケレバ蓋

シアシツキハ菱カラ云ナルベシ。

湖菱　咸淳臨安志初生嫩者名沙角硬者名餛飩湖中生如栗様者極鮮東坡望湖樓醉書五絶詩云烏菱白芡不論銭

西湖志　徐熊飛

菱花

秋光畧画到苕興花発汀洲萬頃菱針抹雲烟紛

雁汊乱随風浪罥魚罾六朝楽府新詞在一抹瓊

婆娑嫋態増背日自開還自落火天四面細長絶

湖山清人詠物詩鈔　全

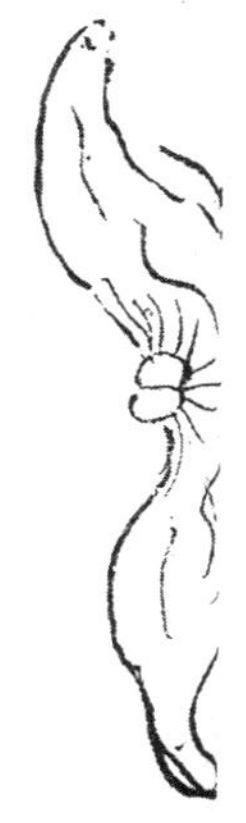

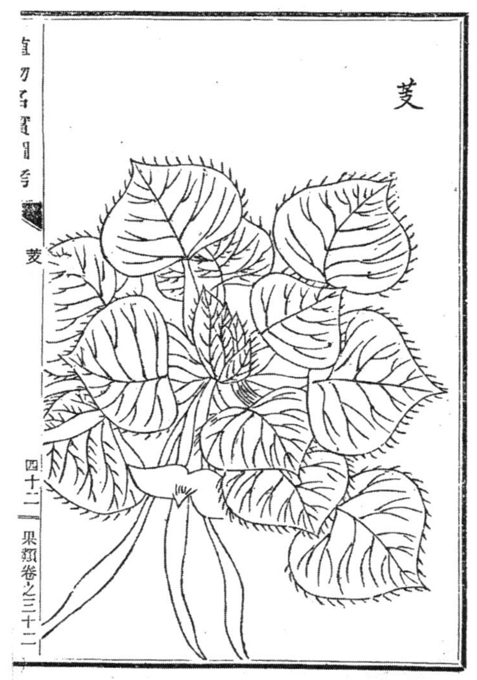

芰

芰、別錄上品、三角四角爲芰、兩角爲蔆、爾雅、蔆蕨攈、又薢茩、注、或曰、陵也、郭氏、兩存其說、遂啓後人疑誤、楚人謂蔆爲芰、國語曰、屈到嗜芰、將死、屬其宗老曰、祭我、必以芰、及祥、宗老將薦芰、屈建命去之、孫子荊柳子厚、皆以屈建忘親違命爲非、蘇長公、以屈到亂命、不可爲訓、建能據典抑情、爲知禮識者以爲辨、余竊以爲、尚有未盡者焉、屈到之死、及祥、有日月矣、宗老、以遂命爲忠、何必及祥而始薦、子木畋典而忘、何待及祥而後止、宗老之薦、子木之止、皆祭也、非時薦也、古者、大夫士、宗廟之祭、有田則祭、無田則薦、釋者云、祭有常禮、有常時、薦非正祭、但遇時物卽薦、夫國之大事、在祀與戎、大夫三廟、祭有常經、其敢干大典以取戾、考士祭三鼎、大夫祭五鼎、上大夫八豆、下大夫六豆、少牢饋食、籩豆鼎俎、有其數矣、有其實矣、多一芰、則非其數、易一芰、則非其實、非數非實、謂之亂常、孔子簿正祭器、不以四方之食供簿正、不可多也、不可易也、禮在則然、至於

春韭夏麥、秋黍冬稻、四時薦新、庶人之禮、可通大夫、然薦其時食、禮文不具、非闕文也、蓋無常品也、後世祭法不古若、然大夫之祭、則以羔豚、雖有僭竊、無敢以太牢祭者、而歲時伏臘、各循其俗之所尚、盧氏之法、則有環餅牢丸、曾氏之法、則有餢䬪䭔粥、言禮者、未或非之、子木守祀典、以奉殷祭、而思所嗜以薦時食、其誰曰不宜、若常祭、而實以薦其所嗜、然則其父有嗜牛炙者、其子將遂用牛、享乎、時薦而必準以韭麥黍稻、則貉之國、五穀不生、唯黍生之、將一薦黍而已乎、江、以南、不藝黍、將無所薦、而遂已乎、禮又曰、所以交於神明者、非食味之道也、魂氣歸天、形魄歸地、尙聲尙臭、求諸陰陽、豈以一物之薦、而神來格、一物不薦、而神其吐之乎、且謂人子之於親、可同於鬼魅之求食乎、竈神之索黃羊、蠶神之求膏粥、故鬼之乞甌犧、神豈能食、或憑焉、赫赫楚國、而到相之、生之日、無偉烈可銘、死之日、乃以口腹之細、而縱欲以敗禮度、使子木衜其惡而不遂、則是死其父、以爲鬼物、而不以毀譽爲心、抑亦恐其逆扶之訃曰、神嗜飲食、乃

生、漸向水中、乃熟、實有二種、一種四角、一種兩角、兩角中、又有嫩皮而紫色者、謂之浮蔆、食之尤美、江淮及山東人、曝其實人以爲米、可以當粮、道家蒸作粉、蜜漬食之、以斷穀、水果中、此物最治病、解丹石毒、然性冷、不可多食、

爾雅、蔆蕨攈、註、蔆、今水中芰、疏、蔆一名蕨攈、郭云、蔆、今水中芰者、字林云、楚人、名蔆曰芰、可食、國語曰、屈到嗜芰、俗云蔆角、是也、

齊民要術、種芰法、一名蔆、秋上、子黑熟時、收取、散著池中、自生矣、本草云、蔆芰中米、上品藥、食之、安中補藏、養神强志、除百病、益精氣、耳目聰明、輕身耐老、蒸糗、蜜和餌之、長生神仙、多種、儉歲有此、足度荒年、

爾雅翼、蔆生水中、實兩角、或四角、一名芰、古者加籩之實、蔆芡栗脯、蔆芡栗脯、再言之者、兩設之盛禮乃用焉、楚令尹屈到嗜芰、且死、以爲屬、及祥、將薦、而屈建去之、其說引祭典、君大夫士庶人、有牛羊豚犬魚炙之羞、籩豆脯醢、則上下共之、不羞珍異、不陳庶侈、於是乎、有羊饋而無芰薦、君子曰、違而道、蓋籩豆脯

一曰黍稷、再曰牛羊、三曰燔炙、梁武帝、祀宗廟用菜果去犧牲、議者以爲是不血食、故禮莫重於祭、祭莫大於用牲、蘋蘩薀藻、季女尸之、禮之微者、爾雅翼、以爲蔆芡加籩之實、非屈到所得薦、其持論亦過、拘夫事死如事生、天子饗大牢、故諸侯大夫、而祭以牛、則僭、天子籩有蔆芡、將遂禁人之食蔆芡乎、是不然矣、羅氏又曰、吳越俗、采蔆時、士女皆集、故有采蔆曲、爲游蕩之極、夫采蔆艷曲、自爲樂府遺音、後人倚之、同於鄭衞耳、余嘗過邗溝、達苕霅、陂塘水滿、蔆科漾溢、寶鏡花搖、翠鈿紅絢、牽荇帶而逐舟、裹荷葉而作飯、烏覩所謂白足女郎、踏蹼倚柁、曼聲煙波間乎、

長編別錄、芰實、味甘平無毒、主安中、補五藏、不飢輕身、一名蔆、陶隱居云、廬江間最多、皆取火燔、以爲米充粮、今多蒸暴、蜜和餌之、斷穀長生、水族中、又有拔菁、性冷、恐非上品、被霜後、食之、令陰不强、又不可雜白蜜食、令生蟲也、

圖經、芰、蔆實也、舊不著所出州土、今處處有之、葉浮水上、花黃白色、花落而實

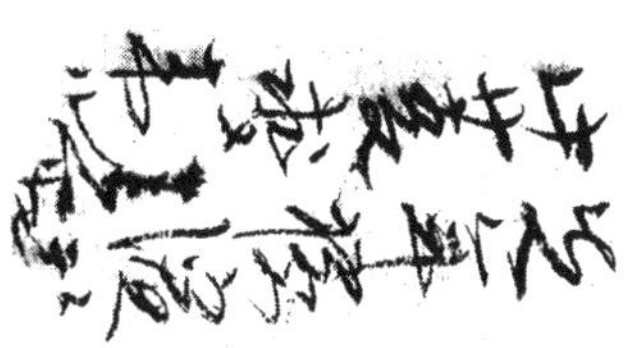

Trapa Bicornis

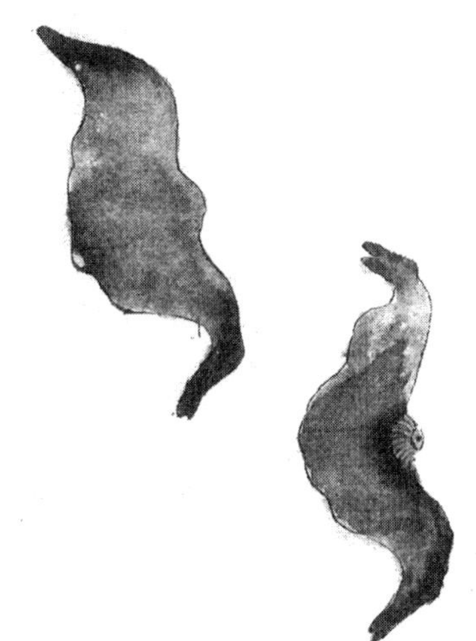

ひし

【本和下廿九】菱 實比之 【字】芰 渠知反去 芰陵也比志 菱 己伯反水中ノ菜也比志

艹漢艹漆二作比志 青道反水菜艹漆 蔺比志 【帳】芰實ヒシ 【新韻】

蔾ヒシ 【和玉】芰又蔆又菱又菱又蔆又芰次ヒシ 【名】菱ヒシ 芰子同

菱人ヒシノミ ワビノキノミ 芰ヒシ 艹鮮 芶若ヒシ 【類往】菱ヒシ

【万七廿三】きみかためうきぬの池ま菱とるとわかそめしそてぬれ

またるかも 【同十六廿九】豊國の企玖乃池奈流菱之宇礼乎採跡也

妹之御袖所沾計武 【二帖】あさんていこころ日を

この池ま生る〜のゝねのるうれころあきまし

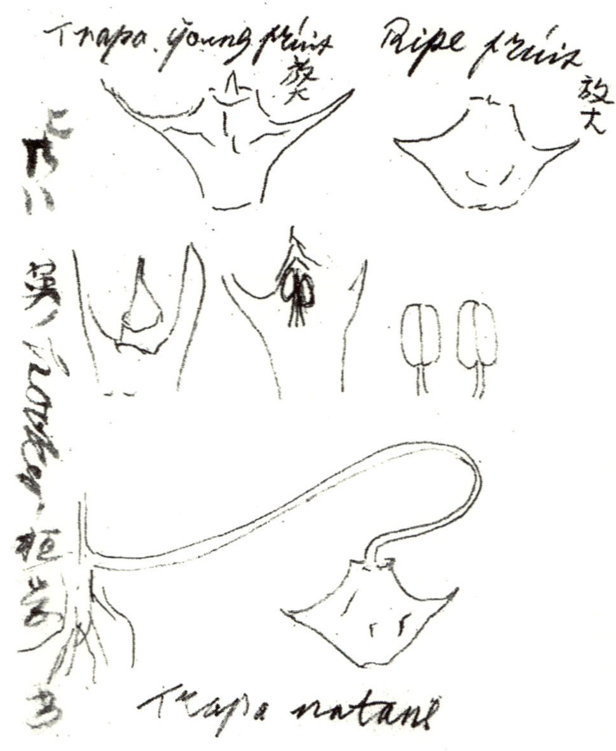

臨、離上下所共、然以多少爲差、則珍異庶侈者、非大夫所宜、昔者季武子聘晉、晉侯享之、有加籩、辭曰、寡君猶不敢、請徹加、而後卒事、則非屈到所宜薦、明矣、芰以爲加籩、則爲貴者所珍、用以接權、則爲賤者所食、朱鳳亊莒穆公、不見識焉、冬處於山林、食杼栗、夏處於洲澤、食蔆藕、以愧穆公、菱葉猶被水上、其花黃白色、其實餌之可以斷穀、古者洲澤之利、與民共之、吳楚風俗、當菱熟時、士女相與采之、故有采菱之歌、以相和、爲繁華流蕩之極、招魂云、涉江采菱發陽阿、陽阿者、采菱之曲也、淮南曰、欲學謳者、必先徵羽樂風、欲美和者、必先始於陽阿采菱、許叔重曰、陽阿采菱、樂曲之和、一曰、陽阿古之名俳、善和者、蓋采菱者、衆所共、故取節奏宜和爲曲、以與衆樂之、風俗通曰、殿堂象東井形、刻爲荷菱、荷菱皆水物、所以厭火也、又昔人、取菱花六觚之象、以爲鏡、離騷曰、製芰荷以爲衣兮、集芙蓉以爲裳、蓋芰葉雜還、荷葉博大、有爲衣之象、而芙蓉若可緝者也、古者士服元衣纁裳、屈原恐進而遇禍、故退修初服、初服則士服耳、芰荷綠色、有元之象、芙蓉朱色、似纁、故反離騷曰、衿芰荷之綠衣、被夫容之朱裳也、原之始而結茝貫薜也、已曰頌依彭咸之遺則、然此佩之小者、又皆陸草、衣者身之章也、用以自表、而皆取小物焉、則其從彭咸也審矣、彭咸商之介士、不得其志、投江而死者也、至王褒九懷云、紅采兮騂衣、翠縹兮爲裳、則與此取象不類、

子虛賦、外發夫容陵華、說文、楚謂之芰、秦謂之薢茩、

謝翺、楚辭芳草譜、蔆生水中、實二角、或四角、一名芰、離騷曰、製芰荷以爲衣兮、集芙蓉以爲裳、蓋芰葉雜還、荷葉博大、有爲衣之象、而芙蓉若可緝者也、

農政全書、種菱法、重陽後、收老菱角、用籃盛、浸河水內、待二三月、發芽、隨水淺深、長約三四尺許、用竹一根、削竹火通口樸、箝住老菱、插入水底、若澆糞、用大竹、打通節、注之、

本草綱目、李時珍曰、其葉支散、故字從支、其角棱峭、故謂之蔆、而俗呼爲蔆角也、昔人多不分別、惟王安貧武陵記、以三角四角者爲芰、兩角者爲蔆、左傳屈

到嗜芰、卽此物也、爾雅、謂之蕨攈、又許愼說文云、蔆、楚謂之芰、秦謂之薢茩、楊氏丹鉛錄、以芰爲雞頭、離騷、緝芰荷以爲衣、言蔆葉不可緝衣、皆誤矣、按爾雅、薢茩、乃決明之名、非蕨攈也、又埤雅、芰荷乃藕上出水生花之莖、非雞頭也、與蔆同名異物、許楊二氏、失於詳考、故正之、

漢書、龔遂傳、遂爲渤海太守、秋冬課收斂、益畜果實菱芡、

太康地記、武昌南湖、通江、夏有水、冬則涸、於時靡所產植、陶太尉、立塘以遏水、常自不竭、因取瑯琊郡、隔湖魚菱、以著湖內、菱甚甘美、異於他所、

三國典略、齊師伐梁、梁以糧運不繼、調市人餽軍、建康孔奐、以菱屑爲飯、用荷葉裹之、一宿之間、得數萬裹、

酉陽雜俎、今人但言菱芰、諸解草木書、亦不分別、惟王安貧武陵記言、四角三角曰芰、兩角曰菱、今蘇州、折腰菱多兩角、成式曾於荊州、有僧遺一斗郢城菱、三角而無刺、可以節莎、

宋史禮志、薦新太宗景佑三年、禮官宗正、請每歲夏季月、薦果、以芡以菱、

郭進傳、進爲洺州團練使、於城四面、植柳壕中、種荷芰蒲藕、後益繁茂、郡民見之、有垂涕者、曰、此郭公所種也、

學齋佔畢、前輩筆記、小說、固有字誤、或刊本之誤、因而後生末學不稽考本出處、承襲謬誤、甚多、今略舉其一端、如馬大年永卿著懶眞子錄、辯王逸注楚詞、以芰爲菱、秦人曰薢茩之誤、當矣、惜其字有差誤、義遂不著、永卿謂、爾雅、薢茩英光、注云、英明也、或云蔆也、關西謂之薢茩、又爾雅云、蔆蕨攈、注、今水中芰、此皆馬所記也、今余考爾雅正本、則云、薢茩英光、注、英明也、卽今決明也、或曰蔆也、字從卩、非從氵、及至蔆蕨攈、然後從淩、注水中芰也、則是蔆與蔆、其爲二物不同、王逸誤引陸生之蔆曰薢茩、而爲水中之蔆、其失明甚、而馬又並以從水兩蔆字交證、且誤以英光英明、爲英光英明、此馬大年之誤、尤可哂也、

老學菴筆記、芰菱也、今人謂卷荷爲伎荷、伎立也、卷荷出水面亭亭植立、故謂

ひしのみ

和傳 菱實 伊字 同

菱科

Trapa natans.

ヒシ 伊字ノ図

シラパリコルニス
支那ノ菱

菱角　即芰實

ヒシ　ミスモグサ　古歌

救荒啓蒙十三

水澤中ニ生ス根ハ水底ニアリテ葉ハ水面ニ叢生ス形扁ニシテ蛺蝶ノ翅ノ如ク厚クシテ光アリ其莖フクレテ蝦蟆ノ股ノ如シ夏花ヲ開キ實ヲ結フ形三角四角或ハ兩角アリ其角皆尖リテ人ヲ刺ス初緑色秋ニ至リ熟スレハ黒色煮テ白肉ヲ採リ食フコレヲユデビシト云唐山ニハ品類多シ汝南圃史ニ詳ナリ

菱

其葉似荇白華實叢角刺人色青而嫩者曰青菱

物産志巻六

菱生水中一名芰屈到所嗜説文曰芰薐也武陵記両角曰菱四角
三角曰芰蔡衍鏡曰以其稜角峭厲故通称稜角
漳浦縣志　巻四

七廿

舶来芰實　安井氏所蔵
即番縣志蝙蝠菱是也

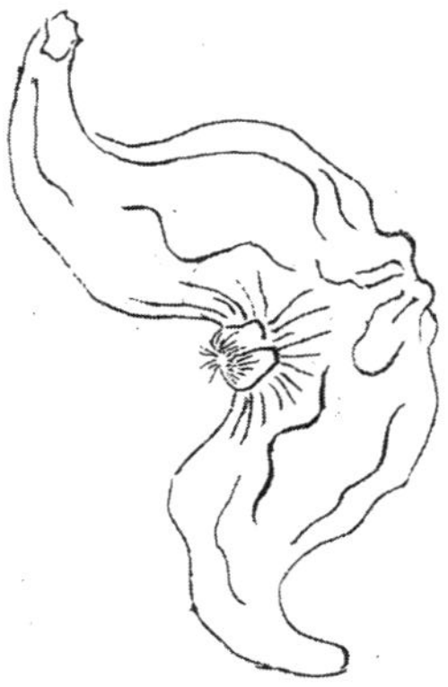

本草図譜　果部　水果類　七十六

芰實 ヒシ	一種 カツチイヒシ	慈姑 クワ井	一種 ウリカハ	附録 諸果
一種 ヒメヒシ	一種 ヒシモドキ	一種 メヒメクワ井		甘紋子 オランダ[illegible]
一種 アマガヒシ	芡實 ヲニバス	一種 オモダカ		木竹子 ホトウ
一種 ヲニヒシ	烏芋 クワ井	一種 ヤエオモダカ		同 別図

○題採菱図

採菱歌　湖南風信起、湖北浪花多、欲唱採蓮曲、翻成
採菱歌、採菱歌断汀洲暮、何處却尋帰去路、誰檣
艇笑相迎、燈火逢生白蘋渡。　明 王璲
題畫詩鈔

之伎荷、或作芰非是、白樂天池上早秋詩云、荷芰綠參差、新秋水滿池、乃是言荷及菱二物耳、

廣雅疏證、䔖芰、薢茩也、䔖或作蔆、或作菱、爾雅云、蔆蕨攈、郭璞注云、今水中芰、又薢茩芵光、郭注云、芵明也、葉銳黃赤、華實如山茱萸、或曰䔖也、關西謂之薢茩、案說文云、蔆芰也、楚謂之芰、秦謂之薢茩、楚詞離騷、製芰荷以爲衣兮、王逸注云、芰䔖也、秦人曰薢茩、是䔖名薢茩、相承自古、爾雅釋草、如蘋烏蘋、澤烏蘋、唐蒙女蘿、蒙玉女之類、多同實異名、而前後分見、薢茩芵光、䔖蕨攈、或亦是也、蕨攈之攈、孫炎作攈、音居郡反、又居羣反、蕨攈芵光、薢茩正一聲之轉矣、周官籩人、加籩之實、蔆芡㮚脯、鄭注云、蔆芰也、徐鍇說文繫傳、因周官加籩有蔆、而楚語屈建有羊饋而無芰薦、二者不合、遂謂屈到所嗜芰、非水中之蔆、又因爾雅薢茩芵光注、兼存決明及䔖之說、遂謂屈到嗜芰、爲決明之菜、案決明名芰、千古無徵、周官楚語、不必悉合、徐說疏矣、蘇頌

本草圖經云、菱葉浮水上、花黃白色、花落而實生、漸向水中、乃熟、實有二種、一種四角、一種兩角、是則䔖之形狀雖殊、稱名則一、而酉陽雜俎、引王安貧武陵記、四角三角曰芰、兩角曰蔆、强爲分別、其說非也、各本、茩作苟、音狗、案苟字、不須作音、諸書薢茩字、亦無作苟者、蓋字本作茩、曹憲音苟、寫者因音內苟字、而誤寫正文作苟、後人又見正文與音內字重複、遂改音內苟字、爲狗耳、爾雅釋文、引廣雅云、䔖芰、薢茩、今據以訂正、

說文解字注、蔆芰也、周禮加籩之實有蔆、注、蔆芰也、子虛賦、應邵注同、从艸淩聲、力膺切、六部、楚謂之芰、楚語、屈到嗜芰、韋曰、芰蔆也、秦謂之薢茩、釋艸曰、薢茩芵光、郭云、芵明也、或曰䔖也、關西謂之薢茩、按景純兩解、後解與說文字林合、釋艸又曰、蔆蕨攈、孫炎居郡反、郭云、今水中芰、按蕨攈芵光、皆雙聲、爾雅薢茩芵光、或可以決明子釋之、不嫌異物同名也、而說文之芰薢茩、卽今蔆角、本無疑義、不知徐鍇何以滑惑、遴、司馬相如說蔆从遴、此當是凡將篇中字、藝文

志曰、史游作急就篇、李長作元尚篇、皆倉頡中正字也、司馬相如凡將篇、則頗有出矣、據是、則倉頡篇正字、作蔆、凡將別作遴菅、同此、夌聲、古音在六部、遴聲、古音在十二部、而合之者、以雙聲合之也、今史漢文選、子虛賦、祇作蔆華、芰、蔆也、是謂轉注、从艸支聲、奇寄切、十六部、菱、杜林說芰从多、此蓋倉頡訓纂、倉頡故二篇中語、支聲在十六部、多聲在十七部、二部合音取近、古弟十七部中字、多轉入弟十六部、薢、薢茩也、不云蔆也者、巳見上矣、王注離騷曰、芰䔖也、秦人曰薢茩、按薢與芰同在十六部、徐言之則云薢茩、从艸解聲、胡買切、十六部、茩、薢茩也、从艸后聲、蔆以角得名、蔆之言棱也、茩之言角也、茩角雙聲、同在第三部、唐韻胡口切、薢茩雙聲、

Water caltrops 菱角

メウンテル[illegible]

菱

Trapa bicornis

Trapeae

Trapa natans.

266 図

菱 ab.

○ Trapa. ヒシ

Euryale ferox

スヽツト 芡實

雞頭

芡ハオニバス [illegible]

○ヒシ

ミヅモグサ 古哥

ミクリナハハ

ワーテルノート

「タラパナタンス」

芰実 菱 字典或作蔆 菱芰並同

水沢中ニ生ス根ハ水底ニアリテ葉ハ水面ニ叢生ス形扁メ蝶ノ翅ノ如ク厚ク光アリ其茎フクレテカハズノ股ノ如シ夏花ヲ開キ実ヲ結ブ形三角四角或両角アリ其角尖リテ人ヲ刺ス熟スレハ黒色煮テ白肉ヲ採食フエデビシト云時珍説ニ殻小ナルヲ野菱ト云形大ナルヲ家菱ト云四角ニ角ヨヲ海面郡松田村ニテガンドビシト云古歌ニけふやかの山岸吹風のおほくれ浪まかく[illegible]みちもまかるを

○めひし

名 芰 メヒシ

「ヒシ」

支那ニハ二種アリ一ハ四角 [illegible]トシ
一ハ両角ニシテソノ両角長ク[illegible] 巻キテ[illegible]也
ニ又蠅虎ニシテ此糸色モノ
ヨリ作リ長以[illegible]ト云
ヘリロ或説ニ四角二ノ角曰
豊両角曰其文ト云又
形殊ナル名ハ一十[illegible]銭
[illegible]非[illegible]

伊藤圭介稿 植物図説雑纂二百三十七

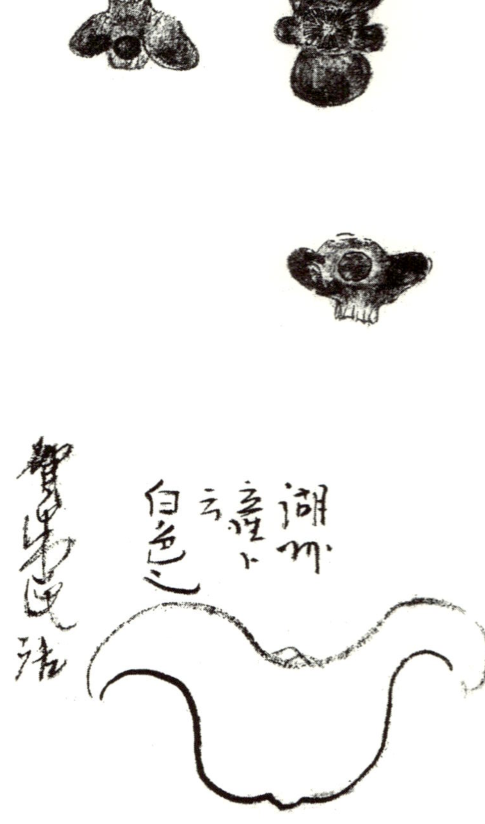

菱

音零　周禮薑人加薑之實菱芡註云蔆芰也疏云
即蔆角今两角者俗謂之蔆三四角而少者名芰
芰花紫晝合宵炕隨月轉移猶葵之隨日也酉陽雜
俎蔆花開背日芡花向日故蔆寒而芡暖陽春縣志云

菱

王氏武陵記云两角四角三角曰芰呉郡志今蘇州折腰菱
多两角名腰菱有野菱家菱二種近世復出餛菱最甘香廬志今
折腰菱䡄之曰風菱又有歇史花蒂一種産長洲顧邑薹實大而
味勝號顧窑蕩菱姑蘇志有蟲山一種如顧窑蕩而味畧減謂之
事縣菱今訛爲留連　呇東峽詩交游萍荇似蕺蒲懷玉藏珍難
憑僊棄底只因頭角露此生不得老江湖　蘇州物産志　十二

陽イクサヒシ　宋菱 明〓

秋ヲ蝙蝠ノ飛フガ如ク大サ三寸斗リニ穫アリ

菱子ヒシ此物ノ名ハ仁徳天皇ノ御歌ニモステ
ニ見ヘタレト其事ノコトキハ不詳
モ難ニヨハヒトイチニケリ此物ノ実殻角
アル菱ノカタニ似タレハ此名アリケルヒヤサ
ラハミトイヒシハ詞助ナリ此名ニヨリテ名
ツケミトミヘタリ　東雅　七

一種　駒牙ノヒシアリ
一種
一種

紅者菱緑者芰　亦別曝以為小可當糧忌雑蜜
太平府志　巻十三

菱
卽水栗角而為菱三四為芰花晝合宵炕隨月轉移　王禕句長
塘散寒菱老屋蘆蕎沈　又刺菱
象鳥縣志　巻八

ヒシ

菱　ヒシ
倘湖樵書曰凡花向日獨菱花背日而開佹池筆
記云菱花開背日芡花開向日故芡熱而菱寒耳紫桃軒雑綴
曰兩角而彎者為菱四角而芒者為芰吾地小青菱被水而生
味甘美熟之可代殘飯其花鮮白幽香與蘋蓼全時正所謂芰
也春秋時吾地入楚屈到所嗜其即此耶此物東不至魏塘西
不踰陵門南不及半路北不過平望週遮止百里外耳禮白藏
記曰九月九日由謝村取餘杭道曲溪淺渚被水皆菱角有深
淺紅及慘碧三色舟行刳牟可取○烏菱 クロビシ 乾隆青蒲縣志曰
蔆黒者名烏蔆又有四角而紅四角而青者尤嫩

菱　和名ヒシ二種アリ浅
水生スル者小クメ不堪食池沢深水ニ生スル者
大ニメ胡桃ノ大サ俗ニガントウ菱ト云 大ノ方ノ菱ノ形

ヒシ

芰實ノ形二角三角四角アリ生ニテモ蒸煮ニテモ食ス飢
饉ヲ救フ性ハヨカラズ　諸芰譜　下

○ひし　菱子と訓せり蔆蔾もあり鱗和名抄 薢茩乃美加
へしひし蔓ともいへり菱ニ両種ありかるいは黒菱と
いふ稜硬くして人を刺して大なるハ稜脆し参河ノ国岩堀
の菱ハ二稜之と云り○綾の紋ニ幸菱あり二重菱也
又三重たすき中菱ともいふ正中飾記ニ倭文裳のる
小紐字文せんきん菱ともいへたり又武田菱ハ割菱之元祖
新羅三郎義光より事起る又折入菱あり入子菱花菱
立菱横菱一菱重菱遠菱四ッ菱あり幕の紋ニ松皮菱
といふるあり

ヒ廿八　○餛飩菱 シロビシ　元和縣志曰菱有紅白二種白者名餛飩
菱　○紅菱 アカビシ　元和縣志曰菱紅者曰老紅菱青蒲縣
志曰菱四角而紅者名紅菱

ヒ廿八　ヒメヒシ　菱ノ小キ [illegible]

○菱 四角三角曰芰兩角曰菱 紅者最早為水紅菱 又有紫色
者有青色者味甘平或云其花晝合宵開隨月轉移 [illegible]

○菱 四角三角曰芰兩角曰菱紅者最早俗名水紅菱 又有
紫色者有青色者味甘平或云其花晝合宵開隨月轉移

芰實

比之 Trapa 洋菓一曲 菱 英名西…

一名菱多生仙波湖水中村松廣浦亦極多秋冬
根深伏水底春月叢生細莖葉浮水面其葉似銀
杏葉而鋸齒最短重生十葉二十葉夏月開四瓣
小白花花謝秋月生實有三稜者四稜者名之菱
角 録卅鈕 一名水菱 本草彙箋 常陸物産志十

仁表

煮菱

用石灰水拌過洗去灰煮之則青 物類相感志

一云菱煮過以礬湯焯之紅綠如生 仝上
一云新出之菱栗爛煮之有松子仁香 隨園食單
衛濟餘編十四部

紅0菱葉小新鋪港銀鄉。
鱗鮮作出四番」
敎仿畫舫卷五

痲食忌

生薑 疹所大忌勿作藥引 凶眼大寒 但忌作引辣
醤 花椒 烟 茶 火酒 醋 麪 索粉
麪筋 糯米團粽 豬羊肉 雞魚 葱蒜
芥菜 山茄 氷紅菱 糖食 桃梅李杏
発疹若飲粥湯熱湯熱酒 輕者必重 重者必危 哭
米食諸物 恐結成瘡塊 日久變出他疾 難于救療
忌用熱湯洗澡 愈洗愈將毒氣趕入腹内

驗方新編 上

菱角 ヒシ 男ヒシ 女ヒシ 鬼ヒシ 等数種アリ

菱實 ヒシノミ 本艸紀多ス條く (古)八

ひし 應神紀にかくまきえのヒシ(菱)鐵ヒシカラ羅とよみたり 穀也 万葉巻七ニ浮沼池菱採 巻十六ニ菱ミ字礼とよみたり 四角為芰 両角為菱ま菱

国史草木昆虫攷 巻ノ六

みわくり ひし 蔆 あしつき

万葉 豊國のきくの池なるひしのうれをつむとや妹かみそてぬれけん

同 とふ川 紅向ふ少女等かあしつきとると瀬にたゝすらし

和歌本草提要巻一

日本紀ニひしのさしくともしらすく即あしつきの意ニ実核角あり池澤水面に浮て生す夏小白花を開く後実を結ふ四角或ハ六角又九月採て生食す又蒸して食ふひしノハ菱角ニ

本草圖譜巻之七十六目録

果部 水果類

芰實 ひし	一種 おにびし
一種 あまつきびし	一種 おにびし
一種 からこびし	一種 ひしもどき
芡實 みづぶき	烏芋 くろくわゐ
慈姑 くわゐ	一種 まつくわゐ
一種 おもだか	一種 やなぎくわゐ

一種 うりのき	
附録諸果	
甘鉄子 あららぎ	木竹子 わかり
同 物切化の載る所の四種	椗子 同書所載之物
蘭子 同書所載之物	靈牀上果子

本草圖譜巻之七十六

東都　岩崎常正　著
男　岩崎信正
門人　小山廣孝　校

果部　水果類

芰

芰實　初し　ベカンベ蝦夷　チリビユリ　ユヽ同羅
ウアトルイテン蘭　菱本草和名　別錄名菱　蔆藧　猪鼻
水栗　薢茩上同　芽萍名物方言　菱角本草校正

ヒシ
故哥ニミクリナハトヨメルハヒシナリ
ミスモグサ古哥　ミクリ六八

[illegible]

ワーニノルノラト

芰實
子陵日
菱角本經逢原
未栗実御薬本草
翻雞事物異名　紫角同
胡達兒共同上蒙古ノ名
水菱本草蒙筌　蟾蜍皮事物紺珠
菱果村家方

[illegible]十八
花一名水客事物紺珠　芽萍名物方言

水栗
武陵記
舎利虎吒迦
梵語
所々湖水中に生す水底に菱角ありて初夏苗を
生し葉水面に浮ぶ葉三角にして浅鋸歯あり茎
肥て雨蛤の股に似て夏月葉間に黄白花を開く
其下に実を結ぶ形蒺藜に似て大なり両角あり
て刺あり嫩緑老黒形又梟の飛に似たり其殻硬
くして厚く中に白色の肉あり食べし菱の殻を

Water-nuts of minkijiel 922

本草 菱 ヒシ 此図ノ者ハ日本ノヒシ也 奥州ニ一種大サ豆粒ノ如キモアリ 又八角ノモアリ 琉球ノ産ハ四角アリ

菱實 比志 【異名】 蔆 リョウ 別録 水栗 リツ 風俗通 沙角 シャカク

○菱 両角為菱四角為芰
加 含山縣志

蓮菱
廣州郊西、自浮丘以至西場、自龍津橋以至蜆涌、周迴廿餘里、多是池塘、故其地名曰半塘、土甚肥腴、多膏物、種蓮者十家而九、蓮葉旁復點紅糯、夏賣蓮花、又藕、秋以蓮葉為薪、其蓮多紅、以宜藕、宜實也、花白者、人任人采之、紅者則否、葉則否、采葉恐傷其藕、采紅花恐傷其實也、予詩、采花莫采葉、采葉恐傷藕、又云、蓮白多生花、蓮紅多生子、采白莫采紅、雷紅在葉底、又云、水肥多芯帶、色映白茂紅、葉大偏宜藕、田田滿浦東、

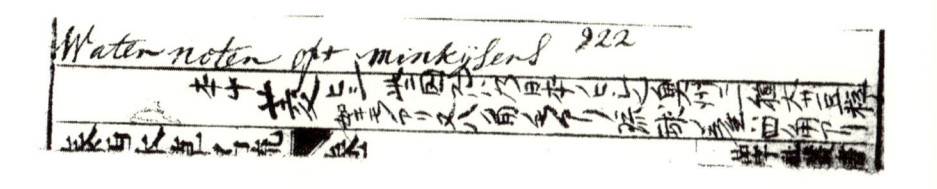

芰實 芰即菱角也葉浮水上花黄白色晝合宵炕隨月轉移猶葵之隨日也花落而實生漸向水中乃熟武陵記云四角三角曰芰兩角曰菱本草謂味甘平無毒主安中補五臟不饑輕身孟詵云芰實蒸作粉蜜和食之可休糧又云令人臟冷損陽気痿莖不可多食其有多食腹滿者可煖酒和薑飲之

菱

鄉餉曰菱四角三角曰芰其葉似荇白花赤實其花晝合宵開隨月轉移有紅白二種白者名餛飩菱紅者名老紅菱又種特大色紅味鮮美名雁來紅又呼顧桃蕩係兩姓合有故名出新門外附近蕩田及郷間浜港俱有之

邵武府志 八

元和縣志 十六

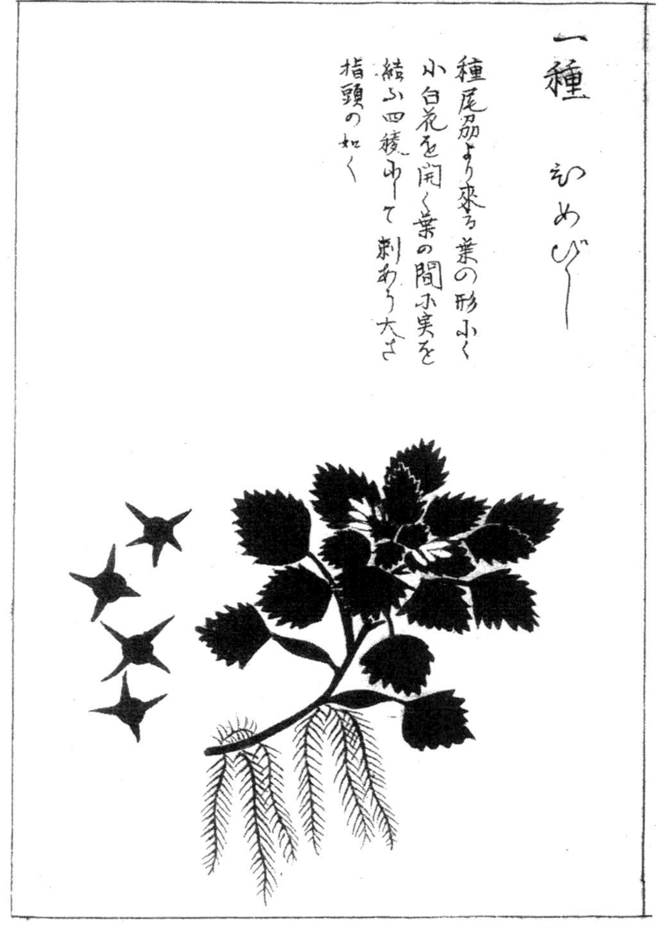

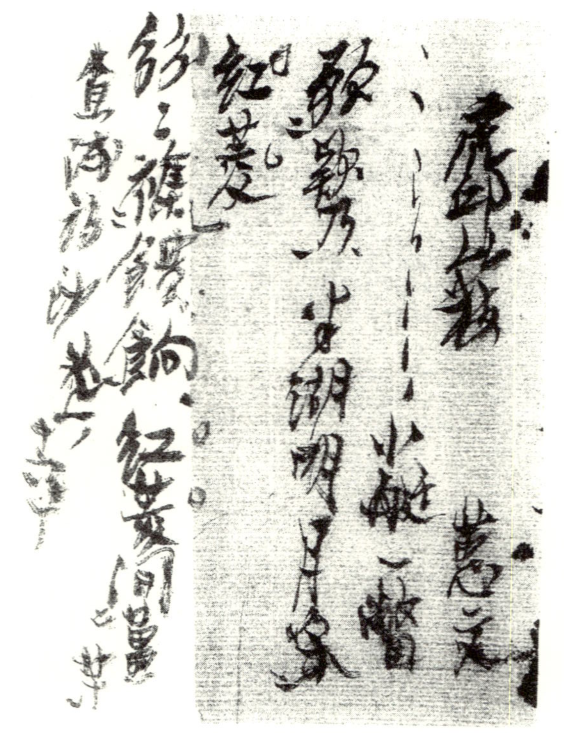

水菱

武陵記兩角曰菱三角四角芰通謂之水菱　華夷花木考　巻五

釋名

菱 別録　水栗 風俗通　沙角

時珍曰其葉支散故字從支其角稜峭故謂之菱而俗呼為菱角也昔人多不分別惟王安貞武陵記以三角四角者為芰両角者為菱左傳屈到嗜芰即此物也爾雅謂之厥攈音眉又許慎説文云菱楚謂之芰秦謂之薢茩楊氏丹鉛録以芰為雞頭引離騒緝芰荷以為衣言菱葉不可緝衣皆誤矣案爾雅薢茩乃決明之名非厥攈也又埤雅芰荷乃藕上出水生花之莖非雞頭也與菱同名異物許楊二氏失于詳攷故正之

鮹仁　菰首 陶景注　芰 音馬　蕨攈

鮹鼻　水栗　薢茩 以上爭名苑

水澤中ニ多生ス根ハ水底ニアリテ葉ハ水面ニ叢生ス形扁ニシテ蝶ノ翅ノ如ク厚クシテ光リアリ其莖フクレテ蝦蟆ノ股ノ如シ夏花ヲ開キ実ヲ結ブ形三角四角或両角アリソノ角皆尖リテ人ヲ刺ス初緑色秋ニ至リ熟スレバ黒色煮テ白肉ヲ漿リ食フコレヲエデビシト云フ時珍ノ説ニ野菱家菱ノ別アリ形小ナル者ハ野菱ナリ形大ナルモノハ家菱ナリ唐山ニハ品類多キ丁汝南圃史ニ見エタリ曰山陰志ニ云越人謂小者為刺菱巨者為大菱四角者為沙角菱松江府志云菱湘泖及人家多種之有青紅二種紅者最早七月初有之名水紅菱稍遅而大曰雁来紅曰鸚哥青ヽ而大者曰餛飩菱極大者曰蝙蝠菱其最小者曰野菱呉都志云折腰菱唐時甚貴之今名腰菱有野菱家菱二種近世復出餛飩菱最甘香腰菱賤矣蘓州志云折腰菱多両角甕之曰風菱近又有鬼火大蒂二種

集解ニ荊州郢城菱三角無刺可以挼莏ト云此種近年船来ス実ノ尖リニ刺ナクシテ手デモミテモ一向手ヲサヽズ故ニ可以挼莏ト云

○フシノ粉ニナルヨシ故ニフシノ音轉ヒシ也ト云ヽ

○浅水ニ生スル者小ニシテ不堪食池沢深水ニ生スルモノハ大ニシテ胡桃ノ大サナリ俗ニガニトウ菱ト云大ノ方方形ヲ尖ナリ

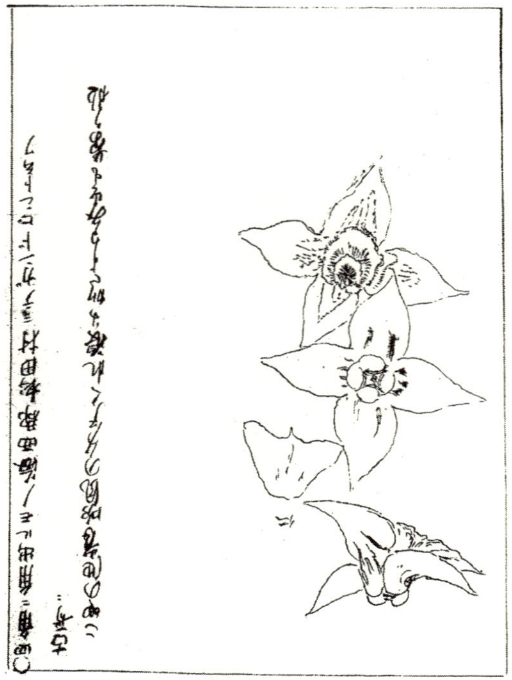

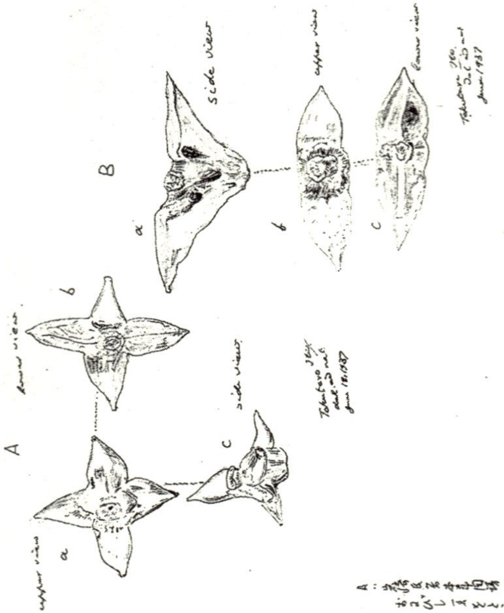

Trapa bicornis, L.

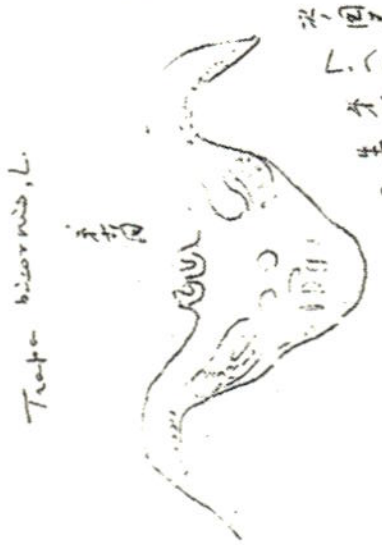

[illegible]
Daniel Hanbury, Science Papers (Lond., 1876) p. 241
[illegible] Notes on Chinese Materia Medica [illegible]
[illegible] Trapa bicornis L. (Halorageae) [illegible]

[illegible]
[1] Trapa natans Linn. var. bispinosa (Roxb.) [illegible]
[2] Trapa natans Linn. var. incisa (Sieb. et Zucc.) [illegible]
[3] Trapa natans Linn. var. bicornis (Linn. fil.) [illegible]
[illegible]

A : [illegible]
B : A [illegible] Trapa bicornis L. f. [illegible]
[illegible]

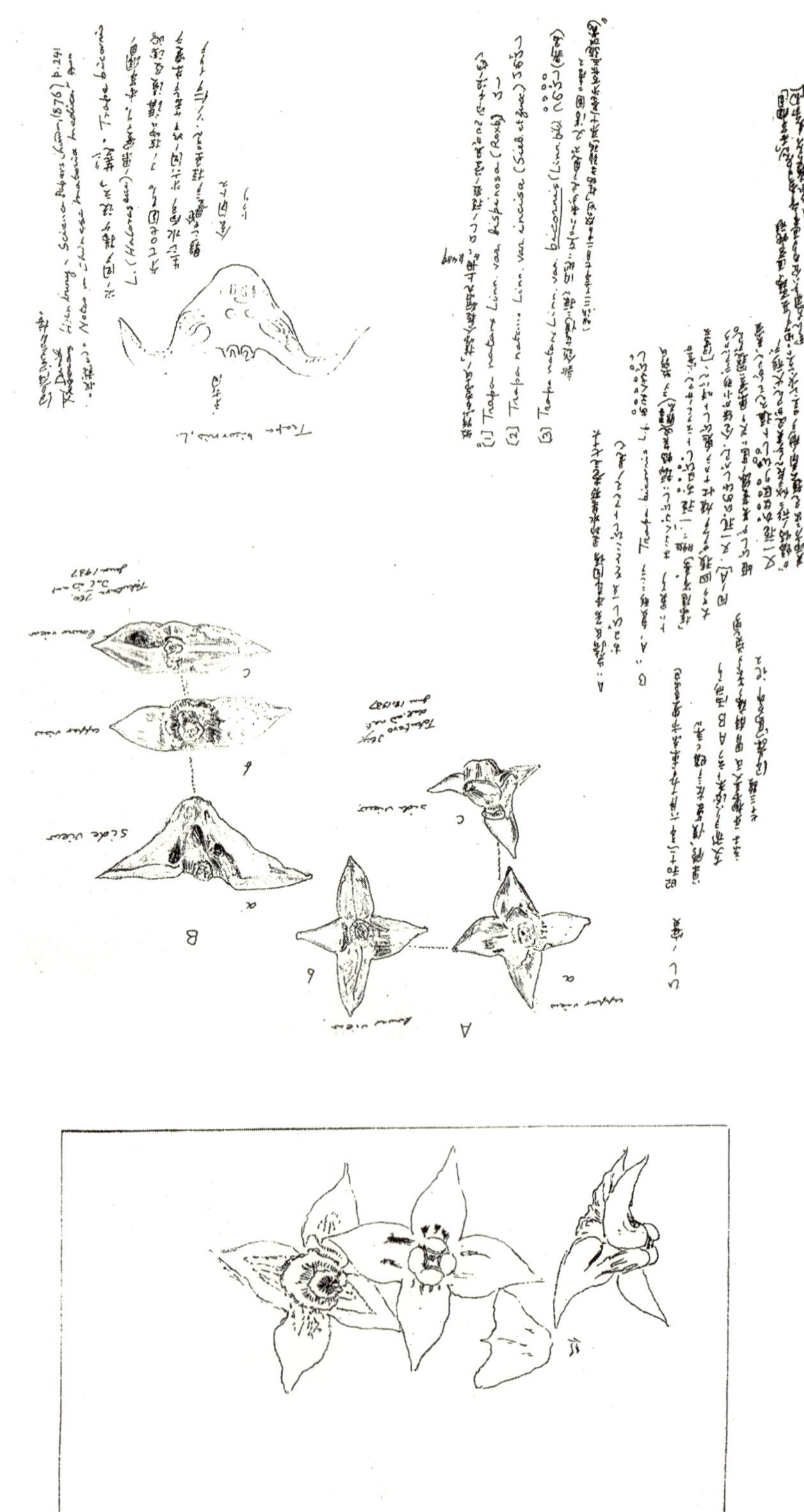

菰ノ一汋

成形　ヒシ　古事記　ミスモグサ　秘蔵抄

こゝの池に岸吹風のゆすくれは波よりくるみもくさる

芰　別稱　字典古文作茤蓮

菱　字典或作蔆　薐　蓤並同

主治　中ヲ安クシ酒毒ヲ解ク多ク食ヘバ腸髒ヲ損ク

菱　ヒシ

河内国

河俣江

日本紀應神巻

大鷦鷯尊蒙御歌使知得賜髪長媛而大悦之報歌曰

毎遍比苑區伽破广多曳能比辞餓羅能佐辞鶏區辞羅瑤阿餓

許居呂辞伊夜于古瑤辞呈　上略

摂津国

三嶋江

建仁元年三月外宮御百首夏

後鳥羽院御集

みしま江のひしのうきはにみたれたるみくりの夏の月もこそなけれ

浅澤沼

名所沼

為尹千首 下

下紅葉浅沢ぬまはあせにしてひしの葉ふかく雲かゝるなり

近江国

細見池

夫木鈔ニ當国名寄等ニ未勘国

ヒシ

古今六帖 六

あれはてゝやつれそらの池に生る菱はえてねの流れしもせす

石見国

浮沼池

萬葉集七

旋歌

羈旅歌

柳本朝臣人麻呂

君為浮沼池菱採跡我染袖之沾在哉

豊前国

企救池

有由縁雑歌

豊前国歌一首

白水郎

同 十六

豊国乃企玖乃池奈流菱之宇礼乎採跡也妹之御袖沾計武

菱池

題シラス

ヨミ人シラス

夫木鈔 雑五

とよ国のきくの池なるひしのうれをとるとや妹か袖ぬれにけん

此ウタハ万葉十六企救ノ池ノ歌ニ大ニオナシク小キ異ナリ六帖ニモキクノ池トアリ又夫木ニモ六帖トアレハモシクハ同歌ナランカ前ニモイフコトク古書ハカヽル紛オホケレハ一槩ニ論シカタシ尚尋ヌヘシ

名所草木考 土

[illegible]菱花罔両児[illegible]

菱　首水紅菱体弯而長六月食之有青菱紅菱
皆四角七八月間食之鮮嫩可口深秋菱老
民間取以熟食香臓可以代飯充饑[illegible]

ひし　菱　あしつき　[illegible]

万葉　豊國のきくの池なるひしのうれをつむとや妹かころもてぬれけん

同　とうみ川紅白ふ少女等かあしつきとると瀬ふたゝそらし

日本紀ふひしかのさしけくもしらみたり即あしつきの意

之実核角あり池澤水面ふ浮ミて生し夏小白花を開く後実

を結ふ四角或六角之九月採て生食す又蒸て食ふよし

ひしハ菱角之

菱實（ヒシノミ）　宮城縣陸前国桃生郡廣淵村産　[illegible]

採收　芰ハ廣淵沼ニ自生ス毎歳五月上旬渟中ニ芽ヲ生シ六月下旬葉茎ノ水面ニ浮ヒ漸次繁茂シテ九月下旬ニ結実ス即剪刀或ハ小刀ヲ以テ採收シ十一月ニ至リ止ム

製造　小刀ヲ以芰実ヲ割割シ外殻ヲ去リ釜鍋等ニ盛リ煮熟シテ食フ之ヲ貯フルニハ土ヲ穿チ坑中ニ藏メ古莚ヲ用ヒテ覆フ此ハ翌年三月中旬ニ至ルモ尚保存ス多クハ小児ノ間食ニ供シ又飯量ニ用フル丁アリ

芰實

其実稍散故字従支其角稜峭故謂之菱左傳屈到嗜芰即此物也鮮食美炎曝代糧

六合縣志　十二

食菱

雞頭弟弟藕兒、頭角嶄然也不鮮
白壁中藏烟水暗、紅衣左袒雪花明、一
一生范蠡惟知己、千載靈均是主盟
每到炎官張火傘、西山未嘗聖
之清」蔬果争奇出ッ題、食菱」

○菱 巻七 浮沼池ノ菱採ルト 巻十六 菱之宇礼手
採跡也 妹之 應神紀 大鷦鷯尊御歌 伽被
摩多乗能比挑醸蚊トアレ是也 和名
抄 菱 和名比之 水草也 葉ノ莖豐シ
テ海老ノ足ノ如シ 是ニ実アリ食用ニ
スト云ヘリ
万葉ノ歌ニ

Trapa bicornis 菱角 ling kioh

菱実 ヒシノミ　古哥ニ水モ草　是ハ池ナトニ自然生多シ根ハ水底ニアリ葉ハ
水面ニ浮故ニ軸甚長シ春ニナレハ蔓ノ先ニ葉生ス粗キ鋸歯アリ堅ク長シ三角
尖アリ七八分アリ其葉ノ表光アリ集鮮如鏡トエフ葉ノ軸ノ本ニ蝦ノ眼ノ如キモ
ノアリ葉ハ十枚モ廿枚モ重テアリ葉間ニ花白色ニシテ四弁ナリ其傍ニ別ニ実
生ス色々ノ形アリ先三角四角ニナツテアリ其先ニ三処ニ刺アリ四角ニモ刺アリ熟スレハ
外堅秋蒸メ肉ヲ食是ヲイデヒシトエフ唐ニテモ食用ニスルトエフ又ヒシノ大五分モ
アリ渓名野菱トエフ播州アタリニ多シ実大ナルヲ鬼ビシトエフ唯小キヲヒシトエフ肥前
ニテエフナリ泉州ノ池ニアルハ葉ノ大サ三寸モアリ唐テ曰其多シ汝南圃史ニアリ山
陰志云越人謂小者為刺菱巨者為大菱四角者為砂角菱松江府志
云菱湖御及人家多種之有青紅二種紅者最早七月初有之名水紅菱
稍遅而大曰鴈来紅曰鵝歌青青而大曰餛飩菱極大者曰蝙蝠菱其
最小者曰野菱呉郡志云折腰菱唐時甚貴之今名腰菱有野菱家菱
二種近世復出餛飩菱最甘香腰菱賤矣蘓州志曰折腰菱多兩角乾之
曰風菱近又有軟尖花蒂二種トエフ　本条一名菱角事物異名　紫角事物異名
子陵日　水菱本草蒙筌　蟾蜍股事物紺珠　胡達児事物異名　菱粟村家方
未栗実御薬本草 水ノ誤カ　未栗朱亜月令　龍雛事物異名　菱肉アイ
苍一名水客事物紺珠　定芽　芊萍名物洪言

一菱實
是亦出羽奥州之池沼ニ多ク御座候テ諸民草子ニ仕
此類二三種モ御座候
[illegible]角ノ者ヲ芰トシ両角ノ者ヲ菱
ト云説アリ
○菱 ヒシ 角草也　下学集
ヒシモニ大小アリ [illegible] 大ノ方ヲ [illegible]
小ノ方ヲ [illegible]
刺菱 沙角
沙角 乃小菱也 [illegible]
乃 [illegible]

菱 [illegible] 菱花 ヒシ

ヒシ
両角三角或四角六角或示角ナキモアリ 此角ナキモノ多
参河菱ト云参河國ニ産ス 又一種菜実但小毛アリ
或ヒシ ニ阿年子ナト再同ヒシ [illegible]
ヒシ 俗名 [illegible]
「埤雅」其葉似荇白華実有紫角刺人亦名薢
茩説文云楚謂之芰秦謂之薢茩
「武陵記」四角三角曰芰両角曰菱通謂之
水栗花紫晝合宵炕随月轉移或紫苞或

ヒシ

ひすいも　和名抄　鹿尾菜　俗ヒジキ

伊勢物語　乃さうしける女の許にひじきもと云物をやるとて

思あらハ葎の宿に寝もしなん　ひじきものには袖をしつゝも

海中石に付て髭の尾の如し　青色乾て黒色にて賤民の食を助くる卑しき物也

持統紀　殯宮に嘗するの日青飯（ヒジキオモノ）ともいえり　又古ハ清供に専是を用し事物語草紙なとにも見えたり　尚青精飯と云る事漢の故事にも有よし

天武帝殯宮に嘗し給へとも

持統帝ハ青飯の卑しきを免されしなるへし

和歌本草提要巻一

〇ヒジキ　羊栖菜　閩書南産志曰生海石上長四五寸微黒色　閩名ヒジキ

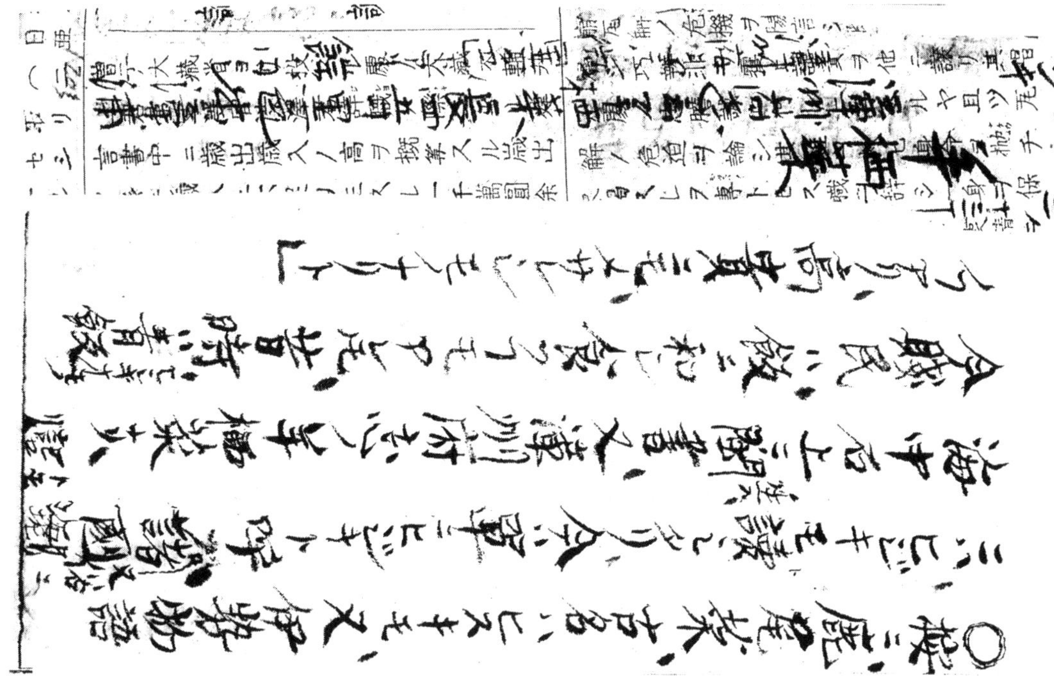

鹿尾菜

和名類聚鈔 巻十七 菜蔬部

鹿尾菜 辨色立成云六味菜 比須木毛 楊氏漢語抄云鹿尾菜

類聚名義抄 八 中 六味菜 ヒスキモ

伊勢物語 三段

むかしをとこありけさうじける女のもとにひじきものといふものをやるとて

おもひあらばむぐらの宿にねもしなんひじきものには袖をしつゝも

○按ニ鹿尾菜ハ古名ハヒスキモ又伊勢物語ニハヒジキモ讀ミタリ今ハ單ニヒジキト呼ブ諸國海邊又俗ニ海中石上ニ生ズ閩書又漳州府志ノ羊栖菜ナリ今賤民ハ飯ニ和シ食フコトモアレド昔時ハヒジキナキ青飯ヲアリハ高貴ニモメサレシモノナリト」

ひずしも　和名抄鹿尾菜　俗ヒジキ　知多本草推秀

伊勢物語　けさうしける女の許にひじきもと云物をやるとて

思ひあらば葎の宿に寝もしなんひじきものには袖をしつゝも

海中石に付て亂の尾の如し青色乾て黒色にて賤民の食
と助る卑しき物也

持統紀殯宮に嘗するの日青飯（ヒジキオモノ）をそなへたり又古は清供に
專是を用ゆ事物語草紙なとに見へたり尚青精飯と
云る事漢の故事にも有よし

天武帝殯宮には嘗し捨へしも
持統帝は青飯の卑しきを免されしなるへし

ヒジキ

○ひずきも　倭名抄に鹿尾菜とあり天長中の侍太宰府貢鹿尾
䞀とある是なるへし　壇別府志にも羊栖菜也といへり伊勢物語にひずき
そともえたり今志らいへり千杉藻の義なるへし伊勢物語の詞にふれて
清濁はかなるへし是を送るはなつかしかし故わなうし詞を設けん
料なりしは也万葉集に高安王の裹（ツツメ）る鮒を娘子に贈る如し角のまとも云り
土佐人は祢いらといふ○古本には掬裳とありて一本には掬とあるて一字
誤アるて鉄字なるへし　和名抄庭所部に鉄毛庫以五色糸為之とえへ
賦役令にも毛しく織たる物貢る事あれは古へはさるその用ひたりけり
右和訓栞　巻二十五に出

鹿尾菜　ヒジキ　和名抄下　卅五

海鹿菜　ヒジキ　鹿尾菜

羊栖菜長四五寸微黒色出海濱　[illegible]

羊栖菜生海石上長四五寸微黒色出温州閩南山東

ヒジキ

羊栖菜　カヘルコヒジキアリ　初ハ黄褐色乾テ黒色叢ヲナシテ生ス　寒中ニ取ヲ佳トス　[illegible]

ヒジキ

海鹿ヒジキ　[illegible]　長ナガヒ

ひしき　順和名ニ鹿尾菜をひしきとよみたり

ひしきも　顕昭ハ鹿尾菜と注したり　伊勢物語ニ　ひしきもとよめる　千杉

国史草木昆虫攷巻ノ六

藻の義なるへしといへるハいふかし　是閩書ニ載たる羊栖菜成へし

羊栖菜　閩書　ヒジキ　食用ニハ寒中ノモノ良トス　閩書

形菌艾ノ如ニシテ大ナリ　生ハ黄色乾テ黒色ニナル

月頃ノモノハ形長ク美ナリ　一種虎栖菜　閩書　朝鮮

ヒジキ　一名ナガヒジキ　[illegible]

○ひすきも　倭名鈔ニ鹿尾菜をよめり　天長中ニ停太

宰府ノ貢鹿尾菜と云るも是なるへし　和泉　府志ニ云

羊菜葉也といへり　伊勢物語ニ云　ひしきもとみえたり　今

ちひいへり千杉藻の義なるへし　伊勢物語の歌ニよみても

清濁ハかまハぬなるへし　是を道ハなるつしかぬものなり

ら詞を設けん料よ土佐人ハ称りといふ

○ヒジキ　　ひじきも　ヒジキモ

羊栖菜　漳州府志　閩書南産志

伊勢ヨリ多シ

三千ヒジキ　ヒジキニ似テ細長ナリ

一種ナガヒジキ　テウセンヒジキ

鹿栖菜　閩書南産志　ヒじキ

サツマ　日向　五島ヨリ出ス

國史　鹿尾菜

一種ヒラヒジキ　志州ニ鹿尾名アリ

ヒ
カ九　鹿角菜　ツノマタハヒジキノコト此ニ別物ノ様ニミタ
ハ非ナリ本綱ノ鹿角菜ハフノリノコトナリ

羊栖菜　閩書南産志曰生海石上長サ四五寸微黒色

ヒジキ　ヒジキ

和名抄 廣三ノ十三

羊栖菜　浦

鹿尾藻　志摩郡　日本地誌提要ニ

漳州府志云羊栖菜長四五寸黒色出海

漳州府志ニ微黒色トアリ

和 鹿尾菜 比須木毛　攝壌　鹿尾藻 ヒスキ ヒスキモ　名 六味菜 ヒスーモ

伊物語 むかしをとこありけりけさうじける女のもとにひじきもといふ物をやるとて

おもひあらはむくらのやとにねもしなんひしきものには袖をしつゝも　引敷物

羊栖菜

和名ヒジキ 漳州府志云羊栖菜長四五寸黒色出
漳浦又海物異名記云羊栖菜一名猴葵沉徳遠甫
越志猴葵一名鹿角菜閩中海錯云一名海藻生南
海中石崖間長三四寸大如鐵線以水洗醋拌則脹
起如新味一種赤色者赤菜ト名ツク海菜類ニ
似テ至黒ナリ久シク浸ハ赤色ニ変ス

廣大和本草 三

羊栖菜 閩書

此之支
生處々海中石上其長二三寸形円小尖鋭日乾
之其色純黒賤民採之常為食用

常陸物産志 十

ひしきも ひしきもノ条 勢植名彙

ひしき 同上

ヒスキモ ヒジキ

鹿尾菜 ヒジキ 倭名鈔

鹿尾菜 ヒジキハ羊栖菜之閩書鹿尾菜ハ和諸之ヒジキリ
干シタルハ黒メ技多シ豫呉ヨリ出ルハ葉アツテ柔之
此ヲヒジキト云ヘ氏別物トミユ 大和本草

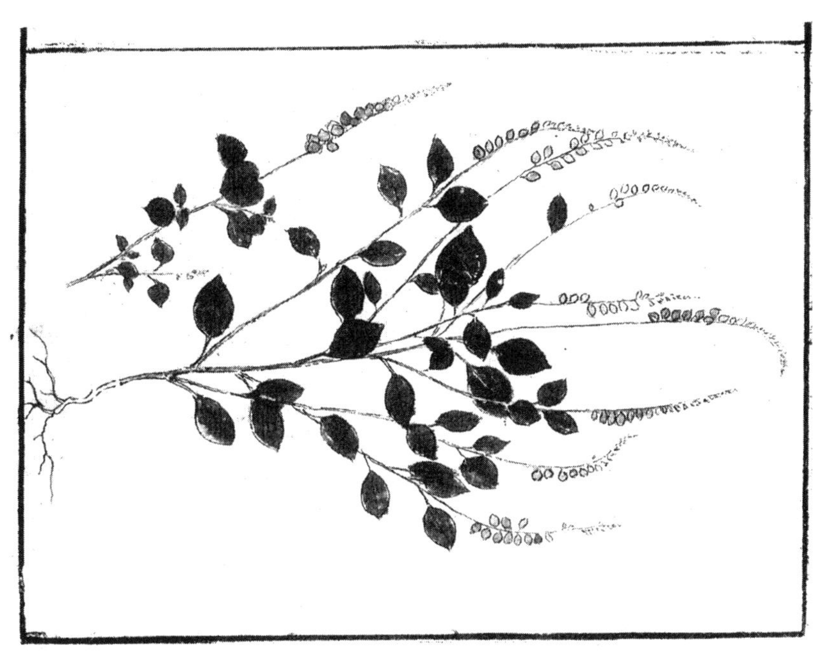

植物圖説 巻 ミヤマヒナノキンチヤク

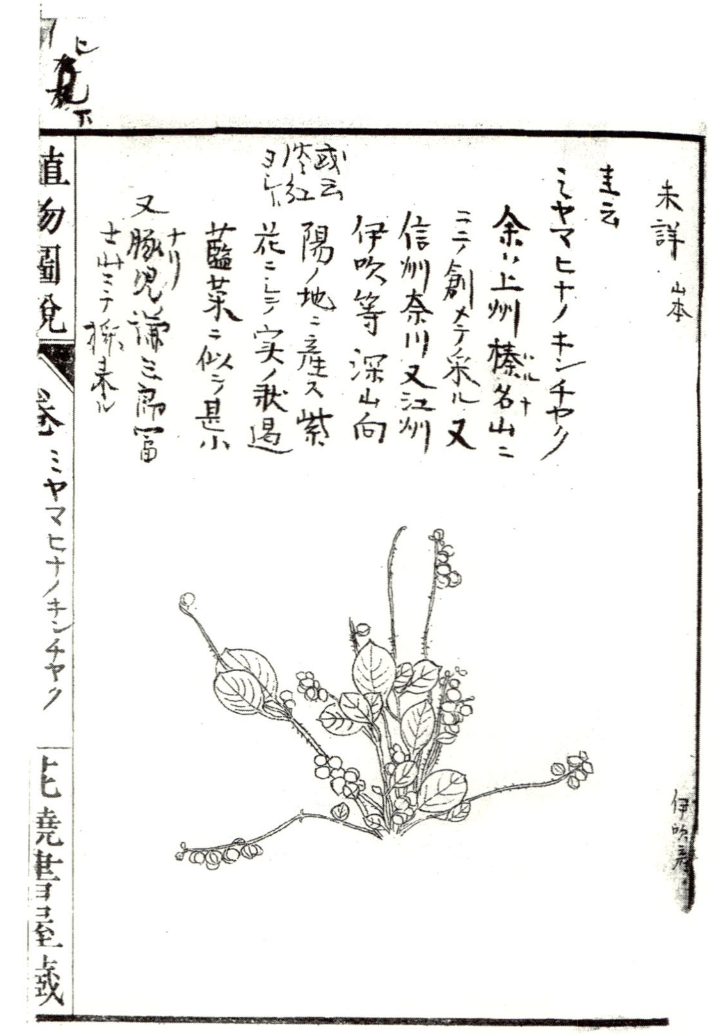

未詳 山本

圭云
ミヤマヒナノキンチヤク
余ハ上州榛名山ニ
ミテ創メテ采ル 又
信州奈川又江州
伊吹等深山向
陽ノ地ニ産ス紫
花ニシテ実ノ秋過
或云
藍菜ニ似テ甚小
又豚児譜ニ詔富
士山ニテ採ル

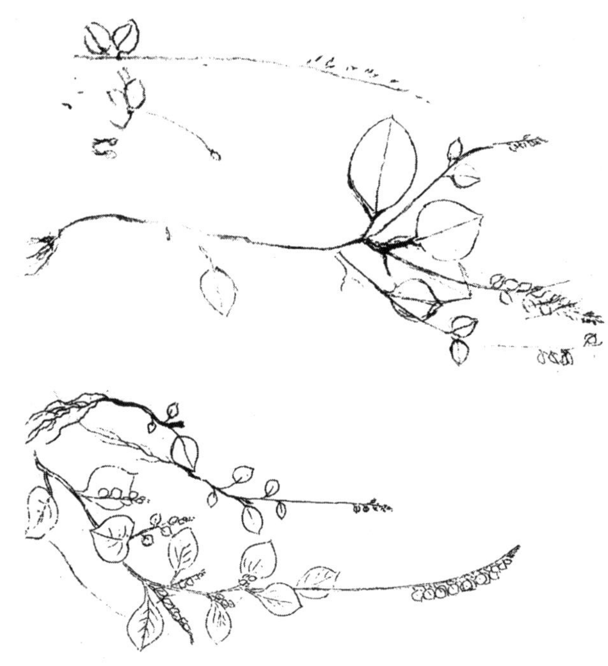

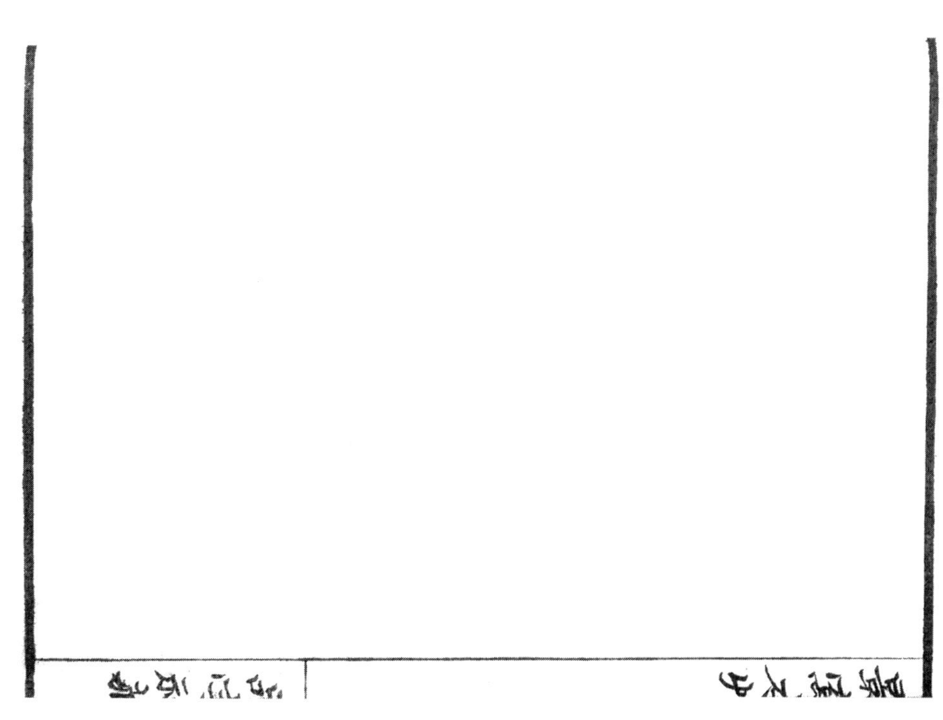

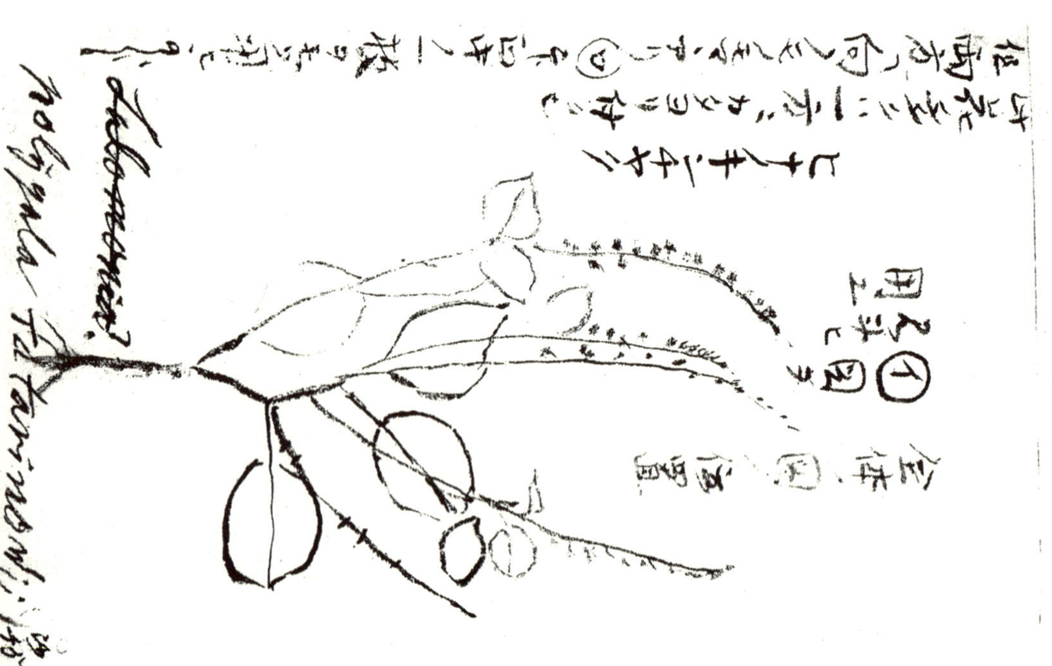
Polygala Tatarinowii

ヒナノキンチャク
「和リガラ」タリノウ科
「サロモニヤ属」遠志科
濃州 大井邊又可兒郡 信州 川奈 上州 榛名山
江州伊吹 駿州 等山野雜草中ニ交リ生スル
一年草ナリ高サ四五寸一莖数枝ヲ分チ葉
互生シ大暑ノ頃梢頂及ヒ葉間ヨリ穂
ヲ抽デ小花ヲ綴ル多ハ一方ニ向フ萼三
片瓣紅紫色ニ瓣ニシテ両側各一瓣
相對シ又上ニ一小瓣アリテ之ヲ蔽ヒ下ニ黄
色ノ蜜槽アリテ實礎ヲ承ク且間ニ二雄蕊
一雌蕊アリ實礎ハ扁圓ナリ後小莢ヲ結
ブ扁円ニシテ熟スレバ竪ニ二裂シ黒子ヲ
出ス

ヒシモドキ

七十二　ヒシモドキ

尾州ヨリ来ル実ヨリ春月芽ヲ生ズ

葉ハ菱ニ似テ小サシ対生シ節ゴトニ数ツ

生ズ秋月葉ノ間ニ実ヲ結ブ形ハヒシ

ニ似タリ又アヒルノ物嘴ニ似タリ

トハ大ニ異ニシテヘカラズ

綱秘目編云 ヒシモドキ（ヒシモドキ） ムシヅル（ムシヅル 山城宇治 ヤドカ） 尾崎 城州宇治 菱角一種

蔓ヨリ出ル水中ナリ 春子ヨリ生ス 葉ハ菱葉ニ似

テ小ク対生シ節ゴトニ根ヲ生ス 葉ニ茎ニ結

茎長クシテ水中ニ垂レテ形チ錢ノ如シ 毛アリ

アリテアシ名カノモノ形チ似タリ ソノコレハソノ實ナリ 之ニ

中ニアリ三ノ春ニ三子テ芽ヲ生ス 鶏頭ニ似テ菱角ハ六

ニ六之實ヒヘカテスナリ 鈴 之

蘋米 図 実ナシ 四十三丁 ヒシモドキ

図ヲ模シ前ニ入ル
イケムシヅル

ヒシモドキ

薭米 ~~植物名実図考~~ ムシヅル 山城宇治 ヤドカ

池澤ニ生ス 城州江州濃州等ニアリ 或ハ上総中川飯塚ノ辺ニモ産スト云 春月宿根ヨリ生ス 細茎淡紅ヲ帯ビ 直立セス 葉ハ（節ヨリ赤根ヲ生ス）卵円状 短潤ニシテ円歯縁ヲナシ 対生ス（形状紫蘇葉ニ似タリ）

葉間ヨリ細梗ヲ抽テ長サ寸半許ニシテ
頂ニ一花ヲ着ク頗ル唇形様ヲナシ傍ニ向フ
白色ニシテ淡紅ヲ帯ブ今テリ花蕋ハノ状ヲ缺ク他日ノ精検ヲ俟ツ後
實ヲ結ブ實硬長サ八九分上端ハ太ク本ハ細
クシテ稜アリ頂ニ細鬚様五條ヲ出シ稍顯ル嘴状
ノ形ヲナス故ニムシヅルノ名アリ按ニ植物名實
アレクカリモ
図考ノ薺米ノ一名茶菱ノ図頗ル相似タリ
ソノ説ニ云薺米蔓生水中長柄圓葉似初生
小葵而前一邊生葉一邊結角子長四
五分端有三叉俗亦呼三叉草但形状
兩イケムシヅルハ五叉ナリ尚追考スベシ

一種 ひしもどき

尾州より来る実より春月芽を生じ葉ハ菱に似て小く對生し節々根を生じ秋月葉の間に実を結ふ形ハ加りに似たり又あしなるもに似たり菱角とハ大に異之食へられ

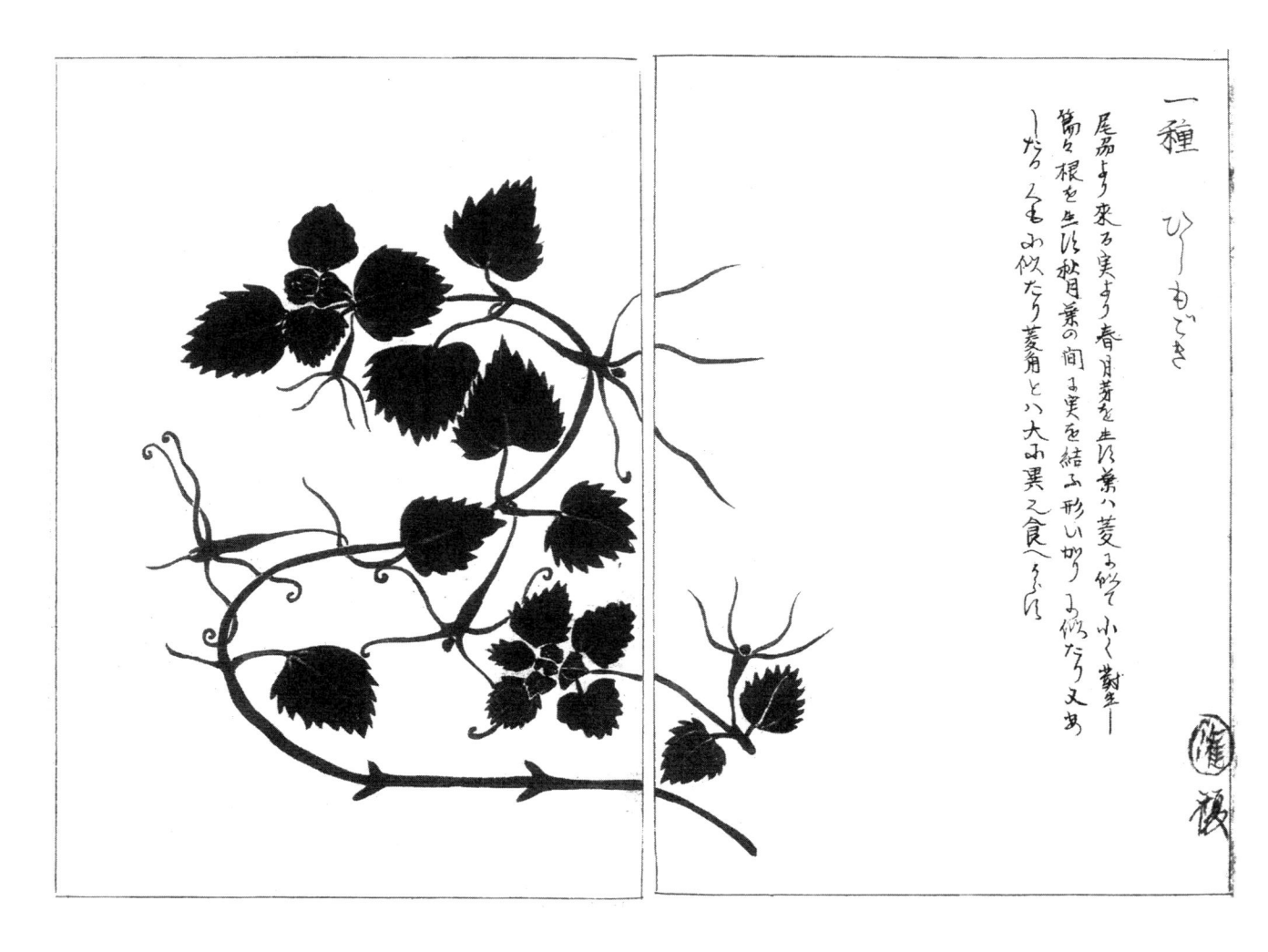

ヒルモドキ　ムシヅル 山城宇治　ヤドカ　イラクサ[?]

圭介按植物名實圖考云蒋米生陂塘直隷
謂之蒋米因始謂之茶菱江西義寧謂之藕
心蔓生水中長柄円葉似初生荇葉而扁一邊
生葉一邊結實子長四五分端有二叉俗亦
呼三叉草實有肉實如蓮藕亦二寸許以
芝麻拌燭香氣撲鼻可以飾盤亦用為
蒸[illegible]濕[illegible]路傍[illegible]

〇ヒルモドキ
ムシヅル 宇治
ヤドカ

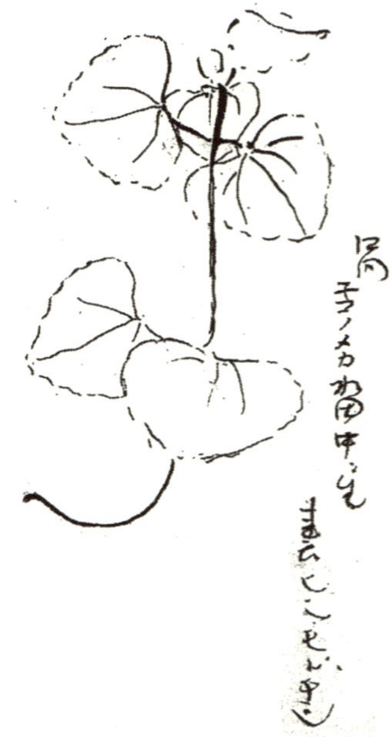

ヒシモドキ 勢州テムニ池ヨリ[illegible]西ノ池川

薺米 實

薺米生陂塘直隷謂之薺米固始謂之茶菱滇南義寧謂之藻心蔓生水中長柄圓葉似初生小葵而扁一邊生葉一邊結筩子長四五分端有三叉俗亦呼三叉草筩内實如蓮鬚長二寸許以芝麻拌燜香氣撲鼻可以飣盤亦用為茶素潔馨頗宜脾胃

薺米 實 廿七

ヒシモドキ

[illegible]

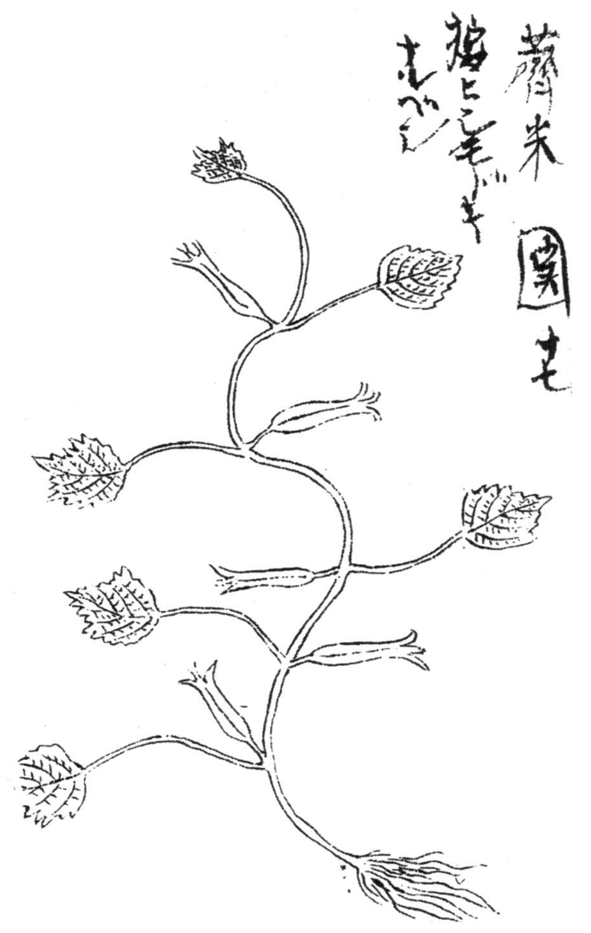

綱撮外編三

ヒレモドキ　利根川ニアリ　葉ハ茅ノ如シ ヨリ一ト葉ツヽ
四月 水面ヘ 莖ヲナシ 根 葉ノ形状 蜘蛛ノ如シ
ナカ 名 似タリ

ムシヅル
ハラ 伊方ニテ　葉ハ 菱ニ似テ 細ク 尖ル
光沢アリ 対生ス 木鱉ノ如シ　江州
柚木 小ナリ 蘭ノ葉ヲ作ス ル[illegible]

イケムシヅル　水草　同ノ房カ
ヒシモドキ　ムシヅル　山城宇治　ヤドメ
蒓菜　植物名実図考　[illegible] 上總 同 葉口 同
池沢ニ生ス 城州等ニアリ 宿子ヨリ生ス
莖 細ニシテ 葉ハ 紅ヲ帯ブ（蔓様ヲナシ色）葉ハ 正圓 同壮
短 潤 円 岸 帰 ヲ 対生シ 葉 間ヨリ 花 枝
ヲ 抽テ セサ寸 半 許 [illegible] 開 花 ヲ 帯 ヒ 頂 ニ 一花
着 ク 花 ハ 形 ヲナシ 三 カニ 白 ノ 色 ニ ニ テ
淡 黄 ヲ 帯 ブ 花 ハ 赤 多 [illegible] セ ス 後 日 ヲ 経 テ
今 花 英 ノ
後 ヲ 缺 リ
他 日 ノ 或 ハ
探 索 ヲ 経 他日ニ

[illegible]

後

実ニ[illegible]アリ　実ハ[illegible]ナル上ニ端太リ

モト細ク[illegible]アリ頂上端ニ細[illegible]五個出ル

[illegible]実ノ形チ[illegible]故ニ[illegible]

植物名実図考[illegible]　△一　[illegible]

[illegible]三叉[illegible]三叉[illegible]

三叉ハ五[illegible]叙説アリ[illegible]口

△菱生水中長柄円葉[illegible]初生[illegible]

而両一邊生茎一邊[illegible]子長四五

分端有[illegible]三叉[illegible]三

蓋[illegible]三叉ハ五[illegible]

見[illegible]

ヒヽモドキ　ムミヅル　尾州　勢州宇治　菱角一種　復

尾州ヨリ来ル水草ナリ春子ヲ生ス葉ハ菱ニ似テ小ク対生ニ節ニヨリ根ヲ生ス葉間ニ実ヲ結ブ茎長フシテ水中ニ乱レテ形チ錨ノ如ク長キ鬚アリテアシタカクリモノ形ニ似タリコレソノ実ナリ冬ハ水中ニアリテ春ニ至テ芽ヲ生ス熊ニ形状菱角ナハ黄ニ食スベカラズ津川筋飯塚出後モノ辺ニアリ

[illegible]

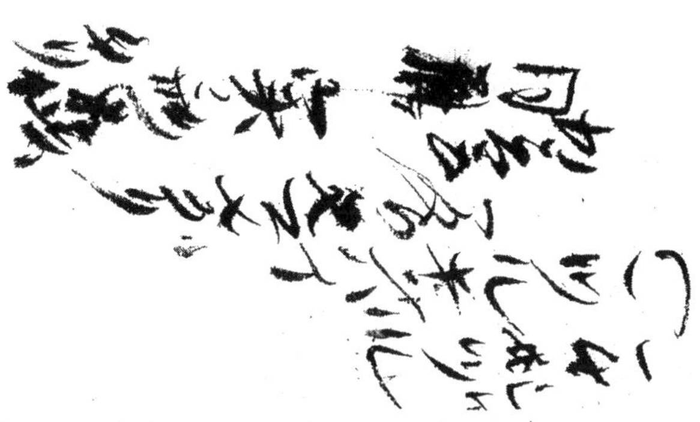

eerste witte wegh distel

其二

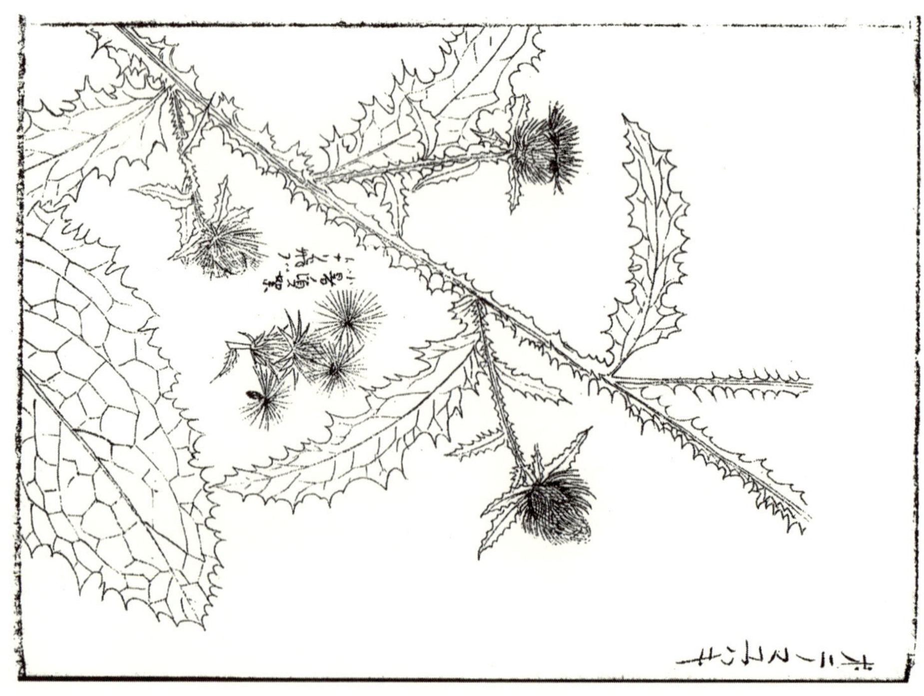

白飛廉

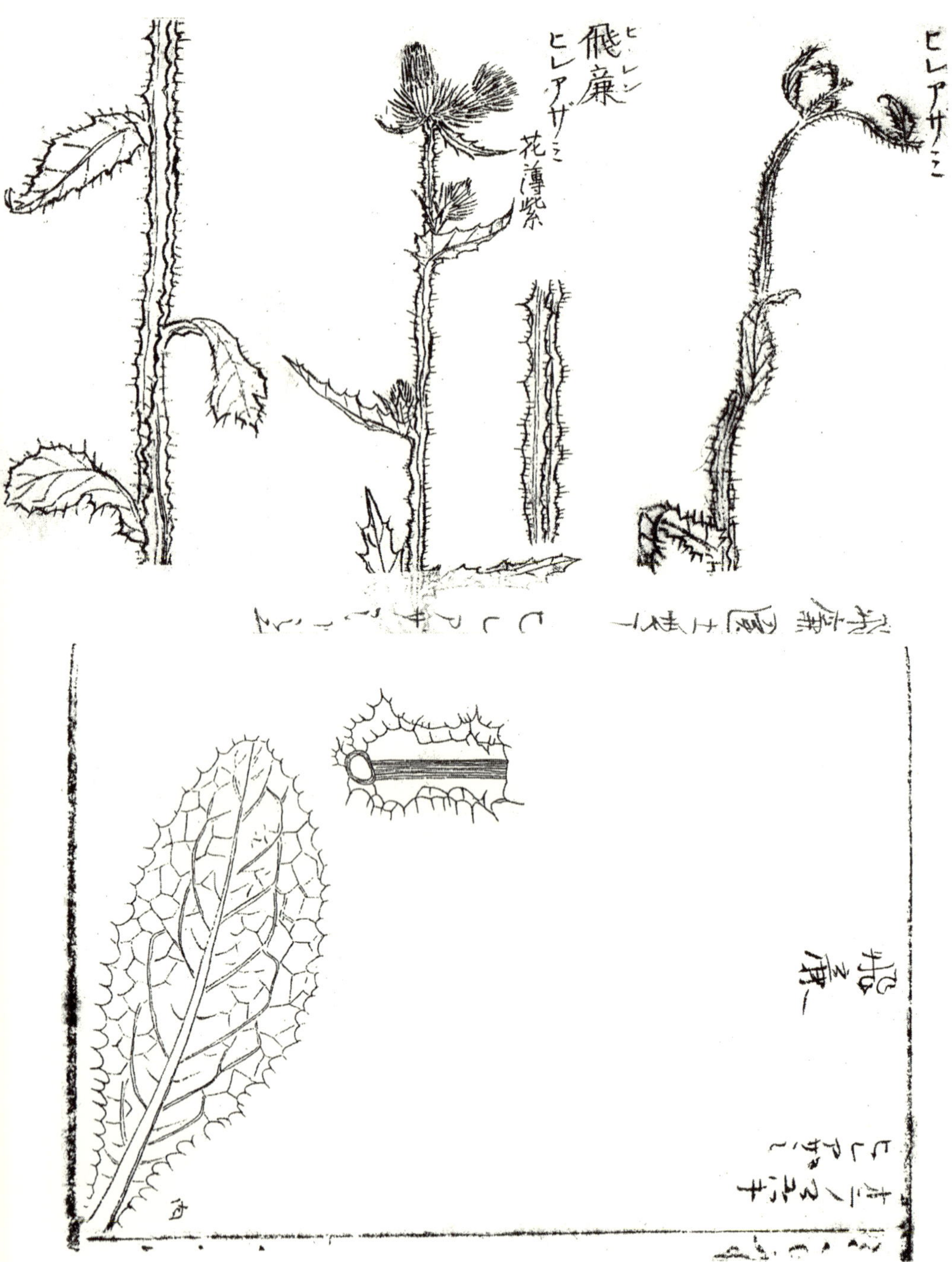
ヒレアザミ
飛廉
ヒレン
ヒレアザミ
花薄紫

草木図譜巻之二十五

湿草類巻之六

飛廉

釋名　漏蘆　木禾　飛雉　伏兎　伏豬

天薺

和名　曽冒岐和名鈔　オニアザミ　ヤハズヒユハキ　ヤハズアザミ

本草綱目巻之十五弘景曰処処有之極似苦芙惟葉多刻缺葉下附茎輕有皮起似箭羽其花紫色〇保昇曰子毛白

八月子ヨリ生ス葉ハ大薊葉ニ似テ刻缺多又苦菜葉ニ似テ厚フシテ革色十ク刺多シ八九葉ヲ生シテ霜ノ後枯ル二月宿根ヨリ葉ヲ生ス初メハクサアザミ

七卅二

飛簾　海士郡粟村原野那賀郡神野ニ生ス薊ニ似テ莖ニ鬣葉アリ花ハ淡紫色　○玉ボウキ 紀南 海士
那賀郡山中ニ多シ一種葉薄ク岐深ク鬮短ナル者海士郡ニ産アリ此草一年ニシテ根枯ル花ハ薊ノ如クニシテ
蕚ノ間ヨリ短瓣ヲ出ス

七卅二

飛簾（おほのまゆひき）

花じレム

一名 毛眉はき

一名 紅粉

花薊（あざみ）のことく花白しかきさしむかしてまゆはきの羽のことくなるものあり

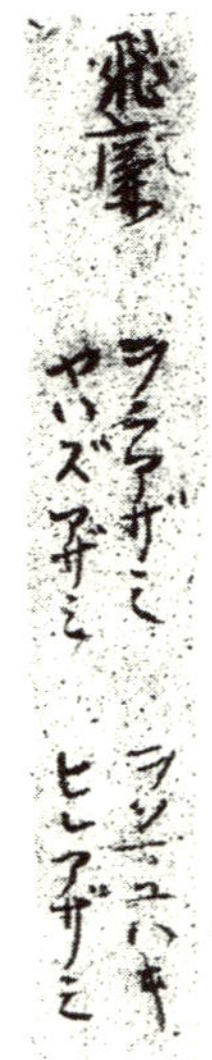
飛簾　フラアザミ　ヤハズアザミ　ランニユハキ　ヒレアザミ

鬼薊草

一名　飛廉蒿　飛輕

ノ葉ニ似テ刻鈌多ク長サ一尺余濶サ三寸西淡緑色ニシテ背ウスク地ニ敷テ生ス三月中心薹ヲ抽ルコト三尺方莖黄緑色翦羽ノ如皮起テ皆刺アリ莖ノ葉ハ長サ八九寸巾二三寸クキノ四ツヨリ七八葉ヲ互生シ枝ヲ分チ各蕾ヲ含ム立夏ノ後薊咲ノ淺紅花ヲ開ク又紅花ノ状ニモ似タリ瓣ハ細クシテ先尖リ長サ四分巾五リシ二十瓣ほどニアリ其中ニ蕊ヲ抱ク牛蒡ノ子ノ床ニ似テ子ノ頭ニ白毛多ク先紅色其中ヨリ心ヲ出ス四五日ヲ経ル者ハ皆白毛ニ変ス八九日ニシテ熟ス五月中旬ヨリ絮トナツテ翻飛スコト蘿摩子ノ如シ皆子アリ形胡荽ニ似テ褐色其落ルトコロ皆苗ヲ生ス六月苗枯ル

ヒ卅二

飛廉　海士郡栗村原野那賀郡神野ニ生ス薊ニ似テ莖ニ鬣葉アリ花ハ淡紫色　○玉ボウキ [illegible]
那賀郡山中ニ多シ一種葉薄ク岐深ク濶短ナル者海士郡ニ産アリ此草一年ニノ根枯ル花ハ薊ノ如クニノ萼ノ間ヨリモ短瓣ヲ出ス

ヒ卅二

ヒレム
飛廉
一名　鬼眉箒
一名　[illegible]

[illegible]

飛廉（おにのまゆはき）　花葉大薊（あざみ）のごとく花白しちいさくてまゆはき矢の羽のごとくなるものあり

飛廉　ヲニアザミ　ヤハズアザミ　ヒレアザミ

ノ葉ニ似テ刻缺多ク長サ一尺余濶サ三寸面淡緑色ニシテ背ウスク地ニ敷テ生ス三月中心ニ薹ヲ抽ルコト三尺方莖黄緑色ニ翦羽ノ如皮起テ皆刺アリ莖ノ葉ハ長サ八九寸巾二三寸クキノ回リヨリ七八葉ヲ互生シ枝ヲ分チ各蕾ヲ含ム立夏ノ後薊咲ノ淡紅花ヲ開ク又紅花ノ状ニモ似タリ瓣ハ細クシテ先尖リ長サ四分巾五リ二十瓣簇ニアリ其中ニ蕊ヲ抱ク牛蒡ノ子床ニ似テ子ノ頭ニ白毛多ク先紅色其中ヨリ心ヲ出ス四五日ヲ經ル者ハ皆白毛ニ變ス八九日ニシテ熟ス五月中旬ヨリ絮トナツテ翻飛フコト蘿摩子ノ如シ皆子アリ形胡麻ニ似テ褐色其落ルトコロ皆苗ヲ生ス六月苗枯ル

鬼薊草
一名　飛廉蒿　飛輕

飛廉 ヒレアザミ

和名 ヲニマユハキ ヲニノマユハキ フホヒテクサ

蘇州府志巻之十二云出穹窿山中莖有箭領

二月子ヨリ生ス葉小薊葉ニ似テ刻鈌多周圍刺多シ長サ七寸巾二寸五分

面淡緑色ニシテ皆ウスシ 初地下ノ如ク地ニ敷テ生ス三月中間一莖ヲ生シ

四面ヨリ五六葉ヲ互生シ枝ヲ分チ合蕾ヲ生ス莖ハ箭羽ノ如ク皮起隆ル五

月初メ薊咲ノ正白花ヲ開ク形状及子ハ前條ノ飛廉ニ異ルコトナシ唯

花ノ正白ナル而已子熟シテ莖葉皆枯ル

一種

飛廉草本草云飛廉草曽曽岐一云布保保天久佐○千金翼方證類

本草上品無草字 本草和名同此恐衍文陶注云極似苦

芙惟葉下附莖輕有皮起似箭羽葉又多刻缺花紫色
蘇云此有兩種一是陶説生平澤中者葉頗相似而無疎缺
且多毛莖亦無羽根直下更無傍枝生則肉白皮黒中有
黒脉日乾則黒如玄參王念孫曰本草飛廉一名飛輕淘注亦
云飛廉莖輕則飛廉之名殆取義于輕與陶注本草蜚蠊
云形似䗪蟲而輕少能飛亦其義也下總本有和名二字

箋注倭名類聚抄

七廿二

飛廉

花葉大薊ノゴトク花白シクキ小ニシテコハリニ矢ノ羽ノゴトク
ナルモノアリ

花譜云

飛廉草

和名類聚鈔 巻二十 草木部 [illegible]

飛廉草 本草云飛廉草 和名曽〻木 一云 布保保天久佐 一名漏

本草和名 巻七 草上 飛廉 一名飛輕 一名伏猪

蘆 陶景注云別有漏蘆非此別名 一名天薺 一名伏猪

一名伏菟 一名飛雉 一名木禾 出本經 一名天

買 出大清經 一名苦矢 已上出神仙服餌方 和名曽々岐

一名布保々天久佐

醫心方 飛廉 和名曽々岐 又之保天

類聚名義抄 飛廉草 サイソクキ 一云フカアテイ久サ

〇按ニ飛廉ハ和名ヒレアザミ、オニノマユハキ、

ヤハズアザミ、サニアザミ、ヒロアザミ 同 ミヤマハキ

ヤハズマユハキ等諸名アリ、諸國山野ニ自生ス、

葉形ハ小薊ニ似テ缺刻深ク縁ニ刺多シ、茎ニ

高サ三五尺 〇羽状五條アリテ更ニ刺多シ

花形亦小薊ニ似タリ、後苗枯レ宿根ニ

適従スル者ナシ此頃

飛廉　不出図

七十三

薊類ニ飛廉ト称スル者アリ初生ハ地黄ニ似テ冬ヨリ苗ヲ生シ春ニ至テ長シ苗ノ高サ二三尺形状薊ニ似テ痩細刺柔ニシテ人ヲ不刺茎ニ翦羽アリ五月花ヲ開キ薊花ト一般ニシテ小シ紫白ノ二種アリ舊根ハ枯ル故者ヲ飛廉ト云リ然レモ根小ニノ漏蘆ノ葉ト異リ只翦羽アルニ依テ名付ルナリ先輩飛廉ニ鬼ノマユハキト訓ス擴斬翁モ茎ニ羽アリト云リ故者ヲ云ルニヤ今鬼ノマユハキト称ル者ハ花車ニ記ス童子薊ノコト

飛廉

也波ナ安佐美　於仁乃末由波支

生諸山路傍亦多出近道只生北地者殆稀也形似薊而色浅帯黄四五月茎高三四尺此国地之肥痩致其大小葉大者七八寸多缺刻多鍼近之則害人出枝葉間至生小葉葉亦附茎如皮形似翦羽夏秋間枝々梢上開紫紅花花謝為絮隨風而飛形如蒲公英花　常陸物産志八下

ナリ故者ハ翦羽ナシ恕菴翁ノ鬼ノマユハキト云者何ヲ云ナヲ不知

又漏蘆ノ條ニ記ス一種ヲ飛廉ナラントイフ説アリ本草ノ説不明ニテ的當ニ難シ

○ヒレアザミ
オニノマユハキ
フホハラクサ 本草和名
シロアザミ 木ソ 岩名
ヤハズアザミ
オニアザミ キソ 三州
ハキ 和名抄
ミツカドハバキ イセカメ山

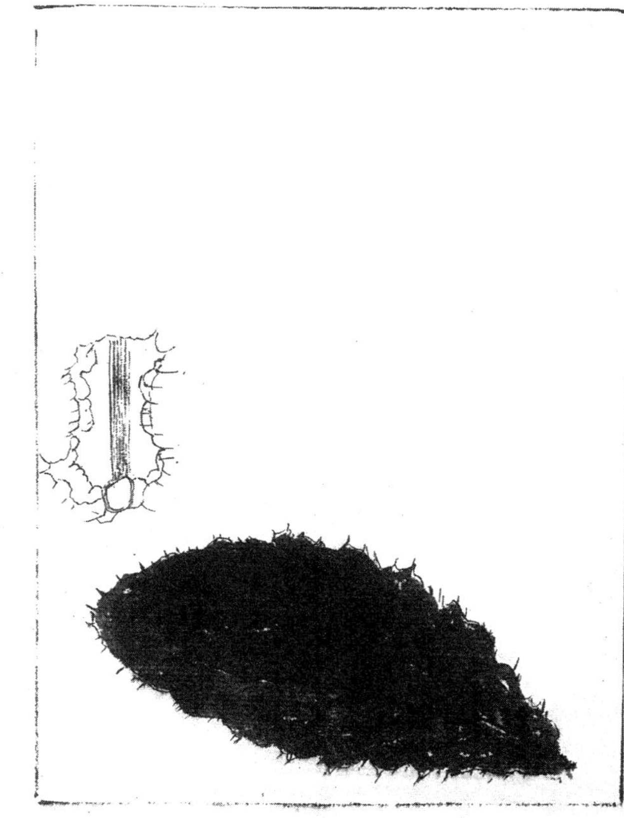

ヒレアザミ

飛廉 輔仁 天買 大清経 苦矢 同上 神仙服餌方

秋生小薊葉ニ似テ缺刻浅ク辺ニ刺多ク浅緑色秋冬地ニ就テ生春ニ至リ漸ク茎ヲ抽テ三五尺茎ニ皆ク羽五條起リテ鬼羽ノ如ク更ニ刺多立夏後ヨリ枝ノホゴトニ花ヲ開小薊花ニ似テ小ヤ鬼ニロヱラズ紫白ノ二種アリ花後白絮トナリ風ニ随テ飛

○圭 信州善光寺ニテ白花ノモノ生ス 採テ又園中ニテ栽ク
紫色ノモノ白花ニ変スルアリ

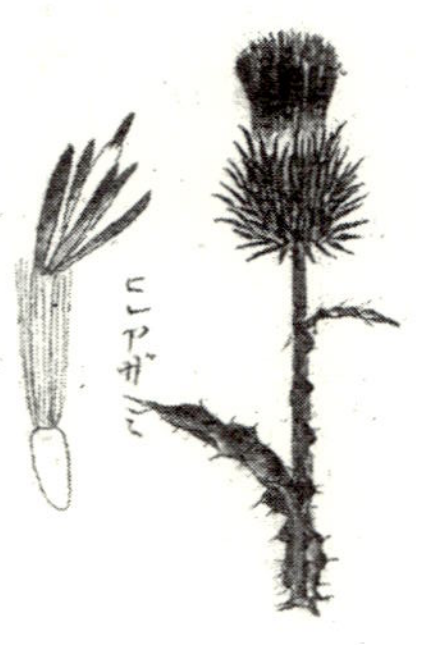

飛廉　オニアザミト云ガ良シ此ニ鬼アザミト云ハ大薊ヲ指タ物也大薊ハ山アザミ也飛廉ハ夏末実生出来冬ヲ経テ三四月比茎三四尺枝多ク花開白花多シ花形小サクトクト開カズニ枯ル紫花モアリ[illegible]花ツチバ根ハ枯ル○ミホデト訓ズルハ非也ミホデハ蔓草也漢名牛尾菜也 救荒本草ニ出ヅ

オニノマユハキ　ソヽキ 和名抄　フホヽテクサ 同
ヒレアザミ　ヤハズアザミ　オニアザミ [illegible]
ミツカドハバキ [illegible]　シロアザミ [illegible]

[illegible]

飛廉　飛廉蒿 附方

[釋名]漏蘆 別録　木禾 別録　飛雉 同上
飛輕 本經　伏兎 別録　伏猪 同
天薺 同

[輔仁]天買 大清經　苦芙 以上 御仏服餌方

廿三

乙九 二篇 (刻)七

○鬼ノヒコハキ 漢名飛廉 薊葉ノ如ニシテ刺アリ茎ニ箭羽ノ形
アリ三月末花ヲ開アサミノ如ニシテ紫色也又白花モアリ綿頭漏盧
[illegible]
廿二 是也

曽行

そくき ワホヽテクサ シホヂ つはしくさ

本和上廿四 飛廉 布保ニ天久佐 一名曽ニ水

和 飛廉 曽ニ木 天久佐 一云布保ニ

和傳 ヒヨテ曽ニ支 布保ニ天久佐 図名 飛廉 ソニキ 一云 フホヽテ糸 伊字 藤八卅三

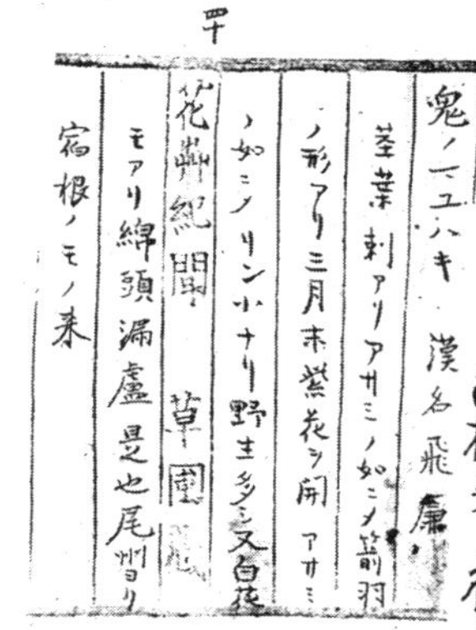
卅

鬼ノヱハキ 漢名飛廉
莖葉刺アリアサミノ如ニシテ箭羽
ノ形アリ三月末紫花ヲ開 アサミ
ノ如ニシテリンハ小ナリ野ニ多シ又白花
花彙 紀聞 草圃
モアリ綿頭漏盧是也尾州リ
宿根ノモノ未

夏ノ末子生ス葉ハ小薊葉ニ似テ黄緑色缺刻浅ク邊ニ刺多秋
冬地ニ就テ生ニ春ニ至リ漸ク薹ヲ抽テ三五尺ニ至ル枝葉共ニ互生ス
莖ニ薄キ翅五條起リテ鬼箭羽ノ如ク更ニ刺多シ 蘭氏ノ説ニ葉
下附莖輕有皮起似箭翎トテ是ナリ夏ニ至リ立夏後ヨリ枝ノ
末ゴトニ花ヲ開ク小薊花ニ似テ小ナリ見ルニ足ラズ紫白ノ二種アリ
花後白絮トナリ風ニ随テ飛ブ絮ゴトニ一子アリ落ル處ニ自生
苗根共ニ枯ル白花ノモノハ多ク紫花ノモノハ少シ

烏蘞苺

比佐古豆留　比年保字豆留

多生田野路傍亦出人家近道春末因宿根生苗毎葉間生鬚蔓絡物其葉闊寸餘長三四寸色緑澤而有鋸歯比葉以五葉為一葉故名之五葉草本草蘩蔞附方四五月分枝開四瓣小花花謝結実初緑色而熟変黒

常陸物産志九

ビンボウカヅラ

烏蘞苺図

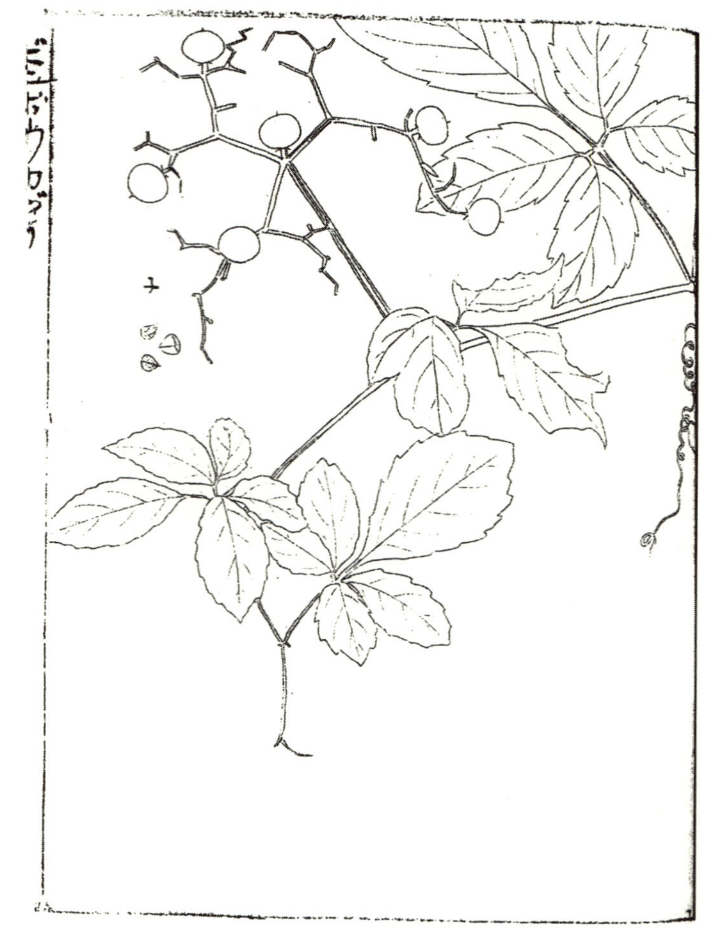

寒露ノ頃熟ス黒紫実ノ汁味甘一実ノ中四子アリ多クハ
二子ノモノ多シ（アトハミニイナシ）

烏蘞苺　五爪龍　烏蘞草
ヤイト花　ヰゴムシロ
ヤブカラシ　ビンボウカレ
ヒサガンレ

びんがづる　烏蘞苺也びんがは蘞苺の音を謬呼べるなるべし
びんがかつら又ひさごづるとも云　和訓栞巻二十一

ヒ卅三　○イラブニガラ　烏蘞苺ナリビロヽ山中ニアリ

◎烏蘞苺　ビンボウカヅラ
此モノ水戸領近辺ニ多シ
テ無シトハ

ヒ卅之

卄三 ビンバウカヅラ

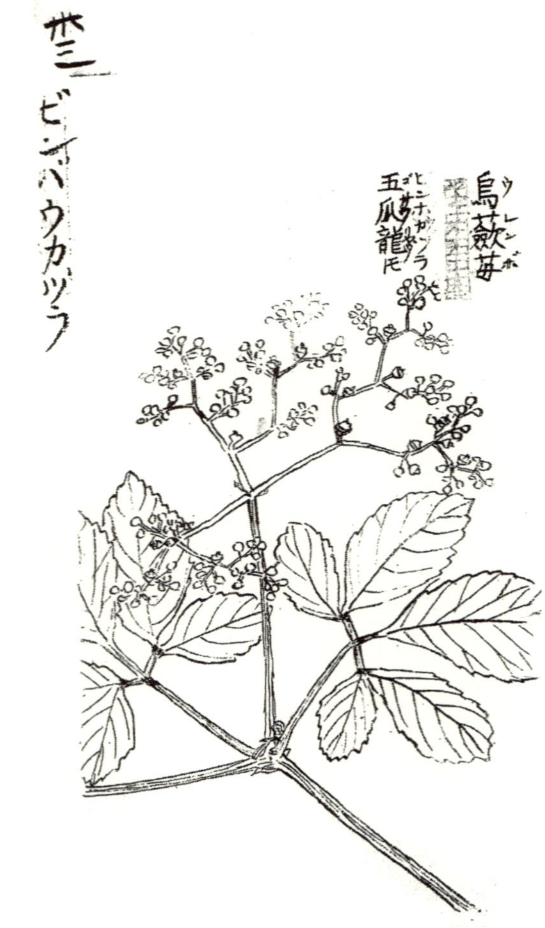

烏蘞苺ビンボカズラ 和名集ニヒサゴヅルト云ビンボヅル 五葉カヅラ 京ニタントアリフルチヨリ出ホカノタサヨリヲツシ袖ウス

赤葉互生ニタイ夂ヒケツル出ホリ一本ニ五マイツヽツクマン中ノヽ別ニ大ナリ叉ノ末秋ニ花ツルノ末ニチク付ソレニ花チイサキ花黄白色アトニ實天キルヂユクスレバ黒ニナル一名五龍艸 本草述 竦母 拯

方集斂 五葉艸 布蓋附子 珠子草 一名猪繊

草 名医指掌巻四 五葉藤 附方 黒蘞 正字通

烏蘞苺 ビンボカヅラ

烏蘞苺　山棟青　ヤブカラシ　瓊浦偶筆執

本草載一名五爪龍一名五葉苺　登按與倭産無異

琉球土名五葉草又名五葉蔓

烏蘞苺也尤古豆流今業豆多

烏蘞母（ウレムボ）　一名貪色蔓

烏蘞苺　五葉カヅラ　ビンボウヅル

原野尤多シ春舊根ヨリ苗ヲ生シ鬚有テ叢ニ蔓延ス長茂スレハ叢ヲ覆フ嫩苗紫赤色葉形葎草人参等ニ類シテ毛茸ナク光澤アリ七月枝ヲ分チ花ヲ攅生ス四出緑色花心ハ黄色花後実ヲ結フ初青ク熟シテ黒シ大サ蒴藋実ノ如シ地トシテ生セサル處ナシトイヘトモ和州南部越後高田越前鯖江土佐等ニ絶テ不産ト云ヘリ濾汁乳疾ニ効アリ

五爪龍　ビンボウルビンボカヅラト云自然ト沢山生スベル物シハビコル物ユヘ藪カラシノ名モアリ葉ハ五ツヅヽ着ク細長ク人参葉ノ如シ五枚着キシ中正中ノ葉長シ〇此ニシヨデニ似タリト云ハ悪シ　シヨデハ救荒ノ牛尾菜シ葉丸キモアレド先尖ラズ五爪竜トハ大異ニシツルアマチヤトニ云モノ能ク似タモノシ絞股藍ト救荒ニアリ〇此ニ葉茎ヲ陰干シ云ト云ハ五爪竜ノ事ヲ云シ此ニテハ甘茶ノ事ノ如クニ書テアリ

烏蘞苺　一名五龍草　醫貫奇方　ひさごつる

びん　わづる　やぶからし　へびうと　和名鈔　雀

人家藩籬に多し春月宿根より生ず初生紅紫色漸淡紫色と
なり葉ハ人参に似て一茎五葉なり一葉ごとに髭鬚ありて物に纏ふ夏月
梢に小花房を生ず上平にして数花あり四瓣淡緑色実ハ熟して黒色
大豆の大さなり根ハ淡紅色指の大さ土中に引きて處々苗を生ず

一ご　ごわかぶろ

きなこ　ふとかしら　こし　すかんぽ

△

四瓣緑色大サ一分餘中心黄赤色四蘂アリ後圓實ヲ
結ブ大サ南天燭子ノ如シ生ハ緑色熟スレバ黒色秋深
テ苗枯レ根ハ枯レズ長クノ藤蔓ノ如ク褐色ナリ寸断ス
ルモ春ニ至テ猶苗ヲ生ス　枯樓ニ似ルト云フモノ誤リナリ

蘞

蘞蔓于野 唐本草 朱註蘞草名似栝樓葉盛而細 ○

和名ビンボウカヅラ 隨地皆生ス春末宿根ヨリ苗ヲ生ス茲出

藤葉共ニ赤黒色漸ク長メ淡緑色ニ變ス葉互生ス葉ゴ

トニ髭鬚アリテ纒繞ス其葉一枝五葉人參ノ葉ニ似テ

鋸歯アリ故ニ名五爪龍中ノ一葉尤長シ夏ニ至リ藤蔓甚繁延ス故

ニヤブガラシト云フ六七月枝梢ゴトニ叉ヲ分チ花ヲ開ク △

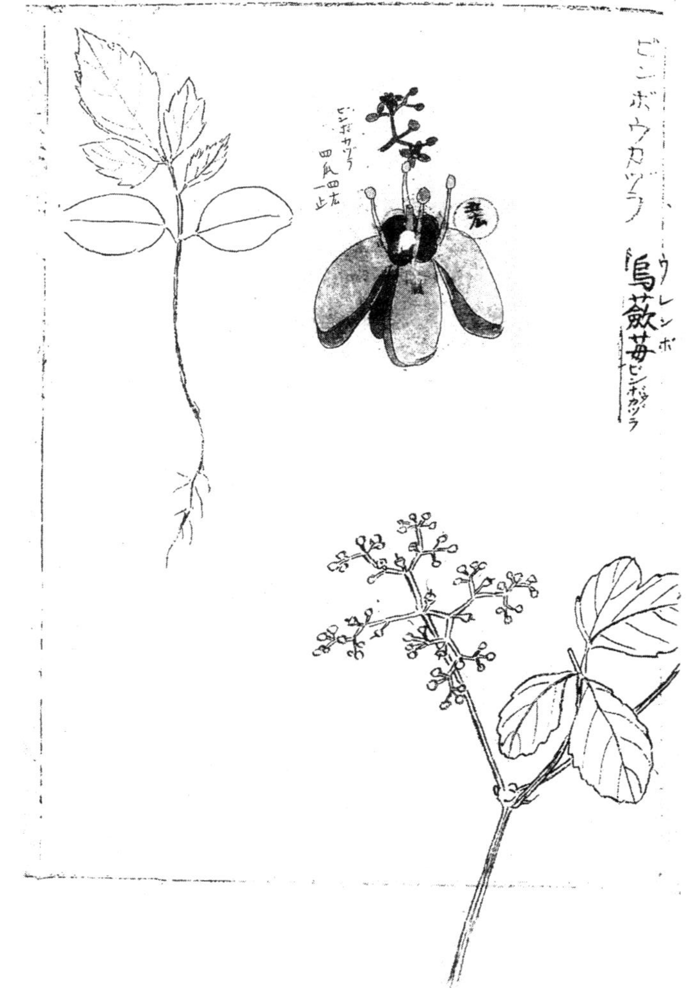

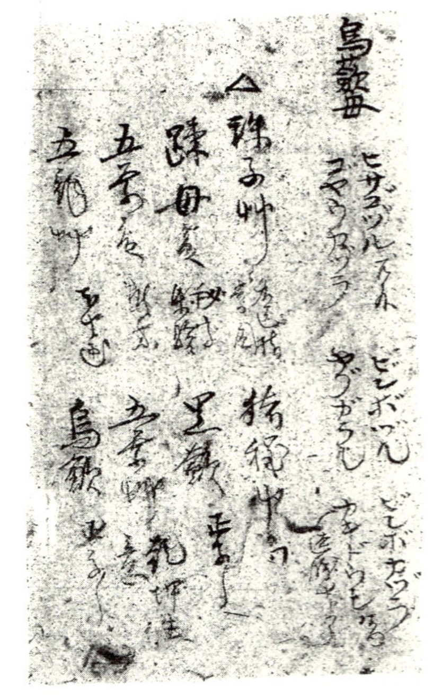

烏蘞苺 唐本草　綱目蔓草類

釈名 五葉苺 弘景 蘢草 同 拔 雅爾 蘢葛 同 赤葛 綱目 五爪龍 赤潑藤

時珍曰五葉如白蘞故曰烏蘞俗名五爪龍江東呼龍尾亦曰虎葛曰龍曰葛並取蔓形赤潑与赤葛及拔音相近

和名 ヤブカヅラ ヤブガラシ

按此草モ人ノ見知ル所ニシテ形状等云ニ及バザレト綱目集解時珍ノ説詳ナレハ今其畧ヲコヽニ記ス其藤柔ニシテ稜アリ一枝一鬚凡五葉々長クシテ光リ疎歯アリ面青ク背淡シ七八月苞ヲ結ビ蕤ヲ成ス青白色花ノ大サ粟ノ如ク黄色四出実ヲ結フ大サ龍葵イヌホウヅキ子ノ如シ生ハ青リ熟スレバ紫ナリ内ニ細子アリ其根白色大ナル者指ノ如ニシテ長一二尺コレヲ擣ケハ延滑タタシト又詩経ニ蘞蔓于野ト云者即是ナリ陸氏ノ疏ニ其子正黒燕薁ノ如シ喰フベカラズトアリ皆謗證スベシ此草竹ヤブ中ニ多ク生スルユヘヤブカヅラト名ツケ又竹ヲモ枯スホド蔓延セルモノナレハ俗ニヤブカラシトイヒ始メシナラン

山棟青

ヤフカラシ

瓊浦偶筆

烏蘞苺
ウレンボ
ビンボウカヅラ
五爪龍

○ヒンホウカヅラ
ビンボウヅル
五葉カヅラ
「ビイナスヤポニカ」ノ類

ヤブカラシ
カキドラシ 加州

ヤブダヲシ
フクヅル

烏蘞苺 本綱 蔓草 蘞作斂 白芷 一名免

随地皆生 藤地ニ延ヒコヲシ春ノ末宿根ヨリ苗ヲ生ス初生茎葉共ニ紫赤色漸ク長ノ淡緑色 葉コトニ鬚アリテ纏繞ス其葉一枝五葉ニシテ鋸歯アリ中ノ一葉左右ヨリ長ク夏ニ至リ茎蔓甚繁延ス六七月枝梢ゴトニ叉ヲ分ケ花ヲ開ク実ヲ露ス熟ノ黒実ノ汁果井一実中四子アリ多クハ二子ノモノ多シアトハシイナナリ 根ハ長ノ藤蔓ノ如ク寸断スレ圧春ニ至苗ヲ生ス此中和ノ南部越後ノ高田越前ノ鯖江土ノ高智ホノ地ニハ生セズト云（一説云 一友人 南部ニ家居スアリ アルト云ﾘ）

ヒンボウカヅラ

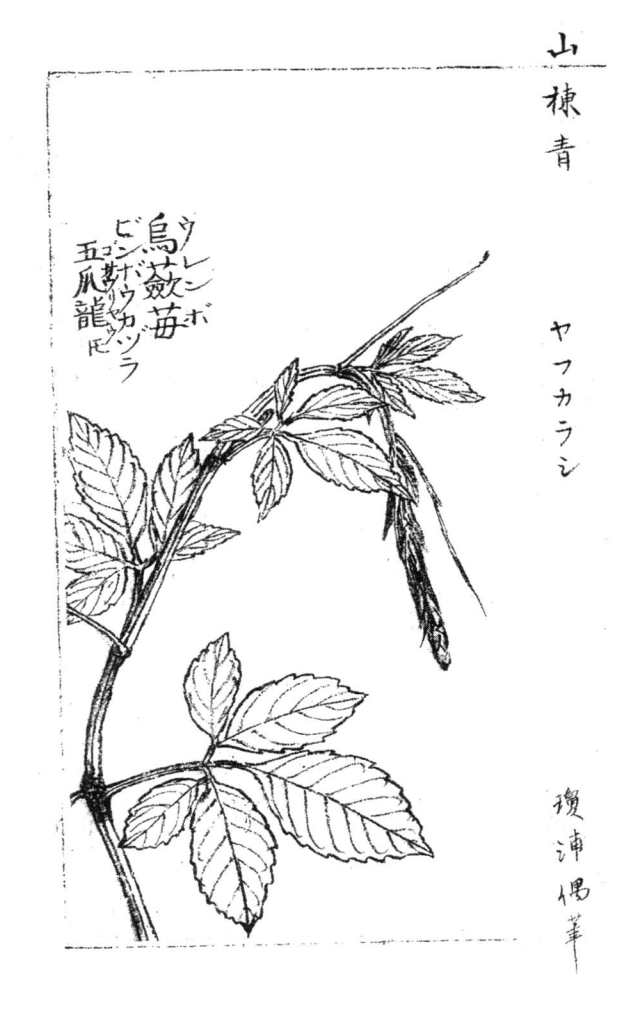

烏蘞苺

烏蘞苺即五葉苺唐本草始著録按詩経蘞蔓於野陸疏形状正同烏蘞毛晉廣要亦云蘞有赤白黒疑此即黒蘞云今俗通呼曰五爪龍

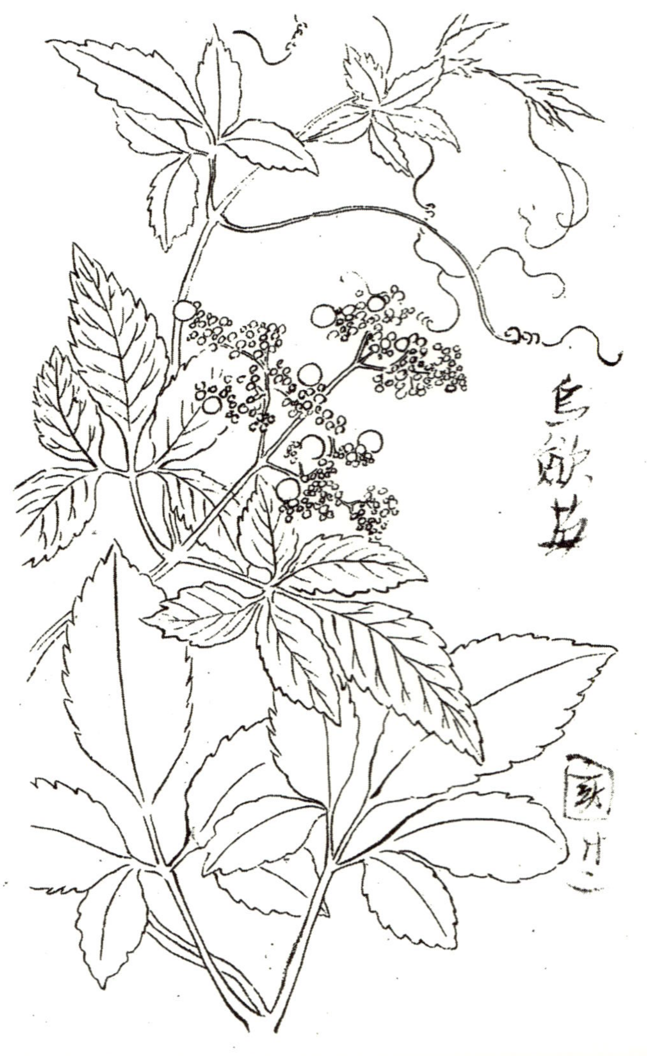

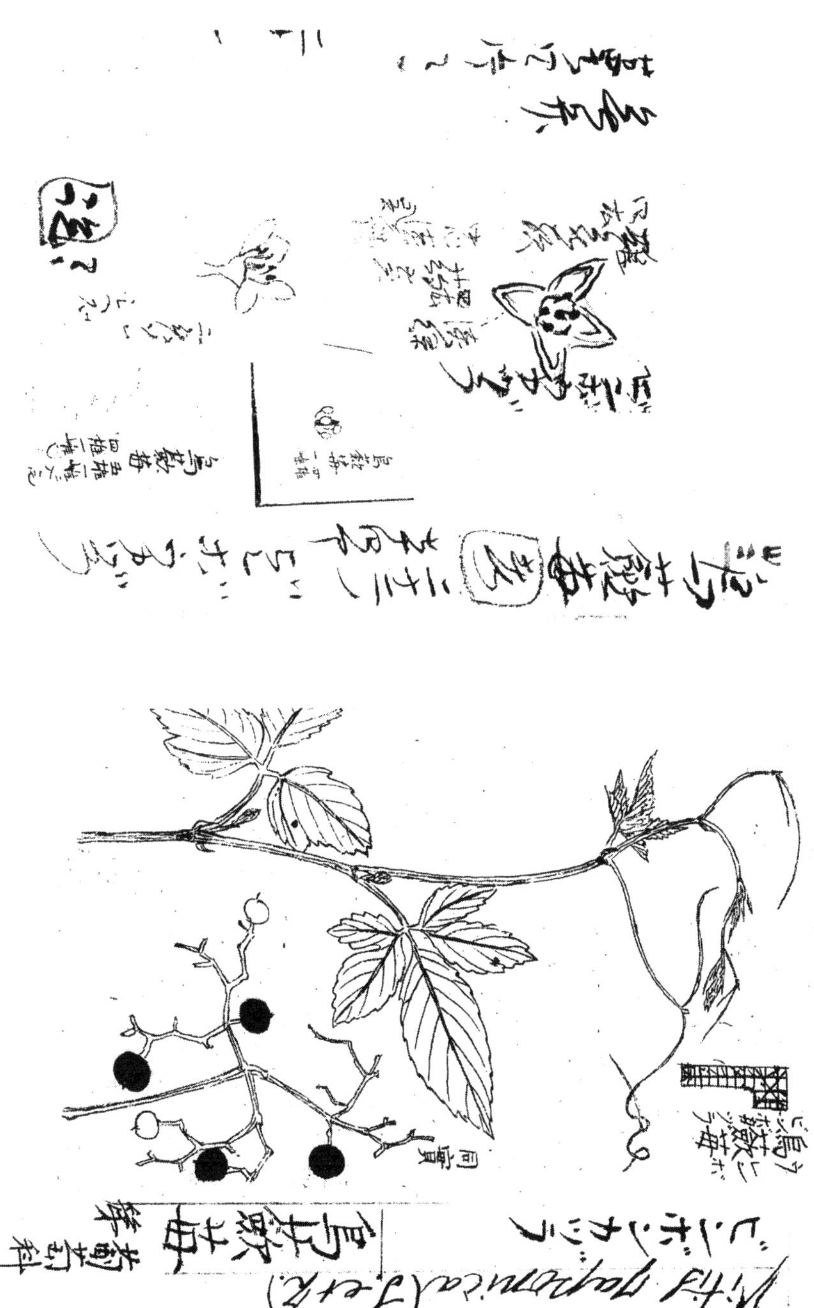

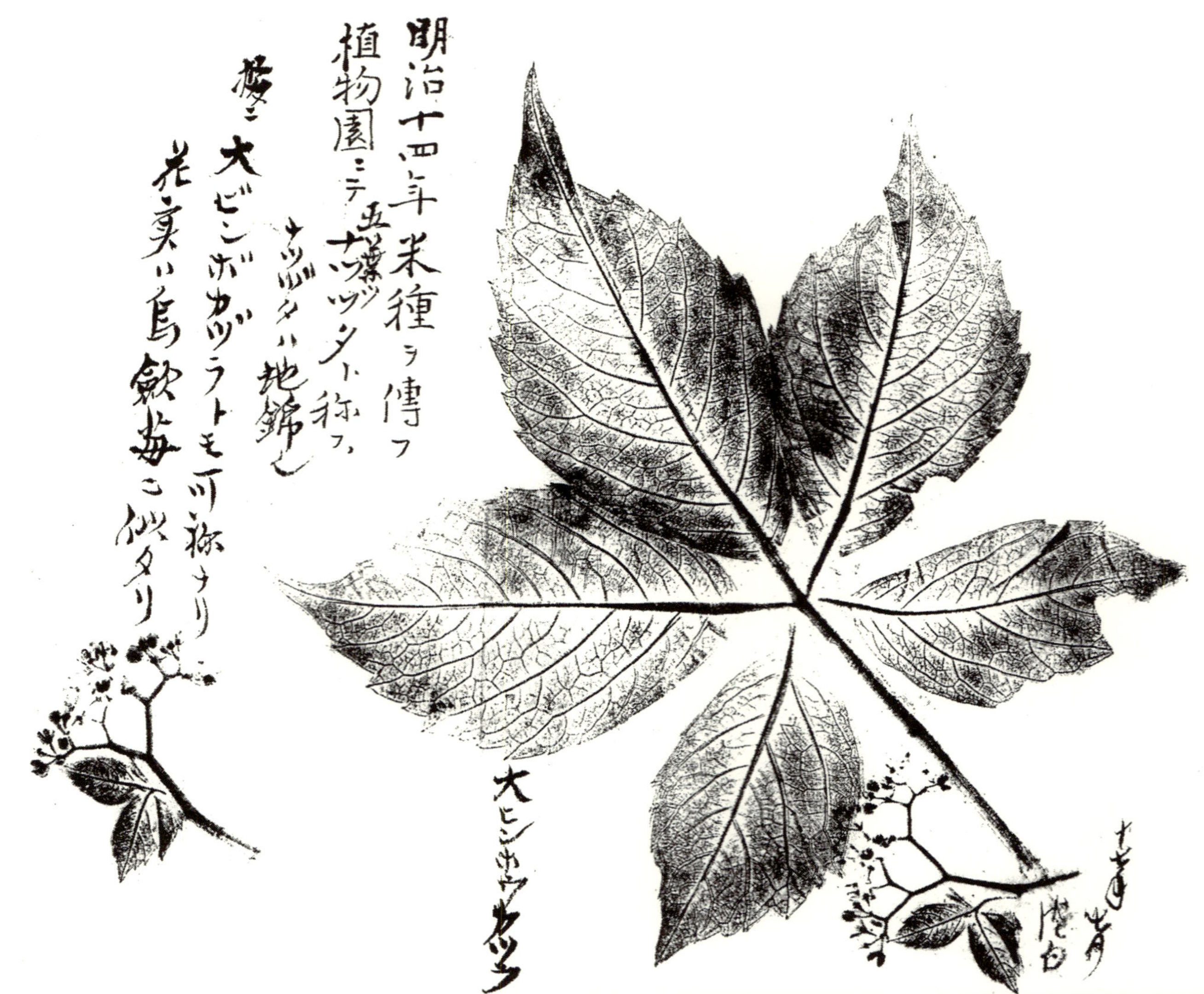
明治十四年米種ヲ傳フ
植物園ニテ五葉ツタト称フ、
ナツヅタハ地錦
按ニ大ビンボカヅラトモ可称ナリ
花実ハ烏斂苺ニ似タリ
大ヒンボカヅラ

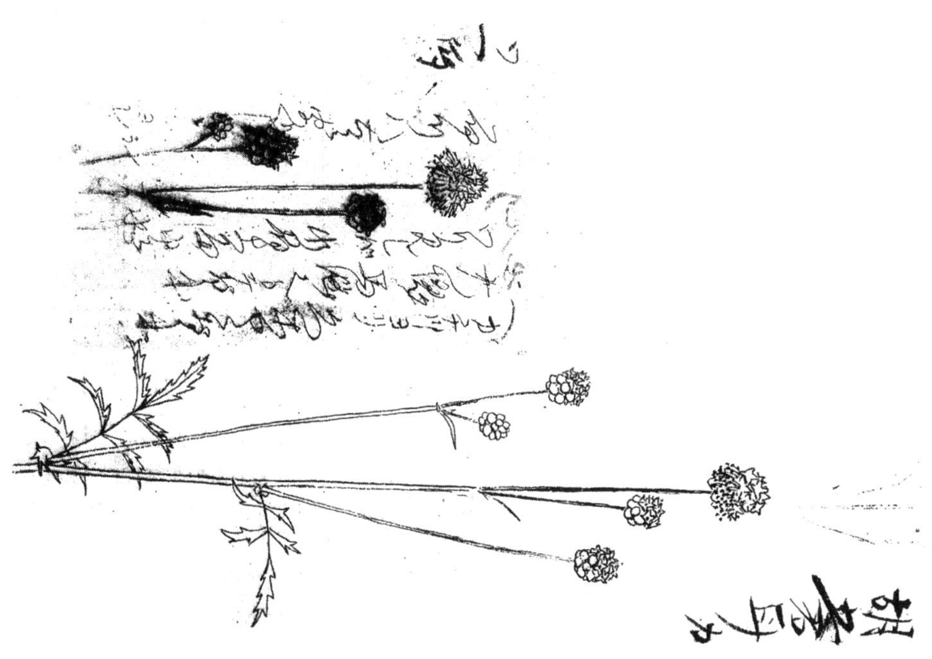

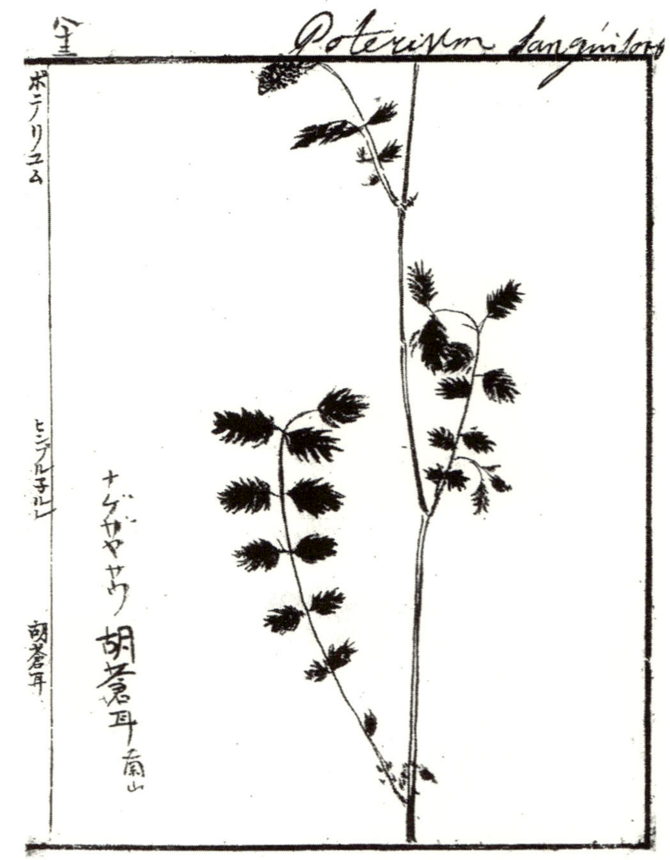

〇ピンピ子ルラ　　ピンプル子ルレキノ誤

胡蒼茸

蘭人嫩ヲ食用トス

立夏後

夏至後実熟

ピンピ子ルラ

七

Pimpinella communis (Poterium Sanguisorba)

[illegible]

ピンプルネルラ オランダヂユ

ヲランダヂユ [illegible]

胡蒼耳 皂莢葉蝦夷

此種ハ蝦夷ニ産スト云其葉地楡ニ似テ小ク淡緑色小圓形鋸
歯アラン夏茎ヲ抽キ花ヲ開ク地楡花ニ似テ小サク花中ヨリ紫色
ノ絲ヲ吐ク長サ五分計下垂シテ毛ヤリノ如シ花後地楡ニ似タル椎
實アリ又小ナリ宿根ヨリ春生ス又能ク實ヲ下シテ生ス周定王救荒
本草云 胡蒼耳又名回々蒼耳生田野中葉似皂莢葉微長
大又似望江南葉而小ニメ頗ル硬色微淡緑茎有線楞結實如
蒼耳實但長艄味微苦トユニ中ルベシ

ピンプルネルレ

胡蒼耳非ナリ 蛮産地楡ナリ

ヒンプルネルレ

[illegible]

卅四

胡蒼耳 ピンプ子ルレ

葉形地楡葉ニ似テ小ク淡緑色鋸歯アリ夏茎ヲ抽キ花ヲ開ク地楡花ニ似テ小ク花中ヨリ紫色ノ縧ヲ吐ス長サ五分許下垂シテ毛ヤリノ如シ花謝テ実ヲ結フ地楡実ニ同シ宿根枯レズ春新苗採リ煠キ食害ナシ蝦夷地ニ産ス

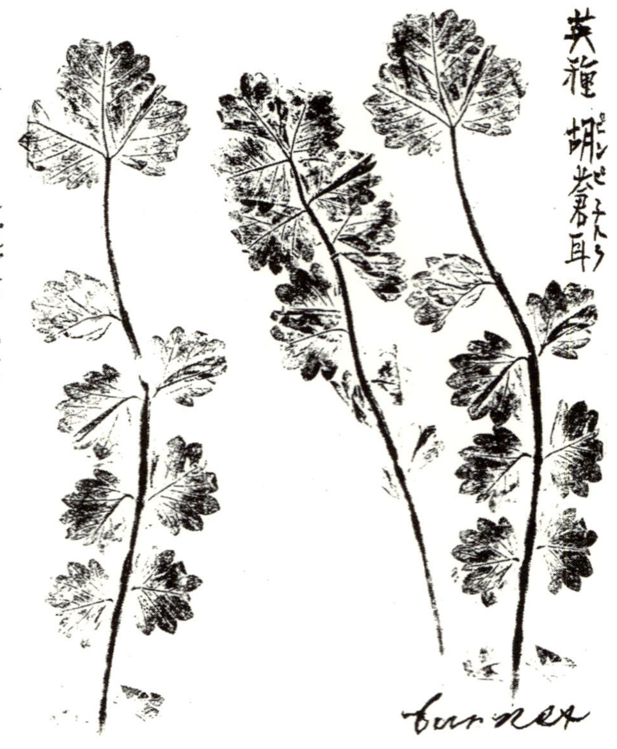

胡蒼耳
回回蒼耳

蛮産也葉地楡ニ似テ小サク黒ミナシ深緑色ニテ無ク浅緑色ヘ夏タウ立
東地楡ニ同シ花ノ中ヨリ紫線五分許リ出テ下垂スコレ地楡ト異ナリ
花後実ヲ生ス実下種スレバ生シ易シ舊根モ繁茂ス紅毛人此葉ヲ生
食スト云実ノ形地楡ニ同シ

此ハ蛮産ニシテ近年花戸ニ多シ四月比ニ茎立テ茎至頂シ末ニ枝分レテ花付地楡ノ如ク呈リテ形チ少シ長クシテ毫ノ如ク半ヨリ上ニ紅キ糸下垂シ三四分ノ長サニテ甚美シ

ヒ此四

胡蒼耳　ビンプルネル、紅毛種也、
葉地楡ニ似テ小ク色淡シ、滴鋸歯アリ、夏茎ヲ
出テ花ヲ見ル、地楡ノ花ト同ジ、花中ヨリ紫糸
出ル一五分斗リ、下ニ垂ル　ケヤリノ如シ、此レ地
楡ト異ル、花後実ヲ結ブ、形地楡ノ実ト同シ
宿根ニ枯レズ、実生モアリ、紅毛人葉ヲ採リテ
生食スルヨシ、
[illegible]

卅四

パキストンノ Sanguisorba ノ条ニ
二見エタリ、ポテリウムノ条ニ七種ヲ挙ノ中ニ
P. Sanguisorba アリ、緑花アリ是胡蒼耳ナリ
キニホフ84ニ　ポテリウム　サンギソイ
ソルバ、アリ胡蒼耳ナリ
セウヘルト植学ニ云胡蒼
耳ハ野生ニ一般アリ又 Pimpinelle
ト称シ集テツークロイドニシテ植ユ
ウルモカウ Sanguisorba

林氏三種ノ名
並鑒二名ヲ挙ノ二出テ
Poterium 林世細目 [illegible]
胡蒼耳カ　ナケサヤサウ
是ハ[illegible]　ワレモカウ

Poterium Sanguisorba, L.

三附 Sanguisorba Officinalis ラウヘン 1520 回 胡麻耳トニ

Pimpernelle 胡麻耳ノ一二モ又[illegible]

ノ中ニモノ九ノ[illegible]

Pimpernelle ... Poterium Sanguisorba, [illegible]

182 Pimpinel, Soort van toekruid

Pimpernelle

grande 地楡 ピムプルネルレ

Sanguisorba officinalis

[illegible]

182 Pimpernelle grande ピムプルネルレ 地楡ノ一種

ヒ 世紀 Poterium Sanguisorba, 出

Poterium Sanguisorba Dense ピンプネルラ

生

胡蒼耳

草花譜

和 ヲランダビユ　ヒニフル子ル 蛮名

秋子ヨリ生ス葉ハカラ緑草ノ葉ニ似テ最小ナリ小葉長サ五六分潤サ四分
面淡緑色ニシテ白粉アリ背浅緑黄色ニテスジアリ七八葉ヲ生ス冬ニ枯ル
雨水ノ比ヨリ新葉ヲ生ス穀雨中間茎ヲ出ス高サ八九寸枝ヲ分チ中間
三四葉ヲ附ケ枝頭ニ毬ヲ生シ黄緑花ヲ開ク五出髭蕊淡紅長サ三分花
已ニ出テ稍毬赤紅色ニ関テ久シキ者ハ茶黒色ニ変ス花ノ後毬褐色ニシテ
地楡ノ毬ノ如シ實熟スル者ハ多クハ苗根共枯ル年々子蒔キニアラザレハ失シ
易シ

石韋

和名類聚鈔 巻二十 草木部

石韋 陶隠居本草注云石韋 和名以波乃加波 一云以波久美 其

葉如皮故以名之 生瓦屋上謂之瓦韋

新撰字鏡 下 石韋 鹿耳草 又云鹿舌 一云 公弥乃加志波

本草和名 第八 草中 石葦 陶景注云葉如皮故名石韋 一名石

韈 楊玄操音之夜反 一名石皮 一名瓦韋 生瓦屋上 一名石産

出釈薬性 又有木韋 生木上出雑要訣 和名以波乃加波

一名以波之 一名以波久佐

醫心方 一 石韋 和名伊波乃加波

類聚名義抄 八 艸 石葦 イハノカハ 石韋 イハノカハ 一云イハグミ

又伊波之 一名伊波久佐

類聚名義抄 八 僧上 石葦 イハノカハ 一名イハクミ

色葉字類抄 天 石韋 イハクヒ イハノカハ

節用集 比 石韋 ヒトツバ

出雲風土記 神門郡 凡諸山野所在草木云々 石葦

延喜式 典薬 卌七 諸国進年料雑薬

近江国 石葦 五斤 丹波国 石葦 十斤

播磨国 石葦 八斤

Niphobolus lingua 名石韋

○按ニ石韋義譯ノ以波乃加波ノ古名ハ又漢
名石皮ノ一名モアリ方今普通ニヒトツバト
呼ブ即チ一葉ノ義ナリ△又イシカミハ　カラ
ヒトツバ　イシホヤ　木曽　等ノ異名アリ　石上
或ハ古木ニ蔓衍シ諸國山中ニ多シ

brake 何ノイヤ [illegible]

△鹿耳、鹿舌ノ名ハ其ノ葉形ニ就テ命セシナリ、

十八年十月十八日稿終

[illegible]

○玉葛・巻三玉葛絶事無巻十一谷邊蔓在玉葛巻十
二岑邊延有玉葛此外巻二玉葛巻十四多麻可豆良
トモ書リ又巻二玉縵巻十二玉縵此ラハ名同メ物異ナリ
古事記宂穂宮段押木珠縵ト云ル類也宣長云加豆
良ニ三ノ品アリ葛ト蔓モ同シ鬘ト髪トナリ葛ハカツラ五味(サネカツラ)
悉冬(スヒカツラ)ナト蔓草ノ一ナリ鬘ハ頭ノ飾ニ懸ル物髪ハ和
名抄和名加都良釈名云髪少者所以被助其髪也ト
俗ニカモシト云物也サレト本ハ皆草ノ葛ヨリ轉レリサテ何ニ

ひとつばいものは ノ条ニ詳之

和傳 石葦 ヒトツハ又イハカヒハ伽
伊波乃加波伊波久佐

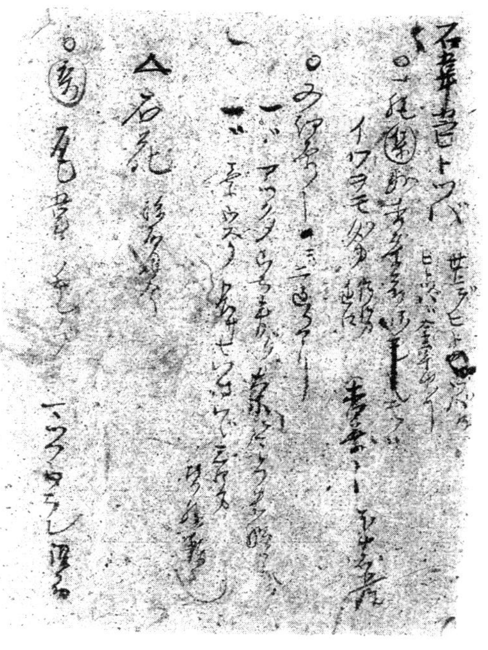

○玉葛ヲ巻三玉葛絶事ヿ無巻十一谷邉蔓在玉葛巻十
二峯邉延有玉葛此外巻ニ玉葛巻十四多麻可豆良
トモ書リ又巻ニ玉蘰巻十二玉蘰此ラハ名同ノ物異ナリ
古事記宂穂宮段押木珠縵ト云ル類也宣長云加豆
良ニ三ノ品アリ葛ト蔓モ同シ鬘ト髮トナリ葛ハカツラ五味(サネカツラ)
悉冬(スヒカツラ)ナト蔓草ノヿナリ鬘ハ頭ノ飾ニ懸ル物髮ハ和
名抄和名加都良釈名云髮少者所以被助其髮也ト
俗ニカモジト云物也サレト本ハ皆草ノ葛ヨリ轉シリサテ何ニ

廿五

マレ蔓草ヲ以テ頭ノ飾ニ懸ルヲ髪葛ト云是即髪蔓ナリサテ然髪蔓ニ用ルカラ立カヘリテ草ノ葛ヲモ加豆良トハ云ナラム冠辞考玉葛ノ段ニハ蔓ノ長クハヒ廣コル物ナレハタエヌト長キト云リ玉トハ子アル物ナレハイフトアリ上ノ説ニ依レハ何ニマレ子ノ生ル葛ヲ凢テ玉葛ト云トキコユ然ルニ六帖夫木ナトニ別ニ一種ニ出セルヲ見レハ未能ク思フニ五味ノイニヤ巻十二ニ大江乃山之真玉葛ト書トハナリ此物子甚多ク如ニ葡萄ノ熟メ紅色セトアレハ髪ニ用ルニヨシアリ

△現存六帖右近中将忠基　あつくれハ大江の山のたまかつら
ちりりかけても道こえぬまて

【撰品】五味子有ニ数種ニ其朝鮮産粒似ニ胡椒ニ而小黒色滋潤味酸微甘其核苦辛香者為最上薬舗此称ニ本朝鮮（古方書称北）（或呼黒五）味子【時珍】所謂北五味子是也凡誌其核如ニ黄蜀葵子ニ而赭色者真享保中傳ニ朝鮮之種ヲ今人間栽ニ之其実秋熟紅紫色蒸乾則色黒與ニ朝鮮産ニ無ニ別未出薬舗又邦産者方言末都部左其粒如ニ朝鮮産ニ而大倍之色紫黒滋潤氣味相似但酸味不ニ厚次之呼為ニ熟五味子ニ復蒸之者呼ニ大蒸ニ九黒色滋潤者俱可ニ用其未熟淡赭色滋味薄者下品ニ生ニ和別平陀紀別熊野ニ又名護屋五味子其粒同ニ上色紫赤皮上白

如霜味酸鹹而滋潤者　下品生信州山谷皆賛ニ于名護屋製之故名是市人取其未熟小者製以醋故皮上發霜 呼粉吹五味子 此偽呼朝鮮五味子又有小蒸五味子其粒小色黒味苦是南五味子非真或商人用烏梅煎汁染之以令酸且黒者有之不堪用

〇北五味子蔓延三丈春生芽葉似杏葉鋸歯粗葉間開白花肉帯紅色花後結実如蘡薁子秋熟紅紫色冬葉落　邦産者類朝鮮産而葉似南五味子鋸歯粗実似葡萄而小秋熟紫色冬葉枯

南五味子(ビナンカヅラ)　所々多し　和州吉野郡中物産志上

五味(サネカヅラ)　山城國　神山

夏歌中ニ　従二位家隆

續古今集夏

乙女子かゆふつく山の玉かつらをふ葵をつけかへふらん

細甲按ニ云チハヤフルカモノマツリノタマカツラタ、又思ヒハアフヒナリナン　顕昭カ云玉カツラ玉楓ナリ玉葛(タマカツラ)玉縵(タマカツラ)ニヨキレ又ヘケレハメツラヒサニ混(シルシ)ノセタリ　按ニコノ神山ノ哥モ顕昭カ説ノコトキカ　又タマカツラトハステノカツラヲ称美シテモイヘトモ別シテサチカツラヲイヘリ万葉集ニ狭名葛(サナカツラ)トヨメル哥ヲ撰集及ヒ六帖ニハ玉カツラトミルニ又玉葛トアルヲサチカツラサナカツラナトヽミユルモノオホシ然レトモナヘテノカツラヲキメテヨメル古文ズクナカラズ或ヒハ六帖こゝにカツラクスサナカツラト前ニ出シ給ヘルハ定テ別種ナラン歟ト云説アルトモ六帖ニ玉カツラサナカツラ別ニ出シタルハ一ノ草ノコトナレ草ニノミ出サレタルコトク草書ニハ一物ニ名アルモノモフカク穿鑿モナク名コトナル故別ニ出サレタルナラン其例一ナラス

三室戸山　頭しラス

続古今集 恋三

玉くしけみむろの山のさなかつらさねはつひにありかてましを

大織冠

大和国　神南備山

雑歌

登神岳作歌　山部宿祢赤人

万葉集三

三諸乃也神南備山尓五百枝刺繁生有都賀乃樹乃弥継嗣尓

ビナンカツラ

さねかつら

玉葛絶事無在管震不止将画 下畧

神振山

説磤ノ保ニミエ

秋露

従二位家隆

續後撰集 秋上

乙女子か袖ふる山乃たまかつらみたれてなひく秋の白露

奈良師岡

弘長元年百首謌講奉りけル時

後九條前内大臣

新續古今集 秋下

志ら露をかさしも此園乃さねかつらかくは廣田にそゝらん

葛城山

玉カツラ

豊之

古今六帖六

玉かつらくる山のもみち葉の面かはりのみへてそ侍ル

龍田山

サネカツラ

ヨミ人シラス

同

あさ露のしをれ此岩をかつらくる人ありて渡りけり

布留野

ムカシテコフ

衣笠内大臣

新撰六帖五

いそのかミふる此をの玉かつらかけて蓄をかけぬ日ハなし

尾張国

宿山

タマカツラ

隆専法師

現存六帖六

ときは子のねめみにつゝ情むちつゝくるもゝあるもえなゆうそり

近江国

田上山

古今ノ相聞雑部類
寄物陳思歌　　作者未詳

萬葉集 十二

木綿疊田上山之狭名葛在去之毛不令有十方

同

白月山

同

同

木綿裹白月山之佐奈葛後毛必將相跡曽念

相坂山

女ノモトニツカハシケル

後撰集 春三

三條右大臣

名にしおはゞあふさか山のさねかつら人にしられてくるよしもかな

伊吹山

詠艾ノ條ニミユ

伊吹山

順徳院御製

建保内裏名所百首

玉くしげいふき山の秋の露みえぬ風の影の松もあこえ

鏡山

鏡山

家隆

同

近江なるかゞみの山に玉くしげ春をつけてもちよいはふらし

陸奥国

信夫

女ノモトニマカリタルニハヤカヘリ子トノミイヒケレハ

五味子 巻二 將見圓山乃狹名葛 同狹根葛後毛將相等 巻十二 丹波道之大江乃山之真玉葛 同巻 佐奈葛 巻十三 左奈葛ナト書リ 古事記 明宮段 春 佐那葛之根取 其汁滑而塗其船中之簀椅 云云 六帖ニ三條右大臣 十二ゝ頁ハ、逢坂山ノサネカツラ人ニ知ラレテ来ルヨシモ哉トアル此也 倭名抄 葛類 五味 和名作祢加豆良 皮肉甘酸 核中辛苦 都有鹹味 故名五味也 真淵云 佐ハ発言 名ト根ハ言ノ轉ニメ実ハヌカツラ也 ヌハヌルヽトナメラカナルヲ云フ 池ノヌナハ 海ノノリノ如シ ヌトノト通フ 後ノ歌ニハサネカツラトノモアレト 古事記 此集ニモ多リサナト見エタレハ 古クハシカ言ヒケム 物産家 南北 松房ノ三種ニ分ツ 歌ニ詠ルハ 南五味子ナリ 俗ニ美男カツラ 又鬢カツラ フノリ葛 トロヽ葛ナト云リ

△巻七土倭葛後ニ用ト

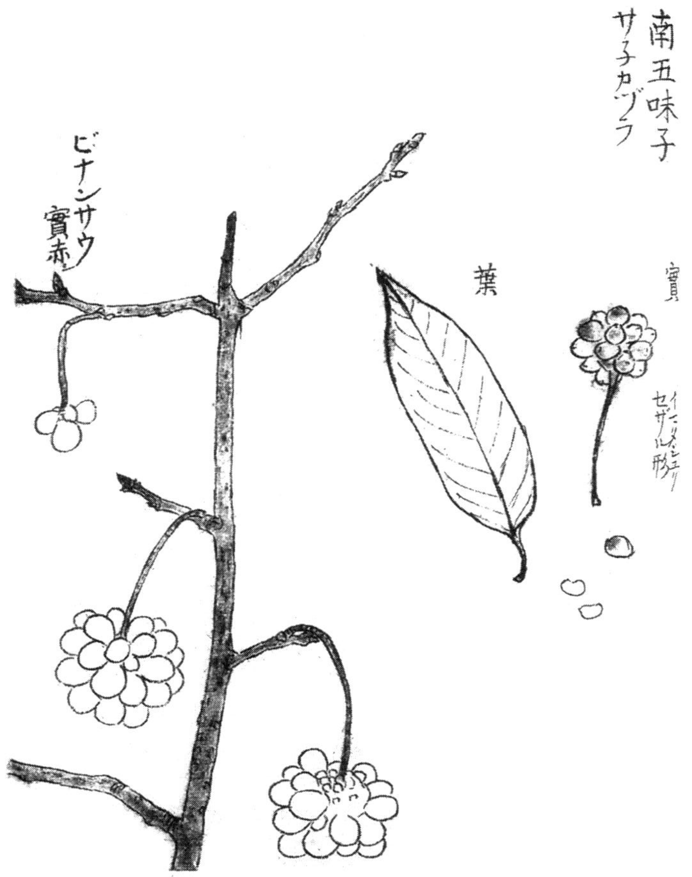

花隠ノ和名所 本草蒙筌ニ注云

五味子 枝ニ五味子ハ蔓生ニテ葉ハ赤色花ハ黄白ク子ヲ生ハ熟スレハ紫ニシテ形色ヨリ図ハ似テ也

蒙筌ニ南五味子北五味子ノ二品アリ北ニ産モ佳

病ニ生ルハ茎葉トモ大ノモニテ佳ナリトイヘドモ五味ヲ具スルコト少シ北ハ五味子ノ分ナリ 故ニ薬用ニハ北ヲ用フベシ今作 称加豆良ノ和名ヲ呼ズシテ五味子ヲ通名トシ又俗ニサネカツラトイヘリ

此茎ノ外皮ヲ削リ去テ水ニ浸シ髪ハ梳ノ垂

七 卅七

子バリ五味ノ一ツナルヲ取テ昔ハ髪ニ塗用シ故作孫知豆良ト名付ク 又咨ニハサネカツラトモイヘルナリ

○真五味子 葉形円尖ニシテ浅キ鋸歯アリ 韓産ノ五味子葉ニ似タリ 実モ長ク下垂ニシテ南五味子ノ円穂ヲナスニ異之

実熟シテ赤シ 田辺伊豫ノ日記ニ真五味子ハ富士山内作道逆道出丸尾前小屋場前大棄巳姥子ニアリト云

黄蓍 茅六合ノ上ニアリ 田辺伊豫日記ニ不浄カ嶽ノ上ぶノ舌ニ有トユ ソノ根 横ニ切レハ肉全ク黄色ニテ微苦ヲ帯フ

皮柔軟ナレモ肉ハ硬クシテ折ヤスシ 綿状ヲナサズ

右 小野蘭山翁 甲駿豆相採薬記

後撰集 恋三

ゆきもみしをおもひたつかのふかさ打たへてはなをもいふへくも ヨミ人シラス

丹波国

大江山

古今相聞往来歌類

寄物陳思歌

作者未詳

萬葉集 十二

丹波道之大江乃山之真葛絶牟乃心我不思（タニハヂノオホエノヤマノサネカヅラタエムノココロワガモハナクニ）

加納山

永禄元年大嘗会主基方御屏風

夫木鈔 雑二

前中納言匡房卿

新なる年かのふの山のさねかつらくれともつきぬ四方の人かな

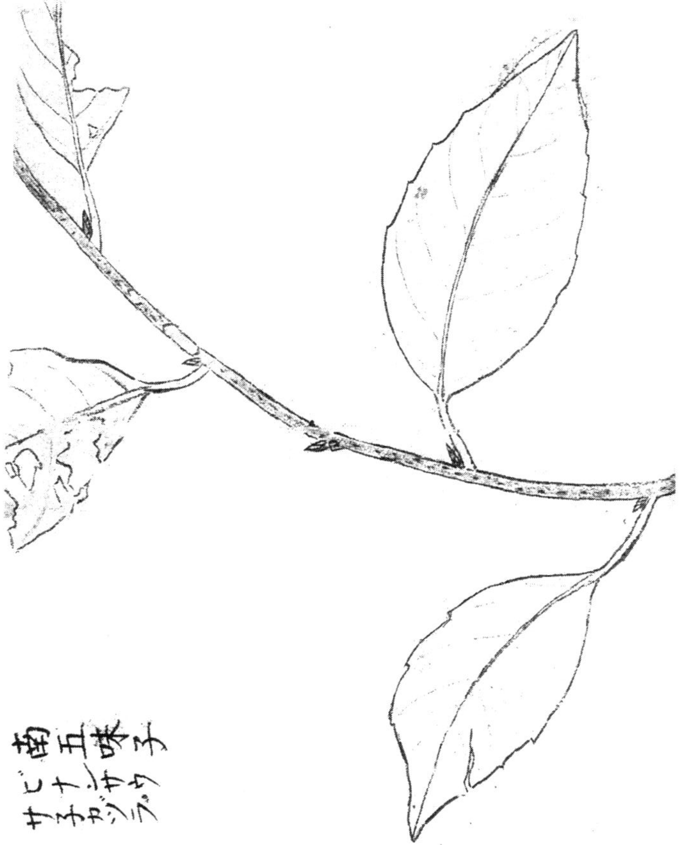

南五味子
ビナンサウ
サ子カヅラ

南五味子 ビナンカヅラ 熊野物産初志 一

○五味カツラ（サネカツラ） 万葉集物考

紫金皮

紫金皮江西山中多有之蔓延林薄紫根堅実莖赤
赭赤葉如橘柚光滑無歯葉節間垂短莖結青蒂
攢生十数子圓紫如毬鮮嫩有汁出俚醫用根藤治
飽脹腹痛有效兼通肢節　桉宋圖經有紫金藤
不具形状和劑方有紫金藤丸

Kadsura japonica
(Uvaria japonica Linn.
Thunb.)
ビナンサウ、
ビナンカヅラ

○玉葛　巻三　玉葛絶事無　巻十一　谷辺蔓在
玉葛巻十三峯辺延有玉葛此外。巻二五葛巻十四多麻
可豆良トモ書リ又巻二玉蔓巻十二玉蔓味
ラノ名同ソ物異ナリ古事記允恭宮段
押木ノ珠縵トアル縵也宣長云加豆良ニ
三ノ品アリ葛ト同蔓トモ云蔓ト髪トナリ葛
ハ葛カツラ五味忍冬ナト蔓草ノ一ナ
リ蔓ハ頭ノ飾ニ懸ル物髪ハ和名抄和
名加都良釈名云髪少者所以被助其髪
也ト俗ニカモジト云物也サノ一ト云ハ

皆草ノ葛ヨリ轉レリサテ何ニマレ蔓
草ヲ以テ頭ノ飾ニ懸ルヲ蔓葛ト云是
即蔓ナリサテ然蔓ニ用ルナラ土ヘ
リテ草ノ葛ヲモ加豆良トハ云ナラム
冠辞考玉葛ノ段ヨハ蔓ノ長クハヒ廣
マル物ナレハタエス凡長キ凡云リ玉
トハ子アル物ナレ　フトアリ己上

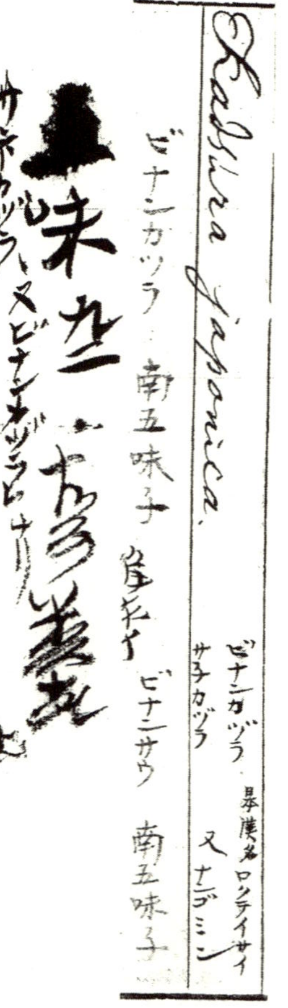

Kadsura japonica.

ビナンカツラ　南五味子　[illegible]ナリ　ビナンサウ　南五味子

ビナンカヅラ　県廣名ロクテイサイ

サネカヅラ　又ナゴミシ

[illegible]味五・[illegible]上

サネカヅラハ又ビナンカヅラトモ云ナリ

ビンナンサウ　美濃国各務郡　草類　図アリ南五味子トシ

色形図ノコトクツル草ナリ山中又ハ藪ニモ生ス四時共ニ青シ二月若芽

出テ五月花咲実有十月紅色ニ熟ス（図略之）　中国譜志　六

五味子　甲斐国都留郡吉田村　県本誌提要二

佐葛属、

○五味子巻二將見圓山乃狭名葛同狭根葛後毛將桐等巻十二丹波道之大江乃山之真玉葛同巻佐奈葛巻十三左奈葛ナト書リ古事記明宮段ニ佐那葛之根取ヲ其汁滑ヲ而塗其船中之簀椅云云六帖ニ三条右大臣ナニシ負ハ逢坂山ノサネカツラ人ニ知ラレテ来ルヨシモ哉トアル此也和名抄葛類五味和名作称

加豆良皮肉甘酸核中辛苦都有鹹味故名五味也真淵云佐ハ発言名ト根ハ言ノ轉ニノ実ハヌカツラ也ヌハヌル〳〵トナメラカナルヲ云フ池ノヌナハ海ノノリノ如レ後ノ歌ニハサネカツラトモミアレト古事記此集ニモ多クサナト見エハ古クハシカ言ヒケム物産家南北松房ノ三種ニ分ツ歌ニ詠ルハ南五味子ナリ俗ニ美男カツラ又鬘カツラフノリ葛トロ葛ナト万葉考略解

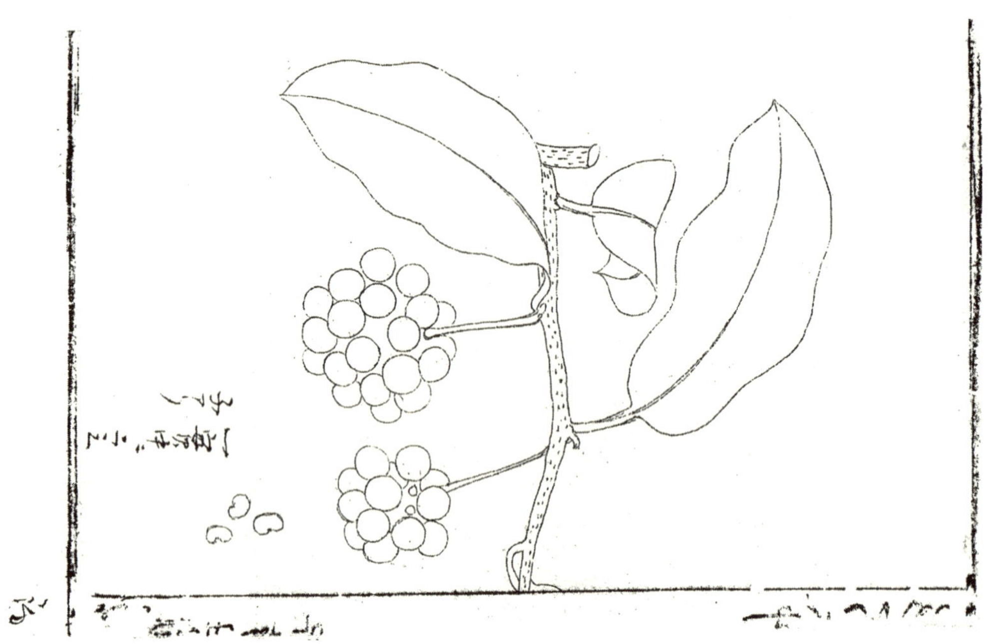

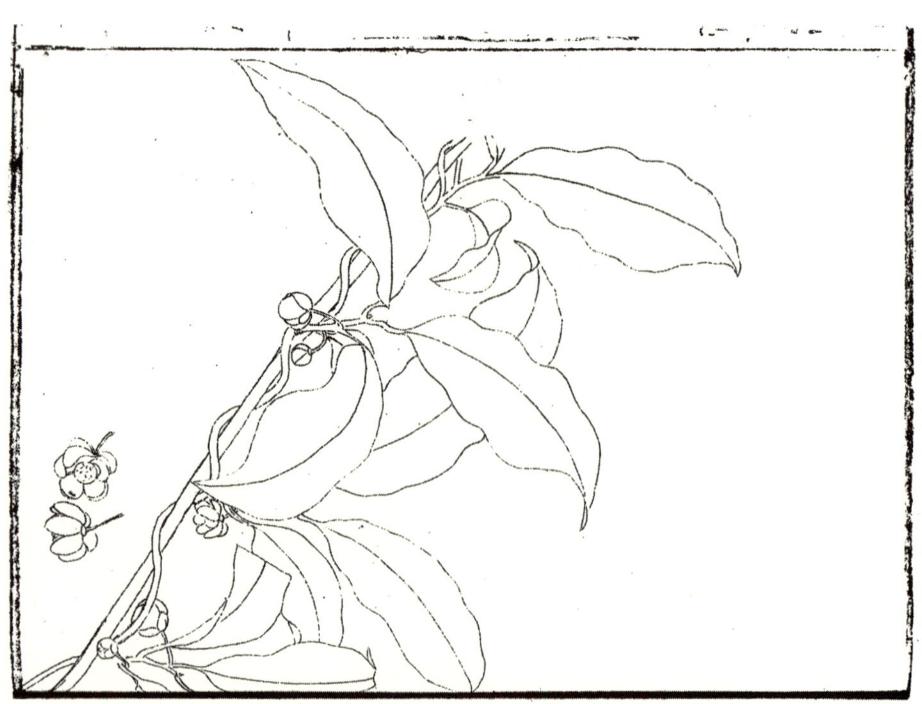

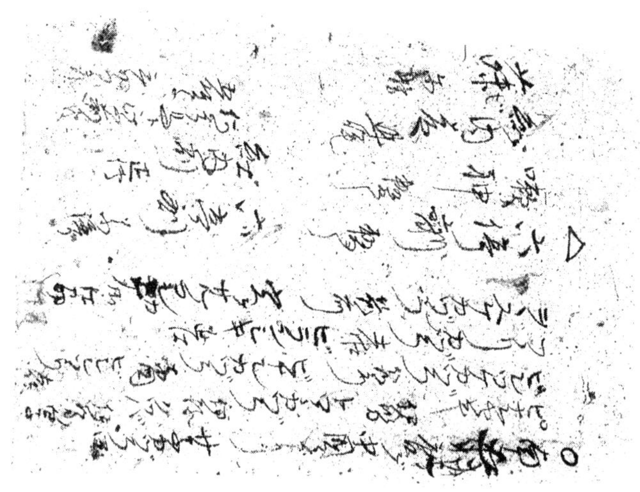

○南蕃語ヲ中国ノ… サヽカヅラ
ピナンヤシ 檳榔 トウカヅラ 〔?〕 ジヤバ 〔?〕
ビンロウカヅラ 〔?〕 ビチヤカヅラ 〔?〕 ビヒツ〔?〕
ファリカヅラ 〔?〕 ビランジキ 〔?〕
ヲイスケカヅラ 〔?〕 安南 〔?〕

△六停剤 〔?〕 六停剤 〔?〕
嚏神 〔?〕 紅肉剤 〔?〕
紅肉〔?〕
葉〔?〕

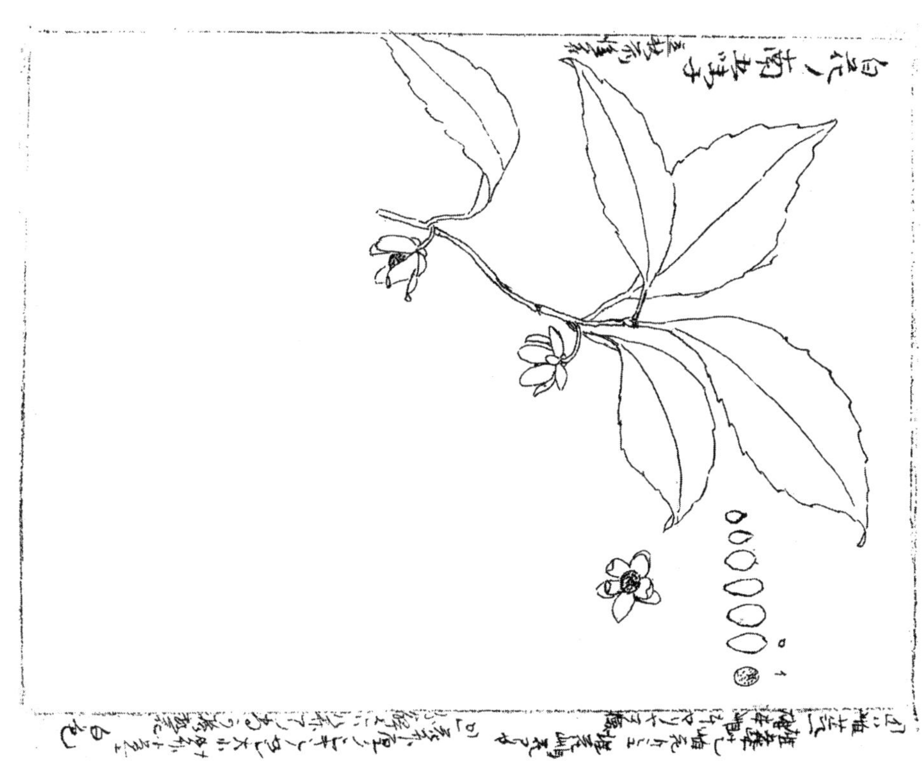

(イ)ハ雌蕊 雄蕊… 雌花ナレド 雄花 雌花アリヤ
(ロ)ハ花弁… 大小… 白色

南五味子
サネカヅラ
ビナンカヅラ

現存六帖
右近中将忠基

ノ訛ニ依レハ何ニマレ子ノ生ル葛ヲ
凡テ玉葛ト云トキコユ然ルニ六帖夫
木ナトニ別ニ一種ニ出セルヲ見レハ
ナホ能ク思フニ五時ノ丁ニヤ巻十二
ニ大江乃山之真玉葛ヲ書レハナリ此
御子甚多如ニ葡萄熟紅色也トアレハ蘡
ニ用ユルニヨシアリ

万葉名物考

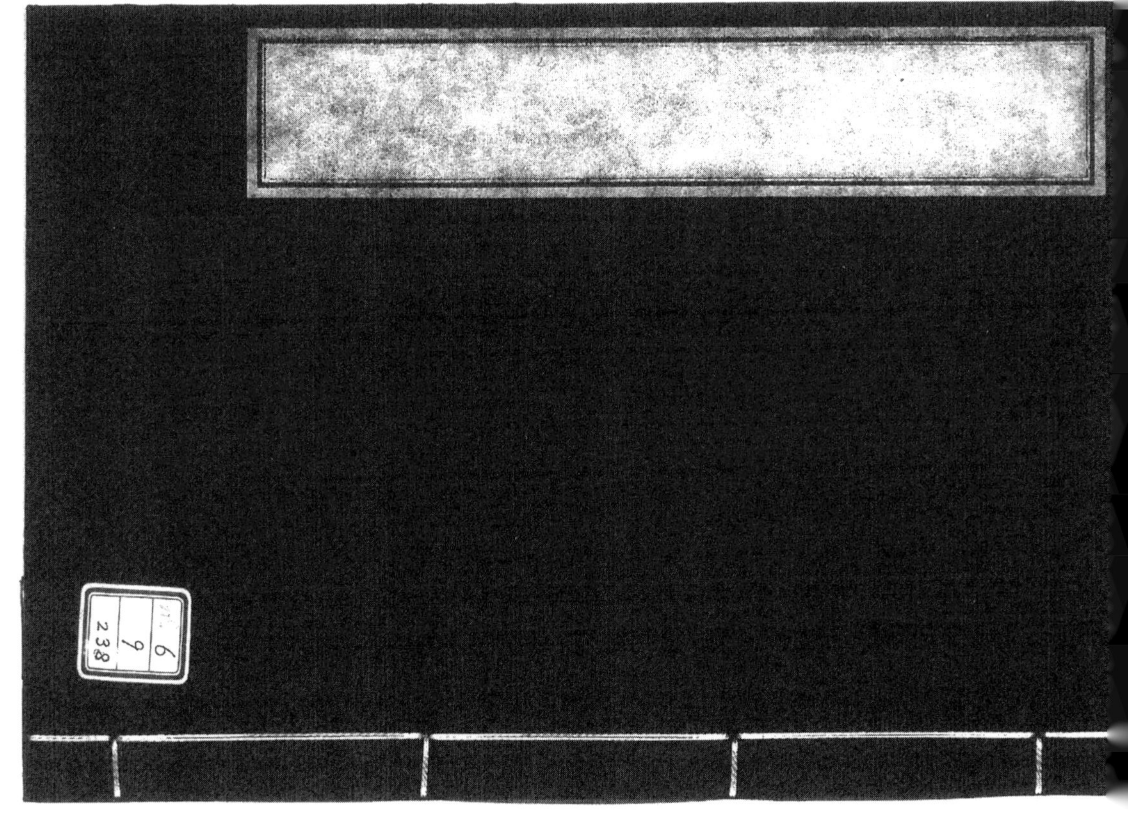
6
7
238

サ子カヅラ

子

○南五味子　サ子カヅラ　一名　ウシノヨダレノキ　伊都郡 志富田

藤蔓一二丈葉スイセンジ葉ノ葉ニ似テ短ク微コワシ葉背紫色ヲ帯　一種細葉者アリ　○水晶カヅラ　葉ヒナシニ似テ淡緑色七月葉間下垂ノ六瓣淡黄花ヲ開ビナンジノ花ノ如ク三瓣大ニノ末不尖三瓣小ニノ末圓結實南五味子ニ仝ヲ

一種　さねかつら　白色也今花ア白色間道金邊銀辺ノ者アリ　びなんかつら 江戸　とろろかつら 雲州

人家藩籬ニ栽ゆ藤蔓まつわりに似たり葉ハ冬青ニ似て柔く背紫色光澤ありて冬凋まん夏月葉間ニ淡黄色の花を開く形蓮花に似て小なり実ハ数顆あつまりて毬の如く熟するときハ紅色乾ハ枯燥して潤ひなく苦味ありて下品なり時珍説ヲ南産形色紅と云是なり薬店ニて和産の五味子と称するハ是なり

一種　水晶かつら

さねかつらの一種ニて実白色なる[illegible]なり又淡紅を帯るそのもあり

ビナンカヅラ [illegible] 図 実 [illegible]

一名 [illegible]

ヒカセ 五味子 [illegible] 一名 [illegible]

[illegible]

○レッテハッチ 一名レッフニハッタ 上同 サ子カヅラ 万葉集 サナカカツラ 古事記

ワクフヂ 北五味子 韓本草 [illegible] 大にして 富士山産 [illegible] 其

核並て二つ あり [illegible] マツフサ と いふ [illegible] 別之

Kadsura chinensis. 五味子ス

和産ハシーボルトニテアリ

Schizandrea

Kadsura Juss.

Sphaerostema Bl.

Schizandra D.C. Rich.

magna Sieb.?

ビナンカヅラ

175 図

三十

五味子

角元結、男婦ニ三

備中松山下神代村ノ辺ニハ五十年前ハ男女共ニ五

味子ノ蔓ノ滑汁ニテ髪ヲ梳リ男子ハ角元結トテ處

角ニテ製シタル輪ヲ入テ髪ヲナシタルニ今ハ更ニ

見ヘス於鳴輪ト云処ノ深山ノ人ハ今ニ用ルモノ有云

ヒ 廿七

享保年中朝鮮より種渡り今世に傳へ栽春旧蔓より葉を生し梅葉に似て長く

互生し四月葉間に穂を生して白花を開く形南五味子びなんかづらに似て八九瓣実長

き穂をなして一二寸下垂し円実を結ぶ形落葵つるむらさきに似て熟すれハ黒色味ひ酸く

潤ひあり又花実の房短かく小蔓にても能く実を結ふ物あり是弘景説に出高

麗と云時珍説に北産ハ色黒と云是なり備急本草の越州五味子なり 權

内風消

内風消江西湖南有之蔓生紫茎結実攅聚如球極類紫金

皮惟葉不攅排有細歯無光澤俚醫以為内托和血之藥

五味子

義男草蔓延ノ太餘赤莖葉ハ山茶花ノ葉ニ似テ　和名サ子カツラ俗名
狹ク実リ薄シ莖葉經冬不凋六月淡黄花ヲ開テ
梅花ノ大サニノ葩夏ク花謝ノ房ヲ結ヒ一窠一
ニナ子一子大サ梧桐子ノ如シ生ハ青ク熟ハ紅
ク按スルニ本草ニ南北ニ種アリ朝鮮五味子ト
称スル者ハ倭産ノ五味子ト形異リ和産ハ南五
味子ナラン

南五味子

本草載蔓生木上其葉似杏而大子作房如落葵大如蘡子
出蒲州及藍田山中　琉球土名髪賛附蔓又名鬢賛蔓

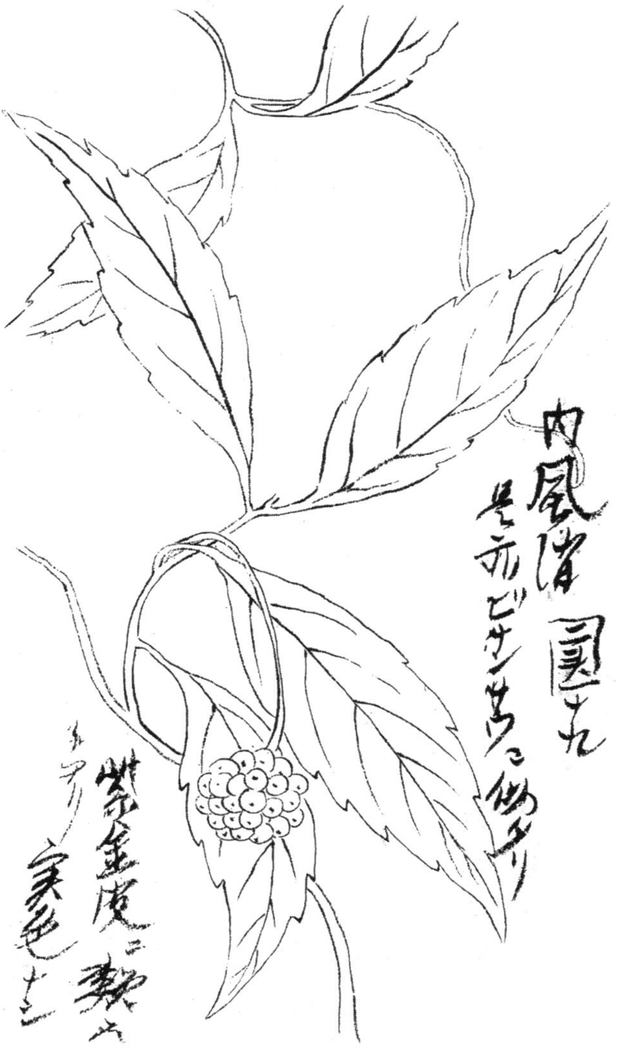

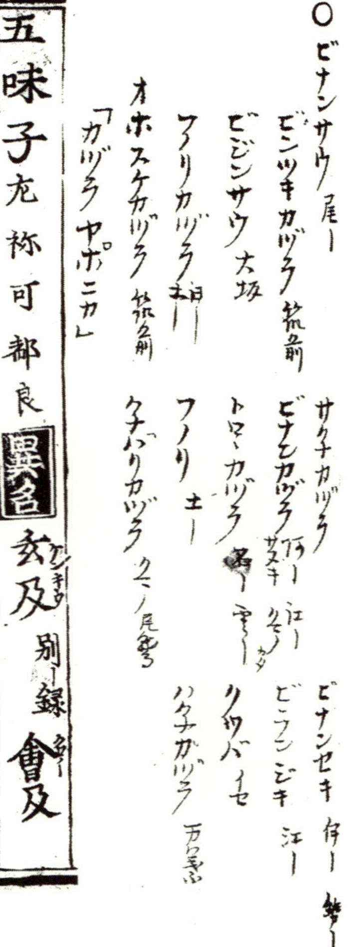

○ビナンサウ 尾ー
ビンツキカヅラ 筑前　サクナカヅラ　ビナンセキ 伊ー 勢ー
ビジンサウ 大坂　ビナンカヅラ 仝ー 江ー サネカヅラ 仝　ビンフンジキ 江ー
アリカヅラ 和ー　トロヽカヅラ 肥ー 雲ー　クワバイセ
フノリ 土ー
オホスケカヅラ 筑前　タナバリカヅラ 仝ノ尾鷲　ハタチカヅラ
「カヅラ ヤポニカ」

五味子 充 称可都良 異名 玄及 別録 會及

南五味子

山野共ニ多又林竹中ニモ生葉冬ヲ経テ枯レズ形長ク厚クシキミノ葉ノ如ニシ光潤アリ冬ヽ春ハ葉背紫色葉ノ末葉間ニ花ヲ開ク後其蔕長サ寸余端ニ數ナ実円毬ヲナシテ下垂スコノ毬ヲ江州ミテサルノコシカケト呼ブ立冬ヽ前ヨリ熟ノ赤色乾ニテノチ赤クタ潤ナシ苦味多クシテ五味備ラズ

ビナンサウ

○

さねかつら

佐行

さ祢かつら 神衣比

六帖六 さねかつら なにしおはゝ逢坂山のさねかつら人にしられて
くるよしもかな 後撰 又 たれあきと ありひしのふのさねかつら
もそはるるをもいとふへるあり 百二三十七 狭根葛 百二十一
玉くしけみむろのやまの狭名葛さねすはつひにありかつましと
大和物語 本和上廿五 五味 佐祢加都良 字 廿一 左奈葛 案ニ字鏡ニ
同木防已 佐奈葛 云 神衣比 和 医

紫金皮　実 サネカツラ 以下七行　ビナンサウ

〔大五 廿六〕差祢乃氏　按ニ五味子　名藷 アアツラ サネカツラ 〔和玉〕茎　又藷

又遂　〔長〕五味子　佐祢加都良

○〔五味〕さねかつら○石坂にてひなんさうと云　東国にてびなんかづらと云 出雲

にてさねかづらと云　伊勢白子にて利ぞと云　土佐にて [illegible]

ふ又さねかつらの実則茱萸の五味子(ごみし)に相似たり　庭倉辺にて　五九の伊と云

サネカツラハサネマカツラ乙ヌマシ スル汁出ル 葉ニサナカツラドアリナニヌメル乙サハ 生ハノ字ノサ

一種白実ノモノアリ　水晶カヅラト云

書云
天保八酉蔓ヲ葉ヲ去リカラテ乙草底接ニ行ク見テノ名ノ同

フルヤ通ク向ベし

松本意三ト云フ御人南部山田宇佐志州鳥羽倉修理

氏ノトロロ、カズラヒト云物ヲトリ其葉ヲ水ニ浸シテ三日ニシテ

粘稠トナル右液ニテ婦人髪ヲスリ又水油ノ代リトス其

味甘トナリ又　蓮一云吉氏訳遠ク西中南播ニ皆石ヲ水ニ浸シ

梅ナリ五味子し　髪ヲ洗フトニ云フ下ノ是カ

○五味子　サネカツラ　美男カツラ　葉ハ茶ニ似テ狹ク
先尖リ薄ク柔ナリ林下陰地ニ蔓生ス夏黄花葉間ニ
生ス花后毬実ヲ生ス生青ク熟メ紫赤色南五味子也
又甲州辺ニ松フサト云アリ葉厚クメ丸ク鋸歯アリ実房
ノ如ク長シ北五味子也平賀云駿河ニ朝鮮産ト異ナキ
モノ有ト即是也　廿七

さねかつら　玉かつら　さなかつら　山さなかつら
万葉ニ玉くしけミむろ山のさなかつらさねすハつひにありかてましを　漢名南五味子
六帖　名にしおハゝあふ坂山のさねかつら人にしられてくるよしもかな
サハ助字子ハぬまり有の名之蔓を水に浸して髪にぬる昔の
髪付之今も鷹峯の法園に栽る物禁庭ニ用らると云へり葉
用ハ此実にて五味子と云皮肉甘酸核中辛苦都て鹹味あり
故に五味と云実ハ南燭の如く赤く大之前葉真玉葛（サネカツラ）と書てとなまう
つらとも云穂とかりて下垂す熟して赤し三四月に舊蔓の葉
間に花さく白色緑に帯ふ種類あり南北のたかひあり一所に

上冊七

五味子
蔓赤色引於高木葉尖團似杏葉三四月開黄白
花類小蓮花七月成實如豌豆許大生青熟紅紫
雷公云凡小顆皮皺泡者有白色鹽霜一種其味
酸鹹苦辛甘味全者佳按本草謂五味子味酸温
無毒主益氣欬逆上気労傷羸痩補不足強陰益
男子精養五臓除熱土人取作蜜煎熙湯及充果
品
邵武府志 八

方言あり万葉ふ冬薯蕷の字あり其義知るへし
玉かつらの詞奇
万葉十一 山高み谷へにはへる玉かつらたゆる時なくみむよしもかな
同十四 谷せはみ峯にはひたる玉かつらたえんの心わかおもはなくに
枕詞十首許見えたり 又 [illegible]の玉かつらとよみたらい
同二 人はよしおもひやむとも玉かつらかけにみえつつわすれらぬかも
枕詞五首許見えたり
かつらかつら さかつら 二十 [illegible]

重摩曰相州鎌倉ノ湯坂ノ山中ヨリ五味子ヲ採得
ヲ出スモノアリト言フ 五九ノ伊豆ノ即献ス
先生謂ク和邦ニ産スルハサネカツラノ実ナリ
本草家ニ云フ南五味子ナルベシ藍[illegible]
上世ヨリ云ヘルハ[illegible]丹波ヨリ出ルハ[illegible]

五味子　サネカツラ　男カツラ
葉ツバキニ似テ狭ク先尖リ薄ク柔セ
林下陰地ニ蔓生ス夏黄花葉間ニ
生ス花后毬實ヲ生ス青ク熟紫
赤色南五味子也又甲州辺松フサト
云ナリ葉厚ク丸ク鋸歯アリ實房
ノ如ク長シ北五味子也平賀氏云駿
河ニ朝鮮産ト異ルコトナキ者アリト
即是ナリ

サネカヅラ　ビナンサウ尾州　ビンツケカヅラ紀州
ビナンカヅラ阿州 讃州　ビナンセキ伊州 勢州　トロロカヅラ石州 雲州
フリカヅラ日州 土州　ハネカヅラ[illegible]　オホスケカヅラ[illegible]
あかカヅラ[illegible]
南五味子 本經逢原
[illegible]
[illegible]同アリ

玄及　サネカヅラ　ケムフル日本本草中ノ部

五味子　一名 菋 爾雅　荎蕏 本草和名 引薫名苑　享保年中朝鮮ヨリ五味子渡リ今世ニ傳へ
世七　栽ユ春舊蔓ヨリ葉ヲ生ス梅葉ニ似テ長ク互生ス四月葉ノ間ニ穂ヲ生シテ白花ヲ開ク南
五味子ノ花ノ如ク八九瓣実ハ長キ穂ヲナシテ一二寸下垂シ円実ヲ結フ形落葵ニ似タリ熟スレ
ハ黒色味酸ク潤ヒアリ一種葉ニ光澤ナク花実ノ房短ク小蔓ニテヨク実ヲ結ブ紅色ニシテ美
シキモノアリコレ弘景説ニ出高麗ニ出ル時珍説ニ北産ハ色黒ト云コレ也滋補ノ薬ニ入ルニ上品トス
一種マツフサト云アリ葉ヲ揉テ嗅ハ松葉ノ気アリ故ニ名ク一名マツブトウ 豆州 一名ワタフジ 豆州 ワタカ
ヅラ 熊野 ヤハラヅル ウシブドウ 実黒キ故名ク モチカツラ 泉州 小僧ナカセ 豆州 此物武州高尾山中泉州紀
州播州土州常州筑波諸國深山中ニアリ葉ハ南五味子(ビナンカツラ)ヨリ短ク円ク光澤アリテ杏
葉ノ如ク朝鮮種ト同シク冬ニ至テ葉枯テ落ス夏月葉間ニ七八瓣ノ淡黄ノ花ヲ開キ下垂
ス形荷花ニ似テ小シ後実ヲ結ブ穂ヲナシテ黒子ヲ結ブ微結アリテ朝鮮種ニ次ク是亦北五

玉かつらの謌奇

万葉十一　山高み谷へにはへる玉かつらたゆる時なくみむよしもかな

同十四　谷せはみ峯まではひたる玉かつらたえんの心わかおもはなくに

此外十余件これあり文頭のかさりの玉かつらをのせたるハ

同二　人ハよしおもひやむとも玉かつらかけにみえつゝわすらえぬかも

此類五六件これあり

和歌本草提要巻四

さねかつら　玉かつら　さなかつら　山さなかつら　漢名五味

六帖　名にしおはゝあふ坂山のさねかつら人にしられてくるよしもかな

万葉二　玉くしけみ山のさなかつらさねすハつひにありかてましを

サハ助字子ハぬまり有の名也蔓を水に浸して髪をぬる昔の

紀貫之伝云今も鷹峯の法園に栽る物禁庭に用らると云へり薬用ハ

此実にて五味子と云皮肉甘酸核中辛苦都て鹹味あり故に五味と云

実ハ南燭の如く赤く大也薬ニ真玉葛（サネカヅラ）と書てたまかつらとも云穂

となりて下垂す熟して赤し又四月舊蔓の葉間に花さく白色緑よ

帯ふ種類あり南北にたかひあり所々方言あり万葉に冬暑蘿の字

有り其義知るへし

和歌本草提要巻四

味子ノ一種ニ又一種ヒナンカツラト云アリサ子カツラ 古名 ヒナンカツラ 江戸ノ美人草 大坂トコロカツラ 石州雲州 クツハ 勢州 フノリカツラ 日州土州 ヒニフンジキ 江州 オホスケカツラ 阿州 筑前 人家處々ニ栽

五藤蔓マツフサニ似タリ葉ハ冬青ニ似テ長ク軟ニ背紫色冬不凋夏葉間ニ淡黄花ヲ開ク大サ三分斗形蓮花ニ似タリ後子ヲ結フ数顆アツマリテ毬ヲナス形佛頭ニ似タリ熟スレハ紅色ニシテ美シ乾スル時ハ枯燥シテ潤ヒ味ヒ苦ミアリテ五味備ワラス下品ニ時珍云南産ナルモノ色紅枯ハ是ニ葉居ヨ和産ノ五味子ハ是ニ漢渡ノモノ小ク枯燥シテ下品ニ南五味子也尾州ヨリ出ル名古屋五味子アリコノ種子大ニメ潤ヒアリ上品ナリ用ユベシ

五味子以五味具名故名俗名南藤 赤城志 三十六

ビナンサウ 南五味子

重修本草啓蒙 五味子条 圖可五味ニ葉甚厚クシテ小白斑アリテ光リカアリ又如シナル者アリ冬ニ至テ紅葉シテ美ナリ故ニ花戸ニテニシキカヅラト呼ブ又一種果實ノ皆ニシテ葉ニ白斑アル者アリ又南五味子ノ茎ヲ切テ水ニ浸ス時ハ粘汁出ツコレヲ以テ髪ノ用ニ供スレハ蔵垢ノ患ナリ

五味子　南五味子北五味子トニツニ別ツ
北五味子ト云ノハチヤウセン五味子ノ
コナリ享保年中ノ間タネガ来テヨ
レヲウエルノヲ朝鮮ダネト云シ朝鮮
ダネハアンズノ葉ニ似テミジカクシテ
マルミガアリアライキヨシアリワカバ
エニハ葉互生シテ花ガツカズ舊蔓ニ
ハ三四枚アツマツテツクソノ中ニ花ガ三
四月ゴロヒラク青白ノイロナリ少シ
青タバヲブセ八瓣ニシテ形蓮花ニ似
テ少ナリ實ヲムスブホノナリハブド
ウノ如シ下垂スヂユクスルト赤ナレ
且ツ後ヲ長ス

天ヨリ大ナリツルワイツマテモアリ
葉冬カレ木北山ノ葉ニアリ色黒ナ
ラズ又一種和ニモアリエイ山ニアリ
松ズサ○マツブドウ○ウシブドウト云
アリサネカズラヨリハミジカク葉
アツクシテキメアラクアサイキヨ
シアリ春花ガサク黒シ實ホニナツ
テ生紫色比ヲトウテカミヲソメル
トソヲルナリアジワイモヨシウル
ヲイアリタネモ大ナリ此ガ北五味子
ト云ニヨクアタルナリ本草彙言集解

ナドニイエルトヲリニ能アエリワ子
ノトワチカウ菜店ニチヤウセン浸リ
渡ル北五味子アリ明和五六年ニ初ノ
ワ駿河ニ出ル紀州伊豆熊野ニ太テル
ノアリ花ノ形ワ同レ〔ナリツルヲ
ヲレバ松ノ木ノニヲイガスルナリ又
南五味子ハツ子ノサ子カズラナリ
秋ニナルト花ガサク葉アツクシテ
光アリソノサキニツク花ノ形ワ北ッ
五味子ト同レ〔ナリ實ハテイサキ
北イアカキナリ南天ヨリハテイサキ

ヤハリ
ビナ　サナカツラ 古事記 ワクフヂ　北五味子 本草　葉大ニシテノ
ニサ
七　ウカ
冨士山産ニ同ニ其様並テニツアリミチノクニテ、ヤワ蔓
但北五味ト云 サト云モノト別ナリ　陶隠居中本之説
ナリスコシヒラミアリ北實ヲ江州デ
サルノコシカケト云〇トロヽカズラ 伊
勢 ビンツケカズラ 西国 大スケカズラ
コレヲバムカシハアブラノカワリニ
スルナリ〇ヒナンセキ 伊賀 伊勢 紀州 唐デ
五味子ト云ワ北ノコト唐ハ南五味子
バカリナリ冬ヲヘテカレズ此ヲバ
酒ニ浸テ北五味子ニイツワルナリ此

サチカズラ フノリ
カズラ 日向 飫肥 ビナンカ
ズラ 土佐 薩州
ビナンシキミ 江州 彦根

本草彙言曰生青熟紫
八九月修采藤熟則紫
黒今呉越尽南等処亦
有名南五味子蔓熟色
仍紅乾枯無液不若遼
北高麗色黒肥大且滋
潤也トミヘリ

○さねかつら○玉かつら○さかかつら○山さかかつら　漢名　南五味子
万葉　玉くしけみむろの山のさなかつらさねすはつゐにありかつましじ　二
六帖　名にしおはゝあふさか山のさねかつら人にしられてくるよしもかな　百
廿八　助字　子ハ奴まであるの名之　蔓を水に浸して髪をぬる
むしの髪付之　今売鷹峯の御園に栽る物　禁庭に用ひ
らるゝと云て　薬用ハ此実にて五味子と云　皮肉甘酸　核中辛苦都て
鹹味あるか故に五味と云　実ハ南謂のことく赤く大也　前菜真玉（サネカ）
葛（フラ）と書きて玉かつらとも云　穂をなして下垂す　熟して赤し
三四月ころ舊蔓の葉間に花さく　白色緑を帯ふ　種類あり

南北のたひあり　所々方言あり　万葉ふる冬暮蕷の字あり
きる義をかりし　玉かつらの説家
万葉十一　山高み谷へにはへる玉かつらたゆる時なくみむよしもかな　百
又　十四　谷せはみ峯にはひたる玉かつらたえんの心我おもはなくに
此余十許あり　又顆此外の玉かつらをまさしなれ
又　二　人ハいさおもひやむともむかつらかけにまへつゝわすられぬかも
此類五種許　あり

ヲ分ワカツテミルト仁アルガ朝鮮
五味子ナリナキワコレ五味子ナリ
南五味子ヲバ下品トスルナリ北五味子
ヲ上品トスルナリ北五味子一名遼五味子
トモ云ヽ南五味子一名嬰神 穀耕錄
六亭剤 茶譜 亭穀耕錄作停也 菋 爾雅
五味子藤俗名ー紅内消 医学正傳 痛風門

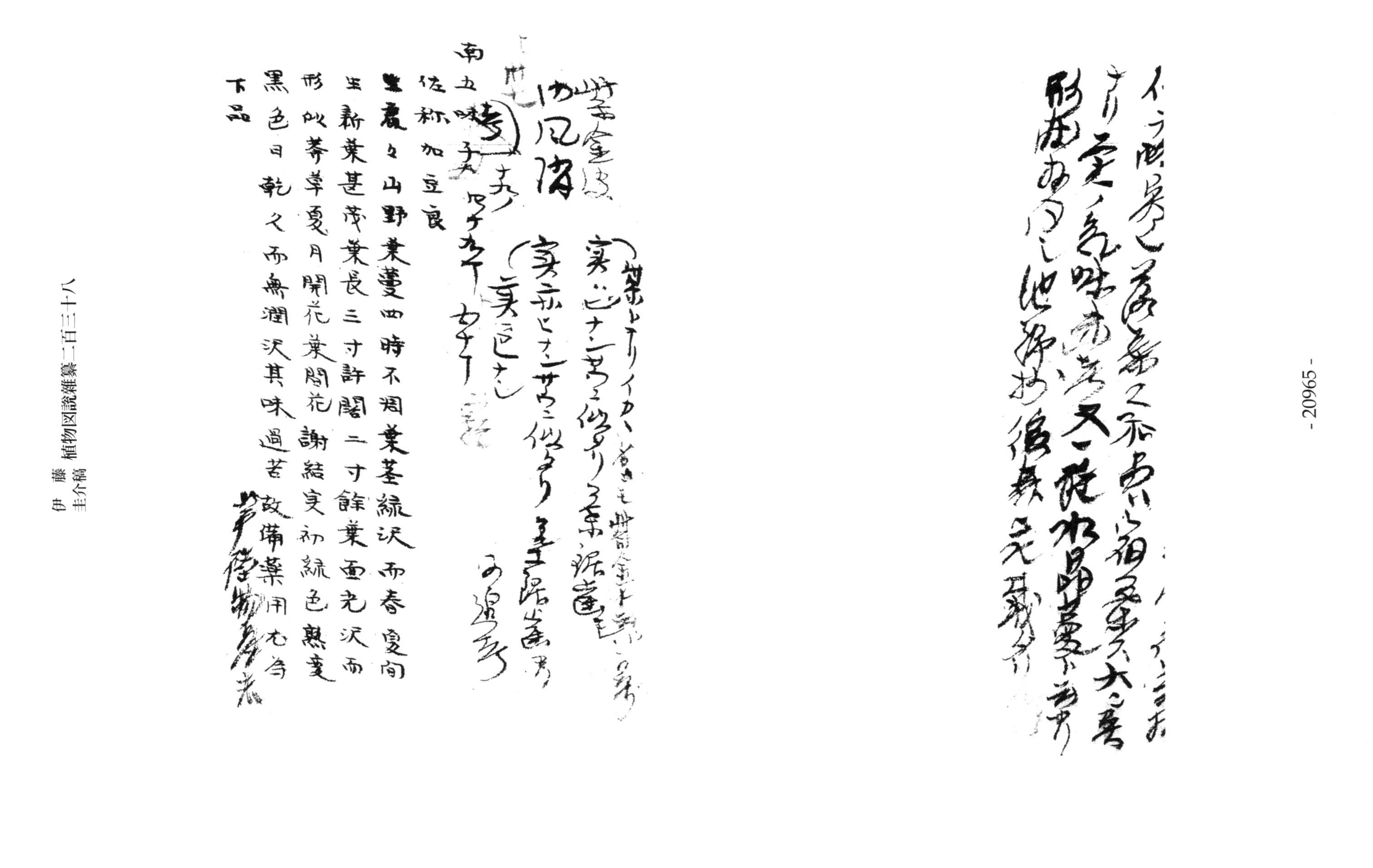

南五味子

佐祢加豆良

叢叢々山野葉蔓四時不凋葉茎緑沢而春夏間
生新葉甚茂葉長三寸許闊二寸餘葉面光沢而
形似蕎麦葉夏月開花葉間花謝結実初緑色熟変
黒色日乾々而無潤沢其味過苦故備薬用尤多
下品

字鏡延喜式ノ本防己ヲ小左印ハ防己ニ併載シツレド
柳宗千ノ此ニ收メタルニヨレハ誤リニヤ

五味和名類聚鈔巻二十草木部
五味 蘇敬本草注云五味和名作祢加豆良 皮肉甘酸核、、、
中薬書都ラ有鹹味故名ニ五味也
新撰字鏡大輔左業二本防己 佐奈葛
本草和名草上 第七 五味 蘇敬注云皮宍甘酸核中辛苦都有鹹味故名五味具云神衣比
一名會及 一名玄及本條 一名茎著 茎音京着音 除出兼名苑
和名佐祢加都良
醫心方 五味 和名佐祢加都良
類聚名義抄 五味 サネカツラ

出雲風土記 意宇郡 凡諸山野所在草木云々 五味子

延喜式 三十七典薬 諸国進年料雑薬 美濃国五味子三斗

三升 安藝国 五味子三升

古事記 中應神 故天皇崩之後大雀命者従天皇之

命以天下譲宇遅能和紀郎子於是大山守命者違天

皇之命猶欲獲天下有殺其弟皇子之情竊設兵將

攻云々 故聞驚以兵伏河邉亦其山之上張絶垣立帷

幕詐以舎人爲王露坐呉床百官恭敬往來之状

○按ニ、サネカヅラ、ビナンカヅラ、ビナン草、

玉蔓、ノリカヅラ日向、漢名、南五味子、又

紫金藤ニシテ此蔓ヲ截テ水ニ漬シ置

ケバ粘汁出ヅ、昔時ハ之ヲ髪ニ塗リシモノ

ナリ、今ニテモ僻地ニテハトロヽカヅラト呼ビテ

水油ノ代トスナリ。此蔓草ハ諸國山林

竹樹等ニ多ク纒フモノニテ亦人家籬

邊ニモ栽エ、此實ハ藥用ニナセドモ、北

五味子ヲ良トナス。

既如王子之生所而更爲其兄王渡河之時具錯舩
檝者春佐那 此二字以音 葛之根取其汁滑而塗其舩中
之簀椅設蹈應仆而其王子者服布衣褌既爲賤
人之形執檝立舩

萬葉集 秋相聞 寄黄葉
足引乃山佐奈葛黄變及妹爾不相哉吾戀將居

同 古今相聞往来歌類之下 寄物陳思歌
木綿疊田上山之狭名葛在去之毛不今有十方
丹波道之大江乃山之真玉葛絶牟乃心我不思

五味子 鞣本 武蔵下野甲斐等の山中にあり葉を採て嗅ハ
松の香ありゆへ松ふさ 松ぶどうなどゝ云是五味子にして茎に
さねかつら 五味子あり南五味子ハさねかつらと云下
さねかつらの花 山の陰地に植べし蔓太く成れハ肥を及
ぼん 秋ハ酒粕人糞等を用べし蔓をたくみてたをわけ
ゑん 根を生ぞ是を切て分植べし 中木有花

七九七 六亭劑 和名サネカツラ マツフサ 花譜
数種アリ南五味子ハ山野多ク産ス人家ニモ亦植テ藩籬
トス葉冬ヲ凌デ凋マズ形珊瑚葉ニ類シテ長厚滑
澤面深青背紫色黄白花ヲ開ク厚瓣重葉内ニ

紅心アリ實ヲ結ブ丁小圓シ寒豆ノ如シ数十箇為テ
葉間ニ下垂ス生青ク熟シテ紅紫色ナリ此五味子ハ
又遠五味子ト呼ブ形状甚タ相髣髴ス即韓産ナ
リ又泉筑地方菜蓬莱金蓮枝ニ似テ尖リ紫北目ナ
ラザルアリ実大ニシテ色黒シマタ北五味ナリ俗マツフサト呼ブ

フノリカヅラ　鹿児嶋ニテ　紙ニ書ス
蔓ヲ切リミテ葉ナトニ麻シ
稚シ南五味子ナルベシ
七批七

○多波美豆良　巻十四平呂田尓於波流多波美豆良　畧解云
万葉多波美豆良
タワムト思フハ假字違ヘリ武蔵ノ多摩川ヲ多婆川ト唱フ
ル如ク摩ト婆ノ濁音ト常ニ通ヘリミツラハ真蔓ナレハ即
玉葛ヲタハミツラモ云フナルヘシ云　桜ニ此ハ何レト一種ノ物ヲ指ス
ニハアラテ唯田ノ畔ナトニ生セル蔓草ヲ云ナルヘシミツラハ前説ノ
如クニテ田菓真蔓カヲロ田ニ生ル田菓蔓トワクノ意ナルヘシ
サテ五味子モサハ発語ニテ根カツラナレハ田ニ生ルハ田ヲ冠ラセ
テ葉カツラモ云フヘシ

五味子　朝鮮種
享保年中朝鮮より種渡り今世に傳へ栽ゆ春舊蔓より葉を生し梅葉よ
似て長く互生し四月葉間ニ穂を生して白花を開く形南五味子に似

て八九瓣実ハ長き穂をなして一二寸下垂し一円実を結ふ形芸苔葵ひるむふ似て
熟すれは黒色味ひ酸く潤ひあり又花実の房短く小き蔓ふてよく実を
結ふ物あり是弘景説ふ出高麗と云時珍説又北産の者色黒しと云是なり
備急本草の越州五味子なり

一種有呼末豆布佐者生真弓高貫深山蔓円短
而不夾峭葉面光滑而厚鋸歯至秋如有如無夏
月開花花謝結実形如葡萄日乾之純黒潤沢久
而不変医家宜備薬用今按南五味折茎心則有
香気其気似松樹山沢人削之以為牙杖俗呼奈
牟之也モ牟之也

常陸物産志 九

東京薬学新誌二号ニ出　[illegible]

○五味子細辛ノ説

五味子(Oazulayapodioa)本邦ニ於テ古来ヨリ薬用ニ供スルモノナリ即チ漢方医流ハ肺患ノ咳嗽ヲ治スルニ五味子細辛ヲ用テ特効薬トスルカ如シ五味子ノ性分ヲ験スルニ遊離ノ林檎酸ト葉紅色素(Erythrophyll)(イリトローフィール)ト少量ノ揮発分ヲ含有スル而已ナリ又細辛中ノ功分ヲ験スルニ一種ノ揮発性脂肪酸ニシテ(樟脳等ノ属ナリ)之ヲ細辛アンボルト称シ又(asalin)(アサリン)(asaron)(アサロン)ト称呼スル所ノ一種ノ吐剤ニシテ吐根素(エメチン)ニ比スルニ其効劣ラス即時ニ諸部ニ延及シ瞳孔ヲ散スル等ノ劇烈ヲ有スルヲ以テ始メテ知ル小青龍湯等ノ咳嗽ヲ治スルハ全ク細辛ノ功力ニ由ルノ多キヿヲ

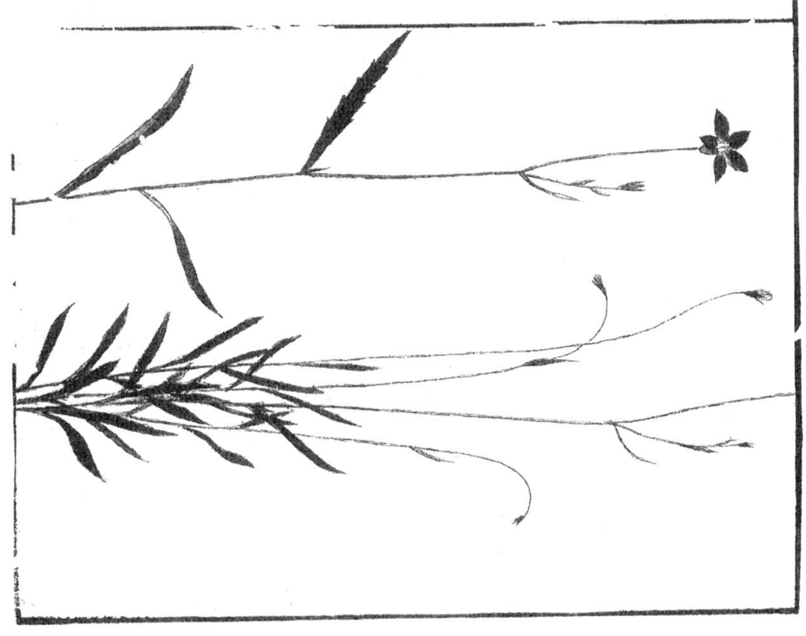

細葉沙参 ヒナギキヤウ
海濱及川原陽地ノ沙土ニ生ス仲春苗ヲ生シ蔓
叢ル茎細クシテ絲ノ如シ故ニ俗ニ絲桔梗(イトギキヤウ)ト云葉
ノ形洛陽花葉ニ似テ細小ニシテ互生ス初秋茎上
ニ花ヲ開ク形チ桔梗ニ似テ大サ一二分其色碧
花謝シテ細子ヲ結フ罌子(ケシ)粟似タリ 色淡碧花

鎖閉草 漢名不詳葉ハ伊吹杏汝
参ニ似テ毛アリ面紫緑色微黄ヲ帯背紫色地ニ
布テ生シ三月花ヲ抽テ五出紫褐色細ニ切レテ
異形ナリ花謝メ茎長シ實ノ形滇汝ノ如シ五六
寸ノ小草ナリ冬モ不凋

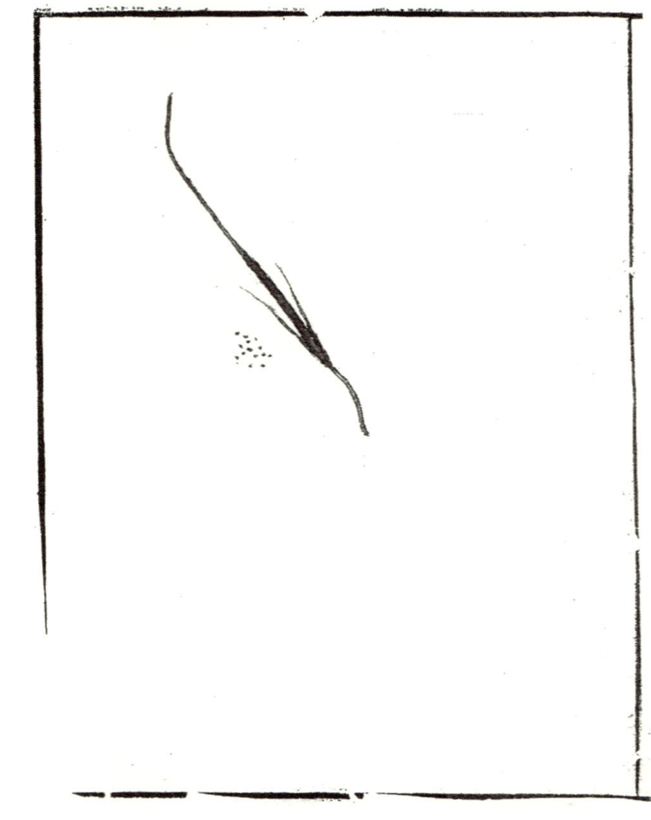

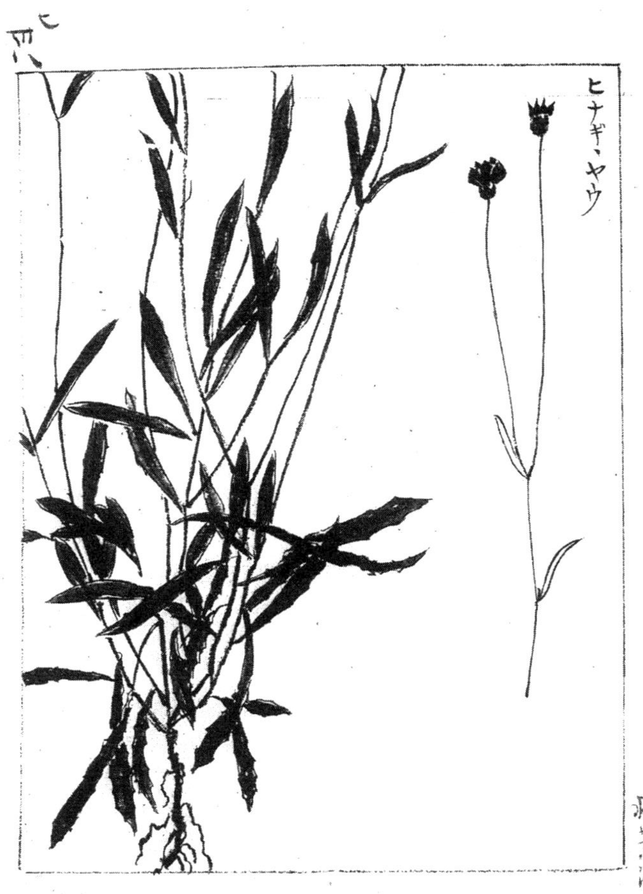

ヒナギヽヤウ
水善寺サウ

ヒメキヽヤウ
ゴタラクバナ三州西尾

ツメキヽヤウ
イトギヽヤウ

クロクリケンス ドヽニウス　ベルヘデレ同

細葉沙参ニ充此説不穏

細葉沙参ハ河原ニ多シ宿根ヨリ生ス細茎叢生ス枝多ク茎一尺許葉細長ク桔梗ニ似ズ瞿麦ニ似テ短ク薄シ枝頭ニ一リンヅヽ小キ桔梗ノ花ヲ開ク色桔梗ノ如シ四季ニ花アリ後小キ実アリ是亦桔梗ニ似テ小ナリ四季ノ中夏花多シト　右紀聞

ヒナギキヤウ
水善寺サウ

ヒメキキヤウ
ゴタラクバナ三州西尾

ツメキキヤウ
イトギキヤウ

細葉沙参
ヒメギキヤウ
花ノ色如桔梗ノ

ヒナギキヤウ。アカ一の区按

岩桔梗
北山川及十津川ノ本川傍岩石ノ間ニ生ス高サ尺許茎堅ク攴ノ如シ葉對生シ
ツクハ子ノ葉ニ似テ小也鋸歯ナシ夏枝頭ニ花ヲ開白色微紅ヲ帯ヒ桔梗
花瓣ヲナシ噴雪花ノ如シ
熊野物産初志　一

野ニ自生アリ芝ノ中ニ八尖
アリ日ノ熊ク覚ヘ如ニアリ

細葉沙参　ヒナギキヤウ。ヒメギキヤウ、
河原ニ多シ扁根ヨリ生ズ細茎高サ一尺叢
生ス枝モ多クキヅ葉細長ク瞿麦葉ニ似テ
疎ク薄シ枝梢ニ桔梗花ノ如キ小キ花一輪
宛ク花色桔梗ト同ジ四時共ニ花アレ共別メ
夏多シ花後小実ヲ結ブ桔梗ノ実ノ如ニメ小シ

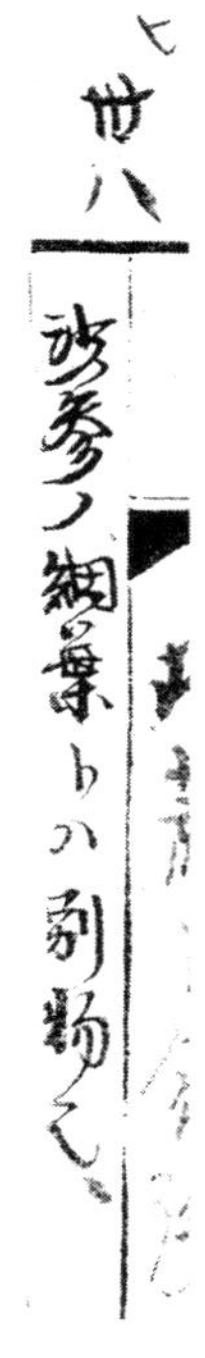

ヒメキヽヤウ　ツメキヽヤウ　ゴクラクノバナ 三ノ西尾
スイセンジサウ　クロクリケンスドヽ子ウス　ベルベデレ
「カムパニユラ ニルギナタ」

細葉沙参　咲説不穏

沙参ノ細葉ナル

細葉沙参（ホソバシャジン）

実

ヒナキヽヤウ

細
葉砂参

比奈支々也宇

生真壁行方慶々路傍円茎而高尺餘其葉細
長二寸許無鋸歯而対生又互生夏月茎端開五
瓣淡紫花此草東北諸村所生甚稀也救荒本草
曰細葉砂仁生輝県太行山山衢間苗高一二尺
茎似蒿幹葉似石竹子葉而細長又似水蓑衣葉
亦細長梢間開紫花根似葵根而麁如拇子大

常陸物産志 六

此図且ク粗

四時萎マズ葉極テ細クシテ初生ズル楊梅ノ葉ニ似テ長サ二寸余濶サ
二分鋸歯アラク色淡緑色茎圓ニシテ細ク縧ノ如シ長サ一尺余直立
シカタシ春ヨリ秋ニ至ルマテ茎ノ頭ニ枝ヲ分チ筒様ニ出ノ小花ヲ開
ク紫碧色花口径リ三分形又薺苨花ニ似タリ蕾皆下ニ向フ花開
トキハ上ニ向萎ム者ハ亦皆下ニ向ノ花謝シテ實ヲ結ブ子室桔梗子ノ
穀ニ似テ纔ニ二分余中ニ細キ子アリ茶褐色中禪寺雁皮ノ子ヨリモ少シ
花代モ発テ不盡根年ヲ経タルモノハ五六茎ヲ生ス根ノ形薺苨ニ似テ
細ク長サ六七寸其實地ニ在テ自ラ生ス

細葉沙参　ヒナ桔梗　ヒメ桔梗

原野ニ多シ宿根苗ヲ生ス細茎高サ七八寸叢生枝ヲ
分ツ葉瞿麦葉ニ似テ短薄枝頂ニ花ヲ開ク桔梗花
ニ似テ小ナリ色モ亦同シ一輪ツヽ枝上ニツク四季倶ニ
花アリ花後小実ヲ結フコレ亦桔梗ニ同シ

細葉沙参ノ実

細葉沙参　ヒナ桔梗　ヒメ桔梗

原野ニ多シ宿根苗ヲ生ス細茎高サ七八寸叢生枝ヲ
分ツ葉瞿麦葉ニ似テ短薄枝頂ニ花ヲ開ク桔梗花
ニ似テ小ナリ色モ亦同シ一輪ツヽ枝上ニツク四季倶ニ
花アリ花後小実ヲ結フコレ亦桔梗ニ同シ

細葉沙参ノ実

茈碧花

山海經曰能谷之山洱水出焉而西流注於洛其中有茈
碧雲南志浪穹縣西北五里有寧河一名茈碧湖水上
有花曰茈碧形如蓮而差小有白者有淺紅錦邊者
葉如荷花葉本皆長五六丈晝則上浮夜則拳曲入
底微風蕩之香氣殊常采以為美味美於蓴
明楊慎荒經海図有往證欲拾茈碧尋靈湫

水蓮

花之美者有水蓮如蓮而莖紫柔而無刺
南方艸木状全

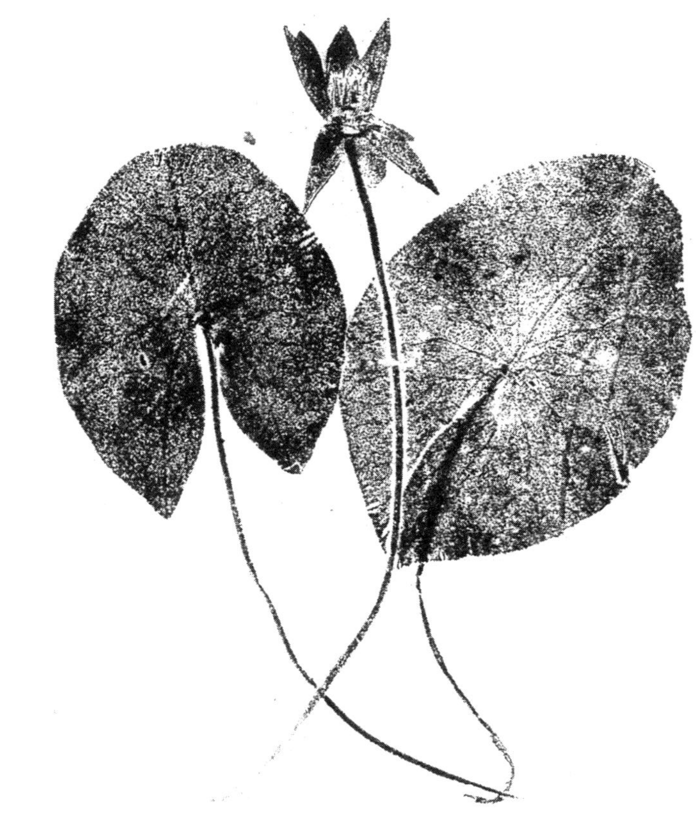

七
燃花

睡蓮（すいれん／ひつじぐさ）　その葉荇（あさざ）のごとくにして大なり、その花蓮に似て白くして八重也。莟ふくらみて花ひらく時、昼八ツ時分より出て夜ハ水中へ入る。酉陽雑俎 [illegible] 本草綱目 [illegible]
まゝハ水中より茎まで上に浮ふ

花譜

素花碧葉浮秀波面日中則向日入還斂

右朝日蓮花色或黄或白葉浮水上翠厚而澤形如

藏於葉下若葵蓋傾太陽之比

益軒乃物明花

朝日蓮

有黄白二種浮水上翠厚而澤交于景賛日素花碧葉浮秀波面

日中則向日入還斂

浮浦懸志　四

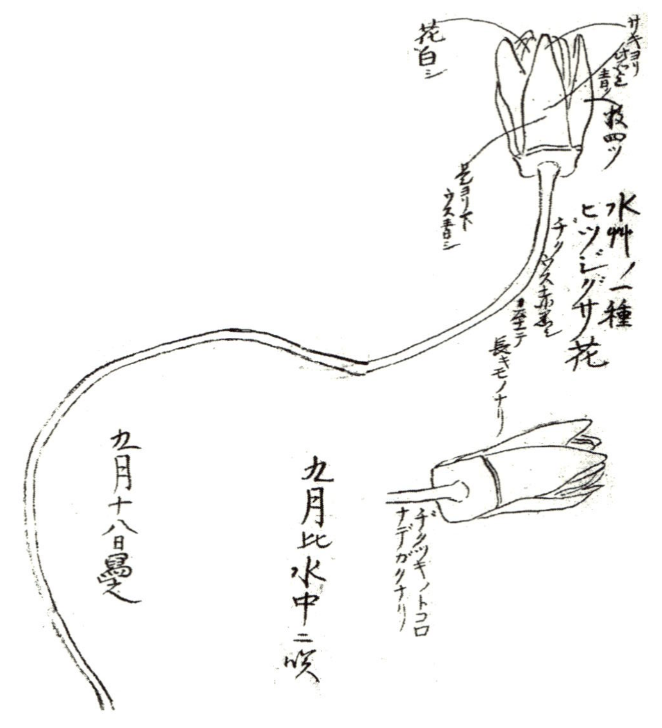

睡菜
睡蓮

睡菜一名瞑菜、葉類茨菰、根如藕、條根為塩菹、食之使人好睡、與五味艸食之不睡、名命睡艸、相背、睡蓮布葉數重、葉如荇而大、花有五色、當夏晝開夜縮入水底、晝復出也、與夢艸晝入地夜即復出相背、廣州多有之、諺曰、毋佩睡蓮、使人好眠、

廣東新語 廿七

睡蓮

比豆之久佐

生仙波湖水中葉分两辺缺刻深形似荇菜而長大（小者五六寸大者八寸許）色青蒼亦似芋葉根生水底而茎細長叢浮水面能隨風自夏至秋開四辨白花浮水面其花開午時萎未刻故呼未草

吉濃物産志巻十

羊草（ヒツジグサ） 花名集

睡蓮（スイレン） ヒツジグサ

花白

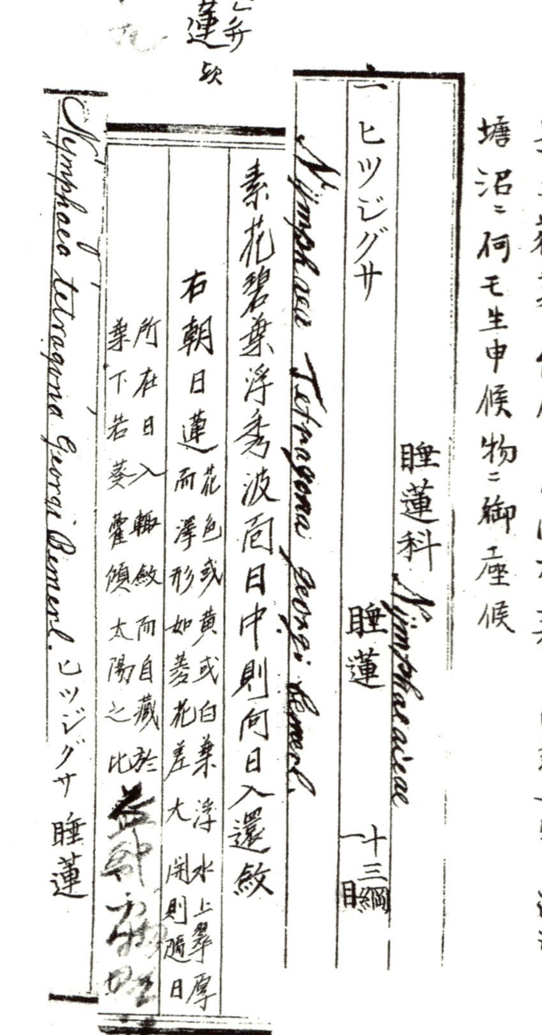

一 睡（ズイ）蓮

是又荇菜ニ紛似申候間右三種凡同類之物ニテ池沢塘沼ニ何モ生申候物ニ御座候

ヒツジグサ	睡蓮科 Nymphaeaceae	睡蓮	十三綱 一目

Nymphaea Tetragona georgi Bemerl.

素花碧葉浮秀波面日中則向日入還斂

右朝日蓮花色或黄或白葉浮水上犀厚而澤形如荇花差大開則隨日所在日入輒斂而自藏於葉下若葵藿傾太陽之比

Nymphaea tetragona Georgi Bemerl. ヒツジグサ 睡蓮

睡蓮（ヒツジグサ） 欤

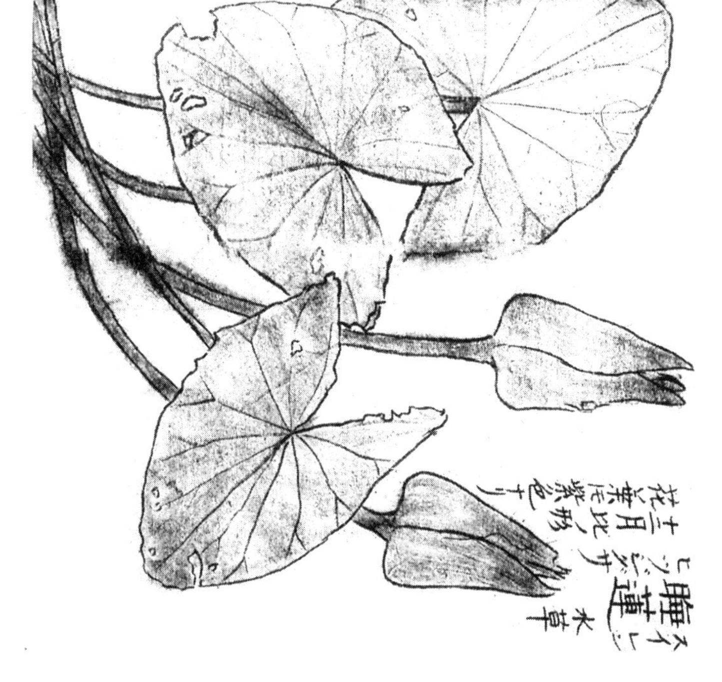
水草
睡蓮 スイレン
ヒツジグサ

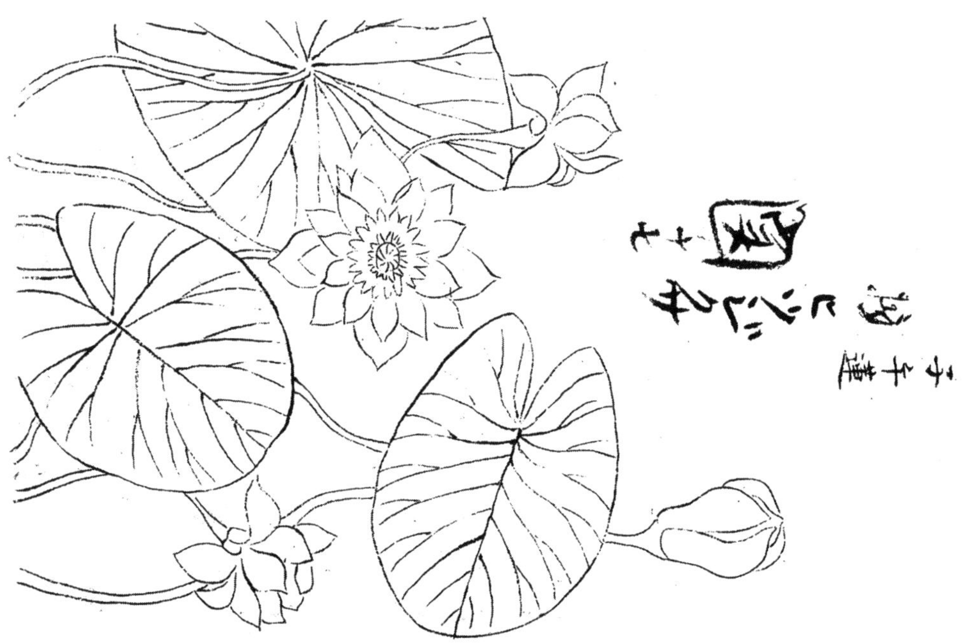

睡蓮（スイレン／ヒツジグサ）　二九九

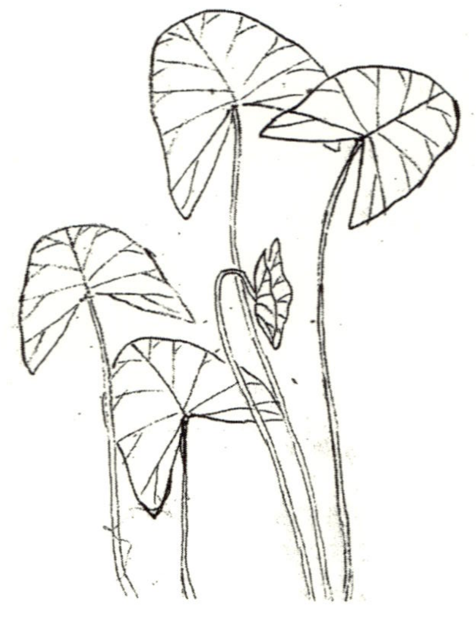

睡蓮　漢名ハ本草萍蓬草ノ條ニ其外諸書ニ見タリ葉ハ雁河骨ニ似テ紫緑色水面ニ浮ム大サ重瓣ノ桃花ノ如ク形チ蓮花ニ似テ且ニヒラツクヒライテタニ早クシボム明日マタ放ク

睡蓮　ヒツジグサ花水上ニ見レ開クヒツジノ刻ヨリツボム物ナレﾄﾞモヨク日ノ當ル処ニテハ日暮マデモ開テアリ葉ノ切レ深クメ開テアリ蓮ノ如キ筋アリ葉形金銀蓮ニ似タ物ナレﾄﾞモ筋ノ模様異ニ花細クトガリ四弁三重ニ成リウチホド花ビラ小ニ色白シ

杵丸　睡蓮　ヒ

睡蓮

葉如荇而大沉於水面其花布数葉重又五種色當夏晝開夜
縮入水底晝復出也

華夷花木考 巻四

Icones plantarum indiae orientalis 二出
or figures of indian plants

今尺此ハオノ册二

作者 Robert Wight.

madrasノ地ヨリ満ツル千八百四十年
七冊ニテ出ル図

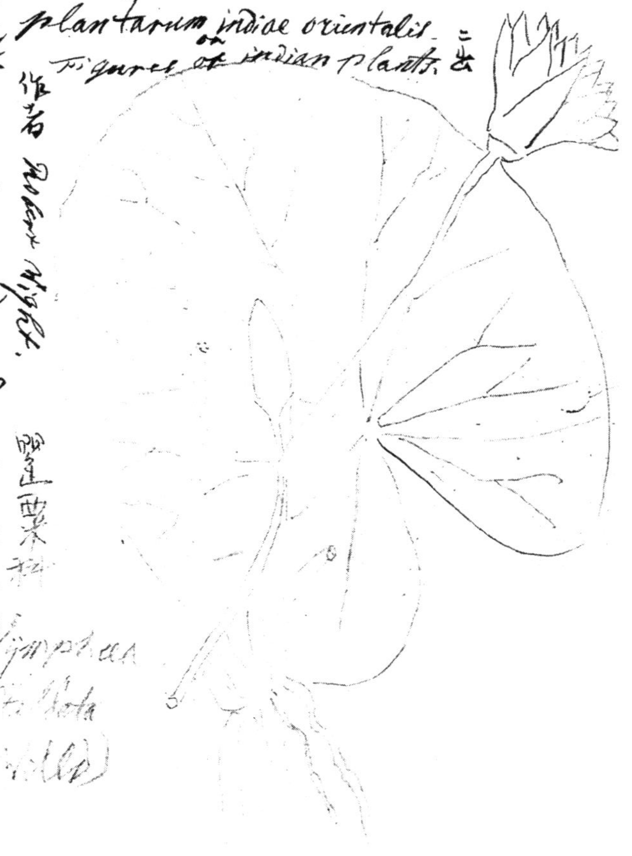

午時蓮出水 午時蓮一名睡蓮葉参差如荇菜花軽盈若水仙蓮瓣層層晝夜俱斂沈水中惟當午舒浮水面依時不爽洵海上奇葩図中仙品殆伯仲藕花而雅飾過之

品蓮已極不凡林天賦瓊姿益貴精荇藻作叢[illegible]作
釃芙蓉為面玉為胎知時不厭長天睡向日偏能正
午開幾度微風吹緑沼恍疑仙子踏波来

花暦百詠

睡蓮

一根ニメ数葉ヲ出ス七月花アリ 土[illegible]
白花四弁ニシテ四重複ナリテ花ヲ
午刻ニ午後ニ発ス 申刻ニ[illegible]

ヒツジグサ
根水底ニ生ス葉似馬蹄ニテ肩ニ尖アリ
長四五寸ヨリ大ナル者長二尺許ニ至ル七月ニ至テ縁色ニ
ニテ茎ノ頂ニ葉ヨリ[illegible]花ヲ開ク[illegible]
白色ノ四弁ヲ開ク心ニ蕊多ク[illegible]形ヲ成ス[illegible]

南海有睡蓮夜則花低入水 出酉陽雑俎 王世懋曰[illegible]

○睡蓮 ヒツジグサ

武州ニテハ煉馬ノ辺ニテハ石神村三宝寺池ニアリ

ヒツジ
子午蓮 図 ヒツジクサ
十七八三十三[illegible]

○朝日蓮、花色或黄、或白、葉浮水上、翠厚而澤、宋子京方物賛云、素花碧葉浮秀波面日中則向日入還歛」

漳州府志

睡蓮

スヰレン 大和本草

ヒツジグサ

十二瓣ニシテ外ノ四瓣ハ

淡緑色外ノ四瓣ハ淡

紅色中ノ八瓣ハ白色也

Nymphaea pygmaea, Ait.
β grandiflora, Reg.

北海道

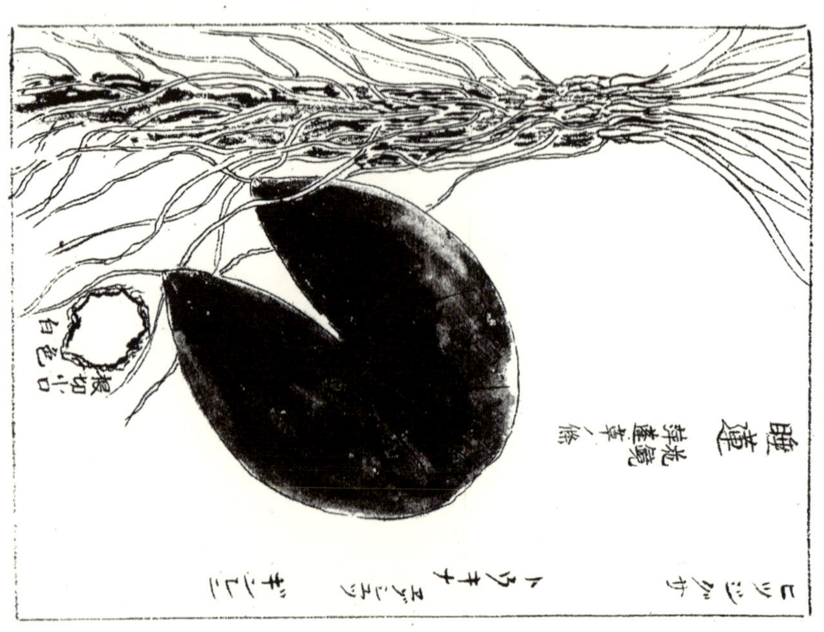

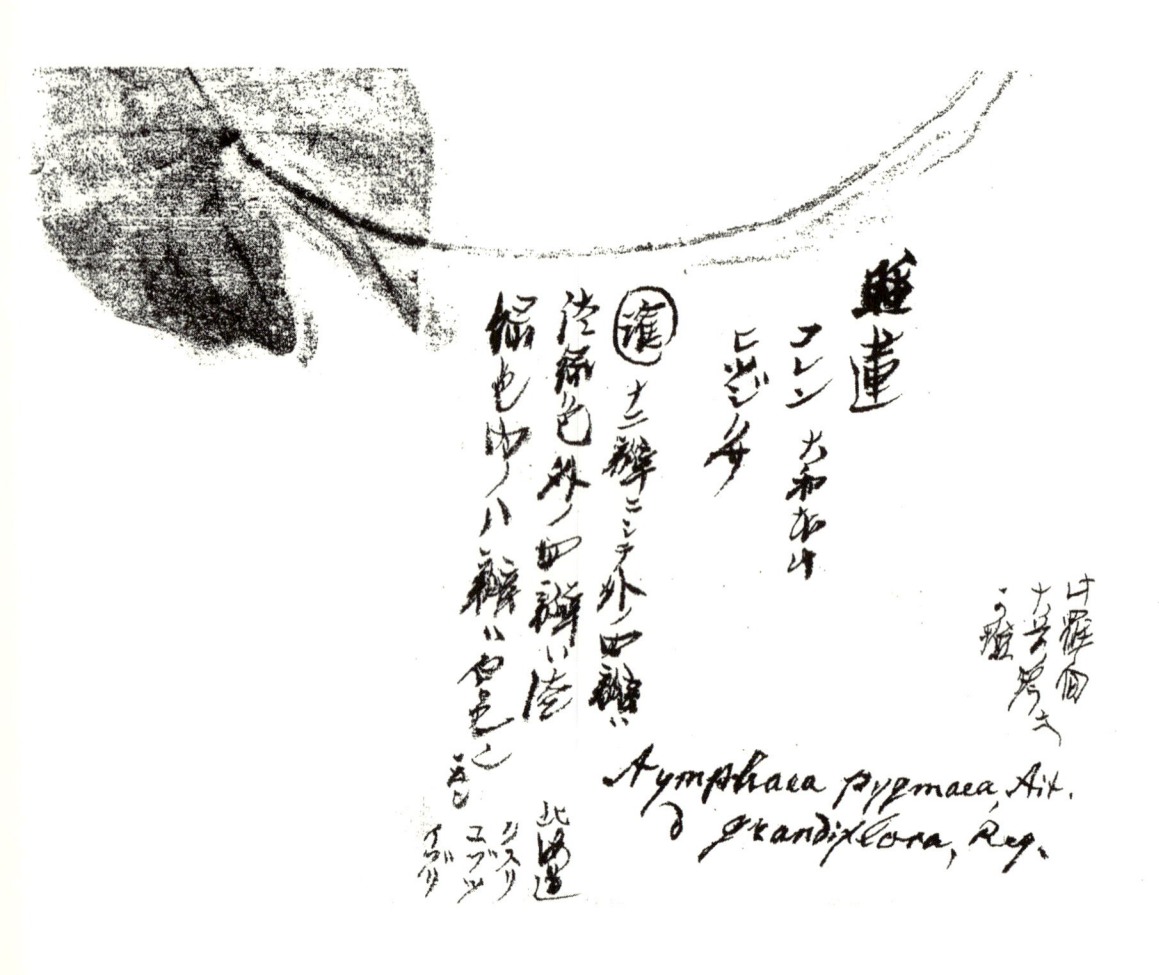

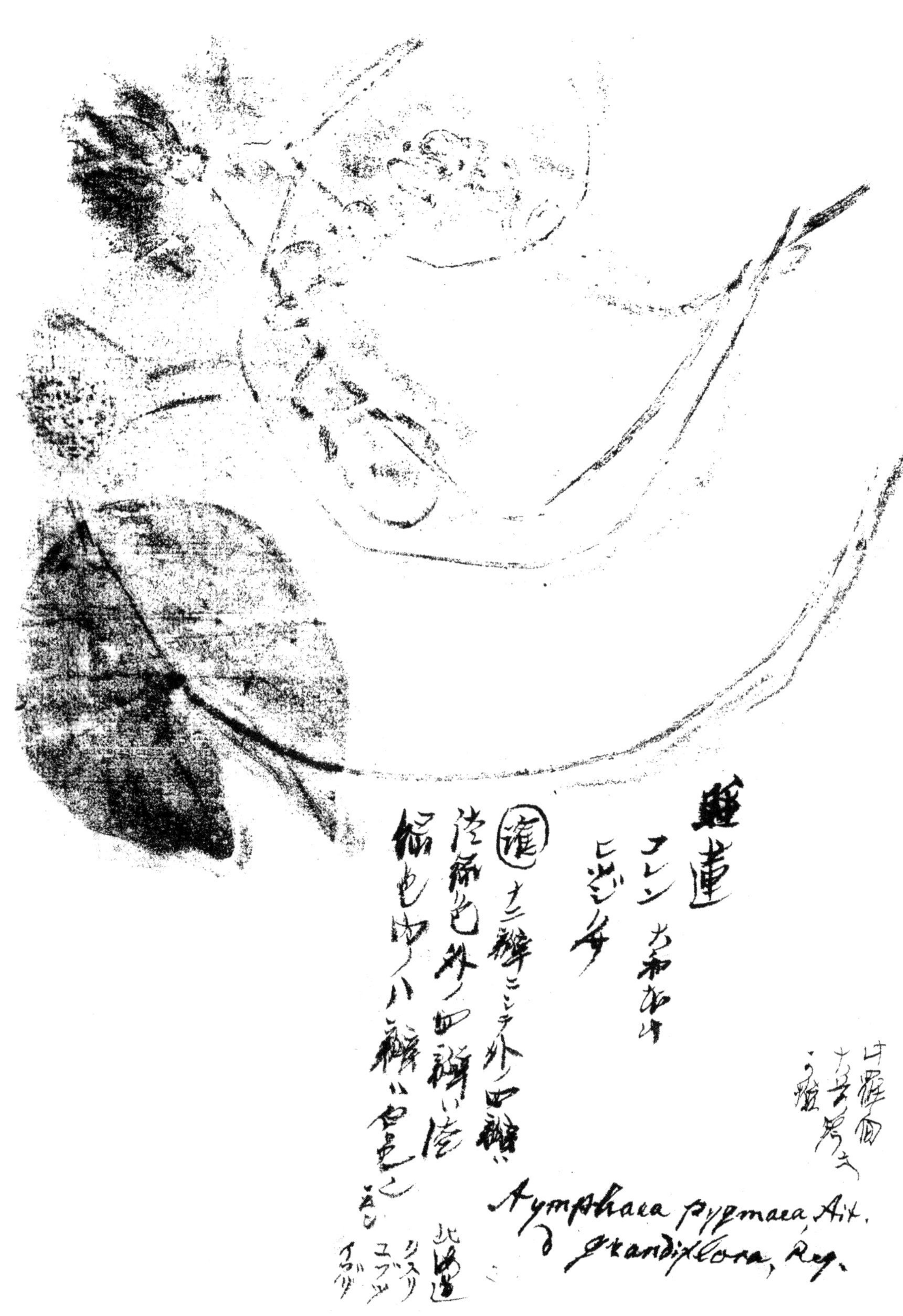
睡蓮
Nymphaea pygmaea, Ait.
grandiflora, Reg.

子午蓮 圖十七三十四 ヒツジクサ

水澤中ニ生ス葉ノ形循ニメ一ツノ切レアリ其紋脈ハ蓮葉ノ如シ葉ノ長サ二三寸茎長ク葉水面ニ浮フ八月花ヲ開ク白色四瓣ニメ四重内ニ黄蘂アリ其瓣細ク末尖リ水面ニ出テ開 白毛ヲ受テ開キ夕ニ萎ミ翌日又開キ十四五日ノ後枯ル
花夜入水

子午蓮 [illegible]

花放疑魂子午泉
泉中浮出小金蓮
生来不愛霞裳艶
淡着嬌黄学水仙

芳参

子午蓮 [illegible]

花才貼水葉田田
占得方池世号蓮
子夜月明篭薄霧
午風日暖帯軽烟
一般欲語嬌無力
分着新粧我亦憐
試問北窗高臥者
遠観褻玩不知年

[illegible]

○金蓮 詳ナラズ 花実芹葉ニモ含蓮ノ名アリ

○碧蓮 同 花碧

◎纈蓮 ハ花如纈紅辨ニ黄縁ナリト 滿園史ニ云

子午蓮 ヒツジグサ

圖十七

卅九

○チコガホラハンノキ林ノ辺水中ニアルモノハ丗七之
小牧原ノ道傍左ノ溝ニアリ
大抵未ノ刻ニ開ク
○一種葉尺余ニシテ花赤
大ナルモノ江州ニアリ
○一種細葉ノモノ津島辺ニアリ

藤ノ洞

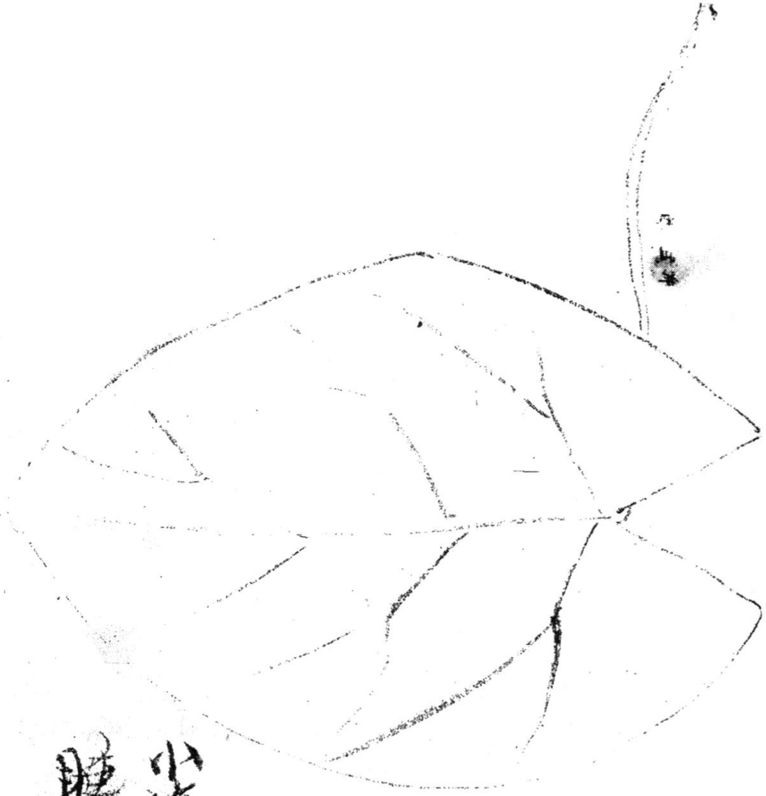
小揃房
睡蓮大葉

ヒツジグサ

ギンレン

トウキナ　エゾシュツ

睡蓮　茗鏡　萍蓬中ノ条

水沢中ニ生ス葉ノ形楯ニメ一ツノ切アリ紋脉蓮葉ノ如シ[illegible]長二三寸茎長ク葉水面ニ浮ブ八月（処暑前後）花ヲ開ク白色四弁ニメ四重中ニ黄ズイアリ其弁細ク末尖リ水面ニ出テ開ク日光ヲ受テ開ク夕ニ萎ム翌日又開ク四五日ノ後枯花夜水ニ入

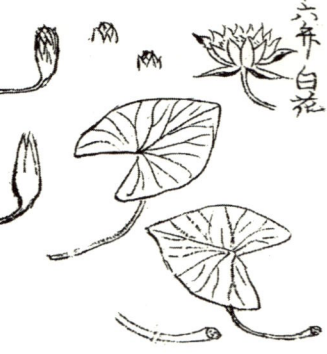

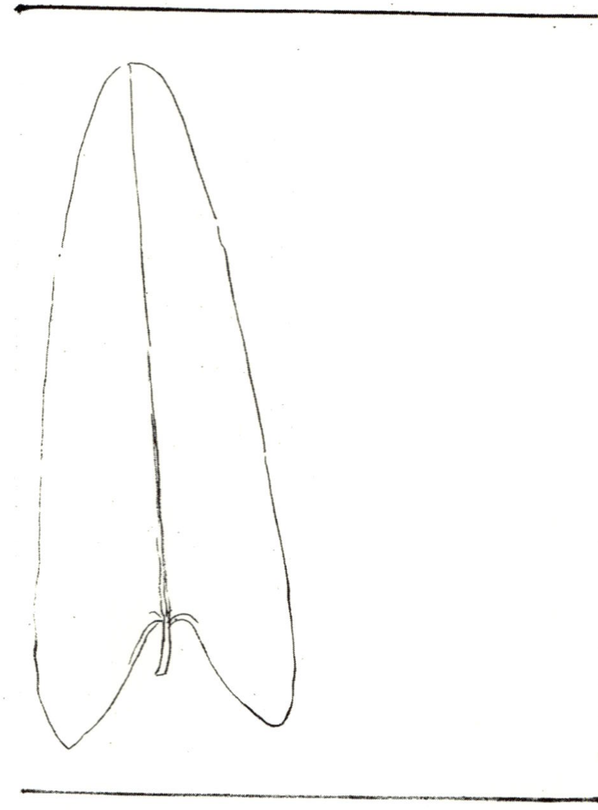

ひつじぐさ　和名抄ニ白鮮とあり一名羊韃の義ならむか○今
垂蓮とよふハ未の時より其花のつぼむをもて名くるなり又ひつまき
ぎんとよふ夜ハ水中にかくれ昼ハ水面に浮んで開くをもて睡蓮の名
あり又午時蓮とも云○俗ニ苦麻臺ともよぶ　和訓栞巻十一

方物略云朝日蓮花或黄或白葉浮水上翠亭而色
澤形加菱花而差大開則随日所在日入輒斂而藏
于葉下若葵藿之傾太陽然賛曰素花碧葉浮秀波
面日中則向日入還斂能改色云宋景文筆記謂蜀
中有蓮大如雀觳葉鈴加銭幹亦有絲其萼盛開而
向日朝則指東亭午則迎南夕則西暗隨日所至蜀
人名曰朝日蓮予按鄭熊番禺記海南有向日蓮花
似木芙蓉而極香開時東西向至暮而斂一呼夜合
即此花也　蜀中方物記　三

ひつじぐさ　和名抄ニ白鮮とあり一名羊韃の義ならむか○今
垂蓮とよふハ未の時より其花のつぼむをもて名くるなり又ひつまき
ぎんとよふ夜ハ水中にかくれ昼ハ水面に浮んで開くをもて睡蓮の名
あり又午時蓮とも云○俗ニ苦麻臺ともよぶ　和訓栞巻十一

方物略云朝日蓮花或黄或白葉浮水上翠亭而色
澤形加菱花而差大開則随日所在日入輒斂而藏

瑞蓮菜一名睡蓮花瓣外紫内白幹如釵股心似雞頭
以水淺深爲短長日沉夜浮必雞鳴採之始可得清
香爽脆銷暑解酲出高州　嶺南雜記

花房自蕭ノ午時蓮出水ノ鏡ノ径ニ午時蓮名睡
蓮葉參差如荇菜花輕盈若水仙蓮瓣
層層含花俱斂伏水中惟當午歸浮水面依
時不爽、海上奇花開中仙品殆伯仲稿花
西雜節退之

睡蓮　群芳　瑞蓮花　嶺南雜記　睡蓮花　同上　朝日蓮　秘傳花鏡
午時蓮　花暦百韻　金銀蓮　八種畫譜　ヒツジグサ　日光未ダスゲト同名此花モ未ノ刻ニ開ク故ニ名ツク
子イムハ　羅甸　プロムペこ　ウアトルレリーこ　和蘭
武州井ノ頭ノ弁天ノ池最モ多シテ世俗コレヲ以テ蓴菜ニ混ス類ノ近江ト
云ヘル根ノ形泥繩ト八云フヘカラス冬ツベテ根ハ水底ニアリ葉ハ水面ニ
浮フ杏菜ノ葉ニ似テ正円ナラズ一ノ缺アリテ背紫色夏花アリ水上ニ出
ツ其花四弁ハ白色ノ緑色ヲ帯ビ中ノ八弁ハ白色ニ而十二弁ナリ
花謝シテ暮ニ至リ又ナリ熟スルトキハ破裂シテ中子粟子ノ如ク自ラ
水底ニテ又生ス
○一種　江州ノ産ハ大ニシテ葉尺余ニ至リ花モ亦随テ大ナリ
○一種　睡菜　珍玩　コレニヅ

朝顔 昼顔 夕顔

朝顔ハ漢名 牽牛花 古今和名ハ けにごし
ト源氏今云あさがほの事
昼顔ハ漢名 旋花 一名 鼓子花 ト云 和名抄ニハ
はやひとぐさ ト云 奥州にてハ あめふり花
ト云 和品ニてハ はなあさがほと云 摘まる
ハ仙臺なるあめふり花といふハ 飴賣花と
いふもの 都路ならば 飴賣の チヤルメラ
笛に似たるより の名あり 夕顔ハ
漢名 壺盧花なり 古歌にすらけ だれ
たそがれぐさ 杯云ものし 皆夕顔の事なり
又ひさごト云ハ一茎葉の名にしたるべく
ゆふがほの花ハ 皆白花にして
夕方に開き 朝に萎み 凋る ゆふがほ

と呼 又干瓢の君といふものの有るハ 栽
培實の方にして 於女のものと云し
やふ蘇と同じ云 何や 栽培用もの
なるしハ 當業ニ 槿 朝 蕣の二字
ハ今の朝顔にあらず 本州ニ 朝開 暮落
花といふ 本槿の事し

▲大和本草ニ葉ハ杏葉ニ似テ花ハ蓮花ニ似タリ花中ニ細系ノ鬚アリ
根ハ勝蓮ニ似タリ
八種画譜曰金銀蓮花二色重臺之者可愛
大和本草ニ云金銀蓮花(西川学海)山城ノ廣澤池島邊ニアリ葉ハ芍薬ニ
同シ花ハ黄アリ花重ナリ出ル人ハ土白赤瑞トコレハ別物ナリ

旋花本経　綱目蔓草類　隨觀所生中別圖
釈名旋葍蔓 筋根本経 續筋根綱目 鼓子花同 纏腸草同 美草別録
天劔草綱目 纏枝牡丹　和名ヒルガホ
此草ヲヒルガホト呼モノハ花ノ形牽牛子花ニ似テ日中
トイヘトモシボマザルユヘアサガホニ対シテ俗称セル
ナランコレモ人ノヨク見知ル草ナリ一種牽牛花ノ大サニ
シテ淡紅色ノ花ヲ開クモノアリソレヲハマヒルガホト名
ヅク近キ道辺ニモ下湿ノ處ニハマヽ生タリ綱目釈名ノ注
ニ宗奭曰世俗コレヲ鼓子花トイフ其花ノ形肖ライヒシナ
リト時珍曰其花瓣ヲナサズ状チ軍中ニテ用ル所ノ鼓子ノ
如シ故ニ旋花鼓子ノ名アリ一種千葉ノ者ニテ色粉紅牡丹
ニ似タルアリ俗ニ呼テ纏枝牡丹トストイヘリ此方ニモ稀
ニ重瓣ノモノアリ救荒本草ニハ葍子根ト名シテ載タリ

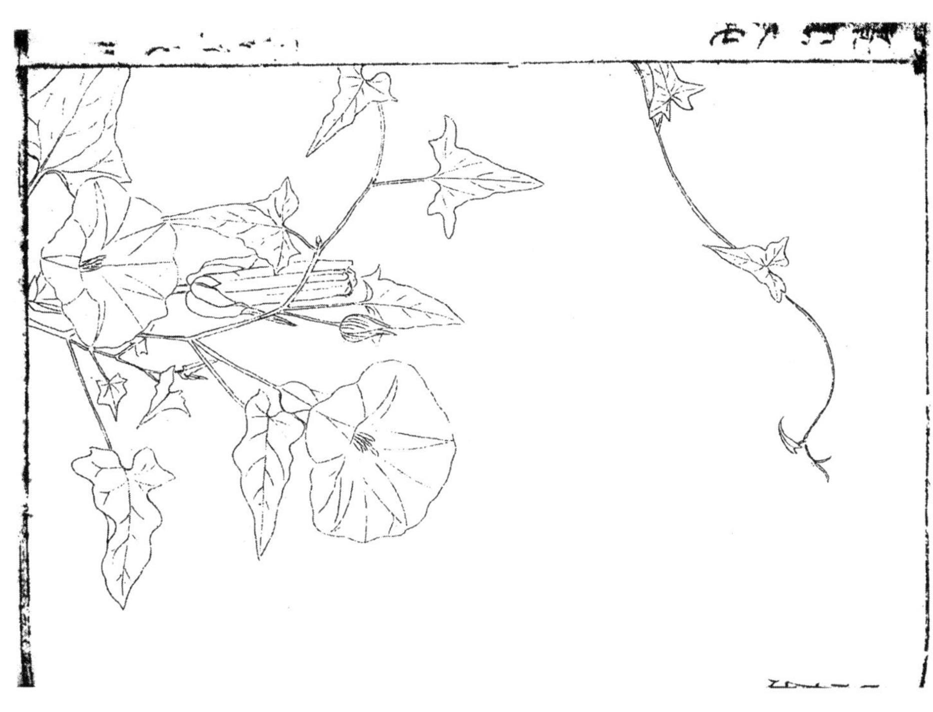

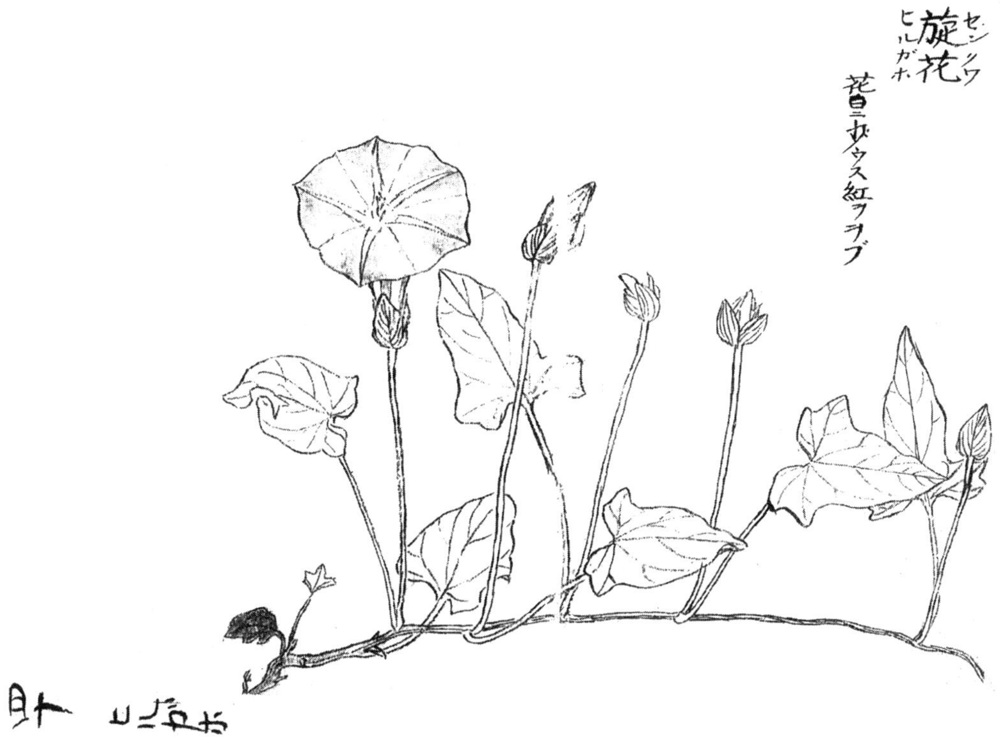
旋花 セン クワ　ヒルガホ
蕾ニ少シウス紅ヲ帯ブ

鼓子花 ヒルグホ
一種ハマヒルガホアリ葉圓厚ク花ハ淡紅色鼓子花ニ同シ
熊野物産初志 一
鼓子花
蘇州物産志 十三
旋花 センクワ ヒルガホ

ひるがほ　鼓子花といへり　野州　越後　仙臺の方言　あめふり
越前にてはかれる　相州海辺にてはびあきかとふ日中に咲その
又かつわら花といふ近き佛代の御製とて
ひるがほは源氏の内にありけるやえたの寄きは平家なりしと
○濱ひるがほは打碗花といへり○大ひるがほは救荒本草の藤長
苗といへり　讃岐の方言　ちらく花といへり○白ひるがほあり○南
京畫貝は小輪なり

鼓子花　即旋花　　和訓栞　中編　巻　二十一

ヒルガヲ　ハヤヒトグサ　和名鈔　　救荒野譜啓蒙

巻之六　當子根條ニ詳ナリ

○草木名鑑云纏枝牡丹　△是モノハ千葉ノヒルガホノ花ヲ云ノ
如ク葉ハヲヽヒルガホノ如シ八種畫譜ニ図アリ和産ナシ　ニカル二天保年中
小笠原ニテ冨田求之田安侯エ納之

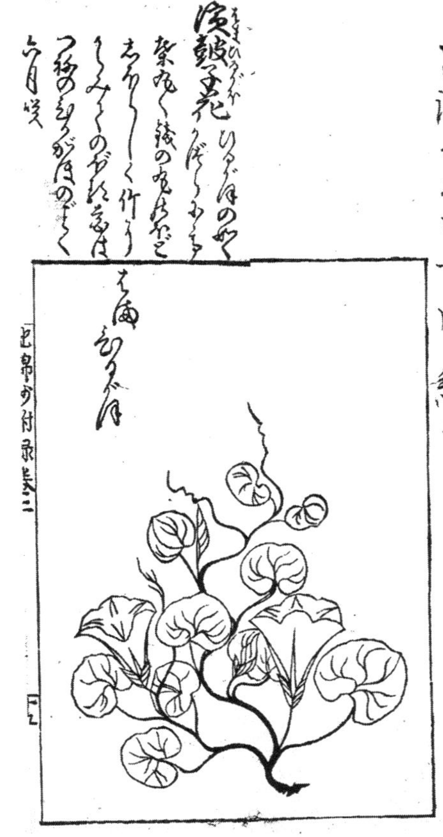

纏枝牡丹

柔枝倚附而生花有牡丹態度

甚小纏縛小屏而開爛然亦有雅趣

鼓子花 其葉ワカキ時煮テ食レ熱湯ニユビキ日ニ干シテ可食

八桂西洋ノ図モ大約如此モノ也

鼓子

臺灣府志巻之七

一名龍船花即雨打無聲鼓子花

鼓子花

旋花トモ云フ其花白クシテ浅紫ナリツノカタチ牽牛花ニ似タリ又白花アリ五月ノ節ノ後ニ花サク蔓生シテハナハダ繁茂ス其根ハ野民ホリトリテ煮テ食ス

花譜　三

晝顔　漢名鼓子花 一名旋葍 一

類三種アリ田野ニ生スル者葉長ク蔓モ長シ花大ニシテ朝カホノ如シ淡紅白色ノ二種アリ又梅花ト称スル者アリ蕣五瓣ノ様ヲナスニ似タリ白花ノ一種葉ニ三隅有テ微薔薇ニ似テ短小細蔓ネ長シテ花モ小ク微紅ヲ帯アリ○又海邊ニ一種濱晝貝ト称スル者アリ葉圓ニシテ小ク厚シ蔓短シ花モ小シ三種形状異ナレモ皆一物ニシテ根ヲ引テ繁茂シ難除花ハ旦ニ開テ夕ニ萎ム濱ヒルカホハ實ヲ結フ丁一處ニ聚リ生ス牽牛子ノ如シ是一異ナリ

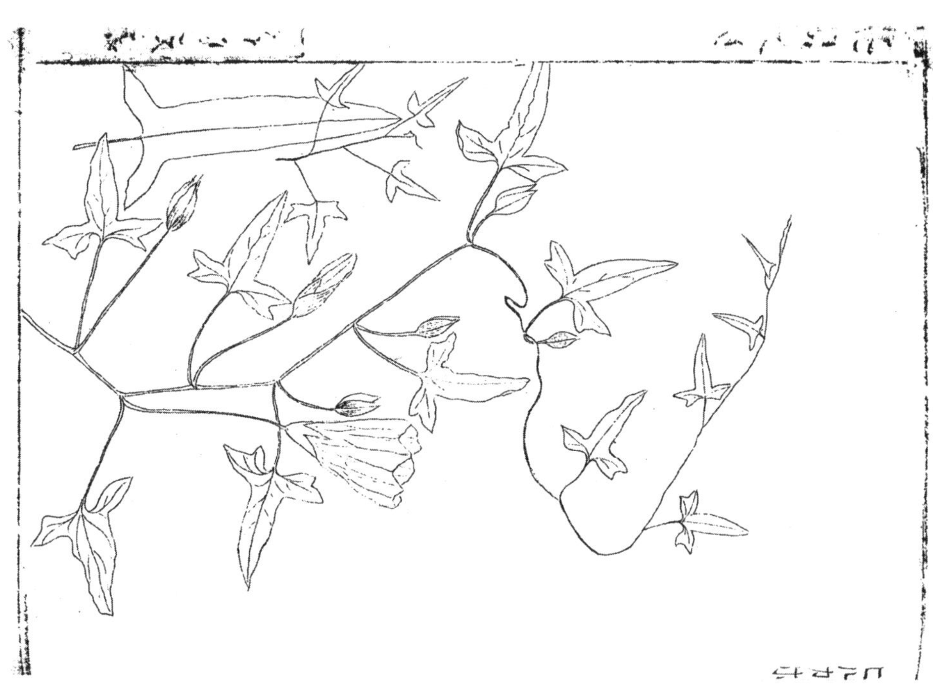

○容花　巻八高圓之野邊乃容花巻十間江ニ生有貌花乃
巻十四可保婆奈能孤悲天香眠良武次下可保我波
奈モアリ畧解ニ眞淵云巻十四ナルハオモダカヲ云ヤ彼カ
葉ハ人ノ面ノ高キカ如クナレハ面高ト名付イフ意ヲ枕艸帋
ニモ云ツ又此下ノ歌巻八ナルハ槿ヲ云ヘシ或人ハ今昼顔ト
云モノナラント云リ何レモヨリ所ナシ按ニ面高ナラムト云ハ美夜
能瀬河泊能可保婆奈能トヨメレハ水草ナラムト思ヘルヨリ
云ナルヘシ總テ朝夕ト對ヘ云モノハ昼ヲハ省ク例也朝日夕
日朝露夕露朝風夕風ノ類昼露昼風トハ云ハス唯露
風トノミ云ヲ思ヘハ朝顔夕顔ノ名アリテ昼顔ハ省テ唯カホト
ノミ云ルナルヘシ故可保カ花トモヨメリ然ラハ或人ノ鼓旋花子花

ナラムト云説ニ従フヘシ巻十四ナルモ其河辺ニ有ヲ云ルニテ全ク
水草ニハ非ス容貌ノ字ハ日本紀古事記等ニカホト訓リ

鼓子花（ひるがほ）　旋花ともいふ花白くして淺紫なるもその形牽牛花（あさがほ）に
似て又白きあり五月の節の頃さく蔓せして
甚繁殖す葉根は綫民かくして食す花後

鼓子花　ひるかほ　陸奥及上野下野越後にてあさかほと云
そこうつるといふ相模海辺にてひあさかほといふ

旋花　波也比登久佐　今案比留加保　是レ鼓子花也

旋花

旋花本經上品爾雅葍葍陸璣詩疏幽州人謂之燕葍今北地俗語猶爾救荒本草謂之葍子根根可煮食有赤白二種赤者以飼猪亦曰鼓子花千葉者曰纏枝牡丹今南方蕹菜花葉此無小異唯根短耳

雩婁農曰古者農生九穀而園圃毓草木凡漆林梧檟染菓蓏資生之物皆相土宜而種之不僅蒔蔬供食也豳風築場圃曰食瓜曰斷壺曰煮葵曰祭韭蓋古時圃人所種之蔬如是而已芣苢卷耳蘋蘩荇藻之屬無不采於水陸葍爲惡菜流離者采之

旋
花 和名類聚鈔 巻二十 草木部
旋花 本草云旋花 一名美草 旋音贓 和名 波夜比止久佐
新撰字鏡 旋花 須万比久佐 本云早人草
本草和名 第七 草上 旋花 蘇敬音除戀反 楊玄操音辞恋反 一名
、葍根花 蘇敬注云根似葍故以名之 一名金沸 一名美草 一
、名山薑 出陶景注 一名蕾 旋 出蘇敬注 一名鼓子花 出拾遺
、和名波也比止久佐 一名加末
醫心方 一 旋花 和名波也比止久佐
類聚名義抄 中八 旋花 ハナヒトクサ 美草 ハヤヒトクサ
同 九 旋花 ハヤヒトクサ 一名美草

九三

類聚名義抄 八 僧上 美草 ハヤヒトクサ 旋花 ハヤヒトクサ
色葉字類抄 上 天 旋華 ハヤヒトクサ セン 又美草

○按ニ旋花ハ一名鼓子花也ハ和名波
也比止久佐ハヒルガホニシテ、一名ア
サガホ 塵袋ニ云 波世比太
佐ハ大戟ニモ云ヘト者アリ

附錄 纏枝牡丹

李華、、、一名旋葍 一名筋根（葍根似筋） 一名續筋根（言葍根主續筋） 一名豘腸
草贍也 一名美草 一名天歛草 一名鼓子花（葍花不作瓣狀如軍中所吹鼓子）
保昇云所在川澤皆有蔓生葉似薯蕷而狹長花紅色
根無毛節 李時珍曰秋開花如白牽牛花粉紅色亦有千葉
者色以紛紅 纏枝牡丹

廣群芳譜 襭英 花 二

柔枝依附而生花有牡丹態度甚小纏縛小屏花閒爛然亦有雅趣 纏枝牡丹 花史左編 二

柔枝倚附而生。花有牡丹。態度甚小。纏縛小屏。花開爛然。亦有雅趣。 遵生八牋 六

然祭祀之籩豆朝事之饋食若菭若芹若昌本若茆皆非出於種植者何也蓋野蔌得自然之氣無糞穢之培既昭其潔以交神明而朝會燕饗不廢婦稚之所拮据則民間疾苦君相無時而不與共又況五行五氣應候而萌以和膳食之宜助舒斂而消疹戾其益大矣後世園官菜把務為新美一切温養之物皆藉縕火以迫其生金蔬玉菜最足動宿病而引時癘至如豆粥韭蓱以侈相尚方丈朵頤都非正味又烏知民間有掘鼠果而覓梟芘者耶東坡詩云我與何曾同一飽吾以為曰食萬錢猶云無下箸處彼蓋未嘗飽也北地春遲少蔬多之毒筍藍排菜虀金生香

清虚之氣臓神安焉南方地沮濕多虵虺候早而生速然野菜之茇非江南士大夫所膾炙而詠嘆者哉其序曰病胃癯骸非此無以養其沖和韲鮮嚼肥非此無以解其腥羶誠有味乎言之矣又曾見跋齊民要術書者曰此傖父所食而責其多奇字噫彼縦能識字其與不能辨菽麥何不食肉糜者相去間一寸哉 旋花

ヒルカホ　多クアリ葉ノ長ク本ノ方ニスコシマタアリ蔓ツ葉間ニ花サク朝五ツヨリ一日不凋形アサカヲニ似テアリヘタスコシテカウヽコレハ白モ紫モアリ一ツニ海ヘンニ生スルモノアリ葉丸クシテクロミアリ

旋花

此留加保

多生田野路傍（大田東南之地生之至夥）春月因舊根生苗延日甚莖延節分枝蔓延葉闊一二寸長三四寸葉梢尖鋭而無鋸歯夏月開淡紅花形似牽牛花開午前萎日晡亦有開白花者世所稀見也

一種有葉三尖而花小者多生人家近道五月引蔓繞籬辺連壁面水戸城南多生之

一種多有生海辺故地之俗呼波未比留加保葉円小而如小銭形似積雪草而無鋸歯葉間相去四五寸而互生夏月開淡紫花形似牽牛花是旋花一種也

常陸物産志九

七月

鼓子（ヒルガホ）

砂地ニ生スルナリ鼓ハ[illegible]
云カツポウ　雨フリバナ　植木屋テア
ヲイカスラト云ナリ此ハ別物ナリ
雜草類ノ筋子根ニアツル説カヨシトス
ルナリ又一種葉モ花モ大イナルモノア
リコレハテヨリノザキノ者ナリ此ヲバ
大ヒルガヲト云ナリ讃州高松テテ
ヨク花ト云此ハ藤長苗 老荒本草 筋子
根旋花ノ根ト要薬須知ニイズルナリ
ナレドコレハ非ナリ一名纏枝牡丹 救
荒本草 旋花一名竹葉蘭 致富奇書 秧
子根 救荒本草 葍子根 救荒本草 打碗
花 救荒本草 兎児苗 救荒本草 狗児秧 救
荒本草 燕葍根 救荒本草

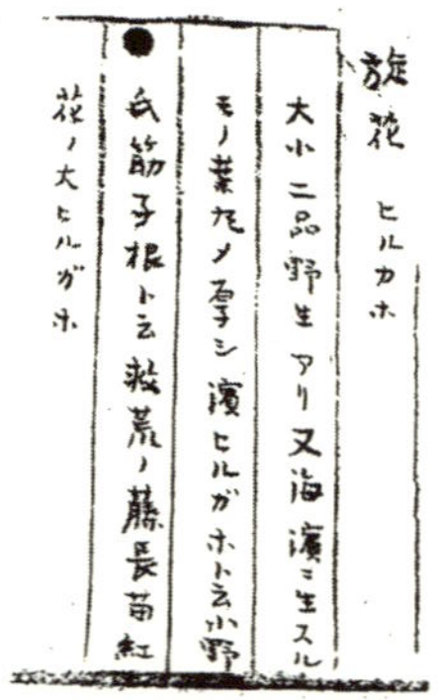
旋花 ヒルカホ
大小二品野生アリ又海濱ニ生スル
モノ葉丸ノ厚シ濱ヒルガホト云小野
氏筋子根ト云救荒ノ藤長苗紅
花ノ大ヒルガホ

Nee Minke gt Soldanelle 526

ドヽ[illegible]ハマヒルガホ 漢名未詳是モ胡子花ノ美ナリ所在

海辺沙地ニ生ス相州鎌倉七里濱尤多シ

旋花 一種

葉ハ甘藷ニ似テ互生シ其蔓延リシテ甚長シ八月以葉間ニ花ヲ開ク状竜膽ノ花ニ似テ白色底ニ微ク紫色ヲ帯フ後実ヲ結デ牽牛子ノ内小黒子四五粒アリ

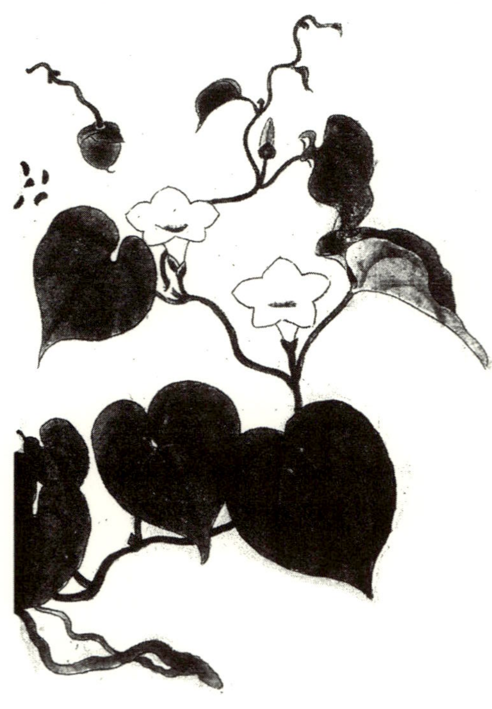

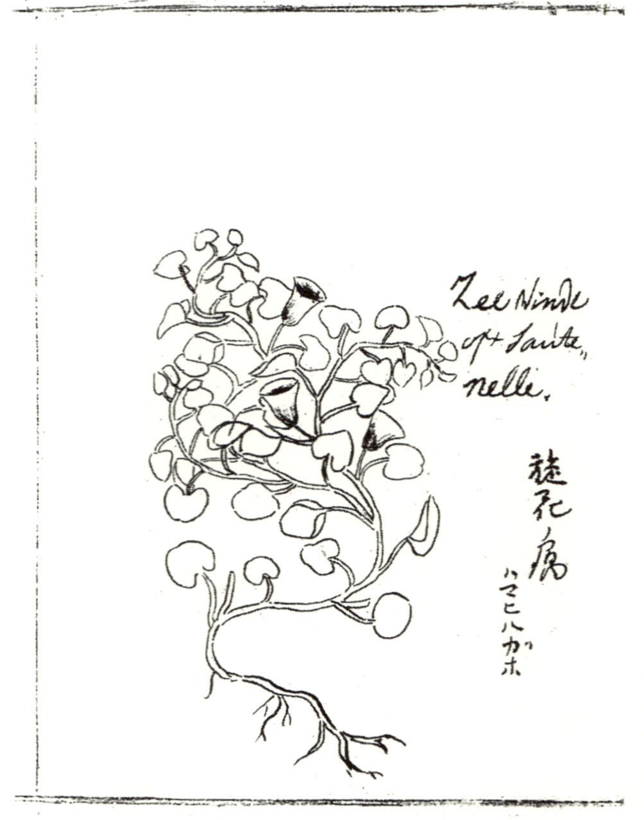

四十

經溪島山寒ノ顚 鄭谷
寒ニ非義也 盛 蘇岡客舎日
風吹數子花 注 數子花
新様花名多解ミヘル 今本得花云

ヒルガホ
一種 キブ子
一種 オホヒルガホ
二品アリ 㪅アサカホニ似テ小クツノ蔓ハ短潤 両義ニコレヲ挟ム

ヨミ ヒルガホ 旋花 [illegible]

ハヤヒトクサ 和名抄
チヨクバナ ビゼン
カサヅルキツ
チトエレツタユゾ

ハツケアサガホ 和一 ミミダレグサ 江一
カツホウ 備前 アオフリバナ 仙ダイ
ミミダレ ミミゴ
「コンホルヒユリユス ポ手ユス」

旋花 本綱蔓草 輔仁 葍根花 蘇敬注云根似葍故以名之 金佛 山薑 陶弘景注 當旋 蘇敬

原野ニ最多シ夕ヒ生スル時ハ細長キ白根土中ニ延ヌ治レカタシ春旧根ヨリ生草木ニ纏繞ス葉長ノ尖アリ本ハ小両尖アリ短ノ本ニ四尖アルモノアリ夏月葉間ニ花ヲ開ク昼後ニ開ク盃ニ至テ萎ム淡紅ト白色ノ二品アリ 㪅アサカホニ似テ小クツノ蔓ハ短潤 両義ニコレヲ挟ム

一種 キブ子
一種 オホヒルガホ
ヒルガホ
ヨミ ヒルガホ 旋花 [illegible]

咄　蕣顔　昼顔　夕顔の類皆俗通の文字を用ゆ　漢名

答　然ハ俗名俗通の文字を用ひたまへ　俳諧ニ別ニ論なし　是正字なり

何れ歌俳ともに用ゆ尤きるべきにと多用の為にあらく漢名牽牛と云べし　朝皃ハ漢名牽牛花　古今和の名にけふこしと詠む　今云あさかほの事に　万葉集にいふ所のあさかほハ別物なり　昼皃ハ漢名旋花一名鼓子花と云　和名ひるかほ　はやひとぐさと云　奥州仙臺にてハあさかほと云　和州にてハはらげあさかほと云　按るに仙台にてあさかほといふハ節賣草と云事の誤なり　節賣のチヤルメラ笛に花の形似たるより名なるべし　又ひろかほといふあり　葉も花も常の昼皃より大きくして花の色も赤こくなし　救荒本草の藤長苗と云もの是也　又濱昼皃といふあり　海濱砂地に生しるその性相似　江ノ島にて蠏のけといふ　葉丸くして茎

紫色なり　一名かつかほ　それ昼皃あさかほともちらかかつかほなど團ふもの稱して瓢園家にてハ葵かつらとゆふ　漢名いまだ不考　夕皃ハ漢名壺蘆花なり　古歌にすけぞなたぞかきぐさなど云もの皆夕顔のことなり　さくと云ハ菜の名なりかく昼皃なたん郡の花ハ皆白花にて夕ニ開き朝に萎む故に總て夕かほと呼ぶ　品類多し　乾瓢にするものとなるの名なハあらし　知るべし　又干瓢の累といふもの有　是ハ越前敦賀の方言にして遊女の事をいふなりと聞ゆ　けんと云ふや俳にも用るものかハ

○　虎丘寺西小溪閑泛　読む　紀明　白石岸、桃花雲復

翠草崖溪、以對天台洞、應疑仙不再遙

右　日

葍子根 即旋花

旋花 團扇様

登桜旋花一種生海濱沙地者其葉圓如團扇様其花

粉紅色 琉球土名野蓮花草 大島土名濱蔓

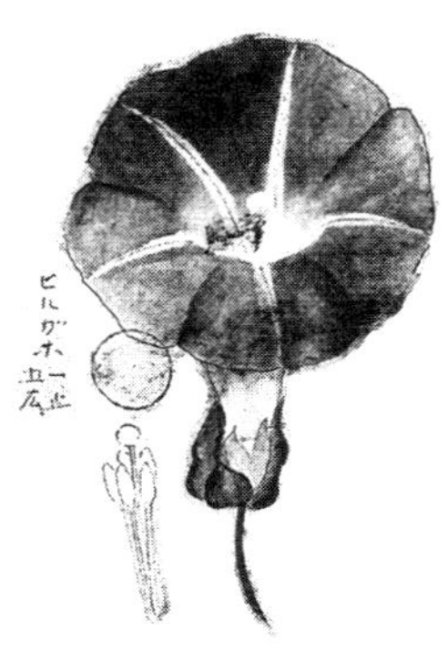

耳鳴 旋花ヲ塩モミシ耳ニ付ル

もゝうゐ　蘂塔草な旋花とゐたる輔仁本草な旋花を当せ

北止久佐と混しくろはゐ筆人聞ろいそふしやれてあまし回ろう来

れる本草なエヒスの名を負ふかしさて書頭の名も誤ふいそしや

古きおゆもまし後の考ふる所ゐし　国史草木昆虫攷　巻之六

ヒ四十

皷子花　ヒルカホ

諸州原野ニ多シ春旧根ヨリ苗ヲ生ズ竹木ニ　白蒼花

纏フレバ丈餘ニ至ル葉楕角ニシテ長ク尖互

生ス夏葉間花ヲ開ク牽牛花ニ似テ蒂大其色

淡紅或白色秋茎葉枯ル一種大ヒルカホト云

者アリ花葉大ナルヲ異ニス

一纏枝牡丹　八重ノヒルカホヲ攫ヒ行タル

是ヲ八猶画ノ纏枝牡丹ナランド思ヒ隨

爾セシト云ヒシニ叶ヒニ[illegible]アリトモ[illegible]

[illegible]

天津

ヒ四十

皷子花　遵生八牋　十六

花開如拳不放頂慢如缸皷式色微藍可観又可入薬

皷子花　千葉者名纏枝牡丹　義烏縣志　八

鼓子花 ヒルガホ野ニ沢山アリ本綱ニ旋花ト云葉ニ兩
岐アリト云ハ細長ニ葉ノモト分レテアリ〇一種ハ葉

廿六

円ク云ト云ハ濱ヒルガホ也葉居歯ナシ厚ク大サ一寸
斗積雪草ノ如シ蔓又一尺斗花沢山着ク濱海又ハ大川筋
ニアリ花形ハ同様也〇時珍云一種千葉者云ト云
ヨク唐画ニ書クモノ也和産未見

太田氏云身延山 荒谷ニヒルガホ多ク 二十葉ノモノ有ト

〇旋花 ヒルガホ 大小二品野生アリ又海濱ニ生スルモノ葉丸ク
厚シ濱ヒルガホト云小野氏筋子根ト云救荒ノ藤長苗ハ紅花ノ

ヒロ十 大ヒルガホ
ケニ上 仝 車人草 本草和名
ハテ 長ミ

畫觀藻協
旋花 本草 葉大ニミ

ヒルガホ　ハヤヒトグサ 和名鈔

原野ニ多シ一根生スレハ白根土中ニ蔓延シ所々ニ生ス
春宿根ヨリ苗ヲ生シ草木ニ纏フ葉互生ス形チ長ク
先尖リ本ニ両尖アリ久ハカタ草ノ形ニ似タリ又短ニシテ本ニ
四尖アル者アリ夏月葉間ニ花ヲ生ス辰後ニ開キ日夕ニ至リ萎
ム淡紅色ト白色ノ二品アリ形牽牛花ニ似テ小ナリ其蔓ハ細
潤ニシテ両葉コレヲ挾ム牽牛花ノ蔓ノ細長ニシテ五瓣ナ
ルニ異ナリ一種オホヒルカホト云ハ茎葉倶ニ長大花モ
亦同シ又海辺ニ生スルヲ濱ヒルガホト云一名カツポウバナ
アメフリバナ　アフヒカツラト云葉圓ニシテ厚ク大サ一寸許蔓
ハ長セス花モ尋常ノ花ヨリ少シ大ナリ

ヒ
四十

旋花 ヒルガホ 一名ミヽゴクサ 勢州 土師 カヲヤリハナ 備荒録 奥州 ツボクサ
疏南澗 ツボツル 仝上 カツホカツラ 仝上 トウゼグサ 仝上 紀[illegible]志
備荒録日花ハ牽牛花ニ似テ淡紅色又白色アリ昼シボマス故
ニヒルガホト云

旋花　薯蕷葉　[illegible]

本草載保昇曰所在川澤皆有蔓生葉似薯蕷而狭長
花紅色根無毛節蒸煮堪啖味甘美名筋根　登桜
其莖葉花與牽牛彷彿子形不同爾　琉球ニ名朝顔

旋花　菠菜葉

本草載時珍曰田野墣塹皆生逐節蔓延葉如波菜葉
而小至秋開花如白牽牛其花粉紅色亦有千葉者其根
白色大如筋不結子

旋花　俗家訓名譯

ハヤヒトバサ　和名鈔　ヒルガホ　カホウ　チヨウバナ　アサガリバナ
ハタチアサガホ　ミヽヒルガサ

一月宿根ヨリ蔓生ス葉ハ薯蕷（ヤマノイモ）ノ葉ニ似テ細狭ノ
[illegible]

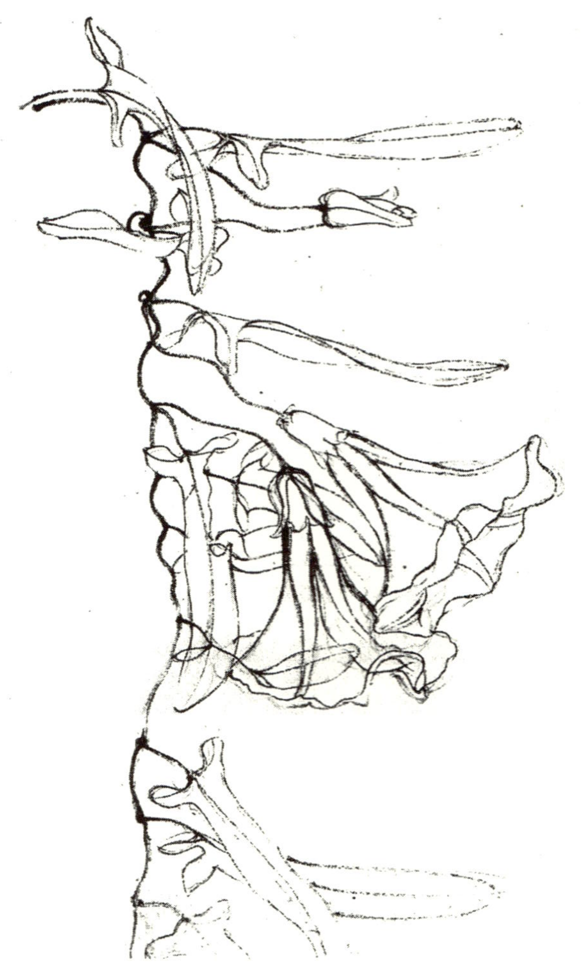

旋

花本草云旋花一名美草旋音則波夜比止久佐〇千金翼方證
類本草上品同蘇云此即生平澤旋葍是也其根似筋故
一名筋根蜀本圖經云旋葍花根也蔓生葉似薯蕷而
多狹長花紅白色根無毛節衍義云旋花蔓生今田野中
甚多最難鋤艾治之亦生世又謂之鼓子花言其形肖也四
五月開花亦有多葉者其根寸截置土中頻灌漑方涉旬
苗已生下總本有和名二字本草和名云一名加末岡村氏曰說
文舜草也楚謂之葍秦謂之藑藑地連花象形从舛舛亦聲
是即本草旋花則知本草借旋為舜也蘇敬謂之旋葍書
燏謂之葍旋累呼二名也又按尒雅郭注云葍華有赤者

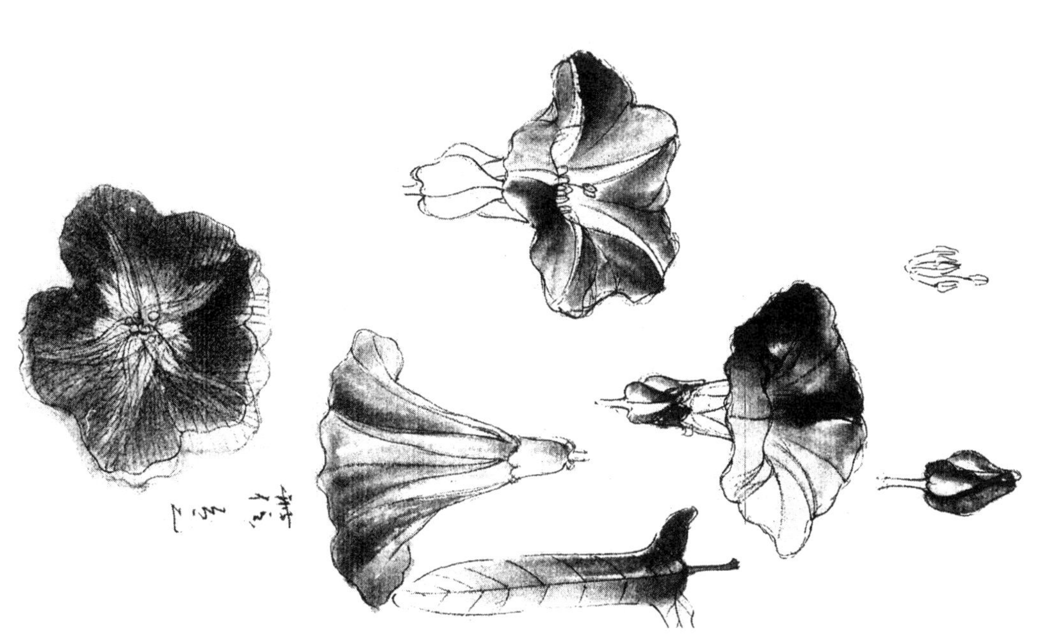

爲レ藑蓋赤花爲レ藑者與赤玉爲瓊同說文瓊下載レ琁
字云瓊或从レ旋省蓋重文也然則本草旋花即藑瓊同音
義亦得レ通故借レ瓊爲レ藑又用レ瓊或字作レ琁花以字形相
近譌爲レ旋也是說亦通　箋注倭名類聚抄

旋花（圖）廿二ノ三十　ヒルガホ

○容花　カキツバタ　万葉集家持
旋花　ひるかほ　抄
顔好花

ヒルガホ
旋花
蔓生　其葉似菊花

蔓ニ生葉一寸余三月ヨリ開花白色ニテ淡紅色ニテ
花ハ円ク周リニ五ツノ尖アリ其周リ一寸許アリ花白色
四弁
根ハ白ク花口ニ至ル迄ノ形ニテ其葉ハ蓋ノ如シ
秋ニ至テ蔓ニ大キク葉ヲ生ジテ花ハ止マズ
実ナク根ノ茎ヲ採テ土中ニ蔓シ
ニテ系ナシ　図ニ見ヘズ

もやひとくさ　和名抄に旋花を訓せり　新撰字鏡に旋
覆花とみゆ　隼人草ともいふや　又大戦とも訓せり今ノ俗
野漆と云是之伏見の方言ニ孤の乳といへり　和訓栞巻三十

ヒルガホ○ハマヒルガホ 一名ハマイモ 海士郡 磯駅 [illegible]

ハマヒルガホ 飯室記カ

アフヒカヅラ ヘビアサガホ カウヅル ハマチバナ カッホウバナ

大和本草ニハ一種葉円ノ蔓類ニ花白シ

○三月宿根ヨリ生ス葉ハツハブキニ似テ円ク又薩摩芋

ノ葉ニモ似テ緑ク一寸許長柄一寸而テ蔓ニ生

ス五月葉ヨリ蕾ヲ生シ花ヲ開形状全鼓子花

ト同シ蔓又花少シ難シ

チヤングワラ花 尾州知多郡 草 ハマヒルガホ

色形畠ノコトク二月頃濱辺ニ生蔓草也 六月花咲実ノル九月熟シ

テ色黒シ冬枯ル（図略之） 中国諸志 七

Kee-winde oft Jaitenelle

江戸 蘭山 旋花ノ属 ハマヒルガホ

ソノ葉ニ光沢アリ花淡紫ヲ帯ブ海辺ノ

地ニ生ス是ハマヒルガホ的ナリ

第十九号
○コンウオルヴオルユース　濱旋花
此花繁衍スルヿ大抵周經二「ヒート」許ニ及フ早春ニ露開
ノ地ニ下種ス假山或ハ花籃等ノ用ニ供シテ可ナリ
種類
○――コオンウオルウオルユース、オールユース、ソペルブス
南歐羅巴産ニシテ高サ六「ヒート」黄色花候ハ第
六月ヨリ第九月ニ至ル
○――カンタブリキユス
紫色高サ一尺許產國花候ハ上ニ同シ
○――ステルラチユス
肉色高サ花候上ニ同シ
○――マユリタニキユス
蒼色高サ花候上ニ同シ
○――マイナー、スプレンデンス
新種桔梗色ニシテ白心
○三十
○――モンストロシユス
大ナル帯黒ノ紫色花ニシテ能ク繁衍ス
○――ソプシルユレユース
甚タ美麗ナル淡蒼色
○――ニユーダーク
黒色
○――マイナー、ストライプト
奇麗ナル種類ナリ
○――リランニユース
連翹色
○――ホワイト
白色

藤長苗　飯室 名ノ不詳
オホヒルガホ　アメウリ　カウホウハナ
二月苗根ヨリ生ス葉ハ旋花ニ似テ大ナリ毛アリ一寸四方
中下ノ葉ハトコロニテ二寸許深緑色ニテ茸毛アリ蔓
極二寸蔓フトク水緑色ニ褐色ヲ帯四月ヨリ葉ノ本ニ
花茎ヲ出シ筒様ノ白花ニ同シ朶ノ大ナリニ尖ノ様
アリ径リ二寸余淡紅色葉ニ出葉ハ甚蔓繁茂
ニ及ヒ未実ヲ結フヲ見ス根ハ旋花根ニ似テ大
ナリ采后拓ル

四十ヒ

オホヒルガホ　尾ノ塩ハマニアリ

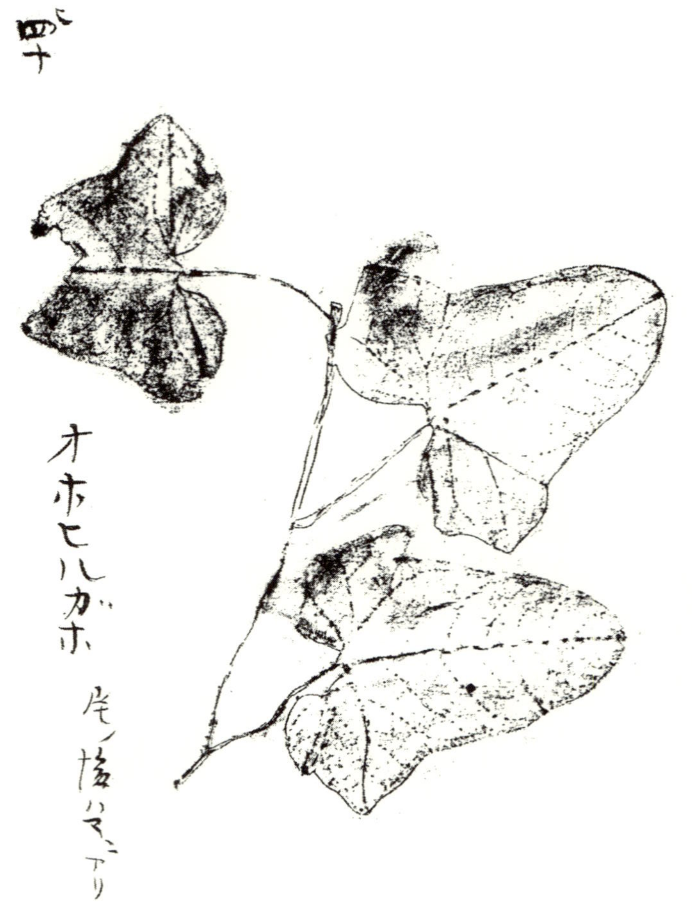

藤長苗　　救荒啓蒙八

有ホヒルガヲ

旋花ノ一種蔓生ニシテ大葉者茎葉倶ニヒルガヲニ同シ只大ナルヲ異ナリトス花ハ淡紅ト白色ノ二種アリ

四十ヒ

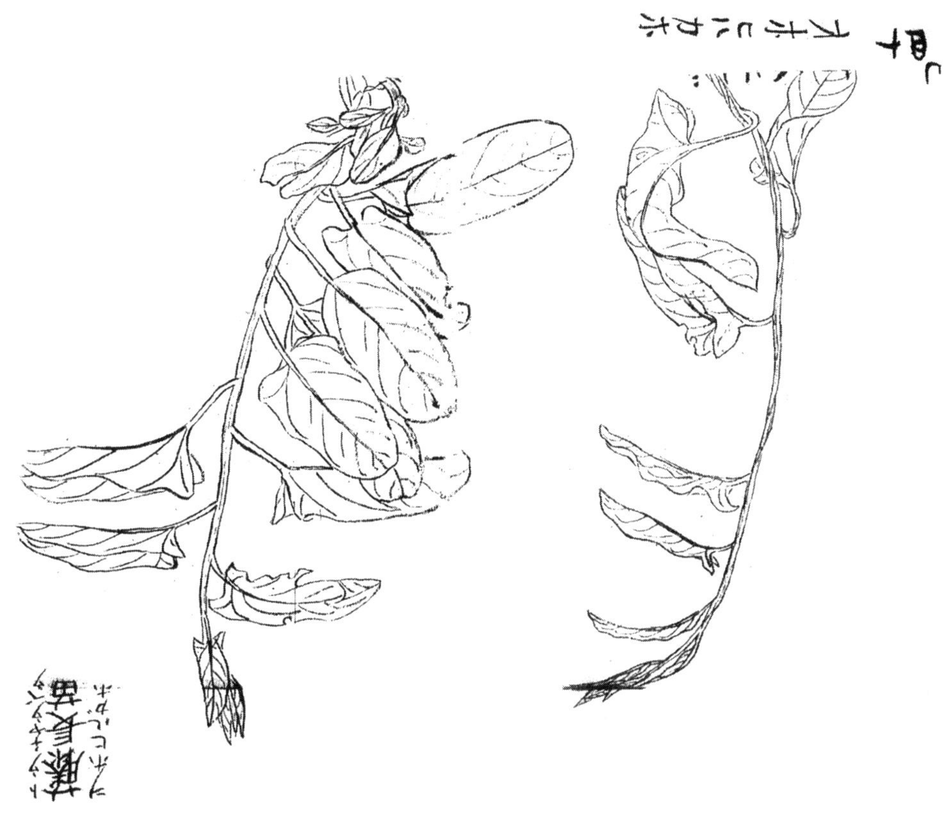

藤長苗
オホヒルガホ

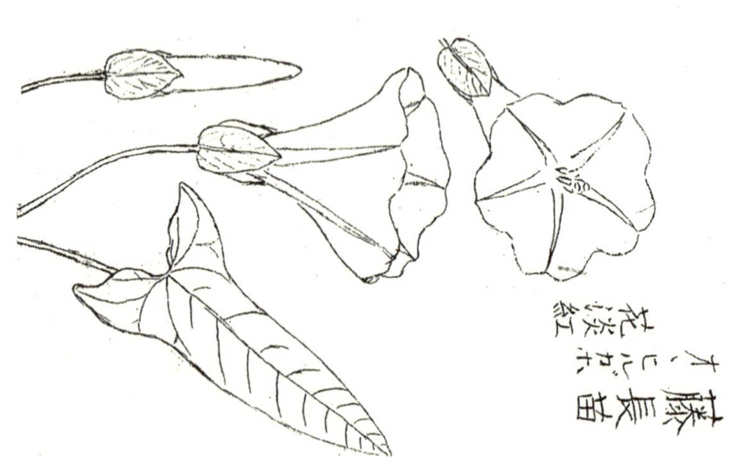
藤長苗
オヽヒルガホ
花淡紅

オホヒルガホ

○オホヒルガホ

ケニエヴ

コンホルヒユスノ類

チヨツバナ　讃ノ（信ノ木曾岩郷）

ミヽダレ　尾ノ知多郡大野

ヂヤングヲラバナ　尾州古俗

藤長苗　救荒

堤側民家垣籬ホニアリ春苗ヲ生シ蔓生シ葉

ニ似テ長二寸許　葉間ヨリ花ヲ開　旋花ヨリ

大ニシテ淡紅色

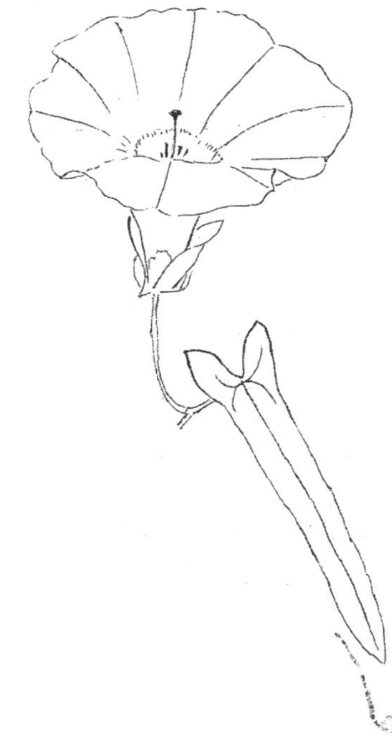

ハマヒルガホ

キツ子アサガホ 出雲

ハマヒルガホヲ手ニテモテバ耳ダレ出ルト云

22 Belle de Jour. Fleur panachée

Convolvulus Tricolor,

旋花ノ属 新名 モロコシギク 三色ヒルガホ

(生) 生

23

ろサト

Convolvulus tricolor. [illegible]

旋花ノ種 ヒルガホ 三色者 内四ト同品

68 Convolvulus tricolor,

旋花ノ種 新名 三色ヒルガホト同物

Belle de Jour 三色ヒルガホ Convolvulus ミナ

生

三色ヒルガホノ如キ [illegible]

墨種バアークラヤナ

ヨ除々

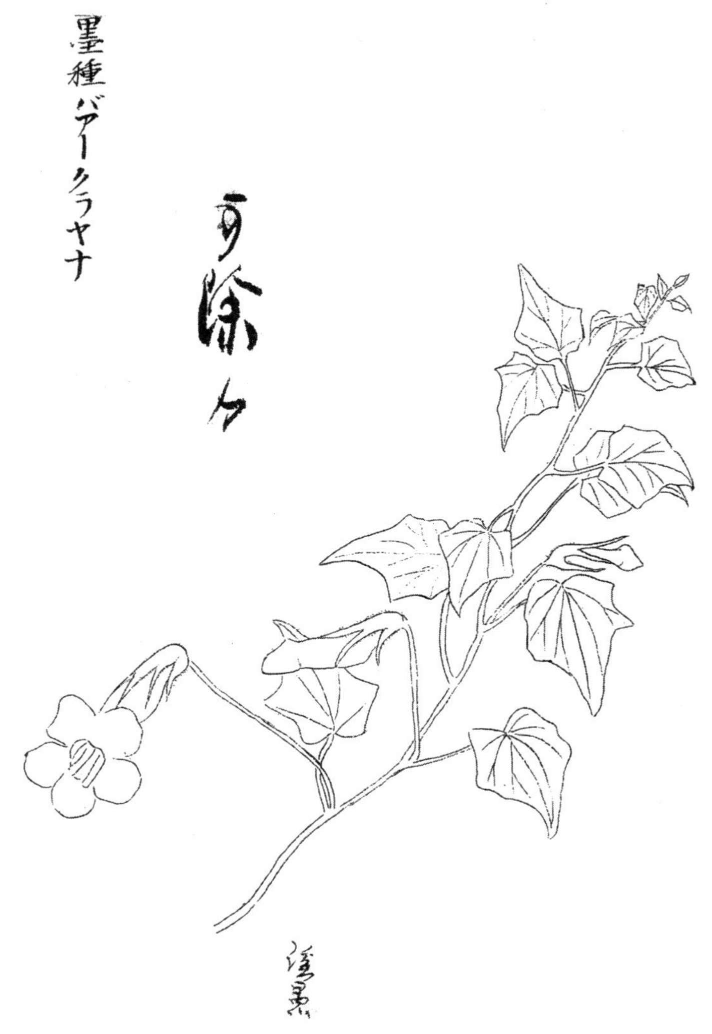

〇濱地ニバリ　海濱沙地ニ生ス一葉ニメ三角葉ニ似テ葉先
不尖スハマノ形ヲナス小葉也地中根蔓ヲ引夏淡紫花ヲ
開ク高砂草ノ花ニ似タリ

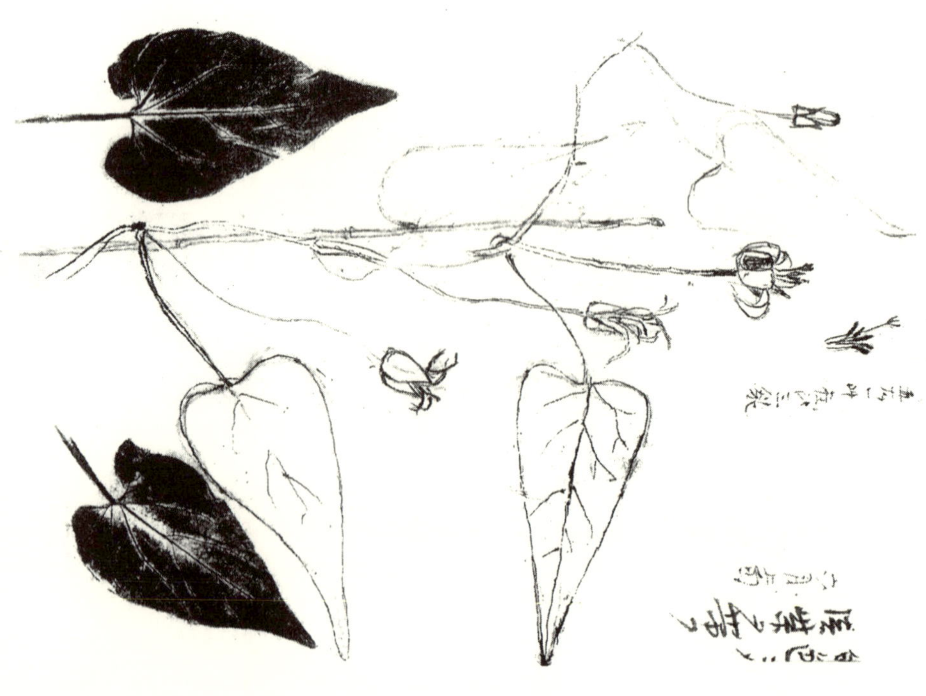

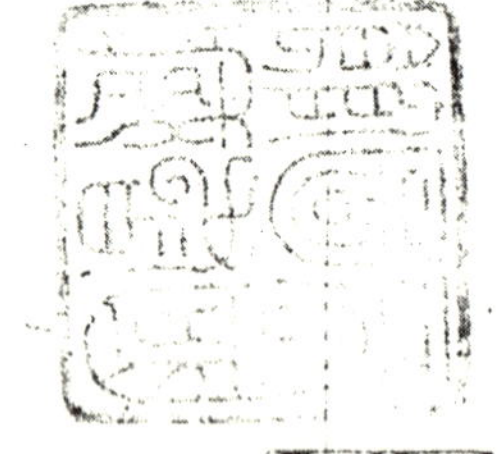

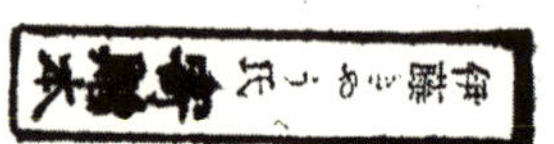

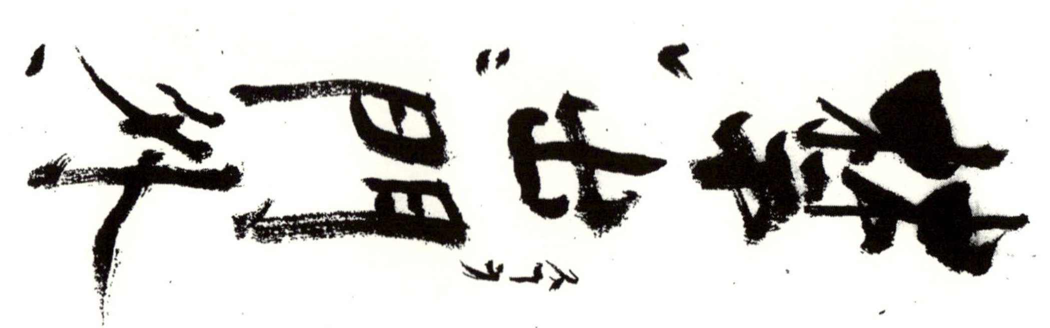

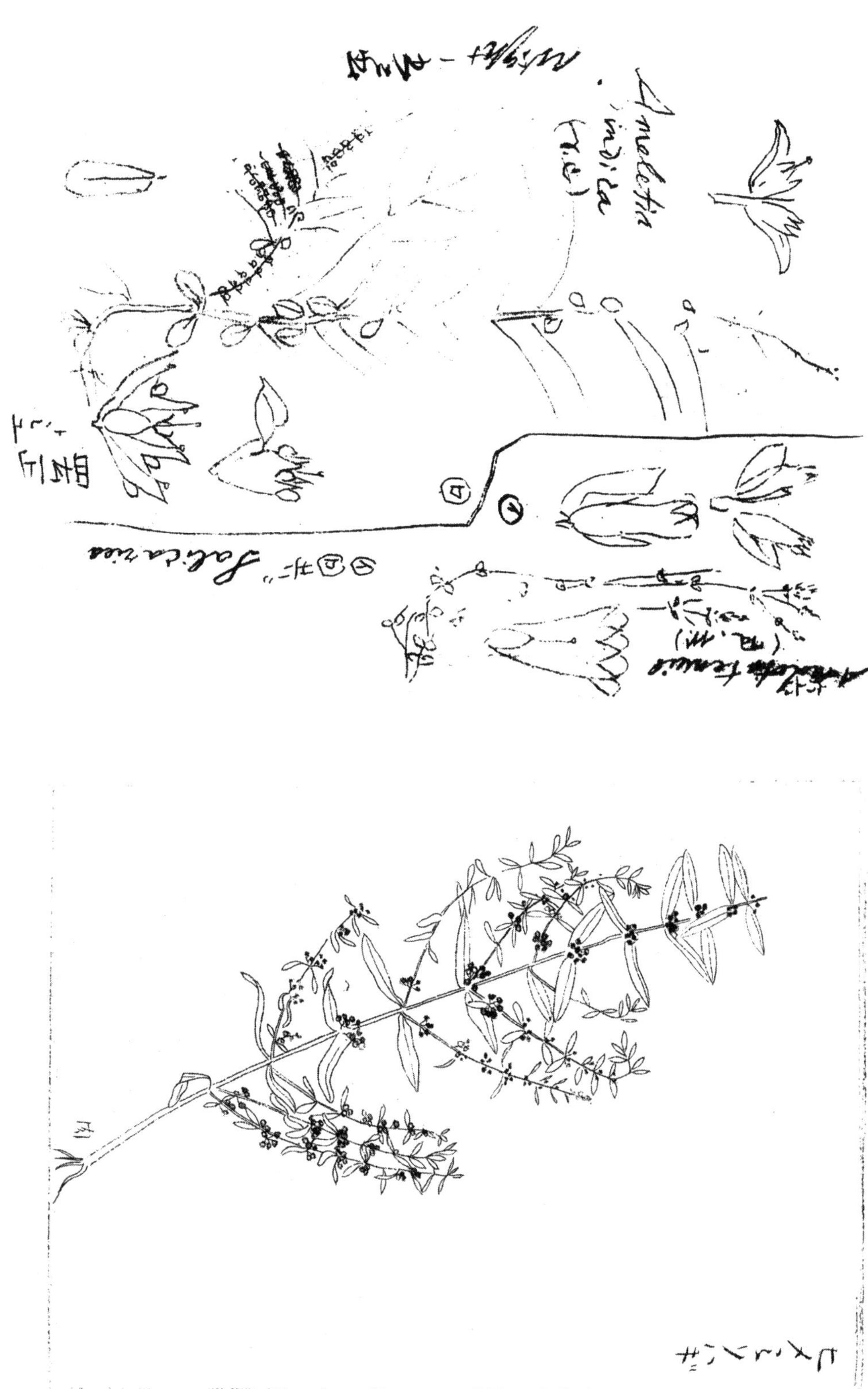

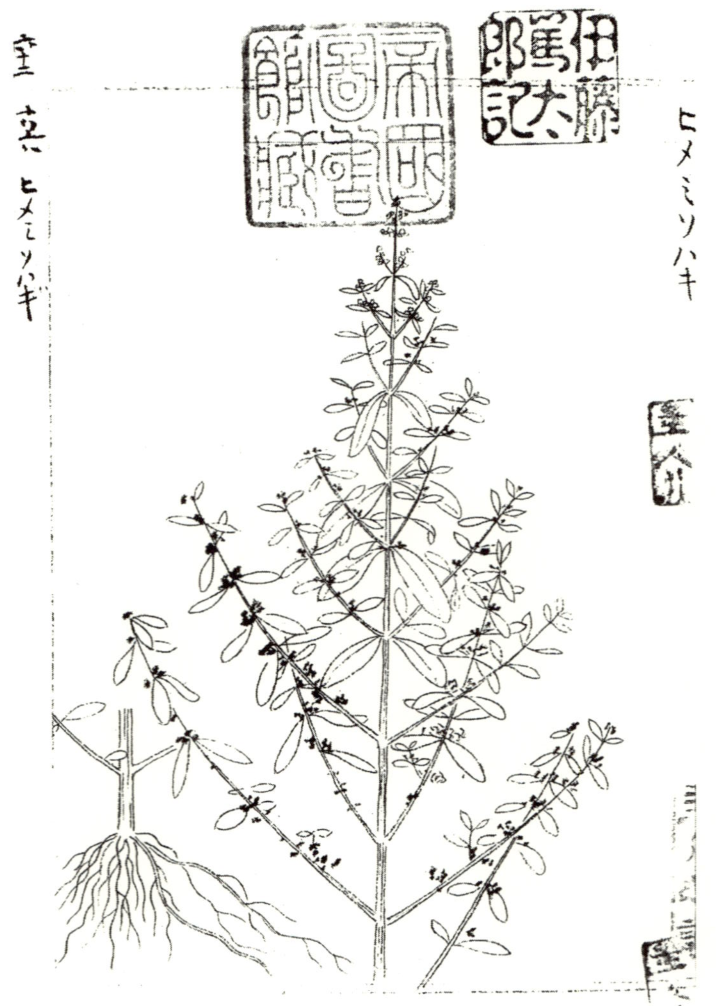

ヒメミソハギ

ヒメミソハギ 前巻ニモ出

田畔ニ生ス 知多郡大草村海附ノ畑田ニ生

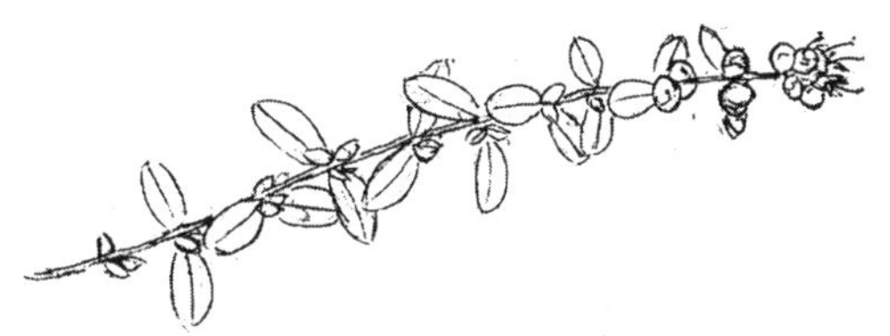

ヒメミソハギ

方茎対生葉ミソハギニ似テ小ナリ

田中間大坂西在水田ノ沸処ニ生ス大ナルハ尺許ニシテ枝多シ四弁四雄一雌ニシテ花大サ三四厘ニシテ甚小ナリ仮名ミソハギモドキ　大坂ノ名ヒルノハギ（ソノ実紅ナルユヘ）

ソノ腊葉ハ即チヒメミソハギナリ

ヒメシヤジン
ソバナノ一種ノ
木曽御嶽
茎紫黒色 把ルモノハ二尺ニ及ブ 葉互生
花紫ノ間ノ（篷） 巻五 十二日出

ヒホシア　ヒメシヤジン

○ヒメミソハギ
田畔ニ生 知多郡大草
方茎対生ミソハキニ似テ小
実紅色ナル故ニヒルノグミ ミツノ[illegible] 大坂医ヤ ト云 漢薬
大坂近在ノ田畔ニテトハ[illegible]中ニアリ

ヒメミソハギ

夏至後花ヲ開
ナミキヤウノ花ノ
形ニ似テ小ク白色
一日開テ落ツ

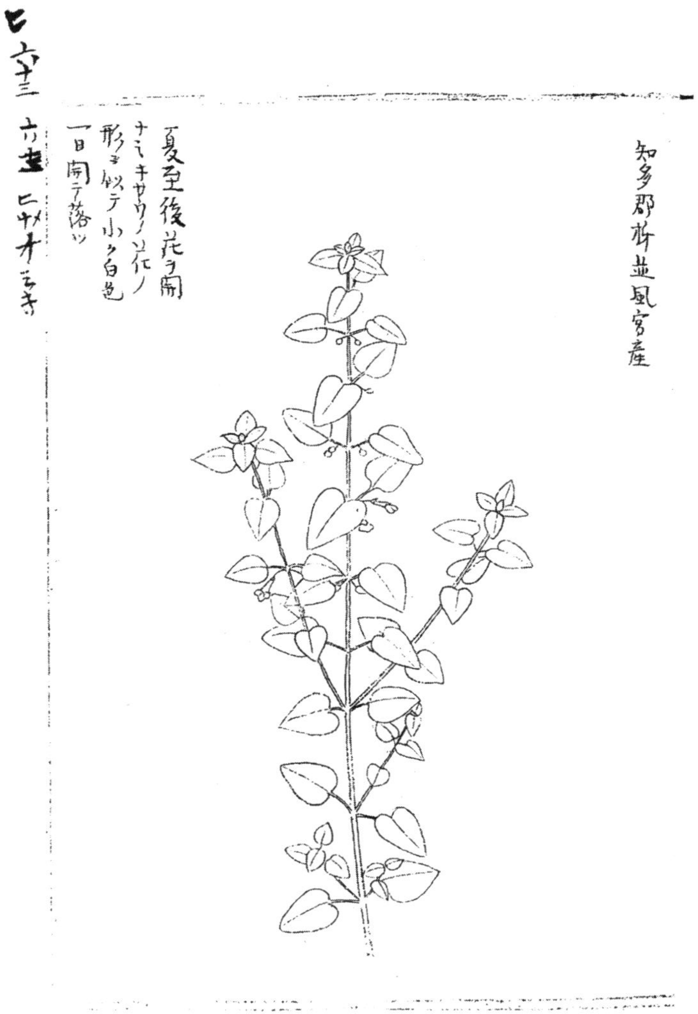

知多郡村北風宮産

蒲盧 有數種長蒲皆一二尺短名瓜蒲皆甘可食埤雅曰長而痩
上者曰瓠短頸大腹曰匏政此二種註云匏苦瓠甘瓠可食
匏可繫此與今邑所種不類蓋泥論語繫而不食之義耳凡匏
皆可食不食則繫以俟其乾老而扶取其瓤以用之聖人之言
為人誤解者多矣余見説家云匏性輕浮經霜葉落取繫之腰
可以渡水此言良然迺云匏瓜蠢然無用之物但可繫而不食
以繫爲繫腰之繫不亦可笑之甚乎詩曰匏有苦葉叔向曰苦
匏不材於人共濟而已非另是一種嘗詢之農家云種時不可
沾指沾則苦不可食但老而剖之爲勺器不剖則用以浮水若
盛酒醪貯子粒須是甘蒲其言可謂親切故曰不如老農至若
天文圖有匏瓜星繫而不食即南箕北斗之意其説附會荒唐
不可窮詰誠亦有之吾不信也其細腰蒲有大小二種極似畫
家仙人杖頭所掛負疋可愛埤雅云細腰曰蒲即此類也土人
不數取食常留以爲用此亦不得解作南箕北斗也姑以耳目

所及附贅于此

東陽縣志

汾

壺盧

○蛇螫 ユウガホ葉採觕擦之 ○毒蟲螫 ーー葉汁
○乳汁不出 ユウカホノツル葉花共陰干 霜 糯米粥送下
○又方 カニペウ ○淋 ーー葉煮水下 ○髪中生瘡 ユウガ
ホフクベノツル 浣煎浣く ○赤撲壺盧 霜 イ…カ君
茅乃温酒下 ○蟶蛇咬 ユウガホカニベウラ下
○又方 ユウガホノツルノ霜 胡椒末 髪油 調塗
○癥風 ユウガホノツル 挼爛擦 ○腋臭 搨 糯虫く ユウガホノツル一握
煎洗杉葉ニテフスベ樟脳ヲヌリ付 一日ニ四五度
○止血 ユウカホノツル霜ヨキ酒ニテ二銭 汁リ用ユ

○乳汁不出 甄陰干煎服 ○乳汁不出 フクベ霜土瓜蔞霜麦粥下
○魚ノ毒ケニ フクベノタ子末三分湯下
○古キフクベヤキ灰連翁等分末二女スキハラニ温酒ニテ下セバ 下血
○歯クサーー 霜引茶等分ノム ○赤横 フクベ杜板酒湯下
○血筋氣胸若 フクベノ霜酒ニテ用テ陽酒ワ可吐

ユウガホ　ナリヒサゴ　タソカレグサ　同
ユウガウ　防州　スヽケバナ　古歌　シトミグサ　葉ノ名
ユウゴ　雲州勢州　スヽケノハナ　同

壺盧（ユウガホ）　花白ニシテ夕ニ開ク
子ハ石ノ如ク品類多シ

壺盧　要舟　埤雅　　菰蘆　通雅
扈魯　同　瓠盧　同　瓠瓤　品字箋
壺瓤　同　葫瓜　同　藤姑　群芳譜

釋名　瓠瓜　説文　匏瓜　論語
壺酒器也盧飯器也此物各象其形又可為酒飯之器因
以名之俗作葫蘆者非矣——其圓者曰匏亦曰瓢因其可
以浮水如泡如漂也　以下畧

瓢瓠　水
亦作壺盧俗作葫蘆一名瓠瓜俗呼蒲蘆　甘涼清熱行水
通腸治五淋消腫脹其嫩葉亦可茹故詩云幡幡瓠葉
采之亨之也種類不一味甘者嫩時皆可食苦者名匏瓜
入藥用老則皆可為器　　随息居飲食譜

ヒ　土三

ヒヽ　七三

干瓢　河州木ノ下摂州木津難波勢州山田信州木曽
尾州名古屋備後ノ鞆ニ出ツ勢州ノ物ヲ佳トス

成形　ヒサゴ

古事記〇延喜祝詞式ニ水ノ神瓠
瓢杓斟水器[illegible]也　和名ヒサコ〇詩大雅酌之用匏
〇神楽歌ニ大原やせかゐの水を瓠もて鳥はなくとも遊
びてゆかん〇内膳式瓠二柄外宮儀式帳ニ木ノ瓠あり今ノ
瓢杓ナリ水ヲ挹器ヲヒシヤクト云ハコノ瓠ヨリ出タリ杓本ト
杓ニ作ル字典ニ貴引龍龕云杓市若切木杓也此間杓ノ
行ル字ナリ〇ヒサコハ總名也綱目時珍云瓜蔬ノ属皆
得瓠称故日瓠瓜匏瓜古人壺瓠匏三名皆可通称初無分
別此和漢并ニシカルナリ

天吉葛

書紀〇正　口訣曰天吉葛者瓠也〇兼良纂疏曰葛者藤也
〇宣長古事記傳曰毛髮ヲ義カ良ナド云モ草ノ葛ヨリ出タリ
サテ其葛ノ本ノ名ハツラニテトコロヅラツヾラサキヅラ千歳藟
百部ノ恐冬ナド云今ツルト云モツラノ転レルナリ弓ノ絃ヲモ
万葉ニツラトモヨメリトアリ以下ツヅラフツルてふ者是ニ做スルべし
ナリヒサゴ

和名抄　古事記傳曰早ナリヒサゴトハ草ノ蔓ニ成タル杓ト
云意ナリ外宮儀式帳ニ瓠サ柄ユウガユウガホ
源氏物語其花タクモテ開キ最テシボムガユヘニ夕顔セリ
源平盛衰記佐奈田義貞ガ棄タル白毛ノ太クタクミシ
ガ七寸ニ餘リテ鼻ノサキ瓠ノ花ノ如ク白カリケレバ名ヲバ夕
顔といふ東國一のつよ馬なり或曰瓠ハ形円クシテ夜コレヲ見
レバ人ノ顔ノ如シ吉葛ノ豆良とも面とも通へり拾遺集ニサダメナク
ナル瓜ノ都ヲ見テモト詠ルハ蔓ヲ瓠ト云カケタルゾ又家なる
ナドニモ一タビハヒサゴノ花ノアタナカナト作リシモコノ意ニシツキニヤ
フクベ　多識篇〇今按ニ浮ニ瓢瓠ノ謂ナリ瓠モノ水ニ浮ズモより
後ニ見ヘタリ

誰彼草　蔵玉和歌集　ス、ケノハナ　藻目集
夕の日はあはれくれゆる山落ますけの花はゆくゑ茂にかり
ユフゴ　ヒサコ　ユウゴハ夕顔ノツヾマリタルゾ
オホヘウタン　多識篇瓠瓜を訓り

炭斗瓢（スミトリフクベ）　円大ナルモノ炭斗ニツカルベシ亦ハチフクベト云
ツボル　沖鬼　葫蘆　瓠ノ葉ノ名也
壺盧　日華　○正字通ニ云　俗作瓠瓢壺酒器ナリ　盧飲器ニ瓠ハ
杏象其形　時珍云又可為酒飲之器ニ俗作葫蘆ニ者非也
又胡盧ニ作ル　俗名ノ胡モ盧モハくぐわけありこことら　盍壺盧
ハ匏瓠蒲盧名ノ大名也　時珍其名状不一二云実一類名色也
匏瓜　論語　個日匏無柄而圓大形扁者也　○陸佃云短頸大
腹日瓠　爾雅翼　匏在八音之一　史記謂匏瓜星名也　匏亦作
俛
瓢　個日時珍云壺盧因着曰匏亦曰瓢因其可以浮水如泡如
漂也　今按ニ此説下ニ得テ有味　瓠瓢ハ此間ナマても皆水ニ縁
故アルナリ　前ニ説クガ如シ　又腰舟トモ　飲器トモナス　天生泡漂状
具ス　天體ノ円カニシテ上ニ浮ヒ擧て墜ズ　地上ノ水氣吹擧て
去るものゝ如キ故又按ニ　和名引蘇敬注　小者ト瓠ハ大
十して扁く　瓢小ニシテ円ニ又古今注ニ　瓢亦瓠也　瓠剖開可爲
酒尊　瓢ハ其瓤ヲ去テ器ニナセル總名ナルニ似タリ　又以瓢測

乾瓢　橡木縣下野國河内郡石田村産　牟洲俊斎玄匠

栽培　毎歳三月下旬即彼岸後六七日播種スルニ臨ミ竹或木ヲ以テ四周
ヲ圍ミ堆肥及ヒ鹿肥ヲ土ニ混和シテ日乾シタルモノヲ以テ其中ニ堆積
スル一尺四寸棒ヲ以テ攪均シ其上ニ人糞ヲ施シ又一両日間日ニ乾
シ水ヲ灌キ爬抹シテ数處ニ小孔ヲ穿ツ其間各六七寸其中ニ種子
ニ粒ヲ下シ穀皮ヲ以テ覆ヒ発芽シテ小葉開クニ及ヒ浴垢水ヲ灌
キ然シテ他ノ圃塲ヲ耕犂シ移栽セントスル十五前鰛滓三四合
及米糠二升ヲ人糞ニ和シテ之ヲ圃中ニ放置シ七歩ノ地ニ一株ヲ栽フ移栽
ニ臨ミ再ヒ其地ヲ耕犂シテ之ヲ栽エ稍長シテ蔓凡五尺許ニ至

ル時復鰛滓及ヒ糠ヲ人糞ニ和シテ根ニ施シ之ヲ根肥ト云フ歇條（シテトメ）ス繁延
スルニ随ヒ蔓條ヲ四開シテ密接セサラシメ花ヲ着ケ実ヲ結フノ間時
々施糞ス其法根際ヲ去ル四五尺ヲ隔テ灌漑スルヲ良シトス

製法　瓠ノ稍熟シテ白毛将ニ落ントスルヲ認メテ採収シ即庖刀ヲ
以テ輪截シ種子及ヒ瓤肉ヲ去リ鉋ヲ瓠削（製スヘキ種ノ鉋ヲ云フ）内層ニ入レ鉋
ヲ持シテ瓠ヲ運轉シテ連杮シ了レハ一片ノ長二丈乃至三丈ニ至ル
之ヲ化七尺許ニ煎截シ桁竿ニ懸ケ一日ニシテ乾了ス若シ三四日ヲ経
レハ腐敗シ或ハ色ヲ損ス之ヲ貯フルニハ乾燥セル桶ニ入レテ密封スレ
ハ能ク久キニ耐フ

ヒ七三　葫蘆

葫壺同　蔓生短頸大腹即匏也

安慶府志　巻五

海トモ或花瓢瓢瓢ナド見ヘ皆瓠中ノ和ナルモノニテ其
飲杯トナスニハ壺盧ト蒲盧トヲ分別シテ云ニ非ス凡一種ヲ以
ニ縦名ヲ命テ簡便ナラサルハ西人ノ癖ナルカ

瓠盧　扁盧ト瓠盧ニテ云ニ非ス凡一種同類ニ
以上通雅並ニ壺盧ノ転化

登盤葫蘆　汝南圃　合盤葫蘆　致富全書　藤姑　群芳譜

赤瑒　蔵瓥　本草和名引養生要集　要舟　埤雅　葫瓜　品字箋

長ヒサゴ　ナガフクベ　ナガユウガホ

ユヘウタン　多識篇

瓠瓜

瓠字通例俗ニ字ノ音ヲ小瓢ノ名トスルハ甚タ義ナシ字典云
瓢亦曰箪　楊氏方言或謂之箪或謂之瓢或謂之瓢三界ニ
昔者良將之用兵有饋箪醪者使投諸河與士卒同流
而飲夫一箪之醪不能味一河之水而三軍之士思為致死者
以滋味之及之也コノ箪ハ即瓢ナリ又我日新齋歌ニ瓢也
一瓢も水もみれもさけとるかなかり君賀
の楽三暑の意ナルベシ

麼著瓢箪

苦瓠　本草　苦瓠　国語　瓠瓠　本草和名

正字通與瓠類相似而形異ハ別ナリ

苦壺蘆　蒲蘆

本草ニハ壺蘆ト蒲蘆トヲ一類トシテ苦瓠ヲ出シタレトモ本草和名ニ援テ苦瓠ニニガヒサゴナド云モノ苦瓠ニ
シテ即蒲蘆ナリ

亞腰葫蘆　仙茶嚢　以上名物言

天生一寸小葫蘆

蒲盧而最小者之名
三寸胡盧
考槃餘事蒲盧ヨリモ小ク一寸小葫蘆ヨリハ大ナルヲ云又小葉
葫蘆ナドヽ見ヘタリ
蕃名カウラールデン
此等ノ数種時ニ遅早ノ少異アレド其皮子性味等ハ皆同ジ
茎ニ二月中ニ種ヲ下シテ先嫩苗を出し葉間より茎ヲ抽キ
断ノ蔓を引て樹に纏り架に攀上る二言集に
山人のきる竹坂なとにのぼらせはすりはひのぼり
蕃語目にあり青蒂白瓣の花咲葉あり花実ともに多し
ハ紹介み傚くいひけるもありぬべし花の形其
まくれ生のあり花をもて花口をしけれあとてさ蜂生付
んぬくり見るなと云ものやまたにあれりしさしと蕃あれと
りあなたりハ細のし万葉に青角髪よむそていひけり
ともあり葉は柔毛あれど嫩附ハ煮て食ふべし蔕苦くて
あしれ蕗もありんハ実ハ渋あリして後ハ黄褐色に変る

ふくべ　瓠といへり淮南子に百人抗浮と注に浮ハ瓠也とみへたり浮瓠ハ
の瓠器に用るもの名なり一説に様別服部より出たるとそて服部の
音を呼るとその長ふくべハ長柄壺盧也和名抄に瓠瓟を訓ヒサゴ則腹
脹浮出水上者也といへハ瓠の義に同し
和訓栞 巻之二十六

○ふくべ瓠をいへり淮南子に百人抗浮と注に浮ハ瓠也と見へ
たり浮瓠ハ瓠瓟の瓠器に用るの名なり一説に様別服部より
出たるとそて服部の音を呼るへしとそ○長ふくべハ長柄壺
盧也倭名抄に瓠瓟を訓ヒサゴ則腹脹浮出水上
者也といへハ瓠の義に同し　和訓

枇杷ノ和名中フクベナルモノ色形ノフクベニ似タレバナリ
然ヲ剖レバ瓢有リ毛詩ニ歯如瓠犀とあり
傳ニ犀ハ瓣又云瓠ノ瓣中ノ瓣也棲栗犀字興ニ音句
○崇峻紀ニ厩戸皇子束髪於額とありて古ノ俗年少の兒
年十五六ノ間東髪於額十七八ノ間分為角子今亦然りとあり
然るに今はいまだひさごばなのみじかくて同じきにかどるなど云
通證曰東髪於額ハ訓瓠花也其形也蓋髪ヲ束ネテ其髻の形
開けしが瓠花の笛タ様ナルニ似レルトイフ事欲かなかかりと
今沖縄ナキ童子ノ額の髪を束ね結しなどもいうしへの様なりと
傳信録の流求ノ婦女簪用玳瑁倒插髻中ヨリ額上ニ髻甚
鬆是也
童子モ婦女モ同一ノ又角子ノ有る髻ハ貞庚十六歳ノ修時を
未及ハ總角ニとも古事紀ニは其御髪を結於額ニとかくして角子とは
古事記曰即ニツラノ万葉にも角髪とあり左右にアルが角の如クナ
ル故ニかくは稱するなり後世ニ鬟ヒニツラとよぶ小さきをツラヲ訛レル
言なり今の乾子髻ノ本の名なり白へ本ヲ二ツ分テ額ノ上ホドニ

多ク輪ニ結ラモラフサテ沖縄ノ男夫の結髪を偏頭トそいふには
吾国人もむかし雙髻ナリシヲ特縮ニセシユヘ偏トモトツノ神島ニ秋古俗
コトぐく附てしらしいかばかり花されいむかしをもしぬ
壺の如くなるもの又名大なるハ味甘して食べし又日ニさらし乾せ
るを干瓢といふ　瓠蓄
瓠瓢トニ蓄ゑ日ニ乾シテ食用トスヨリ蓄ノ名アリ下セリ
瓢干瓢ハ大ニメ扁ヲ取用ヘシ夏土用中採リ横ニ切片キ長ク瓢トラ
去リ白肉ヲ節ノ剥キ連テ架ノ上ニ晒シ乾ス大和也ニテハ一
日ニ乾上ル津國木津難波信濃伊勢にも出
苦蘆ハ味苦食ニ堪ヘズ　○瓠壺盧　苦壺盧　等ハ
水ニテ沈ニズ能浮ヲ以テ昔ヨリ川濟ノ器腰ニ瓢ヲ附ルコトアリ
是ヲ浮瓠トモ云漢ニテノ要舟といふなり行軍ニ用ベシモ時ハ
三五個ノ瓢ヲ袋ニしてしかも腹ニ瓢ヲ幾ツモ入レ我胸ニ合セ縛
結附べしよく附よくヨシトス大ナル瓢ヲ麻ノ網ニ入テ腰ヨリ
上ニ着ルモアリ皆水流ニ入リ験テヨキホドニ作ルベシ
○器ニセルハ懸瓠を杓トシ瓢ヲ瓶トシ多ク扁キハ皺作リ

炭斗ト又菜篭ノ灰油ヲ収蓄フ　小胡蘆ハ腰子
匿盒ノ作
瓠子色小窓別紙ニ載タリ凡西土ニテ婚礼ノ時小瓢ヲ二ツ
ニワリタルヲ左右ニ分テ新婚ノ夫婦ヘ偏ニモアタヘ酒ヲ酌
ヲ合巹ト云既ニノミヲハリテ又モトノ如クアハセオクモノヲノ
ツカラ物留ベク成レルモノナレハイモセノ瓜ノ天然ナルニ礼ト
用ルトソ　杏　瓠ニテ貝ヲ合ケルコヽロトハヤヽ異ナリツノ
ヨシハ蛤ノ所ニ云ヘリ又酒葫蘆水許偕見ユ又濾隠叢
話ニ油葫蘆アリ凡瓢モテイレモノヲ製ルニハ中ヨリワリテ
上下ヲ取テツヤ合ス肥後ニテ製ルモノハ甚ダツヤアリテ見
事ナル事世ニ類希ナリ庭訓往来ニ茶瓢ヲ載タリ
○瓠の為大ナルハ一茎ニ一ツ二ツ実ヲ留ルヤウニツボミヲトリ
培ヲ施セバ実ノ大サ二ノ米四五斗モ入ホドノ瓠ヲ得ルトナリ
○瓠蓄甘性平滑毒ナシ病人ニ害ナシ　○主治熱ヲ消シ水ヲ
利ス　○苦瓠苦性寒毒アリ　○主治代指ヲ患ヘ…燻
赤粘瘡ニ搗合搽ヲ巻　本朝経験　○瘤瘍又キニハユウガホノ黒

壺
詩云八月断壺即今之胡蘆也　彦山県志巻二
之ヲ
フリベ　一瓠　瓢　共ニ　カンピヤウヲ製スベシ　甲斐郡ー
カンピヤウユウガ
フクベ　瓠瓢　ナガフクベ　瓢　共ニ　乾瓢　カンピヤウヲ製スベシ○同
カンランウハレ　匏
此中ニ　ヒヤウタンノ種ヲ混入セリ　ヒヤウタン　ヒヤウタン亦ヒノ字ニ出ス

粳米ノ酢ニ浸シ干シ巴豆少加ヘ押合口ニ附ル瘤抜附ハ
少炙キーしてその上ニ附べし　○サ撲鍼ニ罵ヤキテ酒ニ二ノ用
○ニンダリニユウガホノ実罵ヤキシテ油ニトキ耳中ニ入　○一云ニ
咬壺蘆ノ蔓ノ附石膏コブ　蝿皮膠油ニテ附　○又方壺蘆
蔓端ヘ切口めるる播て滴の吞ナコソゲテ付　○又方壺蘆ノ葉
ヲ播リ附テモヨシ○又花ヲ附てもよし　○ムカデサシタルニ
ユウガホノ葉ノ搾汁ヲ附　○小兒茭癩瘡ニフクベノ泉
广油ニテ附　○竹木刺ヘリタニノ実甘草カツラブシ黒
ノ肉ニ押交附　○目ノ上ニ腫物愈ガヌルニユウガホノヘタ醋ニ浸
シ冨ヤキニシ腫物ノ上ニ灸ニテ之ヲ有
以上和方一万方

蒲

柄匏（ヒサゴ）　赤柄瓢單トモ　蔓頸（ツルクビ）瓢簞（ヘウタン）多識篇
杓夕顔　蔓ハ即懸也物ヲ懸ルヲ通用須トテヤウガ如シ
古ニ杓トセシハ即此モノナルベシ泛（ヒロ）ク杓トノミ唱ヘシ故ニ別テ杓夕顔ト
セセリ　杓子夕顔　俗ニ馬杓（ヒシャク）ナド云

蒲蘆　ヒヤウタン　百ナリ　千ナリ有　2　梅園草木實譜

懸瓠
ニガヒサゴ　本草和名
按ニ此壺蘆ノ古名可擬モノ輔仁博士ノ本草ニ於テ之ヲ見ル
閻夜瓢（ヤマヨヒ）　和漢園令セニナリ
細腰本末相均者也
ラビフクベ　多識篇
蒼小頸瓢
百成瓢簞　同上
是三寸胡蘆ヲ謂之其実最繁ク成若セシテ名トス
セニナリヘウタン
提瓶一寸小胡蘆ヲ謂フ

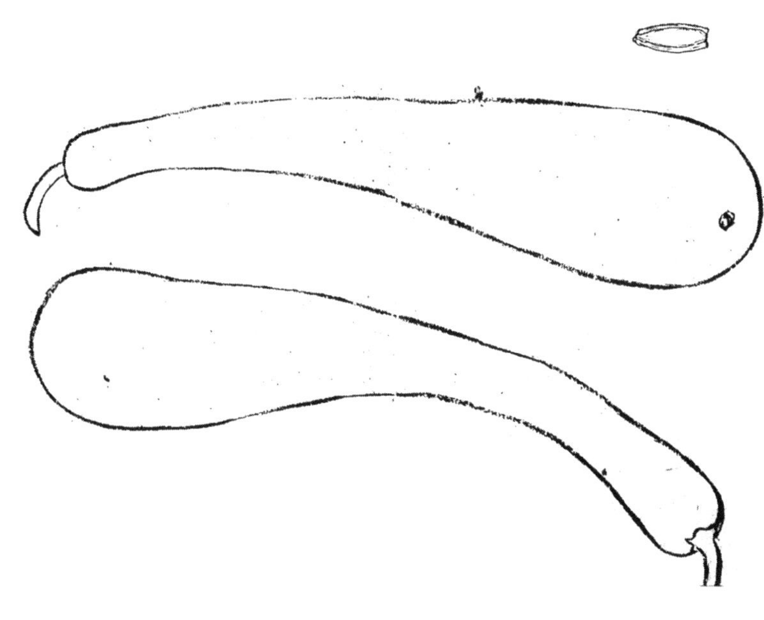

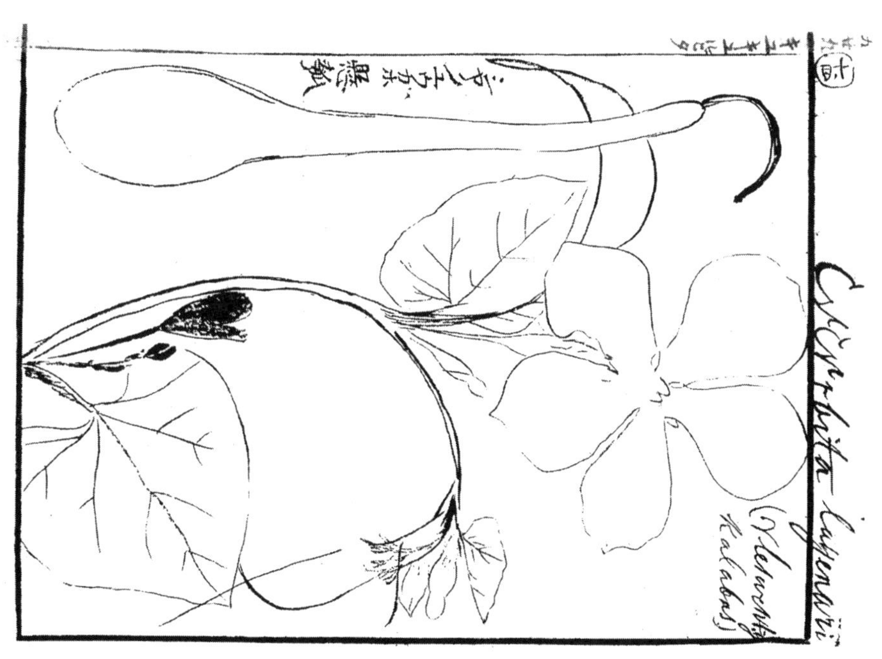

瓠

本草瓠有頭瓠合盤瓠可食控頭瓠研苦瓠不可食　藝文類聚十二

扁蒲（ヘンボ・ユウガホ）

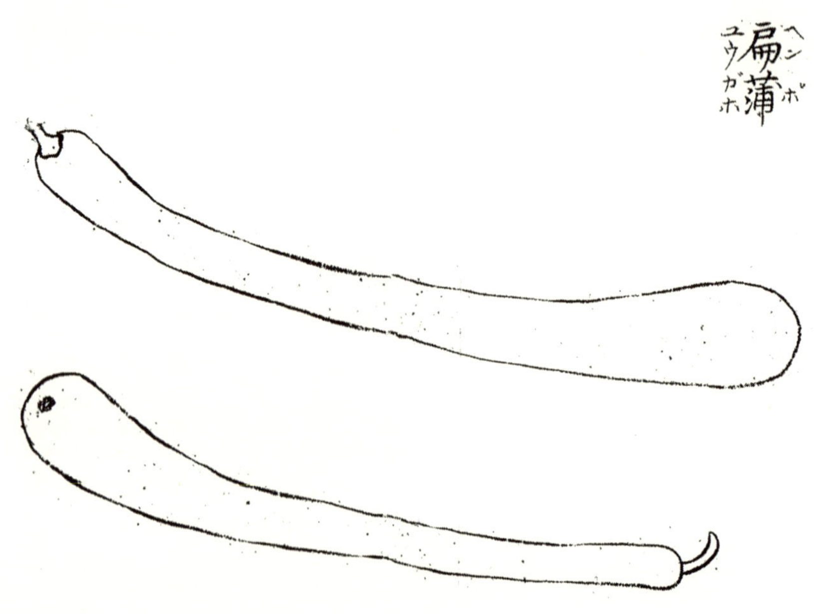

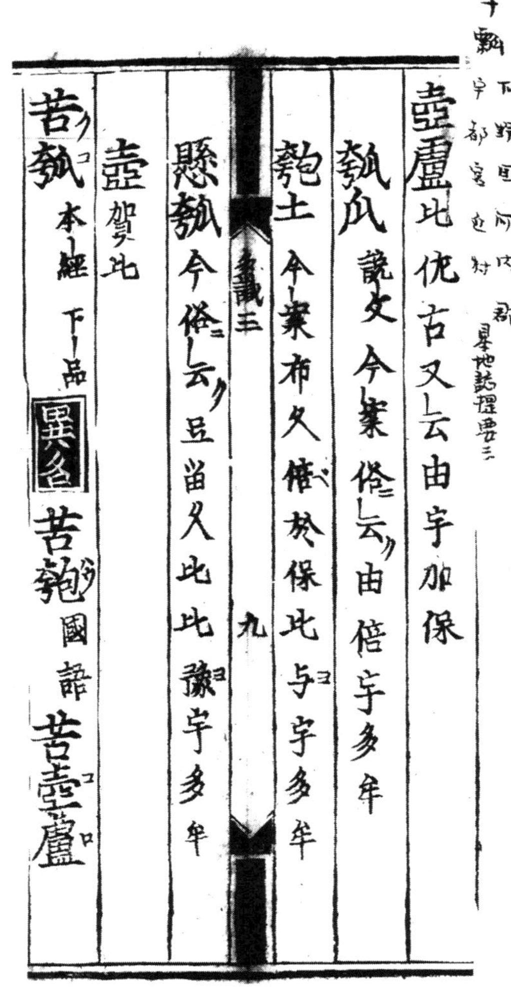

千瓢　下野国河内郡宇都宮近村　皐地誌摺要三

壺盧　比佐古又云由宇加保

瓢瓜　説文　今案俗云由倍宇多牟

匏土　今案布久倍於保比与宇多牟

名識三　九

懸瓠　今俗云豆留久比比古宇多牟

壺　瓠比

苦瓠　本經　下品　異名　苦匏　國語　苦壺盧

瓢

似越瓜北人謂之梢瓜長者尺餘夏熟又一種名瓠瓢夏末始實秋中方熟經霜可取去穰為器即詩所謂壺論語所謂匏瓜也俗呼葫蘆小者為瓢按本草瓠有二種苦者入藥甜者但可供茹孫眞人云甜瓠患脚腫氣及虚腫者食之永不差

匏瓜　平陽縣志　巻一

邵武府志　八

腰者為蒲蘆各分名色迥異於古今参詳其形状
雖各不同而苗葉皮子性味則一　登按懸瓠蒲蘆
味苦匏味甘　琉球土名長柄津富留
匏　琉産物
登按與倭產無異　琉球土名伊志津富留
蒲蘆　琉産物
登按與倭產無異　琉球土名瓢簞津冨留

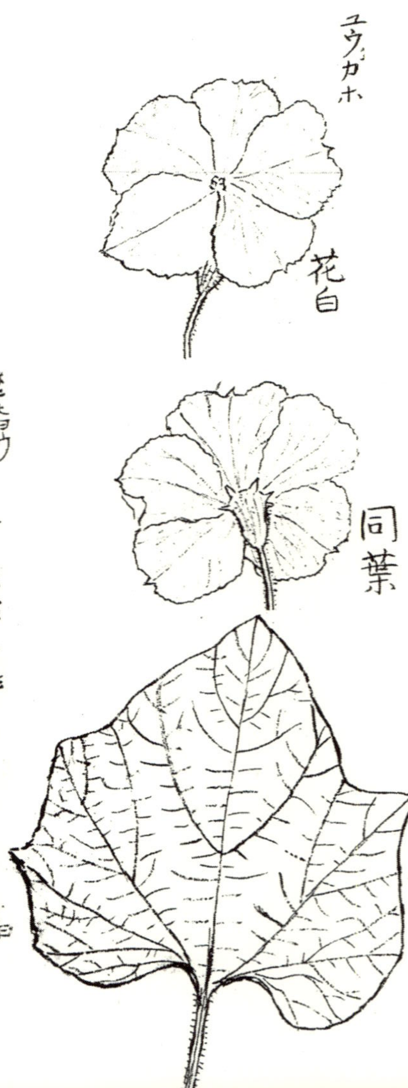

甜壷此肉ヲ以壷盧ヲ製ス履軒鶚瓠犀非方正又謂瓠甘而
匏苦故曰苦匏甘瓠也因味為名耳非二物各有苦甘也

シヤクユウガホ　ヱヒカウフクベ
ヒヤクヒヤウタン
其形円ニノ大サ四五寸ニノ長尺余狭細アリ竪ニ三ツ
ニ割ケハ自然杓トナル

匏　フクベ
壷ハ　クビアルフクベ　フミ生
蒲蘆ハ　ヒヤウタン　番南瓜ノ形ノ如キヲ云　ヒミ生
苦瓠　ニガヒサゴ
敗瓢　ヒヤウタン年久キ者ヲ云

スイヅヽフクベ

コセウツボ

カリカネフクベ

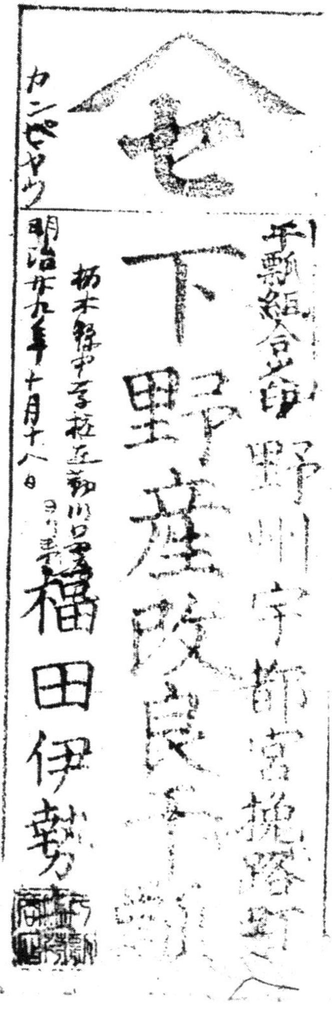

ユウガホ　壷盧也夕顔ノ儀今俗ニユウゴトイヒ、
信濃ニテヨウカウトモ云ヘリ六百番歌合ニモタ
露ニヒモトク花トヨメリ袋草紙ニ夕顔ハ朝ガホ

ニ似テイヒツヾケタルヲカシカリぬゑヘキ姿ニテ
花アリサマコトソイトクチヲシケレド書リ一説ニ
フルキ源氏繪ナドニ書リハ王仏也トイヘ共其ハ
花タカゲニハ却テシボメリタガホノ雪トイヘル
ハ花ヲ云ヘリ○相［　］ニ右方先出テ葵ノ花ヲ着次
ニ石方瓢ノ花ヲ着クト云ヘリ
ユウガホニアフヒノ花ノサシアヒテイヅレ
カ色ノウテントスラン

蒲盧今案於比布久倍俗云百那利
敗瓢今案布留布久倍又云也布礼比ヨ宇
多年

我れ聞くまとかくの如し四山といへる瓢は昔し芭蕉翁の所藏せしものに
て其中よ入れしハ酒にハあらで米五舛を貯へおき日々の食料に供したり
とぞ爾來二百年の間世々の雅人韻士に傳はり今は[illegible]かし老人のめづる
所となれり頃日老人來りていふやう予餘年幾は[illegible]御寺ハ粟津に程
近しかの翁が背中合せの舊蹟に因みもあれば僧都の御許にまゐらせん後
世をよきに弔ひてよとさて貧道が寺の什器とするハみよなき志しにあれ
どあと弔ふ代を如何せんあはれ同し志しの人々よ米五升を喜捨して四山
の瓢に供養し給へかし其功徳は三惡道を遠離し二諦法を互融し一佛乘に
結縁せんこと疑ひあるべからず穴賢

近江　光淨院主一乘菩薩沙彌久成敬白

明治二十四年五月五日午後一時於上野公園櫻雲臺空也念佛修行

山城国
美豆御牧

美豆御牧

建保内裏名所百首
渡りける遠方人の袖ろとよろ里小志ろき夕良乃花　定家

片国
夕良石

六百番歌合
賤のおのかきおのこゝろめて任希をもてあそものハ夕良かほ　信定

小倉山
毎日一首ノ中　民部卿為家

夫木抄夏三
をくら山くるゝをいそく夕良の花のたよりを誰ってハよし

夕顔

草根集 夏
[illegible]のむ[illegible]もかくさきぬ[illegible]夕良の露

五條遺
キリカケタツモノニイト青ヤカナルカツラノコヽ
ロヨケニハヒカヽレルニ白キ花ソヲノレヒトリヱ
ミノマユヒラケタルヲチカタ人ニモノ申トヒトリ
コチ給フヲ御随身ツイ居テ彼白ク咲ルヲナン夕
カホト申侍ル花ノ名ハ人メキテカウアヤシキ垣子
ニナン咲侍リケルト申スイト小家カチニムツカシ
ゲナルワタリノコノモカノモアヤシクウチヨロホ
ヒテムネ〳〵シカラヌ軒ノツマナトニハヒマツハレ

○壺
元[illegible]
八月断壺　和名抄ニ壺一名ナカフクベ　月令　朱注 壺瓠也　○[illegible]
[illegible]
○苴
九月叔苴　朱注 苴[illegible]

タルシロオシノ花ノチキリヤ一フサ折テマイレトノ給
ヘハ此ヲシレアケタル門ニ入テオルサスカニサレタルヤリトク
チニキナルスヽミノヒトヘハカタマナカクキナミタル童ノ
オカシケナルイテキテ打マネク白キ扇子ノイタウコカシタ
ルシコレニオキテマイラセヨエダモナサケナメル花ヲト
テトラセタレハカトヲアケテ惟光ノ朝臣オキタルニテ
奉ラス 甲書 出給フトテ惟光ミシツクメニテ有ツル扇
御ランスレハモテナラシタルウツリカイトシミフリウ
ヰツカシクテオカシウスサヒカキタリ

源氏物語夕顔巻
心あてにそれかとそみる白露のひかりそへたる夕顔の花
伊勢国
隠小野

歌枕名寄
立つねても見えぬハあひぬ躰からん 越後
かくれのをのへまちの夕くは
名所山本秀

七七三

瓠 瓠 蔬 凡三十種

長大如瓜蔓生不架詩云南有樛木瓠累之 兗州府曹縣志 四

亦匏類統上豐下煮熟可食鄭珣瑜所謂去毛爛

蒸莫物折頸即此 元和縣志 卅六

瓠子

一名田瓠十二月下種二三月結至四月 陽春縣志 十四

ユウガホ
何州 ナリヒサゴ　スヽケバナ古弁
勢州 タツカレグサ　ヒトヒグサ古名　スヽクハナ
作州
壷蘆（和名）ハ ユウガホ 図 ロノナニフ

品類多シ皆白花ニシテ夕ニ開朝ニ萎ム故ニ称シテユウガホト呼フ

ユウガホ 防州 ユウガホ

瓠ハ ナガユウガホ一名ナガフクベ　形長クシテ一尺許首尾円ニ甚長ハ五六尺ニスグ

ウスク挽ミニシテ乾タルヲカンピヤウト云

瓠蓄　劉熙釈名　○瓠畜

木曽福島上松須原辺ニテ製ス

懸瓠ハ　ヒサゴ　ワルクビ　ヒミム

○乳不出ニ用

ユウゴ

至テ小ナル者ヲ千ナリヒヤウタント云　考槃餘事ニ天生一寸小葫

蘆名アリ

蒲蘆名　亞腰壷盧 附志　埤雅 埤雅

浮 同上　仙薬嚢 事物紺珠 名物法言　薬葫 汝南圃志

葫蘆瓠 泉州府志

ユウゴフクベ類皆湯ヲクヾラセルト白クナル肥後フクベモ

甚白ニ湯ヲクヾラセタルモノナリ

スイヅーラフクベ　カリガ子フクベ

コセウフクベ

[illegible]

○鴈瓢（ガンヘウ） 下学集

○其形壺（ツボ）ニシテ口扁（ヒラタ）ク人炭斗（スミトリ）ニ製スルモノナリ一名
盒盤葫盧 閩小記 合盤瓠 福州府志 圓匏 泉州府志

○其形笠ニテ小ニシテ煙合（タバコイレ）トナスベキ者ヲ肥後ビヤウタント呼ブ芳盤
餘事ニ小匾葫蘆ノ名アリ

○壺ハクビアルフクベ番南瓜（カボチヤ）ノ形ノ如キヲ云一名
扁蒲 安南國史

○蒲蘆ハヒヤウタンニ其形二重ニナリタルモノ今用テ酒ヲ入ルヽ
器トスコレヲ酒葫蘆 水滸傳 ト云

○油ヲ入ルヽヲ油葫蘆 [illegible]叢話

○又形小ナルモノアリ百ナリヒヤウタント云芳盤餘事ニ二三寸葫蘆
ト云苦瓠ノ附方ニ小苦葫盧ト云又

匏

亦匏類鋭上豊下鄭珣瑜所謂爛蒸去毛莫拘折項即此

干瓢 播广国揖東郡網干浦 日本社誌徂筆 邱東郡志方弘語郡

瓠 爾雅 瓠曰瓠匏之甘者 詩云甘瓠纍之 埤雅 蘇州府志

瓠 壷如瓠犀 衛風碩人章 甘瓠纍之 小雅南有嘉魚章 幡々瓠葉 小雅瓠葉章 朱注

東莱呂氏曰瓠有甘有苦甘瓠則可食者也 ○瓠

瓠匏ノ別種只実ノ形異ナルノミ瓜ニ似テ長サ二三尺許径リ

四五寸頭尾ノ大サ大抵同シ初青ク後淡白色トナル味甘シ一名

知多郡篠島並爪宮産

金鉤致美翁ト同ノ知多ノ宋ノ井

莖葉ヒメハリガニ似テ夏至前後葉間小莖ヲ開クナミニキサウノ莖ニ似テ

小タノ色一日周テ落根ハ細 ノ如ク横行メ繁茂ス

ひさこ 記ニ瓠をよみたり 用明紀ニ束髪於額とみえたりふみへの

條に見とし十五六までの習は髪を額に束十七八の間にわけて角子と為と

いへりさて束髪をヒサコハナとよみたるを瓠の花に似たる 国史草木昆虫攷巻之六

○瓠子ハユウガホ 東坡

詩経ニ幡々瓠葉

王瓜ノ辨ハ

ウスク片ニシ乾タルヲカンピヤウト云 勢州ヨリ出ルモノ佳ナリ
加州ヨリ出ルモノハ劣レリ 漢名瓠畜(?) 群芳譜名
葫蘆乾 物類相感志 又甚タ長キモノハ五六尺ニ及ブ 用テ花ヒ(?)
肥後ヨリ出ツ

ヒサゴ 瓠 [illegible]

○懸瓠ハ ヒサゴ　ツルクビ　シヤクユウガホ ユウガホウフクベ
ニヤクヒヤウタン 其形円ニシテ太サ四五寸ニシテ長サ尺余ノ夜柄アリ
堅ニ二ツニ剖ク時ハ自然ノ杓トナル 一名長柄葫蘆 授時通考
小柄壺盧 若瓠附方 長柄葫蘆 泑南園史 瓢子 本草彙箋
東呉名物考言 長頸葫蘆 授時通考 小柄葫蘆 若瓠附方
長柄茶壺 壺盧 敗瓢附方 頸匏 泉州府志 柄ノ曲リタル 鷺鷀瓠 十六名纂

○匏ハ フクベ　オホフクベ　スミトリフクベ
カニピヤウユウゴ 雲州

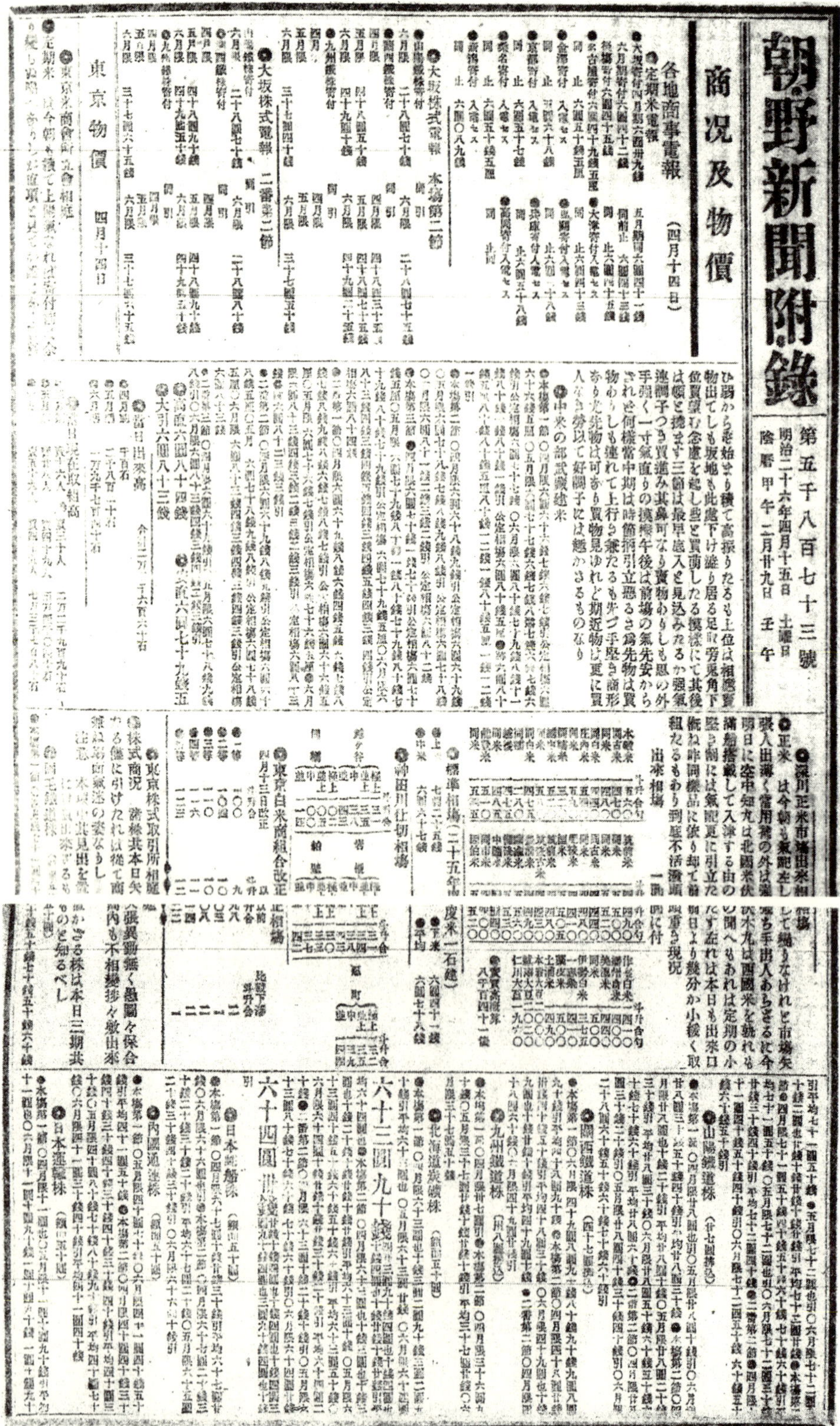

明治廿五年三月十一日遞信省認可

朝野新聞附録

第五千八百七十三號
明治二十六年四月十五日 土曜日
陰暦甲午 二月廿九日 壬午

商況及物價

各地商事電報 （四月十四日）

●定期米電報

●大坂寄付四月限六圓卅九錢 五月限同六圓四十一錢
六月限寄付六圓四十二錢 同前止 六圓四十三錢
結場寄付六圓四十五錢 同 止六圓四十五錢
●名古屋寄付六圓四十九錢五厘 ●大津寄付入電セス
同 止 六圓五十錢五厘 同 止六圓四十三錢
●金澤寄付 入電セス ●馬關寄付入電セス
同 止 六圓六十八錢 同 止六圓二十八錢
●京都寄付 入電セス ●兵庫寄付入電セス
同 止 六圓五十七錢 同 止六圓五十八錢
●桑名寄付 入電セス ●高岡寄付入電セス
同 止 六圓五十錢五厘 同 止同
●新潟寄付 入電セス
同 止 六圓〇八九錢

●大坂株式電報 本場第二節

●山陽鐵道株寄付 同 引
六月限 二十八圓七十錢 六月限 二十八圓七十五錢
●關西鐵道株寄付 同 引
四月限 四十八圓五十錢 四月限 四十八圓三十五錢
五月限 四十八圓五十錢 五月限 四十八圓七十五錢
六月限 四十九圓十錢 六月限 四十九圓二十五錢
●九州鐵道株寄付 同 引
四月限 四月限
五月限 五月限
六月限 三十七圓四十錢 六月限 三十七圓五十錢

●大坂株式電報 二番第二節

●山陽鐵道株寄付 同 引
六月限 二十八圓七十錢 六月限 二十八圓八十錢
●關西鐵道株寄付 同 引
四月限 四月限
五月限 四十八圓九十錢 五月限 四十八圓九十錢
六月限 四十九圓五十錢 六月限 四十九圓五十錢
●九州鐵道株寄付 同 引
四月限 四月限
五月限 五月限
六月限 三十七圓六十五錢 六月限 三十七圓六十五錢

東京物價 四月十四日

●東京米商會所立會相場

●定期米 は今朝も續て上騰氣なれば寄付前[illegible]
り續り迄[illegible]直頃と見て[illegible]

ひ弱から悉始まり續て高振りたるも上位は相應賣物出てしも坂地も此處下げ漲り居る足取旁兎角下位買望む念慮を總し些と買萌したる模樣にて其後は頓と捗ます三節は最早底入と見込みたるか强氣連調子つき買進み其鼻可なり賣物ありしも思の外手强く一寸氣直りの摸樣午後は前場の氣先安からざれど何樣當中期は時節柄引立惡るさ爲先物は買物わりしも遲れて上行き兼たるも先づ手堅き商形ありて先物は可あり買物見ゆれど期近物は更に買人なき勢以て好調子には趣かさるものなり

●中米の部武藏總米

●本場第一節 ○四月限六圓六十[illegible]錢七錢引公定相場六圓[illegible] ○五月限六圓七十七錢六錢七錢八錢七錢六錢[illegible] ○六月限六圓八十錢[illegible]錢九錢八十錢一錢八十錢[illegible]公定相場六圓八十錢五厘 ●第六圓八十[illegible]錢一錢二錢
一錢引
●本場第二節 ○四月限六圓六十八錢九錢引公定相場六圓六十九錢 ○五月限六圓七十七錢[illegible]錢八錢九錢八錢引公定相場六圓七十八錢 ○六月限六圓八十一錢二錢三錢二錢引公定相場六圓八十二錢
●本場第三節 ●四月限六圓七十錢一錢七十錢引公定相場六圓七十錢五厘 ○五月限六圓七十九錢八十錢七十九錢八十錢七十九錢八十錢七十九錢五厘 ○六月限六圓八十三錢四錢三錢四錢[illegible]錢引公定相場六圓八十四錢
●二番第一節 ○四月限六圓六十九錢八錢六錢四錢五錢 六錢七錢八錢七錢八錢九錢八錢七錢引公定相場六圓六十[illegible]錢 ○五月限六圓七十六錢七錢六錢七錢八錢七錢[illegible]公定相場六圓七十六錢五厘 ●六月限六圓八十三錢四錢三錢二錢三錢引公定相場六圓八十三錢
●二番第二節 ○四月限六圓六十九錢八錢九錢引公定相場六圓六十八錢五厘 ○五月限 六圓七十八錢九錢八錢引 公定相場六圓七十八錢 ○六月限六圓八十三錢四錢三錢四錢三錢四錢三錢引公定相場六圓八十三錢
●二番第三節 ○四月限六圓六十八錢九錢引 ○五月限六圓七十[illegible]錢三錢引 ○六月限六圓八十三錢四錢三錢引
六圓八十三錢

●高直六圓八十四錢 ●安直六圓七十九錢五
●大引六圓八十三錢

●當日出來高 合計二万[illegible]千六百六十石
●四月限 千百石
●五月限 二千八百二十石
●六月限 一万九千七百四十石

●當日現在取組高
●四月限 [illegible]十六人 [illegible]三十人 二万二千九百九十石
●五月限 [illegible]十八人 [illegible]四十九人 [illegible]
●六月限 [illegible]十九人 [illegible]四十八人 七万三千七百八十石

●深川正米市場出來相場

●正米 は今朝も氣配左して縺りなけれど市場矢張入出薄く當用米の外は強ち手出人あらざるに今明日に至中知丸は北國米伏見木丸は西國米を執れるを滿艙搭載して入津する由の聞へもあれば定期の小堅き側には氣配更に引立たす左れは本日も出來口概ね昨日同様品に依り却て前日より幾分か小緩く取組たるもあり到底不活潑商況頭重き現況

出來相場 一石に付

	外合勺		外合勺		外合勺
本庄米	五六〇	肥後米	四九〇	作州米	四一〇
同古米	四七〇	同米	五二〇	備中米	四四〇
同白米	四八〇	同古米	四八〇	美濃米	四〇〇
庄内米	五四〇	同米	四〇〇	同米	五一〇
同米	[illegible]	越前米	四一〇	伊勢白米	三七〇
越中米	五[illegible]	加賀米	五八〇	一等米	四〇〇
同米	五[illegible]	筑前米	四三〇	蟹浦米	五九〇
同白米	四八〇	越後米	五九〇	上野米	四〇〇
同中白米	四七〇	中國米	五六〇	本荘米	二五〇
総後米	二八〇	同中米	四三〇	越前大豆	〇二〇
同米	一〇〇	同白米	五〇四	仁川大豆	九〇〇
同米	五五	同米	[illegible]		

●實賣高概算 八千百四十一俵

●標準相場（二十五年度米一石建）
●上米 七圓二十五錢 ●下米 六圓四十一錢
●中米 六圓六十七錢 ●平均 六圓七十八錢

●神田川仕切相場

	鎌倉河岸		船堀		本町
極上	三一	極上	一〇一	極上	三二
上	三五	上	[illegible]	上	三五
中	三八	中	[illegible]	中	三九
並	三二	並	三四	並	四四

●東京白米商組合改正相場 四月十三日改正

	以前 外合	此値下 外合
●一等	一〇〇 九八	二
●二等	一〇四 一〇三	一
●三等	一一〇 一〇八	二
●四等	一一六 一一四	二
●五等	一二三 一二三	一

●東京株式取引所相場

●株式商況 諸株共本日矢へ張異動無く愚圖々保合たる儘に引けたれば從て商賣は商氣迷の姿なりし内も不相變捗々敷出來ざる株は本日三期共に注意 本場中其見出を設けざるものと知るべし

●國毛鐡道株（額面[illegible]）
●本場第一節 [illegible]十錢五十錢七十錢五十錢六十錢

引平均七十一圓五十錢 ●五月限七十二圓也引○六月限七十二圓十錢二圓也廿錢十錢廿錢引平均七十三圓廿錢 ●本場第二節 ●四月限七十一圓五十錢四十錢五十錢六十錢七十錢引平均七十一圓五十錢 ○五月限七十二圓四十錢 ●二番第二節 ●四月限七十一圓四十錢三十錢四十錢五十錢四十錢引○六月限七十二圓五十錢 六十錢五十錢六十錢五十錢引

●山陽鐵道株 （廿七圓拂込）
●本場第一節 ○四月限廿八圓廿錢引○五月限廿八圓也引○六月限廿八圓三十錢四十錢五十錢四十錢引平均廿八圓三十錢 ●本場第二節○四月限廿八圓十錢二十錢引 平均廿八圓十錢○五月限廿八圓二十錢三十錢引 平均廿八圓三十錢○六月限廿八圓五十錢六十錢七十錢六十錢引 平均廿八圓六十錢 ●二番第二節○四月限廿八圓三十錢二十錢引○五月限廿八圓四十錢三十錢四十錢引○六月限二十八圓六十錢五十錢六十錢七十錢六十錢引

●關西鐵道株 （四十七圓拂込）
●本場第一節○六月限 四十九圓八十錢九十錢八十錢九十錢九十錢八十錢引平均四十九圓九十錢 ●本場第二節○四月限四十八圓廿錢十錢五十錢引平均四十八圓三十錢 ○六月限四十九圓也十錢 九十錢也十錢廿錢十錢引平均四十九圓十錢 ●二番第二節○四月限四十八圓六十錢○六月限四十九圓廿錢引

●九州鐵道株 （卅八圓拂込）
●本場第一節○四月限卅七圓引●本場第二節○四月限三十六圓九十錢○五月限三十七圓廿錢十錢廿錢十錢廿錢引 平均三十七圓廿錢○六月限三十七圓五十錢

●北海道炭礦株 （額面五十圓）
●本場第一節○四月限六十三圓也十錢三十錢二十錢三十錢二十錢引平均六十三圓二十錢 ○五月限六十三圓廿錢 ○六月限六十三圓八十錢九十錢八十錢引

六十三圓九十錢

三十錢四十錢三十錢九十錢四十錢四十錢三十錢廿錢三十錢四十錢五十錢引平均六十三圓也十錢四十錢 ●本場第二節○四月限六十三圓九十錢也三十錢廿錢 ○五月限六十三圓三十錢二十錢三十錢四十錢引平均六十三圓三十錢 ○五月限六十三圓十錢 ●二番第二節○四月限六十三圓二十錢十錢引○五月限六十三圓八十錢七十錢六十錢引○六月限六十四圓

六十四圓

廿錢四十錢三十錢十錢廿錢四十錢也三十錢九十錢四十錢四十錢也三十錢四十錢廿錢 引

●日本郵船株 （額面五十圓）
●本場第一節 ○四月限六十七圓十錢廿錢三十錢引平均六十七圓廿錢○六月限六十六圓也引●本場第二節○四月限六十七圓二十錢三十錢二十錢三十錢引平均六十七圓二十錢○五月限六十七圓二十錢三十錢 ●二番第二節○六月限六十六圓十錢引平均六十六圓二十錢三十錢○五月限六十六圓二十錢三十錢引

●内國通運株 （額面五十圓）
●本場第一節 ○五月限四十圓七十錢○六月限四十一圓四十錢五十錢引平均四十一圓五十錢 ●本場第二節○四月限四十一圓四十錢三十錢四十錢三十錢四十錢引平均四十圓四十錢三十錢○五月限四十圓八十錢七十錢八十錢九十錢引平均四十圓七十錢○六月限四十一圓三十錢四十錢引平均四十一圓四十錢

●日本運輸株 （額面五十圓）
●本場第一節 ○四月限十一圓也○五月限十一圓九十錢引平均十一圓九十錢○六月限十一圓十錢 一圓十錢九十錢

○菱ハフクベ
カニビヤウユウゴ雲州
オホフクベ
スミトリフクベ

錢一圓十錢九十錢八十錢九十錢●本場第二節○四月限十圓五十錢四十錢三十錢二十錢十錢十圓九圓九十錢七十錢六十錢六十錢七十錢八十錢九十錢十錢十圓也○五月限十圓三十錢廿錢十錢十圓也十錢二十錢十錢二十錢二十錢十錢十圓也引平均十圓十錢○六月限十圓八十錢九十錢八十錢四十錢三十錢二十錢十圓九圓九十錢十圓九圓九十錢八十錢引平均十圓二十錢◎二番第二節○四月限九圓五十錢三十錢四十錢五十錢三十錢四十錢○五月限九圓八十錢九十錢八十錢九十錢七十錢八十錢六十錢七十錢八十錢○六月限九圓八十錢七十錢八十錢引

◎日本織物株（額面五十圓）

●本場第一節○四月限十八圓○六月限十八圓四十錢六十錢引平均十八圓五十錢●本場第二節○四月限十八圓二十錢三十錢二十錢引平均十八圓二十錢○五月限十八圓五十錢○六月限十八圓五十錢六十錢七十錢八十錢七十錢六十錢七十錢引平均十八圓七十錢●二番第二節●四月限十八圓二十錢引○六月限十八圓三十錢二十錢三十錢二十錢三十錢四十錢三十錢引

◎東京瓦斯株（四十五圓拂込）

●本場第一節○四月限五十二圓十錢二圓也引平均五十二圓十錢●本場第二節○四月限五十二圓也十錢二圓也引平均五十二圓十錢●二番第二節○四月限五十二圓十錢二十錢引◉六月限五十三圓也引

◎日本昆布株（卅五圓拂込）

●本場第一節○四月限卅九圓二十錢引○五月限卅八圓五十錢六十錢引平均三十八圓六十錢○六月限三十八圓四十錢五十錢六十錢五十錢六十錢七十錢六十錢七十錢八十錢九十錢八十錢九十錢九圓也十錢引平均三十八圓八十錢●本場第二節○六月限三十九圓二十錢引◉二番第二節○四月限三十九圓廿錢十錢九圓八圓九十錢八十錢七十錢八十錢七十錢引○五月限三十八圓九十錢八十錢九十錢八十錢引○六月限三十九圓八圓九十錢八十錢七十錢五十錢六十錢四十錢三十錢四十錢三十錢二十錢三十錢二十錢引

◎東京毛糸株（額面五十圓）

●本場第二節●六月限廿三圓二十錢三圓也三十錢引平均廿三圓二十錢●二番第二節●六月限廿三圓二十錢引

◎東京電燈株（四十五圓拂込）

●本場第一節○六月限五十一圓四十錢五十錢引平均五十一圓五十錢●本番第二節○六月限五十一圓五十錢◉二番第二節○四月限五十圓五十錢○五月限五十一圓五十圓九十錢一圓也十錢一圓也十錢二十錢○六月限五十一圓五十錢四十錢五十錢四十錢五十錢四十錢六十錢五十錢六十錢引

◎鐘ヶ淵績紡株（額面五十圓）

●本場第一節○四月限四十七圓十錢二十錢十錢二十錢引平均四十七圓二十錢○六月限四十八圓五十錢六十錢七十錢八十錢七十錢九圓八圓九十錢引平均四十八圓九十錢●本場第二節○四月限四十七圓十錢七圓六圓八十錢引平均四十七圓也○五月限四十八圓二十錢十錢引平均四十八圓十錢○六月限四十九圓也四十九圓十錢九圓也十錢九圓八圓九十錢八十錢引平均四十八圓八十錢●二番第二節○四月限四十七圓十錢○五月限四十八圓五十錢四十錢三十錢四十錢五十錢三十錢四十錢三十錢○六月限四十九圓八圓九十錢八十錢七十錢八十錢九十錢八十錢七十錢九十錢八十錢引

十三日株式出來高　合計　二、二七九株

◎諸公債株券相場

○金祿六步利	百二圓
○同五步利	百一圓
○整理公債	百四圓卅五錢
○新公債	九十七圓
○海軍公債	百四圓十錢
○東京市公債	百九圓五十錢
○舊公債（五十八圓）	廿九圓
○金貨幣	百四十五圓五十錢

銘柄	拂込金額	相場
○日本鐵道株	五十圓	百一圓
○同第五豫藥	三十圓	八十圓五十錢
○兩毛鐵道株	五十圓	七十圓三十錢
○山陽鐵道株	二十七圓	二十七圓八十錢
○關西鐵道株	四十七圓	四十八圓三十錢
○九州鐵道株	三十八圓	三十六圓六十錢
○甲武鐵道株	四十五圓	九十九圓五十錢
○筑豐鐵道株	五十圓	四十圓二十錢
○炭鑛鐵道株	五十圓	六十二圓八十五錢
○參宮鐵道株	二十三圓	三十七圓八十錢
○日本郵船株	五十圓	六十七圓
○東京灣滊株	廿五圓	二十圓五十錢
○通運會社株	五十圓	四十圓
○運輸株	五十圓	九圓
○正金銀行株	百圓	二百三十七圓
○同新株	五十圓	百廿三圓五十錢
○日本銀行株	百圓	二百九十四圓卅錢
○第一銀行株	五十圓	九十四圓五十錢
○第二銀行株	百圓	二百三十四圓
○第三銀行株	百圓	百四十一圓
○第百銀行株	百圓	二百十八圓
○日本織物株	五十圓	十七圓八十錢
○日本昆布株	卅五圓	卅八圓四十錢
○東京馬車株	五十圓	八十八圓
○畜家會社株	二十圓	四圓五十錢
○同仲會社株	五十圓	四十六圓七十錢
○日本セメント	二十三圓	十五圓二十錢
○東京電燈株	四十圓	五十二圓
○東京瓦斯株	四十五圓	五十一圓
○利根運河株	七十圓	三十六圓五十錢
○東京毛絲紡績	五十圓	二十一圓八十錢
○東京紡績株	五十圓	五十二圓五十錢
○鐘淵紡績株	五十圓	四十六圓五十錢
○三重紡績株	三十五圓	五十五圓五十錢
○東京株式株	百圓	三百七十圓
○東京製氷株	十二圓五十錢	四圓六十錢
○北海製麻株	五十圓	卅二圓
○富士製紙株	五十圓	五十八圓五十錢
○札幌製糖株	十五圓	六圓九十錢
○海上保險株	百圓	二百七十五圓
○日本麥酒株	卅五圓	二十四圓五十錢
○櫻田麥酒株	二十圓	六圓八十錢
○碓氷馬車株	三十圓	六圓八十錢
○山形鐵道株	五十錢	十五錢
○甲信鐵道株	一圓	二十錢

◎乾物（干瓢の騰貴）○內地干は昨年來頓に非常に騰貴せし其後は一時沈靜の模樣にて七圓位迄に引落したるが此頃來は又々意想外なる騰貴をなせり其の原因を記さん昨年は干瓢を製造する季節に至り兎角雨續きにて製造も思ふ樣々に出來兼ねたる爲め從つて荷不足の處需用の廣き品の事とて買手多かりしものから築地にて品薄なり強含み捗々しく在荷なせざる爲め一層勢を高め忽ち十五圓五十錢の新高直を見るに至れり此先未だ昇進の見込なり椎茸は最早春子の出廻りの節に成りたるにも不拘未だ入荷なき爲秋樣子は品籾ある折柄にて小締く保合の姿なり切干は引續き品拂底の事故多少引上げたり其他は總じて前報同樣持合居れり

（一斗に付）
●椎茸　一圓四十五錢
●川茸　一圓八十五錢
●木茸　八十錢
（十貫目に付）
●干瓢　十五圓五十錢
（九千六百枚に付）
●氷蒟蒻　六圓乃至七圓五十錢
（百本に付）
●阪廻り白寒天　九十七錢方
（一〆目に付）　一圓〇五錢
●信州寒天（一本に付）　三圓五十錢
●名古屋切干　七〆目
●同堆廻り　五貫六七百目
　　四〆目方
●岩茸　一〆目方一貫五百目

◎生蠟（古實の引締り）は前報にて古實蠟燭の事を記せしが全體は品不足なるに努手可なりにありて島渡活潑ある先ある爲め追々直段を引締めたり併し其他の品も概して手堅く保合居れり

●三つ印晒　一貫八十目
●二つ印晒　一〆二百二十目
●同並　一貫二百八十目
●上磨　一貫三百五十目
●中磨　一貫三百九十目
●上々古實　一貫四百目
●同　一貫四百二十目
●同
●上直利　今古　一貫四百五十目
　　一貫五百十目
　　一〆五百六十目
●同下物　一貫五百八十目
●新蠟　一貫六百八十目
　　一貫七百廿目
　　一貫八百八十目

◎鹽　先日の手合後滑船一向なかりしが昨今入しんの內赤穗一艘丈手合出來たりしが目下殺許直り頃故入氣附き先行も一寸捗々しき方なれば最早此後は盜したる安値ある間敷商勢なり目下品海に滑船の分は本齊一艘新齊三艘なり即ち成行相場

●赤穗　三俵五分
●大鹽　三俵六分
●本齊　六俵五分
●新齊　六俵五分五厘

横濱物價　四月十四日

◎横濱正金銀行外國爲換相場（下落）

（我銀貨一圓に付）

●倫敦 [illegible]　二志八片四分ノ一
●同　四ヶ月　二志八片四分ノ三
●巴里着　三法三十九參
●同　四ヶ月　三法四十三參
●米國紐育着　六十五弗二分ノ一
●同　四ヶ月　六十六弗二分ノ一

（我銀貨百圓に付）

●銀塊　三十八片八分ノ一

右の爲換相場を換算したるもの左の如し

英貨	一磅	我銀貨	七圓三十二錢八厘二毛
同	一志	同	三十六錢六厘四毛
同	一片	同	三錢五毛
佛貨	一法	同	二十九錢五毛
同	一參	同	二厘九毛
米貨	一弗	同	五十錢三厘七毛

◎引取品

横糸九十四個●三市金巾五百反●並巾金巾百四十反●天竺金巾五百反●晒金巾二百八十反●綿金巾千二百四十反●毛朱子二百五十反●フランネル百〇八反●紬四十七反●アルパカ十二反●モスリン四百反●綿縮物六千三百反●スレキ八百反●赤糖八百十五俵●玉糖千三百七十俵●鐵大板二万千四百廿斤●鐵九角串二百四十四挺●釘百八十挺●亞鉛引板百六十八挺●ヤルノメートル八千四百斤●石油三千九百五十七箱●合價五万四千二百七十六弗

◎生糸買込手合

前橋五個八百八十五弗●常州キカイ石岡特別二個千百二十弗●周防德山三個千〇八十弗●備前岡山五個千六十五弗●美乃土岐社一個千六十弗●伯州倉吉製糸會社四個千〇六十五弗●三州園盈十二個千〇四十弗●美乃小森一個千〇四十弗●同平田一個千〇五十五弗●江州馬場四個千〇五十五弗〆廿八個細筋は益々好況

◎輸出品の部

◎生糸　二百六番二番百九十八番館は相變らず佛國向細筋は望居るも相場漸々昇騰の爲め一兩日染たる買收るき所昨夕より多少買氣を現して此際五七弗乃至十弗十五弗高の手合出來せしが米國向きも多少買氣を含めるも何分持主高直にて捨け氣味ある則ち昨今手合重なるは左に江州キカイ馬場一千〇五十五弗●備前岡山一千〇六十五弗●尾キカイ金榮社一千〇三十弗等あり赤坐繰糸は上州交水社八百八十七弗五分同矢原社九百弗市村社七百五十弗藤琹社七百五十弗等にて手合出來せり

前日在留	二、四二四個	商館引込	一七三個
入荷	三三個	地方行	六五個
破談	二三個	直輸出	なし
小計	二、四八〇個	差引現在	二、二四二個
前日に増加	百八十二個		

新糸以來入荷八万九千三百十五個

◎屑物　總て弗々商內あり相場は前回と同樣依然持合なり昨今相場信州ノシ九十三弗方百〇五弗●練り十一弗方十三弗にて二百十七個買込入荷九十個等なり

◎製茶　更に相場變りなし目下和取引の外商內なし昨今在荷相場左に●駿遠大頭二十弗並物十二弗●八王子稀物二十一二弗並頭十三四弗●美濃頭十一弗越谷十一二弗取合撰物柳の類七八弗四五弗山城粉茶二三弗並物二弗等なり

◎輸入品の部

◎唐糸　前回と多少趣きを異にし一寸太筋物買人氣現れ昨今相場にて當用向物手合あり則相場左に赤双馬三番糸三十三弗●二カイ同糸三十三弗七分五厘●アメツ同糸三十三弗二分五厘●ヘンレイ十六入三十一弗五分●サツン二十入天竺糸二本撚り三百斤八十九弗五厘等なり

◎南京朱子　外商本國高な氣に揃へて漸々騰昇し昨今直左に●青袋印七分七厘五毛●青砂印八分二厘五毛●花車八分五厘●金判花車七分八厘●獅子七分四厘●白地帶六分●青爲六分三厘七五雉子七分九厘等なり●縞スレキ昨今向物故相場も手堅し昨今の直網物一ヤール七厘網込物六厘二五等なり

◎唐天　頭直相場も安氣を含めり赤火鉢六弗八分●なん京人物牛弗●紫六弗一分五厘等なり

發行人兼印刷人　鈴木次郎
編輯人　室崎久達
東京銀座四丁目
發行所　朝野新聞社

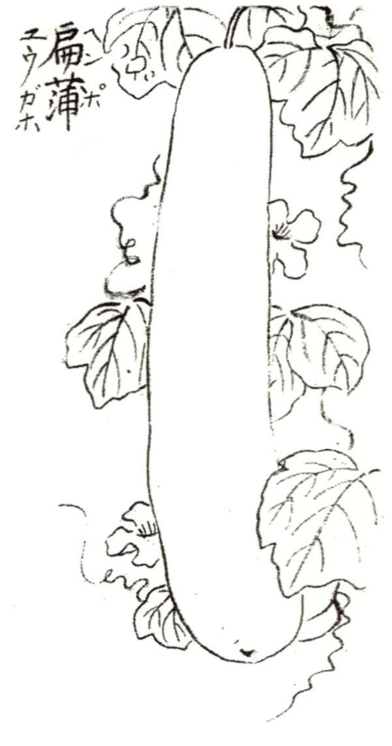

乾瓢仕附収納大畧

産地　黒土ニシテ赤土交リ余リ水氣無之地龜角兼地ノ場所ヲ
ヨシトス

播種法

四月一日ゴロ居宅庭先日向ヘ苗代巾五尺位長ハ本数ニ依リテ定ム廻
リ三方ハワラニテカキヲナシ日向キ之方ハ二三寸間位ニ竹ヲワリテカキヲ
ナシ其中ヘ木ノ葉馬屋肥五寸位置フミ付其上ニ人糞ヲ引其上ニ
草ノ馬屋肥ヲコマカニモテ乾シタルヲ一寸位置竹ニテ平ニシハキナラシ七八
寸間ニ壱本ヘ種ヲ三粒ツヽ蒔キワラヲフタニシテ置七日目位イヨリ十二三日位ニ生
出タル時フタヲ取夜ルハ寒ク霜ヲ受ザル様ニ莚加コモヲ掛ケ置朝ハ
フタヲ取天日ニアテ又雨氣無之カワキタル時ハ水風呂ノ水ヲ朝ソヽグベシ
其後生目二葉ニナリタル時イキヨイ宜シキ苗ヲ壱本立ニ間引ベシ

右之如朝夕世話致シ置三十日目位ヨリ苗生立次第畑ヘ植附ベシ
苗之取方ハ根本三四寸ヘテ四角ニ切リ取リ苗ヲイタメヌ様ニ畑ヘ持
行ベシ

植附之法

アキ地ノ畑ヘ二間四方位ニ間ヲ置サシク高ク丸ク也ヲ堀リ其中ヘ人糞
ヘ水風呂溜メタルヲサシ入バシタルヲ水三升位午前ニ入置午後二時ゴロ
ヨリ植ベシ又植ヨル根本ヘ茸カ木ノ葉籾糠ホソ蒔キ置ベシ雨フリ
タル時土ヲ葉ニ打附テハ苗ノ生立アシク又木ノ枝ヲカゲニナスベシ葉九
六枚出タル時ニヨ切ルベシツルトヽトヲカラマザル様ニツルヲハケスベシ但
作入畑ヘ植附法ハ前年ニ大麦小麦ノ蒔附ヲ六畦蒔附三畦明ケ置其中
ヘ五間ヘテ植ベシ

培養法

植附テ十四五日ヨリ十日位ヘテ壱本ド鰯ノ粕乾カ壱升位米糠三四升位灰
ニ合セテ根本壱尺位ヘテ丸ク鍬ニテ堀リ其中ヘ合セ灰ヲ引是ニテ土ト灰トヲ
ヨクカキマゼテ鍬ニテ土ヲ掛ベシ

収納之法

蔓ノ土用ニ瓢ノモクモ落タル時切取リ居宅ヘ運送シ丸ク一寸位ノ巾ノ輪
ニ切リカヘナシテムキ庭ニ乾シハデノヲ掛乾スナリヨキ天氣ニハ夕方二サヲ
ニスヲ壱サヲヘ合セ翌日午前掛ケ干シテ午後ハ夕バニナシテ是ノ上ニ干
又翌日モ同様ニ干シテ ホトリヲサマシ桶ニツメ置貯ナリ

柄木郡下都賀郡杉本村農武井弥三郎ヨリ送ラレケリ 明治十六年二月十二日ナリ

一備前国児嶋郡西田井地村田畑ノ産乾瓢

土質ハ真土ニテ乾燥 下種三月下旬ニ種ヲ下シ五月上旬ゴロ其苗ヲ轉シ植ル 壱反歩ニ付凡百二十本苗ヲ適度トス

耕耘 本産ノ耕耘タルヤ元来ハ麦立熟ノ間ニ苗ヲ移シテ示後人糞ヲ用ユルモ強キヲ忌ム葉五枚位生スルヨリ蔓ノ辻ヲ留ル従シテ種子糟肥ニ三四

彩施糞

合其根ニ施用シテ枝蔓一尺五寸位ニミツルニ尚辻ヲ留メ随テ跡ヨリ生ルモ右同様ノ手続日ヲ
ヘテ花ヲサカリ瓢ヲ生シルニ至ル右肥ニ四五合其根ニ用ユ然レモ生長ノ盛スイニヨリ斟酌ニ
用ユルノアルベシ雨ハゲレクシテ其地湿地ナル所ハ大ニヨトロイ肥ノ如ナキリシナラズ生木

枯ニイタル故ニ雨少クシテ照リ続クヲヨシトス第一日々其根ニ水ヲ要セサル法ハ早
魃ニ当ツル事アルベシ最モウレフベキハ交間ニ苗ヲ轉シテヨリ虫其ハヲ喰フアリ依テ
虱ヲ生スルマテ虫防ニ終日ヲ費スナリ肥ハ稈一反ニ付凡六円ノ目度ヲ以テ施
用ス

収穫　七月下旬ヨリ九月下旬ニイタルニ収穫シ地方ニテ一反ニ付凡収高通常
五十貫、最上ナルハ百貫トス

代價　壱貫目ノ代價通常八九十銭、但年ニ甚相違アルベシ

右備前国児島郡西田井地村耕作人三宅常八氏ヨリ送ラレケリ

明治廿三年十一月廿日　鍋栄堂
岡村五郎
サシアゲ候

ひさご　瓢　フクへ

由布加保　大五廿八　壷蘆　少彦遺方

○フクベ　枕三廿七　スミトリフクベ　オホフクベ

カンピヤウ　ユウガホ　古フクベ　云々

用ユ　國茶須知　敗古ノ者宜茶篭ニ用ユル敗物ヲ
主治淋疾小便閉寺撲傷損婦人乳汁ヲ出スニ奇
也諸家瓠葉トノ秘スルモノナリ

匏
花葉ユウゴニ同ノ其形大ニノ円扁茶人炭斗（スミトリ）ニ剣衣スルモノナリ

一種至テ小ニノ煙合トナスヘキモノヲヒゴビヤウタント呼ブ秀縈餘事
ニ小匾葫蘆ト名アリ

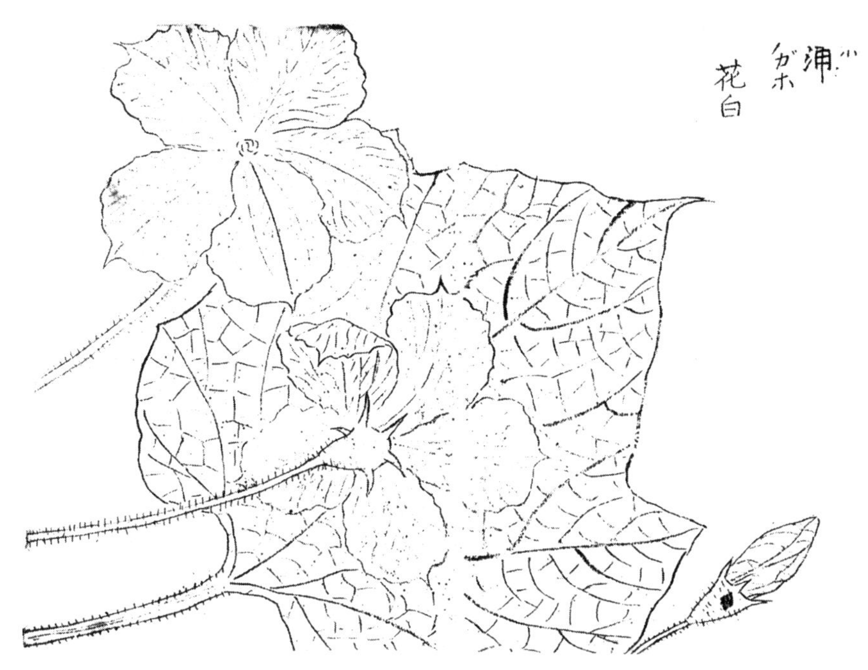
花白

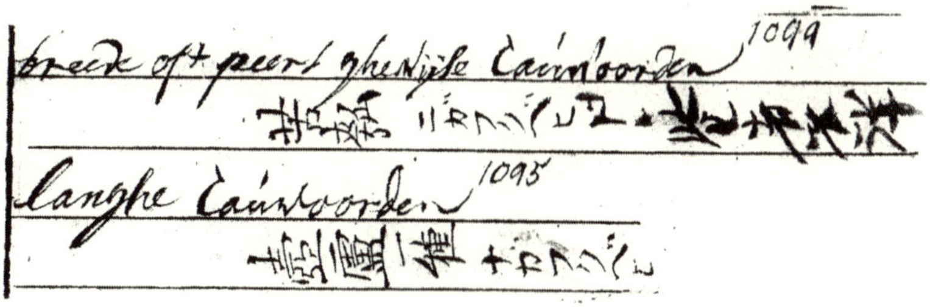

breede oft peert ghewijse Cauwoorden 1099

langhe Cauwoorden 1095

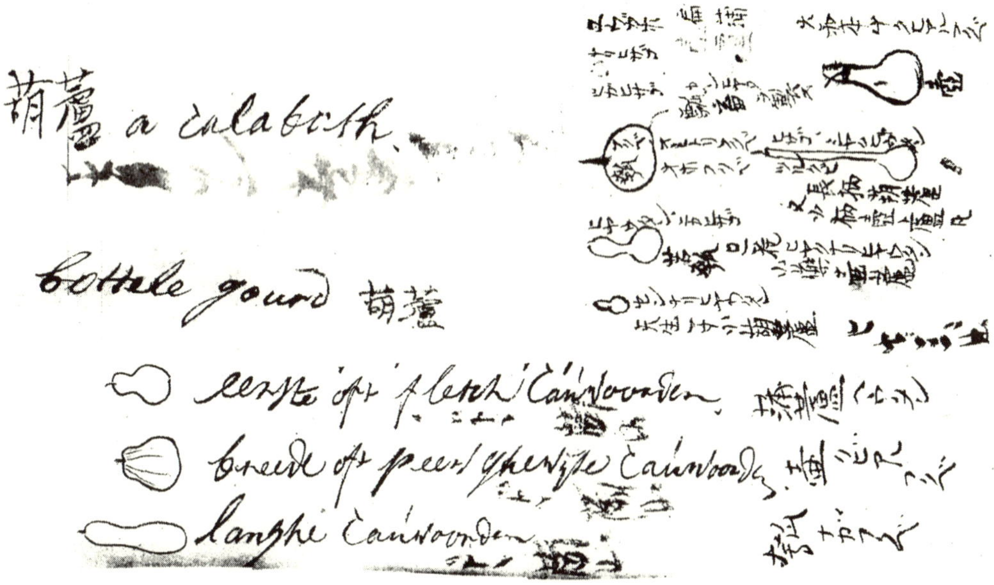

葫蘆 a calabash

bottle gourd 葫蘆

eerste oft flesch Cauwoorden

breede oft peert ghewijse Cauwoorden

langhe Cauwoorden

壺盧

瓠瓜トモ云長キアリマルキアリヒサクミスルアリクヒアルアリ形ニヨリテ各漢名アリ又長サ五六尺ナルアリ大サ一二斗ヲ入ルアリ

農政全書ニ云九月ニ熟スル時子ヲ取水ニ淘リテ洗ヒ浮者ヲ去日ニホシ二月ニ種テ四五葉高五寸ハカリノ時土ヲオヒテ移シ栽ヘシ○毎区坑ヲ作事廣サフカサ一尺相去ヿ三尺先糞土ヲ穴ノ中ニ見テ毎區二子ツヽ長シテ稍ヲツミ去一莖ニ三子ヲトヽメ餘子ハ皆ツミ去ヘシ又子外ノ條ヲ去ヘシ蔓ヲ長カラシムヘカラス性泥水ヲ好ム初生ノ時ヨリ毎日泥水ヲソヽクヘシ移シ栽ルモ亦可也シカシ共初ヨリ子ヲウヘテ移サルニハシカス棚ニ蔓ヲ引或地ニ引ハ尤可ナリ摘捌ニウフルハ苗ツルヲ地ニ引シム鉄ニテ蔓ヲ切ル事ナカレ又葉ヲキルコトナカレ不ㇾ受其液汁モレテ精氣不ㇾ收ユヘナリ○農政全書曰大葫蘆ヲ種ルニハ二月ニ初坑ヲホリ廣サ深サ共ニ三尺蚕沙ト土ト等分ニ和シ穴中ニ

壺盧 瓠 瓢 觚　　時珍曰作葫蘆者非矣和名夕顔ト名向夕開故ニ名ツク蓋朝顔ニ對スルナリ歌人雅賞ス詠歌多シ種類多シ形ニ依テ俗称名異リ時珍曰後世以長如越瓜首尾如一者為瓠瓠音護之一頭有腹長柄者為懸瓠無柄而円大形扁ナル者為匏瓠之有短柄大腹ナル者為壺壺之細腰ノ者為蒲蘆各分色迥異於古按スルニ瓠ハ俗ニユウゴト云是ユウガホノ轉語ナリユウカホハ瓠ノ總名ナリ後世ヲ分ルヿ和漢同シ二種アリ長ユウゴト云アリ常ノユウゴナリ細ク長キ丁三尺餘常ノユウゴニ苦ノ不ㇾ堪ㇾ食アリ本草ニ所謂ル苦瓠ナリ別種ニ非ス司種子曰

リ生ス懸瓠和名ヒサゴ今俗ニガヒサクト云匏
ハ俗ニフクベト云大小二種アリ小ナルヲ千生
フクベ什云壺ハ本邦ニ有ヿヲ不聞蒲蘆ハ俗ニ
ヒヤウタン瓢箪ト書然ルニ大小三種アリ小ナル
ヲ百生ト云極テ小ナル者ヲ千生ト云フクベ
瓢箪ニ甚大ニシテ如斗者アリ別種ナル乎未詳
或者花落ノ時悉採捨僅ニ一二ヲ留ル井ハ大ナ
リト云今食品ニ供スル者ハ瓠ノミ之皮ヲ去薄
片ニナシ日ニ乾ス者ヲ乾瓢ト云信州殊ニ佳ナ
リ長キ丁三四尺ニメ色純白ナリ

壺盧　一名匏瓜壺酒器也蘆飯器也此各象其形又可爲酒飯
之器因以名之又凡蓏屬皆得称瓜故曰匏瓜葉嫩時可食
詩云幡幡匏葉采之亨之是也

乾瓢ヲ製スル [illegible]

山口
甲斐郡中 北村

乾瓢製造図ニテ候

葉ノ名ヲ夕顔ト云フ一村ノ通リ
村里ニモ栽培シ出ス時ハ秋分ニ到リ葉稍黄ナル
畑地用アルニヨリ瓢ハ秋七月ヨリ以テ細ク切リ
ヲツリ瓢ヲ作ル乾日晒シ[illegible]
和紙ニ申ヨリ[illegible]造セシヨリ[illegible]
品トナリ[illegible]茎上花モ作リ出シ[illegible]

ユ
本文[illegible]

ソバナノ一種カ
木曽御嶽
茎紫黒色肥ルモ小二尺二尺ニ至ル後淡紫花ヲ開ク

隨息居飲食譜ニ
瓠瓜 亦作壺盧 俗作葫蘆 一名瓠瓜
[illegible]甘涼[illegible]
詩云幡々瓠葉采之亨之[illegible]
[illegible]

ヒメシヤジン

苦瓠（ニガヒサゴ）

一名 苦不老 附方　秋壺盧 同上　苦瓢 郷薬本草

甘瓠裕苦宜ニカラザレバ変ジ味苦クナルヲ云 又本經逢原ニハ即細頸葫蘆ト云 是ハ一瓦ナリ ヒヤウタンハ味苦キ故ナリ

釋名 苦匏 国語　苦壺盧

盛京通志ニ云 苦ー即苦壺蘆 按本草甘者大苦者小此地苦瓠亦有大者蓋別一種也ト云

敗瓢

是ハヒヤウタンノ年久シキ者ヲ用ユルヲ云故ニ彙言ニモ敗舊瓢ノ名アリ

フルキヒシヤク　同 フクベ ヒヤウタン

一名 敗舊瓢 本草彙言

舊壺盧瓢 同 陳壺盧瓢 同上

破瓢 附方

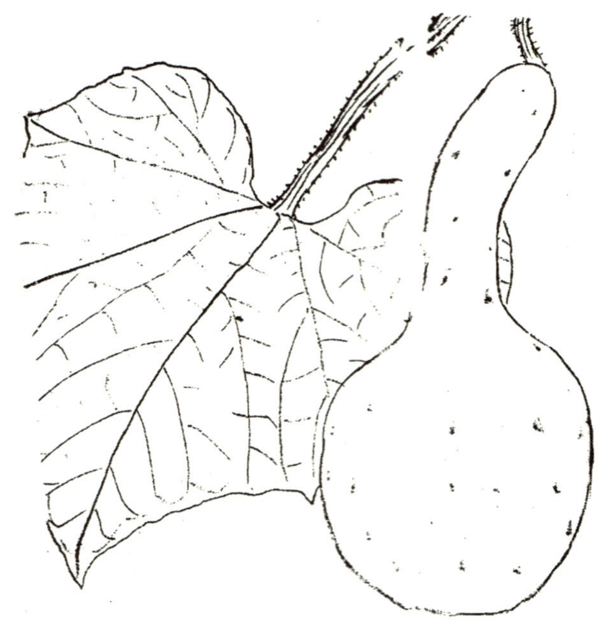

國菜須知　ヒサコ瓜　ヘウタン　フクベ
主治水腫ニ効アリ　婦人乳汁ッ出スニ宜　小児ノ痢利ニモ
効アリ小便閉不通者ニ用ユ
ヒヤウタン　竪ニヒダアルモノアリ　名物ノ根ヲ早抜タワシル
吸出スモノナリ
腹大ニハリメル病ニ多用テ治タル人アリ
○ノキゾレヘウタンヲケヅリ酒ニテ呑又ハ水ニテ呑
○蓋クサヘウタン霜昆布ノ霜付ル　○帯下古ヘウタン霜
○ヒヤウタンノ霜ヲケイフン等分酢ニテトキ便毒ニ付ル
○胸痛ヘウタン霜炙柏末　○打撲ーー霜昆布霜スル
○折傷ーー霜スリタル　○口舌爛ーー霜大人小児共
○小便閉ーー霜湯ニテノム、　○出血ーー燉霜降下未

○湯火傷灸瘡センナリヒヤウタン霜黄柏少炒香油凋和
○ハクサーー霜スル　○瘡口一夜開ーー霜コムギカラ霜ノリニ
刷和　○難産　本ノミ

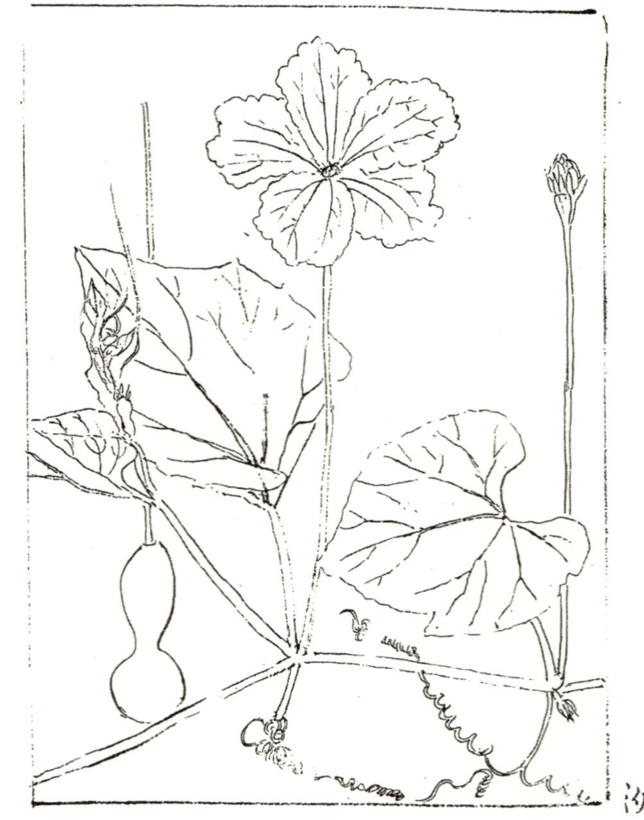

へうたん ヒサゴ

七十一番職人歌合 むちたゝき 四十九番右 月 むしやう人きけ とてもへうたんのまへくるゝ月のよぶつ

ヒサゴ ツルクビ シヤクヒヤウタン

シヤクユウガホ ユウガウフクベ

懸瓠

形円ニシテ大サ四五寸ニシテ長尺余ノ狭柄アリ 堅ニ二ツニ割ル時ハ自然ノ杓トナル

○衛詩曰匏有苦葉 毛匏謂之瓠 詩義疏云匏葉少時可以為羹 又可淹煮 極美 故云瓠葉幡幡采之亨之 河東及揚州常食之 八月中堅強不可食

群芳譜 陸農師曰項短大腹曰瓠細而合上曰匏似瓠而肥

圓者曰壺

なまゐさこ

ゐさこノ条ニ見ユ

[illegible]

凡ソフクベ　ヒヤウタン類ハ皆白花ニシテ夕ニ開キ朝ニ萎ム故ニ總テユウガホト呼ブ品類多シ分別ノ說一ナラズ蕣名ノ註ニ說ク所ヲ正トス

匏ハナガユウガホ一名ナガフクベ形長ソ一尺許首尾同大サニソ越瓜ノ形ノ如ク云一名浄街搥 備用物

甜瓠 千金方　扁蒲 群芳譜　匾蒲 大倉州志

長匏 泉州府志　匏ハ泉州ノ方言ナリ

凡ソフクベ　ヒヤウタン類ハ皆白花ニシテ夕ニ開キ朝ニ萎ム故ニ總テユウガホト呼ブ品類多シ分別ノ說一ナラズ蕣名ノ註ニ說ク所ヲ正トス

匏ハナガユウガホ一名ナガフクベ形長ソ一尺許首尾同大サニソ越瓜ノ形ノ如ク云一名浄街搥 備用物

甜瓠 千金方　扁蒲 群芳譜　匾蒲 大倉州志

長匏 泉州府志　匏ハ泉州ノ方言ナリ

○瓢簞煎汁を服して吐血す　大分縣の工事受負業者近藤初太郎(三十)と云へるものは僂痲賀斯病に掛り或るものより瓢簞を種入りの儘煎じて飲めば直ちに全治するよし聞き早速其が云ふ儘にして服し試みしに一時間計りして大に嘔吐を催し胃中の食物を吐出したる後多量の吐血をなし一命も危き程となりたりとか餘り俗説は信せぬが好し

二
熟其種蘆酒冬温鬼寒即葫蘆之長而痩者　安慶府志　巻五

壺盧　瓠也有甘苦二種甘者可食苦者至秋堅
實可作器其形不一者円扁如盒者有長
柄如杓者有細腰如浮屠頂者亢頸如鶴者剖　三
為飲酒器呼鶴瓢
松江府志

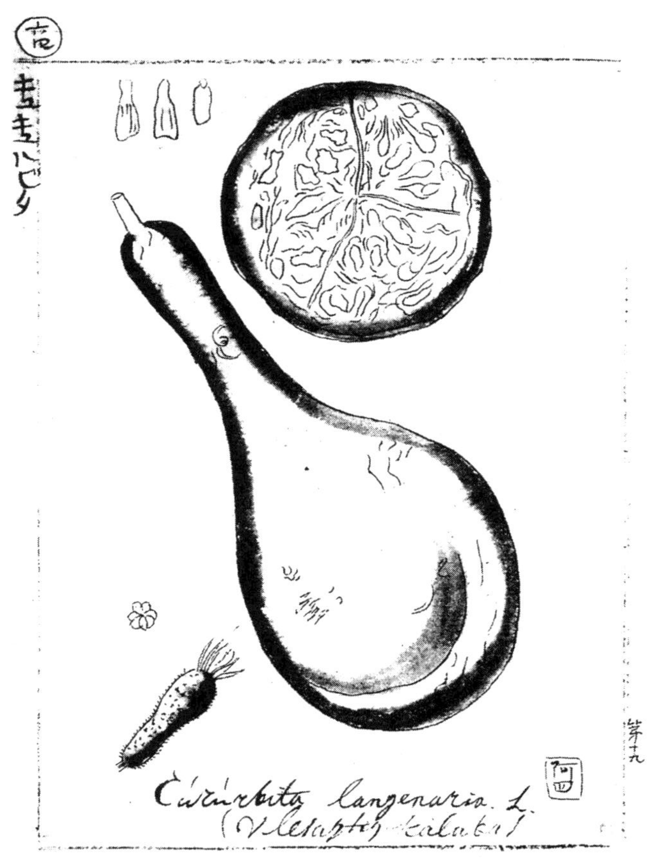

○比左古（ヒサコ） 出神樂譜鈔古以此瓠酌水故後以木造者亦稱比
名乎二書俱用杓字爲之也 鈔又曰奈利ーー指生瓜爲瓢
爲瓢紀既出瓠字讀曰ヒサコ指乾枯者式所載祭記雜具
瓢以柄稱者即今ミヤクヘラタン乎又同舉杓者異其用乎 紀有
天吉葛讀曰アマノヨサツラ蓋美稱蔓也式祝詞舉之用瓢
字古傳耳 紀以額上束髮讀曰ヒサコハナ者象此花乎江
次爵載瓢花枕冊子源氏物語等名ユフカホ回日夕開花也
深丹曰比左久蓋ーーー之轉耳丹曰ーーー宇利即奈梨ーーー
也爲一物不俟辯二書俱爲玉瓜非也具加部 職人歌合

稍大葫蘆
先春以肥糞壞土。堆疊尺 將大葫蘆子。種入土
内相去三四寸。埋一二。 待苗長三五尺時内選
本組一株作主。次將 去皮一坨。兩株結縛。若
乾。花法以泥塗封。 長。去其一苗留本又將傍株
再乾以三根株 作一株。延蔓。則三本之力。帰一
苗矣。其結實成形。又悉刪去衆多止留壯者一枚。
至秋成實大比尋常数倍。用作酒尊。携帶山遊。誠
物外清品。宜多種之擇其形似完整可用。
遵生八牋 十六

古名匏瓜春月下種夏月生苗引蔓絡竹木亦多
蔓延于屋上分枝布葉長及數丈其葉如冬瓜亦
似南瓜而濶大莖葉茸々有毛幡々甚茂有花色
純白日入而開日出而萎花謝結実其形状種々
不一

牽加布久辺長二三尺亦乃三四尺却莖倒之挂
之高處日乾數日而出之宜貯水與穀類
亦有頭尾相等者其長一尺許圍及尺餘無柄而
凹大形偏者為匏俗呼之布久辺恭曰長尺餘頸
尾相似是也今山家村落處々種之秋月棄莖稠

薯蕷莖採壷者皮削之細長四五尺晒乾以為食
用俗呼于瓢物類相感志謂之葫蘆乾
亦有形如杓四大四五寸而有柄長及尺餘者世
人錫之為二常用之為汲水俗呼比之也久比也
守大年時珍曰一頭有腹長柄者為懸瓠是也
亦有壺長一尺餘両頭四大圍七八寸中間細腰
而形如結者世人用之為酒器時珍曰壺之細腰
者為蒲蘆是也亦有形状相似而小者俗呼百奈
里亦在至小者長二三寸俗呼千奈里天明中慈
雲寺眞龍上人好醫酉用之為茶壷

常陸物産志九

壺盧

由宇加保　　比佐古　　由宇加宇 俗水戸

曰ヘウタム今有圖以成形異名爾大明本草稱壺蘆以其似

乾瓢作菜俗蔓亦稱干瓢　又以乾枯者曰フクヘ下條有古

不久倍名則亦古名乎　深有仁加ーーー為苦瓠今以巨作菜必

為壺盧故我鄉俗以此物殊稱ヘウタン

○セニナリヒヤウタン

コレラ持テハアヤニチセズ三ツ角ノ銀杏ヲ持ツガ如シ

葉ニ苦味ナク其ニ味微苦

處暑ノ比ニ花ヲ開クナリ

○炎瘡セニナリヒヤウタン君黄柏少炒香油調敷

○難産セニナリヒヤウタンノ者

枹乳

ケムフル日本本草中ノ部

〇瓢(ヘウ)簞(タン)　下學集

セミナリヒヤウタン

天生一寸小葫蘆　考盤餘事

ふくべ　ユウカホ　和ノ名目

大五廿八　布久倍 一名由布加保　新韻　瓢　瓠 フクベ

源夕負

宇拾遺　　枕三廿七

○湯火傷セニナリヒヤウタン君黄柏少炒香油調敷

○葫蘆荷包、為盛煙草淡巴菰、俗得荷包名、亦殊、亦類似紗囊

家繕葫蘆

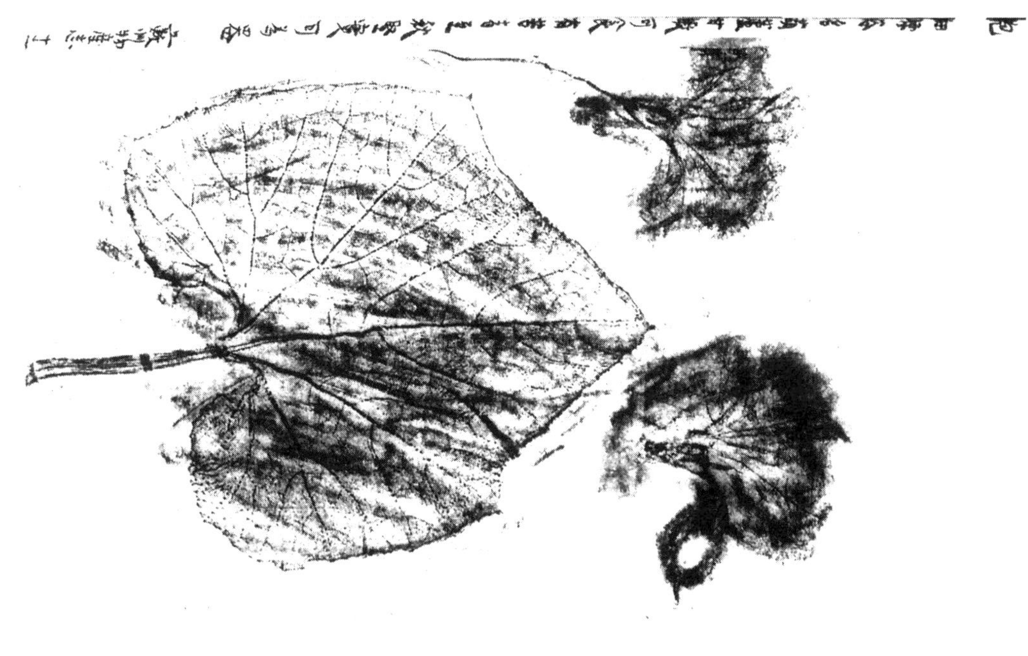

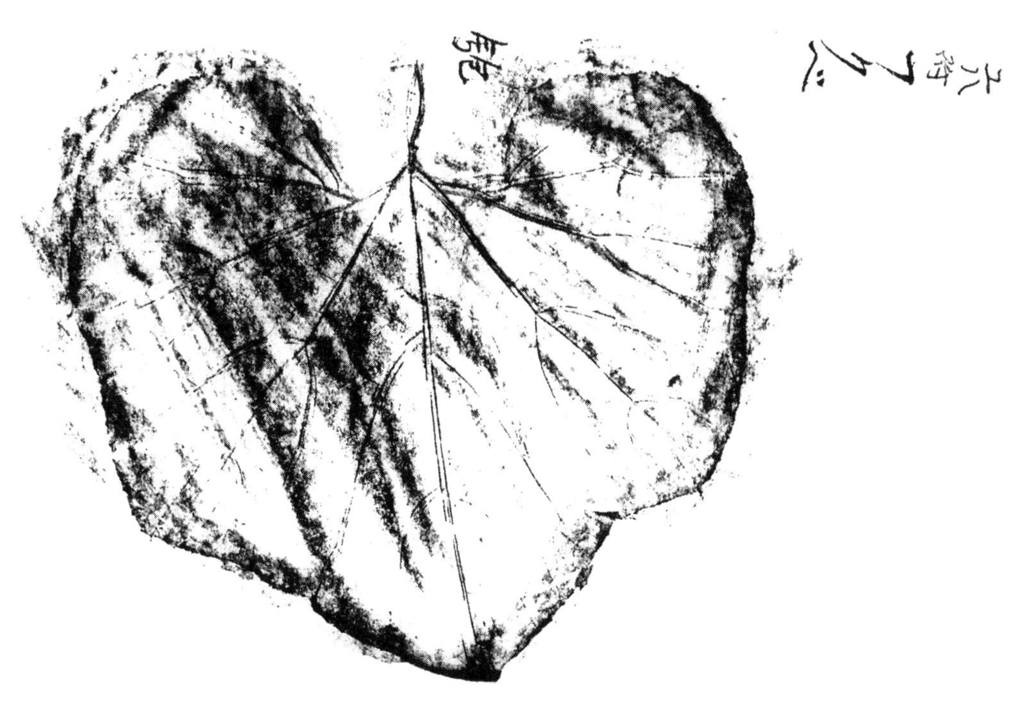

壺盧ヒサゴ　○瓠　長ユウガホ　元和縣志田瓠亦匏類鋭上豊
下煮熟可食　○匏　大フクベ
長柄葫蘆懸瓠　ヒシヤクユウガホ　諧噱録曰二陸初入洛詣
劉道真初無他言惟問東呉有長柄葫蘆卿得種来不陸殊失
望　○蒲蘆　ヒヤウタン　二三寸葫蘆八月生　百ナリヒヤウタン
縁瓜ヘチマ　甫里志曰縁瓜其蒂可治痘
苦瓜　レイシ
○志やく　本草ニ木謂之杓瓠謂之瓢とありてひさこと訓せり（和名鈔巻七十）
ニ言ふ本ニて月初種を代へ荷付すやけ肥と入て置べし
壺
淳浦縣志　巻四
国風云八月断壺埤雅曰似匏而圓曰壺亦曰壺盧今称葫蘆
匏大而扁者可食小而長細腰者可玩摩挲光澤為
皿盂諸器殊雅　元和縣志　十六

ひさく 見上

ひさごつる ヒサコツラ

大 比差古川流 本和上四十八 鳥薮母 和傳 同 伊字仝

ひさこ ナリヒサコ

紀十一九

十訓抄一土 なりひさこ

壷盧 ヒサゴ ○瓠 長ユウガホ 元和縣志田瓠亦匏類鋭上豊
下煮熟可食 ○匏 大フクベ
長柄葫蘆瓢 瓠 ヒシヤクユウガホ 諸嚎録曰二陸初入洛詣
劉道真初無他言惟問東呉有長柄葫蘆卿得種来不陸殊失
望 ○蒲蘆 ヒヤウタン 二三寸葫蘆八導生 百ナリヒヤウタン
絲瓜 ヘチマ 甫里志曰絲瓜其蒂可治痘
苦瓜 レイシ

ひさこ ヒサコウリ ヒサク

延 土瓜 ヒサコ 和玉 瓠又瓢又葫 ヒサコ 類従 瓠ヒサコ 和傳 新ノ本井

王瓜 ヒサコツリ乃祢 伽 比佐久 花白花下結子如彈丸図経日花黄謂之比佐久 本和上 廿四

更科日記 むさこ 本和上 廿九 王瓜 比佐久

ひさこつぶり、 備後物産 図アリ Courge pélerine Cucurbita と記てり

匏瓜 ヒサコツブリ

ひさこうり 見上

ひさく 見上

ひさごつる ヒサコツラ

大 比差古川流 本和上 四十八 烏蘞母 和傳 同伊字

ひさこ ナリヒサコ

紀十一九 十訓抄一 十一 ならひさこ

千瓢 大和国平群葛下城上城下高市十市山辺六郡 日本地誌提要一

千瓢 信濃国筑摩郡松本 伊那郡川下郷 日本地誌提要三

盆種小葫蘆

以葫蘆扶種小盆。得土甚淺。至秋結子。形僅寸許。擇其周正者。止留一枚。垂挂可觀。霜後收乾佩帶。用為被風鈕子。有物外風致。但難於成功。亦難美好。為可恨也。

遵生八牋 十六

蒂ノ処ニ初ヨリ実ノ形有テ諸花ノ如シ花後漸ク長大ニ成
リ円扁粉緑色肉厚ク白シ瓤アリ綿ノ如シ中ニ扁子
アリ先サクク尖ル淡白色ナリ[illegible]
[illegible]秋ニ至リ茵枯ル匏中[illegible]
此類ハ花ヨリ夕ヘニ開キ朝ニ萎ム故ニ總ノ夕顔ト云草木疏
至八月葉即苦故匏有苦葉瓠ハナカヒサコ也同種ノ異形
朱注匏瓠相似ス

○匏
匏有苦葉　匏有苦葉　酌之用匏　大雅公劉　朱注匏瓠也
匏之苦者不可食特可佩以渡水而已　○匏[illegible]
ユフカホ一名ヨルカホ[illegible]所在有リ植テ用ユ種ナリ
蔓生シ葉ハ冬瓜ニ似テ柔毛アリ夏ノ夕ニヒラキ
朝ニ萎ム五弁ノ白色ナリ黄ヲ帯ブ猶有弁故ニ源氏物語ニ
ホノホノ見ユル花ノ夕顔ト詠セリ花ニ雌雄アリ雌花ノ処

懸瓠

本草載瓠之一頭有腹長柄者為懸瓠無柄而圓大形扁者為匏匏之有短柄大腹者為壺壺之細

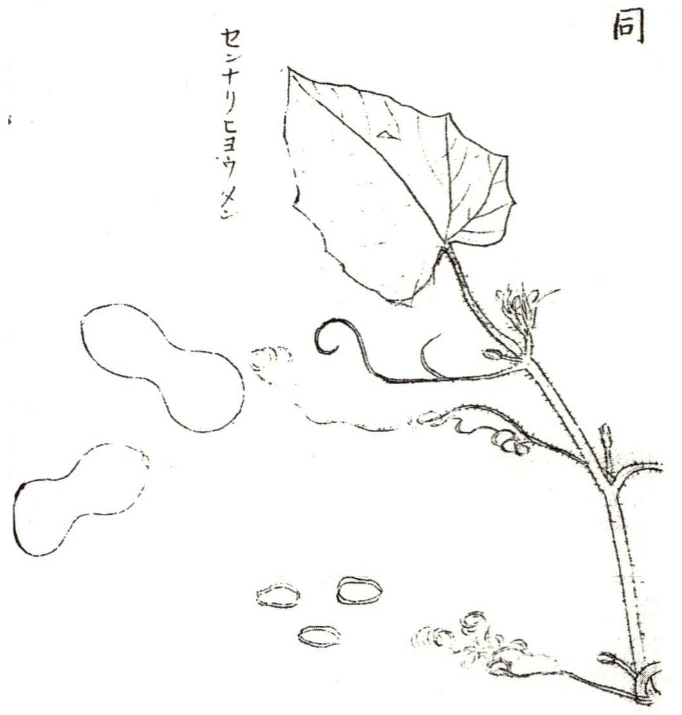

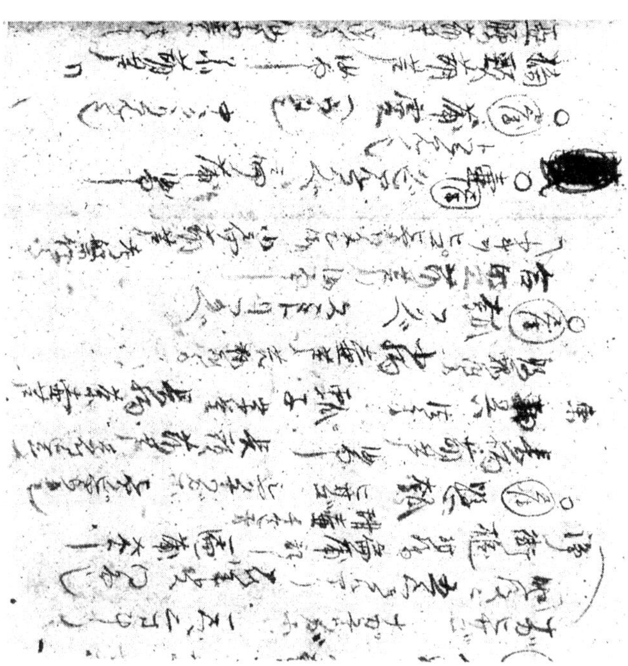

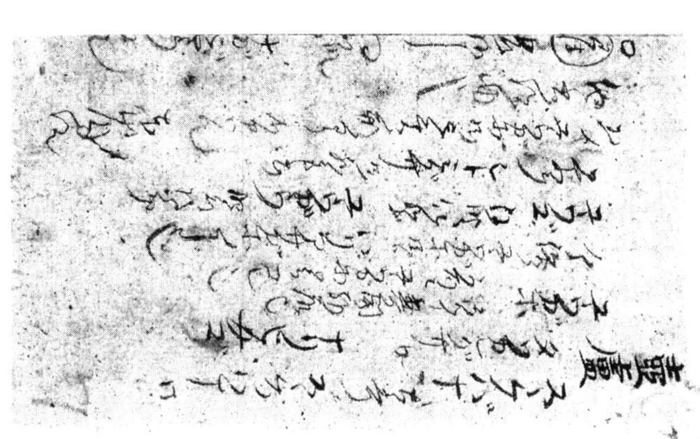

キユキユルビタ ラゲナリア

蒲芦

Gourd, 葉イシア 匏 Pain,

Gourd, bottle 葉イシア 葫蘆 kul lei,

形小ナルモノヲ 百ナリヒヤウタント云

二三寸葫芦 孝盤系るヽにつ びさこ

至テ小ナルモノ センナリヒヤウタン

天生一寸小葫芦 日上

本和下三十八 苦瓠

ヒヤウタンニハ 従ユウガヲ系ニモ 混入ス

Lagenaria Vulgaris (ヘウタン)

蒲蘆、千瓢 ひょうたんハ形ち小くして実多し 杓

たんハ柄長して ひたやくに作るべし 極 壺蘆

ヒヤウタン

○ヒヤウナリ 二三寸ヲ蒲芦ト

○小ふ壷芦 二ヶ

酒葫芦 小酒停

醋葫芦

○ 匏 匏 瓠 葫芦

瓠芦 瓢

葫芦

七三 壺盧 フクベヘウタン類ノ總名ヲ和名ニモユフガホ
瓠、ト云此名夜中ニ花開クモノヽ
瓠ハ長三尺許大ナルハ一間餘ニナルモノアリ花活ナ

ちやうル日本本草部

ドニスルモノヽ
懸瓠ハサキ丸ク大ニ柄小サク杓ノ形ニナルモノニシ
ニ剖レバ自然ト杓ノ形ニナル長一尺半ヽ
瓠ハカボチヤノ形ヽ丸ク扁キモノ茶入スミトリニス
ルモノヽスミトリフクベトス
壺ハ丸ク扁クメ其上ニ竪ツキ高クヒヨウトヨブテトツ
テニナツテアルモノ故ニクビアルフクベトス
蒲蘆ハスイツヽ或トツガラヽ人ナドニスルヘウタン
ヽ本草ノ図ノ説ハ合ヌ思ヒ此ニ筆シ通リ時珍ノ説ヨ

匏瓠 或壺盧有圓有長柳説云先君論凡瓠類已皆仮言之 美島縣志 巻八

瓠 四月栽至六月可食 山陰縣志 三

瓠 有数種一種名苦瓠其大而圓者名則可名瓠 鄞縣志 巻一

瓠 有二種俗通稱胡蘆小而圓者瓠可食大而長者鵠經霜移後可取為器用 太平府志 巻十三

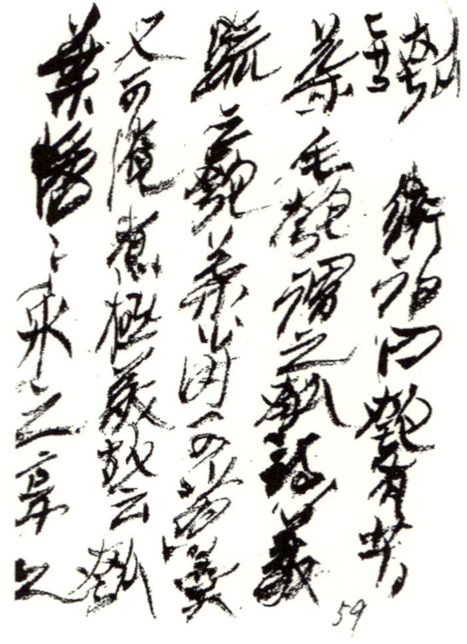

干瓢 岩代国岩瀬郡 日本地誌提要三
河州大ノ本 摂州大津 同三津寺
尾州名護屋名産也 條實ク短シ
勢州山田 信州木曽
日本名産記 坤

此図ハ時珍ノ子ノ作ユヘ誤リアリ
千(セン)ナリヘウタンヲ天生一寸小葫芦ナド 考盤餘事ニ出 今根付ナド
ニスルモノニ〆小サキヲ云フ
百ナリヘウタンハ番椒(タウガラシ)入ナドニスルモノ三寸胡盧ト
アリ 考盤餘事
匏瓠子

実

苦瓠ハ蒲蘆ノ事ニ本草ニテモ色々ノ説アリ故ニ此ニ
出ス此童出之ヤハリヒヨウタンノ事ニ見ガヨシ味苦
メ食用ニセズ故ニ苦瓠ト云

葫蘆 細腰者名葫蘆瓠之類也其種植與瓠同 陽春縣志 十四
壺 俗名葫蘆有数種瓠風八月断壺即此 兗州府曹縣志 四
壺盧 俗作葫蘆詩九月断壺此也老可作樽杓小者可製笙竽尤小者
如豆可充璫珥譜蒙壺盧賦表録異文人取無柄瓠割而為笙安
十二簧吹之音韻清響雅合律呂 高要縣志 巻五

夕顔

一名千季瓢

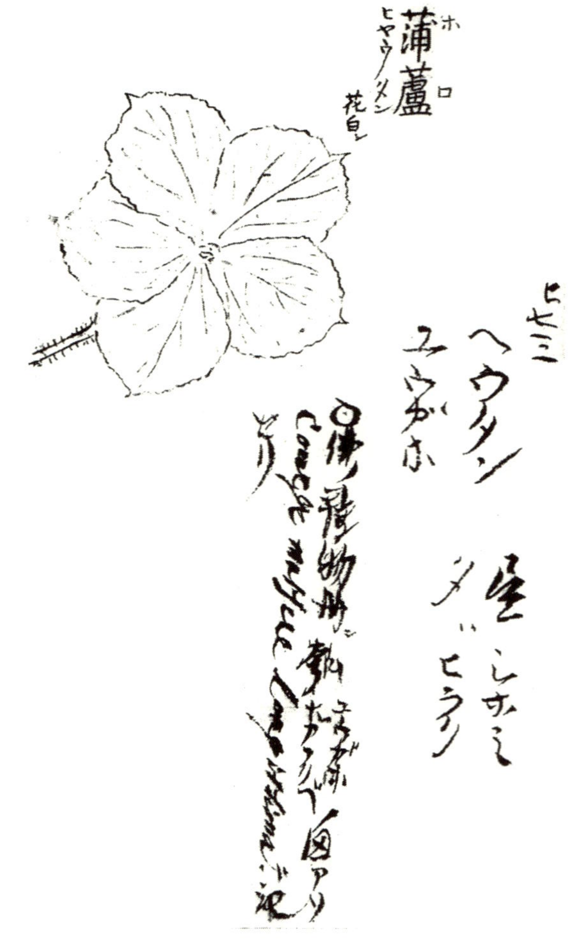

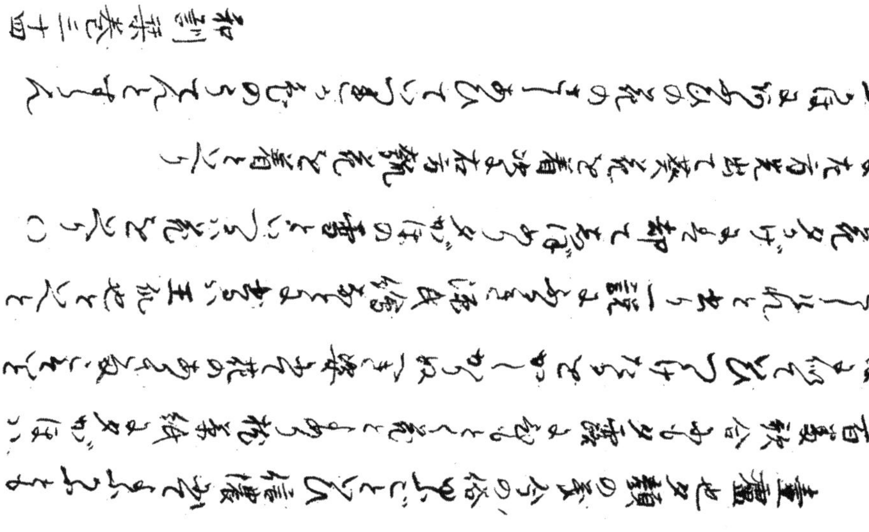

和訓栞巻三十四

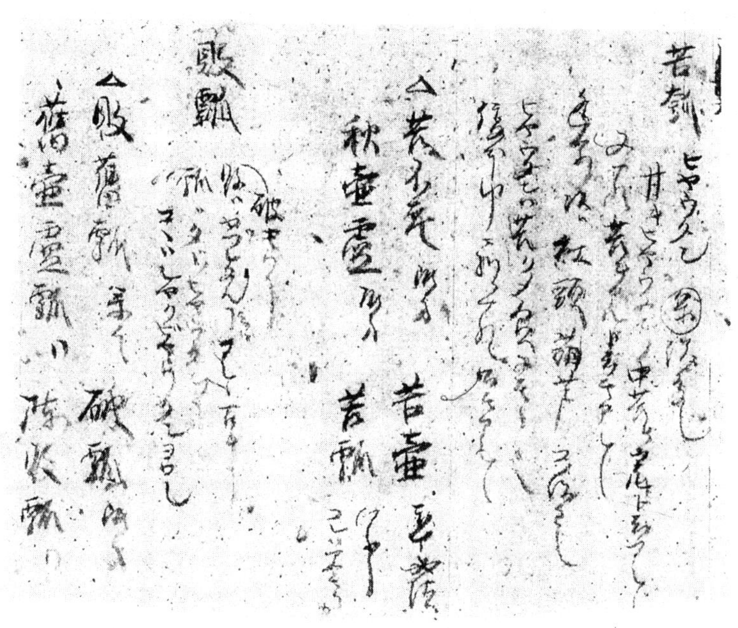

ゆふかほ　天瓠葛　日本紀　延喜式　鎮火祭

夕かほの古歌なし此類白花にて夕に咲く物数あらされ
ともこれ俗説に従ひて図す
ヒサコハ実の名にてヒ杓之杓とし汲水器とす又斗とする
物ハ懸瓠とて柄長し半觧して一瓠二杓とす延喜式内膳
司瓠一百九十柄汲雑物汁料とあるハ是之
ふくへハ腹瓢にて今炭斗などに用るハ瓢之干瓢とし味甘
美なるハ地にもりて然り又柄短き物を壺とて盃などに作る
まく細腰にて酒樽などを作るハ蒲蘆と云　千生ハ小胡蘆なり
長くして首尾同しき物を瓠と云花葉いつれも大小異和名抄

器用部ナリヒサコハ見えて草部に加さるハ如何瓠ハ甘匏ハ苦
源氏夕良　きりかけだつ物にいとあをやかなるかづらの心ちよげにはひ
かゝれるに白き花ぞおのれひとりゑみのまゆひらけたるを
ち人に物申すとひとりごち給ふに御随身ついゐてかの白くさけ
るをなん夕かほと申侍る花の名ハ人めきてかうあやしき垣
根になん咲侍ると申す
心あてにそれかとぞ見る白露の光そへたる夕かほの花
よりてこそそれかともみめたそかれにほのぼの見つる花の夕かほ
源氏物語中の古歌　見る事なし
夫本にハあまたこれと怪世の絵とされたし

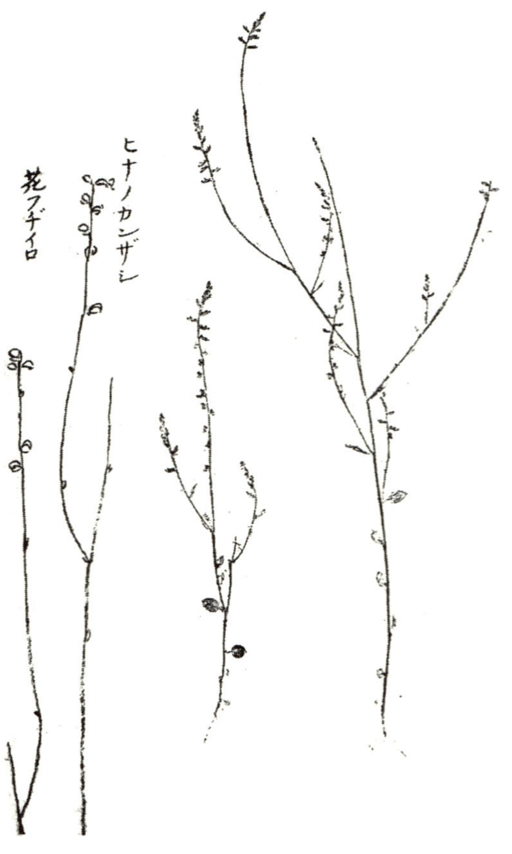

入足ニテフミ堅メ水ヲカケ十粒ヲウヘ又糞ヲ以カホヒ生長シテ二尺餘ニナル時十茎ヲ一處ニ合セ布ニテマキ泥ニテツヽミ置ハ数日ヲ不過シテ合テ一茎トナルヲソノ中ノツヨキヲ一留テ餘ハミナ切去ヘシ蔓又ヲ引子ヲ結ヒテ子外ノ條ヲモ摘去ヘシ二子ヲ留テ餘ハ去ヘシアナノマハリニ小渠フカサ四五寸ニホリ水ヲ入ヘシ坑中ニ水ヲ入ヘカラス如此スレハ壹斗ヲ入ル者ハ一石ヲ入ホトニナルセ今按此説イマタコヽロ見スイフカシ

諸菜譜　中

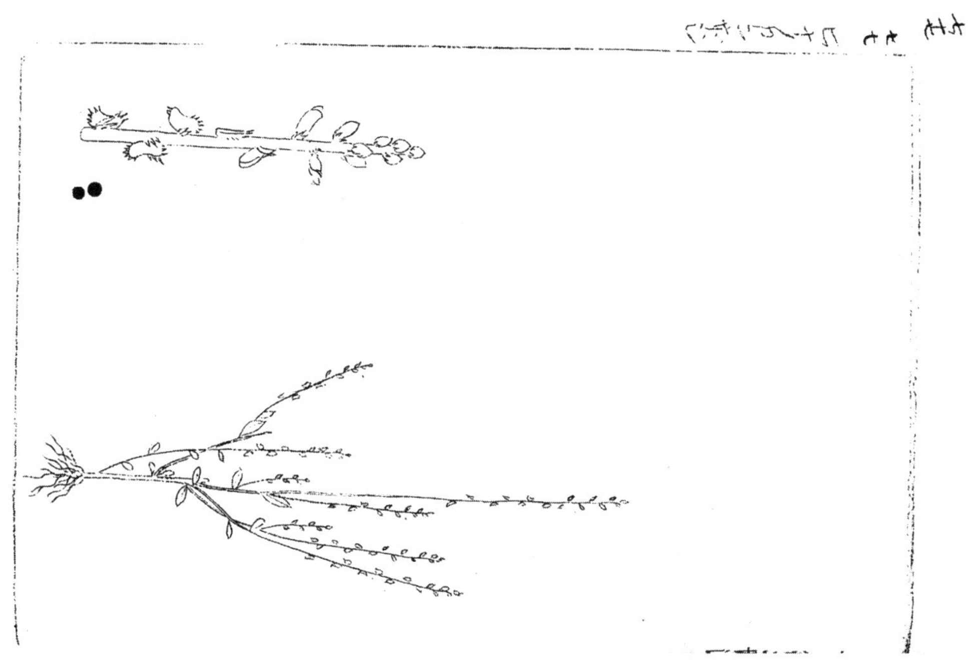

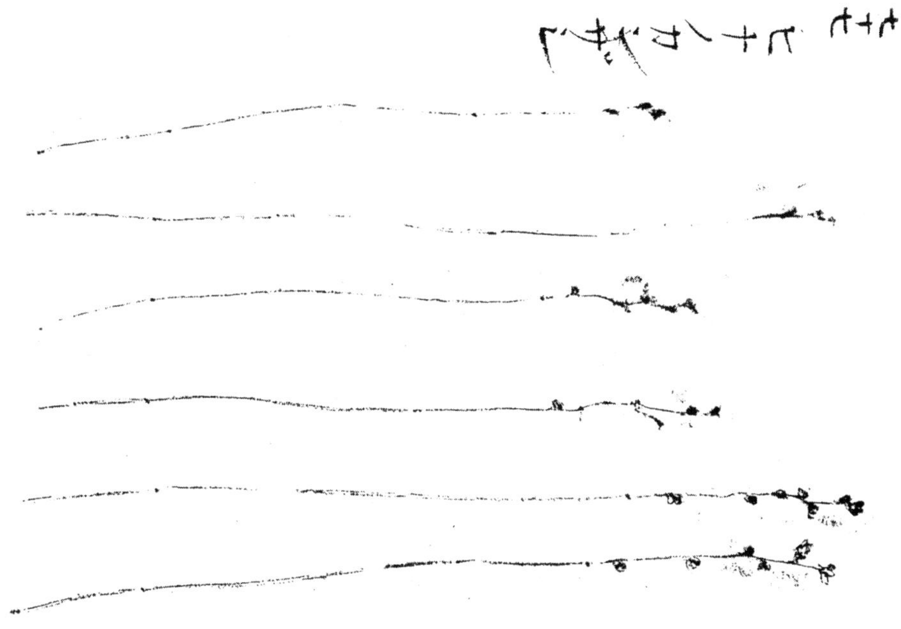

七七

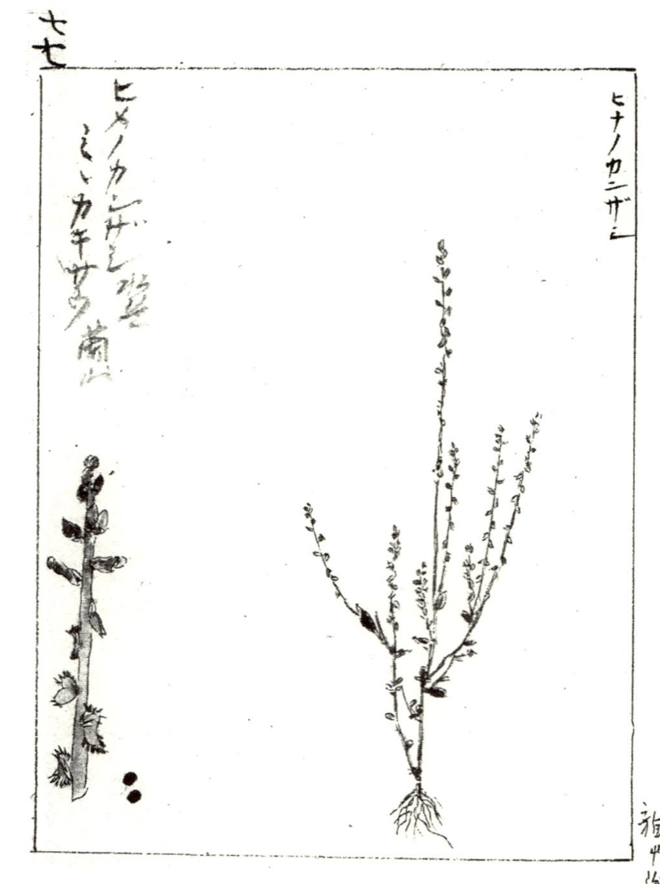

ヒナノカンザシ

山野ノ池澤漸御地ニ生ス窪地ニアリテ春苗ヲ生ス微小ナル葉互生シ枝ヲ分チ痩タルモノハ枝ナキモアリ秋分前後高サ三五寸ニ小花穂ヲナシ紅花開キ終ル後小莢ヲ結ヒ上下ニ柔ナル毛刺アリ中ニ小黒子アリ

ヒナノカンザシ

山野ノ池澤漸洳ノ地ニ生ス背子地ニアリテ春苗ヲ生ス微小ナル
草互生ニ枝ヲ分チ痩タルモノハ枝ナキモアリ秋夕前後ニ茎ニ五
寸ニノ小花穂ヲナシ紅花開キノボル後小莢ヲ結ブ上下ニ多ナル
毛刺アリ中ニ小黒子アリ
上 紙ニモアリ

実

ヒナノカンザシ
前山ニ是ヲミカキサトミ今ミメヂヒナノカンザシ
トヨミ今ミメテミカキサトミ

水浸ニ生ス二三寸ヨリ四五寸ニ至ル細小葉下
ニアリ上ニ枝ヲアリ下ニ穂ノ花ノ如キ小蕊開ク
紅色ナリ下ヨリ次第ニ上ヘ開クナリ

○ヒナノカンザシ

山野池沢漸洳ノ地ニ生ズ肩子地ニヨリテ春苗ヲ生微小ナル葉互生シ枝ヲ分痩タルモノハ枝ナキモアリ秋分前後高三五寸ニシテ穂ヲナシ小紅花開キノボル後小莢ヲ結上下ニ柔ナル毛刺アリ中ニ小黒子アリ

上州榛名山ニテ目擊ス 土名ヒナノキンチャク

[ヒナノカンザシ]

○ヒゴクサ

ヒゴ ヒラクサ 岩夕 加賀

ヒゴテ ミノカ子山 アゼクサ

ヒモクサ

夏至前後

葉 勝ア

九 [ヒゴクサ]

八十

七六　ヒゴノタイモドキ

ヒゴノタイモドキ

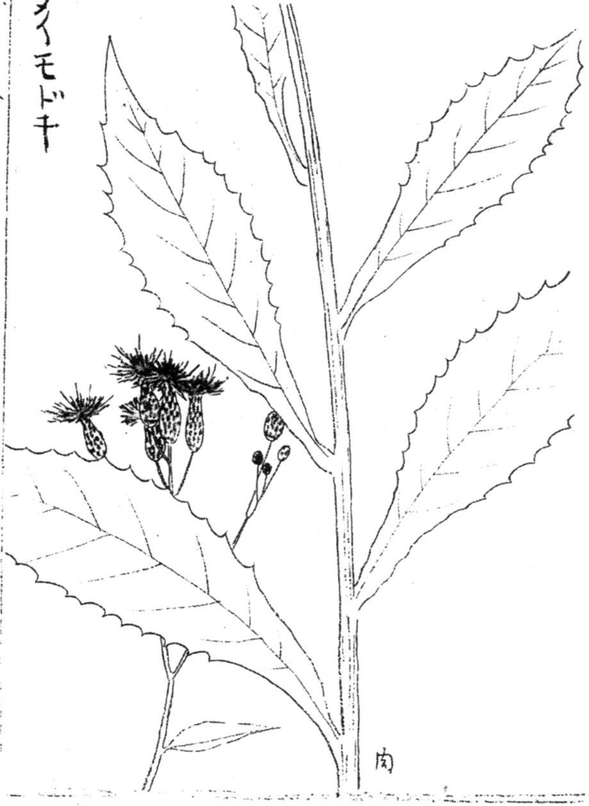

ヒゴノタイモドキ　ヤマヒゴノタイ

木曽并丹波ニアリ

葉茎花共ニ似テ味苦　茎ニツク葉ハ細ク高四五尺ニシテ寒露後淡

紫花ヲ開ク

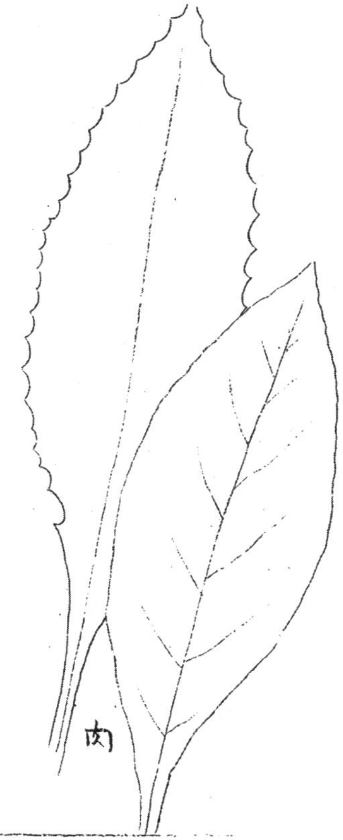

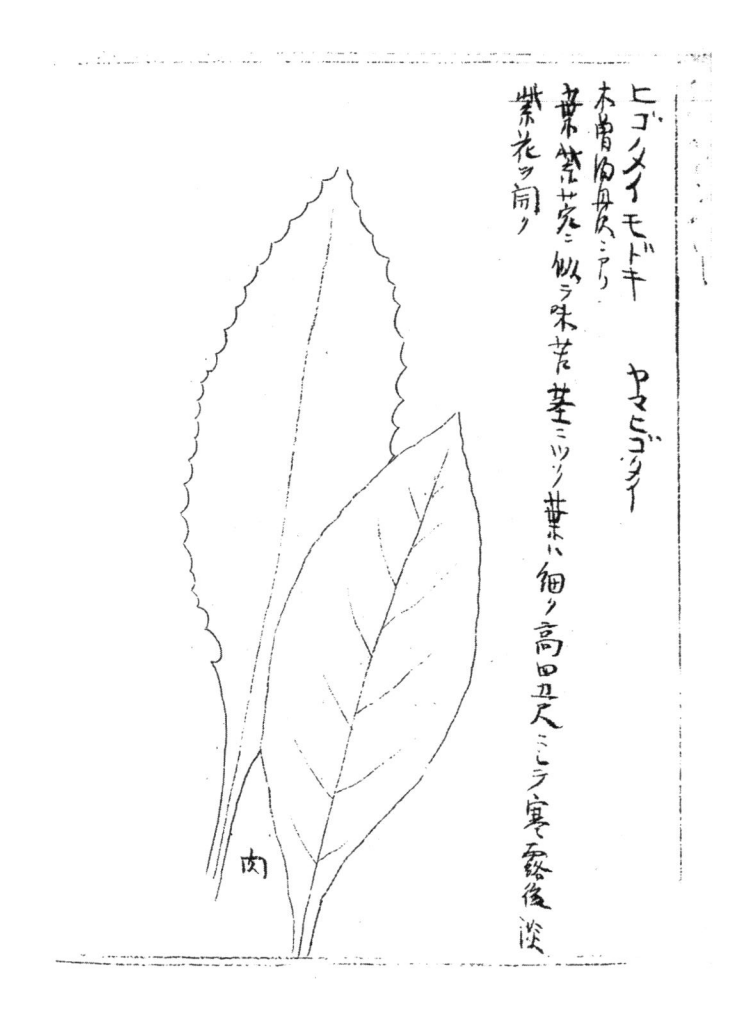

○ヒゴタイモドキ
ヤマヒゴタイ

山中ニ生　葉紫菀ニ似テ味苦茎ニツク葉ハ細ク高四
五尺寒露後淡紫花ヲ開ク葉ニ缺刻深キモノモアリ

ヒゴタイモドキ

十

長崎本草名疏　巻　ヒゴタイモドキ

ヒゴタイモドキ

ヤマヒゴタイ

山中ニ生ス葉紫菀ニ似テ缺刻アリ茎ニツク

葉ハ細クシテ四五尺高ク寒露後淡紫花ヲ開

キ味苦シ

品字社叢書

○ヒラマメ

アジマメ 和名抄　　トウマメ 土一　　カキマメ イヨ

ロヲムスボヲン

藊豆 白扁豆ナリ

苗葉形状鵲豆（センゴクマメ）ニ異ナラズ只莢潤ク内ニ硬殻アリテ未熟ノ者モ煮食

フニ堪ヘズ豆ハ白色也

ヒラマメ

ヒラキサウ

嘉祐図云苗ヲ生ジテ地ニ布テ茎ヲ起コシテ二尺許葉ハ榆葉

ニ似テ潤ク稜アリ稜尖リテ刺ノ如クニメ人ヲ不刺稍羽骨ノ

葉ノ形アリ六月黄花ヲ開テニガナノ花ト一般花謝メ莢

ヲナシ落子処生ス旧根ヨリモ生ス

按此ヒラキサウ同名異物

ジンドウサウ
ヒラギサウ

此草アクギカヅラノ一種ニシテ蔓ヲナシ葉対生シ高サ
尺餘ニ至ル方茎每節対生ス葉鱗状ニシテ鋸歯甚タ粗ニシテ齊整ナラズ或ハ刺状ヲナス三月ノ中茎端ニ穂ノ状ヲナシ数花攅
リ着ク唇花ニシテ上唇ニ裂ケ下唇ハ一微凹ヲ
ナス深紫色ニシテ美ナリ

七八二

○ヒエガヘリ
イヌビエ 知多ノ本

海ニ近キ田畝ニ生ス高サ六七寸ヨリ尺許三四月穂ヲ生ス狗尾草ノ穂ニ
似テ茸毛アリ夏至前熟ス夏至後ニ終ル

比恵加恵里
生田野中円茎高二三尺滑潤而縦條至多葉闊
一寸許長尺餘縦條亦至多抱茎而互生夏月梢
上成穂長六七寸開細白花結子此草遠見之
則稍稗似稷

常陸物産志十一

ヒエガヘリ

ヒエ

ロエノ類　尾張国知多郡

ヤツコ　クラ　ニキリ　中黒

中国譜志　一

[illegible]稗之所
朝鮮稗[illegible]二斗俵[illegible]
[illegible]
[illegible]
凡三年[illegible]

修

ヒエノ類　尾張国海西郡

ホ六月　ツハサキ　ヒナイ　ヨイ

トンヤウ　中国譜志　一

ヒエノ類　尾張国中島郡

トウトク　サヽラ　杉山　カニクロ

ヒエノ類　尾張国春日井郡　中国譜志　一

ヒロ　リキミ　大坂　ムラサキ

ヒヤウ　スキ　黒六月　ホソロヒ

フホソ　オタチ　手黒　大ホ

ツノ　大ソ　ホツヒ　麦かう

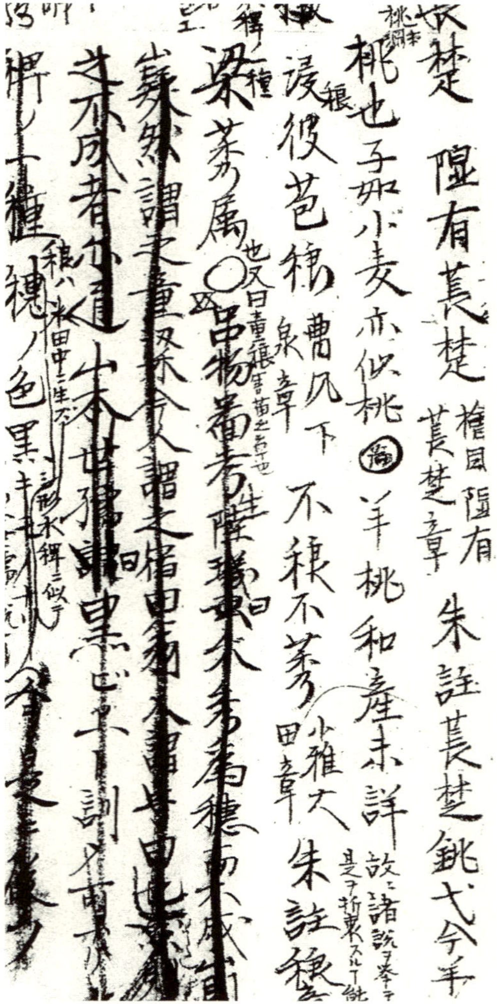
長楚　隰有萇楚　朱註萇楚銚弋今羊
桃也子如小麦亦似桃　羊桃和産未詳　故ニ諸説ヲ挙テ是ヲ折衷スルナリ
檜風隰有萇楚章
浸彼苞稂　曹風下泉章　不稂不莠　小雅大田章　朱註稂

○ヒデリコ

廿一 ヒデリコ

ヒデリコ
アヤナ

飄拂草 圖 十五

飄拂草

飄拂草南方墻隈砌下多有之如初發小茅草高四五寸春時抽小莖結實圓如粟米生青老赭或云煎水飲能利小便

兗州府曹縣志 出

稗草之似穀者

飄拂草 圖 十七ノ十三

飄拂草
ヒデリコ
アマナ

十二

トウセン　尾張愛知郡　草

海東郡ニテモトウセント云ク色形薗ノコトク九月野辺ノ水附ニ生

長サ五六寸ホトニ高ノコトク花咲実成ル実ノ形ケシ粒ホト有

冬十月色青赤ク熟シ枯ル（図畧之）　中国譜志　七

是亦ヒデリコニ非ルカ追考

狛ニ似ニヒメアウケシト名ク

白豆蔻 シロヅク

宜列様子 虬耕録

白砂仁 万病要畧 大全

殻蔻 本経逢原

白豆仁 遵生八牋

白叩仁 千金方

𪘲多骨

和産ナシ舶来唯一種ニシテ偽物ナシ殻ヲ帯ル者牽牛子ノ形ノ如シ
又数多クスヾナリニ成リ全穂ヲ成ス事稀ニアリコレヲ鈴(スヾデ)様ト
呼フ其殻ヲ帯ルノモノハ皆一顆ヅヽハナル此皮ヲ去レバ縮砂ノ形状ニ同シ
味モ縮砂ニ近ク舌ニ透ル事甚シ且味大ニ辛キ二ヘナリ気モ縮
砂ヨリ烈シ

嘔吐 白豆蔻末 カンヲ以テ多用

白豆蔻

一名白叩仁 千金方 殻蔻 本経逢原 白豆仁 遵生八牋 琴迦脚 梵語

和産ナシ舶来ノモノ鈴様ト云稀ニ渡ルヿアリコレスヾナリニナリタル
全穂ナリ其一子ハ殻アリ形牽牛子ノ如ク殻ヲ去ハ縮砂ノ形ニ同シ
味ハ縮砂ヨリ辛烈ニシテ舌ニ透ルナリ

八六

白豆蔻

シロヅク

一名 宜州様子 輟耕録　白砂仁 薬性要畧大全

殼蔻 本経逢原　白豆仁 遵生八牋　白叩仁 千金方

和産ナシ舶来唯一種ニシテ偽物ナシ殼シ帯ル牽牛子ノ形ノ如シ又数多クスヾナリニ成リタル全穂シ渡スコト稀ニアリコレシ鈴様ト呼フ尋常ノモノハ皆一顆ヅヽハナル此皮ヲ去レハ縮砂ノ形状ニ同シ味モ縮砂ニ近ク舌ニ透ルコト甚シ是味太タ辛キユヘナリ気モ縮砂ヨリ烈シ

ビロウドシダ

○ビロウドシダ

ミルニフヒ 京　モンパサウ　ヨロイテン

ミルランハ釵子股ト同名

瓦葦ノ一種 山東

イセ 榊原見石山ニアリ

八八

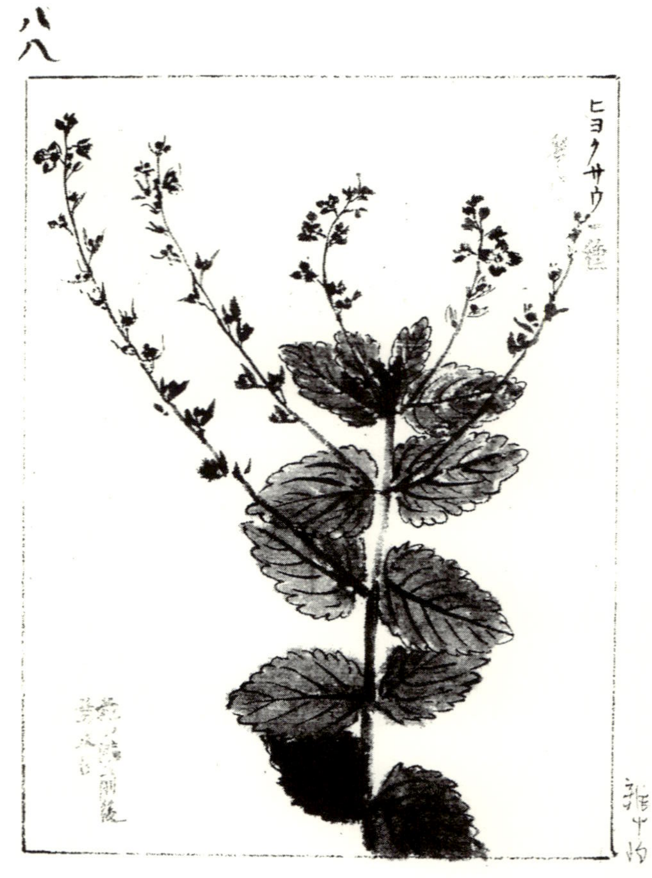

ヒヨクサウ　イヌカウヒユ　クワガタサウノ類

ウイルドカオドビイス

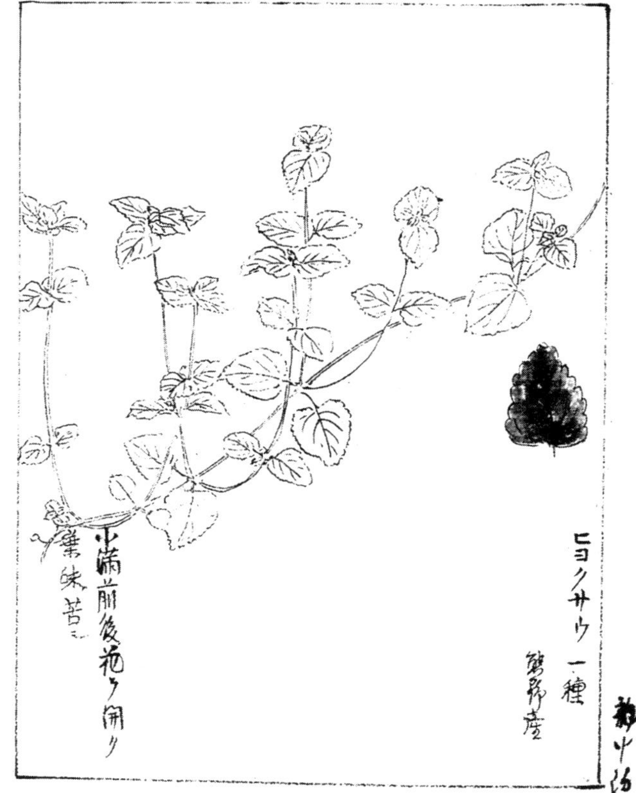

ヒヨクサウ（イヌカウジュ　ソハカタ草ノ類之

ウイルドカメドレイス

六八　七二　ヒヨクサウ

ヒヨリサウ

内

ヒヨクサウ
ウイルドカメドレイス

イヌカウジユ

クワガタサウノ類

花小満前後

叢生

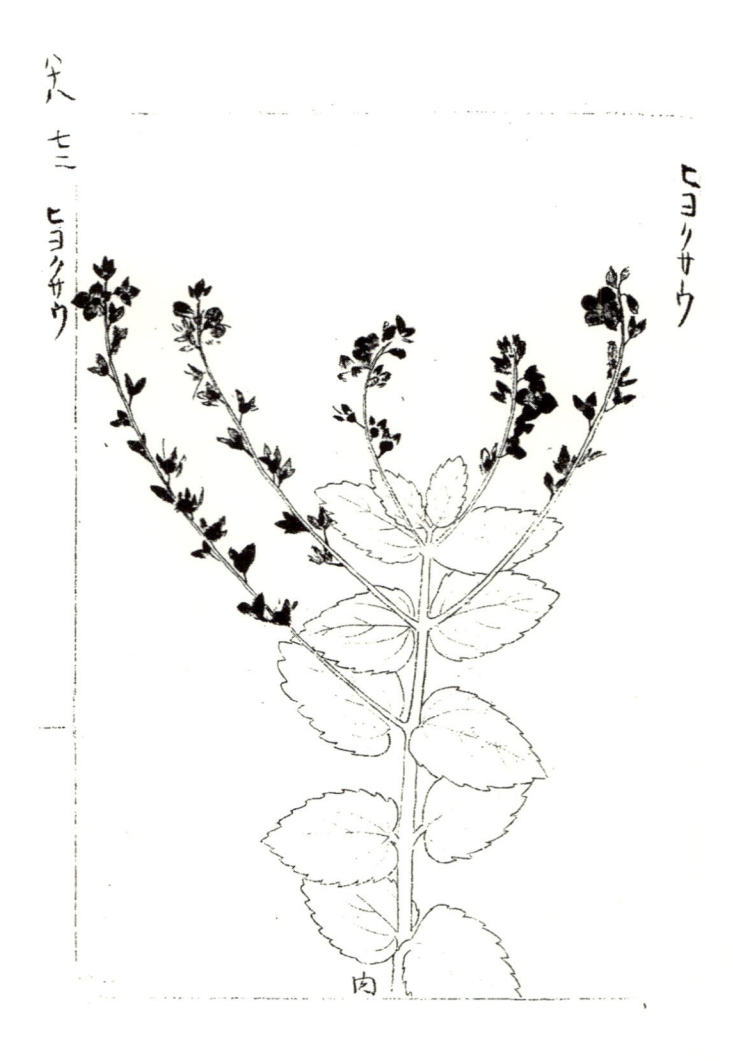

八　ヒヨクサウ

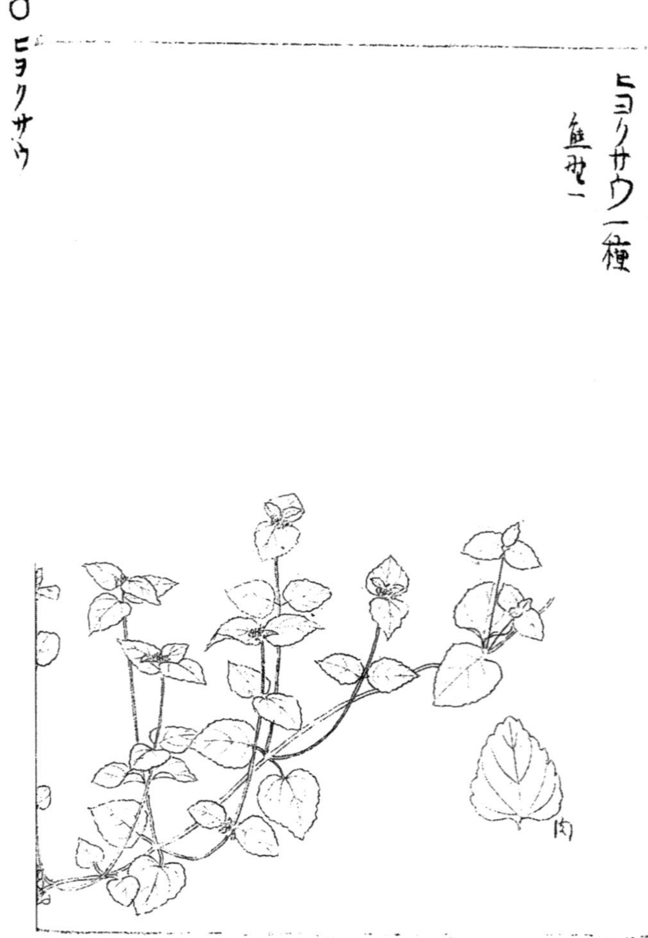

ヒヨクサウ一種
無也一

○ヒヨクサウ

イヌカウジユ　ウイルドカメドレイス

[illegible]

ノハガメナノ事也 [illegible]

[illegible] 形状 [illegible] 合入

一種ハクモノ産

ハヒヨクサウ

ヒユ　禾本科ニ入ル

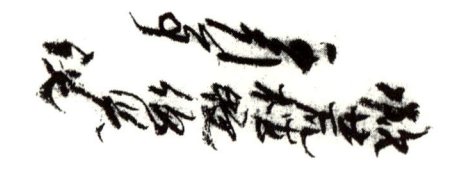

花史雑記、

伊藤圭介稿、

○綿棗兒

綿棗兒 救荒本草 和名ツルボ又サンダイガサ也 ○荒年貧民ノ食料トナス

○ツテ諸國方言殊ニ多シ、ヒトアルズイセン、

ツルンボ、スルボ、ズンベラボ、スイベラ 筑前

コケジョロウ 本草 東濃○ ケチヨコウ、イヌニラ

アキフデ、ウシノヒロウ 東京 ハツビ 尾州知多 ワシニシ 江州

ゴケクサ 江州山間、ミセウロウ、スミラ、イビラ 豊前豊後

セツトマ、北海道、

漢名一名墓頭ト云 羅甸ハ Barnardia [illegible]

諸國ノ原野堤畔路傍ニ自生多シ [illegible]

春月宿根ヨリ苗ヲ生ズ、葉ハ細長形ニシテ頗ル山蒜ニ似テ白色ヲ帯バズ、一根三四葉、長サ五六寸、白

露前後茎高サ尺許リ、頂ニ穂ヲ成シテ細花ヲ綴ル、穂ノ長サ二三寸許リアリ、花朝

形長円ニシテ花ハ穂ノ下ヨリ漸ク上ニ開ク、花着キ異ナリ、間ニ白花モアリ稀ニハ

紅花モアリ、無萼ニシテ六瓣、六雄一雌ナリ

実ハ楕円ニシテ三縦道アリ、熟スレバ [illegible]

國ニ於テ須知ニ不利根崎ニ潟アリ口ニ云此根
水ヲ九ニ粉トナシ餅ヲ製ス山民食用ニ多シ
放屁ス故ニヘヒリノサト呼ブ
故ニ植物ノ実ヲ民共
コモ食後後ニ放屁有ト[illegible]
[illegible]
[illegible]
[illegible]

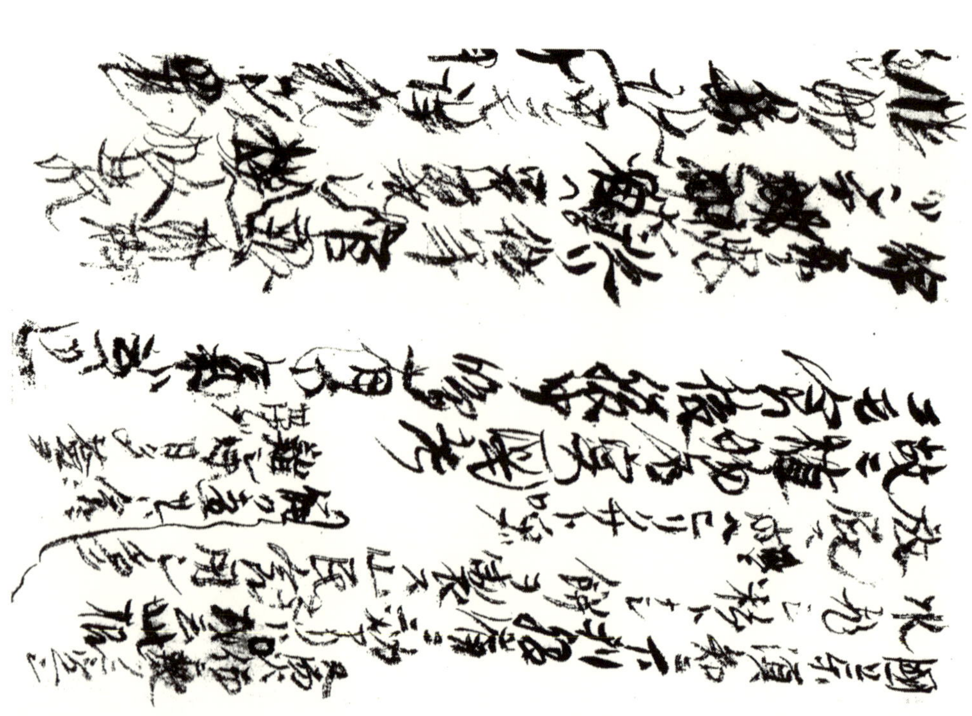

[illegible]

綿棗児　図十二　ツルボ

茎ノ半ヨリ上ニ花付ク

根ノビル ノ如シ 野人食ス

サワサンレバ 食用ニ成ラズ

綿棗児　オルダイガサ　ヅルボ、大和本草

路傍石原ニ生ス春宿根ヨリ二三十葉攅生ス葉ノ形山慈姑ニ混シ安シ、花ハ八月比発ク、此ノ時ノ葉僅ニ一二葉アリ、麦門冬ノ如ク穂三寸許リ出テ、紫花ヲ開ク傘ヲ張シ形ニ麦門冬ハ花多クシテ茎条ハ茎梢ニ花発ク、根ハ石蒜ト同シ、間々大ナルモノアリ、然レ氏根先キハ小ニメ棗ノ如ニメ白色也、[illegible]

綿棗児　ズルボ　サンダイカサ

葉ニラノ葉ニ似テ春苗ヲ生夏枯テ

ヒトマルスイセン

綿棗児

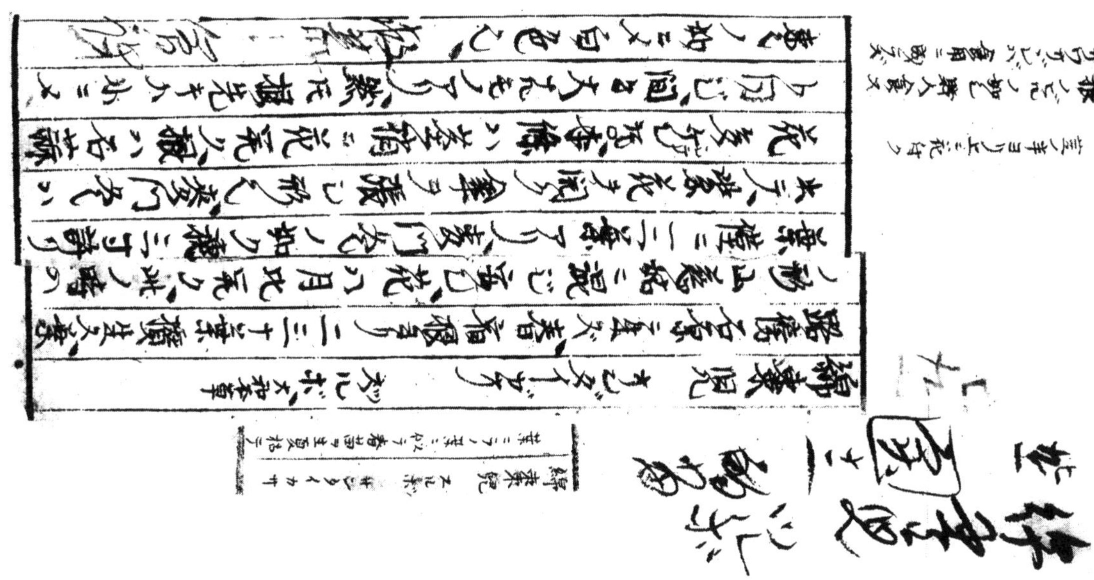

綿棗兒

つるボ 〇山城よてつるぼと云 花紫ゑてずい色ら又たゐんくゑゐと云 江戸ゟてうしの予し又牛ゝらうと云 田野よ多く春宿根より生ず 夏よ至て淡色の穂のやうなる花さく [illegible]の花よ似たるもの 根ハ水仙のごとし

ヘソビ

綿棗 Barnardia japonica Roem.

急るる瑕生付ニテロヒトニルスイセンヲヘソビト伝

勢州ニテロ石蒜ヲヘソビト云 妻品ニ毒アリ

〇ヒトニルスイセンノ根ヲクラヱハ大ニ腹痛ス

〇石蒜ノ根モクラヱハ大ニアタル

根形

石蒜モ是ニ似タルモノ也 ヘソビト伝モノホカニナシ

綿棗兒

淡紅花微帯紫色ナリ

綿棗児 俗ニヒラ豊後
凶年ニ掘リ食フナリ

七九ミ

綿棗児（ツルボ）

花色紫

一名ささらぎ

園小艸 春宿根より生ス 根と葉ハきんとのやうく 春生ス 葉の頂 菱苔の花咲穂のごとく 四五寸許なる 翁艸の花のやうくと
根ハ多く叢りて 田細の地に成草之

綿棗児 漢名綿棗児 葉ハ姫水仙ニ似テ長
ク軟弱シ 六月中心茎ヲ抽 尺許 紫花ノ穂ヲ著テ
麦门冬ノ花ニ似タリ 根ハ水仙ニ似テ小シ 又白
花アリ

九一

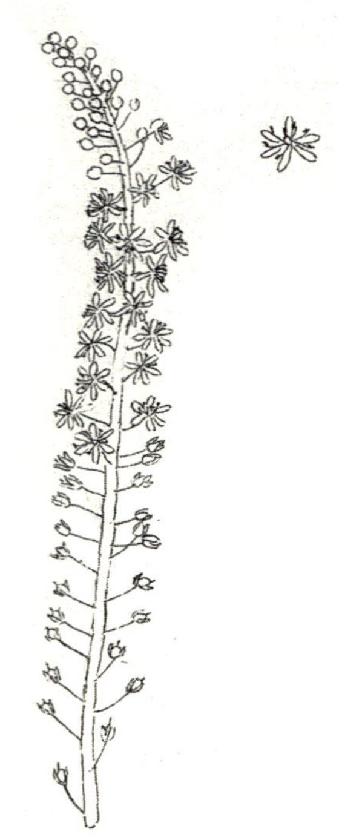

綿棗兒

スルボ 大和本草 サンダイガサ

原野ニ多シ春宿根ヨリ叢生ス葉形山慈姑ニ混シ易シ一根三四葉秋ニ至リ穂ヲ生シ花ヲ開ク麦門冬花ニ似テ淡紫色穂ヲ成シ生ス長二三寸綴リ開ク形状圖ノ如シ根ノ形小塊ヲナシ白色煠熟シ水ニ浸シ苦味ヲ去リ食フ

九二

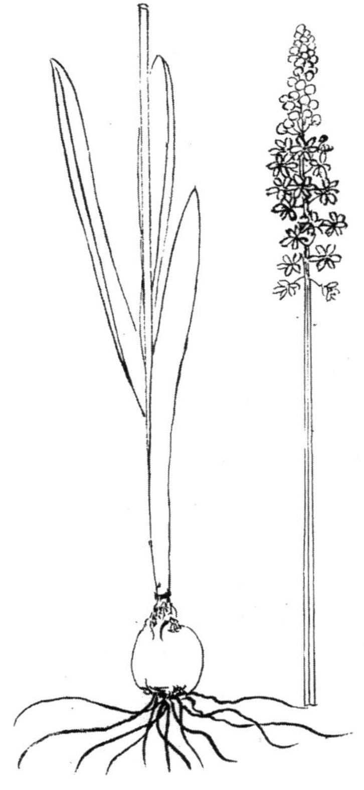

サンダイガサ　ヒトセルスイセン　ツルボ
ツルニボ　スルボ　ズンベラボ
スイベラ 越前　ツイヘラ　コケジヨロウ 木曽興川三尾 東濃河子母
コケヂヨロ　コウケチヨラウ　ヘビリナ
イヌニラ　ミロ子　アキフデ
ウシウロウ　スガナ 三州　ヘソビ 知多郡生路
ゴクヽサ 江州小関ノ宰内　ウシノニンニク 江州上野　シヽベロ 木曽岩ノ郷
ミセウロ 下総　アニナ　ヘソベ 知多郡野間須佐
スミラ

蟹氏云イビゴフ 罌粟別 後

綿棗兒　石棗兒

原野處々ニ生ス堤等ニ多シ白露前後高サ尺許ニシテ六瓣ノ淡紫花ヲ開ク
紀州ニ云澤山ニ多シ原野石地ニ生スルモノ之春舊根ヨリ葉ヲ生ス一根叢生

葉山慈姑ニ同〆シロミナシ長五六寸八月比葉過半枯ニ三葉残ル花ノ時多クハ
葉ナシ間ミ二葉アルモアリ茎一尺許出ス穂ノ形麦門冬ノ如花ノツク処
三寸許リ也傘ヲ張シ形之麦門冬ノ下モデ花ツクニ異ナク此根石蒜ノ如シ
大サ棗ノ如シ賤人ニビキサワソ食ストキニ
常州筑波山邊ニ紅花黄白共ニアリ
國藥須知 主治瘡瘍ノ者ニ宜シ亦ハ下痢腹痛ノ者ニ効アリ
根ヲ水飛シ粉トナシ餅ニツクル山人食之必多放屁ヨツテヘヒリクサト云白花ニスリ
又ル湯火傷ニモヨシ漆瘡ニ根陰干ニ反山椒五十文明礬廿五文水飴炭
此根ヲ食テ大ニ腹痛シタル人アリ
下総ノ銚子ノ邊是ヲ山慈姑トテホリ薬店ヘ出スヨシ

二九一

錦棗兒　ツルボ　一名　ニラクサ　勢州 土師

綿棗兒

救荒本草云苗高三五寸葉似韮葉而潤瓦隴様葉
中攛葶出穂似雞冠莧穂而細小開淡紅花微帯紫
色結小蒴兒其子似大藍子而小黒色根類獨顆蒜
又似棗形而白味甜性寒　琉球土名須伊比良

岡山 好事雑報

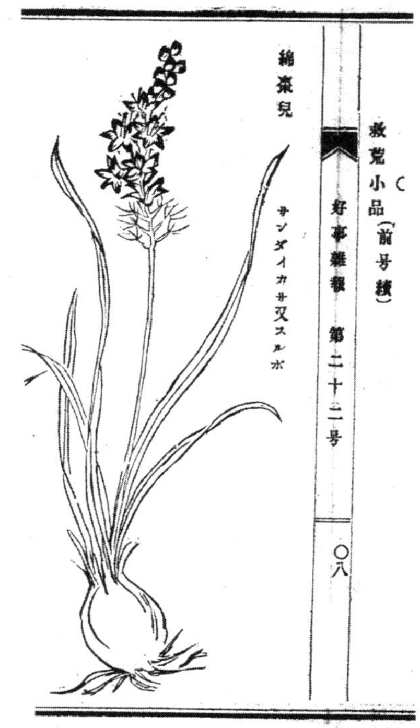

原野ニ自生ス春宿根ヨリ叢生ス葉ノ形チ山慈姑ニ混シ易シ一根三四葉秋ニ至リ穂ヲ生シ花ヲ開ク麦門冬花ニ似テ淡紫色根白色ニシテ小球ヲナス煮熟シ水ニ浸シテ苦味ヲ去リ食フ備中都宇郡浅口郡ノ原野ニ多ク其他所在ニ之レ

せい

○セタトマ上同 スルボ 綿棗兒 救荒本草 筑紫のわらゝにて八煮熟して曝乾し倹年の糧とす [illegible]

綿棗兒

佐年太以加左
亦名寸留保多多諸山近道亦生原野及薫田夏
月茎高四五寸葉似韮葉而微闊六七月抽一茎
成穂形如不開伞子亦開細小淡紅花其根似蒜
根
宮中産物彙考八下

ヒカシ

[illegible]

○草根を食して飢を凌ぐ　米價騰

貴のため[illegible]て[illegible]へて連中の[illegible]

[illegible]地方も貧民の困窮なること[illegible]

[illegible]三重縣度會郡[illegible]

田町大字大峪村の北方に[illegible]河内[illegible]

[illegible]九十五戸[illegible]貧民あり[illegible]

南京米の粥を[illegible]

[illegible]て山[illegible]

按ニ[illegible]方言[illegible]

[illegible]五[illegible]の米と[illegible]

[illegible]根を混し[illegible]

飢を凌[illegible]

に目[illegible]

○按ニ本条ノ所謂ヘソビハ初メ石蒜ナランニ

思ヒシ[illegible]

ヘソビ　尾州[illegible]

ノ方言アリ

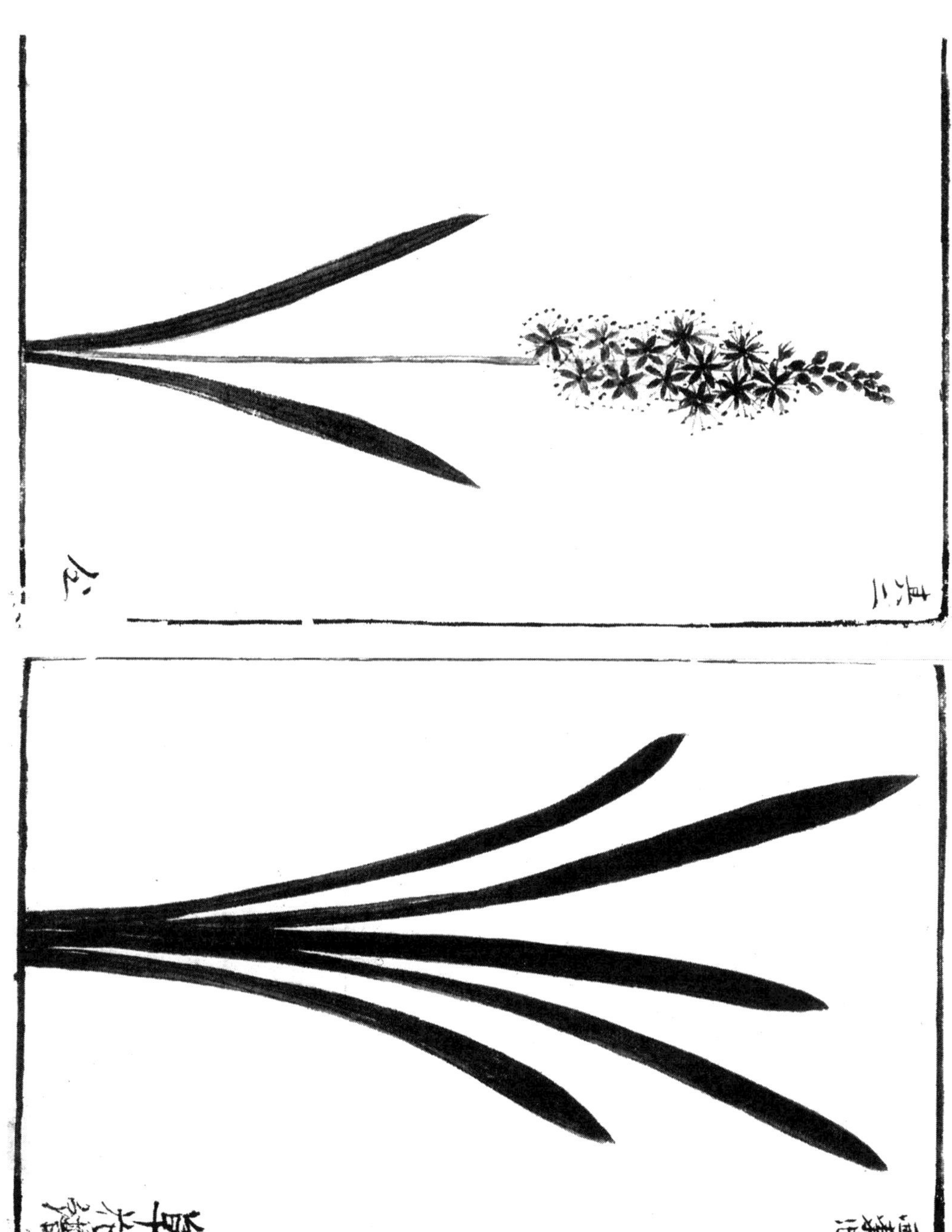

綿棗兒 図十二 六十七丁 綿棗兒

ツルボ 約菊

綿棗兒 図 十二ノ 二十七 ツルボ 約菊

セタト下全 上全 スルボ 同上 スルボ 綿棗兒 救荒 紫ノワタリニテハ煮熟シ

七九一 テ曝乾シ後年ノ糧トナストあり 物類品隲

シンゲフ ヱテケ ノホリ ハギ 万葉集ニ芽ノ字ヲハギトヨメリ凡集中二芽ノ字ヲハギト読ミシハ惣シテ今云ハ

綿棗兒 救荒本草 ツルボ サンダイカサ スイベラ 筑紫 ウミノフシ

江戸方言 ウミウロウ 仝上 春韮根ニ似タル塊ヲ又韮ノ如キ葉二三葉出ツ

又三四寸ノ茎ヲ又キテ末ニ一寸計リノ穂ナリテ六瓣浅紫色ノ花ヲ

開ク形チ麦門冬ニ似タリ又白花ノモノアリ 綱

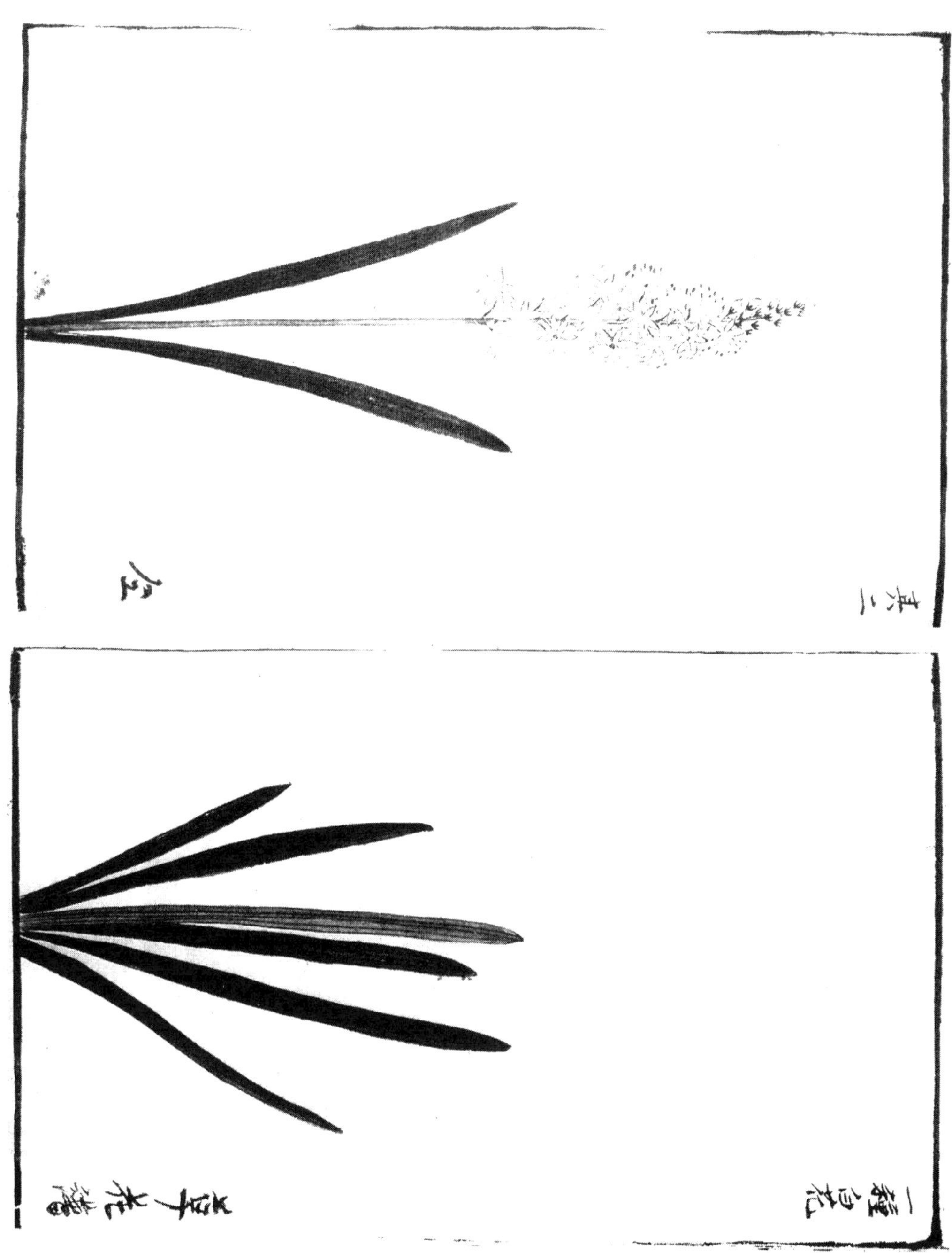

阿摩桼　生平野郊原春初生苗葉似韭葉及綿棗
兒葉春末攏莖開花一莖一二花白質而有紫縷
文夏初苗枯根似蒜根狀而細小　有毛殼裹之苗
葉極小非花時不易尋索

蘓芳堂因左衛 [illegible]

東武ニテ緋[illegible]ト称
トモ云ハ未考
[illegible]ノ種之傳ハリ
[illegible]
九二
[illegible]

七九二

○綿棗兒 スルボ サンダイカサ 葉ニラ葉ニ似テ春苗ヲ
生ス夏枯レテ秋復葉ト花トヲ生ス 紫色ニメ穗ヲナス
又白花アリ

ツルボ サンダイガサ 綿棗兒

[illegible]

綿棗兒 ツルボト云ハ今京ニテハ此名ナシサンダイガ
サト云 葉山慈姑ニ似テ葉数多ク白ミナシ春ノ中葉多
ク出根ハノビルノ如ク大ナルハ水仙ノ如シ八月比ハ
多ク葉ナク花出ヅ穂麦門冬ノ如ク花色薄紫形麦門冬
ニ似テ花数ウシ穂ノ上ヘ二蕚アリ下ヨリ段々開テアガ
ル長柄ノ笠ヲスボメタル形ニ似リ故ニサンダイ笠ト
云

大和本草

綿棗兒 救荒本草
和名スルボ サンダイガサ
救荒本草附録ニ云一名石棗兒出密縣山谷中生石間苗高三
五寸葉似韭葉而潤尾隴様葉中攛葶出穂似雞冠莧穂而細小
開淡紅花微帯紫色結小蒴兒其子似大藍子而小黒色根類獨
顆蒜又似棗形而白味甜性寒トアリ形状等ヨクスルボニ的
当シタリ 花穂長クシテ上去リタレバスルドナルホトニ
コ・ロニテ名付シナラン 又其形古来葉裏内ノ時用ヒラ
ル、ウマヨリ傘ニ似タルヨリ名ネラサンダイガサトモイ
ヘリ

[illegible]

Kleijnen hyacinth Van den heyst 綿棗兒 サンダイガサ [illegible]
grooten hyacinth Van den heyst. 同

綿棗仁　草

一名　石棗児

和名　ツルボ　サンダイガサ

救荒本草巻之六云生石間苗高三五寸葉似韮葉而潤尾颾様葉中擺葶出穂似鶏冠莧穂而細小開淡紅花微帯紫色結小蒴児其子似大藍子而小黒色根類獨顆蒜又似棗形而白

二月宿根ヨリ葉ヲ生ス韮葉ニ似テ緑色ニ紫紅色ヲ帯フ長サ六寸濶サ二分頭尖ル一根八九葉ヲ生ス光澤アリ五月枯ル七月ニ葉ヲ生ス長五寸余濶サ二分又紫紅色ヲ帯フ中間一茎ヲヌキンデ長サ一尺頭ニ穂ヲナシメツリニ数十花ヲ開ク六瓣淡紫色瓣長サ一分五リ巾一分花ノ径リ三分五リ髭

サンダイガサ　ツルボ　ツルンボ
スルボ　ズンベラボ　スイベラ
ツイヘラ　コケジヨロウ ホツ 東ミノ　コケチヨロ
コウケチヨウ　ヘヒソナ　イヌニラ
シロ子　アキフデ　ウシウロウ
ヌガナ ミー　ヘリビ 紀多羅 イリジ芥　ゴケクサ 江ー
ウシノニンニク 江ー上ノ　ニーベロ キツ 岩々　ミセウロ 下総
スミラ　「ヲルニトガリユム ヤポニキユム」

- Barnardia japonica 圖ニ出 說ナシ Roemer 渋ニ 75

錦棗児
漁蹄　花叢
霜ニ生 堤ニ多ク白露前後花茎高尺計六弁淡紫

ヒドヒルスイセン

蘂六ツ長サ一分粉緑茶色心蘂ハ二子ノ頭ニ出ツ子ハ白クシテ心ニアリ蕚十ニ一穂七十餘花ヲ開ク根韮(ラッキョウ)ニ似テ紫黒皮アリテ褁ム後三稜ノ小角ヲ結緑色大サ大豆ノ如シ中ニ細子アリ

一種 紅花

和名 ズイヘラ

太和本草巻之九云野圃ニ多シ自生ス葉ハ薤ニ似テ若キ苗ハ紫色ヲ帯フ冬モ葉アリ不枯ツルボハ京都ノ方言也筑紫ニテハズイヘラト云根ハ水仙ノ如シ

コノ種尋常ノ者ニ異ルコトナシ唯花紅ナルヲ以テ其花ヲ圖ス

一種 白花

草木譜

和名 スルボ ヲシヨロ

救荒紀聞云春舊根ヨリ攅テ二三十モ出ツ葉山慈姑(トウロウバナ)ニ似タリマキレルモノナリ花ハ八月比ニアリ葉ハ多ハナシ一二枚ノコリテアリ麦門冬ハ花多クツルボハ茎ノ梢ニバカリツキ傘ノ如シ此根石蒜ノ如シ

此亦異種ニアラス尋常ノ西秉児ニ比スレバ葉小ニシテ毫モ紫紅色ノ錯ルモノナク粉緑色ニシテ後緑色八月正白花ヲ開ク五六瓣麦門冬ノ種ニ似テ穂ノ花ノ後三稜ノ角ヲ結フ余ハ異ルコトナシ

Kee ainjie met bloemen ende zaedt 1080

救荒 綿棗児 サンダイガサ スミナ ツルボ

常州筑波山辺ニ紅花黄白トモアリ根ヲ水煮シ粉ヲトリ餅ニツクル食之ハ多放屁スヨツテヘヒリクサト云其根ヲ食ラ大ニ腹痛シタル人アリ

九十之

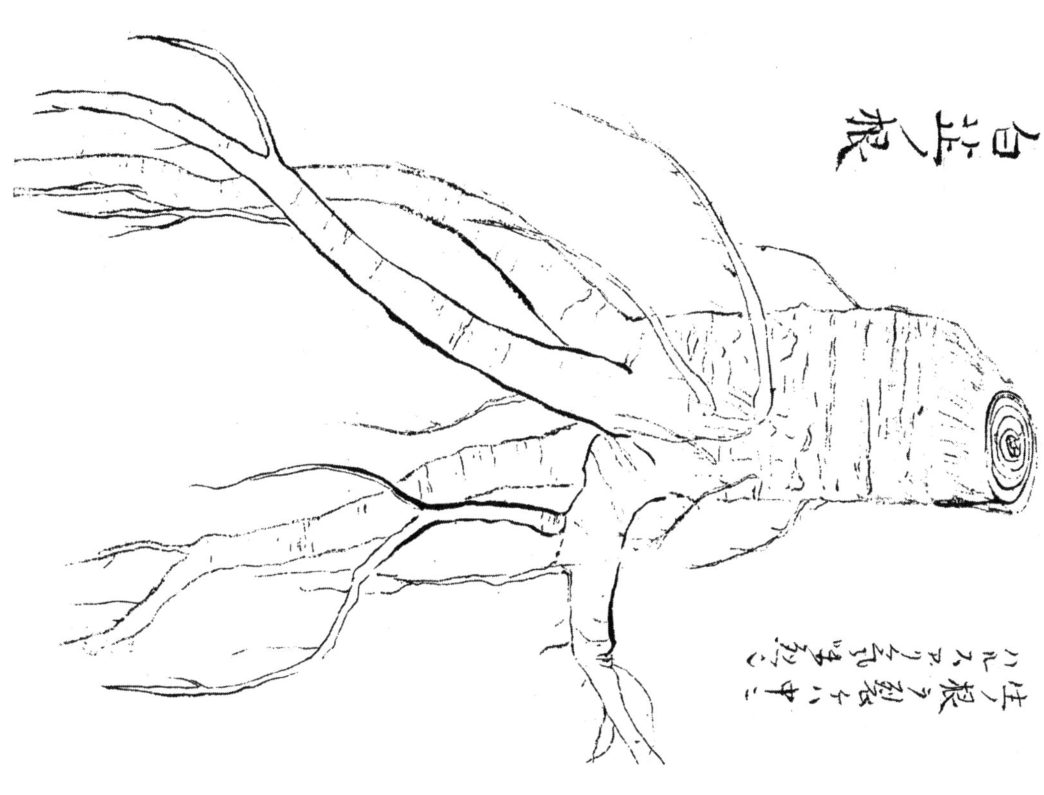
白芷ノ根

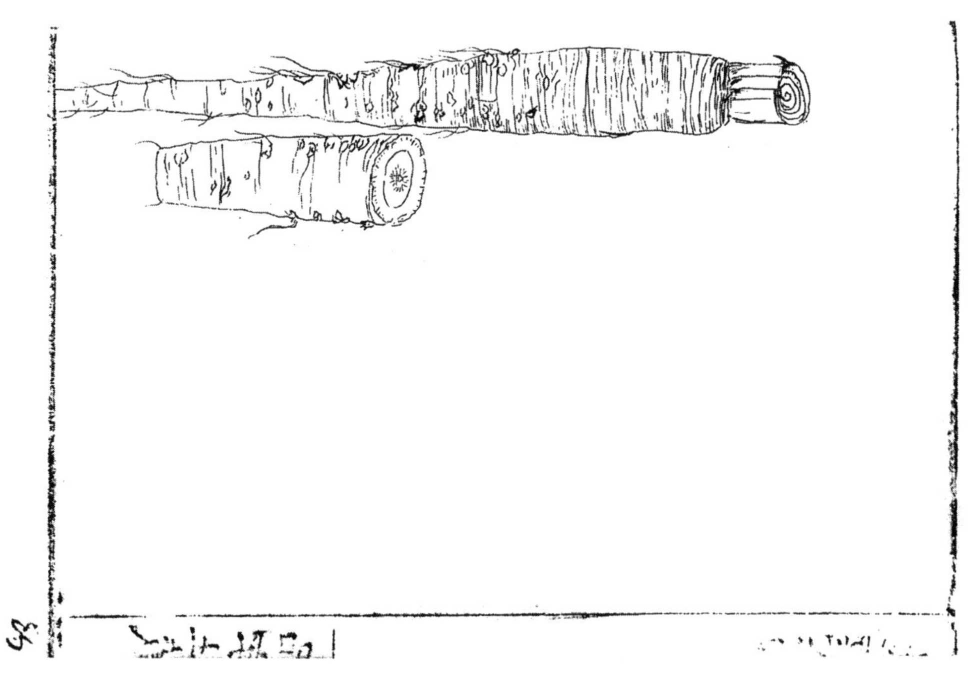

白芷 料 延喜式によるひるさと云山城より出る所也その
肥地にまきの彼岸に種を蒔へし扨て二年目の十月根を掘採
葉は用 白芷當帰獨活防風防葵の花皆三年めにハ薹
立て花実あれハ根空虚となるなり

かさもち サハウト 二ニ丁 ヨロヒクサ
本 和上三十 白芷 加佐毛知一名佐波宇止
名白芷 カサモチ ヨロヒクサ 又白芷 カサモチ ヨロヒ草 大廿六 二十 与呂比久差
和 白芷　和玉葯 又芷 又芝
新韵花 ヨロヒクサ

かつ三
さもらと
名 芷 サハウト・又ム・ニ口サソ又ホラ 一名サハワラシ又サソ・レハ
本和上廿 白芷 加佐毛知一名佐波宇止 一名与呂比久佐
和傳 加 白芷 佐波宇止又佐名 波保曽良之

白芷
一名 杜若 名物方言 澤芳 典籍便覧 芳香 長只縣志 澤芬 同上 葯香草 同上
葯 本草和名引 薫名苑 白芷 同上引 雜要訣 莞底利羯邏磨 枕書
和名 ヨロイクサ 延喜式 本草和名 カサモチ 本草和名 サハウド 同上 ウマセリ 勢州 サイキ 信州
ヤマウド 作州 カンラ 勢州 代人参 人参譜 和名ナリ クリタイツブルハイ 東医宝鑑 カモイシウキナ 蝦夷
蠻名 アンゲリイカ ラアテシスイフラ
和産ハ奥州南部ニ自生アリ伝根細ク香氣烈シ凡テ白芷ハ秋ノ彼
岸ニ種ヲ下シ生ス葉ハ羌活ニ似テ狭小當歸ニ似テ大ニ又大葉川芎ニ
似テ微粉緑色周圍ニ細鋸歯アリ種テ三年ニシテ薹ヲ起ス夏秋ノ間茎高

九三 ビヤクシ

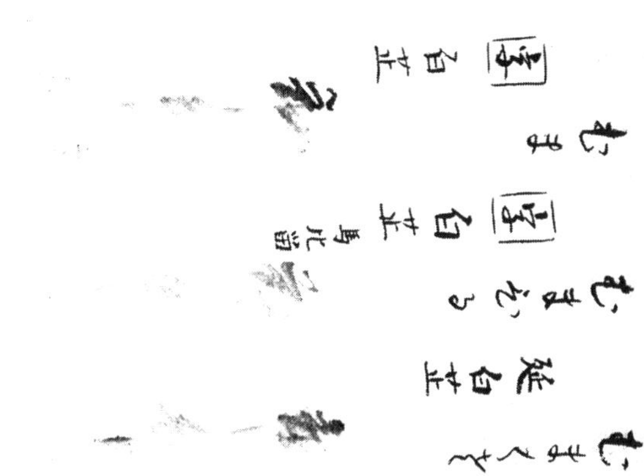

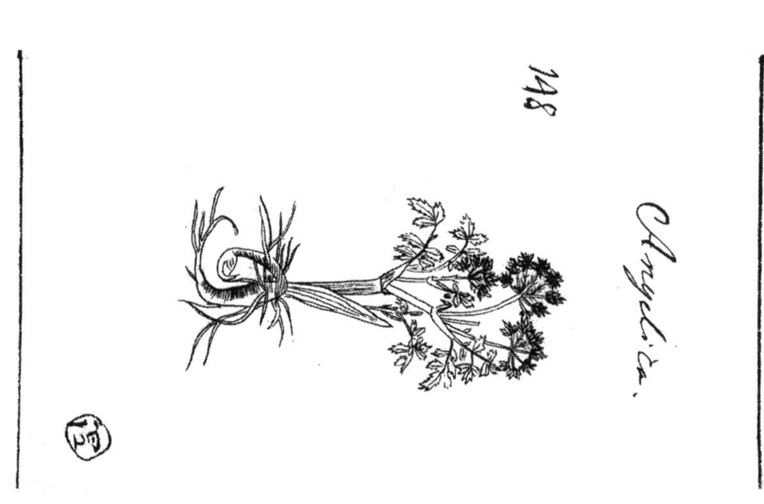
148
Angelica.

白芷
ヨロイソサ

白芷

与呂以久佐 近江和名歟 加左毛知 丹波和名歟 和
多珂郡山小屋山中在花園山北一里山谷陰有
草蒼然茂生余文化己巳夏四月到于彼地観視
之皆白芷也其葉似大葉芎藭而長大多鋸歯亦
如前胡而色深緑也四茎而高及三四尺毎節生
葉而互生葉間分小枝而細白花攅聚開花後結
子而茎葉倶枯余近時種之園中其茎幹有節中
空而如竹其高及五六尺今按山中自生者其根
小痩而香気甚高若人家養者茎根肥大香気及
薄故不堪供薬用惟以擇取自生者為優

常陸物産志七

白芷

近城及天台仙居多種之

赤城志 三十六

草木部

白芷　雑要決云白芷一名白芝 和名加佐毛知 云與呂比久佐

本草和名 䓘八　白芷 一名芳香 一名白茝 諸仁

音昌改反 一名䕡 許驕反 仁諝音 一名莞 仁諝音丸 一名

苻離 一名澤芬 葉名蒿麻 仁諝上音歷 一名蘭茝

出陶景注 一名葯 烏角反出兼名苑 一名白芝 出雑要訣 和名加佐

毛知 一名佐波宇止 一名与呂比久佐

醫心方 白芷 和名加佐毛知 又佐波宇止 一名与呂比久佐 一名佐波曽良之

類聚名義抄 八 中 白芷 一名白芝 カサモチ ヨロヒクサ ヽヽヽ

白芝 カサモチ ヨロヒクサ

サ四五尺梢ニ傘状ヲナシテ白花ヲ開ク形獨活花ニ似タリ子ノ形又獨活
子ノ如ク扁ク羽ヲ生ス二片合シテ一子ヲナス根ノ形羌活ニ似テ稍瘠テ
岐ナク白色烈香アリ當年秋下種シ来年ノ秋掘テ薬用スベシ船

来ノ白芷二種アリ一種ハ車切ト称スルハ古渡ニテ輪切ニシタルナリ
一種ハ吸口様ト云根細シ上品ナリ漢種ノ白芷ハ和産ト同シ和産ハ
山城大和ニテ多ク作ル船来ノモノ氣味良トイヘ𪜈石灰ヲ以テ製スル也
小毒アリ　集解伏ハ三伏ナリ夏至後第三庚為初伏四庚為中伏立秋
後初庚為末伏

芷ヨロヒグサ蘐書　コレモ今通名漢種享保年中渡ル
産ハ山城山和ニ多シ種ニ漢種和種アリ根ニ香気多シ高サ
七八尺花葉共ニ大葉ノ川芎ニ似タリ

ヨロヒクサ ヱンギシキ　カンラ イセ　ヤマウド 作ノ
サイキ 信ノ　ムニゼリ イセ　カサクサ 花形カサノ如シ
カサモナ 輔仁　サワソラシ 古名 医心方　又蕙草本ノ古名ハサハソラシノ名アリ
サハウド 輔仁　ヤツカッチナ エゾ

白芷
漢種ハ享保年中ニ渡ル和産ニ同シ香気多シ
和産ハ山城及大和ニ多栽ユ立春後ヨリ出芽葉ハ大葉ノ川芎ニ似
テ一寸許葉枝ヲ分チ多ク着テ二三尺ノ大ニナル皆周辺ニ鋸歯アリ
大葉ノ川芎ヨリ濶ク背ニ粟紋アリ苗高七八尺葉互生ス花ハ
小ク白ク胡蘿蔔ノ如ク繖ヲナス凡秋ニ下種スレハ三年ニシテ花實アリ
冬ニ至テ苗根枯腐ス故ニ八月ニ種ヲ下翌年ノ秋根ヲトル
奥州南部ニ自然生アリ根細ク香気多ク良シ

ヒヤクシ

○Archangelica officinalis Hoffm.
Angelica Archangelica Linn.
国ニ白芷ト云

○前記ノ如クアルト宇ハ…ニ白芷ニ一字ヲ異ナルガ如シ
但沙ノ書ニハ Angelica Anomala Lall
(A. japonica A. gray) ニ白芷ト充ルニ因テ
姑ク従之○飯本ニハ白芷ヲ…スレシト…ニ
A japonica A. gray ハ…ト充ル也…ノ…
沙ノ本書ノ後ニ可送トス

九三 ビヤクシ

白芷

蘭槐 荀子
芳草 事物異名
[名]白茝 音止又昌海切
苻蘺 別録
葉ヲ名蒿麻 雅音
[和名] 蘭茝 陶弘景注

神農 王氏彙苑
澤芬 世醫便覧
仇里竹根 郷薬本草
芳香 本経
藁 許驕切
葯 音約
葯 前名丸

三閭小玉 類聚
杜若 名物法言
仇里大根 村家方
芫 音官
白芫 龍…訣

15

九三 ビヤクシ

ヨロヒグサ 延喜式

ヤマウド 作州　サイキ 信州

カンラウ 勢州　ムマゼリ 勢州

ビヤクシ 通名

サワウラシ 古名 医心方　又蒙本ノ古名サワソラシノ名アリ

サハウド 同　ヤツカリキナ エゾ　カサモチ 輔仁本草

白芷　神薑 王氏彙苑　三閭小玉 弱耕原

蘭槐 荀子　澤芬 典籍便覧　杜若 名物法言

芳草 事物異名　仇里竹根 郷薬本草　仇里太根 村家方

〔名数〕白茝 音止又昌海切　芳香 本経　莞 音官

苻蘺 別録　虈 許驕切

葉名 蒿麻 音雁　䔧 音約

〔輔仁〕蘭蓬 陶景注　葯 前名光　白莞 雑要訣

薩摩ハ享保年中ニ傳ル和産ニ同ノ根ニ香気多シ 就テ産ハ山城及大和ニ多ク栽ユ葉ハ大葉ノ川芎ニ似テ一寸許ノ葉茂ヲ分チ多クハ肯キテ二三尺ノ大サニテ皆周邊ニ鋸歯アリ大葉ノ川芎ヨリ潤クメ背ニ粟皮アリ苗高サ七八尺葉互生ス花ハ小ク白ク胡蘿蔔ノ如ク繖ヲ為ス又大葉川芎ノ花実ニモ似タリ凡ソ秋日下種スレハ三年ニテ花実アリ冬ニ至リテ苗根枯腐ス故ニ八月ニ種ヲ下シ翌年ノ秋根ヲ采ルベシ 城州富野ニテハ多クハ肥地ニ種ヘ根大ナル故香気乏シ 和州宇陀ニテハ瘠地ニ種ヘ土力ヲ借ラズ故香気アリ 皇州引ノ勢和ノ自然ニ最良ナリ 根細クシテ香気多シ

○立春後出芽　八月下種春苗ヲ栽付テ十月ニ至テホリトル者甚ヨリ間遠ク栽ル

舶来ノ白芷ニ種アリ一種事切ト称スルハ根ノ大ナルヲ輪切ニシ乾スノミニテ是古渡ナリ今ハナシ　今ハ薬店ニテ不売

又一種 [illegible]

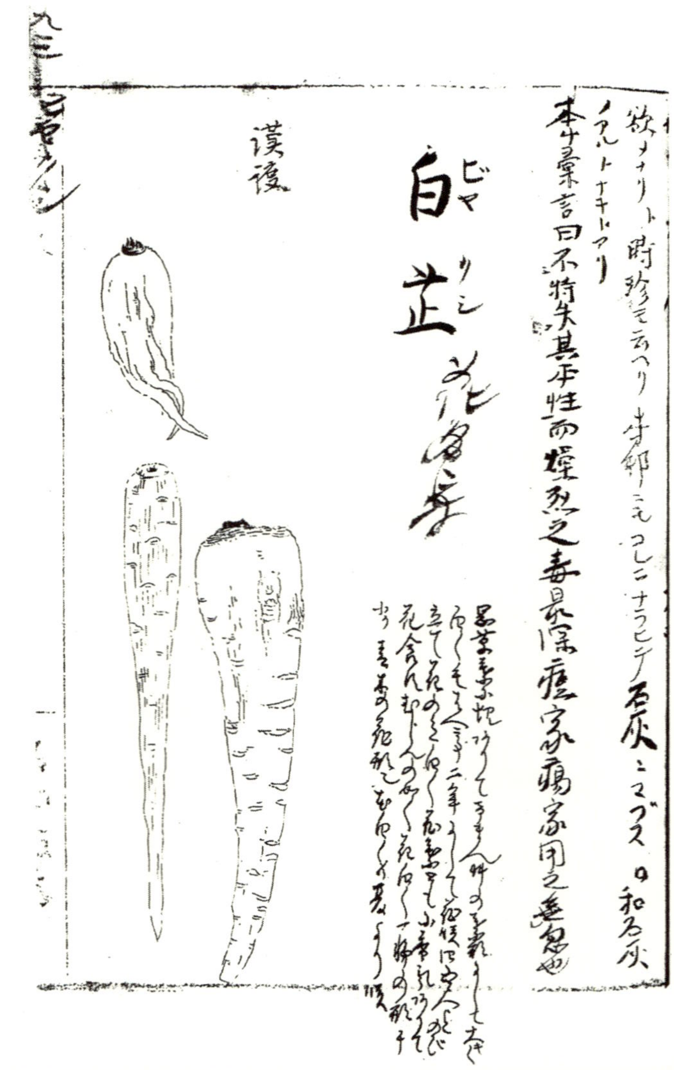

白芷雑要決云白芷一名白芝加佐毛知一云與呂比久佐本草和名引同按家語與善人居如入芝蘭之室芝即芷字此所載白芷即是芷香草故與蘭並言正作茝内則佩悦茝蘭是也簽譜止聲作芷又譜之聲作芝遂與瑞草之芝混無別下總本有和名二字本草和名云一名佐波宇止醫心方又有佐波曽良之名按本草和名藁本訓佐波曽良之白芷香已出薫香具本草云白芷一名芳香一名白茝一名虈一名莞一名苻蘺説文茝虈也楚謂之蘺晋謂之虈齊謂之茝内則云婦或賜之茝蘭釋文茝本又作芷漢禮樂志茝蘭芳注茝今白芷

按芷即茝省字猶頤字隷或作頥也後人以爲從止聲遂音止其根白色故曰白芷楚辭招魂云菉蘋齊葉兮白芷生圖經根長尺餘白色麁細不等枝幹去地五寸以上春生葉相對婆娑紫色闊三指許花白微黄入伏後結子立秋後苗枯箋注倭名類聚抄

Archangelica officinalis Hoffm.
(Angelica Archangelica. Linn.)
白芷

白芷

一名葯香草也本草出是地者良故名吳白芷陸龜蒙有採葯賦

蘇州物產志

ナ二

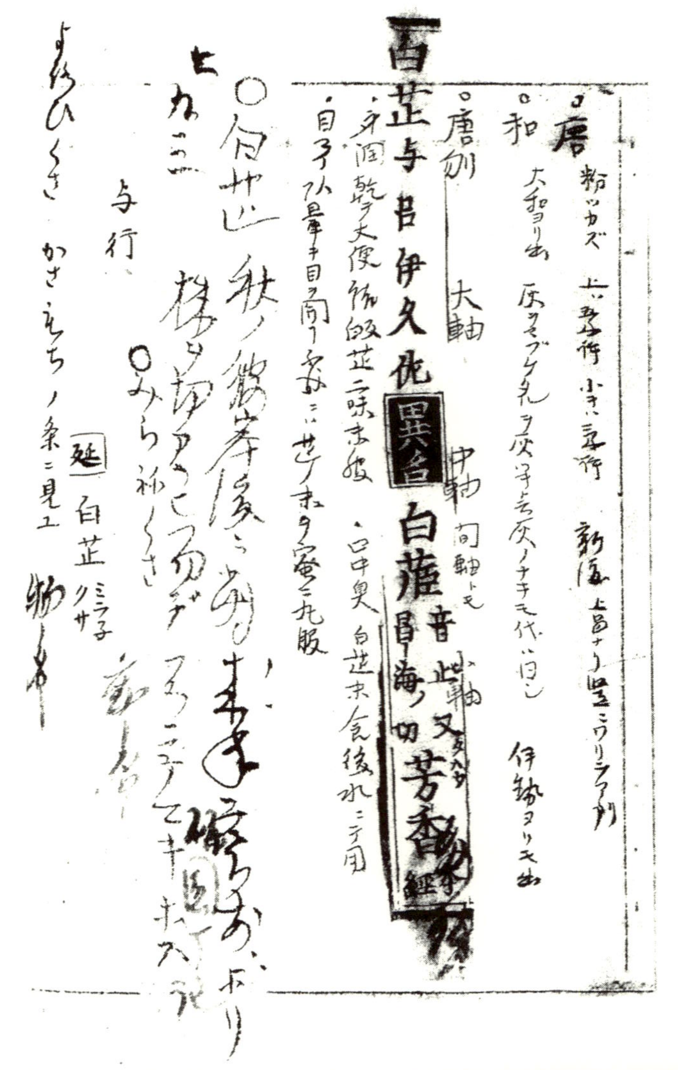

九二ビヤクシ

白芷

ヨロヒグサ 延喜式　サイキ 信州

ムニゼリ 勢州　ヤマウド 作州

カンラ 勢州　今ハ通名

一名 神薑 王氏彙苑　三閭小玉 輟耕録　蘭槐 荀子

澤芳 典籍便覧　桂若 名物法言　芳草 事物異名

仇里竹根 御書本中　仇里大根 村家方

船来ノ白芷二種アリ一種車切ト称スルハ根ノ大ナルヲ輪切ニシタルモノニテ是昔渡ナリ今ハナシ又一種吸口様ト称スルハ根細メ烟管ノ吸口ノ如シ

啓

ヒ 九三

白芷 [illegible]

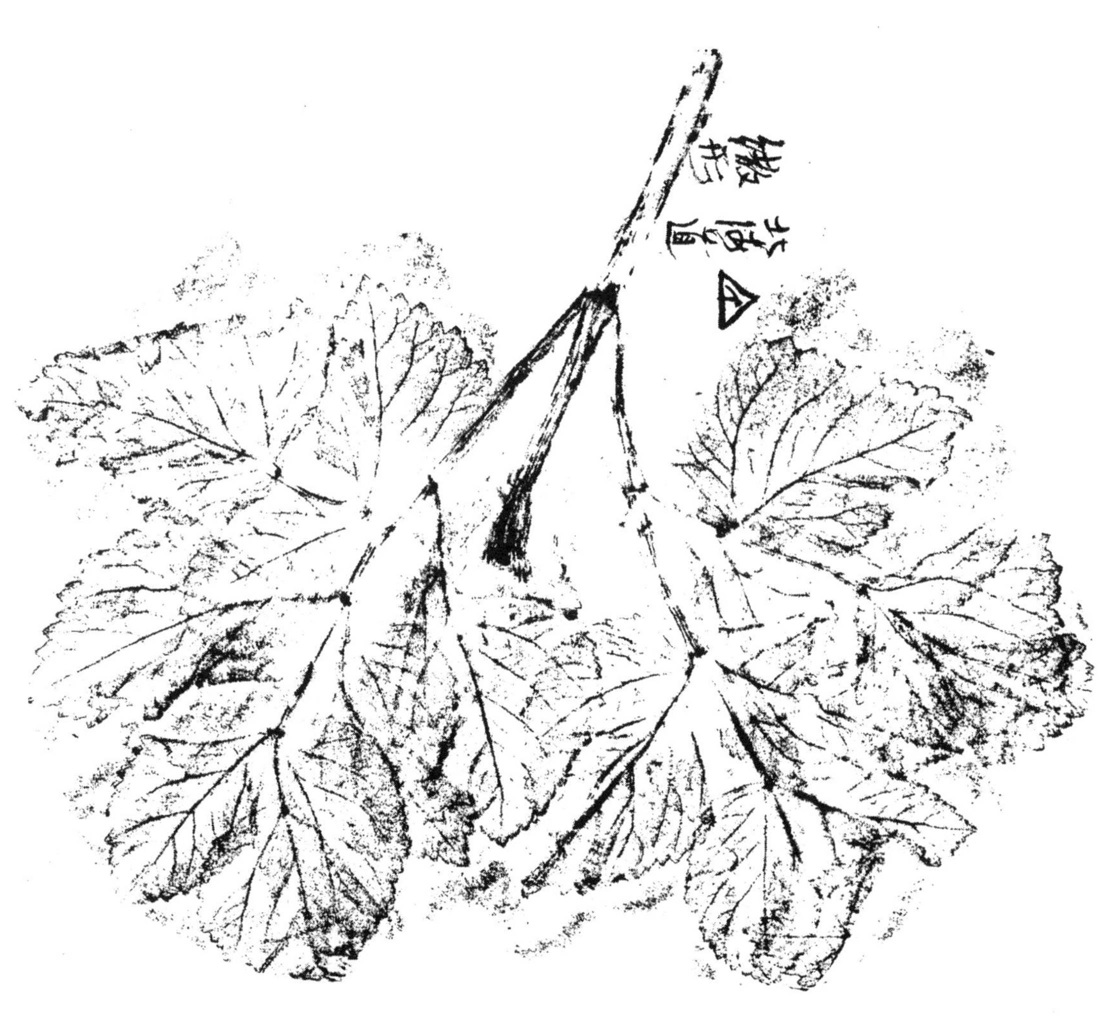

チシユキナ屬生

此草平原曠野ニ繁茂ス嘗試
まゝに其味微甘酸夷人根を
採りて苗殺のまゝ少ゝ蒸熟して獨とす
又別ニ一種煮熟してるも製して獨と合して酒を
造る 其味本邦の濁酒ニ似て之酸を發するも
亦異なることなし

竹斎峰

シーウキナ

九三七七

是上品ナリ今渡ルモノ皆此ノ三漢種ハ享保年中
ニ渡ルト云ヘリ苗ハ和産ニ同シテ根ニ香気多シ
和産ハ山城及ヒ太和ニ多ク栽エ葉ハ大葉ノ川芎ニ
似テ一寸許ノ葉枝シ分テ多ク着キテ二三尺ノ大サ
ニナル皆周邉ニ鋸歯アリ大葉ノ川芎ヨリ濶クタ
背ニ粟紋アリ苗高サ七尺葉互生ス花ハ小ク白ク
胡蘿蔔ノ如ク繖ヲナス又大葉川芎ノ花実ニモ似タリ
凡ソ秋日下種スレバ三年ニシテ花実アリ根堅硬ニシ
用ルニタヘズ冬ニ至リテ苗根枯腐ス故ニ八月ニ種シ
下シ翌年ノ秋根ヲ采ルベシ城州富野ニテ作ルハ肥地ニ
種ヘ根大ナル故香気薄シ和州宇陀ニテハ瘠地ニ種ヘ
糞力ヲ借ラズ故ニ香気アリ奥州南部ノ自然生最
良ナリ根細ク香気多シ舶来ノ白芷ニ石灰ノツ
キタルアリコレハ白芷蛀ミ易ク并ニ色白カランコトヲ
欲メナリト時珍モ云ヘリ　本邦モ此レニナラヒテ
石灰ニマブス本草彙言曰不特失其本性而燥烈之
毒最深瘡瘍家用之宜忽也

【集解】伏ハ三伏也夏至後第三庚為初伏四庚為中伏
立秋後初庚為末伏

土当帰 五
白芷 アンヂリカ　エンヂルウヲルト

白芷　和白芷ト称スル者ハ
則藁本ノ條ニ記ス者ナリ唐白芷ト称スル者鹿
獨活ハ大葷ノ葷ニ似テ葉光澤ナク葶ヲ抽テ四
五尺白花ヲ開テ如傘簇ヲナス子ヲ結テ両疊翅
有ニ似タリ能生ス生ノ三年花實ヲ着テ苗枯ル
然数皆同シ香気アリ薬店ノ和白芷ハ山城ヨリ
出ツ則然者ナリ擴軒翁懇庵子ノ和ノ白芷ノ真
種ナルヿヲ云リ獨疑ヲ故藁本白芷本草ノ説不
分明漢渡ノ者気味形状不同何ニ據テ正之

ヒ九三

○按ニ白芷ハ漢種享保年間ニ舶齎セリ、
和産ハ山城ニテ多ク作リ出ス大和ニテモ亦
栽ス亦コノ漢種ヲ以テ世上ノ通稱ナリ、
和名ハカサノチ、ウゴモリ勢州、サイキ信州、
ヤマウド作州等ノ名方言アリ、北海道ニテハ、
ガモイシウキナト呼ブ、又此蜀ハ甚ダ巨大
ナルモノモ産ス

出雲風土記郡神門　凡諸山野所在草木云々　白芷
延喜式 三十七 典薬　諸国進年料雑薬　大和国 白芷十八
斤　伊勢国白芷卅四斤　尾張国白芷十斤
下総国白芷二斤　常陸国白芷五斤　近江国 白芷
九斤　美濃国 白芷廿斤　越中国 白芷十一斤
丹波国白芷九斤　丹後国白芷十斤　但馬国 白芷
三斤五両　出雲国白芷三斤　播磨国白芷十一斤
美作国白芷十四斤　備前国白芷四斤　備中国 白芷五
斤　紀伊国白芷一斤四両
讃岐国白芷六斤

エゾ　鐵田窟カ出
ニホン　茎
此ハ厚サミ　エンゲルウチハ二ヒ一径
トアリ　一書中白芷ハ福ノ母ニ出し
九三 ヒ　名ハ同ヤハ　カムシヤガカエゾカ美

[illegible] チウヒ

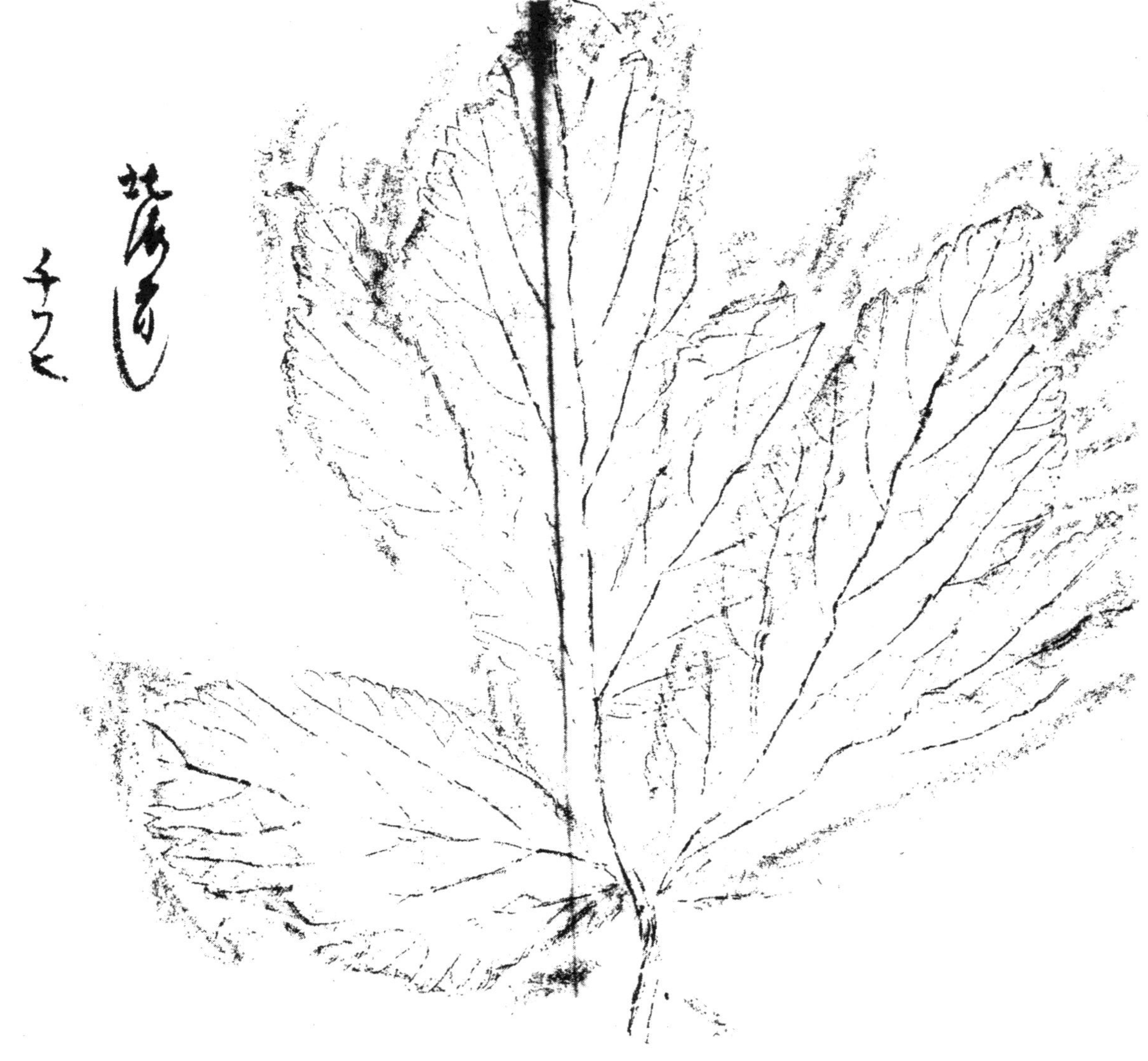

ヲ折テ生食ス其味微甘ナル故ニ又呼テアマニウトナス
状鹹草ニ似テ夏花開秋実ノル其子小茴香ニ似テ大
ニ吾師清(濡)西園公云坎華来ノ羌活ニ異ナラズ夷人又
常ニ採テ生食シ或ハ皮ヲ剥キ割テ乾貯フ最上氏曰
洋ニ中ニ北海道ノ[illegible]立枯[illegible]
ヱトロフニテ羌活ノ屬ノ根ニ草ノ實ヲ合セ醸シ麹ト[illegible]
ニ花ナシ酒ヲ造ルト云リ

松前方言アマニウ ニウ同類ニシテ茎滑沢 葉幹紅紫色ヲ帯フ 土人ユウキナト云又ミキウナ 一名チミヲイ
北海道 沼道皆アリ小児採テ皮ヲ去り生食ス土人モ生食又
乾シ貯ヘテ食スト云此物ニ種アリ一ヲ「ニウ」ト云ヒ一ヲ「シヤク」
ト云一ハ是也 諸書混シテ一種トスルモノハ非也
産地函館臥牛山
採時明治十六年六月廿六日
宮少氏記

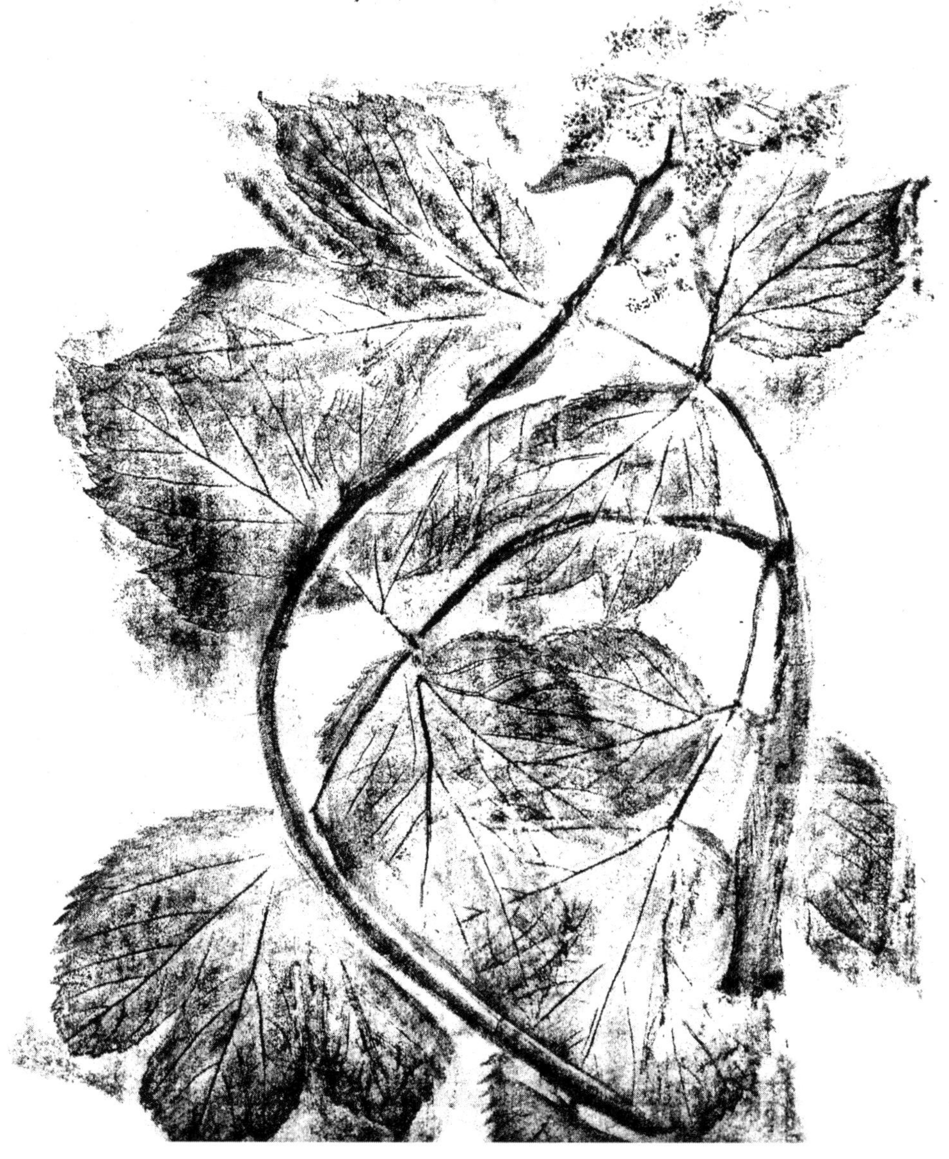

白芷
一名葯香草也本草云出呉箸地者良陸亀蒙有採葯賦
元和縣志 十六

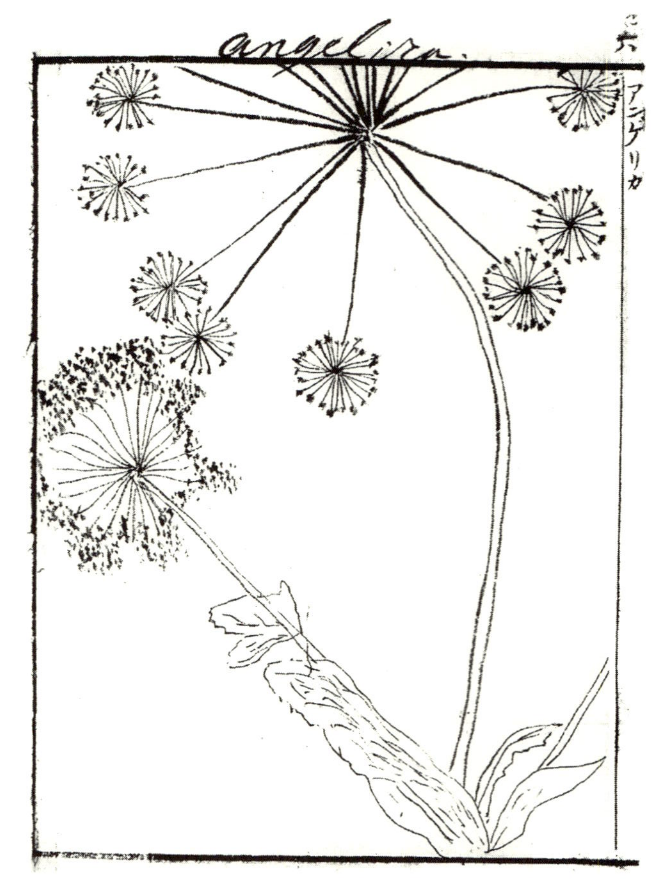

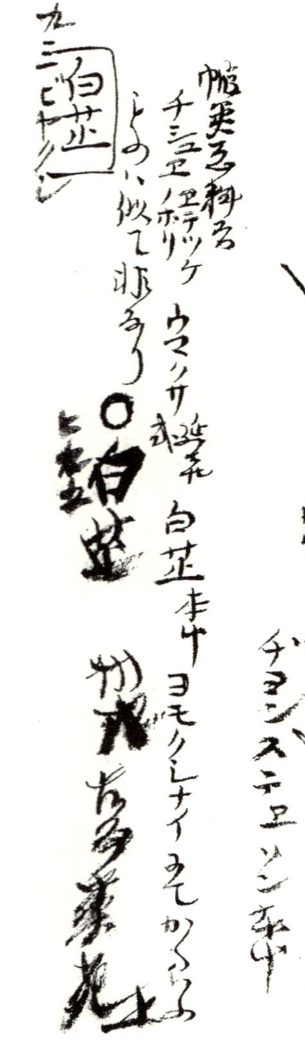

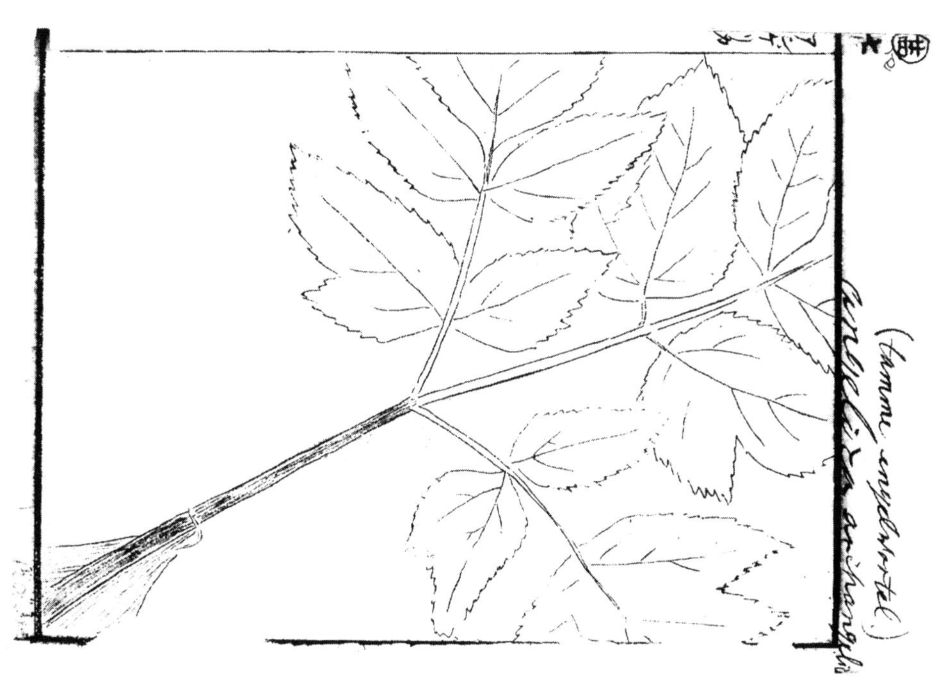

○白花山ノ蝦夷ノ猫花白
其中ニ采花ニ繁盛スル賞翫スルニ至
味微甘澀其根ヲ採リ生ニテ嚙ミ食シ
シ遊戯シテ粉ナシ又別ニ一種有
[illegible]ニ名ルヲ製シテ粉トシテ合シ可用
ナ嘗ルニ其味甚苦ク為ニヒトシ
蝦夷ヲ食ルモ亦ヨシトセルヲナシ

バア　ニーノ　葉ノ其ソノ因ナキニ一種ノ微臭アリ[illegible]
松前ヨリ西縁道里数凡二百六七十里カラフト島エ渡海口
ワラヤニテ五月上旬有此草蝦夷人是ヲ采リ戯ニ食ス蝦夷
地ニ多ク有草也
松前章文誌

○白花ノ幽子欝花白
此ノ子ヲ花ニ紫蘇ノ實ヲ試ルニ苦
味微甘酸味根ヲ採リテ其ノ葉ヲ
ハ逆ニ致シテ粉ナシ又別ニ一種アリ
葉ニ名ヲ製シテ粉ナシ合ニテ酸
ナ造ルニ其ノ味ヲ以テ醸ス由ト云フ
醸ス花ハ花モ亦之ヲナス

松前蝦夷地有草名阿麻爾于似白蓮土當歸之類
又一種草似是而葉精細如大麻葉名侈耶逼字ニ
合呼 二草土人皆作蔬食寛政癸丑歳魯齊亞國船
送還我漂民其人多収去云作醸酒草麹之料蕃壽
名字 伊吻囉玫譯曰酒草松前醫士加藤肩吾
親接蕃使所見若此嘗寄二草就於余予請人多
來識後聞漂人説其國以麥麪作餅拌二草葉罨
温處釀熟將餅蒸取如燒酒法或有加海松子薔
薇花雜香諸料者詳載桂川池田瑞醫官奉 旨
所撰北槎聞略中
近間寓筆 坤

○一 花大ナル繖花
シウキナ
カラフト島ノ内シラヌシニテ七月上旬

北海道
撥形
ピトリ

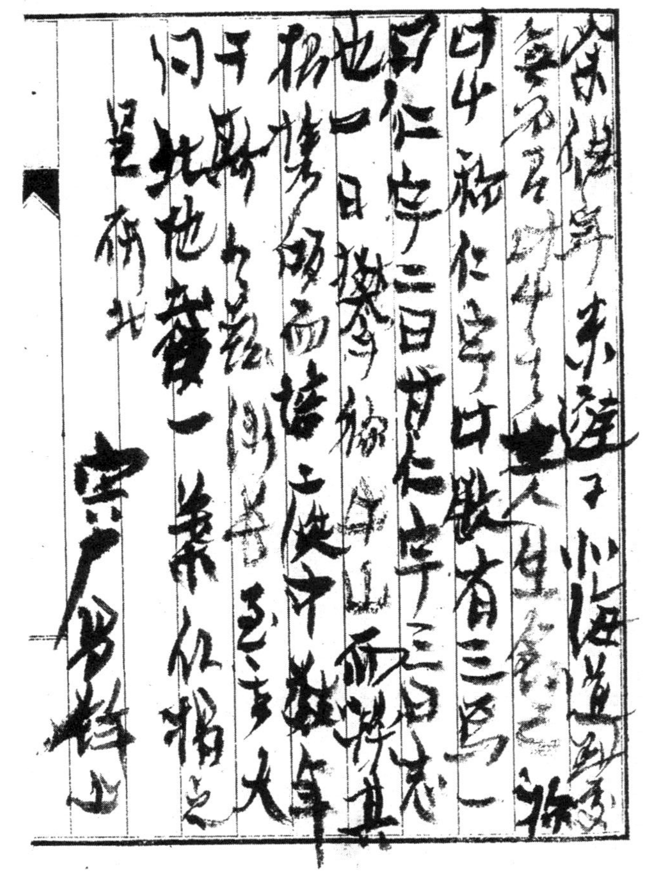

○チヒユア　処々ニ産ス゛モワラン山中殊ニ多シ救白芷ノ
東夷獨活
一種ナリ又白芷一種水辺ニ生スル物ヲヤツカリキナト云
又別ニ白芷アリ夷名未詳以上皆夷人採テ食用トス
○チシエエノボリ　エテツケウマクサ　延喜式　白芷本草　ヨモクシナイニテ
大ニカク云モノハ似テ非ナリ
ビツト　ホロマベ　ツノホリ　ツチタラ　鏡字　獨活本草　シラルカニ云ヒフキナ
及ヒイチキサニ云ヒノウヒホヤイモマタ獨活ノ属ナリ其
草本高丈餘ニナルト云ソノ一節間ニミルニ凡三尺ニ盈其
經ハ二寸許其根一塊一抱ニミテリ性味苦烈

撒白芷く

カムニヤハカ

エゾ大繖花ノ系

ヒ

九三

白芷

一名芳香　川谷下濕地有之春生葉相對婆娑紫色闊三指許花
白微黄夏結子秋枯根長尺餘白色粗細不等二八月採黄澤者
佳
辛温無毒

白芷　ヨロイ草今通名之香氣強キヲ上品トス山城郷ニ　太平府志巻十三
植ルハ肥地ユヘ香薄ク下品ニ和州宇田辺ノモノ痩地
ユヘ上品ニ今舶来ノ白芷ハスイクチデト云テ小根ヲ
干シタモノニ古渡ノモノハ車切ト云大根ヲ輪切ニシ
テアリ今ナシスイクチ様ハ上品ニ又唐種ノ白芷ハ香
氣多シ葉形ハ大概似タリ根形ハウドノ如シ和産ノ

此草平原曠野ニ繁茂ス嘗試
ムルニ其味微苦酸夷人根ヲ採リテ
米粒ノ如ク剤メ蒸熱シスルヲ製
シテ糀ニ合シテ酒ヲ作ル其味
本邦之濁酒ニヒトシク醉ヲ
發スルモ又異ナルコトナシ

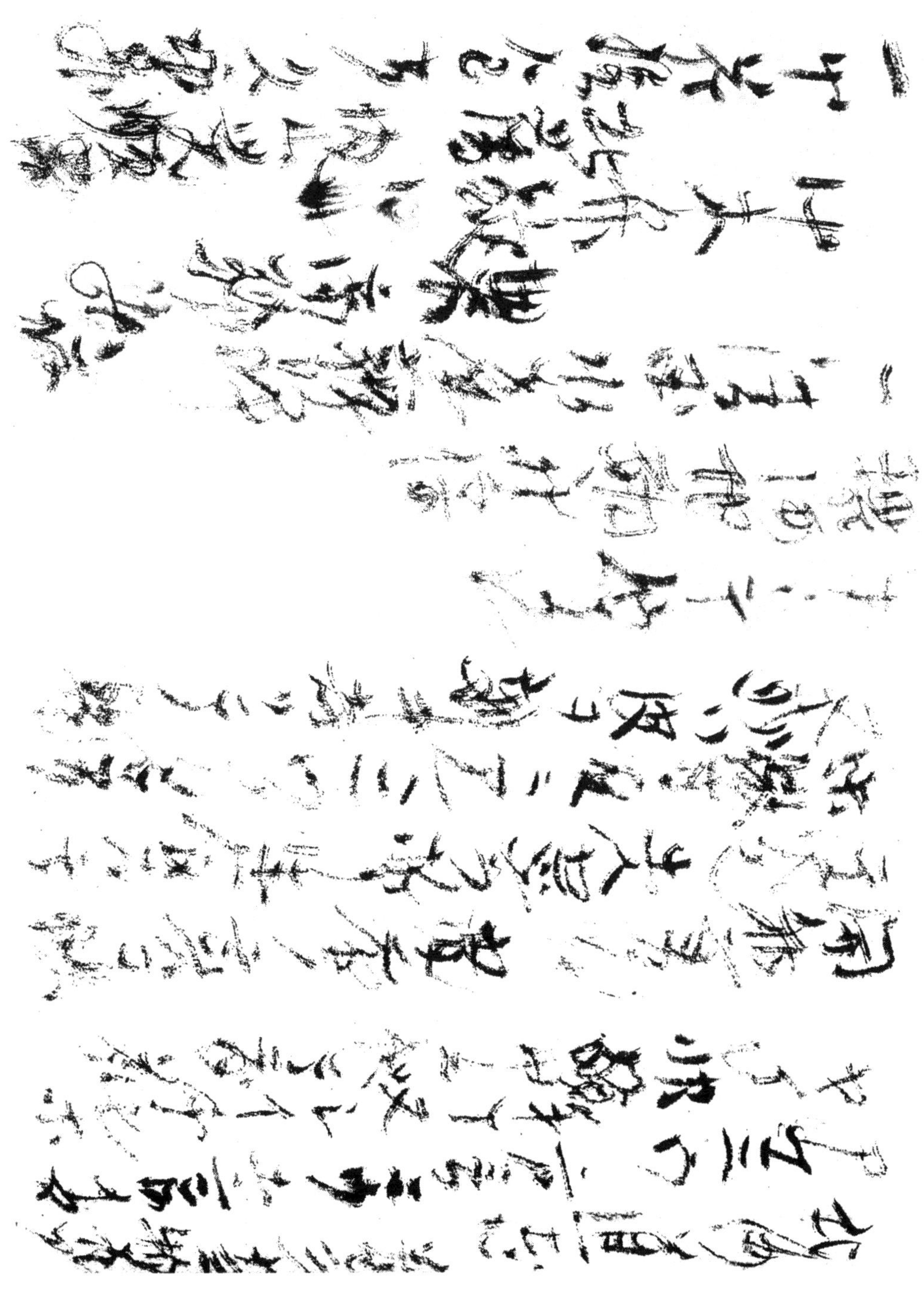

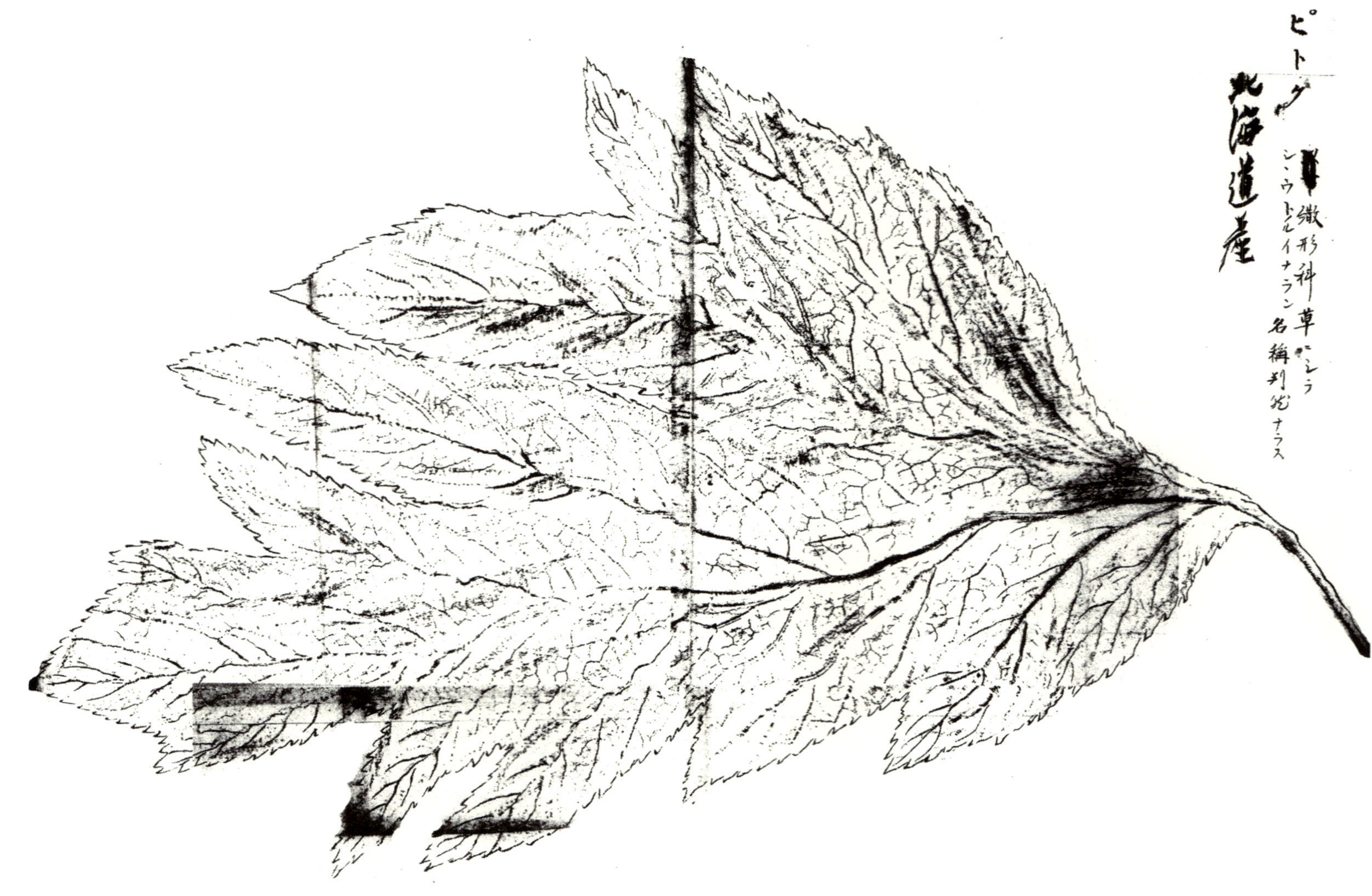
ピトグ
北海道産
繖形科草ニシテ
名稱判然ナラス

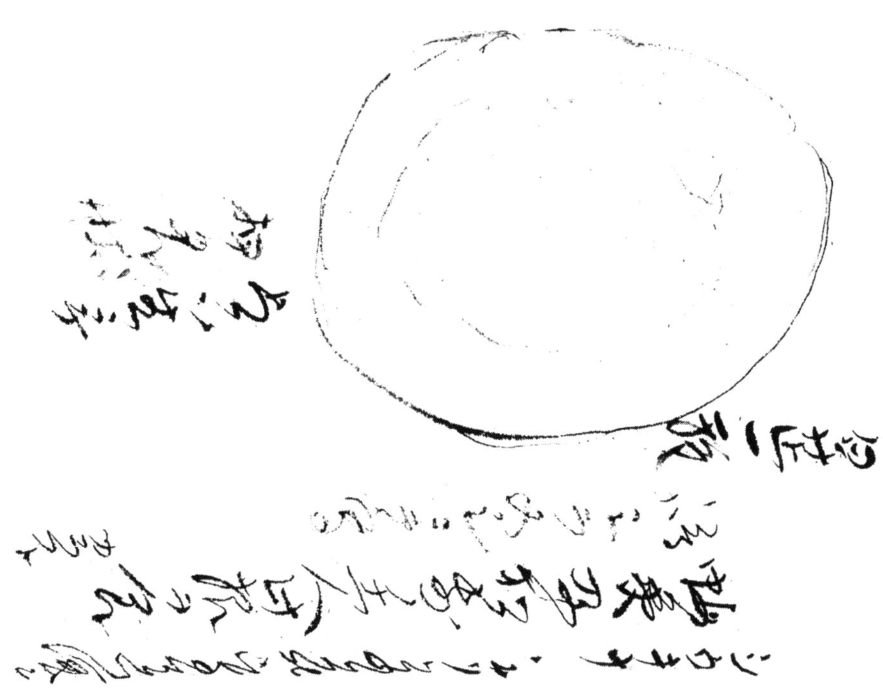

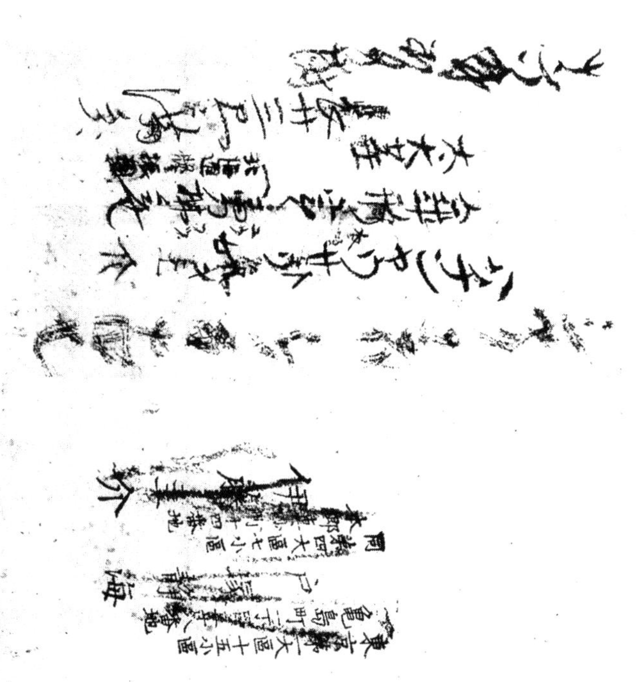

[illegible]一形

シウキナ [illegible]

[illegible]

[illegible]

カコスト

[illegible]

ハチンシヤウ廿[illegible]

[illegible]

太大華

長廿三尺[illegible]

[illegible]

東京第一大區十五小區 亀島町二丁目[illegible]八番地 戸塚静海

同 第四大區七小區 本郷真砂町十四番地 伊藤圭介

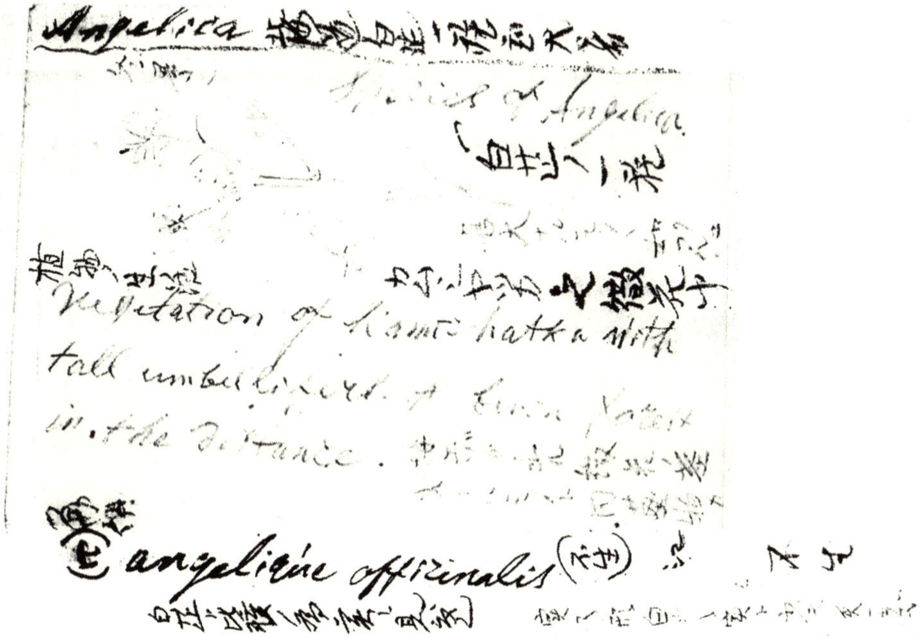

Angelica

Species of Angelica

白芷ノ花

Vegetation of Kamtschatka with tall umbelliferae. A birch forest in the distance.

angelique officinalis

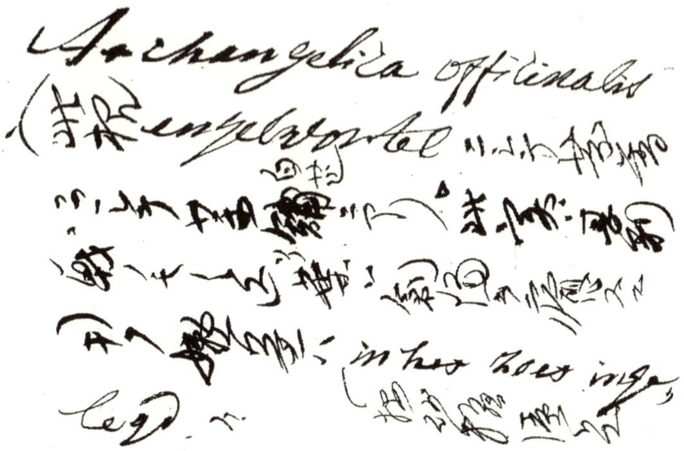

Archangelica officinalis

engelwortel

in hoo zoes ingelegd

東夷物産志　シウキナ 一名チシヤイ シヨツノ方言ニシウキナト云
漢語ニモ亦シウキナト云名同クシテ物異リ形状及性類ミナコレ
ヲ蝦夷ニウド呼フ時明夷人ハ皆食シテ倭人ハ喰ハサル故ナリ此又
羌活ノ一種ニシテ甚大ナルモノナリ其味辛苦ニシテ臭気アリ
茎ヲ断ハ白液ヲ出ス其茎大ナルハ高サ丈余囲一握ニ充ル
アリ夷人取ハ截テ矢筒ニ作リ又機織ノ具トナス節ノ隔タ
ルコト三尺許葉ノ長サ数尺其根アマニウト共ニ夷人茎ヲ取テ
生ニテ食シ或ハ皮ヲ剥キ日ニ干シ貯フ
余此物産志稿ヲ蔵セス東徼夷ノ誌及ヒ蝦夷凡俗彙纂ニ
引キタル文ナリ若シ東夷物産志仲和蔵ニアラセラルレハ

数ト徴

恩借シ誌ヒタシ
蝦夷土産　チミユキユト云草平泉時野ニ生ス當蔵サ
ヲ此味甚甘酸蝦夷人根を採りて米多く交へ茎麹ニして糀
とし又外ニ一種ホ麹ニするを製して糊と合せて酒を造る
其味本邦の濁酒のことく酔を発すること又変る事なし
此文か藤介高ノ語ノ起ル処ハ俵原本ホチミユキコト書スキ
ナカ草ト云フ [illegible]
増田柳村松前陸奥紀行　又独活の類ひよう[illegible]草ありて
太きは[illegible]

此丈稗花邑ニ属テ抄セルノミ
男婦ニ膾炙シ馴染セシ人「ミヨウ」トノミ云モノ多ケレ𪜈若干族
セシ如ク此類三種アリ其名モ種々アリ小生ノ傳スル所ハ
左ノ区別ナリ

ニウバ　シウキナ　アニエウバ　イニキナ

シヤクバ　ビツト又アル

是ニテ大概差ハサルベシ又生ニテ食スト云ハ畫ニミユレ𪜈其
食ヒ方ニヘズ茎ヲ採リテ其根際ニ方ル処ヨリ皮ヲ剥キテ
中ヲ噛ムナリ其味苦澁ニシテ甘酸然レ𪜈一種ノ臭気ア
リテ小生等ハ（其名ダケ）甩杖ヲ噛ムノ僾レルニ如カザルナリ「甘ニウ」ハ
「ミヨウ」ヨリハ其葉光沢アリテ其茎紅気多シ其味甘ニシテ微
酸臭気「ニウ」ノ如クナラズ又「ミウ」ニ比スレハ嗜好シ「シヤク」ハ
生食スルモノサミズ多ク煮テ糧食スト云

【右　宍戸昌氏稿】

Angelica

Archangelica

Archangelica

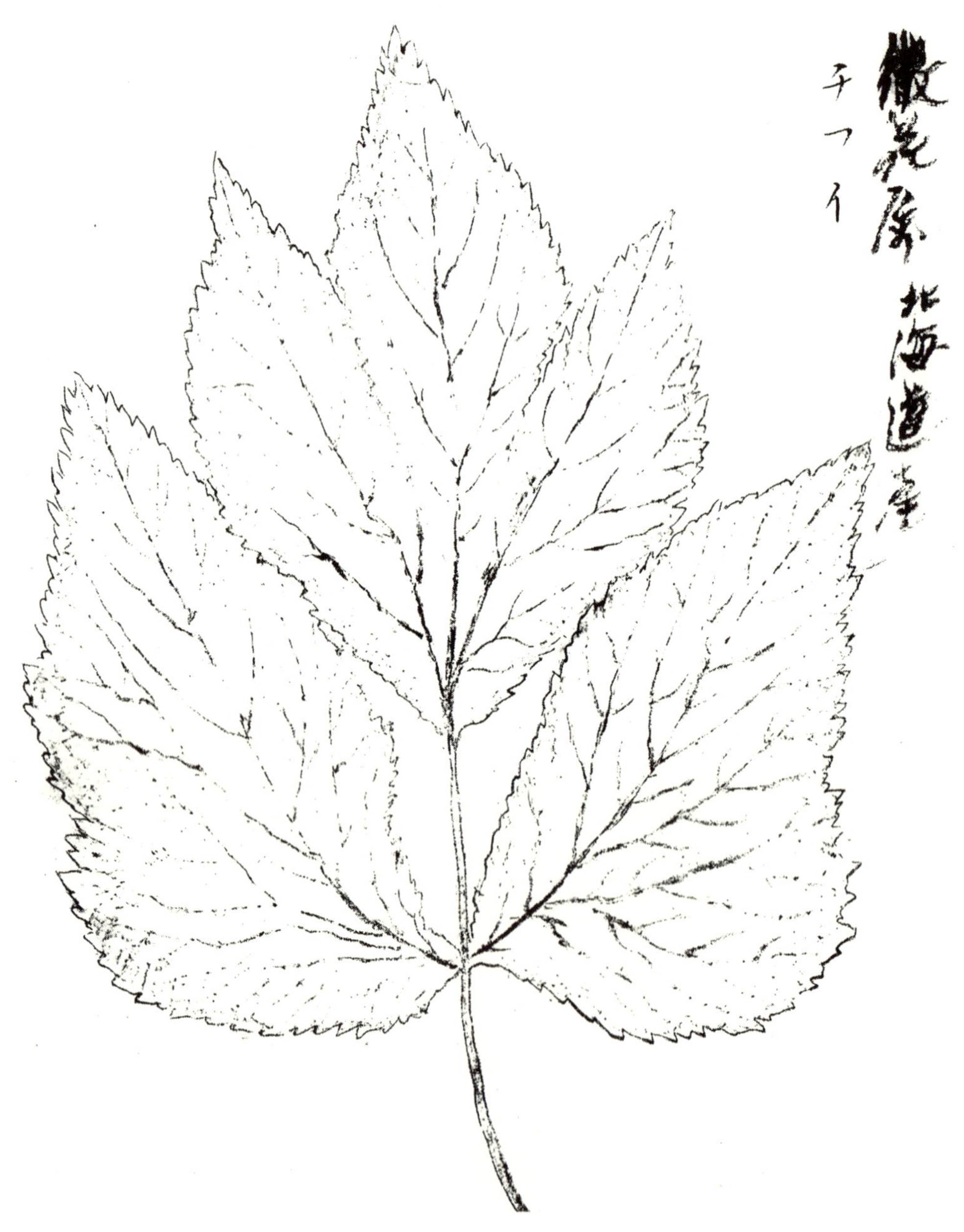
北海道産
チフイ

還ヲ採テ植ヘ増ス採
ナリ採テ此傘形ノ科
ニ那還ヲ二子採テモ亦タ
細葉ニテ白茎ニ生ズルモノ
大葉ニテ有色ナル大輪
ナモノ此三子ニ別
此ニ子ヲ下種ヲ
葉ヲ見ザル者
三月廿八日　田中芳男
伊藤先生

樺太州中木図ニシテ十ノ図アリ茎ハ紫色ニ叢リテ出ル[illegible]
樺太[illegible]茎ヲ食ス　カラフト[illegible]二三寸上ニ[illegible]
一葉[illegible]七八寸[illegible]二尺[illegible]一尺[illegible]
[illegible]樺太人皮ヲ去テ食フ

[illegible]ウ茎　里[illegible]　エゾ[illegible]松前[illegible]ヤチミチノ[illegible]

アマニウ　茎ヲ折テ[illegible]

○ヒッーホロマヘ ツノホリ ツチメラ 獨活 本草ミラルカふいふミフキナ
及ひイチキサニいふミノウレホヤイもまく獨活の属
なり其草本高丈餘ふいたるといふその一節[illegible]
凡三天ヌ盈其徑ハ二寸許其根一握一抱ふて性
味苦烈

三 偽州

・アマニウ 蝦夷中大さ長サ三尺もアリ 茶光沢アリ蝦夷紫ヲ帯ブ
生宮

・ニウ 生宮 モアリ
ニウ　こうキナ　キナシユ[illegible]藻汐草

・シヤリエ人家宮用
ニウ[illegible]
在宗戸代[illegible]海[illegible]下[illegible]

[illegible]
[illegible]
モトエソニ[illegible]

PIPER LONGUM. LANGE PEPER.

九四 ヒハツ

華茇

一名 蛤蔞 廣東新語

和産ナシ元蠻産ナリ全ク胡椒ノ一類ナリ舶来ノモノ形チ石菖蒲
ノ實ニ似テ長サ一寸許黒褐色胡椒ノ香ニ似テ味辛シ一種サツマヒハツ薩
摩華茇ト云ハ蒟醤ノ一種ニテ長キ穂ヲ生スルモノナリ又近コロ
三白草ノ一種ニ實ノ形華茇ニ似タルモノヲ以テ漢種華茇ト云三白草ニ充
非ナリ香祖筆記云痢諸薬不効華茇乳香煎服之立愈

九四

椹聖 粟耕保　蛤蔞 廣東新語

和 華撥　華茇 ヒハツ　草ノ實

ランガペイプル Langa peper
ピープルロンギユム 羅甸 Piper Longum

和産ナシ舶来モノ多シ闊サ二三分
長サ一寸餘石菖蒲ノ穂ノ如ク又榛
ノ赤楊ノ花ノ蕾ニ似タリ細実密ニ
綴リ淡黒褐色味辛シテ胡椒ノ気アリ胡椒ニ換ヘ用テ食味ヲ多ク薩州ヨリ
出スヲ薩摩華茇ト云香味モ共ニ劣レリ下品ナリ
今花戸ニ漢種ノ華茇ト云モノアリ三白草ノ夏ニ至テ葉白クナラザル

ヒハツ

モノナリ花実モ三白草ニ異ナラズ蓽茇ニ非ズ

65

ニランガベープル

ピープル ロンギュム ラ

和産ナシ蠻舶来多シ濶ニ三分長一寸余石菖蒲ノ穂ノ如ク又椹ノ
蕾ニ似タリ細実密ニ綴リ深黒褐色味辛ニシテ胡椒ノ気アリ胡椒ニ換
用テ食品ヲタスクサツマヨリ出ルヲ薩摩蓽茇ト云香臭トモニ薄
シテ劣レリ下品也

ヒカロ俗称 Daphnidium (cubeba) 畢澄茄 スミツト

華茇

一名 椹聖 蝦耕 錫 蛤蔞 唐東新語

和産ナシ船来ノモノ多シ濶サ二三分長サ一寸餘石菖(サキシヤ)蒲ノ穂ノ如ク又榛(ハシバミ)及赤楊(カリ)ノ花ノ蕾(ツボミ)ニ似タリ細実密ニ綴リ淡黒褐色味辛ニシテ胡椒ノ気アリ胡椒ニ換用テ食味ヲタスク蘆州ヨリ出スヲ薩摩華茇ト云香味トモニ薄クシテ劣レリ下品ナリ今花戸ニ漢種ノ華茇ト云モノアリ三白草ノ夏ニ至テ葉白クナラザルモノナリ花実モ三白草ニ異ナラズ華茇ニ非ズ

ヒ

同 スタールトペープル

同 キュベベ 又キュベベ

胡椒ノ類ナリ食味ニ胡椒ノ代リニ用ユ

同 畢澄茄 ペープルロンギ

紅毛語 ラングペープル

羅甸語 ピープルロンギュム

漢名 華茇

形チハ榛ノ花ニ似テ細実ヒシト着ク綱目ニハ十四巻芳草ノ類ニ出ス胡椒畢澄茄ハ三十二巻果ノ類ニ出ス雖モ二物同類ナリ胡椒ニ代エ用ユベシ

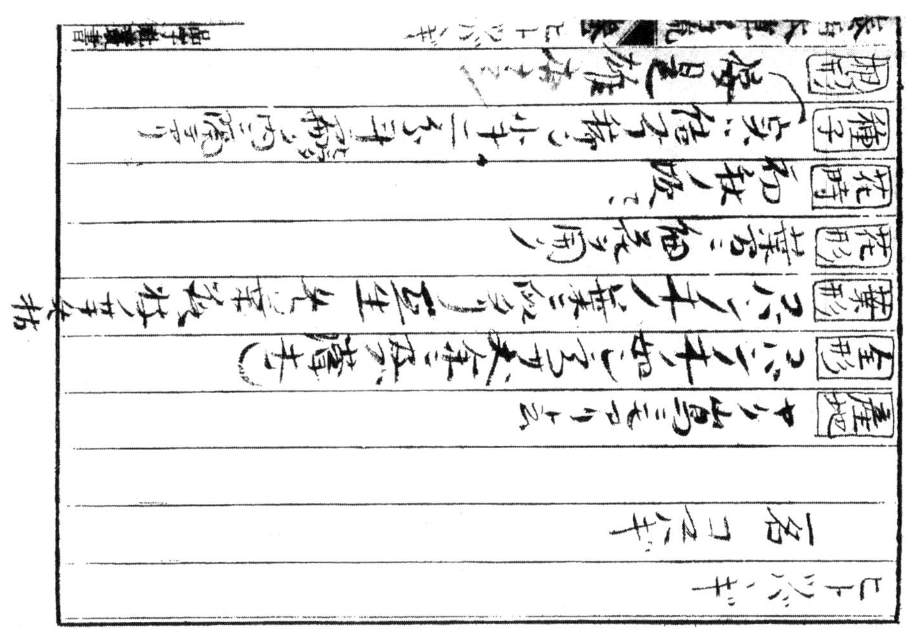

ヒトツバハギ

一名 コマハギ

産地 ヤソ山島ニモアリト云

全形 コバンノキノ如ニシテ丈余ニ及ブ葉薄キ也

葉形 コバンノキノ葉ニ似タリ互生 冬ハ葉落枝ノサキ先枯

花形 葉間ニ細花ヲ開ク

花時 初秋ノ頃ナリ

種子 実ハ結子稀ニ小キ二分ヲ三稜ノ内ニ隔テアリ

附形 按是雄花ナラン

泰西本草名疏 巻 ヒトツバハギ

品字隹叢書

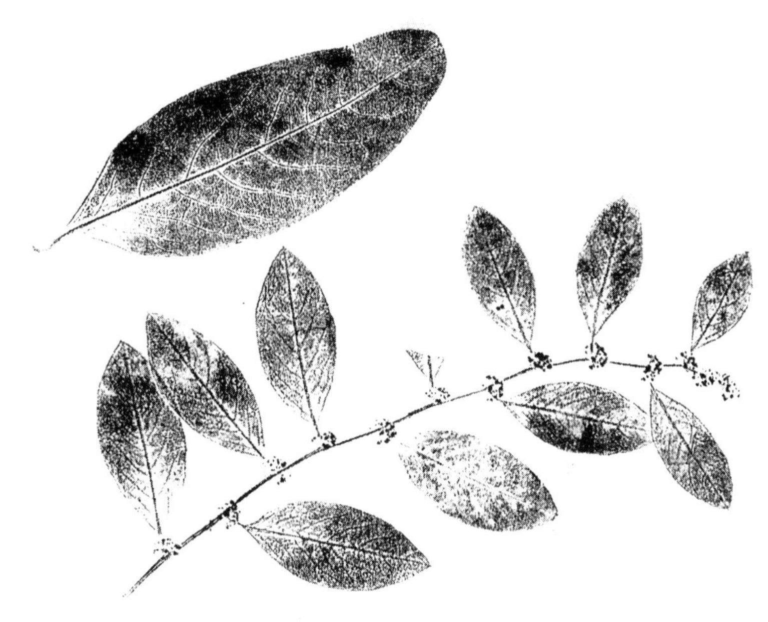

九十九　六五　ヒナノキンチヤク

七
九十五
（大こいそ）
ヒトツバハギ　或　荒濱ニ行ル也

ヒナノキンチヤク

山野ニシバノ中ニ生ス東濃ニテタケト大井ノ間津橋村ヨリ少シ東
ヘノボル所路傍北側ノシバノ中ニアリ又濃州可児郡谷戸(ヤト)村ノ
也ニモアリ二三寸ノ小草ナリ大暑ノ比淡紅ノ小花ヲ開キ扁キ莢ヲ
結ブ熟スレバニツニワレテ小黒子飛出ル

Wight ノ印度草木誌

Polygalea 科

Rotundis Salomonia cordata. Arn.
is oblong.

ヒナノキンチヤクニ酷ダ似
タリ但莢ニツ圓リ周囲ニ毛
毛ノモタリ全ク同ジトハ言難シ
一種トシテ
花色紫

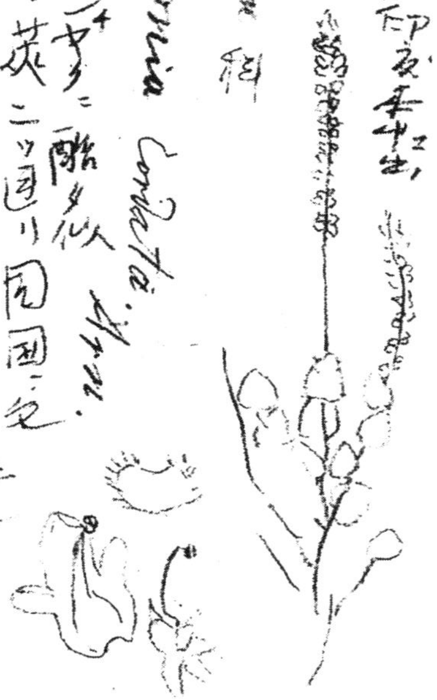

九九

Salomonia 属白ニハ未出

〇ヒナノキンチヤクハ Salomonia ニハ非ナリナカルベシ

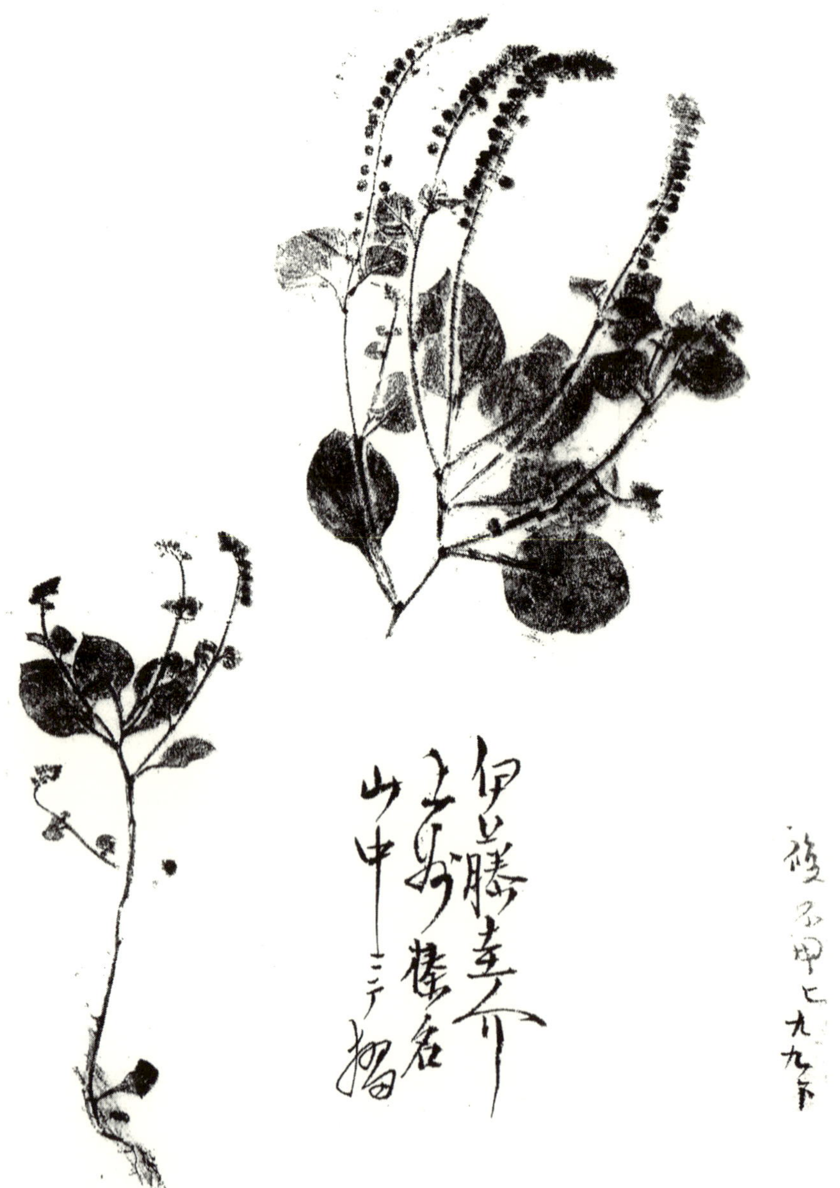
伊藤圭介
山中ニテ摺

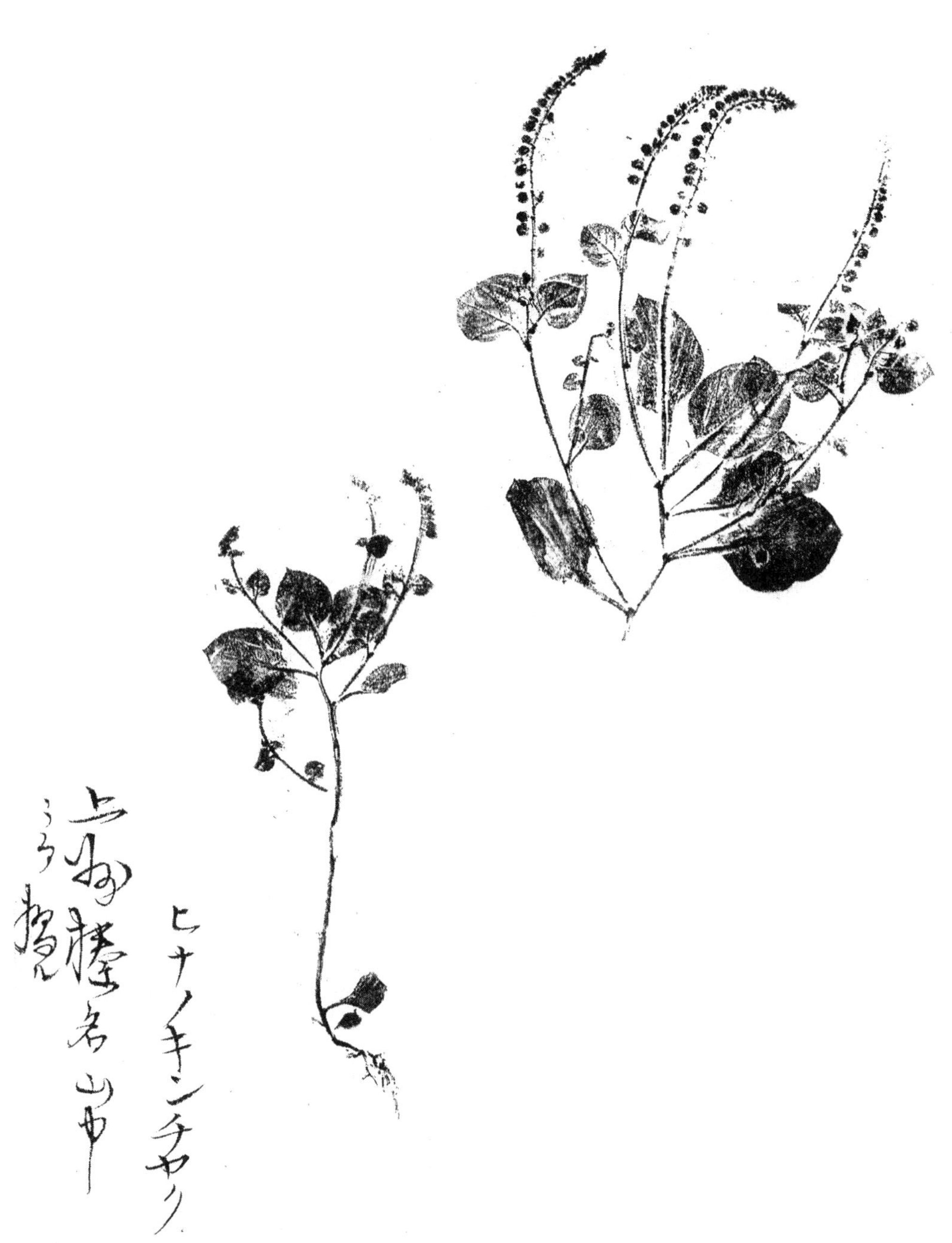
ヒナノキンチヤク
上州榛名山中

ヒナノキンチヤク
此草モ伊吹ニ浅茅原ニモ生ル者アル例
ノ雑草ニ雑リノ中ニ生ス一年生ニテ高
サ二寸許茎円ニシテ尖リ互生シ横ニ出テ
葉ヲ一方ニ向ケ着ク花紅紫色後扁円実
ヲ結ブ所ノ実熟スレバ上ハ下ニ谷ヲ堅ニ開
キ谷一子ヲ顕ハス其花甚小ニシテ肉眼ニ見
ル能ハズ顕微鏡スルニ両辺ニ大ナル弁各一ツ

一 上ニ小キ弁一ツ蔽ヒ下ニハ黄色ノ毫糟
毛アリ子房ヲ包ム其同ニ雄蕊アリ
扁円ナル堅キ子房ニシテ其上ニ一雌蕊アリ

P: tatarinowii: ヒナノキンチヤク類

「ヒメハギ」ノ花中ニ出
紫花アリ々

墨帖中ニヒナノキンチヤクニ類スル似タルモノアリ
左図品ニ属ス Polygala amiguna ト称ス
モシヤヒナノキンチヤクモ Polygala ニ属スルヤ追考スベシ

九

ヒナノキンチヤク

山野シバノ中ニ生ス、東濃ミタケト大井ノ間 津橋村ヨリ少シ東ヘノボル

所路北側ノシバノ中ニアリ 又濃ノ可児郡 谷戸(ヤド)村辺ニモアリ

二三寸ノ草ヤ大暑ノ頃 深紅小花ヲ開キ 扁キ莢ヲ結 熟スレハ二ツニ

ワレテ小黒子飛出

圭 上州榛名山ニテ采ル 主稿

二ヶ所ニ似タル者アリ九月品ニ 茅屋 腊葉中ニヒナノキンチヤク

ノ名モ記セリ 然ラハヒナノキンチヤクモ 非ズ [illegible] 出[illegible]

[illegible] Polygala ambigua 本[illegible]

[illegible] Tatarinowii, Rgel 出[illegible] ヒナノキンチヤク

Salomonia [illegible]

ヒナノキンチヤク花

[illegible] 印元 [illegible]

ヒ 九 世田ケ谷 [illegible]

[illegible]ヒナノキンチヤク

阿児郡 谷戸村邑 中村 ナラスヤ [illegible]

苩 ヒジンセウ
此八ニ一の御跡

虞美人ハ直ニ田名手城ニテタンドク)

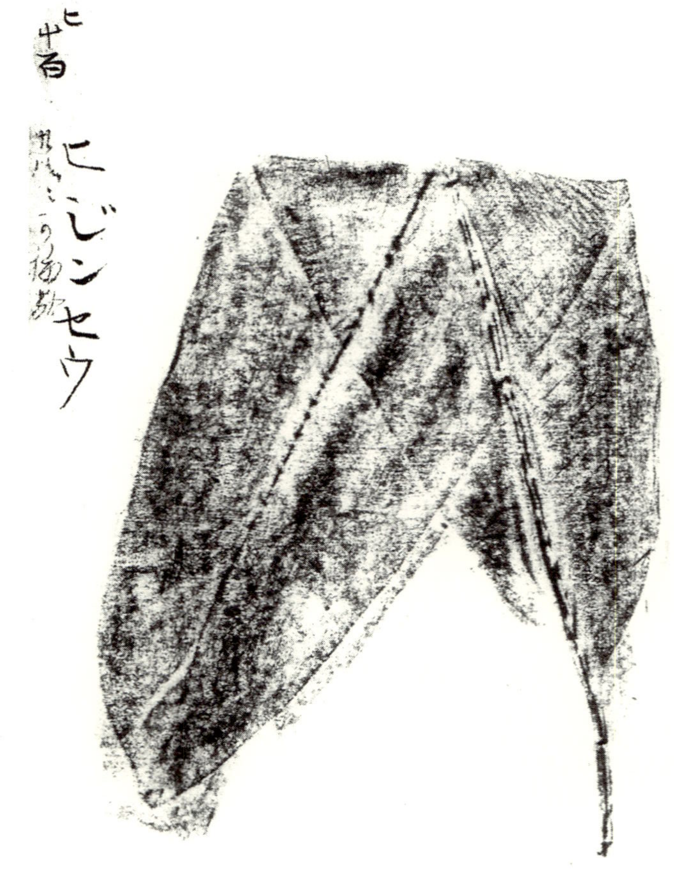

紅蕉

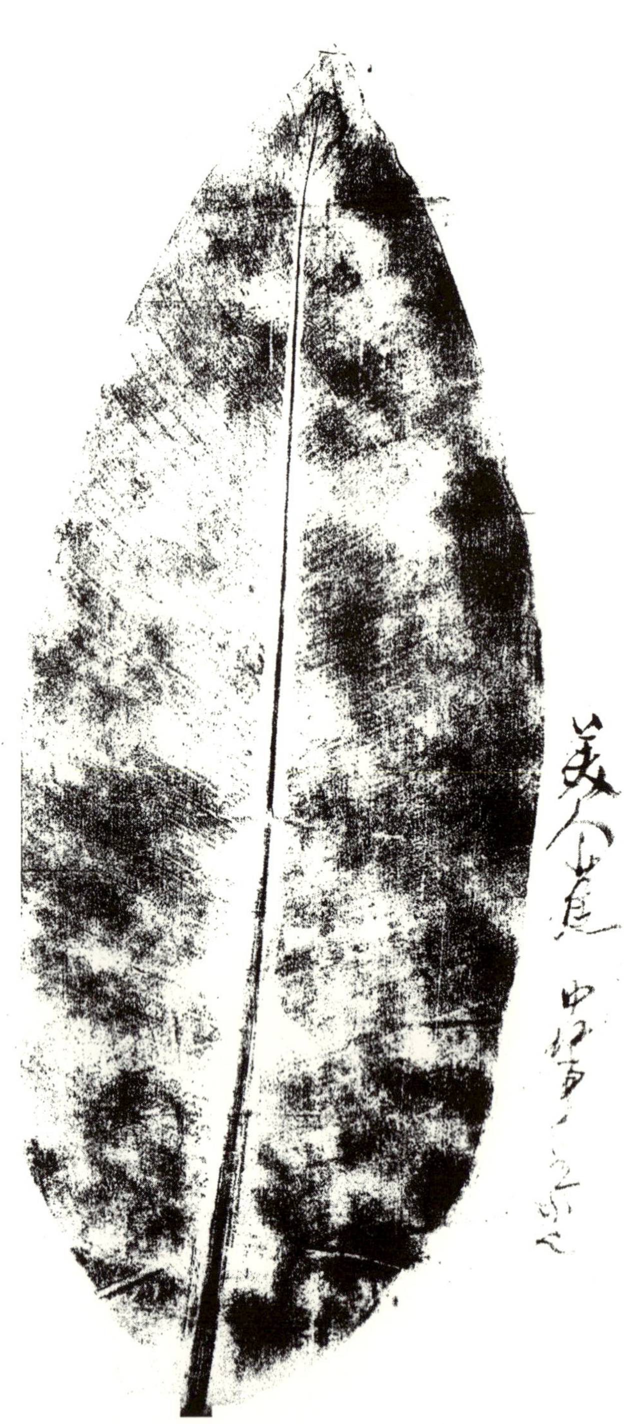

紅蕉花二種 一種盆種短蕉即芭蕉所出者據起根蒲上用油替脚横刺二眼即不長高可玩
種自東粵來者名美人蕉。其花開若蓮。而色紅若
丹中心一朶。曉生甘露。其甜如蜜。即芭蕉亦開
黄花。至曉辨中甘露如飴。食之止渴。 遵生八牋 十六

芭蕉 又有美人蕉與此不同 充州府曹縣志 四

紅蕉 花自中抽淡紅如煙而不結子 陽春縣志 西

紅蕉 俗ニ美人蕉

葉ノ形芭蕉ニ似タリ甚モ三尺許アリ
人ニモ及ブリノ年ヲ越テ三年ニ及ビテ花ヲ發ス
花形蘘荷ノ子ノ形ニ似タリ七月頃ノ絶頂
ニ梅ノメ如クノ如キモノ如ク花ヲ發ス
ノ花ノ如キモアリ赤ノ葉ノ色ヲ帯テアリ
十三肥ニハモアハ二ヲ年ニテ花ヲ生ニハモアリ花

百七
ビジンセウ
ノ…遣ルハレベシ

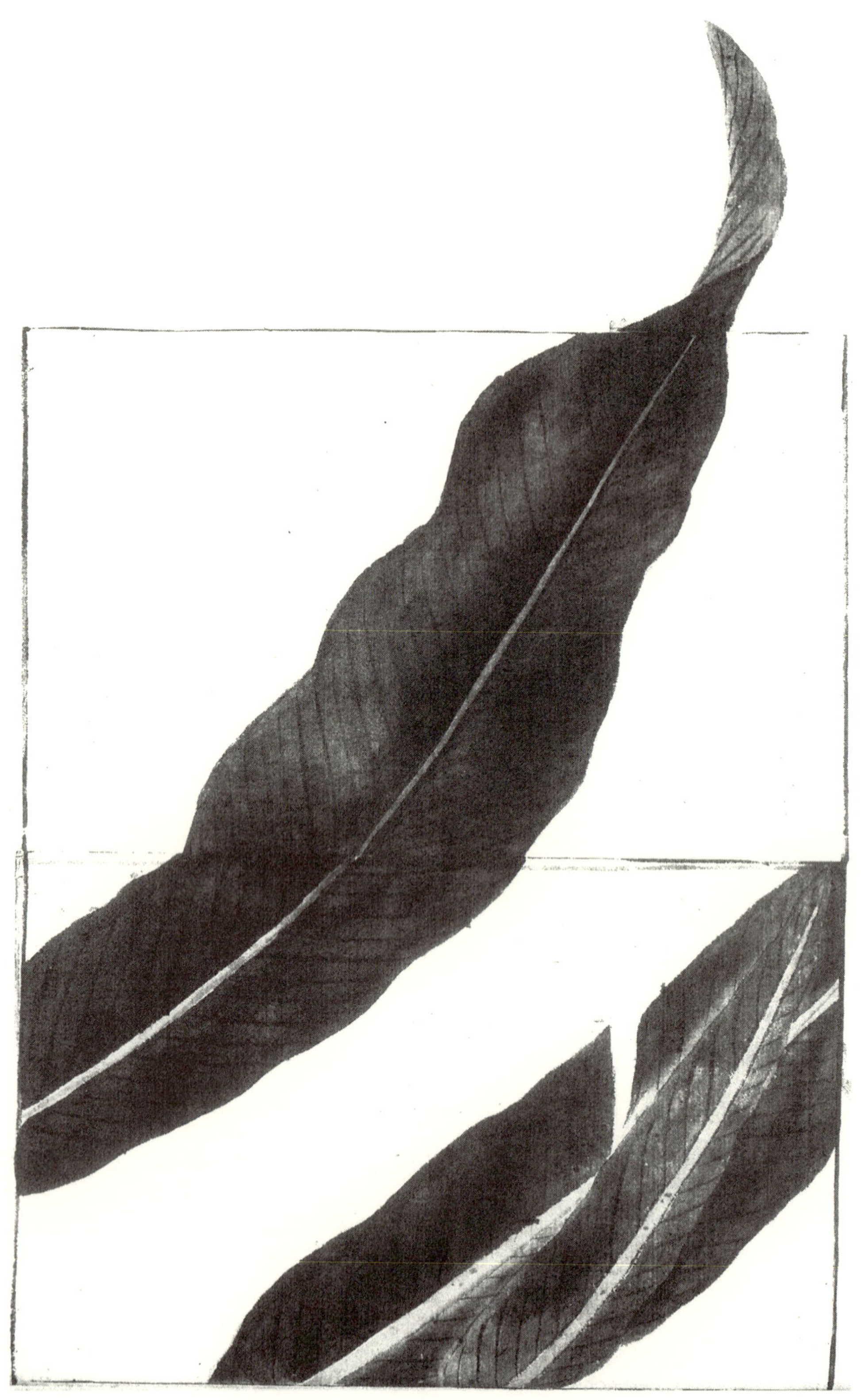

上右 美人蕉
緑蕉紅蕉声冷々枝上
一簇紅燈照晩了分明
歸有軒集 巻三十 葉丁

美人蕉 一名紅蕉 右二書
天和年中琉球より來る薩摩日向多し近年
畿内関東へ來る花紅書へ溪し然るべし 終書也
湿地を陽地にうつすへし 本草云花色正紅如ニ
サクロ
榴花ニ日折ニ下兩葉ニ 下略

ヒ
右
○美人蕉 花鏡一名紅蕉 時珍白紅蕉葉痩類蘆箬花色
紅如榴花 是芭蕉ノ小葉ニテ花深紅十八七也 爾雅名 美人蕉

Musa 美人蕉 一 芭蕉 ...

ヒ
右
美人蕉 年之芭蕉ニ似テ小也 ...

紅天上　紅八重眞サイ吹結
白天上　白　仝上

以下三十二種あり、略之

此他諸家愛玩する品種甚だ多けれども、今茲に枚擧する能はず、

橫濱清人菜舖にて鬻ぐ蓮根は、肥大にして兩節間短きもの多し、又蓮肉は、支那にては、能く煮熟し、糖を和し、專ら食用に供す、藕粉は、その製葛粉の如し、衛濟餘編に製法を詳載せり、支那にては西湖の名產と云ふ、藕粉糕は、藕粉を水に溶し、砂糖を加へ、火に上せ製す、外面には、藕粉の細末を加へ、赤小豆餡を入る、又荷葉杯は留靑日札に、一名象鼻杯、取蓮葉盛酒、以簪刺葉、與柄通、屈莖輪囷、如象鼻焉、持吸之、名碧筩酒、又㚐耕錄に、正開荷花、置小金巵于其中、命歌妓捧以行酒、客就姬取花、分開花瓣、以就飮、其風致又過碧筩遠甚、因名爲解語盃、又荷葉を剉み、飯に和したるは、荷飯なれども、荷包飯は、香粳、魚肉、諸味を、荷葉に包みたるものなり、又單に飯を荷葉に包み

たるものは、荷包白飯なり、荷葉は煙草の如く、亦呑むべし、越中にては、煎藥の代に、此葉を煎じ、喫するもの多しと、又蓮花茶は蓮花の蕊を、手指にて撥開し、茶を入れ、麻にて縛り、翌朝出して、紙に包み、焙し乾し用ふれば、香美なり、亦衛濟餘編に見えたり、

〇美人蕉

美人蕉は、天和年間、琉球より渡來し、早く薩隅二州に多く播殖し、後漸次に畿内關東にも相傳へたりと、此ビジンセウとは、通名にして、又緋バセヲ、琉球バセヲと云ふ、その芭蕉に似て小さき故、ヒメバセヲとも呼ぶ、漢名は、紅蕉、紅芭蕉、闘蕉、蓮蕉[番禺府志]とも云ふ、羅甸は、Musa coccinea Willd. にして、芭蕉科、林氏第五綱、第一目に屬そ、この花は、夏月より秋天に向ひ、色極紅にして、稍蘘荷の如く形大にして、その長楕苞相重り、鱗次し、中に大小二瓣の黃花を包む、五葉一雌蘂とす、美麗最も愛觀すべし、此花を抱く葉梗も、亦紅を帶ぶ、此蕉は甚だ塞を怯る、秋末より土窖に納るべし、本邦にては、

其實を結び難し又此葉を煎じ婦人髪を洗へバ髪を長じ脱落せすといふ

花史左編ニ自東粤來者名美人蕉其花開若蓮而色紅如丹時珍曰一種紅蕉葉瘦類蘆箬花色正紅如榴花草本花詩稿云紅蕉花一種自東粤來者名美人蕉其花若蓮而色紅若丹中心一朶曉生甘露其甜如蜜食之又益部六物畧記の贊ニ蕉無中幹花產葉間緑葉外敷絳質凝殷吟古錢詩集ニ君子竹何綠美人蕉太紅學福齋詩集ニ嶺雲連草碧船酒映蕉紅等吟咏頗る多し

○紀事

○明治二十一年十一月十一日午後一時ヨリ東京學士會院ノ第百四會ヲ開ケリ出席會員十二人缺席會員十五人中三名ハ旅行中ナリ

一時三十分ヨリ正員神田孝平東西地主考ノ演題ヲ講說シ二時二十分ニテ終結ス次ニ博士重野安繹二時三十分ヨリ史ノ話第六回德川綱吉(常

憲院)ノ事蹟ヲ講演シ三時二十分ニ至リ終ヲ告ケタリ

聽講者ノ數ハ二百五十一名中婦人三名僧侶四五名筆記者五名アリ

○前會ヨリ今會ニ至ル迄他ヨリ寄贈ノ雜誌類ハ十六冊ナリ

○本日ノ會ハ午後六時三十分ニテ退散セリ

○雜錄

墺地利帝國學術院(學士會院)勅令幷ニ職務規則　(前號ノ續)

第三章　院長及ヒ副院長ハ勿論常務秘書官モ各學部ニ關渉スルモノトス

院長及ヒ副院長ハ各當該學部ノ首座タルベシ

第四章　該院規則ニ據テ定メタル院長ノ撰擧ハ其三ケ年ノ奉務期限ノ終リニ生ズル撰擧會ニ於テ之ヲ計畫ス親任ノ院長ハ其先任者ノ奉務期限三ケ年ノ經過ノ後初メテ其職ニ就クモノトス該期限經過ノ後

源平以後、加藤君のいはれたる、武士道あるもの出來たれども、是れ亦菅子の書に所謂禮義廉恥によって約言すれば即ち禮なり、

○花史雜記 七條

理學博士 伊藤圭介

○金銀花

この蔓草は、蔓を忍冬と呼び、花を金銀花と稱す、共に漢藥の品にして、其花方めて開くや、雪白にして、老ふれば嫩黄に變ず、故に金銀花、金銀藤の名も出で、その花の相並び着くを以て、鴛鴦草、(香祖筆記 群芳譜) 又鷺鷥藤、(綱目) の異稱もあり、蔓の籬落を纏ひ、花の雪白清潔、香氣あるや、亦愛玩すべし、和名須比可豆良、(和名類聚鈔) 須比豆良、(新撰字鏡) スヒバカヅラ、(雲州) スヒスヒカヅラ、(播州) スヒハナヅル、(越中) スカヅラ、(羽州) エビカヅラ、ボサツカヅラ、の方言等あり、羅甸は Lonicera Japonica th. にして、林氏第五綱、第一目、自然科忍冬科に屬す、諸州山野に最多き蔓草にして、隨處竹木に纏ひ、舊蔓冬を經て枯れず、春に

至て新葉を出す、根上嫩苗の葉は、頗る菊葉に似たり、兩對し、莖葉毛茸あり、葉形大小楕圓、長楕圓、缺刻等、變狀一ならず、首夏葉間に花を着く、一節四花、一蒂二花、花の脣瓣深く缺裂し、上部は四つ淺く分れ、下部は狹くして分れず、五雄一雌蕋あり、花後小圓實を結び、黑熟す、此花の初め白色、後漸次に深黄に變じ黄白相映じ、花の金銀亦觀るべきを以て、査浦詩鈔に、置酒忍冬花下話別の五古に、鴛鴦不獨鴛鴦常並立、雙開亦雙謝、一黄復一白、暫不兩參差、如何判顏色、殆以迄光陰、千日成金波、等の句あり、又此花を蒸餾したる露水を、金銀露と云ふ、本草綱目拾遺云、金銀露乃忍冬藤花蒸取、鮮花蒸者香、乾花者少遜、氣芬馥而味甘、能開胃寬中、暑月以之代茶云々、又世に謂ゆる所の忍冬酒なるものは、その實忍冬を入るゝに非ずして、野薔薇を用ふ、故に野薔薇に、サカヤニンドウ、又ニンドウイバラ等の名あり、又忍冬の葉を乾して茶となし飲服す、又俗傳に之を煮て、浴湯となし、身體痂痛のもの浴す、又一種花戸にて唐忍冬、或は朝鮮忍冬と呼ぶも

美人蕉

葉似芭蕉而小花鮮紅可喜宋子京賛曰蕉無中乾花出東留葉

綠外數䌫貫迎般

漳浦縣志　四

紅蕉　一名美人蕉大和本草曰美人蕉本自琉球來薩

摩日向種之近年種織内亦近時寺院多種庭前

好事者亦愛之此草好生陽地葉似芭蕉而狹小

故俗呼姫芭蕉其花深紅而形似蘘荷花

常陸物産志　八上

集解　紅蕉　和名美人蕉ト云一名ヒメバセヲ琉球ヨリ来ル苗

芭蕉ニ似テ小ニ葉モ狭ク短シ花ハ紅ニシテ朱ノ如シ形蘘荷ノ花ノ如ク狭

瓣三寸許左右ニ互生スルコト四五寸観ニ堪タリ秋ノ末ヨリ土窖ニ入ザレ

ハ枯レ易シ

重修本草綱目啓蒙　隰草上　十

一種牙蕉子小於雞蕉尤香嫩甘美惟秋初結子

一種紅蕉葉痩類蘆箬花色正紅如榴花日折一两葉其中有一點鮮

綠可愛春開至秋盡猶芳俗名美人蕉

本草綱目　十五

百

天和手操 [illegible] 美人蕉

紅蕉 本綱芭蕉トハナミ甘蕉ト出ス日本ニモ美人蕉ト
云通名也芭蕉ニ似テ小キユヘ姫芭蕉ト云本琉球物也
京ニテ保チ難シ四五月比咲ク花ハ朱ノ如ク形チ茗荷
ノ根ノ如ク根ハ芭蕉ト同也

美人蕉 図 ニナニア ヒジニセウ

大和本草 [illegible]

実ノ美人蕉図ハダンドクト見ユ [illegible]

産福建福州府其花四時皆開深紅照眼経月
不謝
美人蕉

美人蕉 一名紅蕉漢渡ノ種ナリ芭蕉ノ別種
ニノ茎葉共ニ能似テ小キ耳高四五尺葉二三尺
許甚タ寒気ヲ恐ル十月比暖地ニ埋ミ三月出シ
肥土ニ栽数々糞水ヲ澆クヘシ旧茎不死者ハ花
ヲ兒深紅色ニノ多ク辧重サテ下ヨリ漸々ニ咲ク
辧毎ニ黄芯アリ経日テハ黄黒色ニ変ス一花久
クアリ新茎モ秋ニ至テ花ヲ抽スル氏寒気ニ向
フ故ニ多ハ不実本邦ニテ実ヲ結フ事不聞

長サ八寸余 [illegible] [illegible]無毛 [illegible] 芭蕉ノ如シ

外ハ三四弁ニ分ル [illegible] 花弁ヲ帯ハ入 [illegible]

十六花ヒラ [illegible] 次ハ [illegible] リ新葉ヲ

[illegible] 数ト似テ [illegible] [illegible]

美人蕉紅類甘蕉而細、高三五尺、花如蓮、一作石榴紅、持歸可耐數月觀、

色並榴紅、品並蓮、亭亭直上、葉如船、春回北闕、開黃

卷、涼蔭南牕、禄天不住、隱聲傳遠近、無窮生意、視

雨泉、青箋叟美芬予卷ノ待先生草太玄

美人蕉 高要縣志 卷五 花露自詠 下

綺羅紅 所在有之、花而不實、植盆盤内、高僅數寸、惟不作花

亦美人蕉別種、葉似山薑、作花成穗、甚紅、結子如黑豆而圓、頗不

芭蕉甚遠 高要縣志 卷十

美人蕉 花史左編 二

臺灣建寧州府 其花四時皆開、深紅照眼、經月不謝

臺灣府志卷之十八

美人蕉 似蕉而小、有紅黃二種

伊藤圭介稿 植物図説雑纂二百四十一

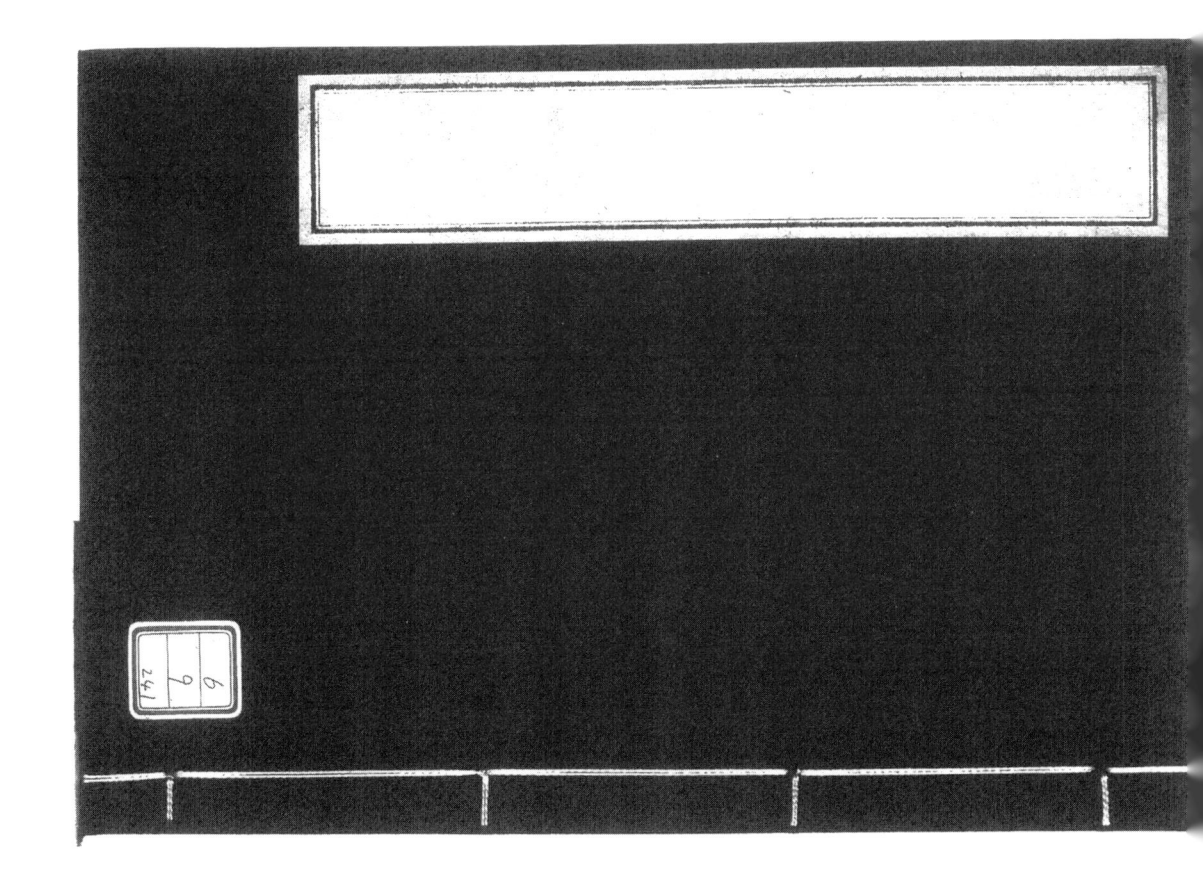

紅蕉

一名　美人蕉　蘭蕉　蓮蕉群芳譜

和名

本草綱目巻之十五時珍曰一種紅蕉葉瘦類蘆箬花色正紅如榴花日拆一両葉其端有一點鮮緑可愛春開至秋盡猶芳

三月旧幹ノ中心ヨリ葉ヲ生ス初メハ巻テ生シ長スルニシタカツテ漸ク開ク葉形全ク芭蕉ニ相似唇テ縛小ナリ葉ノ形状モ亦相似テ瘦セ細ク長サ二尺廣サ二寸五分葉茎三寸面淡緑色ニシテ脊ウスシ葉ノ本茎ヲ包茎ノメクリヨリ互生シテ三年ヲ経タルモノ高三尺余中心深紅ノ蕾ヲ生ス形棕櫚樹ノ花苞ノ皃ニ似テ色柘榴花ノ色ノ如シ長サ一尺メクリ四寸五分

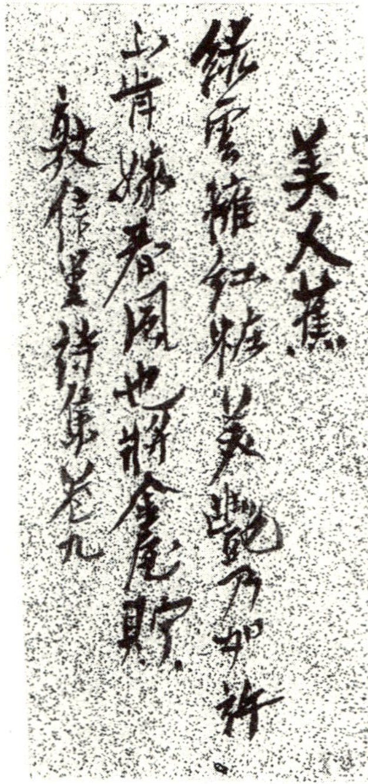

本ニ紅梗ノ小葉五六葉ヲ生ジ花苞其中心ニ出ヅ一苞長サ七寸廣サ二寸一苞開
クトキハ其裏紅子ヲツヾリ紅花アリ形状ハ芭蕉花ニ似タリ二三瓣黄ナ
ハ初ノ瓣落新蕊相代テ夕ヘス秋ニ至テ猶盛ナリ未ダ子ヲ結ブ者ヲ見ズ花ア
ル幹ハ枯ル根ヨリ又苗ヲ生ズ根亦芭蕉ニ似寒ヲ畏ル霜降暖室ニ収ム
ヘシ冬ニ枯レス

ビシンセウ

蕉無中幹花產葉間緑葉外數緋質纇殷

右紅蕉花於芭蕉自一種葉小其花鮮明可喜蜀人諸染深紅者謂之

蕉紅蓋餞其豔麗云

芭蕉花

自東粤来者名美人蕉其花開若蓮而色紅如丹

續脩臺灣府志　卷之十八

美人蕉花紅黄二種黄者在芳鮮可愛四時
不絶有高丈餘者子堅黒或作小念珠
孫元衡有黄美人蕉詩云美人名自杳
山贈珍重叢生琥珀芽纔省漢家
株好澹烟斜月見新花　言

臺海采風圖

美人蕉

大葉偏啼雨、芳心又展風、撃地動[illegible]、
上試小庭中、

唐六如　[illegible]
巻三

[illegible]、展秋色上[illegible]」
張船山[illegible]

ヒジンシヤウ

美人蕉　一名紅蕉ト云

美人蕉　天和年中舶来　[illegible]

[illegible]

美人蕉、草本　本暖地の産也　美人ハ芭蕉ニ似て狭し　夏秋の間花
を開　赤きこと朱のことし　夏中人糞を澆　十月中に掘て根
を包　唐むろへ入置　三月出して植る　[illegible]

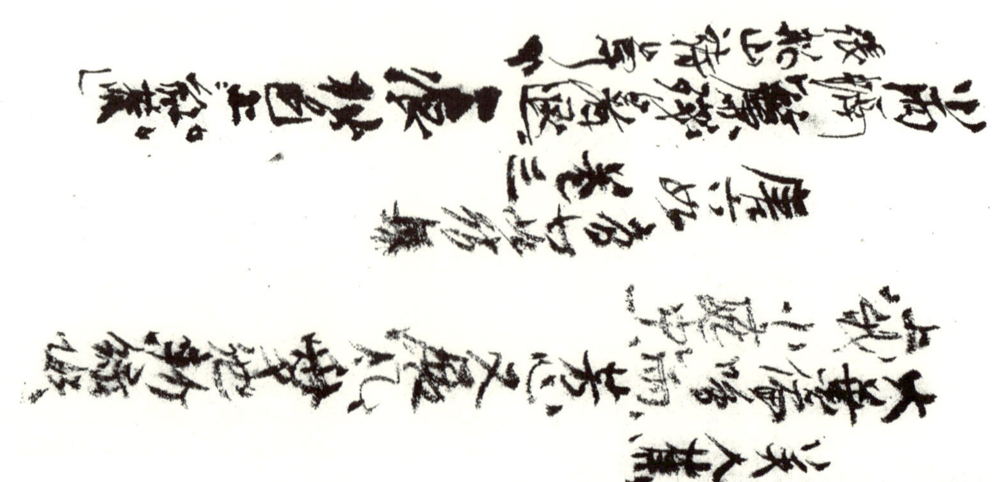

花彙抄附録巻二

美人蕉

美人蕉

美人蕉葉大而尖如箭
層攢抱梗花叢簇
蕊上尖長紅出參錯
不齊如火燄色殊紅
近蒂處帶黃色蒂
葉如豆上有黑點纍
實可爲數珠
出山叢間

美人蕉似芭蕉而小毎一茎綴花数朶深紅色結子如念珠黒円而堅　陽春縣志　西

美人蕉葉碧花紅本奥中種　元和縣志　十六

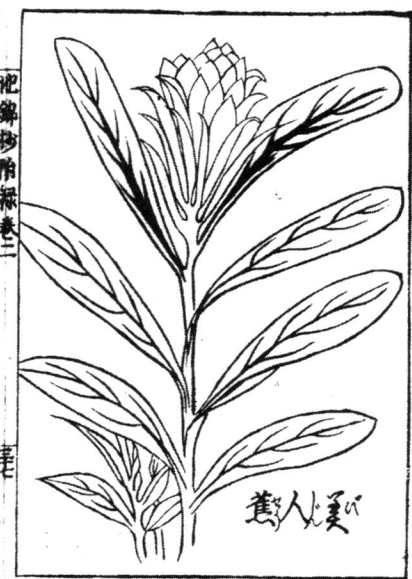

中ノ間

蝶戀花

題美人蕉

花比幽蘭紅的的、不許多開常有微馨鬟節擬芭蕉
清琵琶三分瘦有三分直　俏向金庭間佇立希與
書生塗寫汚顔色（此蕉異是　蕉葉堪書）如此芳心何處得風軽
月澹微微識

半秋詩稿地之節

美人蕉

之文詩邊山積黛穿簾緑透閣新粧拂鏡紅　義烏騰志　八

水蕉

美人蕉

コロシ

美人蕉　又紅蕉と云ふ此頃近年薩摩より出今歳同

所にも求めしを見るに葉ハはせをに似て花ハ蓮の如くよ

して紅なり其色火のごとく榴花のごとしそれより一照

みどり葉の元にありてよりひらけ然るに十月より根を

ほりとりてかめにたくはへおく春になれば又うゑやしなひ

置べし又たんどくと云ふものあり是も又紅蕉の類なる

国し此月ニ花さく

花譜

○方物略云紅蕉花于芭蕉蓋自一種葉小其花鮮明

可喜蜀人語染深紅者謂之蕉紅蓋倣其殷麗之

賛曰蕉無中幹花産葉間緑華外敷絳質凝殷

蕉無中幹花産葉間緑葉外敷絳質凝殷

右紅蕉花　於芭蕉蓋自一種葉小其花鮮明可喜蜀人語染深紅者謂之蕉紅蓋倣其殷麗云　方物略

○群芳譜

紅蕉花二種　種自東粤来者名

美人蕉其花若蓮而色紅若丹中心一朶暁生甘露其

甜如蜜」

○紅蕉花　於芭蕉別是一種葉小其花鮮明可喜俗名

美人蕉末子京方物贊曰蕉無中幹花産葉間緑葉外

敷絳質凝殷」

美人蕉通名

ヒメバセウ

漳州府志

緋バセウ

琉球バセウ

美人蕉 [illegible]

紅蕉　美人蕉

琉球ヨリ来ル芭蕉ニ似テ小シ葉モ狭ク短ニ花ハ紅ニシテ朱ノ如シ形メウガノ花ノ如ク狭雑三寸許リ左右ニ互ニ生スル丁四五寸饒ルニ堪タリ 秋ノ末ヨリ土窖ニ入レザレバ枯レ易シ

葉ヲ煎ジテ婦人髪ヲ洗バ長髪不抜落 [illegible]和香油ハゲアタマニヌレバ毛生ズ

[illegible]

花史

○美人蕉

美人蕉ハ天和年中琉球ヨリ傳来シ[illegible]

種ニ別ニ多ク播殖シ後断[illegible]決遅[illegible]

葉ニ[illegible]

[illegible]紅蕉[illegible]琉球[illegible]芭蕉ニ似[illegible]

サ三尺[illegible]四五尺[illegible]

[illegible]美人蕉[illegible]

ヒ

亭々美人蕉[illegible]

蘭蕉 蓮蕉 [illegible]

[illegible]

ヒジンダセウ

□美人蕉 ヒメバセウ
緋バセウ

「モナレ」ノ類　　リウキウバセウ　　ヒジンセウ

芭蕉花　花史左編 二

自東粤来者名美人蕉其花開若蓮而色紅若丹

紅蕉

琉球ヨリ来芭蕉ニ似テ小葉モ狭ク短シ花ハ紅ニテ朱ノ如シ形メウガノ花ノ如ク狭弁三寸計左右ニ互生スル了四五寸観ニ堪タリ秋末ヨリ土窖ニ入サレバ枯易シ

葉ヲ莖シテ婦人髪ヲ洗フベシ長髪不抜落霜和香油ハゲアタ
ニミヌレバ毛生ス

□吟香演誌集[illegible]
美人蕉大紅ノ何アリ

君子竹何編

蓮蕉　和名ヒジンショウ　ヒメバセウ

世謂梅蓮蕉俗誤呼美人蕉[illegible]

呼檀特花而非蓮蕉 詳美人蕉之條今

按臺灣府志蓮蕉花出蕉心狀如荷鮮紅

可愛經月不謝 張鷟詩云亭々清影

緑天居 菊書指[illegible]書畫 怪底[illegible]

脩竹美人顏色勝 芙蓉又甚海棠風因云

蓮蕉似美人蕉而花之大殺信絶如蓮

其花從葉中抽出無莖 花之杪微緑似

葉云 〇山本物産目録

經年

晨星三五在 遠落笙秋空 豈少知中我 終當藕子公 山[illegible]

重建草碧[illegible] 桐酒 睡蕉紅 浩蕩投胸口 經年繫斷蓬

学福齋詩集

美人蕉

[illegible]

蕉紅

紅蕉葉小而花鮮明蜀中語深深紅者謂之蕉紅蓋倣其

殷麗云

[illegible]

擁紅桜、義艶乃佳許、
不道月宮攀不得、也將金屋貯姸
義人蕉　敦信堂集 巻九

義人蕉　赬桐花畔費吟詩
見放閩嶺彩来別有姿、若使羅
翁詩也
帆當日見、儘堪寫入比紀兒
敦信堂詩集 巻八ノ廿丁也

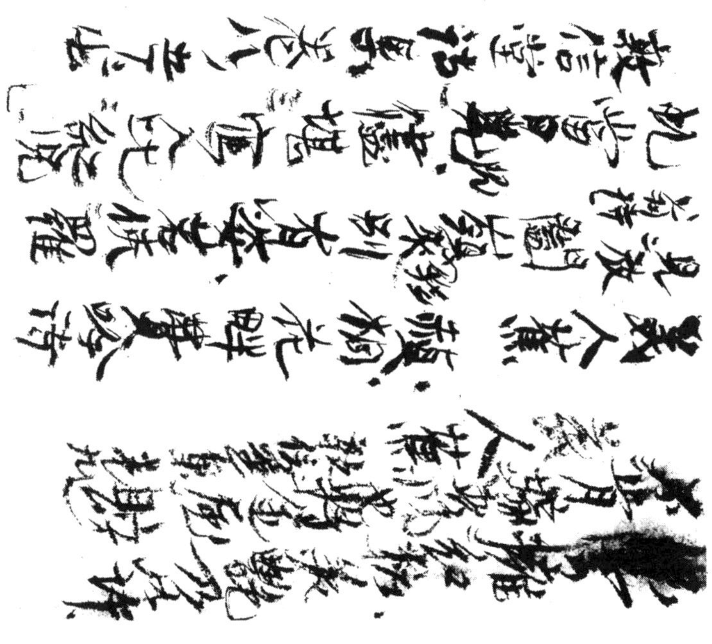

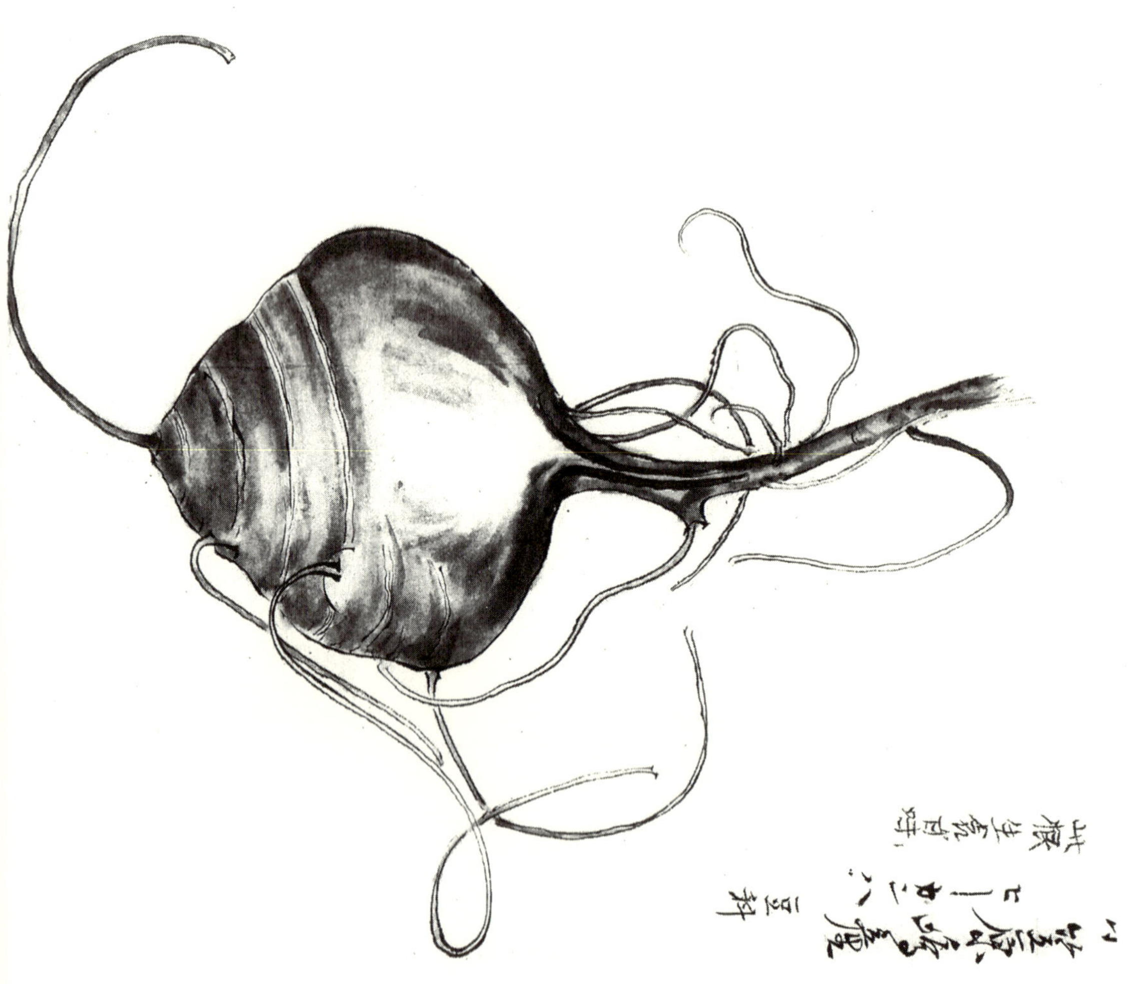

ヤマヂワウ　ノヂワウ

遠州ニモアリ山中ノ産ニハ花ホキ背ノニテ後紫ヲナシ
飛散ス五六月花アリ茎葉尾ニ軟ナル毛茸アリ

△ヒメヂワウ
花ハ黄色花形トウゴノ如クニテ大ブリナリ

ヒメチワウ　[illegible]ハ
梯原ノ陽路場[illegible]

五帝てヂワウ

ヒメヂワウ　ヤマヂワウト　同名
一名ワタナ　ノチワウ

Gnaphalium

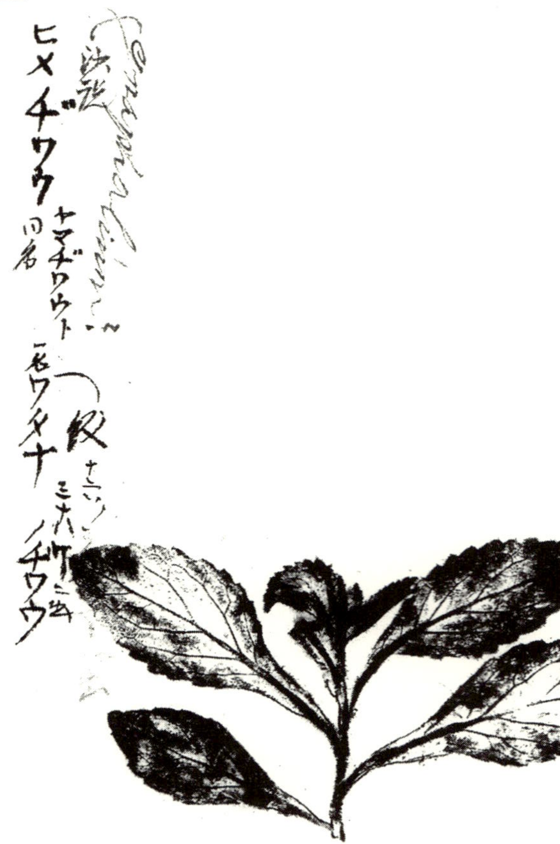

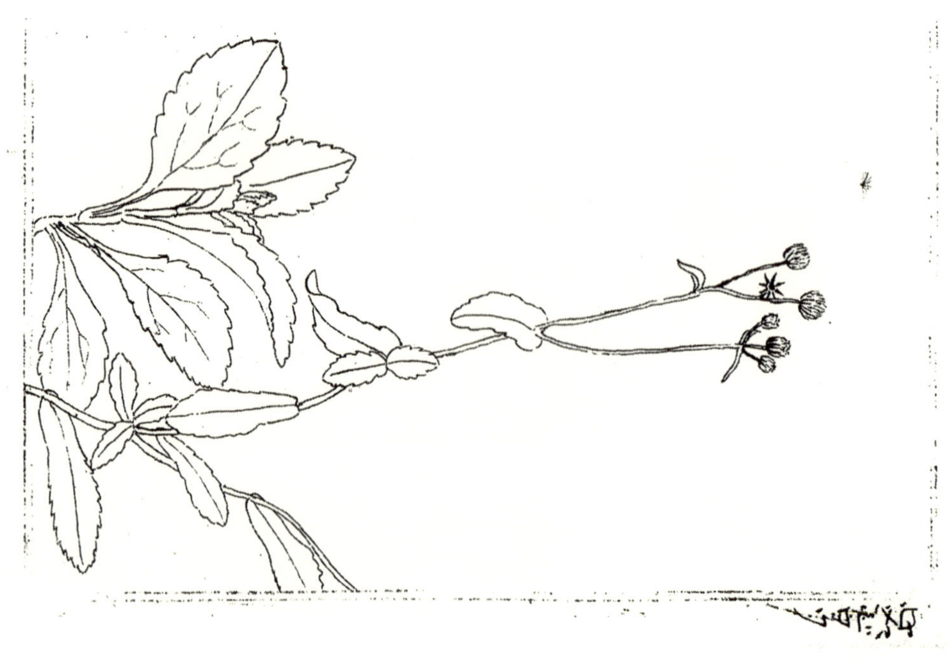

木蓮ノ一種
ヒコヅメ

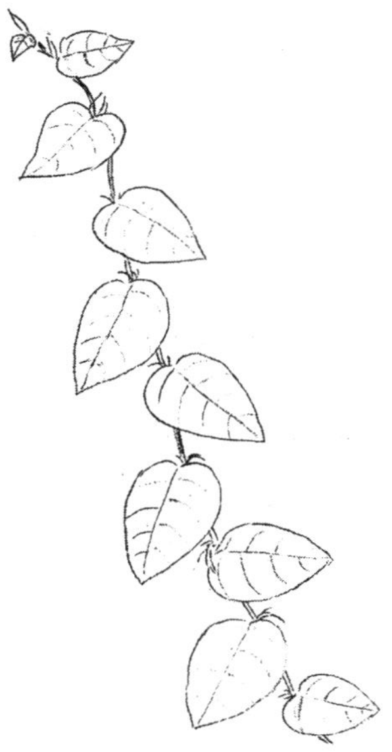

タームムラニテモノ
茎ノ高サ尺許リ葉ノ形爪ノ如ク互生ス節毎ニ
香氣アリ六月頃葉間ヨリ花咲ク其形
カニニ似テ花形異ナリ輝シ香氣ノ甚シ
キ名アリ
ヒロセ
吉記

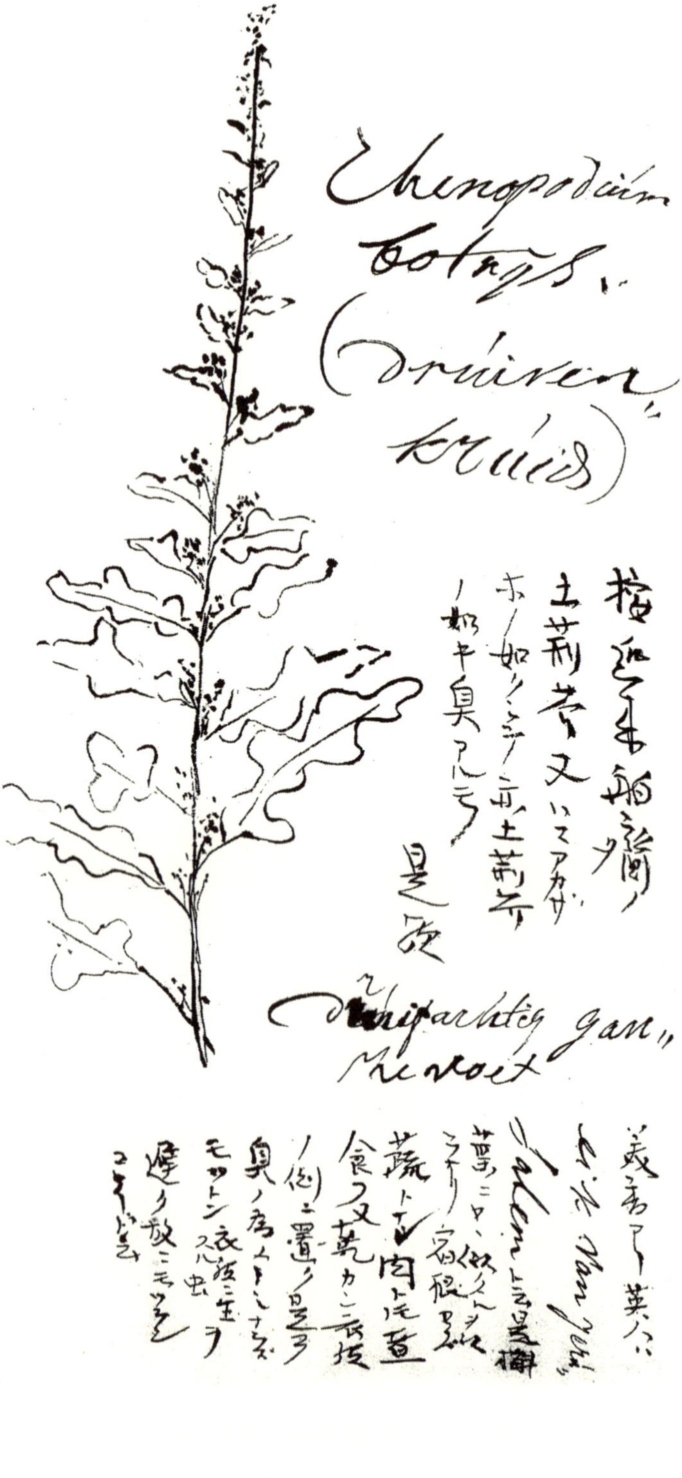

Chenopodium botrys (Druiven kruid)

按紅毛船齎ノ
土荊芥又ハマアカザ
ホノ如クシテ形土荊芥
ノ如キ臭アルヲ

(画)カヽリヤ数種アリソノ中ニ花色赤キモノ
Cacalia sonchifolia ハ紫花
牛呂 ヒメニガナ ナウズナ
名下 ヒミニガナ

(ムラサキニガナ 花日是ニガナ 葉同シ葉 天圓ノヤハリ 日是ニガナナリ 但花ハ細長ク [illegible] 此葉ハ [illegible] 形ヲ [illegible]

第六十二号　紅花菜

〇カヽリア

又名チフロラスペイントブロシトモ云フ細長キ蒂上ニ總狀ノ花ヲ着ク高サ大抵十八「インチス」ノ距離ハ六「インチナス」乃至八「インチス」ニ至ル第六月ヨリ第七月頃ニ至ル

種類

〇カヽリア、コクシニア

南亞米利加產深紅色高サ一「ヒート」六「インナス」

〇十九

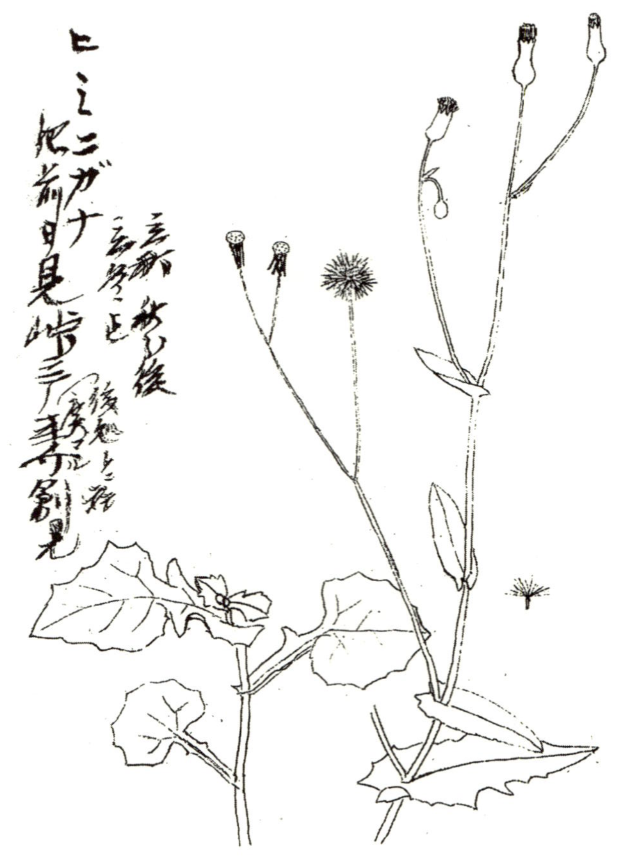

花候ハ第六月ヨリ第七月ニ至ル

〇——コクシニア、フロレ、リユナオ

黄色產國花候上ニ同シ

通計二種

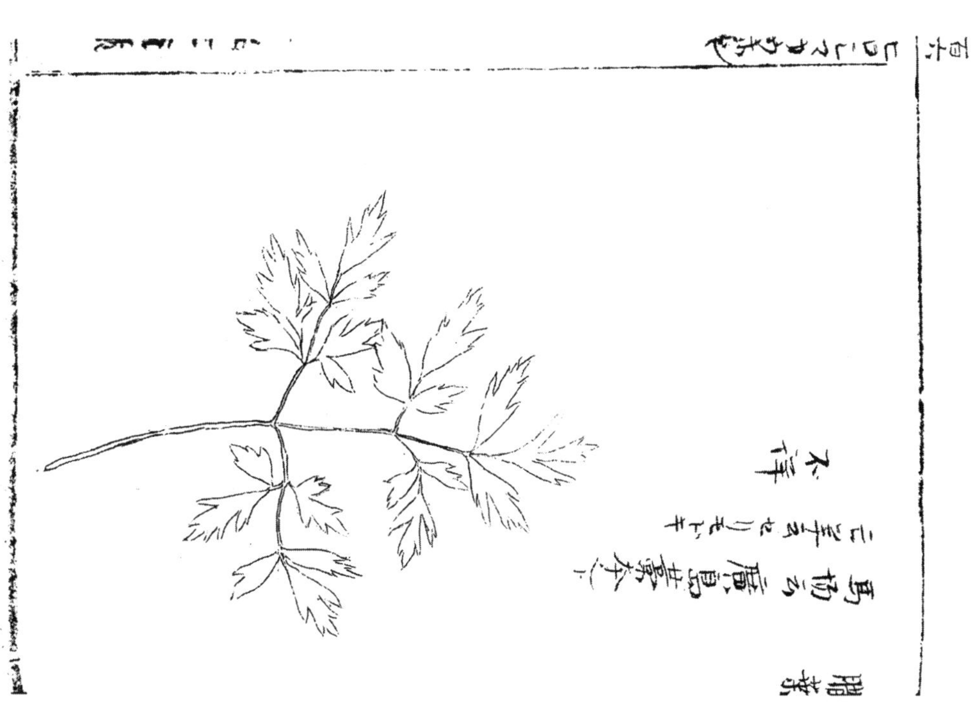

東京博物館

一 ヒヤシント　紫色　同

一 ヒヤシント　藤色　同

一 ヒヤシント　フローテア　同

一 ヒヤシント　早花白色　同

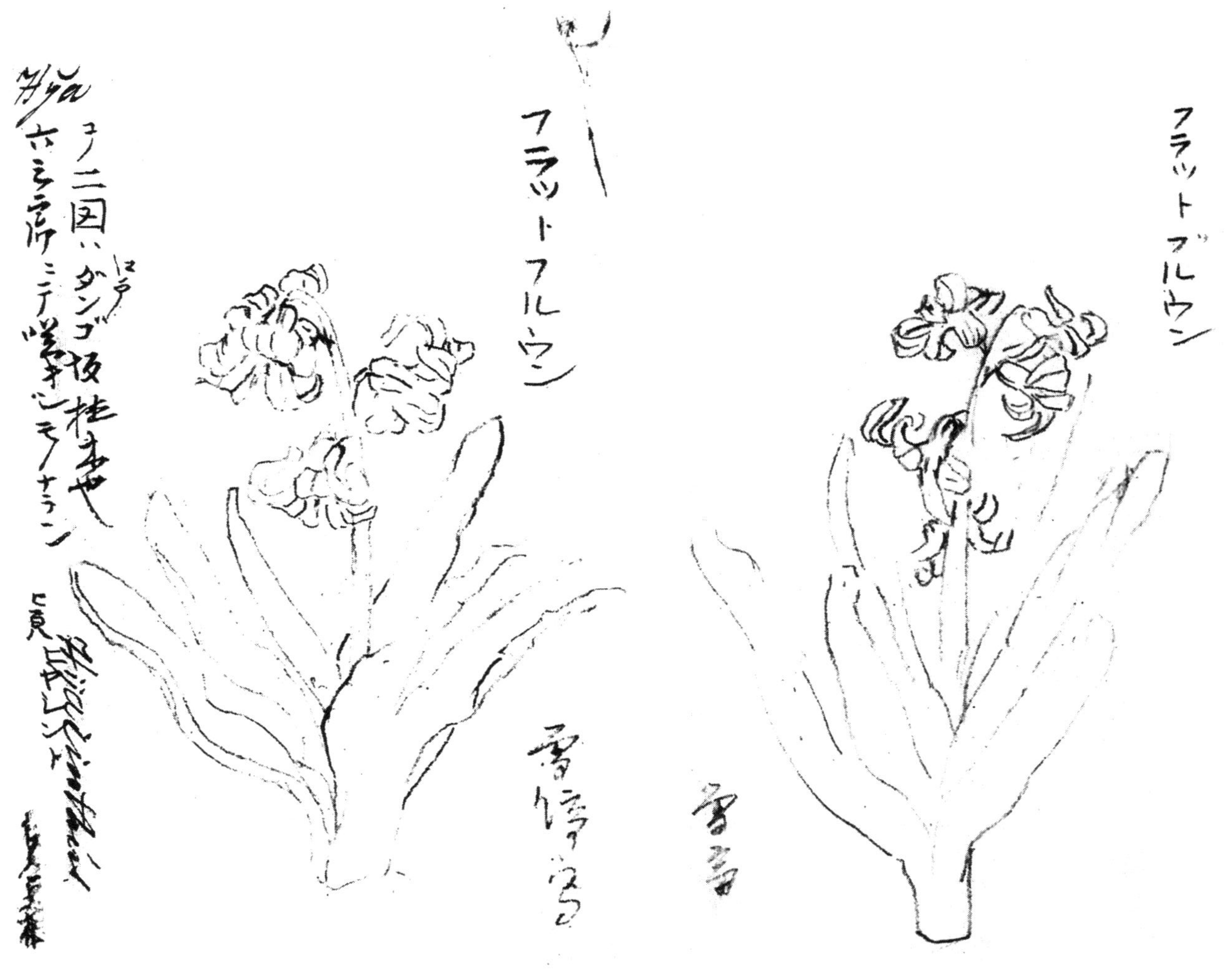
此二図ハ江戸ダンゴ坂植木屋
六三郎所ニテ咲キシモノナラン
フラットフルウン
フラットブルウン

卅九

一ヒヤレンド		同
一ヒヤレンド	重辨大花	同
一ヒヤレンド	重辨絮白大花	
一ヒヤレンド	藍碧色	同
一ヒヤレンド	黄色大花	同
一ヒヤレンド		同

ヒヤシントウ

○ヒヤシントウ　花風信

明治年間舶来五六年前一根壹円七八十銭モノナリシカ近来安クナリタリトソ

○ヒヤシントウ

ヒヤシントウ　花風信

明治年間舶来　五六年前一根壹円ゟ七八十

銭ノモノナリシカ近来安クナリタリト

明治十四年三月四日
伊藤圭介献備根鬚目録

一ヒヤシント	八重	紅	壬
一同	単	黄	辛
一同	八重		甲
一同	同	碧	己
一同	同	白	戊
一同	同	白	丁
一同			丙
一同			乙

東京大學 法学部 理学部 文学部

一同 甲号は印

以上九種

ヒヤシント 紅花白花黄花紫花碧花等ノ数種アリ二月ニ葡萄花ニ似タル花ヲ開ク 室ニテハ極月ヨリ花ヲ発ス 葉ヲ出ス

ヒヤシント オリエンタリス

ヒヤシント

舶来ノ種ノ白花アリ黄花紫花ノ数品アリ

二月上旬ヨリ花茎ヲ出ス 極月ヨリ花咲

ヒヨリ八 抽キ葉ヲ出ス

ヒヤシント　六編目　百合科　(百)

Hyacinthus.

Hyacinth.

千八百七十四年ノ種子目録ニ図説ス詳ナシ

(ルこ)ニハ科目 Asphodeleae トセリ

雅風信科(?)

SINGLE YELLOW
HYACINTH.
Heroine.
Primrose, large compact truss.
FROM
B. K. BLISS & SONS'
SEED AND HORTICULTURAL WAREHOUSE,
No. 34 Barclay St.,
New York.

HYACINTH.
Madame Zoetmans
FROM
B. K. BLISS & SONS'
SEED AND HORTICULTURAL WAREHOUSE,
No. 34 Barclay St.,
New York.

DOUBLE WHITE
HYACINTH.
Triumph Blandina,
Pure White.
FROM
B. K. BLISS & SONS'
SEED AND HORTICULTURAL WAREHOUSE,
No. 34 Barclay St.,
New York

(イ)

ゟ 伊藤図説
伊藤篤太郎稿「遠西舶上画譜」（安政二年稿）集

フラグトフルノム　香花

全壊花ト云フ花戸ノ名 満モ三分(?)

葉ハ玉ニ似テ 花モ玉ナリ 水仙ノ如シ

白色 微香アリ 中心ヨリ茎ヲ抽

キ 其花ヲ開ク 形モ丹ノ如クニ(?)

同 紅花

紅花ノモノモ 紅色ヲ出ス 錦壊

花ト云 ○右ヒヤシント二図ハ 余カ家ニ蔵スル所ノ(?)

白いヒヤシント

百合科

チユルプ　ぎ　同

Tulipa sp.

チユルプ　重瓣斑色　同

Tulipa sp.

チユルプ　重瓣白花　同

Tulipa sp.

一　ヒヤシント　同

Hyacinthus orientalis

同

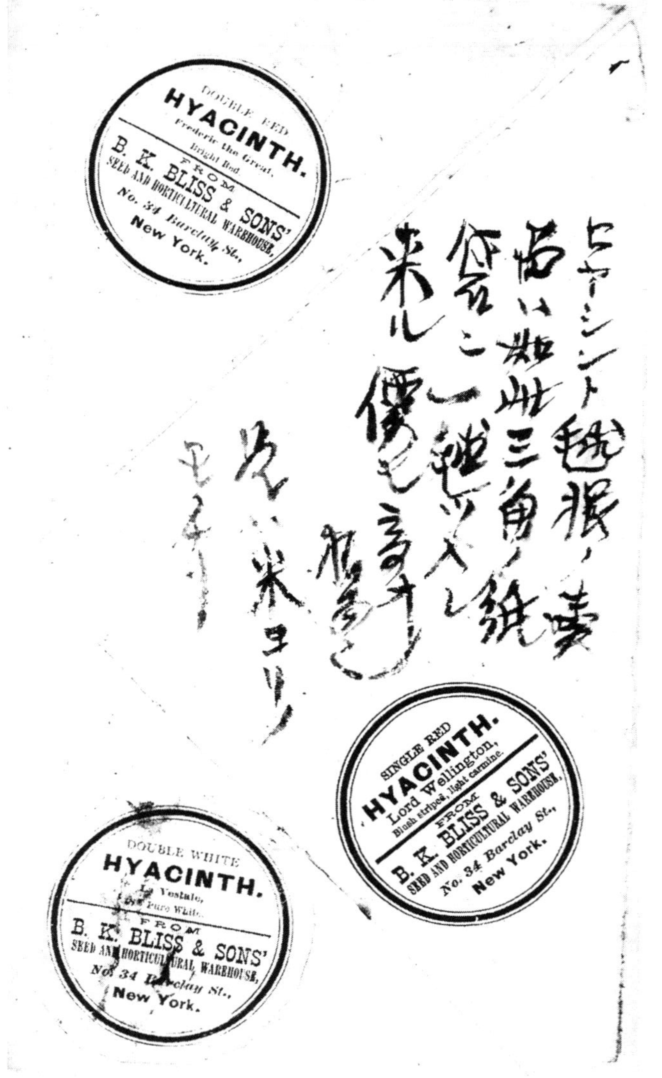

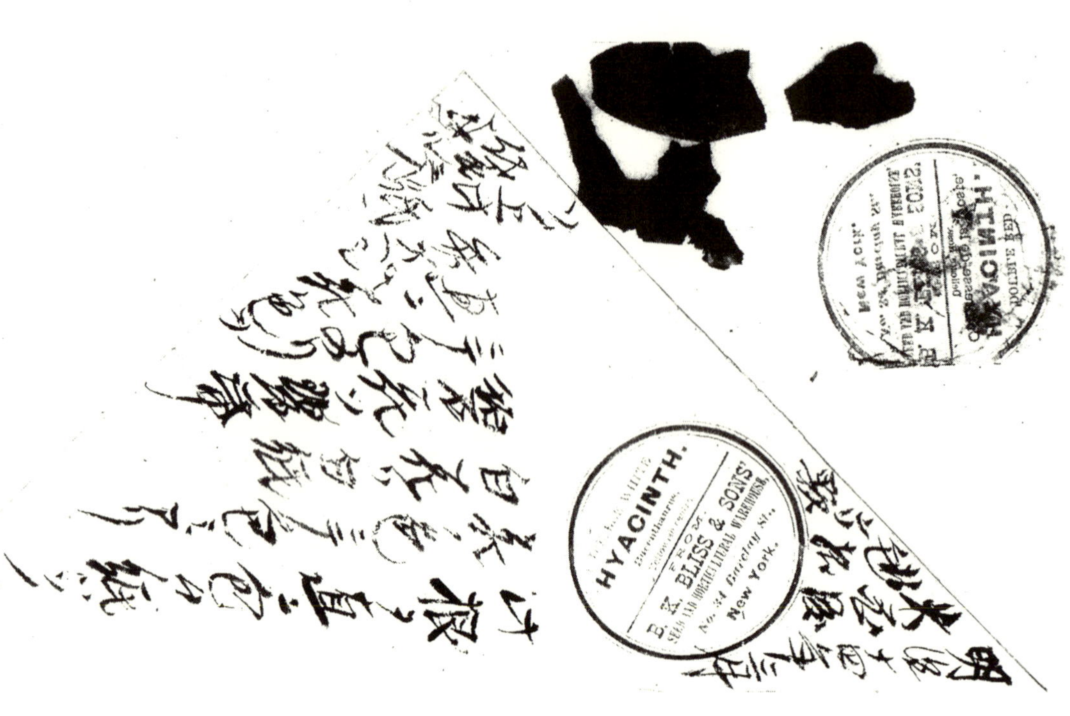
HYACINTH.
FROM
B. K. BLISS & SONS'
SEED AND HORTICULTURAL WAREHOUSE,
No. 34 Barclay St.,
New York.

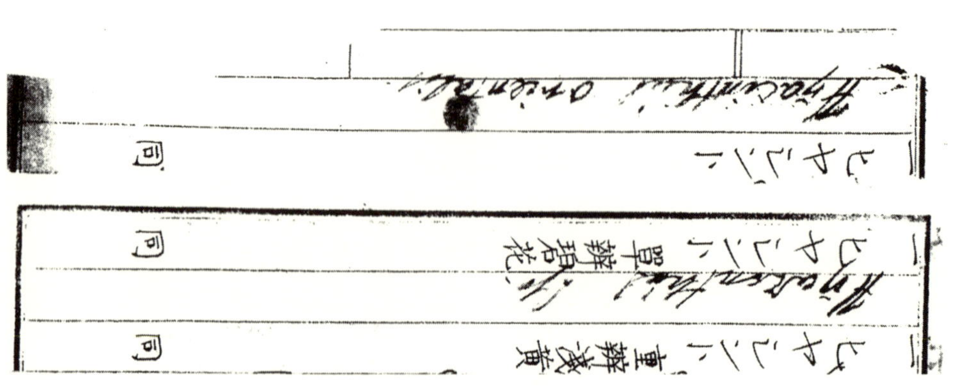
Hyacinthus orientalis

一 青花ヒヤシント

一 白八重ヒヤシント

一 早咲ヒヤシント

一 ヒヤシント

オランダ産辛八月上田中ヨリ来ル

DOUBLE BLUE
HYACINTH.
Tubal Cain.
Dark Blue.
FROM
B. K. BLISS & SONS'
SEED AND HORTICULTURAL WAREHOUSE,
No. 34 Barclay St.,
New York.

DOUBLE RED
HYACINTH.
Comtesse de la Coste,
Delicate Rose.
FROM
B. K. BLISS & SONS'
SEED AND HORTICULTURAL WAREHOUSE,
No. 34 Barclay St.,
New York.

苗高サ四五寸許 早春ヨリ花ヲ開ク
ヒヤシントニ似テ小ナル 吉三

伊藤圭介[illegible]
一 吉三ハ[illegible] 柏木吉三郎[illegible]

ヒ 白ハ海 Galanthus nivalis 一種

ヒヤシントニ似テ小ナルモノ
早春ヨリ花ヲ開ク
セーモラアメナ
一種

ヒ 白ハ海 Galanthus nivalis

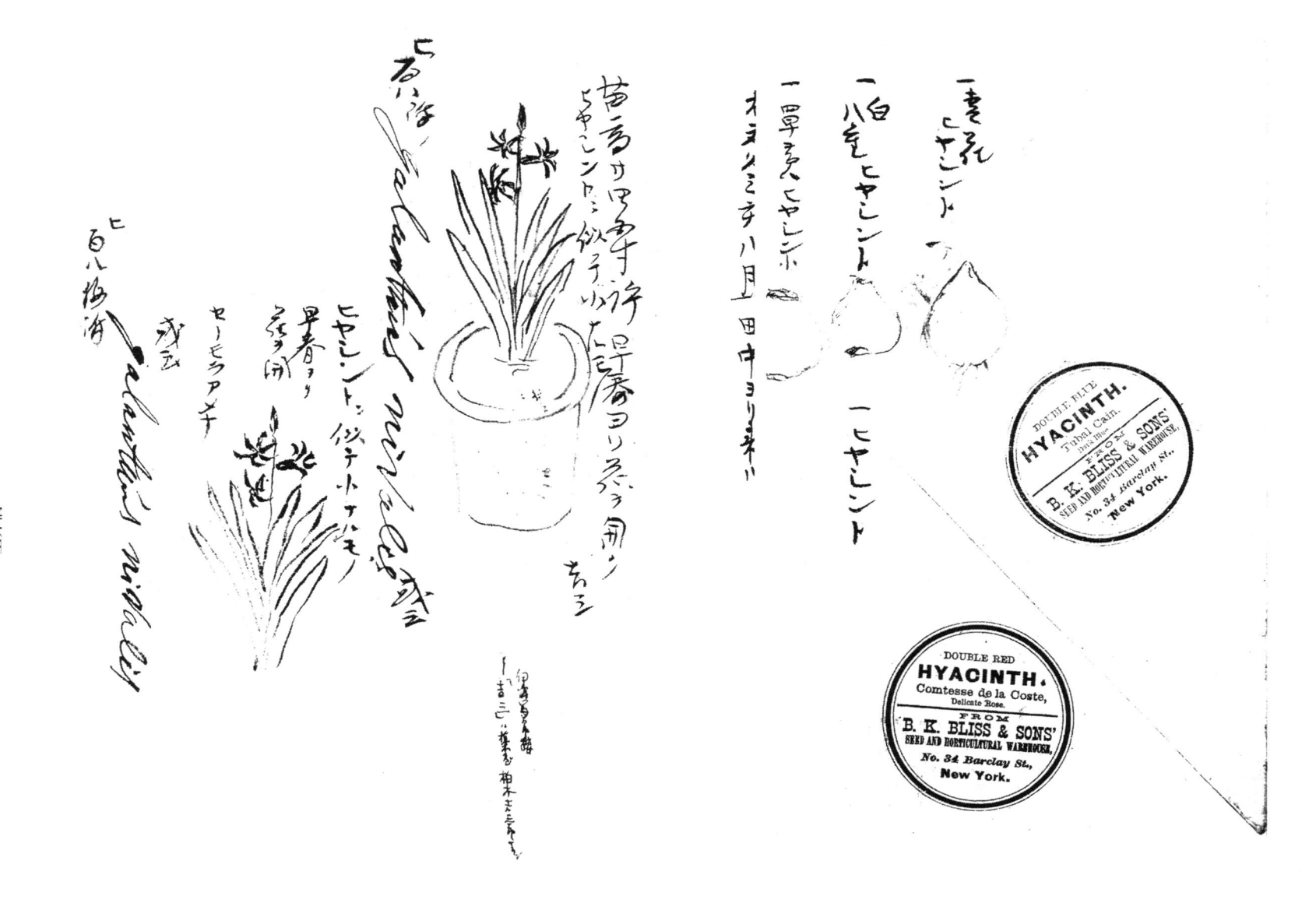

第六編第一目

変花ムスカリ　ムスカリモンストロース　muscari

1 百合科

2 近年舶来

3 球根草

チ 葉ノ中心ヨリ花梗ヲ抽テ高サ一尺許四月之節上端ニ花ヲ着ク其種変生ノ品ニシテ花形辦蕊ノ定形無ク重極ハ変花ニシテ甚タ纖ナリ　六七條モ出テソノ端及両辺ニ細絲ノ如キ者多ク復タ小シク分チ是雄蕊ノ変セシモノ中心ニ雌蕊ノ変ナルベキモノ有リ

ア 形ヒヤシントノ葉ノ如ク細長ニシテ中心陥凹シ両辺離起ス葉端反曲シテ直ナラズ粉緑色

13. 此品ムスカリノ何品ヨリ変スルヲ未タ詳ニセズ　ムスカリボトリヨイデスノ本形ハ花形球円ニシテ微シク長ク花ハ穂ニ攅リ着キ葡萄ノ如シ故ニドロイフヒヤシントノ名アリ此品ハ此ヨリ変スルモノカ後日ノ験定ヲ俟ツ

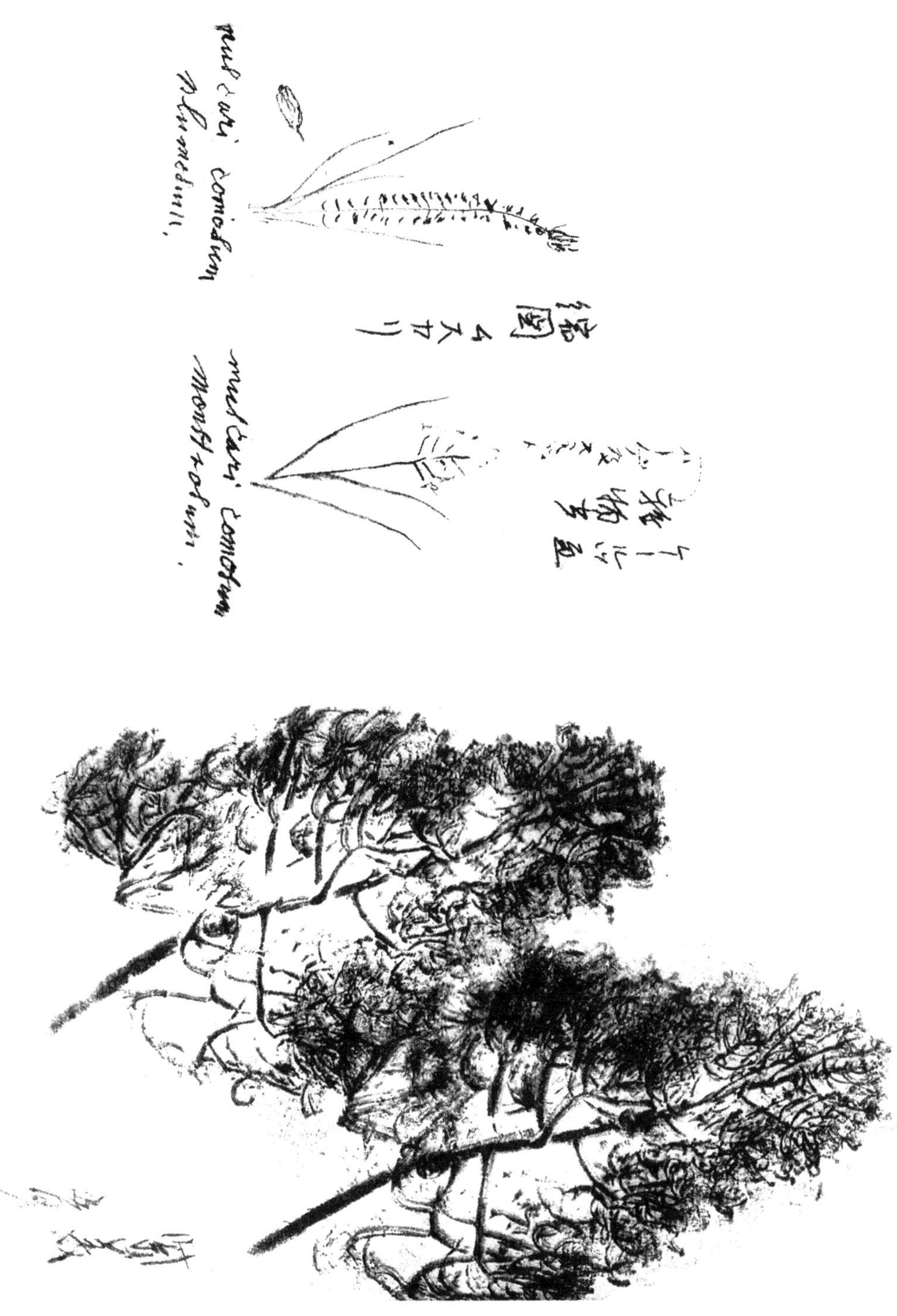

ハイモンツモンストロセス
五月十九

muscari botryoides mil. 此名ハルーム中ニ見アリ

muscari. 六雄一雌 百合科中ファミリ hyacinthinae.

右ハクラマル本 genera plantarum
di lorae germaniae ニ出

ルーム284云 muscari（英 grape-hyacinth）ヒヤシントハ別ニ根（ヒヤシント）ニ類スル故ニヒヤシントヽモ云ムスカリトモ

昔ハ asphodeleae トス「百合」ニハ非ズ 百合科トス

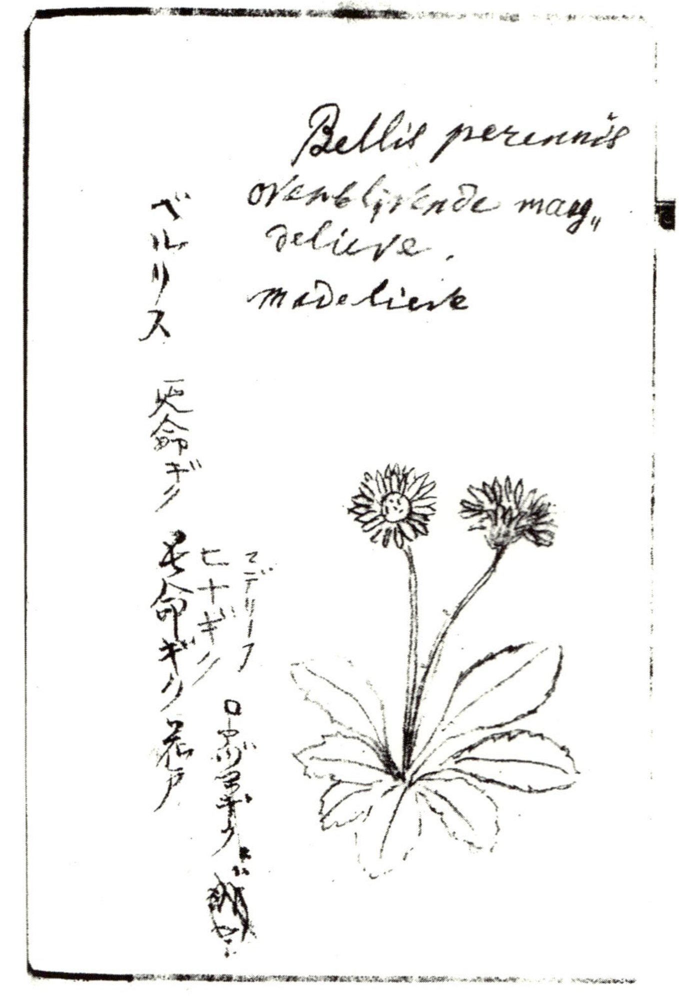
Bellis perennis
ベルリス
ヒナギク

ヒナギク

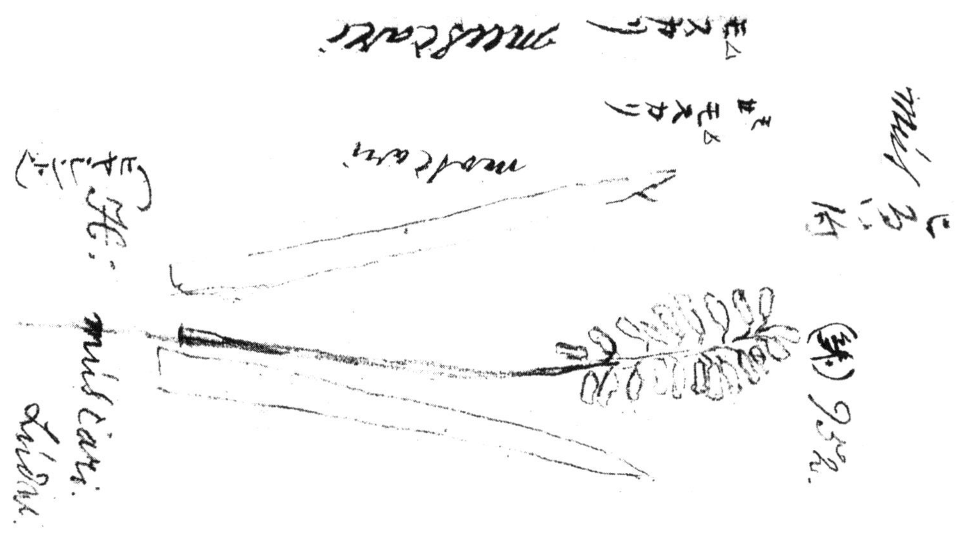

ヒナギク
Bellis perennis
(over blyvende maagdelief

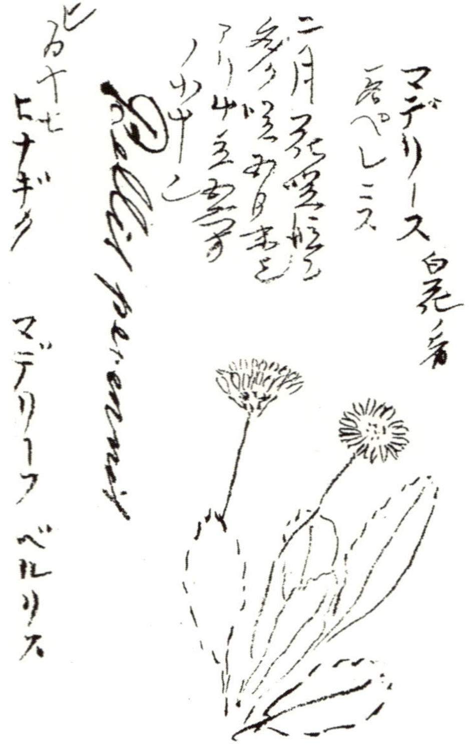
マデリース
Bellis perennis
ヒナギク
マデリーフ ベルリス

マテリース 白花ノ者

二月咲ク多シ蛇ガ牙モアリ牛カ宇
ノ小牛く

或云 Bellis perennis

ヨナ ヒナギク

佛 雑物ヒナギク 一名 ヒナギク 蘭 図 Marguerite Double

madelieven (bellis perennis)

ヒナギク

エンメイギク

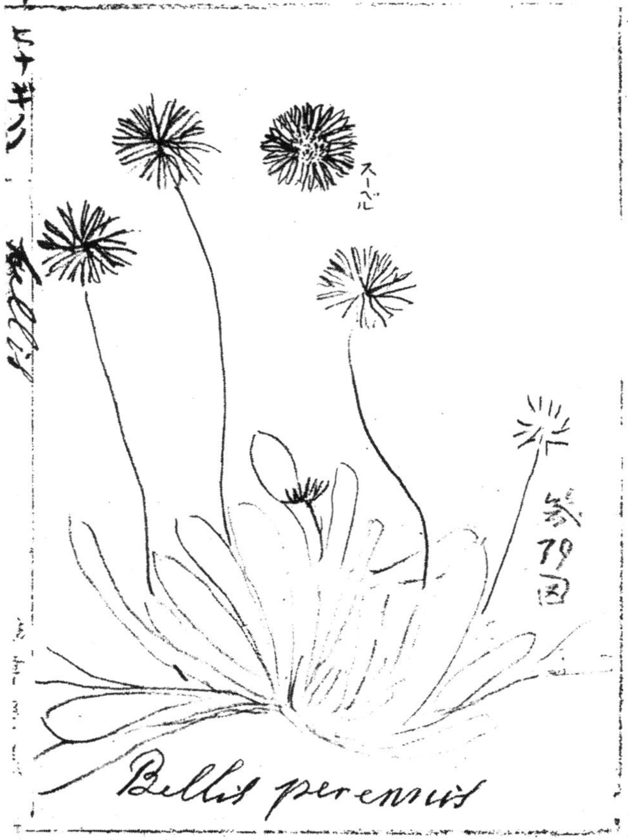

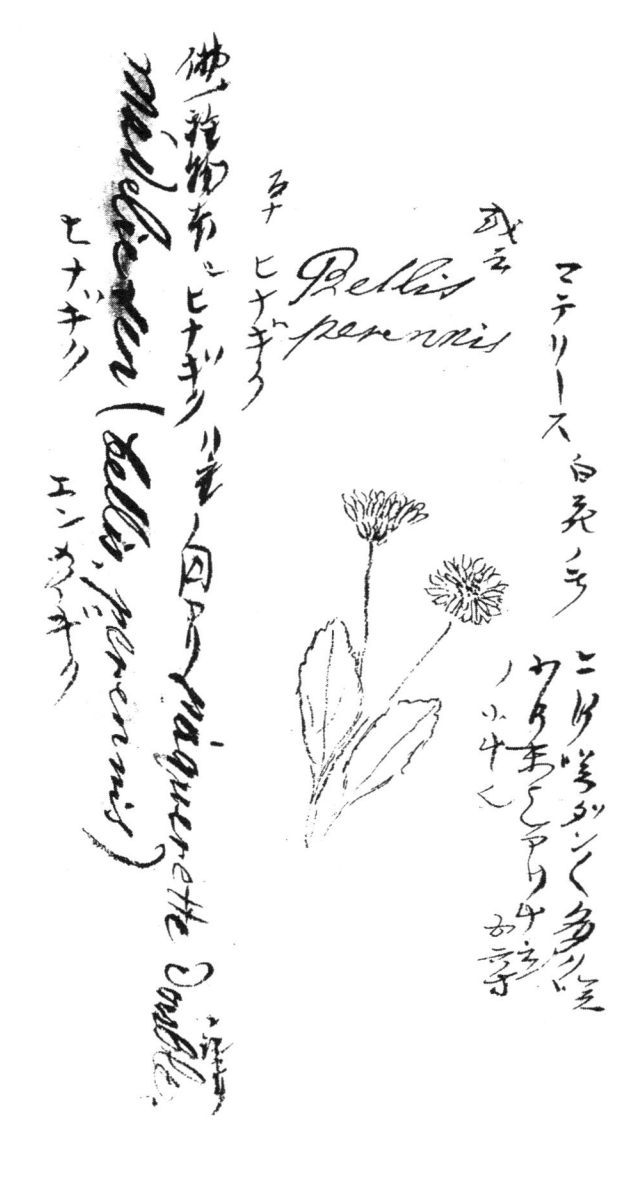

ヒナギク　一名新称

近頃種家ヨリ得テ栽スル所ノ花ニシテ蘭数
多スヘシ　此草 bellis perennis L. ナリ
林4千4云 bellis ハ子葉裸ニシテ扁平状ノ葉ヲ含
弾左状同級ノ鋸アリ　花子ハ卵円ニシテ繊毛アリ
付女羅巴ニ産ス　唯二種アリテ区別甚多シ
・第一種 bellis perennis L. (overblijvende
madeliefje) 花茎ニ小葉ナキモノ　此草ハ和蘭ニ
滋生ス madeliefjen（ヒナギク）且花ハ完全ナル花ナリ　唯右

百性ノ異花ナリ　此花ニ外国星形ノ唯花
ニテ内白花ハ外紅色ノ鋸葉花ニ在テ以刺セシニ
散房ニシテ子房上ニ方形ナル種アリテ冠毛ナキ
4 総苞アルモノ
madeliefje 俗ニ madeliefje, maagd
liefje 以下略

何某記

ヒナギク

近頃横濱ヨリ得此小草西洋諸書ニ圖アリ

Bellis perennis, Linn　第十九綱 第二目

(*Overblijvende Madelieve*)

林氏本草ニ此類唯二種アリ此種ハ其第一種ナリ

(徴)子床漏斗状ニシテ裸萼半分ニメ彈丸状ナリ之ニ同

萼鱗アリ種子卵円纖毛ナシ

第一種即ヒナギクハ花茎ニ小葉ナキモノ

此草ハ和蘭ニテ *Madelieven* トニフ欧羅巴諸國皆產ス

佛蘭西ニテ *Paquerette* 又 *Marguerite* トニヒ英吉利ニテ

マテリーズ

ミテリース

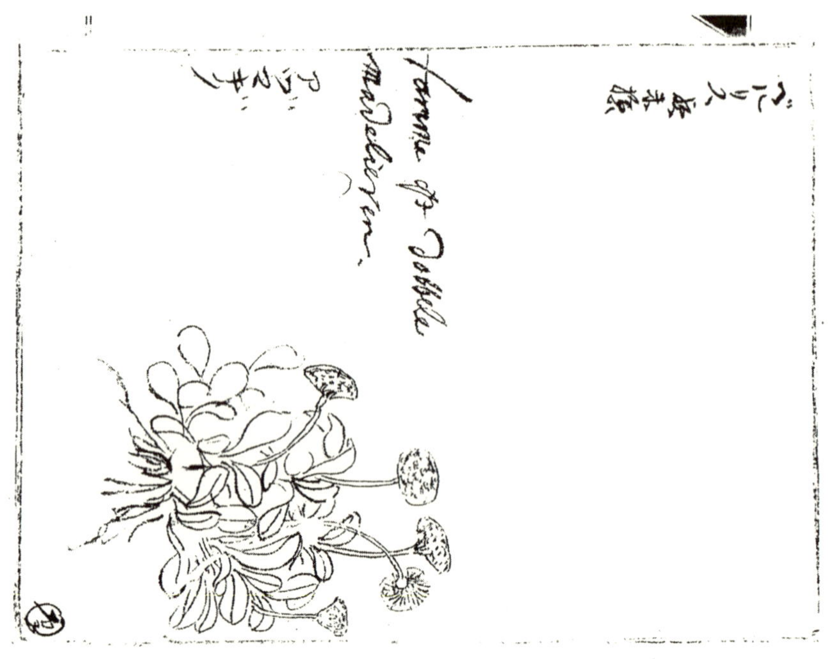

Daisie. ト云ヒ 瑞西 Pyttes, 獨逸 Maglieben. トモ云フ
和蘭ニテ又 Margrietje ト云フ 郊野ニ多ク生スル故ニ又
Veldbloempjes ト云 フリースランド ニテ Fenneblom
ト云」此羅甸名ハ美麗ノ義ニテ實ニ此草ハ鮮美ナル小花ヲ開
ケハナリ 一花ニ鮮紅色紫色及白色ノ三ヲ備フ 大サ尋常
野生ノ品ヨリ更ニ大ニシテ又農兒ノ装飾ヲナス故 Madelieven
トモ云 花ニ種々ノ変態アリ 此草全年花アリ 毎花必閉ツ 此草
弱毛ナシ 然ㇾ氏或人ハ外周ニ俳ヲ見ルト云
味淡ク稍酸ク収斂ス 此葉汁ハ緑色ナレ氏 煎熬スレハ塩氣ア
ル ロームトナル 一又野菜ニ用ヒテ肉ト共ニ煮ル 又ヒケンガイタ

剤ニ用ユ」畜類ハ禾草ノ尽タル時ノ外用ナシ」スタフリア人
ハ胸病及其他ノ病ニ用ヒ大ニ賞用ス 或人ハ大ニ辛味アルヿ
ヲ称ス 實ニ此根ハ辛味アリテ乾ケ氏尚失セス
此草乾地 湿地 荒野 園囿等ノ差別ナク繁生ス
英人此草ヲ一ニ Bruisewort 挫傷草 ト称スルハ此草ヲ青斑及挫傷
上ニ貼テ良ナリト云 故ナリ」創剤ニ入ル 集肆ニテ コンソリダ ミノル ブ
ラテンニモス ト云ヘリ
翁埋満断曰 羅蘭多同
マデリーフハ衆人通知スル処ナレハ其累ヲ茲ニ挙ク 此草
通國 生ゼザルノ地ナク 多クハ禾本ノ間ニ生シ 終歳枯レズ 甚

明治十四年育種園ニ栽ス

○洋種穀ノ種子ニ混シテ来リテ生ス葉形倒披針形ニシテ小ク莖ヲ抽ク丁三寸早春梗頭ニ一花ヲ着ク色雪白ニシテ暈ナシ延命菊ニ同クシテ其形小ナリ　ハ延命ギク假名

ユビナカリノテヌアワマギク 新圭

ボタン 白花 茎細シ 高サ 花蓋 小ク 葉

Bellis annua L.

葉叉屈ニテ明圓（鏟スキノ形）ナリ多ク聚リテ根ニ附ク一本或ハ
数本ノ花茎ヲ出ス毎頭必ス一花アリ中心ノ完筒花ハ雄雌両性
ニシテ黄色外周星弁ハ雌花ニシテ内ハ白色外ハ紅色缺
筒花弁アリ柱頭ハ刺ナシ已ニ散落スレハ子床上ニ方形ノ小
種子アリテ冠毛ナシ 終歳花アリ 此草名称甚多シ即
Madelieffje, 又 Madelieffje, Grasbloem, 此二名諸学ニ通シ単ニ通セス
Meizoentjes, Margrieten, Kransjes,
Tienuurbloem, Kneijenbloem, Meliefjes,
Zandjebloem, Meizoentjes, Liefkensie,
Q.

marguerite, french 英ノ雛菊
[illegible]
エンメイ菊ハ madeliefje
長命キク花
ヒナギク
[illegible]

延命ギク 花ナ

Bellis perennis, Linn. petite marguerite 仏

(Ostebloem; madelieve)

Daisie 英

一茎一花、辧ハ鮮紅 紫、白、ノ三色ヲ備フ 大サ一寸二三分 地生京ニ変

全草亦可 ○オウデマンニス 並ナリ

paquerette 仏

ヒナギク

Bellis perennis エンメイギク

madelieve

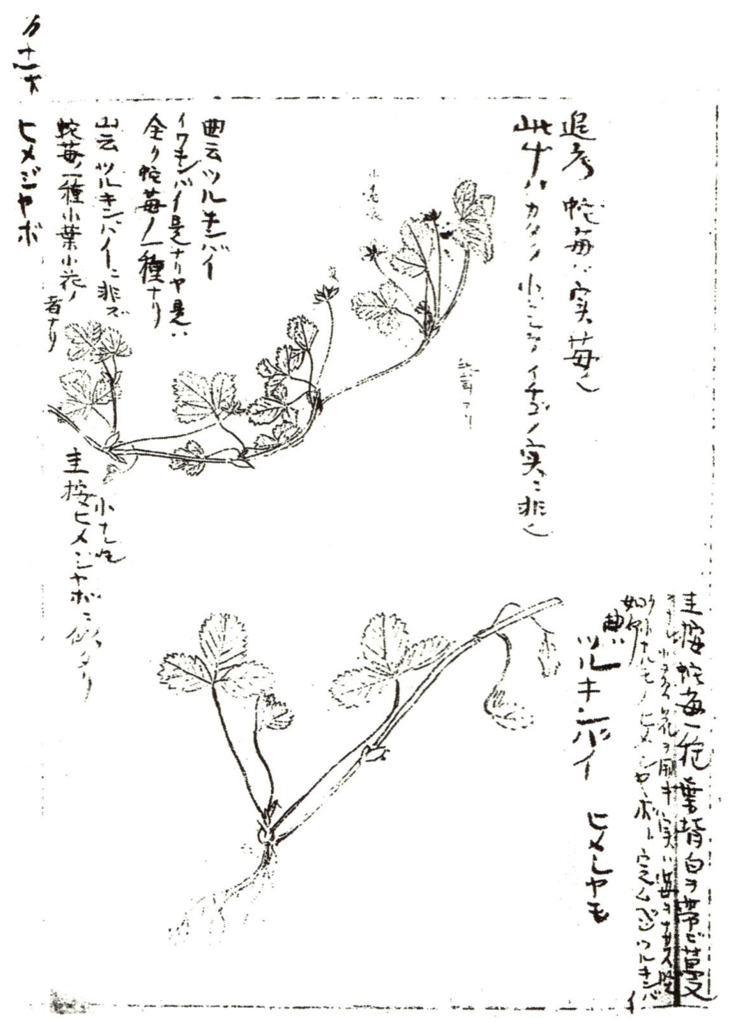

一ヒメタンポポ 種子

此ハ河原或ハ石原ニ生ス
生シ雑草ノ間ニ交リ生ス
葉モ一形ハ蒲公英ニ似テ小
花ハ出デズ種子ヲ結ブ茎地ニ
偃スルナリ 稲逸般ニ図アリ

Hyoselis foetida ニ形
移似タリ 図ヲ此ニ写シテ定ムルカ

Cheiranthus gracilis
一ヒメタンポ

九十七 ヒメタンポ

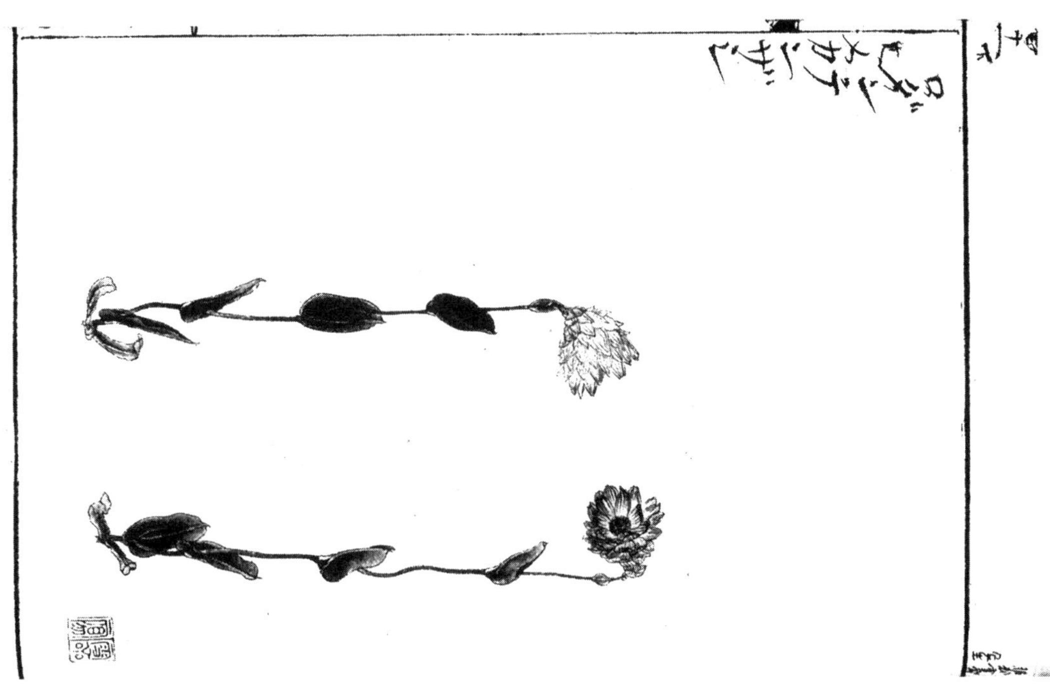

五十六

ヒメカンザシ

Rhodanthe manglesii.

新名 ヒメカンザシ 文久二年戌冬ニ琉羅巴舶来四品ノ一 七十

春月下種ニテ生ス種子葉匙状ニシテ本狭末廣ニ長

五六分對生ス互葉後茎長四五寸三四葉互生

ニ附ク葉形楕圓長七八分幅三四分淡緑色

茎圓ニシテ紫色茎葉共ニ白粉附ク茎頭ニ一花

或ハ二花ヲ着ク其花聚成花ニシテ白色雲母状

ノ萼多ク重リ鱗状ヲナス萼ノ本甚細ク次第ニ長ク

外ハ漏斗状ヲナス上頭最大ノ萼ニ重淡紅

鮮美其中ニ黄色ノ小筒花二三十個ヲ圓ク状

ヘ瓣ナクシテ萼甚瓣状ヲナス故ニ数十日花

衰ヘズ死テモ筋状花ノ貌ヲ改メズ

Rhodanthe Manglesii.

Rhodanthe manglesii

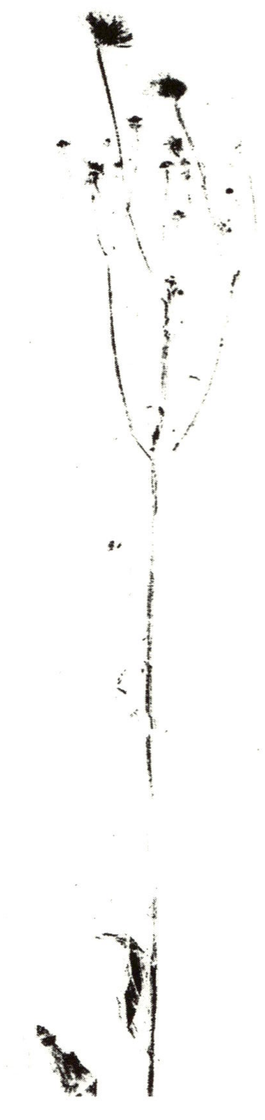

ヲ茎上ニ以テ最大ナル三色堇ヲ韓義内ニ 意ニ小前記三十
ヲ囲ム此花弁ト
、葉ハ糸状ヲナス形ニ數十ヶ開テゾノ花ヲ着
ヘズ 花モ既ニ縁シノ 多日ニテ生

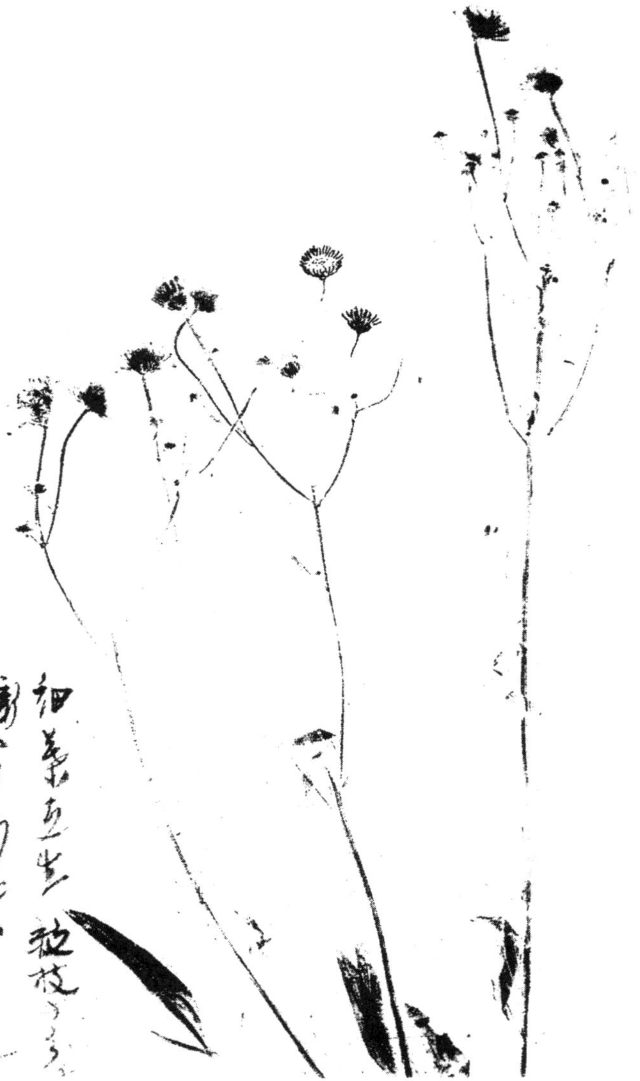

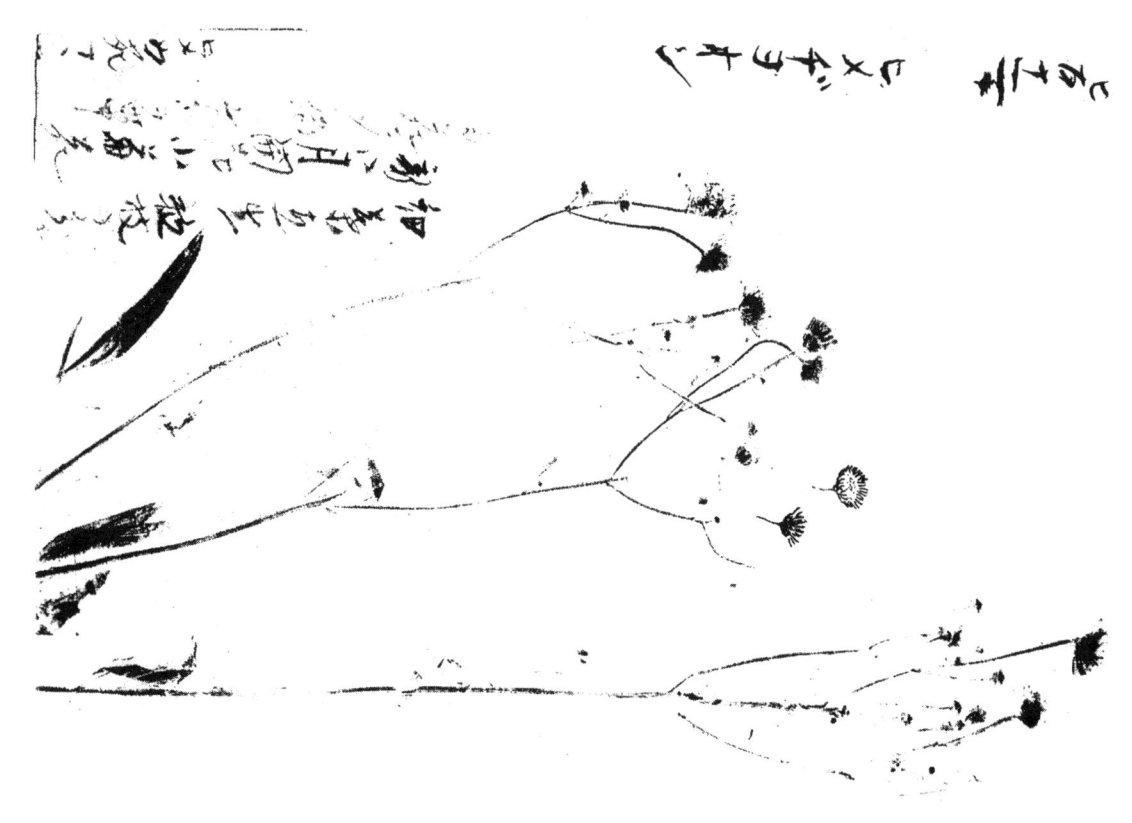

日本名彙ニ集ナシ

209 八十五 *Vesicaria utriculata.* ヘシカリヤ

此品吟味スベシ

同

210 (生) *Viscaria oculata* ヒスカリヤ

茎五寸ニ背生ス 紫花細葉ナリ 又名[illegible]ニ リナキ アスパルチヤ ト

[illegible]

Viola tricolor grandiflora 前ノ *grandiflora* ニ出 三色菫(スミレ)

Viscaria oculata. ヒメナデシコ

ヒスカリヤ

佛種目録10ニ *Silene* 不当 此名洋名アリ

ヒスカリヤノ名 [illegible]

丈ケ三四尺 伸長ノ一ナリ 葉 浅緑色 細長
ニシテ尖リ 瞿麦ノ葉ノ如シ 對生シ 茎高サ一尺二
許リ 茎頂枝ニ 五瓣ノ紫花ヲ開ク 弁端微ニ缺ク
四十ノ 花ハ 小ナレモ 茎葉全ク 佐草ノ 状 瞿麦ニ似タ
タリ 秋下種スベキモノナラン

C 209

2106

Velicaria usricúlata

Viscaria ocúlata

Viscaria candi-
nalis.

Viscaria vulgaris
Roehl.

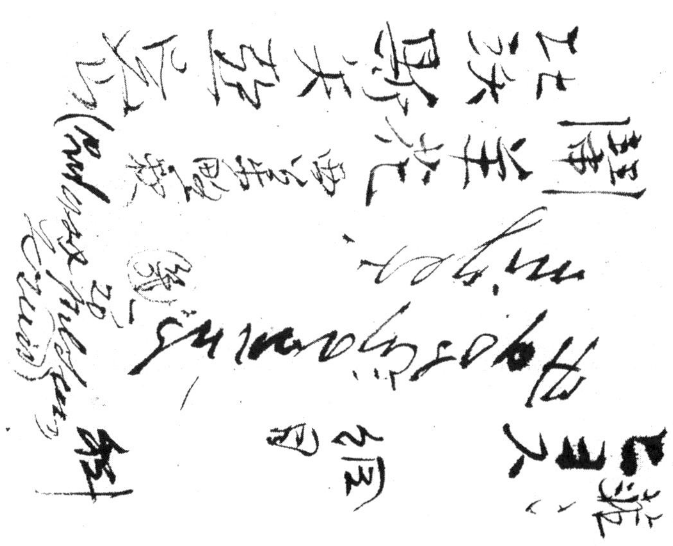

茄ヽ　ヒヨス　科

Hyoscyamus niger L.

闘羊花　西洋莨菪

比浃斯矢亞斯（Bilsenkraut）

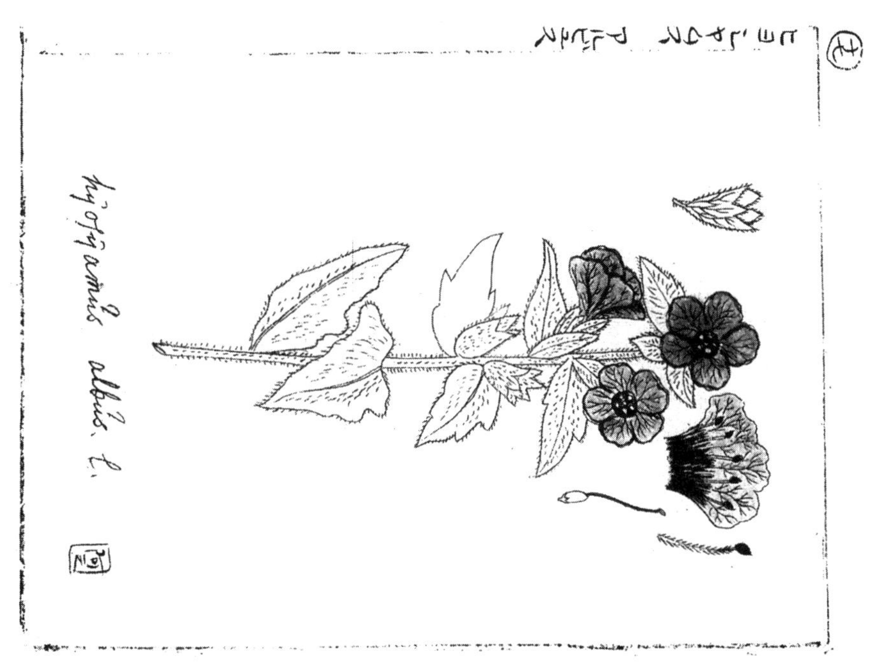

〇ヒヨス 莨菪 時両アリワロシ作ハ六尺ニ三テ肥培ハ牛
馬ニ人糞ヲ合セテ[illegible]之ヲ作アリ或ハ土ヲ[illegible]
ニテ播莨菪ハ[illegible]ニテ土ト[illegible]ハマセル生ヲ[illegible]葉ナリ水肥
培ッスル又葉ヲトリタル後ニ肥培スル又十二月下旬
ナル葉切テ人糞ニ水加ヘ二次ッ又之ヲ[illegible]採全
ヨクケテヨキ年四月頃ニ土ヲワリ生ズル水肥
培スルナリ又葉ヲトラヌ又内コイスルト葉ノサル也
〇蕃椒ハ七月比ニ苗ヲ植ナリ十月頃ニ採ニヨロ
ウ白又キテ又十二月比ニ[illegible]苗ヲ[illegible]暖[illegible]ニカレアトハ

ろ十四 ヒヨシヤムス

Hyoscyamus albus.
ヘイヨシケアミユス

品藻音　通州　ヒヽジ藻　比品字藻ニ似　レタチキユラリセヒ　和蘭
湖水中又ハ池沼ニ生ス水中ニアツテ水面ニ浮カバサル小草ナリ葉ハ
一分長サ二分許リ両頭尖リテ米粒ニ似テ薄クシテ透徹ス其一葉ヨ
リ線ノ如キ茎六七分左右ニ生シ其先ニ又葉アリテ敢テ品字ノ如ク一葉
コトニ根ヲ下シ枝ヲ分チテ羅紋ヲナシテ網ノ如シ　個　枚
品十種　通雅曰南越志曰有品藻若此品也
ヒンジモ　品字藻　俗名　　田藻苔　通雅
イチヤウモ　イチヤウノ葉ノ二三枚ヨセ集メタル
メノハ菜ニ当リ水面ニ影ヲ浮タサルヲ見ルクラシメチタ
カラ　フルレハ三ツニ分ルモノナリ
品藻　草綿　細珠　和名ナシ水面ニ浮フ小葉臣明素ニ似テ三
ヒ　品十種　葉ニツアリ糸ノ如クツヽキテアリ芸香ノ葉ニモ似タリ播州ニ多シ
ヒ　田十種　ヒンジモ

肥後防風

本草綱目巻之十三時珍曰江淮所産多是石防風生于山石之間二月采嫩苗作菜茹甘而香呼爲珊瑚菜其根粗醜其子亦可種

一名　防丰

和名　ハマオホネ延喜式　ハマニガナ和名抄　ハマスカナ

二月宿根ヨリ苗ヲ生ス初地ニ敷テ生ス小葉ノ形ハ防葵葉鼓草葉ニ似テ光澤アリ頭ノ一葉ハ尖ナクワヽリテ圓葉ノ茶ノ葉ニ似タリ其左右ニ茶ノ葉ノ如キ小葉ヲ対ス葉茎長一尺浅紅色ニシテ紅ノスジアリ頭三枝ヲ分テ各五七葉ヲ附ク其形アシタクサニ似テ小ニシテ面深緑色ニシテ光澤アリ背黄緑色細スジ多シ五月中心茎ヲ起シ二三葉ヲ茎ノ下ヨリ生シ梢頭小枝ヲ分ツ一二十一二枝長サ二寸其先毎ニ花

ろ之

アリアシタ草ノ花ニ似タレ𪜈此者ハ花蔕別ニナク子床アリ大サ五分大ノ如ク黄緑色其面ニ数花ヲ開ク其形ハアシタ草花ニ似タレ𪜈アシタ草ノ一花一蔕ノ者ト異リ花ハ白五瓣心蕋白ク二ツ花ノ後其子床大ニシテ苦棟子ノ核ヲ五ツ六ツ合セタルカ如ク大キサハ無患子殻ノ大ナリ秋ニ至テ色茶褐色コレヲワレハ四ツ五ツニナル皆苦棟子核ノ形ノ如ク圓ニシテスジ高ク起ル其スジヨリサケテ實アレ𪜈實ニカタシ蒔テ生セズコレ濱防風ノ類ナレ𪜈又一種ノ者ナリ大和本草ノミクナカ然レトモ冬枯ル根年ヲ経枯レズ数年ヲタモツ昔此苗ヲ七八年信養スレドモ子アツテ生スルナク近火ノ災ニヨッテ失之

ヒメフヂ

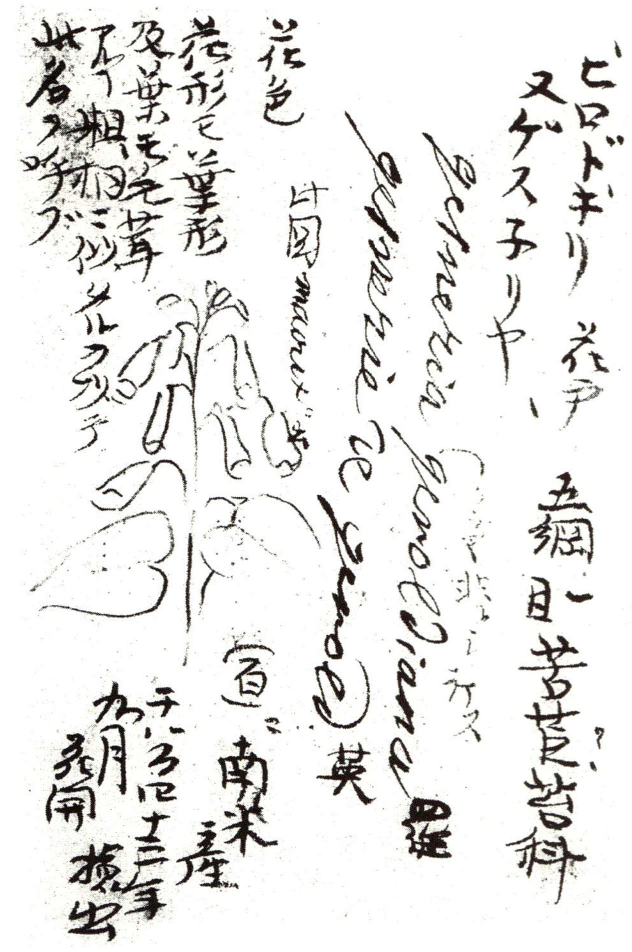
ヒロドギリ 花戸
又ゲスチリヤ
gesneria geroldiana
南米産

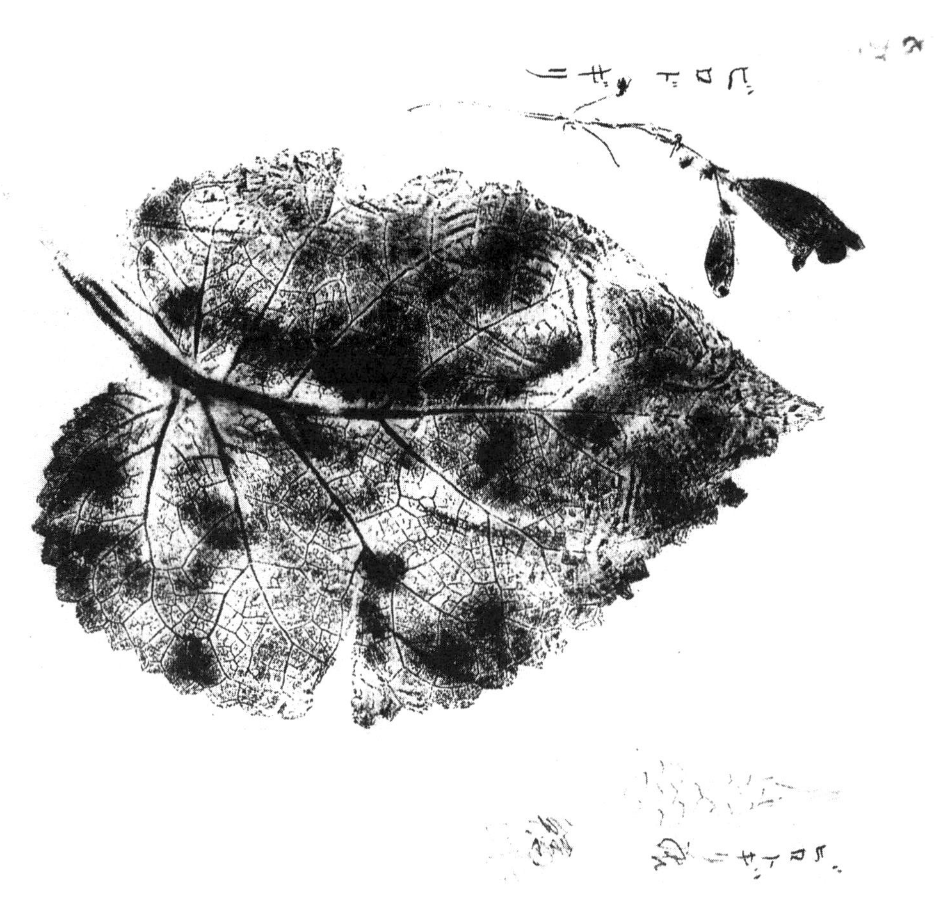

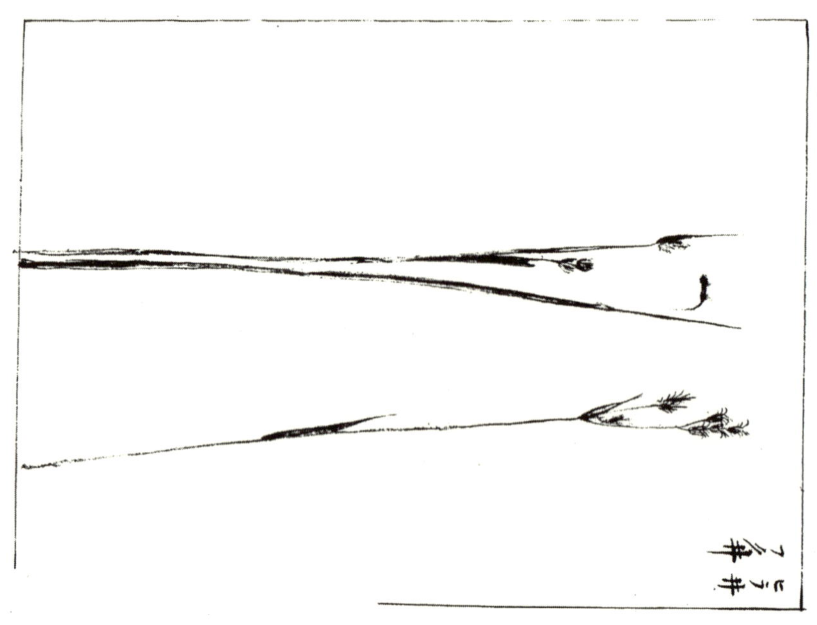

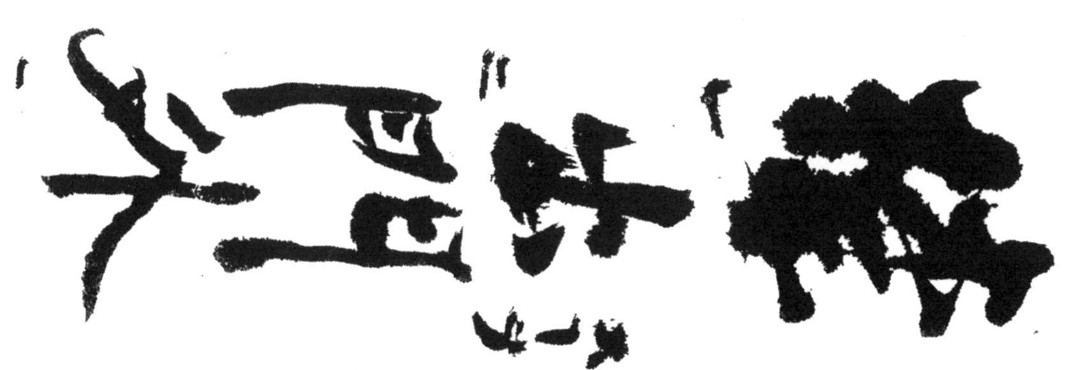

○木香ハオホガルマノ条ニ附ス

七一

松の六?

トキワアケビ　ムベ　ニルアクビ熊野
郁子古名　ツルガキ　イタミ

野木瓜　八月楂楂ハ樝ノ字ヲ誤ル　杵瓜

通草ノ一種ナリ此蔓ノフトキヲ木通ニ偽ル葉冬枯レズ故常盤アケビト云近江ノ奥ノ島與左エ門ト云処ヨリ毎年十月五日実熟シタルヲ　禁廷ニ献ズ葉木通ノ如ニシテ厚シ深緑色冬不枯小者三葉五葉大者ハ七葉ニナル種ヲ蒔テ生易シ然レモ蔓太クナラネバ花実ナシ花ハ立夏前五瓣サキ尖リ白ニ淡紫ヲ帯フ実ハ円クシテ長ク王瓜ノ如ニシテ大栝樓ヨリハ小ナリ熟ノ赤色内白ク味甘ク種黒ク光澤アリ

紀聞ニ云山中ニアリ京近邉ニハナシ上ノ醍醐ニアリ又江州ニ多シ昔ヨリ王ノ島ト云処ヨリ七月比実熟シタルモノヲ　禁中ニ献ス葉木通ノ如ニシテ厚シ冬不枯小者五葉大者七葉ニナル種生シ易シ然レモ蔓太クナラネバ花実ナシ実大サカラスウリノ如ニシテセルシアケビニ似テ少シ短シ熟ノ紫赤色ニシテ黒ミアリ中ノ肉白色ナリ種黒ク光潤ア

トキハアケビ [illegible]

四一

リ漆ニテヌリタル如クシ大サ二分許実生シ易シ肉ハ食用トス花ハ白クメ小サク百合ノ
如ク白花穂ヲナシ其内実ノル鶏卵ノ如ニシテ大ナリ花大サ五六分シ
甚説皆録ノ諸果以俟験予並箇小為本條詔恐俟験予篠子者未詳　右紀州
乳汁ヲ出ス葉ナリ
勢州朝熊山　熊野加田山中

四一

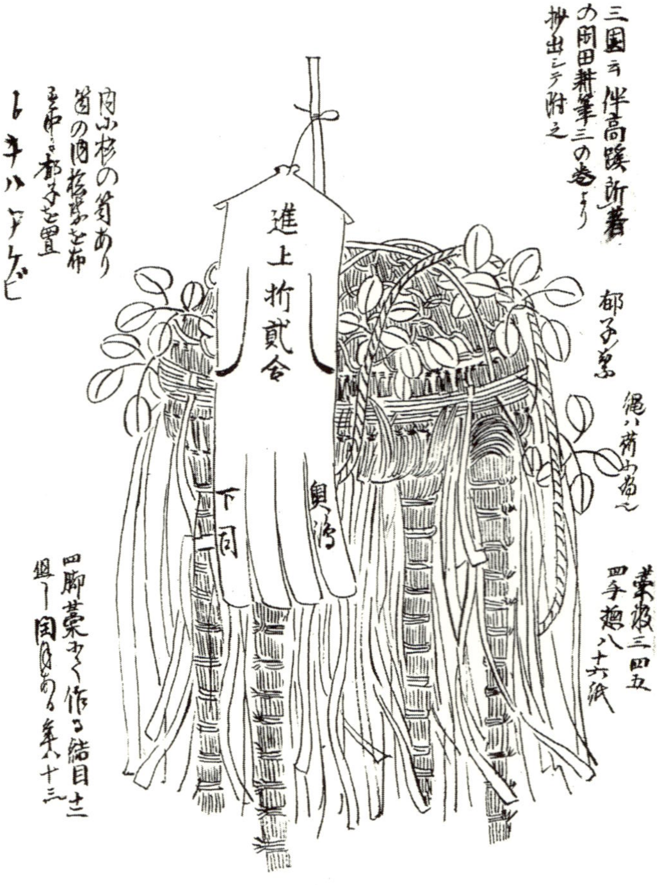

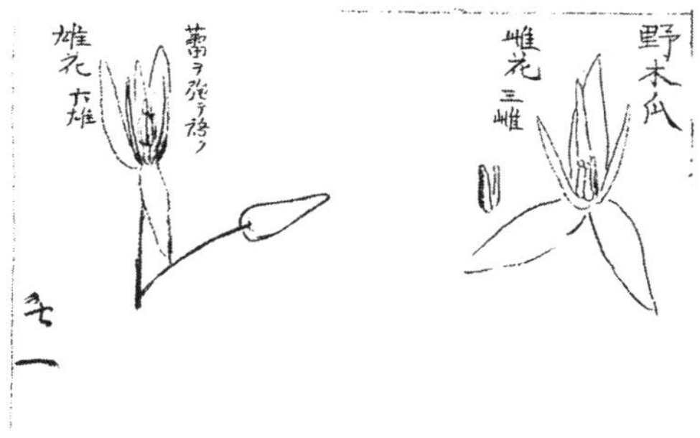

近江蒲生郡奥ノ島より毎年[illegible] 禁裏ヘ献ス牟倍ト[illegible]一奇事也 延
喜大膳式曰 諸国貢進菓子 近江国 郁子二輿[illegible]
献之物通草之實而其氣味形色與郁核子大異也按土人以此献物不稱名専謂
御貢(トリ御貢)與郁子倭語相近故誤稱通草而謂牟倍者乎以枯柴造小籠盛其體存朴
古(ヲ残め枯柴造小籠とハ 誤也其畵右ニ出ス)或人[illegible]川氏の考を論せる書入とあり曰 按順和名抄云郁子和
名牟閉今視近江国所献之物乃野木瓜実也和名止統波阿計比又名牟倍凡貢
物和訓皆称牟倍ト即於仁倍之轉語也此物近江自古有安為貢物来故称之牟倍
特不比物名之貢物之惣稱也順誤以郁子當牟倍[illegible] 蓋取
木瓜通草形状相類故道祐以之為通草子亦誤也因田子曰これハ奥ノ島の
[illegible]
[illegible]
[illegible]
[illegible]
[illegible]
[illegible]
[illegible]

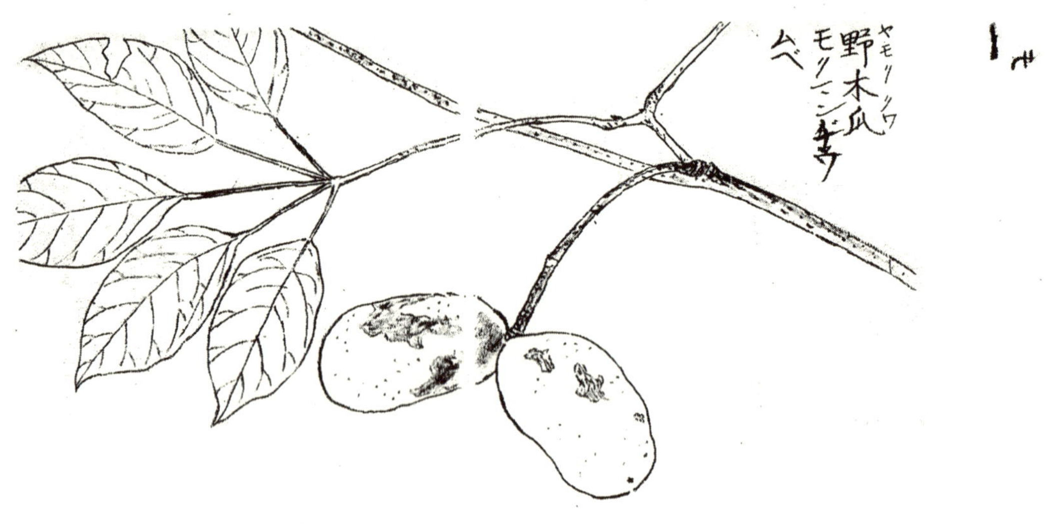

Stauntonia hexaphylla (Decaisn)

Lardizabaleae (Decaisn)

Raiania hexaphylla

(Anona?)

Stauntonia

Rajania, japan Rajania

Akebia

Stauntonia

トキハアケビ

宇比乃多氣叢 通草條 (增) トキハアケビハ
江州蒲生郡奥ノ島ヨリ每年十二月朔日
禁裏ヘ獻上ス今モ彦根侯ヨリ牟倍田
ト云除地アリテ其用ニ充ツ即延喜大膳
式ニ近江郁子二輿籠ト是ナリ閑田耕筆
引黒川道祐日次記事云按土人以此獻物不
稱名專用御貢(オホニヘ)仁倍与牟倍倭語相近故誤
稱通草爲牟倍者乎又引或說云按順

一

和名抄云郁子和名牟閉今視近江國所獻
之物野木瓜實也和名上䉤波阿計比又名
牟倍乃貢物和訓皆稱牟倍即於仁倍
之轉語也此物近江自古有故爲貢物來
故稱之牟倍特不此物名之貢物之總稱也
順說以郁子當牟倍蓋野木瓜通草
形狀相類故通稱以之爲通草子者誤
也

二

Stauntonia hexaphylla

Raiania hexaphylla

藺子丹鉛録ニ云予往歳在大理與姜孟賓藺子雲賦長
郷晩翠藺子秋紅ノ句ヲ讀ム孟賓呉人博學予擧以問
曰長郷ハ則チ草中徐長郷薬名是也藺子亦必草木ノ名
出何書耶孟賓亦知ルコト能ハズ本草ヲ取テ徧検之無有
也近観齊民要術ヲ云藺子藤生緣ニ樹木実如椒赤
鶏冠核如魚鱗生ヲ取テコレヲ食ス淡泊甘苦音テ言フ
得異事如獲真珠鉛孟賓ト帙ヲ散メ欣賞ヲ共ニ
セザルコトヲ恨ムル耳柏云此即チ木通ノ一種凌冬不凋
モノナリ吾邦古書郁子訓ソムベトス先輩ソノ誤ハヲ辨メ
藺子ヲ以テムベトス蘭山ハ則云救荒本草所載野木瓜
ナリト ムベ山野有之土名アケビトフヂ賀茂郡大沢村ニ成

ムベ 野木瓜

蔓本ハ蔓草ニシテ冬不凋 葉形
通草ニ似テ大ニシテ小ナリ柄上ニ五ツ或ハ七ツ柄アル者
アリ又一柄ニ五ツ七ツ並ヒ[illegible]
幅一寸五分許硬固ニシテ[illegible]卵円ニシテ長サ三寸許
面深緑色光沢アリ[illegible]
羅紋細脈ノ数多[illegible]

開花時

七一 大日本一云 [illegible]秋卵円ノ実ヲ生ズ外面紫赤色
[illegible]

ムベ	Stauntonia Hexaphylla Decaisne.
野木瓜	同 通草科

○蒔子 花鏡 ムヘカツラ トキハアケビ 葉木通ニ似テ大キク
厚ク深緑色冬モ葉アリ夏小白花簇生シ実ヲ結フ木通
ノ実ニ似テ紫赤色一枝二ツ三ツ連生ス核如奥鱗味佳也
小野氏救荒ノ野木瓜ト云又云近江国ヨリ実ヲ毎年
禁裏ヘ献貢ス

ロ一 朝[illegible] 白[illegible]

先ヨ第ニトキリアケビヲ並義中木芩ノ假蘇段ニ充ルハ非ナリ（伊案）

七一 假蘇段 和産ナシ

トキリアケビ　江州八幡近在ニ奥ノ権平ト云モノ毎年十一月朔日ニ禁中ヘ此子ヲ献上ス　上古　文武天皇ヨリ始レリトカヤ献スル時ニ磨葉ニテ御殿ノ形ヲ作リ其中ニ入レコレヲムベカゴト云赤キ紙ニテ小キ旗ヲモ立タリ古キ記録ニ載ルムベノ郁子ト云テニテ和名之又権平ハ外ニ事覚ナシ唯コレヲ献スルヲ以テ之　漢名野木瓜　救荒本草

常葉通草ムベ木通ノ葉ニ似テ大ク厚ク長ジタルハ丸葉ニナル冬不枯故ニトキハアケビト云野木瓜ニ為房

七一 トハ欠詳

むべ

江戸ニテチャウマンジウ　名ナシ

Stauntonia hexaphylla　椎図

野木瓜ハ一株ニ三テ花アリ此花ヲ用ヒハ才廿二綱

ノ多キリ但木通ノ類ナリ Rajania ニ入レタリ詳ニ於テハ

才廿二綱六右ニ入レタリ（R: hexaphylla）名ツ トキハアケビ ナリ

林氏説中春氏日本竜木通ノ自因得ヲ集キノ蓋ニ 左右正宗

ソノ説中右本此等凡モノハ見ユル卜思ヒシ如シ右 腊葉 Stauntonia

確証ニシテ見ニ〔ソノ〕 エヲ見ルニ

茅廿二綱ニ入レ又茅廿一綱トス トキハアケビ 卜ノ四一ニ出ツ 参見スベシ

一種　むべ　ときはあけび　きまんちう　奥州南部

蔓長大五葉の木通の如くにて大なりて厚し花白色形石合花に似て

小く下垂し其実は瓜の如く二三寸皮厚して紫白色肉ハ石榴に似て軟

小味ひ甘美なり毎年近江國より禁裏へ献ず藤原の説に貢有ニ

白花者一結に実如小木瓜食之甘美即陳子良本草所謂拏桵子

也と云恐らくはむべなるべし

漢名一名野木瓜　救荒本草

〇無倍　同今出　鈔　無深作字　後世漢籍稱野木瓜　鈔為郁

子新万葉以之為語辞ゟ假字式既有近江年貢其地名奥

島郁人所傳嘉暦文書用奠字　渫為郁李擬之則郁子

蓋略稱平與本艸稱郁李者固別　〔印〕

ロうへ　ムヘ

本和下一郁様字倍　和郁子年閏　動植名彙　長　郁子らへ

○候騒子　和名ムベ　江州　蘭山記聞

トキワアケビ　ムニヘ丹後　ムメツル醍醐　コイビ江州　上醍醐ニ多シ

蔓草ニシテ木通ニ似タリ五葉全葉也能ク肥レハ七葉ニモナル大ナルハ一枚離レテ一尺ニモナル熊野ニテハ二尺ニモナル四月比花アリ葉間ニ穂ヲナス百合ノ形状ニシテ八分斗跡ニ実アリ鶏卵ノ如ク長サ一寸五分幅一寸斗リ紫赤色切レハ白肉アリ味甘シ核ハ黒色漆ノ如クザクロノ核程ナリ種ヲ生ス此実ヲ江州ノ沖島ヨリ禁裡ヘ献ス即今年貢也近江ノ俗傳ニ一茎ニ三顆附クハ豊年少キハ凶年也ト云下ノ蔔子ト同物也潛確類書曰候騒又曰蔔子藤トアリ救荒本草ノ野木瓜是也

蔔子　曰

古説ニムベト云ムベハ一名トキハアケビト云木通ノ葉ニ似テ冬ニ葉枯レス葉大ク先五枚ニナリ長スレハ七枚ニモアル大サ一尺木通ヨリ厚ク深山ニアリ北山ノ奥ナトニモアリ古キツルハ大ナリ花ハ木通ト違ヒ小ク七八分百合ノ花ノ如ク九ニ長シ白ホニナリ付古キ蔓ニハ花後実ヲ生ス鳥瓜ノ如ク冬ニ変色赤黒破レハ皮厚ク木通ト同シ皮内ハ肉白シ其間ニ実一分半ホドノ者アリ色漆ノ如シ小児ナト其肉ヲ食甚甘シ実ヲ種テ生シ易シ古木ニナラサレハ実生セス　ムベヲ前カラ一名郁子ト云国ニヨリ方言アリ醍醐テムメツル丹後テムレヘ江州デゴイビ肥前テウクヘ紀州熊野テ丸アリビト云是ヲ江州ノ蒲生郡奥ノ島ト云処権兵衛ト云者十一月朔日例年禁裏ヘ献ス是ハ文武天皇ヨリ献ニ来ルナリ麦藁ニテ小キ御殿作ラメ其中ヘ入献ストス一名野木瓜　救荒本

八月趙曰

候羅子

コレハトキワアケビ　ムベトモ云シ木ノカタチ木通ニ似テハアツク又イナリコレハ冬カレズコレヲバコノ一段次ニ蔔子トヱモノアリノスチワチ其一名ズセナリ別ニワケルワアレ、一名蔔子藤

藤志　野本瓜　救荒本草

蔔子　花鏡　ムヘカツラ　トキハアケヒ
葉木通ニ似テ大キク厚ク深緑色冬ニモ葉アリ夏小白花簇生ノ實ヲ結フ木通ノ實ニ似テ紫赤色一枝二ツ三ツ連生ス核如魚鱗味佳ナリ近江國中島ヨリ實ヲ毎年禁裏ヘ献貢ス　方言　コイヒ
小野氏云蔔子ノ集解藤茲子救荒ノ野木瓜雜果類ノ候騒子又蔔子ト四名同物也

萸実 出す

Staunntonia hexaphyl

ムベ

トキハアケビ　マルアクビ 紀州熊野

ツルガキ　モクマンヂウ

郁子 延喜式　蔓實

野木瓜 救荒本草

「スタウントニア ヘキサヒルラ」羅 林氏草廿一綱 第廿目自然科目木

通料

江州城州上野朝熊紀州熊野、加賀肥州山顔等諸州ニ産ス、通草ノ一種蔓草ニシテ常緑ノ品ナルヲ以テ、トキハアゲビノ名アリ葉ハ木通ニ似テ小葉三五或ハ七葉排列シ大葉

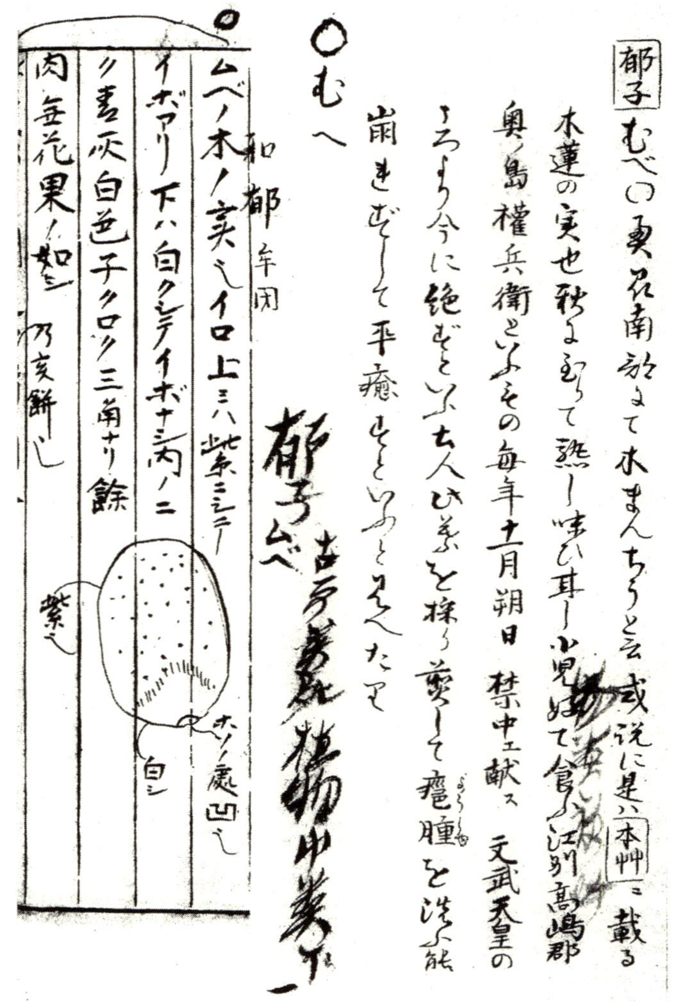

むべ　和名抄に郁子むべと訓り　延喜式諸国貢進の菓子に
近江国郁子と見へたり今も蒲生郡白部村より霜月に貢せて
奉るよしまて小さき殿を作り其内に赤く熟したるを釣さげたり
むべは御贄とおほむへとものの略也今俗ときはあけびといふ花
肆には朝鮮あけびともいふ本草にいふ蔄子齊民要術にいふ
藤韶子なりといへり南部にはまんぢうといふ又詩経の薁とむ
べとあり薁と郁と同音なるとをもて郁にも出るといへり古人
此菓を煎し癰腫を洗ふに平愈なるといふ○古は諸を
うめらべとかけり

和訓栞巻三十一

野木瓜

救荒啓蒙十

ムベ　郁子　延喜式江州王ノ島ト云地ヨリ毎歳十月実熟シテ禁庭ヘ貢ス　トキハ

アケビ　マルアクビ　紀州熊野　候験子ノ説不穏

蔓生ニシテ葉形木通ノ如ク五葉肥地者ハ七葉トナル年ヲ
経テ実ヲ結ブ形木通実ニ同シ味モ亦同ク肉白色ニシテ核
黒色ニシテ光潤花ハ白色ニシテ形百合花ニ似テ大サ五六分ナリ

野木瓜

救荒本草野木瓜一名八月櫨又名杵瓜出新鄭縣山野中蔓延而生妥附草木上葉似黒豆葉微小光澤四五葉攅生一處結瓜如肥皁大味甜採嫩瓜換水煮食樹熟者亦可摘食

埜文堂刊行

ヲナス一小葉ノ状卵圓ニシテ端稍尖リ厚クシテ深緑色ニ光澤アリ立夏前葉腋ニ花梗ヲ出シ細梗ヲ分チ三四花ヲ附ク(下垂ス) 辧ニシテ内辧ハ細ク辧端尖ル白色ニシテ淡紫ヲ帯ブ雄花ハ六雄雌花ハ三雌蕊アリ後實ヲ結ブ形チ卵圓ニシテ王瓜ニ似テ大ク熟シテ暗紫赤色ソノ肉白ク粘滑味甘シ仁ハ黒クシテ光澤アリ下シテ生ジ易シ

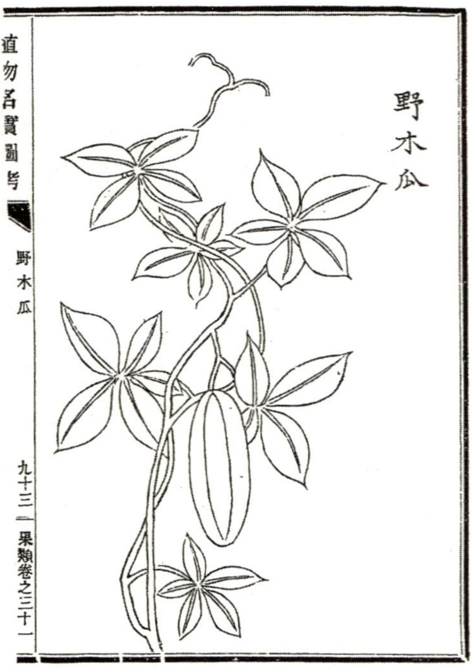

第二回內國勸業博覽會點査表

審査官 [illegible]

第六區 第壹類	物名	野木瓜（四葉常盤アケビ）
出品主		
製造人	高木安兵衛	
協賛人		
剰餘優點		
通計		
事業實況		

評目	優點	劣點
品質		
形狀		
栽培		
適用		
價値		
共計		

擬賞

提要

之ヲ果トシテ異常品トスベキニモ非ズ

通常品

山ヘ　ノ二行

木通

唐ニ通ノ説ヲ掲ク

然レ本書ニ作リシ所

綱題ヲ表ス

一百三十八

木通科

ノ属 [illegible]

Stauntonia hexaphylla Decaisne

トキハアケビ　(沙)　(宝)　(和名)

白三枝五廿一個　(六目)　植ノ説ロ　宮197丁　(附)　373丁

(自然科目)　Cand. Lardizabalaceae.　木通科　○木通

此属ハ白ニ一種ヲ挙ケ [illegible]　latifolia.　支那産

トヤ [illegible]　閣葉ノ者

此木通科ハ(宮)ニ木通 アケビ 下 野木瓜ノ二属

ヲ挙ケルノミ

本ハ蒲生郡[櫟]トキハアヤヒハ江州蒲生郡
奏ノ論ヨリ無手方錄　禁裏ノ跡
上ス今モ其後ヨリ年信田ト云陸也ア
リテソノ甚田ニ尭ニ三郎延氏武太勝氏ニ近
江州蒲郡子ニ纏ノ家ト云事アリ甲田神事
引黒川首道ノ称ヲ池記スト云　勘右人以氏
秘物不稱專習御覽ニベ倍與年倍係ニ△

左ノ都子ノ記ハ
廿二年五月錦ノ南東ノ歳次ノ除池ノ跡ニ青木ニテ
勝湯ノ隨筆　及古仙ノモノニテ伊ニカリ之ノ樹ノ根ル
筆ニ蒲ノ歳倍都子ノ事ハ月ニ一月ニ記之事ノ云　松ニ是ハ出ニ本ハ
江州ニベ
○嵯峨ニ安ヰ写　ハ無ヤ知ル印中ニテ

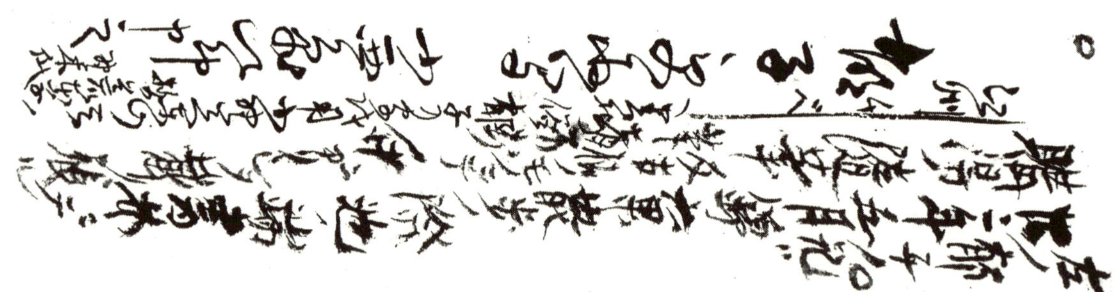

一　近江州奥嶋御目見之事

一　同　[illegible]

右注進之通又之[illegible]所
[illegible]也　奥嶋下司

此口記ハ公ヘ不備ト云只奥嶋ニ備ヘルナルヘシ

△諸書通[illegible]故[illegible]而謂牟信者乎
又列或説云[illegible]和名[illegible]部子和名牟
閉今[illegible]近江所献之物此木瓜実
世或若[illegible]計此又名牟信[illegible]物
和州皆称牟信即於仁信之[illegible]証也付物
近江自古有献[illegible]故称之牟信特不[illegible]
名之[illegible]物之總称也[illegible]以[illegible]子當牟信[illegible]
[illegible]

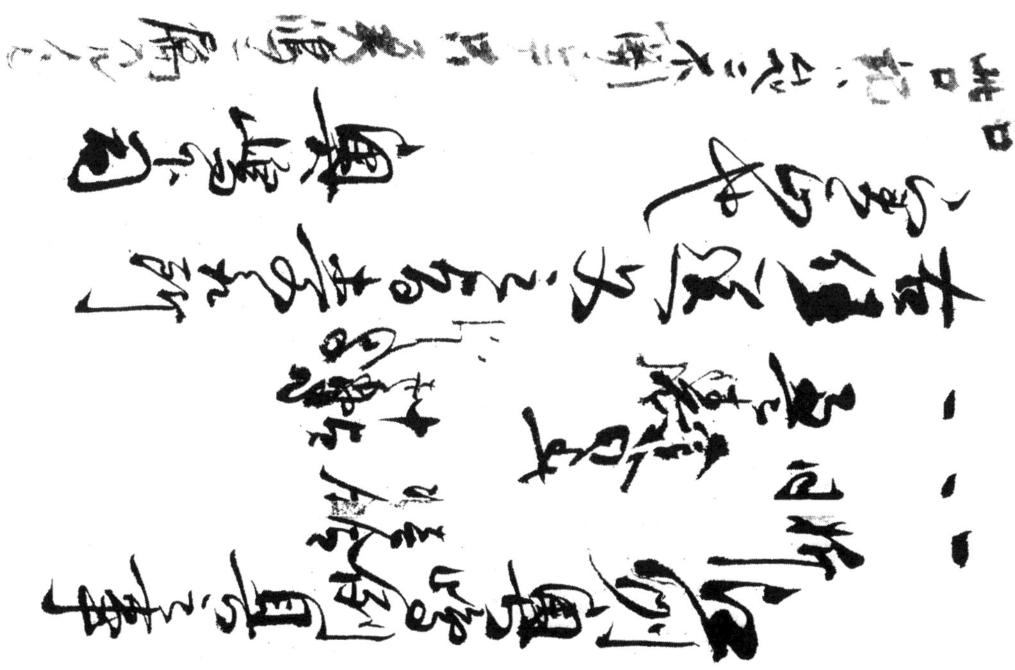

郁子　詳ナラズ

於紀州(?)地方物産

ムベ　郁子　近来武江ニ於テ王ノ鳴ト云地ヨリ
毎年正月[illegible]ニテ献上ス
トキハアケビ　又ハアケビ　[illegible]産地　候ハヾ[illegible]
蔓生ニシテ葉形木通ノ如ク　五葉ヲ肥地者ハ
七葉トナル年ヲ経テ実ヲ結ブ形木通ニ等シク
シテ実ハ肉白色ニシテ核黒色ニシテ光潤
ナリ　花ハ白色ニテ形百合花ニ似テ大サ[illegible]
割烹[illegible]
椒実ヨリ[illegible]
岡田[illegible]

一五

葉大ナルハ一尺ニ及ビ裏葉
間ニ花付七八分ノ長ニテ[illegible]
百合ノ如ク白ク居ニ実アリ
巾一寸長サ一寸余ニ成リ
王瓜ヨリハ巾廣シヤハリ
木通ノ実ノ形シテ少シ短キ
ヤウシ実熟シ紅紫色其
汁食用ニナル皮実ヲ木通
ト同シ皮ヲ取レバ白キ肉
ニ分ケ有テ其肉ニ黒キ
子有リ白肉ヲ食ス味甘シ
子ヲ取リ栽テ生シ易シ

野木瓜　郁子古名　ムベ　トキハアケビ　[illegible]
蔓生ノモノニシテ葉ハ木ノ如シ深山ニ生シ又山ニハ
ナシ上ノ醍醐山ニアリ江州王ノ鼻ヨリ十月
頃実熟スルヲ毎歳禁庭ニ貢ス葉木通ノ
如ニシテ厚シ冬不枯モノニシテ五葉大ナル者ハ七葉ニ
ナル種ヲ下シテ生シ易シ熟シテ花蔓太クナラネバ花
実ナシ実大サ王瓜ノ如ニシテ円シアケビニ似テ小
シ極ク熟スレバ赤黒シ中肉白ク仁黒ク光潤

土　尚文館

アリ食用トス花ハ百合花ニ似テ白色ニシテ小シ
大サ五六分アリ

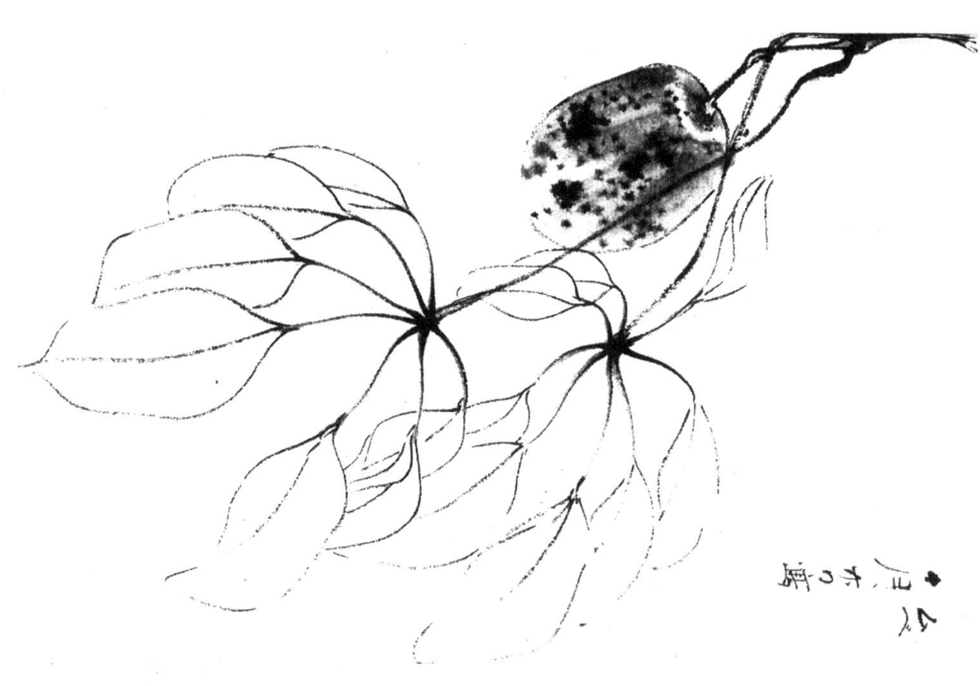

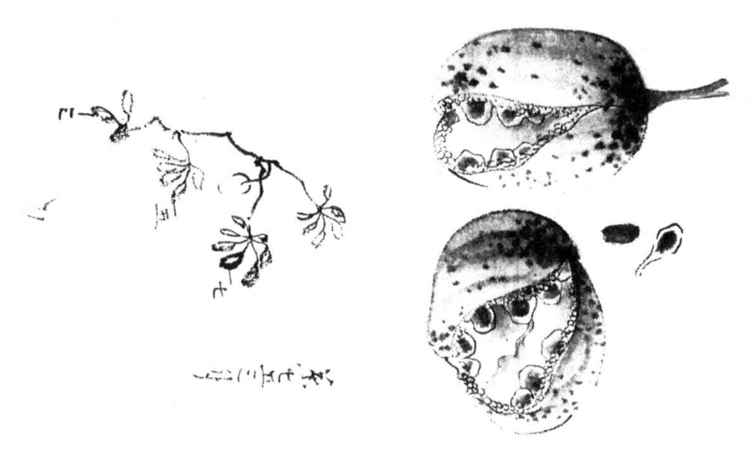

Stauntonia hexaphylla Decaisn.

ムベ

トキハアケビ

和名類聚鈔 巻十七 菓蓏部

郁子 本草云郁子一名棣 郁計反 和名牟閉 今案郁宜作欝 於六反 見唐韻

本草和名 (青十四 本下) 郁棣 一名爵李 一名車下李 一名棣 仁諝音提討反 車下李也 一名欝棣 出食経 和名宇倍

醫心方 (二) 郁核 和名宇倍

類聚名義抄 (木三) 椰 郁子ムヘ 郁宜作 一名棣 棣 ムヘ

同 (廿七) 郁子 ムヘ

色葉字類抄 (五) 郁子 郁子之 棣 同

延喜式 (三十 主計上) 諸国貢御贄 近江国 郁子

○野木瓜ハ近江蒲生郡奥嶋ヨリ毎歳十一月朔日禁
裏ヘ献スル者ニシテ延喜式ニ近江國ヨリ郁子ニ輿ヲ
献スルヿ見ヘ開田耕筆ニモ其説并ニソノ盛ル所ノ器
ヲ載タリ今之ヲ鈔ス毎年是ハ奥ノ嶋ノ内王之濱ト云處ニ
生ズ里人ハ其王ノ此所ニテ飢サセ玉ヒシ時奉リシ例
ト云王ノ濱ノ名アレバイヅレニモ帝王ノオハシマシ
テオモノニ奉リシ成ベシ彦根ヨリ牟禮田（ムベデン）ト云除地ア
リテ其費用ニ充ツ又其盛ル所ノ器古朴ニテ所謂輿籠
ノ遺製歟ト云ヘリ

○豆州志　葡子　丹鉛録云仕蔵在大理與以善孟賓萧子雲
顒長卿晩習草葡子秋紅ノ句ヲ讀ム孟賓呉人博学ヲ挙以問
曰長卿則草中徐長卿薬名是也葡子亦必草木名出何書
耶孟賓亦知ルヿ能ハス本草ヲ取テ編捜之無有也近観齊
民要術云葡子藤生繞樹木実如梨赤如雞冠核如魚
鱗生ヲ取テコレヲ食ス淡泊甘苦常言得一里（云々）如獲一真珠
銘孟賓ト恨ヲ散メ欣賞ヲ共ニセザルヿヲ恨ムル耳　柏云此即
木通ノ一種凌冬不凋モノ吾邦古書郁子訓メムベト云先輩
ソノ誤ヲ辨メ葡子ヲ以テムベトス茱山ハ則云救荒本草ニ載
野木瓜ヘト　ムベ山野有之土谷アケウトフヂ賀茂郡大澤村ニ
成樹モノ甚ダ大株直ト云ルヿ数丈一乃葛ヲ延スル所モ有トカヤ

○按ニ、郁子ハ、年開ハ古来近江奥ノ嶋村ヨリ、禁裏ヘ献セシモノニシテ今普通トキハアケビト呼ビ、漢名ハ野木瓜ナリ、又マルアケビ、紀州熊野ニ、ムベ、丹後、ムベカヅラ、キマンヂウ、南部ハニクミコアリ、ソノ肉味甘美ナレバ、ツルハ、牟年ノ名モアリ、琉球ニテハ、大アケビト云、此草ハ日本産物志近江ノ部ニ図説ヲ詳載セリ、郁子ト郁李ト相混ズベカラズ」

同

諸国貢進菓子

近江国 郁子二輿籠 三十三 大膳下

山城国 郁子四擔

貳拾號

第二回内國勸業博覽會審査表

審査官　伊藤圭介

第六區	第壹類
物名	御葉常盤アケビ　郁子　野木瓜
出品主	高木庄兵衛
製造人	
協贊人	

評目	品質	形狀	栽培	需用適	價値						計	共
優點												
劣點												

剩餘優點

事業實況

通計

擬賞

提要

之ヲ蔓シテ異常ノ品トスベキニモ非ズ

通常品

號

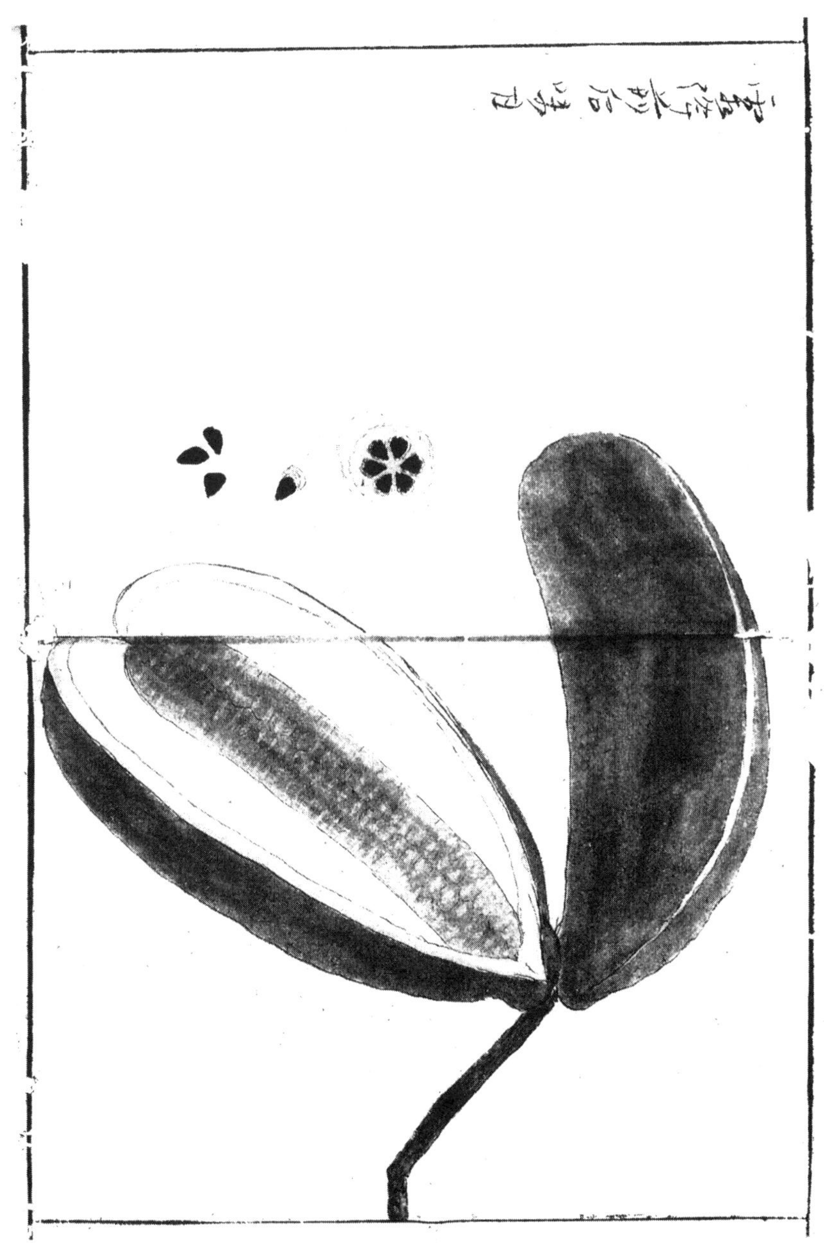

○郁子入内　四谷左門町に住る東京府士族竹内熊次郎氏ハ
園の野木ハ最も年ふる老樹ありて去る十二年の冬福羽
美静君の見出されて其が記と歌とを添て我が
天皇に奉つられしが真純思ふに東京にしもかかる老郁子の
斯まで繁茂せしものは有んハ思ひもかけず奇とも妙とも
謂まし前年滞京の序で同氏を訪ひて其故を聞に三世
の祖が植しものなるも其後度々の移居に植かへ火災にも
罹りしが今日まで無事にて斯ハ老樹となれるなど語らる
祖先の遺愛を重んずるハ語氣に顕はれて貴とし此をや

孝實とも云まし本年ハ殊に能實れりければ其旨を福羽
君まで聞えあげられしに此度ハ同氏の名して献つれとの
事あり埋れ木の花さく例しうへも富けりさき草の栄え
と其顛末を記さんに

別紙

東京府士族　竹内熊次郎

別紙名前之者所有園中之郁子一籠内献仕度志願ニ付
美静ヨリ傳献仕候間被入叡覧被下度相願候右郁
子之儀ハ延喜式所載山城近江武蔵等之貢物ニ而中
世迄世無断絶近江國奥島ヨリ貢献之式有之趣諸書ニ

散見致候
後水尾院年中行事ニモ被爲載十一月朔日之供御品ニ
有之美静其考證相添既前年入
叡覧候儀ニモ候旁前件之通宜相願候也

十一月二十五日　福羽美静

宮内卿徳大寺實則殿

東京府士族竹内熊次郎儀園中之郁子一籠献上志願ニ付
御傳献早速　御前ヘ差上候條此段申入候也

明治十五年十一月廿八日

宮内卿徳大寺實則

参事院議官福羽美静殿

按この郁子傳献の添書中ニ延喜式所載の文ハ姑く略す
一日奥三郎兵衛氏と閑田耕筆ニ古来貢進の圖あるの談ニ
及ぶ奥氏の曰く前年近江邊　御幸の折大津の行在所へ
奥の島よりも献じたるを見たりき最も古雅なる器(うつは)ニ收(いれ)
しが其圖と福羽君が記中の行在所ニ奉れりときて侍りぬと
ある詞よく合りと語らる今回竹内氏が献(たて)まつられしハ清く
しき青竹の角ある籠の蓋おほへるなぞそら透間より郁子の

枝葉を垂たる昔忍ばれて床しき風情ありし因みに先年福羽君より奉まつられし時そへられし歌ハ

西ひかしおなしふしよもみやこへやさかゆく　さとくに

うへもとみけり　右ハ蔦城真純氏の寄られしまゝ

をかくなん

右明治十五年十二月六日東京日々新聞

蔄子

秘傳花鏡云藤蔓緑樹本而生正二月開花四五月実

熟如梨赤如雞冠之色核如魚鱗其味甚甘美

琉球土名大阿計比　大島土名梅蔓　薩州海中島方

一言郁子蔓　文亭生　一

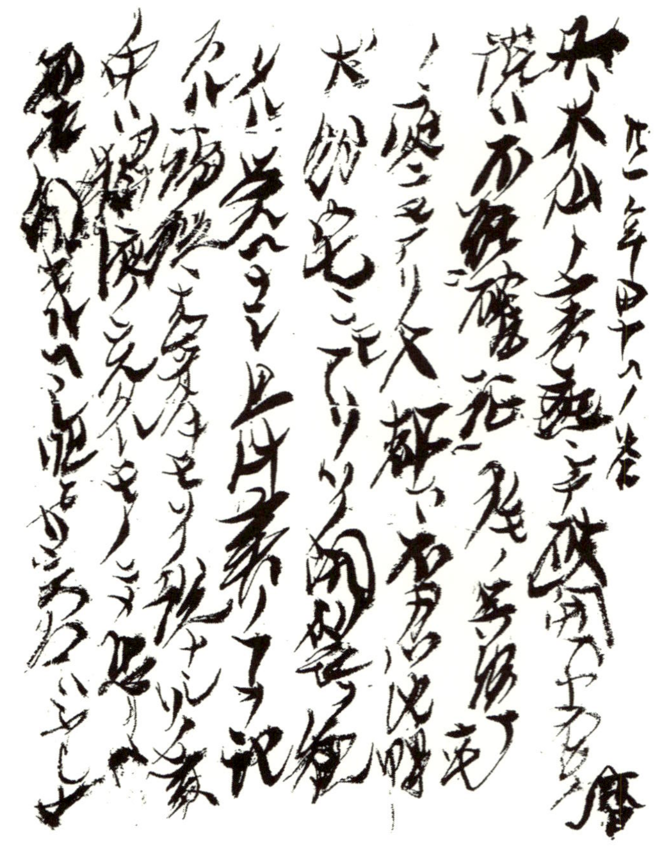

ムベ　近江國蒲生郡
野木瓜ウベ　郁子トキハアケビ　葍實　漢名

奥嶋ノ産物ニテ毎年十一月朔日京都ヘ貢スルナリ蔓一スヂニ二ツモ三ツモナリタルヲ葉ニテ包ミタル足高キ折ニ入レテ奉ル其形状図ノゴトシ此事イヅレノ御時ヨリハジマルト云ヿサダカナラズ奥島供御人等歟傳フル所ハ聖徳太子ノ御時ヨリト云ヒ来説ニハ天武天皇ノ御時ヨリト云共ニ信シカタシサレバコソ後水尾院年中行事ニハイツヨリ奉リソメケルニカトアソバサレシナリ又延喜式ニ近江ヨリ郁子ヲ貢スルヿヲ載ラレタレト是ハソノムベノ事ニヤ真ノ郁李ノコトニヤサダカナラズ供御人ガ傳ヘシ文安ノ綸旨ニ見ヘタル所ハ今ノムベノヿニテアリケレバ其文ノ例ニマカセテトミヘタルニ

野木瓜ムベ　諸山ニアリ　和州吉野郡中物産志　上

穂トキニソノ先ヨリ奉ケルモノナルベシサテ文字ニハ郁子トモ葍實トモ書タレトモ正シキ名トハヲモハレズ蘭山翁ノ説ニ救荒本草ニ見ヘタル野木瓜トイヘルモノハ今ノムベナリト云リソノ図説ヲ按ルニ此説荷擔スベキナリ若水ハ藺子ヲモテムベニアテ白石先生ハ葍ナリ野葡萄之ト云レシ弘賢按ルニ藺子ハアケビナリ、アケビトムベトハ自ラ別種ナレバ如何アルベキサテ我邦ニテ漢字ヲ用ユルヿハ中古以来必ズ其正名ナラヌモ假借サルヿアリタトヘバ款冬ヲモテ春ノヤマブキニカリ用ユルガ如シコレ古人款冬ヲヤマブキト云バタマ〳〵其名ノ同シキヲモテ假用ヒタルナリ是ヲモテ漢名ノ當否ヲ論ズヘキニアラズ葍ハ郁李ノ一名ニテ共ニムベト云ヒ野木瓜ヲモムベト云ヒケル

ヨリ假借サルコトアリシナリ又漢名ニモ古今ノ差別アリテ一概ニ論ジガタキトアリ猶
下ニコトハ○地錦抄及ビ異本郁子考ニ本蓮ルベキナリヲムベニアツ本蓮和名ニイタ
ヒトモノニテムベトハ自ラ別ナルナリ、酉山翁曰郁李ノ字ハ假
用タルナリ此類少カラズ山茶一名海石榴ニ椿ノ
字燕子花ニ杜若間栗子ニ於子蒲葵ニテ葺タ
ル車ヲ檳榔モト云ル類也下畧地錦抄図略 葉一茎ニ
五枚ツヽ出ル木犀ノ葉ニ似テ厚ク光アリ四
季モニ青葉ニシテ不斷アリ葛ハ細ク鉄ニテ
ノベタルカ如クカタク大本ニカラミ付テ高
ク上ル四月白花ヲ開キ實ヲ結ブ夏ハ實ノ中

七 郁

空ニシテ秋ニユクシ丸クホツ長シカタチノ
似タルニヤヲ以テ見饅頭モ木饅頭モ本草ニ見云ヘ
リ俗ニムベモ云一リ 弘賢曰ムベノ形状ヲヨクモシラデイヘルナリ
木蓮ノ實ハ小クテムベニ似ベクモアラズ 云々 或書云郁子ノ華ハ
近江國生ノ島ト云所ヨリ毎年十一月朔日
禁裏ヘ郁子ノ實二ツ宛箱入ニ致シ三箱ツヽ
奉献上ハ誠ニ長寿延命ヲ祝シ奉ルナリト承
傳ヘ侍ル 云々

近江蒲生郡奥島ヨリ毎年霜月朔日ニ禁裏ヘ献
ずるむべと云もの一奇品なり 延喜大膳職式曰
諸國貢進菓子 近江國郁子二輿篭 と見ゆるもあり黒川道
祐の日次記事に説なり曰今考所献の物通草之
實而其氣味形色與郁子大異也按土人以此献
物不称名專謂御貢御貢與郁核倭語相近故誤称
通草而謂宇倍者乎以枯柴造小篭盛其體存朴
古 按以枯柴造小篭とハ誤也其圖左ニ出セ 成入此黒川氏の考拠論ぜ
書入有曰按順和名鈔云郁子和名牟閇今視近
江國所献之物乃櫁也凡實也和名止岐波阿計比又
名牟倍凡貢物和訓皆稱牟倍即於仁倍之轉語
也此物近江自古有故為貢物来故称之牟倍特
不此物名之貢物之總称也順誤以郁子當牟倍
私云順の誤まりならず式に見へたる所上に擧ぬるごとし 蓋野木瓜通草形狀
相類ス故道祐以之為通草子亦誤也 是論誰ぶぬる拠知らず
閑田子曰おほしまハ奥島の内王之濱と云所より生ず
と云ありけれと人ハ其王の此所にて飢させたまひ
しをきたて給つましし 例しと云其王説と給だ
うおぐし王之濱の名なりといへりつまいとも帝王の
おはしまして おいりのに奉りましあるべし 今夾

根倍より牟倍田(ムダン)と云除地なりし其貢調も充られ
人夫禁中へ持参する時ハ黄衣の上許裁着ヲほ京極宮
の諸大夫生島家ヨリ執奏し采女口へ差出せバ
長橋ヨリ青銅弐拾疋を賜ふ 閏月アル時ハ三拾疋ことなん 又生
島氏へも同しほゆて賜り且近江表拾扶持附ス
此家ニて酒食を與ふ近年ハ夜宿なさゝせしめ
られしとなん 其盛所之飛古朴ニて面白きもの
あまたバ左ニ圖する式ニ所謂輿篭の遺製歟又彼
奥島ニ傳来せるものゝ文書を示せし人あり
依てこゝに写ス

近江國蒲生郡奥島庄内奠供(ムベ)御人等申ス
任先例ニ此非分之課役可専調貢之由被
聞食事可令下知給之旨
天氣流候也仍言上如件俊秀誠恐謹言
十一月廿一日　左中辨俊秀達
進上　尹大納言殿
嘉暦元年十月八日　加賀守　在判
三位註記ゆ坊
此正文ハ義卿がもとにあり
嘉暦元年十月十三日　圓意　在判

預所在判

奥島庄下司殿

閑田耕筆抄録

Raiania hexaphylla 之 多ツ雄

Stauntonia hexaphylla 雌目

ムベ モクアニシ [illegible] ニアニアニ不云 トキハアケビ Stauntonia

ムベ Stauntonia ハ 百 ニテ 廿一綱六目

(自然科目) Lardizabalaceae

百 ニハ支那ノ一品ヲ挙ク

ナ. latifolia ナリ

○ 欧 揚ク Lardizabaleae 科ニ

[illegible] 卜 Stauntonia ノ二族

モ alecola [illegible]

欧 ニハ 西小揚ヲ [illegible] 科ト [illegible] 之科

向ニ四品アリ

ムベ *Stauntonia* ハ（百）ニテ廿一綱十目（自然科目）*Lardizabaleae*

（百）ニハ支那産ノ一品ヲ挙ク *S. latifolia.* ナリ

○（図説）*Lard. zabaleae* 科ニ *akebia* ト *Stauntonia* ノ二属モ一

郁子輿籠之図

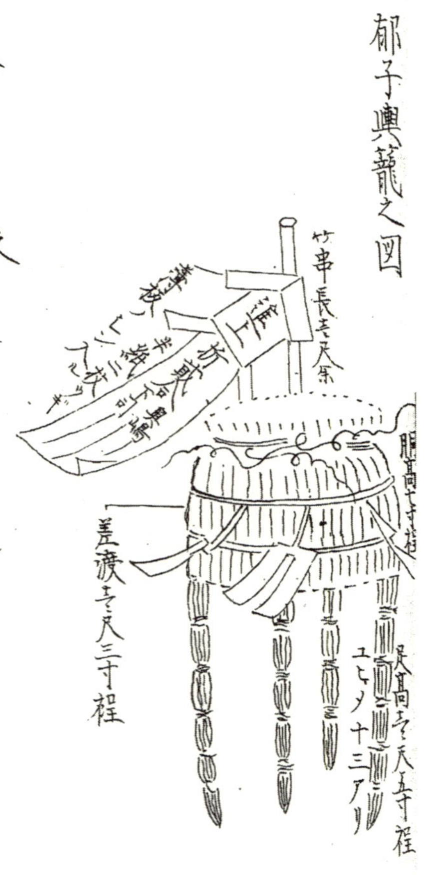

弘賢曰輿籠之三図ト題セシ誤ナルベシ図ニハ既ニ折ト書リ予親シク見シニ折ヲ葉ニテ包タルモノナレバ四角ニテアルヲ此図ニ丸ク書シモタカヘリ輿籠ハカクノ如キモノトハヲモハレズ猶下ニ延喜式ノ所ニシルセリ

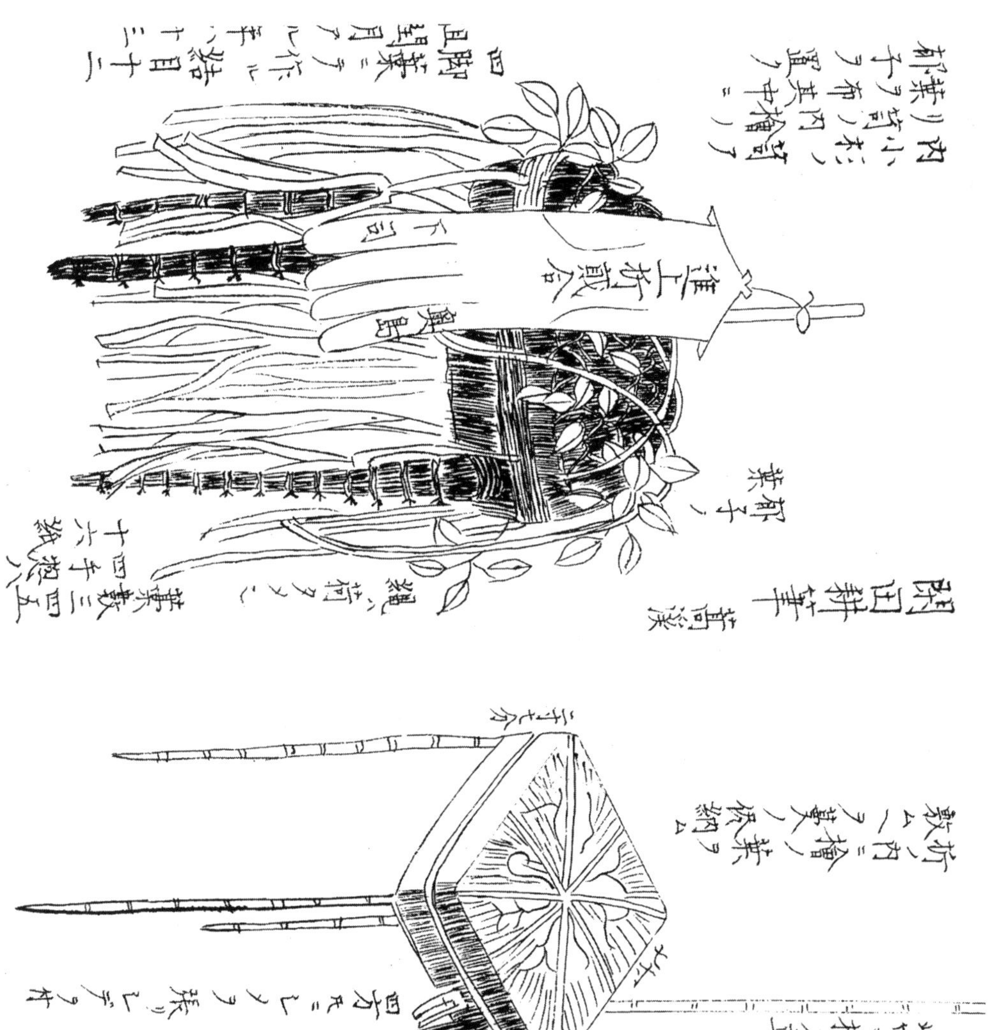

近江蒲生郡奥嶋ノ邑北津田ニ郁子...
之ニ在テ其膳ニ列ス 曰ク 諸国貢進此名ニ郁子ニ奥
籠ト云フアリ ヨリテ黒川道祐ノ月次...
ニ注アリ 曰ク今ニ所献之通草之実ハ其
色形色ニ郁子ニ大ニ異也 去ル以テ此献物
不稱其名 專習御贄御贄方郁子
語ノ相近 故ニ誤リ稱通草而習
以訛並造ニ小籠ヲ盛物朴古

或人此黒川氏の説を論じる文有り 曰 按順和
名抄云郁子和名牟閉 今視近江
国所献之物乃野木瓜実也 和名阿計比
又名牟倍 即於仁倍之轉語也 此物近江自古
有故為貢物 未故稱之牟倍 特不此物
貢物之總稱也 順誤以郁子当牟倍
順乃誤 蓋野木瓜通草形状
相類 故道祐誤之為通草子 亦誤也

閑田耕筆巻之五
閑田子曰これハ天盆の内王之實(ワウノ)と云ふ所に
生ずるといへハ其王の甘所ハ天て飢させ給ひし
時奉りし例とぞ云ふ王說とかくさなる王之
實乃名あれハいづれも乃郁子乃かしましておよそ
みかあるしめへ作る衣振候から手信田(ムベ)とて
候地有ることに登用(ツイエ)に充(アテ)らるゝ人ハ夫楚中へ
おゝくる時ハ天武北上手を見る事極富
の儲を生收めから枝奏し来女ら人へ出る

細葉ノ野木瓜

[illegible]

當時年中行事　後水尾院御記

十一月朔日毎年例之如し近江國ヨリムベトゐモノヲ

献スイツヨリ奉リソメケルニ歟　云々

右　古今叢說

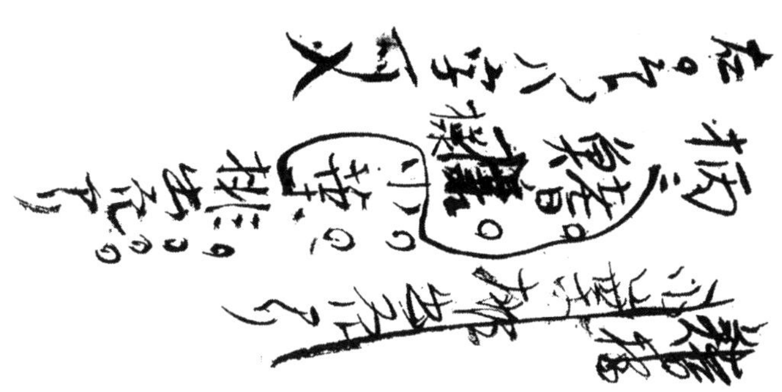

セ一

木蓮（モリレム）

花名集
一名むべ
一名毛慢ヒ

[illegible]

Stauntonia hexaphylla. イクレ

ムベ　トキハアケビ　野木瓜

ムベ　野木瓜

（江戸ニテハ用之ス）

江戸　木通

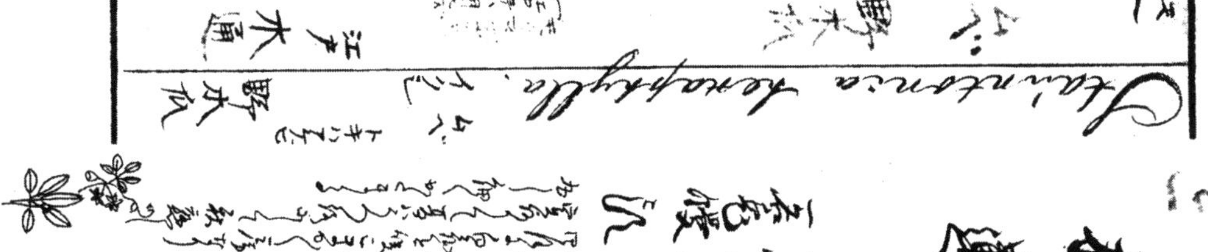

雑稿
~~小葉ノ放出花アリ~~
柄ニ鶏（様）小葉ノ排出花アリ
左ノモノハ字可入

ミツバトキハ
アケビ

ムベ

郁子 古名 トキハアケビ

ツルガキ 野木瓜 救荒本草 Decaisne. ムベ

「スタウントニア。「ヘキサヒルラ」羅 Stauntonia hexaphylla

然科目 木通科 細第廿二目

江州、和州、勢州、山、朝熊、紀州熊野等山中ニ産ス木通ト一種蔓

草ニシテ年ヲ經ル者ハ蔓稍太ク灌木様ヲナス葉ハ通

草ノ葉ノ如ク楕圓大ニ硬厚ナリ五七葉排列シテ一大葉

ヲナス色深緑ニシ光澤アリ葉背淡緑脉絡羅紋鮮明ナリ

較著

冬ヲ經テ凋マズ故ニトキハアケビト呼ブ立夏前花梗

ヲ出シ數花簇生ス六瓣ニシテ形稍百合花ニ似テ小ク五

六分許白色ニシテ淡紫ヲ帯ブ雄花雌花ヲ着ク

實形楕円ニシテ王瓜ヨリ大ナリ熟シテ暗紫肉白ク味甘

シ子ハ黒色光澤アリ○近江蒲生郡奥ノ嶋ヨリ毎歳十一

月朔日野木瓜ヲ禁裏ヘ献スト延喜式ニ近江國ヨリ郁子

二輿ヲ献ス[illegible]見エ[illegible]テ[illegible]田[illegible]等[illegible]其圖[illegible]

ヲ其盛ル所ノ器古朴ニシテ所謂輿籠ノ遺製歟ト云ヘ

ヘリ又里人ノ口碑ニ此ハ上古文武天皇ヨリ始マレリト云傳フ

回ニシテ長

輿

今其ノ圖ヲ模シテ次ニ出ス

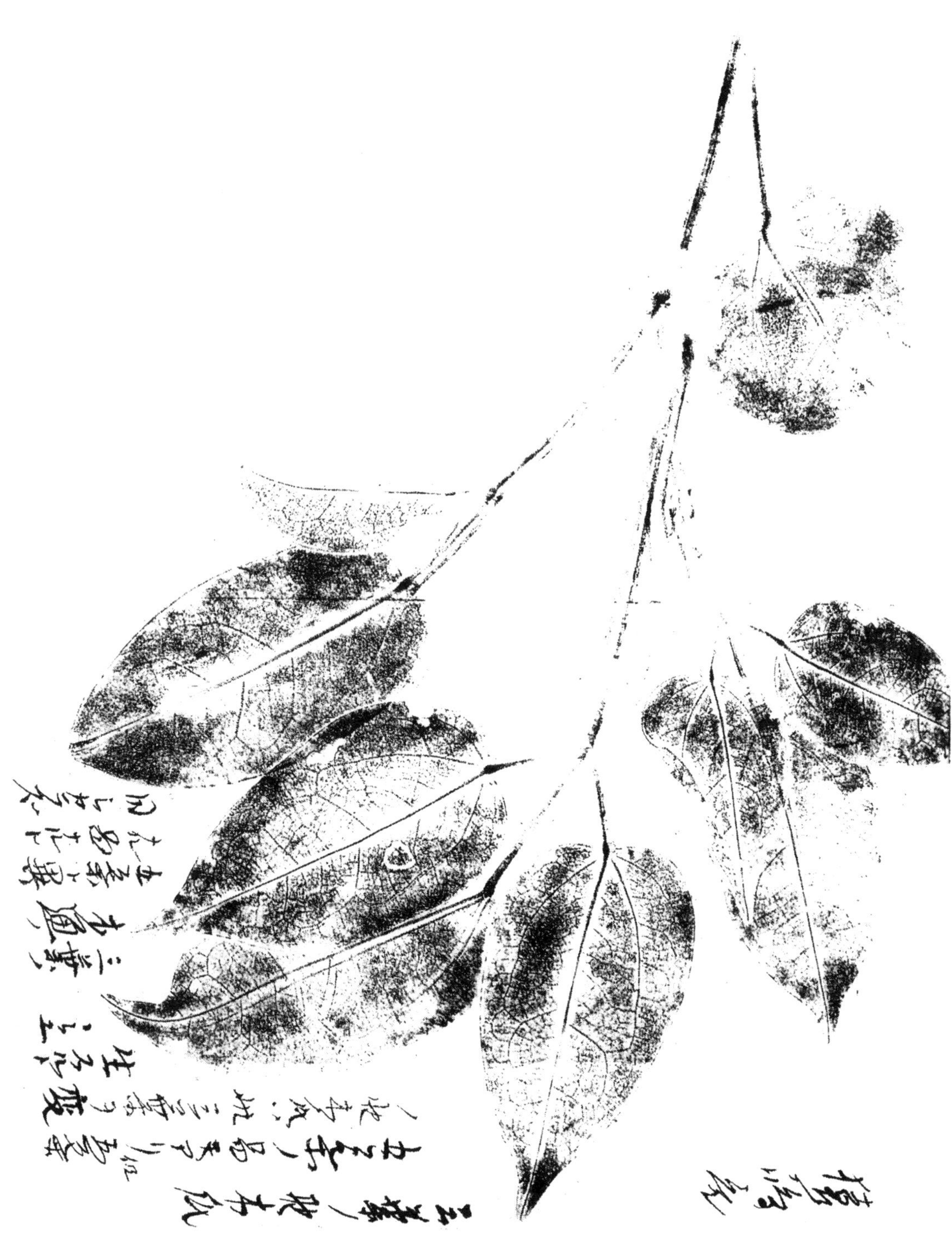

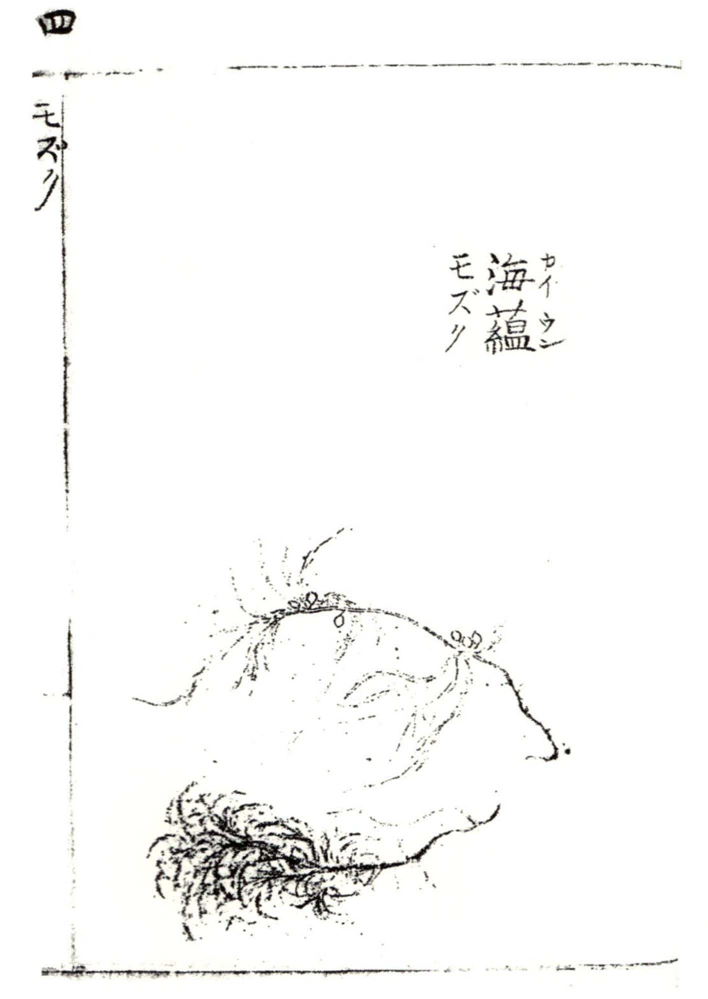

水雲

和名類聚鈔 巻二十 菜蔬部 、、、

水雲 漢語抄云 水雲 毛豆久 今案 所出未詳

類聚名義抄 七 西 水雲 モヅク 藻類

延喜式 三十一 宮内 諸国例貢御贄 若狭国 毛都久

延喜式 三十九 内膳 年料 若狭国 毛都久

○按ニ水雲毛都久ハ亦轉シテモウゾクハ西京ハモヅク備前モゾクモ呼ブ漢名海蘊ナリ

海藴（モヅク） [illegible]

海藴ハ海中 [illegible] 四月頃 [illegible]

神馬藻（ホンダハラ）ノ葉ニ寄生シ水面ニ黒色 [illegible]

採ル [illegible] 粘 [illegible]

[illegible]

後 浄潔ニシ直チニ食スヘシ [illegible]

[illegible]

少キトキハ必ス [illegible]

モ三

海藴（モヅク） 泉州岸和田 阿州鳴門 尾州鳴尾 紀州和歌浦 豊後

紀伊 [illegible]

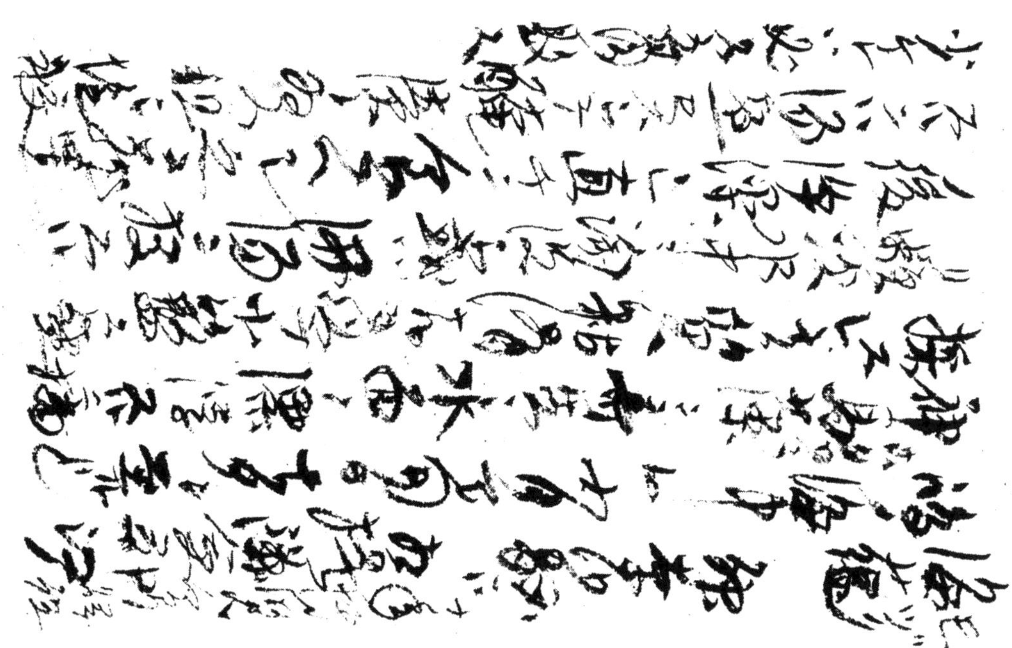

○モヅク

海蘊

海中ニ産ス細ク縷髪ノ如ク枝又アリテ青黒色ニメ滑ラカ生時水面ニ

浮ブ数尺冬ヨリ春ニ至ルマテコレヲトリ薑酢ニテ生食ス 一説ニミチヒジキ是也ト

知多郡ニテハ大井ト云所名産ニテアル

フトモヅクト云ハ素麺ノ位ノフトサノモノナリ大野辺ニアリ春ヒガンヨリ

泉州岸ノ和田ヨリ出ル ヒゴクモモトヨリ献上ニナルアリ

モ 四

モヅク

海蘊 京ニテ誤テモウゾクト云三月比売ル物也モヅクハ

海藻類ノ花ト見ユ川青ノリノ如キ物也塩蔵ニモスル

物也此ヲ苔菜ト云説モヨシ

水雲 もずく 大和本草 もずくのちりをよく洗ひ … 和えて入かしすへし …

料理調味抄ニ出

モ 三

海蘊 モツク 黄褐色柔軟滑也

○石モヅク 海士郡雑賀崎ニ多シ長サ尺余太クメ燈心ノ

如シ黄褐色ニメ滑也石ニ着生故ニ石モヅクト云 ○一種 川モヅク

アリ那賀郡丸栖村河中ニ生ス其生ル所必清泉発出ス春月

ニアリモヅクノ如ク滑ニメ糸ノ如ク小枝アリ線色ニメ白斑節

ヲナス

○海蘊 モヅク ウコギ 仙本草 … 食用スル …

○毛都久 出式 鈔式有年貢

今俗稱モソク 藏器作海蘊 鈔引楊氏抄為海雲

海蘊 もずく …

もしも藻とある …

熊野物産初志　一

モミヂサウ　モヒ

モヅクハ此初生ヘ海藻ヘ亦ヒ海藻ノ名コレノミ窮ズ
然葉ノアルモノハ皆名ク泉品ノフトモヅク上品ナリ

もづく

和 水雲 毛豆久

式 大膳 毛都久

水雲（モヅク）[illegible]

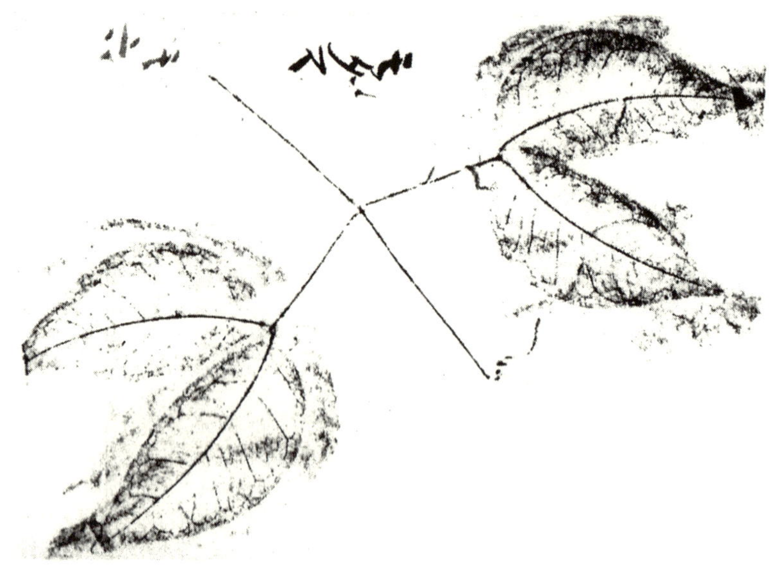

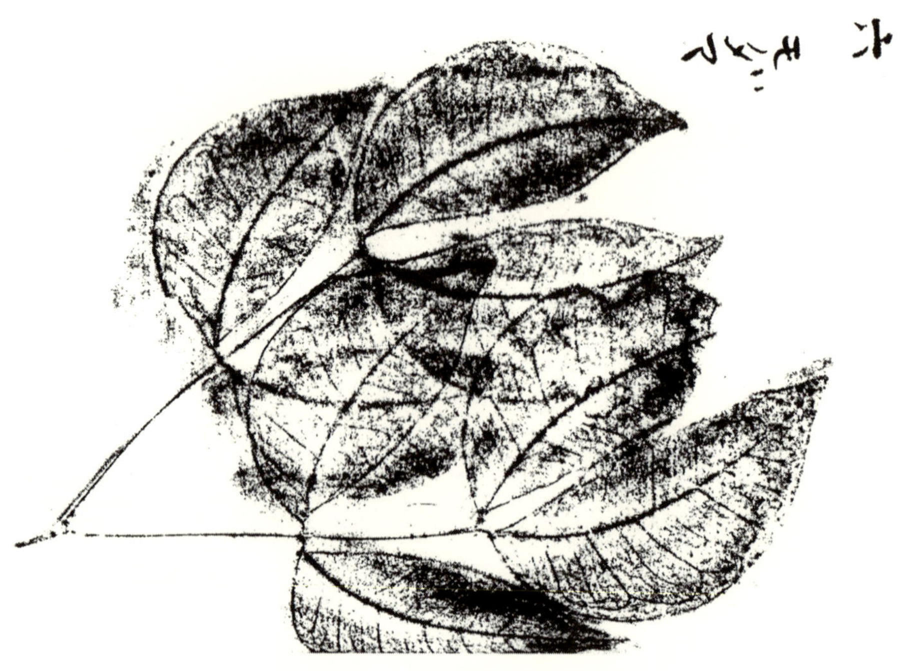

蔓艸

榲藤子 本艸綱目ニ詳ニシ 文化二丑年大風雨アリ
此時魚ノ尾鷲ノ濱ヘ榲藤子多ク漂着ス土井
氏此ヲ拾ヒ時ニ両ニ折テ初テ生長蔓直立ス四五尺ニ
及ブ茎黒色漸ニ枝互生ス此枝ニ小茎對生シ
テ左右ニ四葉ツゝ八枚ヲ生ス此葉ヲ一葉離セバ
南天葉ノ如シ左右ノ枝ノ中ヨリ細長葉ヲ生
ズ二十二ニシテ二分シ十丈ニ纏ヒ枝葉共ニ出ス初ハ紫色

ナリ長ク黒緑色ニシテ秋ニ至テ苗繁茂ス然レ氏暖
國ノ產物ユヘ終ニ冬ニ至リテ傷ヒテ枯ル麓州ニ
テハ寒ヲ以テ活スト云

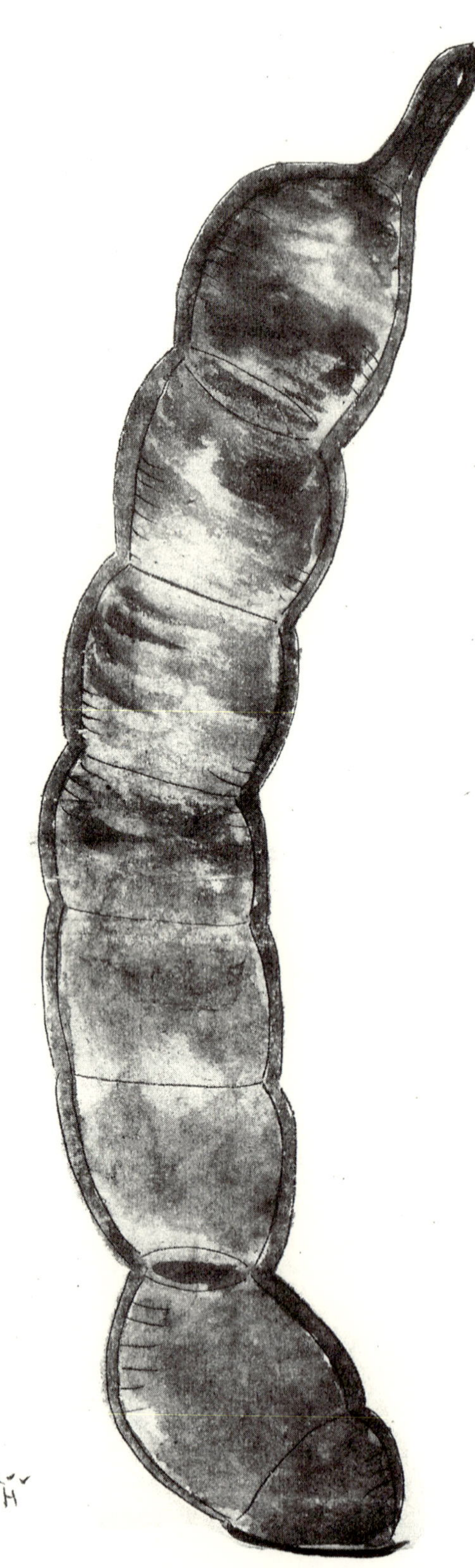
モダマ 榼藤子

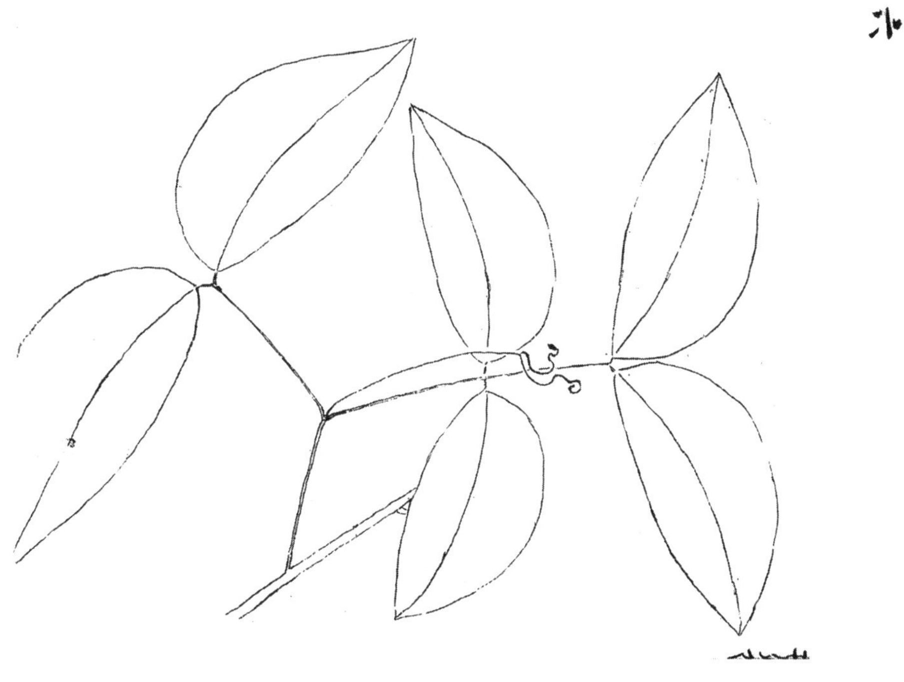

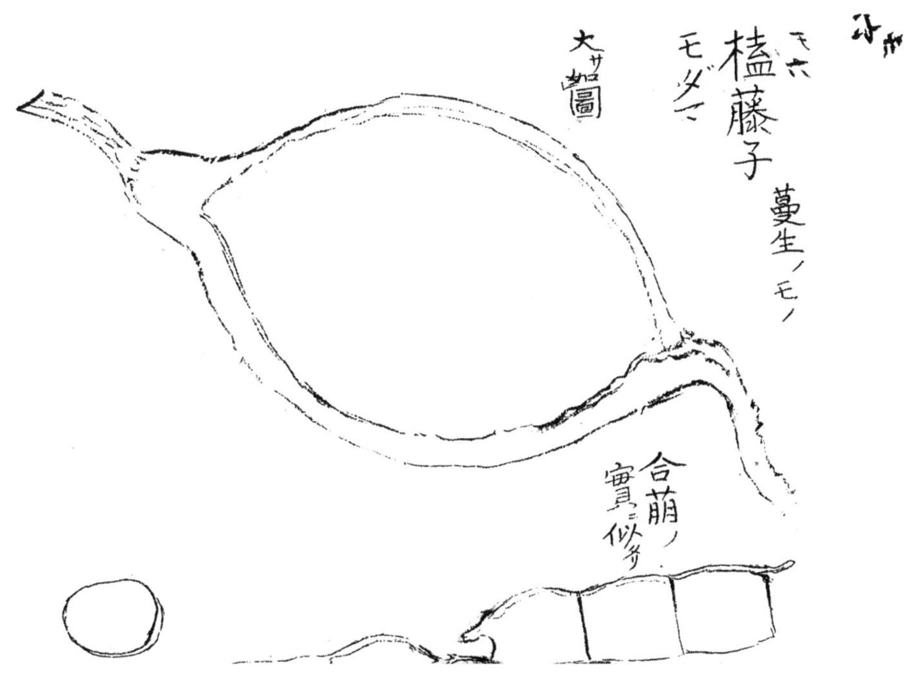
榼藤子
モダマ
大サ如圖
蔓生ノモノ
合萌ノ實ニ似タリ

六
榼藤子
モダマ
ヘデイサリユム シイボルト
モダマ 一種 榼藤子
莢ノ圖
濶サ三寸許 長サ二尺
餘アリ故ニ角如弩佩ト云

榼藤子　モダマ　海邊ニモナドトイツシ
ヨニナガレテクルナリ形ハ丸シ少シ
ヒラタミアリ一二寸バカアルモノナリ
色ハクリ色カタキ物ナリ明和五六
年ニ苗ガキタルナリ葉ハ左右エニマイ
ツヽ以上四牧ホドツヽツクナリ其マン
中ヨリツルガ出ル南天ノ葉ニ似タル
ナリ苗根ニ比實アツタト云フナリ
一名藤榼子　通雅　猪腰子　同上

榼豆藤子　西国ニ多ルフアリ
こやすへ人まゝ豆ヲツガし髭ゟ絡ノ

(モダマ
ヘライスサリユス　シーボルト

榼藤子　本綱蔓草
和産ナシ蛮国ヨリ海濱ヘ漂流シ来故姑ク若ク紀ク但ク
土ク薩ク筑前ホノ国皆海藻中ニ混故拾ヒ得ルモノ藻ノ実トシ
モダマト名アリ或蛮語ニトモ云其子形円扁一寸厚サ三分計或三寸
厚サ四分斗大小常ナラズ栗穀色或赤ヲヲブ或ハ黒ヲヲブ其一ハ
ヲ横ニ切肉ヲ去菜瓢（タシロウ）トスツノ皮厚ク硬故ニ菜ヲ貯ヘヒ共実全キモノ
ハ外ニ大莢アリ鮮ナルモノハ夏地ニ下メ生シ易シ　苗ニ二種アリ大葉
ノモノハ茎青色葉ニ絹稜アリテ緑爪葉ノ如シ葉ハアケビノ葉ニ似テ
右名ニツ四葉一茎ニメ末ニ鬚アリテ他ノモノニ纏フ年久ナレバ左右各四
葉或一方二葉一方四葉トナル光澤アリ蔓淡ニ淡緑色

モダマ

一種紫茎ノモノ左右各六葉ニシテ十二葉一茎トナル左右ノ中ヨリ
鬚アリテ末ニ鬚ニ分レ物ニ纏フ二種共ニ甚[illegible]実ヲ[illegible]ル
○串梅ニ今多ク[illegible]長[illegible]唐物やノ店ニ多シ蓋シ[illegible]ノ
ニ非ズ ○草木育種後編云 象豆(もだま) 紀州 海辺に漂流しある[illegible]
[illegible]
[illegible]
[illegible]

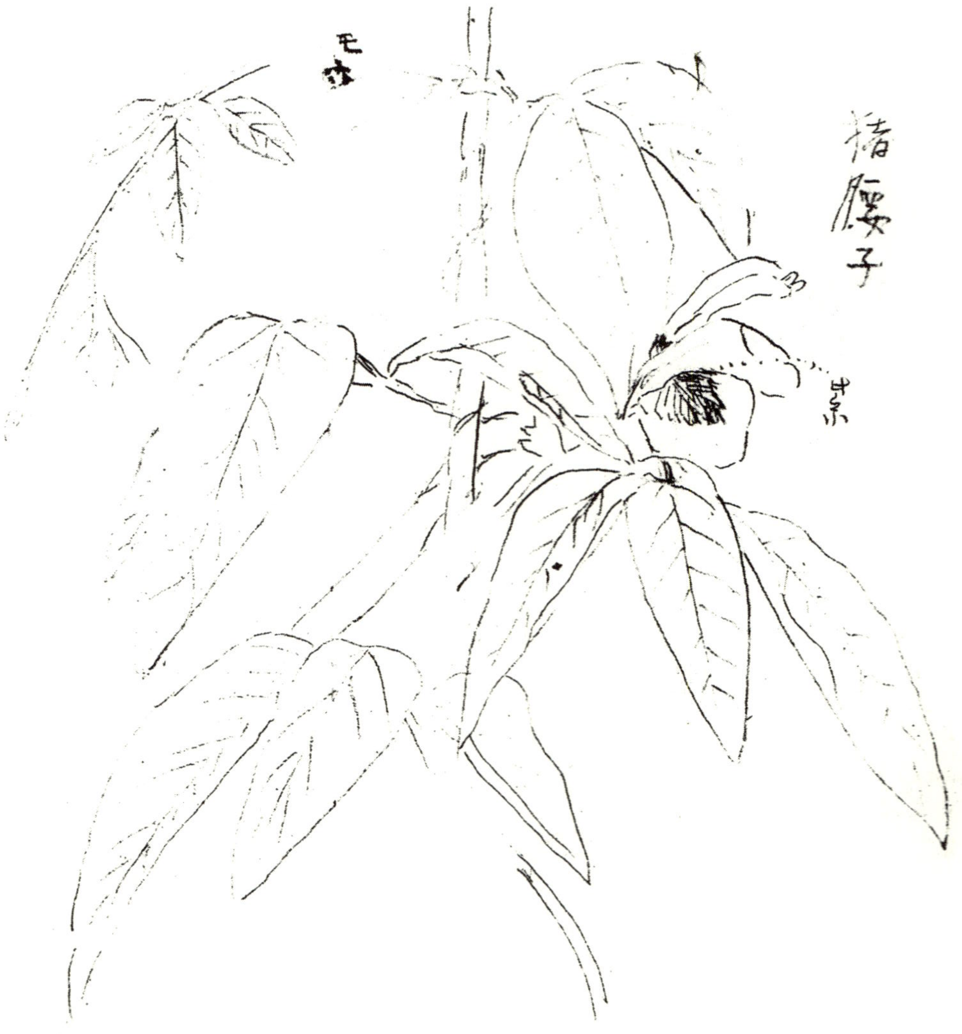

榼藤子

本草載生廣南山林間作藤着樹如通草藤其実三年方熟角如弓袋子若雞卵其外紫黑色其殻用貯丹藥經年不壞

琉[illegible]

琉球土名 藻玉蔓

其二

榼藤子　モダマ

蔓生ニシテ二葉三葉相雑リ
對生シ形チ茴子葉ニ似テ
細ク尖リ葉間ニ両鬚アリ
テ物ニ纏フ莢ノ形弓袋ノ
如ク幅二寸余長三四尺褐色
ニシテ一実毎ニクビレアリ中ノ実
円クシテ扁シ黒褐色甚堅
硬ニシテ用テ鉄炮ノ口薬
入レトス西洋暖地ニテハ蔓
延スル丁一二丈ニ至リ花実ヲ
生ス
[illegible]

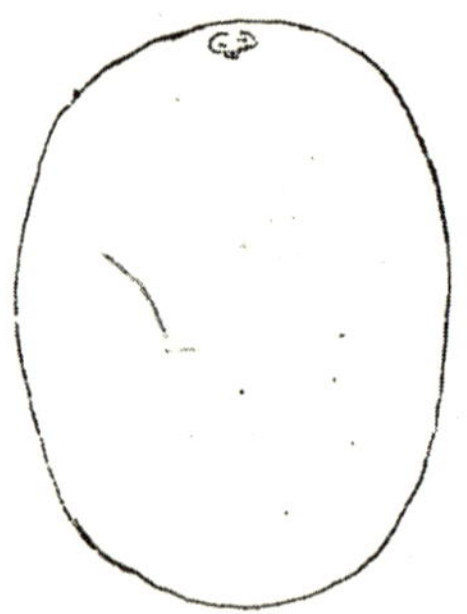

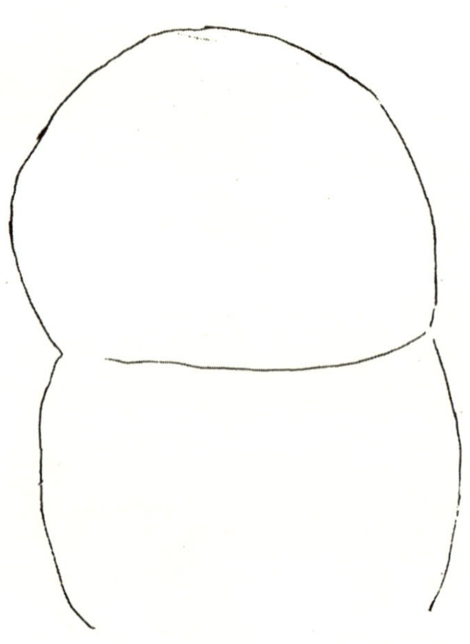

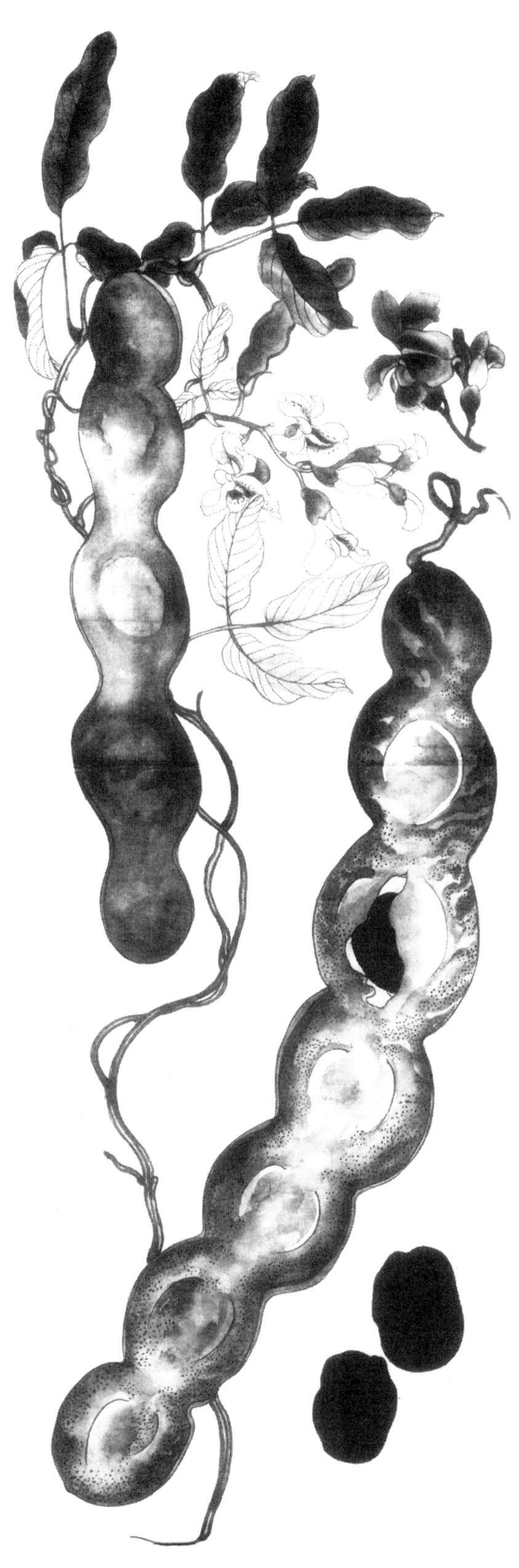

榼藤子　もだま

和産なし其莢九州四国辺の海濱に漂着することあり長さ四尺許形弓
袋の如くにて褐色一実毎にくびれあり中に実あり円くして扁く赤褐
色甚堅硬用て鉄炮の口薬入とし又薬籠としてて光を失せる
此實新しき物を栽れハ生す初生ハ一莖二葉てふ兩かつらに似て両鬚を
生して先の物を纏ふ漸二葉四葉を生し又八葉を生す形琉球の
白むくろしの葉に似て濶し藤蔓木の如くになる

榼藤子　漂流の物

一種　紫莖の物
紫莖の物あり尾州より来る葉の形同して蔓紫色稍小し

一種　物印恠の物

巻八

榼藤子
藤長數尋其莢長者五六尺名ニ象豆ノ和名モダマカヅラ
因畧之
中山傳信録物産考 地

榼藤子 モダマ [illegible]
△ 猪腰子 同
[illegible]
皮榼藤子
[illegible]

榼藤

榼藤依樹蔓生如通草藤也其子紫黒色一名
象豆三年方熟其殻貯藥歴年不壊生南海
解諸藥毒　南方艸木状 全

一 榼藤子
此物和朝ニ往古ヨリ出産シ候ハ人不存候外取出シ不申 [illegible]
然ル所先年美作ノ国笠西ト申所ノ郷中ニ而取出シ申シ其
外九國之内所々ニ而産シ処有之候功能モ多ク旅數物ニ此度
出ル書付指上申シ [illegible]

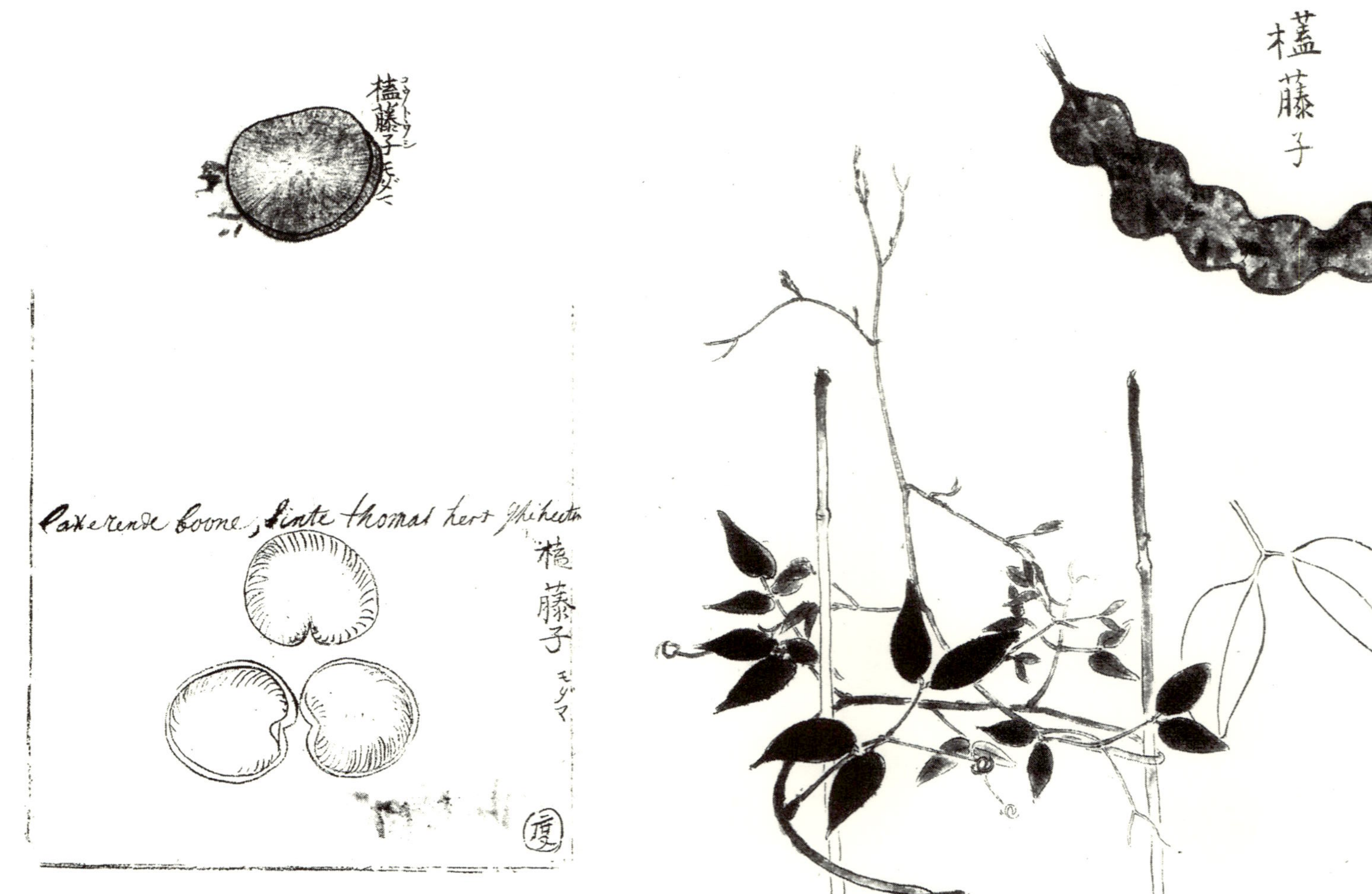
榼藤子 モダマ
榼藤子 モダマ
榼藤子

ウエインマンノ図
モダマトハ莢形ヲ異ニスレ圧
一種ナリ渡園モモダマノ一形
トシ挙ケタリ
a
b
c
d
e
a. phaseolus aegyptiacus nigro semine
b. phaseolus braselianum.
c. phaseolus brasilianum fructu luteo.

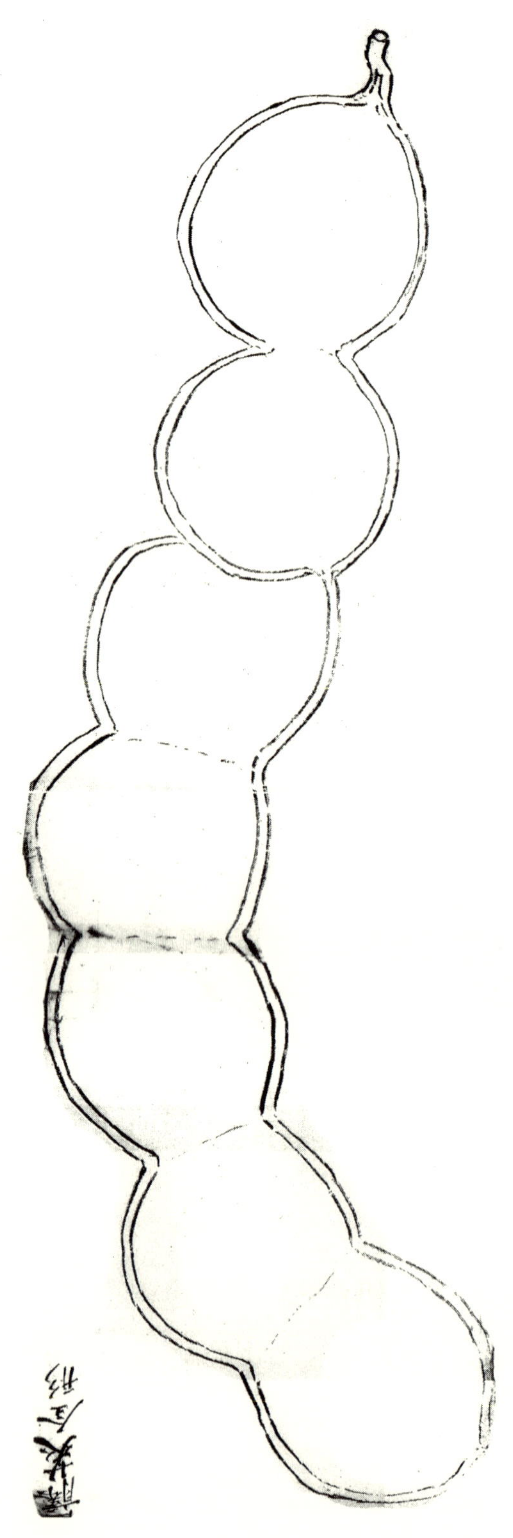

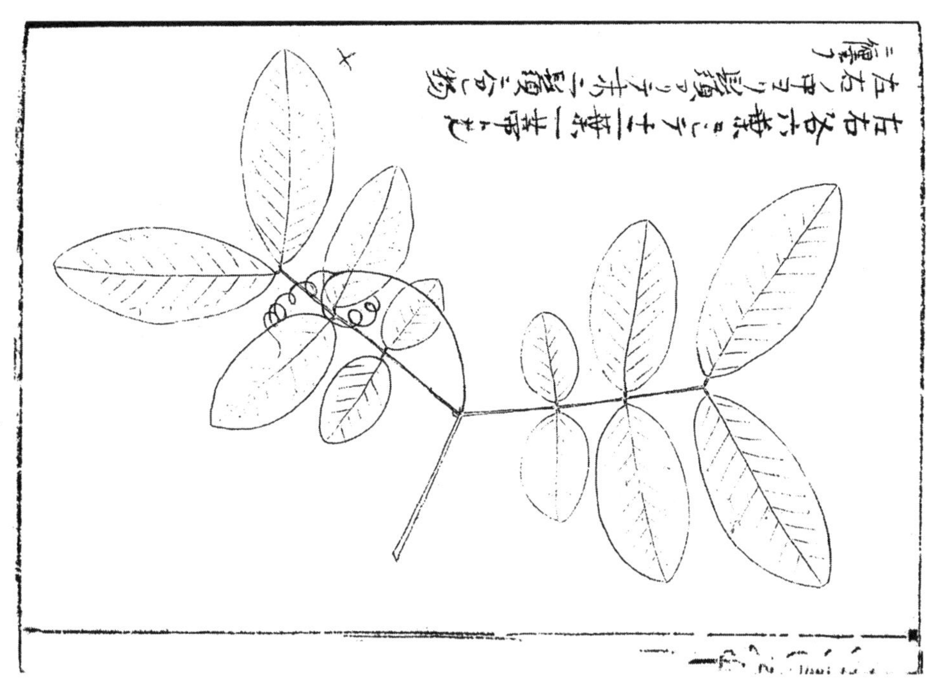

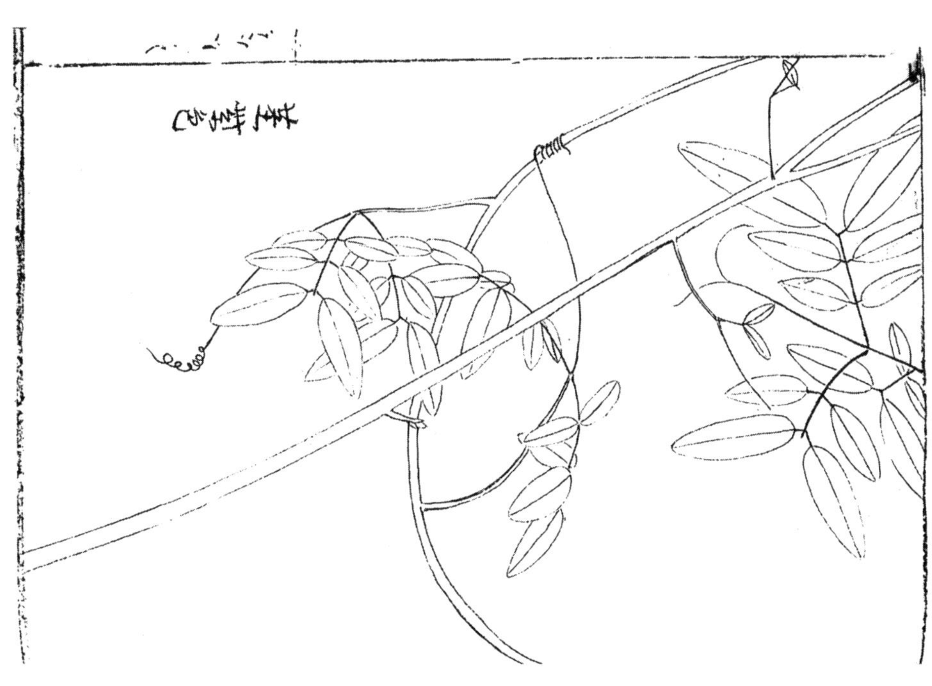

[illegible]

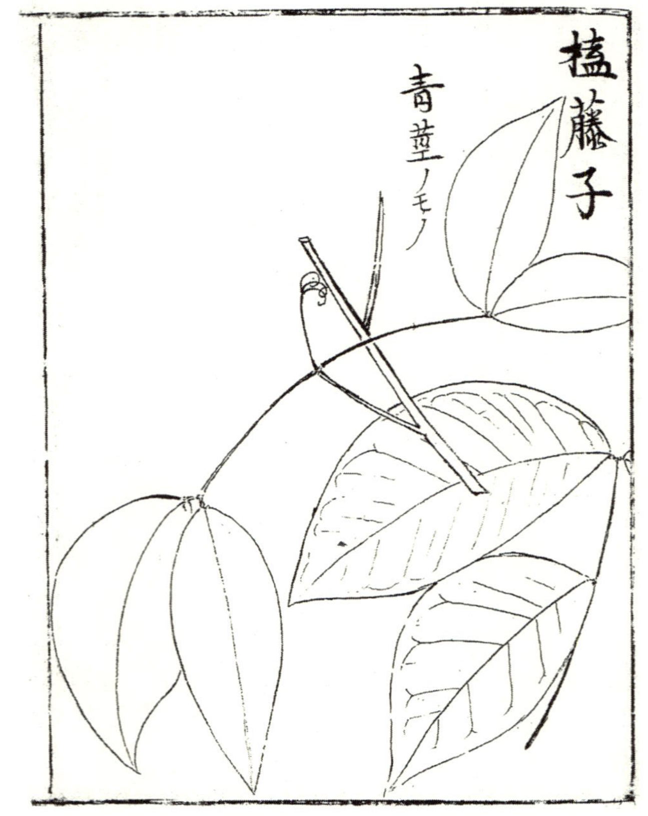
榼藤子
青莖ノモノ

六

榼藤子　俗云藻珠　廿子多濃刻　桂南海故名蘆薩孖

廣緑阿毋者乃中山中者其名緑

木蔓延長數十丈葉如刀一莖一枝

三葉五月開花淡紅色亦似豆花

花謝結莢莢長尺而五莢上有名二三

人莢中有子形円褐色紫黒中有仁

大者徑近三寸名象豆之名別出于斯矣

リ石ニ函楽ノ本ニ中笠蔡臻

榼藤

榼藤依樹蔓生。如通草藤也。其子紫黒色。一名象豆。三年方熟。

其殼貯藥。歴年不壞。生南海。解諸藥毒。出南方草木状

榼藤

相似意之段二種上之図孖

樹上月

四月洞モジマ七月ヨリ下旬ニテ六月ニ至テ蔓ヲ生ス朱ス緑圓蔓
長スルコト二三丈以上兩葉一蒂ノ葉ヲ対生ス其柄一寸余柄ノ左
葉ナシ三四寸ニシテ兩岐ヲナシテ物ニ纏フ秋ニ至テ蔓七八寸余葉
左右各四葉ニシテ一柄ハ葉ノ余葉ヲナス其柄ハ緑ヲナシテ
物ニ纏フ前ノ如シ葉ハ木通ノ一葉ニ似テ厚ク長サ七八寸五
分中一寸鋸歯ナシ面背深緑色葉脈浅緑色ニシテ褐色
アリ周圍互生ス三年ナヘ夏ニ花八分アリ土黒色根七
ノ余根多シ享保元年ヨリ時ヲ經テ今年ニ至テ △

和産ナシ古ヘ漢渡アリ今ハ渡ラズ本邦四邊ノ國海邊ニ壑
國ヨリ漂着スルモノアリ橘藤子ト混シ海藻中ニアリ故ニ俗ニ
チヤウセンモダマトモ又アカモダマトモ呼ブ大サ六七分ヨリ八九分ニ至
ル形圓ニシテ扁ク眉長クシテワニグチノ形ノ如シ故ニワニグチモダトモ云
又変種一ナラズ皆甚シ色赤キ者ハ疏朱ノ如クシテ光リアリ
又黒色褐色淡黒色斑駁数十品アリ新ナルモノハ栽テ生シ易シ

○又日向今十船来ニテ羅望子アリ寒ヲ畏ル紅黄種ノ羅望子モアリ此
亦寒ヲ畏ルワニグチモダマモ亦寒ヲ畏ル

○

以□九二年六拾也
樹ヲ考ヘ見ル以繁 ワニグチモダマ
茂ニ唯ヲ赤花ヲ見ス花色ヲ異ル

羅望子
來望 典籍便覧

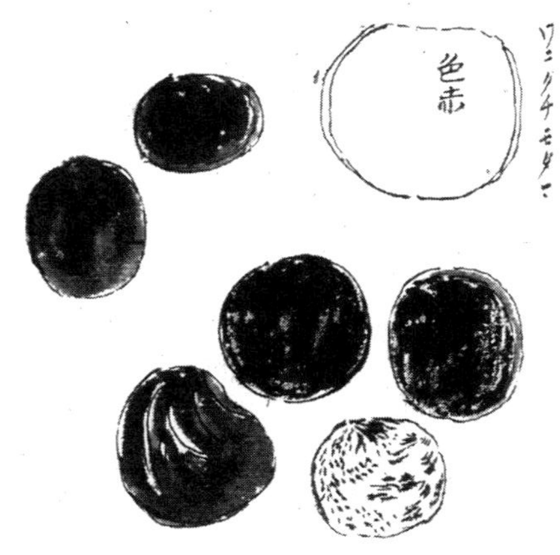

家庭ニ植ヘ于暖窖ニ納ヘニ冬ヲ琉球国ヨリ奉ル花
実ヲ有真ヲ家ハ之ル者カ又ヲ程
古實氏ノ説カ 不詳

蠻豆 ワニノ手 ヒメモダマ

伽船ノ産ニ新ノ鮮ナルモノ多ク地ニ植テ六月蔓ヲ生ス其
状ハ藤ノ葉及蔓ニ異ルコトナシ其質ヤヤ肉ナリ葉ハ柳
葉ニ似テ厚ク長サ一寸ハカリ中ヨリ尖ル面ハ深緑
ニシテ尺アリ背淡緑白色葉柄一寸二分ニシテ二葉ヲ対シ又二
三分隔ニ二葉ヲ対ス蔓二尺余ニシテ柄ニ枝ロ葉ヲ生シ
柄頭毎ニ葉ヲ出シ物ニ纏フ全ク藤ノ如シ此花冬月綻フ

一種 ヒメもだま

此亦西国の海濵ニ漂着するもとあり長莢の中ニ実ありもだまニ
似て扁く黒色形芽の痕ありて形神前ニ無る鰐口ニ似たり此物
栽て又生ス藤もり蔓細く長大之又田葉の物あり

モダマヨリ莢大ニシテ味ナシ

圭椏 蘭船来 (アリカシヤンムーミヤ)

De Vrucht of Kerne Cajoës.

Cajoës van binnen is de Vrucht van
eenen groote boom, met bladeren als peer
bladeren, maar jonge rijpe de [illegible] bladeren
gelijkende: uit de Vrucht is van gedaante eene
groote als een [illegible], met [illegible]

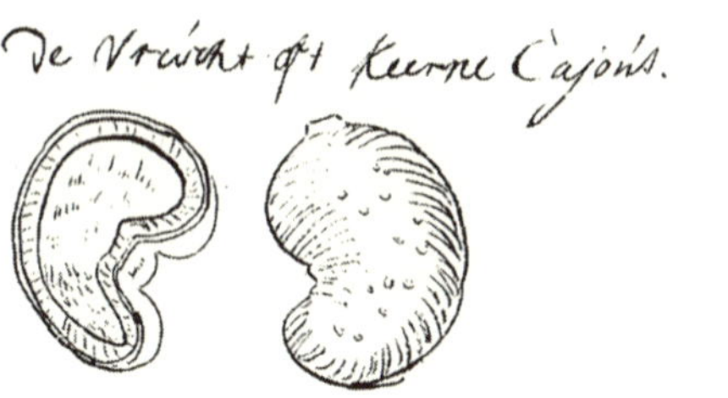

○ウニンヂモ翔マヱトヒ上ソアリ　小笠原嶋ニ産ス
花ノ為メナリ
集リ ツヽミリ咲ク
去種シ其数ニ二数年入ル
ワニンヂモメマ　小笠原嶋ニ有リ

猪腰子
初メ実ヲ採テ生ス其状カジカ豆ニ似タリ蔓ノ長サ丈余
葉ハ一柄ニ三葉一葉ノ見カ豆ノ葉ニ似テ長サ三寸巾一寸余
其蔓物ニ纏テ蔓ヲ延ル等ハ凡テ又羅望子ノ一様ニ
秋凡至葉落テ不生花ヲ異ナ又一年草カ未詳
其実全ク植物子ニ似テ唯小ナルノミ其色赤色ヲ帯皮
黒々又榲桲子ノ一様ニ豆ノ円国ニ寸許ニシテ花ヲ見ス
似テ白色底紅　紋実ノ花カ不詳。

△実ニ異状ニ様ニシテ楕ナル故ニ其形ヲ見ズ不審猪腰子
扁テ扁小ニシテ円団係ニ三寸三分ノ臍ノ如キアル神社ニ
カケタルワニグチノ皃ニ似タリ　ワニグチトモ名ク　俗名ノ称不詳
ワニグチ　ヒ称モタス

口明治十二年　薩州ヨリ来ル
小笠原島ヨリ採リ来ル
ワニグチモタスマ
くくミ……潮ニタマトヒ上リアリ
ヒヰリ……ナリ
長リツモリ……
麦麻……二粒寄入ル
ワニグチモタスマ
小笠原島ニアリ
小笠原島　産ス

猪腰子
初夏ニ蔓ヲ生ズ其葉ハ状刀豆ニ似タリ蔓ノ長サ丈余
葉ハ一柄三葉一葉ノ皃刀豆ノ葉ニ似テ長サ三寸巾一寸余
其蔓物ニ纏テ蔓ヲ茂ラス節毎ニ又羅摩子ト一様之
秋風至テ葉落ル天ニテ不生莢ヲ生ス又一年草カ未詳
其実全ク猪腰子ニ似テ嫌小ナル也其色赤色ニテ帯皮
重寸ノ又猪腰子ト一様ニ長円団二寸三分花刀豆
似テ白色底紅　紋実ノ花カ不詳。

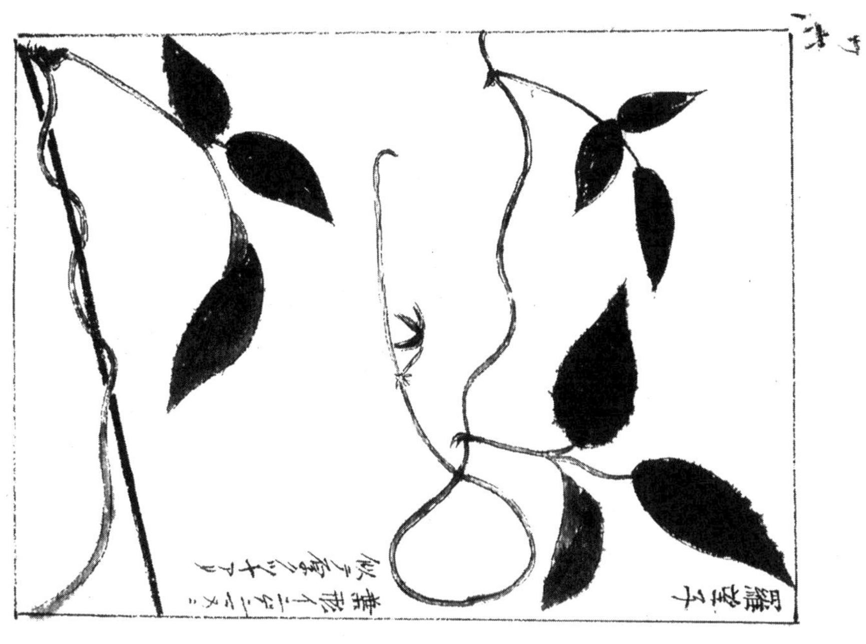
羅𦶜子
似テ蔓ノ小キアリ

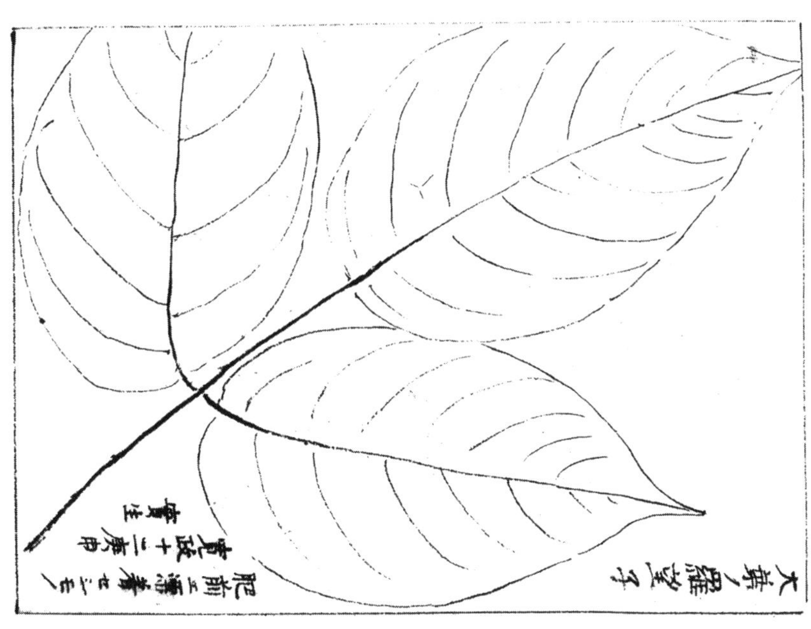
大葉ノ羅𦶜子
肥前ニ漂着セシモノ
寛政十二庚申
實生

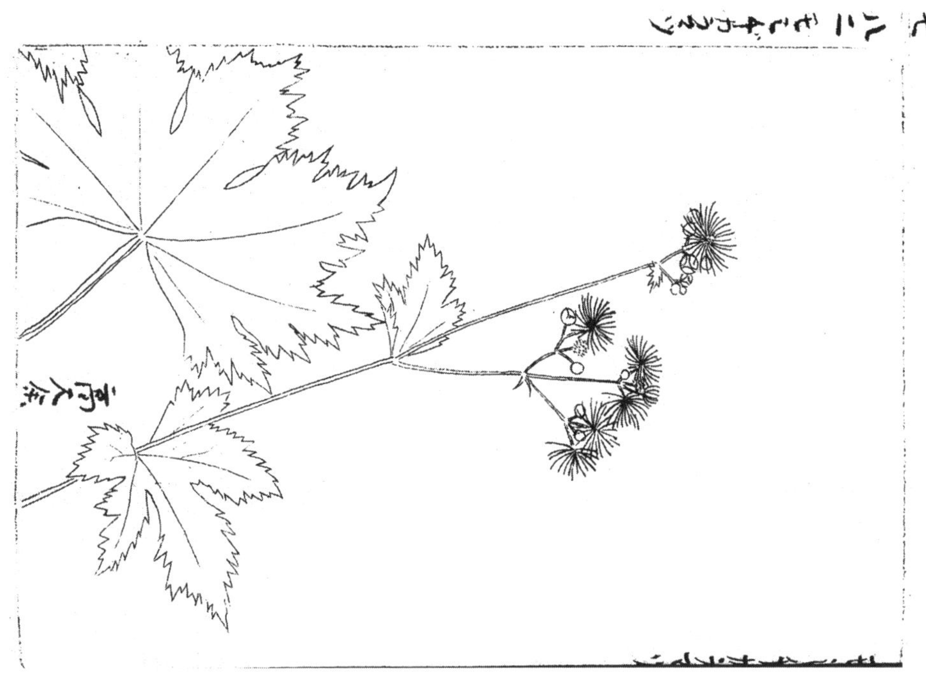

八

八四　モミヂイチゴ

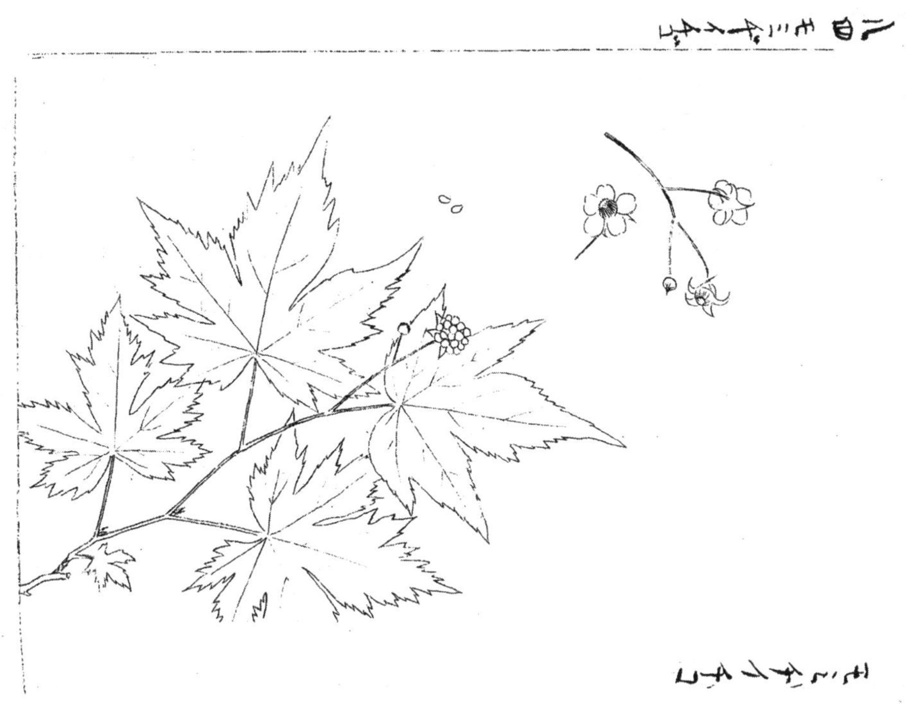

モミヂイチゴ

モミヂカラマツ　モミヂショウマ　ナノ四年十三日

白山　加賀手取川大原ノ奥山　同奈川荻谷境ヨリ奈川ヘ下ル所

同ニヱ川山中村ヨリウハガヒ峠ニ出ル道ニアリ

東濃三浦山

沙氏カラマツ草ハ Thalictrum ナリ モミヂカラマツハ

Trautvetteria ト云 セリ ○ルーム 独乙 Cimicifuga palmata.

呼名ルヘシトス　此属ニ Actaea ノ説アルモノアリ

palmataノ図アリ 醇タモミヂカラマツニ近シ 蓋シ是ナラン歟

追而定ムベシ

モミヂイチゴ

深山幽谷ニ生ス　和名ノ王瀧氷ヨリコシイグイ川ト云方へ行道ニアリ　王瀧ニ有山

吉野ノ山百丁トコバンセキノ方ニアリ

葉形モミヂノ如ク高サ三四寸ホ満後五瓣白花ヲ開後実

ヲ結木イチゴノ実ノ如ク熟スレハ紅

花ノ甘カザル茎ハ葉大ナリ根ギワニ去年ノ茎少シ残ル

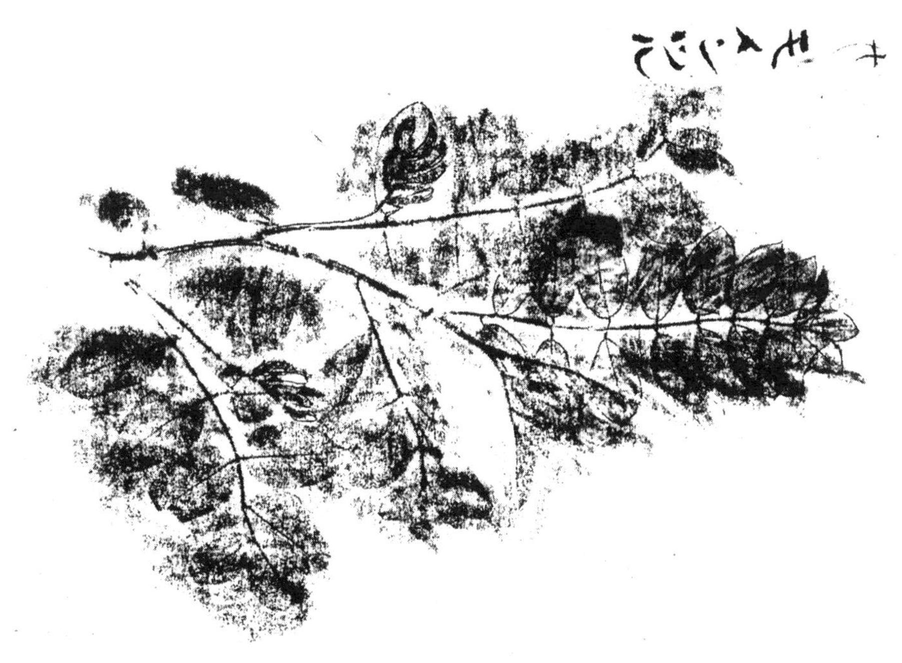

又十

○モメンヅル ホソミ川
「アスタラガリユス」ノ類

黄耆一種 蔓生ノモノ
伊吹山 木曽福嶋野尾ノ間 日黒沢下大沢ノボル迄ニアリ
阿一麻拄嶽鉄山ニアリ

モメンヅル

近世植物・動物・鉱物図譜集成　第XLVII巻―伊藤圭介稿 植物図説雑纂（XXII）
［諸国産物帳集成　第Ⅲ期］

2017年12月25日　初版第1刷

著　者　伊藤　圭介
編　者　近世歴史資料研究会
発　行　株式会社 科学書院
〒174-0056 東京都板橋区志村1-35-2-902　TEL. 03-3966-8600　FAX 03-3966-8638
発行者 加藤 敏雄
発売元 霞ケ関出版株式会社
〒174-0056 東京都板橋区志村1-35-2-902　TEL. 03-3966-8575　FAX 03-3966-8638
定価（本体50,000円＋税）

ISBN978-4-7603-0436-3 C3321 ¥50000E

◆本集成の特色と活用法◆

(1) 江戸時代の政治・経済・文化・学問などを把握するための基本的資料集…動物・植物・鉱物・作物のその土地の呼び名、形態、生態等を記述。美しいカラーの彩色図も掲載。

(2) 総合科学としての博物学・本草学の歴史を辿ることのできる書物…現在流布されている動物・植物・鉱物図鑑の基本となった図譜集成。総合科学であるため、自然科学、社会科学、人文科学のあらゆる分野で活用できる。また、彩色図は美しくかつ正確なために、現在でも利用が可能。

(3) 完璧な事項索引…動物・植物・鉱物の和名・漢名・生薬名をすべて拾いだし、読みがなをふす。

(4) 充実した解説と解読文…資料の成立、由来、内容、学問的価値などを詳述し、難解な文書には、解読文を併載。初心者にも利用しやすいものとした。

(5) 人文科学（日本文学、日本史学、民俗学、文化史学、考古学、言語学）、自然科学（博物学、鉱物学、生薬学、植物学、園芸学、農学、林学、動物学、農林生物学、科学史学）、社会科学（日本政治学、日本経済学）の参考資料…現在入手困難な文献を集大成。

【おすすめしたいかたがた】

大学・高校・公立図書館　大学研究室（科学史学、日本史学、日本文学、民俗学、文化史学、考古学、言語学、園芸学、農学、博物学、鉱物学、生薬学、植物学、林学、動物学、農林生物学、日本政治学、日本経済学など）　愛書家　園芸家　動物・植物・鉱物・本草学研究家　新聞社・放送局・出版社・一般企業の図書室・資料室

＊第 17 巻【補遺編 1】常陸・下野・下総・越中・信濃・美濃・尾張〈1992/ 平成 4 年 7 月刊行〉

◎［常陸国］東崎町草木産物類書上帳、◎［下野国］佐野領産物之内三拾色絵図、◎下総国猿嶋郡下郷二拾三ケ村産物覚、◎［越中］産物書上帳（魚津町）、◎信濃国諏訪領諏訪郡筑摩郡之内産物絵図帳、◎木曽産物絵図註書、◎美濃国産物、◎尾張国産物

＊第 18 巻【補遺編 2】陸奥・越中・尾張・和泉・安芸・伊予・壱岐〈1993/ 平成 5 年 2 月刊行〉

◎［陸奥国盛岡領］従公儀御尋之産物御領分中書上留帳、◎［陸奥国盛岡領］公儀御尋之産物、◎［陸奥国仙台領］刈田郡滑津村産物、◎［陸奥国会津領］関本村産物書上帳、◎尾張国知多郡常滑産物、◎和泉国大鳥・泉郡之内関宿領内産物図、◎［安芸国］賀茂郡下市村産物目録、◎壱岐国産物考、◎［伊予国越智嶋］従公儀御尋物品々、◎［陸奥国盛岡領］磐井郡東山築館村、天狗田村産物書上帳（活字のみ）、◎［越中国立山芦峅寺］産物書上帳（活字のみ）

＊第 19 巻〈1995 年 2 月刊行〉 ◎総合索引

＊第 20 巻【補遺編 3】出雲〈2003 年 6 月刊行〉（田籠　博　翻刻・解題）

◎出雲国産物帳（本帳）、◎出雲国郡別絵図註書帳（能義郡、意宇郡、楯縫郡、出雲郡、飯石郡）

＊第 21 巻【補遺編 4】出雲《続》・隠岐〈2003 年 6 月刊行〉（田籠　博　翻刻・解題、岡　宏三　解説）

◎出雲国郡別絵図註書帳（神門郡）、◎隠岐国産物帳（本帳）、◎隠岐国産物絵図註書帳、◎出雲隠岐産物名違之分

第 1 巻のみ本体価格 28,000 円。第 2 巻 - 第 16 巻は各巻本体価格 38,000 円。

第 17-21 巻は各巻本体価格 50,000 円。揃本体価格（第 1 巻 - 第 21 巻）848,000 円

産物名寄之内余り物帳、◎三田尻産物名寄之内余物帳、◎小郡産物名寄之内余物帳、◎山代産物名寄せ之内余り物帳、◎先大津郡産物名寄之内余り物帳、◎前大津郡産物名寄余り物帳、◎舟木産物名寄之内余り物帳、◎浜崎産物名寄之内余り物帳、◎長門分産物御附出之内長門郡請無之周防ニ郡請有之分書抜并長門郡請無之文　共ニ全ニ、◎長門産物御控帳目録、◎長門産物之内江戸被差登候地下図正控

＊第 11 巻　対馬・肥前〈1991/ 平成 3 年 2 月刊行〉（小松　勝助　解題）

◎対州并田代産物記録、◎対馬国八郷別産物覚帳・再吟味帳

＊第 12 巻　筑前〈1989/ 平成 1 年 7 月刊行〉

◎筑前国産物帳、◎筑前国産物絵図帳、◎筑前国産物並絵図取調等覚書、◎筑前国続風土記

＊第 13 巻　豊後・肥後〈1989/ 平成 1 年 11 月刊行〉（浜田　善利　解題）

◎豊後国之内熊本領産物帳、◎肥後国之内熊本領産物帳、◎産物註書、◎肥後国球麻郡米良山産物帳、◎肥後国球麻郡米良山産物絵図帳

＊第 14 巻　薩摩・日向・大隅〈1989/ 平成 1 年 12 月刊行〉

◎三州物産絵図帳　上（大隅国産物絵図帳　春夏部扣、大隅国産物絵図帳　秋冬部下書扣）◎三州物産絵図帳　中（日向国諸縣郡産物絵図帳　春夏部扣、日向国諸縣郡産物絵図帳　秋冬部扣、日向国諸縣郡　産物帳扣）◎三州物産絵図帳　下（薩摩国産物絵図帳　春夏部扣、薩摩国産物絵図帳　秋冬部扣）

＊第 15 巻　蝦夷・陸奥・出羽〈1990/ 平成 2 年 4 月刊行〉

◎盛岡領御領分産物、◎盛岡領御書上産物之内御不審物図、◎羽州領内産物帳、◎米沢産物集、◎陸奥国田村郡三春秋田信濃守領地草木鳥獣諸色集書、◎松前志目録

＊第 16 巻　諸国〈1990/ 平成 2 年 7 月刊行〉

◎富山前田本草、◎陸奥国産色絵図

◎勢州三領之内御尋之品々絵図并註書、◎伊賀国産物図、◎尼崎図上、◎河内図上、◎和泉物産（和泉国物産）、◎和泉図上

＊第 6 巻　紀伊〈1987/ 昭和 62 年 7 月刊行〉（真砂　久哉　解題）

◎紀州産物帳、◎紀州分産物絵図　二、◎紀伊殿領分紀州勢州産物之内相残候絵図、◎紀州在田郡広湯浅郡庄内産物

＊第 7 巻　隠岐・出雲・播磨・備前・備中〈1987/ 昭和 62 年 12 月刊行〉（谷口　澄夫　解題）

◎隠岐国産物絵図、◎出雲国産物名疏、◎本草物産図譜、◎島根郡東組産物絵図差出帳、◎播磨国網干領揖東郡揖西郡産物帳、◎備前国備中国之内領内産物帳、◎備前国備中国之内領内産物絵図帳、◎松山物産

＊第 8 巻 備後・安芸・長門・周防〈1988/ 昭和 63 年 7 月刊行〉

◎芸藩土産図、◎周防産物名寄、◎長門産物名寄、◎周防国産物之内絵形、◎長門国産物之内絵形、◎周防長門産物江戸被差登候註書控、◎周防長門産物相互請無之分、◎元文二年産物図註就被差登御添状写、◎元文二年十月ニ十八日産物帳面並図註江戸被差登候節目録、◎産物事江戸付出案、◎周防長門産物丹羽正伯不被差出御内見之覚、◎丹羽正伯老産物之儀問合覚、◎元文二年閏十一月丹羽正伯一件

＊第 9 巻　周防《続》〈1989/ 平成 1 年 9 月刊行〉

◎周防岩国吉川左京領内産物并方言、◎玖珂熊毛郡産物名寄帳、◎周防国都濃郡徳山領産物附立、◎周防分産物御附出之内周防郡請無之長門請有之分書抜、◎周防岩国御領産物御附出之内類違之分書抜、◎周防岩国御領産物御附出之内穀類字違、◎岩国御領産物御附出と江戸御付出字違之分書抜（上）、◎岩国御領産物御附出と江戸御付出字違之分書抜（下）、◎徳山図註物、◎周防産物御控帳目録、◎岩国御領産物問之覚

＊第 10 巻　長門《続》〈1991/ 平成 3 年 5 月刊行〉

◎元文四年二月舟木産物名寄帳、◎元文四年十二月浜崎産物名寄帳、◎先大津郡産物名寄帳、◎毛利岩之丞領分長門国之内豊浦郡産物、◎長門国之内毛利讃岐守領内産物覚、◎玖珂熊毛郡

享保・元文諸国産物帳集成

Flora, Fauna and Crops of the Japan 1slands 1n E1ghteenth Century

［諸国産物帳集成］第 1 期〔全 21 巻・全巻完結・分売可〕

(Flora, Fauna and Crops of the Japan 1slands 1n Yedo Era------F1rst Ser1es)

盛永　俊太郎・安田　健　編

(Ed1ted by Dr. MOR1NAGA, Tosh1tarô and Dr. YASUDA, Ken)

＊第 1 巻　加賀・能登・越中・越前〈1985/ 昭和 60 年 5 月刊行〉（田川　捷一　解題）

◎郡方産物帳、◎加州産物帳、◎越州産物帳、◎能州産物帳、◎越前国福井領産物、◎越前国之内御領知産、◎越前国之内御領増知産物、◎註書下書、◎産物帳之内草之部七色註書

＊第 2 巻　常陸・下野・武蔵・伊豆七島〈1985/ 昭和 60 年 12 月刊行〉

（秋山　高志・石山　洋・奥田　謙一・段木　一行　解題）

◎御領内産物留、◎下野国諸村産物帳、◎武蔵国川越領産物絵図帳、◎武蔵国多摩郡産物絵図帳（下）、◎豆州諸島産物図説、◎豆州諸島産物図、◎八丈産物集

＊第 3 巻　佐渡・信濃・伊豆・遠江〈1986/ 昭和 61 年 6 月刊行〉

（生駒　勘七・川崎　文昭・波多野　伝八郎・三浦　孝美・向山　雅重　解題）

◎佐州産物志、◎信濃国伊那郡・筑摩郡高遠領産物帳、◎信濃国筑摩郡之内産物、◎信濃国筑摩郡産物図、◎伊豆国産物帳、◎遠江国懸河領産物帳、◎遠江国懸河領産物之内絵図、◎蒲原郡小川莊石間組滝　谷村産物書出帳、◎信濃国伊那郡新町村産物書上帳、◎虫類・穀類諸事書上帳扣、◎享保 20 年駿河国駿　東郡御厨村村々穀類・果実・山菜・魚・鳥・獣類他書き上げ

＊第 4 巻　参河・美濃・尾張〈1985/ 昭和 61 年 12 月刊行〉（林　英夫　解題）

◎美濃国之内産物、◎尾張国産物、◎尾州図上

＊第 5 巻　飛騨・近江・伊勢・伊賀・摂津・河内・和泉〈1987/ 昭和 62 年 4 月刊行〉

◎飛州志、◎近江国（高島郡・浅井郡・坂田郡・蒲生郡・神崎郡）産物絵図帳、◎近江産物誌、

＊第 19 巻　薩摩〈2004 年 / 平成 16 年 10 月刊行〉

島津重豪『成形図説（羽属）』

＊第 20 巻　琉球〈2005 年 / 平成 17 年 1 月刊行〉

田村藍水『中山伝信録物産考』、呉継志『質問本草、内編 1 ～ 4、外編 1 ～ 4、附録』、周煌恭『琉球国志略　巻 14、巻 15 物産』

＊第 21 巻　総合索引〈2005 年 / 平成 17 年 6 月刊行〉

各巻本体価格　50,000 円　揃本体価格　1,050,000 円山植物志』、石丸定良『備陽記』、黒川道祐『芸備国郡志』、加藤景纘他『芸藩通志』、頼惟柔『芸藩通志』

＊第 12 巻　安芸・備後・周防〈2002 年 / 平成 14 年 1 月刊行〉

『国郡志（芸備）（村別土産部）』、『周防国風土記 = 風土注進案（土産部）（上）』

＊第 13 巻　周防〈2002 年 / 平成 14 年 3 月刊行〉

『周防国風土記 = 風土注進案（土産部）（下）』

＊第 14 巻　長門〈2002 年 / 平成 14 年 6 月刊行〉

『長門国風土記 = 風土注進案（土産部）』

＊第 15 巻　阿波・淡路〈2002 年 / 平成 14 年 12 月刊行〉

『阿淡産志』

＊第 16 巻　阿波・讃岐・土佐・津島〈2004 年 / 平成 16 年 2 月刊行〉

佐野憲『阿波志』、増田休意『讃州府志』、中山伯鷹『全讃志』、梶原景紹『讃岐国名勝図会』、秋山惟恭等『西讃府志』、武藤致和『南路志（土佐）』、中島仰山（画）・藤野寄命編『愛媛高知両県下採集植物写生』、福島成行『土佐産物誌』、吉村春峰篇『土佐往来（土佐国群書類従、巻 133）』、吉村春峰篇『土佐国産往来（土佐国群書類従、巻 133）』、吉村春峰篇『幡多郡三島物産説（土佐国群書類従、巻 133）』、岡本信古『土陽名産志』、『津島紀事』、

＊第 17 巻　肥前・日向・大隅・薩摩〈2004 年 / 平成 16 年 7 月刊行〉

木崎盛標『肥前国産物図考』、橋口兼古他『三国名勝図絵（薩隅日）（土産部）』、『地理纂考（薩摩、大隅、日向）』、木村孔恭『薩摩州虫品、附、日向大隅琉球諸島』、市川正寧『南島誌（大島、喜界島、徳之島、沖永良部島、与論島）』、佐藤成裕『周游雑話（附・薩州産物録）』

＊第 18 巻　琉球・薩摩〈2004 年 / 平成 16 年 9 月刊行〉

田村藍水『琉球産物志』

＊第 5 巻　佐渡・越後〈1999 年 / 平成 11 年 3 月刊行〉

『佐渡事略』、田中美清『佐渡誌』、神保泰和『北越略風土記』、丸山元純『越後名寄』、亀協従輯『北越物産写真』

＊第 6 巻　加賀・能登・越中・越前・若狭・信濃〈1999 年 / 平成 11 年 6 月刊行〉

『三国名物志（上植物、下動物）』、浅野士徳『越州物産志』、『越中魚津浦産魚品』、『越中産物名彙』、畔田伴存『白山草木志』、『鳳珠旧跡物産帳』、『羽咋鹿島両郡産物書上帳』、『加州草木写生図』、小塚秀得『加賀江沼志稿、5 冊 = 土産、9 冊 = 稲田、畑作』、稲庭正義『若狭志（若狭国志）』、大窪昌章『信州木曾草木産所記』、『信州木曾山産草類、以呂波寄』、『木曾産物図譜（図のみ）』、筑摩県『信濃飛騨物産目録』

＊第 7 巻　甲斐・伊豆・駿河・遠江・近江〈1999 年 / 平成 11 年 7 月刊行〉

松平定能『甲斐国志（123 巻産物）』、『伊豆志（豆州志稿）』、新荘道雄『駿河国新風土記』、阿部正信『駿国雑志』、藤井（居）重啓『湖中産物図證』

＊第 8 巻　飛騨・山城・紀伊・大和〈2000 年 / 平成 12 年 6 月刊行〉

富田禮彦編『斐太後風土記（20 巻）』、黒田道祐『雍州府志、巻 6、土産門上』、『山城草木志』、仁井田好古等編『紀伊続風土記、巻 97= 物産部』

＊第 9 巻　大和・紀伊〈2000 年 / 平成 12 年 10 月刊行〉

畔田伴存『吉野軍中産物記』、畔田伴存『熊野物産初志（上）』、『紀産禽類尋問志』、『紀産獣類尋問志』、『紀伊土産考獣部』、丹波修治『紀伊国産物雑記』

＊第 10 巻　大和・紀伊〈2001 年 / 平成 13 年 1 月刊行〉

畔田伴存『熊野物産初志（下）』、畔田伴存『金嶽草木志』、畔田伴存『野山草木通志』

＊第 11 巻　因幡・伯耆・出雲・石見・安芸・備前・備中・備後
〈2001 年 / 平成 13 年 6 月刊行〉

阿部惟親『因幡志』、石田春律『石見八重葎』、吉田豊功等『福山志料』、森立之、森約之『福

江戸後期諸国産物帳集成

Flora, Fauna and Crops of the Japan Islands in the Latter Term of Yedo Era

［諸国産物帳集成］第２期〔全 21 巻・全巻完結・分売可〕

(Flora, Fauna and Crops of the Japan Islands in Yedo Era----Second Series)

安田　健（農学博士）編

(Edited by Dr. Ken YASUDA)

［目　次］

Ｂ５判・上製・布装・貼箱入

＊第１巻　蝦夷（1）〈1995 年 / 平成 7 年 12 月刊行〉

源広長『松前志』、前田健助『蝦夷志料』

＊第２巻　蝦夷（2）〈1997 年 / 平成 9 年 1 月刊行〉

淡斎如水『松前方言考』、松浦浦武四郎『戊午納紗布（ノサップ）日記』、松浦武四郎『西蝦夷日誌』、小林源之助『蝦夷草木図』、栗本昌蔵等『蝦夷草木図』、大槻文彦『北海道風土記』

＊第３巻　陸奥・羽前・羽後・陸中・陸前・磐城・会津・常陸・下野〈1998 年 / 平成 10 年 4 月刊行〉

『御領分中産物出處書抜（盛岡領）』、保田光則『新撰陸奥風土記』、『津軽一統志』、佐久間義和『奥羽観蹟聞老志』、里見藤左衛門『封内土産考』、進藤和泉『出羽風土略記』、松森胤保『両羽博物図譜（59 冊）』、田中玄宰等『新編会津風土記』、庄司吉之助編『会津風土記・風俗帳』、中山信名『新編、常陸国誌』、木内政章『常陸物産誌、巻 20『鳥之部』』、植田孟縉『日光山志』、岩崎常正『日光山草木之図（1-8 巻）』

＊第４巻　上野・下野・武蔵・上総・下総・相模〈1999 年 / 平成 11 年 1 月刊行〉

M'VEAN, C.A.『Notes on the Ornithology of Edo』、岩崎常正『武江産物志』、『徳川実紀（狩の獲物）』、『続徳川実紀（狩の獲物）』、『房総草木志稿、上下』、『小笠原島風土略記（草木禽獣虫魚の概略）』、大原正矩『八丈誌、上坤 = 産物、下 = 図』、佐藤行信等『七島巡見志』

＊第 46 巻〈2017 年 / 平成 29 年 5 月刊行〉伊藤圭介『伊藤圭介稿植物図説雑纂（21）』

＊第 47 巻〈2017 年 / 平成 29 年 12 月刊行〉伊藤圭介『伊藤圭介稿植物図説雑纂（22）』

※第 48 巻〈2017 年 / 平成 29 年刊行予定〉伊藤圭介『伊藤圭介稿植物図説雑纂（23）』

※第 49 巻〈2017 年 / 平成 29 年刊行予定〉伊藤圭介『伊藤圭介稿植物図説雑纂（24）』

※第 50 巻〈2017 年 / 平成 29 年刊行予定〉伊藤圭介『伊藤圭介稿植物図説雑纂（25）』『総索引』

※第 51 巻〈2017 年 / 平成 29 年刊行予定〉伊藤圭介『錦窠羊歯譜』、伊藤圭介『錦窠穀精草科譜』、伊藤圭介『錦窠灯心草科譜』

※第 52 巻〈2017 年 / 平成 29 年刊行予定〉

伊藤圭介『錦窠蘭譜』、水谷豊文『水谷植物譜』、那波道円『桜譜』、岩崎常正『日光山草木之図』

※第 53 巻〈2017 年 / 平成 29 年刊行予定〉総索引

各巻本体価格　50,000 円

［内容の構成に若干の変更がある場合は、ご了解下さい］

『竹品』、松岡玄達『怡顔斎竹品』、伊藤圭介『錦窠竹譜』、岡村尚謙『桂園竹譜』、『竹譜詳録』

※第21巻〈2017年/平成29年刊行予定〉

『虫豸図譜』、水谷豊文『水谷虫譜』、曽占春『国史草木昆虫攷』、水谷豊文『水谷禽譜』、栗本瑞見『栗氏禽譜』、黒田斉清『鵞経』、梶取屋治右衛門『鯨志』、堀田正敦『鷹譜』、堀田正敦『觀文獣譜』

※第22巻〈2017年/平成29年刊行予定〉

『虫譜』、飯室庄左衛門『虫譜図説』、『芳斎虫譜』、栗本瑞見『千虫譜』(『栗氏虫譜』『丹洲虫譜』)

＊第23巻〈2011年/平成23年刊行〉伊藤圭介『錦窠禾本譜(1)』

＊第24巻〈2012年/平成24年刊行〉伊藤圭介『錦窠禾本譜(2)』

＊第25巻〈2012年/平成24年刊行〉伊藤圭介『植物図説雑纂』

＊第26巻〈2012年/平成24年刊行〉伊藤圭介『伊藤圭介稿植物図説雑纂(1)』

＊第27巻〈2013年/平成25年刊行〉伊藤圭介『伊藤圭介稿植物図説雑纂(2)』

＊第28巻〈2013年/平成25年刊行〉伊藤圭介『伊藤圭介稿植物図説雑纂(3)』

＊第29巻〈2013年/平成25年刊行〉伊藤圭介『伊藤圭介稿植物図説雑纂(4)』

＊第30巻〈2013年/平成25年刊行〉伊藤圭介『伊藤圭介稿植物図説雑纂(5)』

＊第31巻〈2013年/平成25年刊行〉伊藤圭介『伊藤圭介稿植物図説雑纂(6)』

＊第32巻〈2013年/平成25年刊行〉伊藤圭介『伊藤圭介稿植物図説雑纂(7)』

＊第33巻〈2013年/平成25年刊行〉伊藤圭介『伊藤圭介稿植物図説雑纂(8)』

＊第34巻〈2013年/平成25年刊行〉伊藤圭介『伊藤圭介稿植物図説雑纂(9)』

＊第35巻〈2014年/平成26年2月刊行〉伊藤圭介『伊藤圭介稿植物図説雑纂(10)』

＊第36巻〈2014年/平成26年4月刊行予定〉伊藤圭介『伊藤圭介稿植物図説雑纂(11)』

＊第37巻〈2014年/平成26年10月刊行〉伊藤圭介『伊藤圭介稿植物図説雑纂(12)』

＊第38巻〈2014年/平成26年11月刊行〉伊藤圭介『伊藤圭介稿植物図説雑纂(13)』

＊第39巻〈2014年/平成26年12月刊行〉伊藤圭介『伊藤圭介稿植物図説雑纂(14)』

＊第40巻〈2015年/平成27年2月刊行〉伊藤圭介『伊藤圭介稿植物図説雑纂(15)』

＊第41巻〈2015年/平成27年6月刊行〉伊藤圭介『伊藤圭介稿植物図説雑纂(16)』

＊第42巻〈2015年/平成27年10月刊行〉伊藤圭介『伊藤圭介稿植物図説雑纂(17)』

＊第43巻〈2016年/平成28年3月刊行〉伊藤圭介『伊藤圭介稿植物図説雑纂(18)』

＊第44巻〈2017年/平成29年1月刊行〉伊藤圭介『伊藤圭介稿植物図説雑纂(19)』

＊第45巻〈2017年/平成29年4月刊行〉伊藤圭介『伊藤圭介稿植物図説雑纂(20)』

［目　次］

B 5判・上製・布装・貼箱入（＊は既刊、※は未刊を示す）

＊第1巻〈2005年/平成17年1月刊行〉前田利保『本草通串（1）

＊第2巻〈2006年/平成18年2月刊行〉前田利保『本草通串（2）』『本草通串証図』、総索引

＊第3巻〈2005年/平成17年9月刊行〉江馬元益『草木図彙（1）』

＊第4巻〈2006年/平成18年2月刊行〉江馬元益『草木図彙（2）』

＊第5巻〈2005年/平成17年11月刊行〉武蔵石寿『目八譜（1）・原文篇』

＊第6巻〈2008年/平成20年7月刊行〉武蔵石寿『目八譜（2）・解読篇』

＊第7巻〈2006年/平成18年10月刊行〉『草木圖説 稿本 草部（1）／草之一～草之十四』

＊第8巻〈2006年/平成18年10月刊行〉『草木圖説 稿本 草部（2）／草之十五～草之二十七・補遺』

＊第9巻〈2006年/平成18年11月刊行〉『新訂　草木圖説　草部』（解読文を併載）

＊第10巻〈2006年/平成19年7月刊行〉『草木圖説　後篇　木部』（解読文を併載）

＊第11巻〈2009年/平成21年3月刊行〉伊藤圭介『錦窠魚譜（1）』

＊第12巻〈2009年/平成21年刊行〉伊藤圭介『錦窠魚譜（2）』

＊第13巻〈2009年/平成21年8月刊行〉伊藤圭介『錦窠禽譜（1）』

＊第14巻〈2009年/平成21年刊行〉伊藤圭介『錦窠禽譜（2）』

＊第15巻〈2009年/平成21年刊行〉

栗本瑞見『皇和魚譜』、関根雲停『雲停鯉魚譜』、『萬寶魚譜』、小林義兄『湖魚考』、神田玄泉『日東魚譜』、栗本瑞見『異魚図纂』、『水族四帖』、藤艮山書『魚譜』、栗本瑞見『栗氏魚譜』、武蔵石寿『甲介群分品彙』、毛利梅園『梅園介譜』、栗本瑞見『蟹譜』、伊藤圭介『錦窠蟹譜』畹、『蟹類写真』

＊第16巻〈2011年/平成23年刊行〉

坂本浩然『菌譜』、市岡智寛『信陽菌譜』、伊藤圭介『錦窠菌譜』、佐藤成裕『温故齋菌譜』、増島蘭畹『菌史』

＊第17巻〈2012年/平成24年11月刊行〉堀田正敦『觀文禽譜ノ原文篇・索引篇・解説篇』

＊第18巻〈2016年/平成28年1月刊行〉堀田正敦『觀文禽譜ノ解読篇』

※第19巻〈2017年/平成29年刊行予定〉

木内石亭『雲根志』、『怪石志』、木内石亭『諸国産石志』

※第20巻〈2017年/平成29年刊行予定〉

近世植物・動物・鉱物図譜集成

The Illustrated Books of Flora, Fauna, Crops and Minerals of the Japan Islands in Yedo Era

［諸国産物帳集成］第３期〔分売可〕

(Flora, Fauna and Crops of the Japan Islands in Yedo Era----Third Series)

近世歴史資料研究会　編

(Edited by The Society for the Study of the History of Yedo Era)

（「諸国産物帳集成」シリーズ第三期・「近世植物・動物・鉱物図譜集成」刊行の意義）

江戸時代の中期以降、洋學の輸入とも相まって、形態、生態、活用方法などを懇切かつ丁寧に記載した、美麗でかつ科学的な植物・動物・鉱物図譜が製作された。これらの図譜類は、『享保・元文諸国産物帳』や『江戸後期諸国産物帳』の系譜を受け継ぐもので、これらの成果物にヨーロッパの科学精神が注ぎこまれて、優れた図譜が誕生したと言える。これ以降、このシリーズで掲載を予定している図譜類は、小社で刊行した二つのシリーズに収録された資料類と連関するもので、より**内容が豊富化され**、より**科学的に体系化された知的生産物**であることに、大きな特色がある。ありていに言えば、**記載された項目の多様化と表現能力の充実化、科学的な知識の体系化、引用される文献からの抽出能力の高度化、図譜の描画能力の緻密化と高度化など**、さまざまな事柄が指摘できる。

そして、これらの事象が、結合された大きなうねりとなって、この時代以降の文化・芸術の発展と、それらを基盤とした産業の進展に寄与したことは、否定できない事実であろう。フランス革命の前後の時代に比定できるごとく、ディドロ、ダランベールが領導した百科全書派の文化活動が革命の礎となり、その後、それがナポレオンによる、知性を機軸としたフランス近代国家システムの創造に橋渡しされたことは、想像に難くない。

享保時代の国産資源開発活動から始まった**日本の産業開発の発展の歴史を総括し、その基底にある文化・芸術の実体を解析すること**が、本集成の意図するところである

また、前記の「諸国産物帳集成」の第一期・第二期の資料類を博捜する過程で、さまざまな原資料にまみえる機会を得たが、整理・統合された資料類があまりにも膨大なために、より総合的な体系化を目標にして、かつ、画竜点睛を欠くことを恐れて、「諸国産物帳集成」シリーズ第三期として、「近世植物・動物・鉱物図譜集成」を世に問うことに、あえて踏み切った次第である。未知の資料も多く、また、編者の不明もあり、内容に関しても、読者諸氏からの忌憚ない意見や叱正を乞うしだいである。